FLORE

DES

PYRÉNÉES

FLORE

DES

PYRÉNÉES

PAR M. PHILIPPE

NATURALISTE

MEMBRE DE LA SOCIÉTÉ LINNÉENNE DE BORDEAUX.

TOME SECOND

BAGNÈRES-DE-BIGORRE

CHEZ P. PLASSOT, IMPRIMEUR-LIBRAIRE-ÉDITEUR

Promenade des Coustous.

1859

FLORE DES PYRÉNÉES.

LVII. AMBROSIACÉES.

Fleurs uni-sexuelles, monoïques. — Les fleurs mâles réunies au sommet des rameaux en capitules globuleux sur un réceptacle garni de paillettes, rarement nu. Péricline à folioles *unisériées*, rarement monophylles. Calice propre, tubuleux, à 5 divisions. Corolle nulle. 5 étamines à anthères libres. — Fleurs femelles placées au-dessous des mâles. Péricline monophylle, persistant, coriace, renfermant 1-2 fleurs. Calice et corolle nuls ou très courts. Un style à deux stigmates longs, saillants. Fruit obové-comprimé, renfermé dans le péricline endurci. Graines dressées.

894. XANTHIUM *Tournef. inst. p.* 438 (*Lampourde*). — Calathides mâles; périclines à écailles libres sur un rang; réceptacle muni de paillettes. Calathides femelles biflores; corolle filiforme, tubuleuse. Akènes enfermés dans le péricline endurci, couverts d'épines crochues au sommet.

X. Strumarium *L. sp.* 1400; *D C.; Lap.; Mut.; Borr.; Gren. Godr.; X. vulgare Lam.; Schultz.* — Fleurs verdâtres. Calathides sub-sessiles, en grappes axillaires ou terminales plus ou moins pédonculées; les calathides mâles placées au sommet. Péricline fructifère dressé ou étalé, ovoïde, atténué à la base, terminé par deux becs dressés ou étalés non crochus au sommet, couvert d'aiguillons grêles, droits, crochus au sommet. Feuilles toutes pétiolées, scabres, à trois nervures, d'un vert cendré, plus pâles en dessous, cordiformes, à 3-5 lobes peu marqués, inégalement dentées. Tige anguleuse de 2-8 décimètres, d'un vert pâle, pubescente, rameuse, dressée. (L Juin-Septembre.

Hab. Décombres, bords des routes. C.

X. Macrocarpum *D C.; Dub.; Lois.; Mut.; Koch; Borr.; Gren. Godr.; X. orientale L. f.* 33. t. 17? *excl. syn.; Benth. cat.*

X. *echinatum* *Murr.; Garin.* — Fleurs verdâtres. Calathides sessiles, agglomérées au sommet de la tige et à l'aisselle des feuilles ; les mâles placées au sommet des glomérules. Péricline fructifère dressé, très gros, elliptique-oblong, velu-glanduleux, terminé par deux becs coniques acuminés, velus et divariqués à la base, glabres et convergents au sommet terminé par un crochet ; toute la surface de ce péricline est couverte d'épines robustes, arquées et crochues au sommet. Feuilles pétiolées, rudes, à 3-5 nervures, cunéiformes à la base, triangulaires, obscurément lobées et inégalement dentées. Tige de 3-8 décimètres, rude, droite, simple ou très rameuse, anguleuse. ⅃ Août-Septembre.

Hab. Pyrénées-Orientales, environs de Bagnols. Perpignan. C.

X. Spinosum *L.; sp.* 1400 ; *D C.; Lap.; Gren. Godr.* — Fleurs vertes. Calathides sessiles ; les mâles rapprochées au sommet de la tige et des rameaux ; les femelles solitaires sur le côté des aisselles des feuilles. Péricline fructifère terminé par deux becs subulés, glabres, dressés, non crochus au sommet, inégaux ; toute la surface de ce péricline tomenteux est couverte d'épines grêles, droites, terminées par un petit crochet. Feuilles rapprochées, pétiolées, couvertes en dessous d'un duvet blanc, fin et appliqué, vertes en dessus, à nervures blanches, toutes cunéiformes à la base, à 3-5 lobes ascendants, le terminal longuement acuminé. Tige dressée, de 2-5 décimètres, sillonnée, pubescente, munie de longues épines tripartites à l'insertion des feuilles ou solitaires. ⅃ Juillet-Août.

Hab. Pyrénées-Orientales ; Can Campa, Pratto-de-Mollo, Prades. C.

LVIII. LOBÉLIACÉES.

Fleurs hermaphrodites, irrégulières. Calice adhérent à l'ovaire, à 5 sépales rarement entiers. Corolle monopétale, irrégulière, à 5 divisions profondément fendues au sommet. 5 étamines insérées sur l'ovaire en avant de la corolle et alternant avec ses lobes. Filets et anthères soudés en tube traversé par le style. Stigmate entouré d'une couronne ciliée. Capsule couronnée par les dents persistantes du calice et souvent aussi par la corolle. Embryon droit, entouré d'un périsperme mince. Plantes herbacées à feuilles éparses.

395. LOBELIA *L. gen.* 1006 (*Lobélie*). — Calice à 5 divisions. Corolle tubuleuse, à 5 divisions inégales, à tube fendu longitudinalement ; lèvre supérieure bifide ; l'inférieure trifide. 5 étamines à anthères soudées, barbues; stigmate cilié. Capsule biloculaire s'ouvrant au sommet. Fleurs bleues.

L. Urens *L. sp.* 1321 ; *D C.; Lap.; Dub.; Lois.; Engl. bot.; Schultz.; Mut.; Borr.; Gren. Godr.* — Fleurs nombreuses, d'un bleu clair ou violacé, en longue grappe terminale, pédicellée, munie à la base des pédicelles de bractées linéaires égalant le pédicelle et le calice réunis. Celui-ci à tube allongé, à dents linéaires-acuminées. Corolle pulvérulente (ainsi que les anthères), à limbe divisé en lobes lancéolés-aigus, sub-égaux. Feuilles radicales pétiolées-obovales, spatulées ou arrondies, crénelées; les supérieures lancéolées ou ovales-lancéolées, sessiles, entières ou dentées, toutes pulvérulentes. Tige pulvérulente, de 1-4 décimètres, simple ou très rameuse, feuillée, anguleuse, effilée, glabrescente. Racine très fibreuse. ♃ Juillet-Août.

Hab. Les champs et les lieux incultes. CC.

L. Dortmanna *L. sp.* 1318; *D C.; Dub.; Lois.; Mut.; Gren. Godr.* — Fleurs bleues, 3-8, axillaires au sommet de la tige. Pédicelle moins long que le calice, rarement plus long. Bractées ovales-obtuses, très courtes. Calice sub-renflé-obconique, à dents courtes, lancéolées, obtuses. Corolle glabre, à tube cylindrique, à limbe formé de deux lobes supérieurs linéaires et de trois lobes inférieurs ovales-lancéolés, pulvérulents. Anthères pubescentes. Feuilles nombreuses, en rosette radicale, glabres, linéaires, épaisses, obtuses, entières, *offrant intérieurement deux loges longitudinales ;* les caulinaires inférieures à l'état rudimentaire. Tige de 4-6 décimètres, dressée, nue, glabre, blanchâtre. Souche très courte. Racine très chevelue. Plante constamment immergée. ♃ Juillet-Août.

Hab. Pyrénées occidentales ; les marais salants aux environs de Bayonne. R.

LIX. CAMPANULACÉES.

Fleurs hermaphrodites. Calice adhérent à l'ovaire, à 5 divisions. Corolle insérée au sommet du tube calicinal, monopétale, régulière et souvent *marcescente.* 5 étamines insérées sur l'ovaire en avant de la corolle et alternes avec ses lobes. Anthères bi-loculaires, rarement soudées à la base. Un style; stigmate à 2-5 divisions. Ovaires 3-5; loges multiovulées. Capsules à 3-5 loges, s'ouvrant latéralement, en 3-5 valves ou par des pores. Embryon droit. Plantes herbacées à feuilles alternes.

396. JASIONE *L. gen.* 1005 (*Jasione*). — Calice à 5 divisions. Corolle à 5 divisions égales, linéaires, soudées d'abord puis se séparant de la base au sommet. 5 étamines à filets subulés et à anthères réunis en tube. Stigmate bifide, biloculaire, s'ouvrant au sommet par deux valves très courtes. Fleurs disposées au sommet des tiges et des rameaux en capitules globuleux munis d'un involucre.

J. Montana *L. sp.* 1317; *D C.; Lap.; Dub.; Lois.; Mut.; Borr.; Gren. Godr.; J. undulata Lam.; Daleich fl. dan.* — Fleurs d'un bleu plus ou moins vif, brièvement pédicellées, réunies en capitules hémisphériques serrés et entourés d'un involucre formé de 12-20 folioles imbriquées, ovales-acuminées, entières ou un peu crénelées. Calice à tube ovoïde, à dents linéaires-sétacées. Capsule à 5 côtes. Graines brunes, noires aux deux bouts. Feuilles linéaires-lancéolées ou spatulées, dentées, souvent ondulées; les supérieures portant ordinairement à leurs aisselles un faisceau de feuilles très petites. Tige très variable, de 5 centimètres à 5 décimètres, simple ou rameuse, très feuillée. Racine dépourvue de stolons. Plante hispide, à poils longs et raides, rarement glabre. ☉ Juin-Octobre.

Hab. Les terrains siliceux des plaines et des montagnes. CCC.

J. Perennis *Lam.; D C.; Lap.; Dub.; Lois.; Mut.; Borr.; Gren. Godr.* — Fleurs d'un bleu pâle. Involucre à folioles ovales presque toujours dentées en scie; les internes à dents longues et subulées. Calice glabre. Capsule ovale-oblongue. Feuilles planes, sub-entières, munies sur les bords de tubercules très fins; les caulinaires oblongues-lancéolées; les supérieures plus étroites. Racine émettant des stolons, les uns terminés par une rosette de feuilles, les autres produisant des tiges de 1-5 décimètres, simples, nues dans la moitié supérieure. Plante glabre ou hérissée. ♃ Juillet-Août.

Hab. Pyrénées-Orientales et centrales; Mont Louis; Esquierry, Tourmalet. Eaux-Bonnes. C.

J. Humilis *Pers.; D C.; Dub.; Lois.; Gren. Godr.; J. perennis var. b. Lap.; J. montana var. b. humilis Pers.; Phyteuma crispa Pourr.; Endres.* — Fleurs bleues. Péricline ou involucre à folioles obovées, souvent entières, violacées et plus rarement dentées. Calice à lanières ciliées, laineuses. Feuilles planes, entières, petites, dépourvues de tubercules sur les bords, oblongues-obtuses. Tige de 2-5 centimètres, simple, feuillée presque jusque sous le capitule, plus ou moins hérissée, velue-laineuse. Souche très rameuse, subligneuse, émettant des rejets nombreux disposés en touffes de gazon épais ; les uns stériles et terminés par une rosette de feuilles ; les autres terminés par des tiges. Le reste comme dans le *J. perennis*. ♃ Août-Septembre.

Hab. Pyrénées-Orientales et centrales ; Pratto-de-Mollo, Canigou, col de Nourri, au sommet de la vallée d'Eynes ; Castanèse. C.

307. PHYTEUMA *L. gen.* 220 (*Raiponce*). Calice à 5 divisions. Corolle à tube court, à 5 divisions linéaires allongées, se séparant de la base au sommet, soudées en tube cylindrique avant l'épanouissement. 5 étamines à filets dilatés à la base. Style terminé par 2-3 stigmates filiformes, roulés en dehors. Capsule bi-triloculaire s'ouvrant par 2-3 pores latéraux. Plantes vivaces. Fleurs sessiles, disposées en capitules sub-globuleux ou en longs épis compactes.

1. Fleurs en capitules hémisphériques ou globuleux.

P. Pauciflorum *L. sp.* 241 ; *D C.; Dub.; Vill.; Mut.; Gren. Godr.; P. pauciflora Lap.; Benth. cat.: P. globulariæfolium Hoppe ; Lois.; Rchb.* — Fleurs bleues, en capitules sub-globuleux. Bractées arrondies, ovales-obtuses ou sub-aiguës, velues-ciliées sur les bords, plus courtes que le capitule. Calice à lanières lancéolées-aiguës. Feuilles radicales en rosette, ovales-oblongues ou largement obovées, obtuses, plus ou moins longuement pétiolées ; les caulinaires plus étroites. Tiges de 2-7 centimètres, simples, dressées. Souche grosse, longue, ramifiée à son sommet et à divisions terminées par des rosettes, les unes stériles, les autres produisant une tige florifère. ♃ Août-Septembre.

Hab. Pyrénées-Orientales et centrales ; Canigou, Madres ; Tourmalet. R.

P. Hemisphaericum *L. sp.* 241 ; *D C.; Dub.; Lois.; Mut.; Gren. Godr.; P. Michelii Lap.; Benth. cat.: P. graminifolium Sieb.; P. intermedium Hegs.; Lam.; Moris.; Rchb.* — Fleurs bleues, en capitules globuleux. Bractées ovales-acuminées, velues-ciliées, entières ou dentées, plus courtes que le capitule. Calice à lanières lancéolées-aiguës, plus longues que le tube. Stigmates ciliés. Feuilles réunies en faisceau ascendant à la base, graminiformes, linéaires ; les inférieures ordinairement très étroitement lancéolées-linéaires; les caulinaires plus larges, lancéolées. Tiges de 2-15 centimètres, simples, dressées. Souche couverte par les débris des anciennes feuilles. Plante glabre ou pubescente. ♃ Juillet-Août.

Hab. Pyrénées centrales, dans les régions alpines, sur les roches et les pâturages ; Tourmalet, Pic du Midi, lac Bleu. CCC.

P. Charmelii *Vill.; All.; D C.; Lap.; Dub.; Lois.; Mut.; P. Scheuchzeri Benth. cat.; Koch.* — Fleurs bleues, en capitules globuleux. Bractées extérieures lancéolées-linéaires, longuement acuminées, ordinairement entières et ciliées, dépassant souvent le capitule. Stigmates 2-3. Graines bordées sur un des bords. Feuilles molles, d'un vert tendre ; les radicales réniformes ou cordiformes-aiguës, longuement pétiolées, ainsi que les caulinaires inférieures ; celles-ci ovales-acuminées ou étroitement lancéolées, devenant de plus en plus étroites en s'élevant sur la tige ; les supérieures lancéolées-linéaires. Tiges grêles, feuillées, de 1-2 décimètres, arquées-flexueuses. Souche grosse, fragile. ♃ Juillet.

Hab. Pyrénées centrales, hautes régions ; Maladetta, hôpital de Venasque, cirque de Gavarnie. RR.

P. Orbiculare *L. sp. 242 ; D C.; Dub.; Lois.; Mut.; Borr.; Gren. Godr.; P. Scheuchzeri et P. orbicularis Lap.* —Fleurs d'un beau bleu, en capitule globuleux, puis ovoïde. Bractées externes ovales, longuement acuminées, plus courtes ou plus longues que le capitule. Calice à lanières ovales-lancéolées, ciliées. Feuilles très variables, fermes, superficiellement crénelées, glabres ou pubescentes ; les inférieures pétiolées, sub-cordiformes ou ovales, ou lancéolées, ou elliptiques-oblongues ; les supérieures sessiles, lancéolées, étroites, un peu larges à la base. Tige de 1-8 décimètres, simple, raide, dressée. Souche dure, produisant souvent plusieurs tiges. ♃ Juin-Août.

Hab. Pyrénées-Orientales et centrales, prairies sub et alpines. Lheris, Gèdre, Gavarnie. CCC.

2 Fleurs en épi cylindrique au moins à la maturité.

P. Betonicœfolium *Vill.; D C.; Dub.; Lois.; Gren. Godr.; P. Halleri Rchb.; Mut.; P. cordifolia Lap.; P. betonicœfolia Poirr.* — Fleurs bleues, en capitule ovoïde, puis cylindrique, dense, continu ou quelquefois interrompu à la base. Bractées courtes, linéaires. Calice et étamines ordinairement glabres. Feuilles pubescentes ou seulement ciliées, à cils plus abondants sur les nervures ou sub-glabres ; les radicales ovales-lancéolées et profondément en cœur à la base, semblables à celles du *Betonica officinalis*, plus larges, longuement pétiolées, à pétiole très étroit ; les caulinaires moyennes plus aiguës ; les supérieures sub ou sessiles, toutes crénelées ou dentées en scie. Tige de 2-3 décimètres, simple, droite, glabre ou pubescente, un peu sillonnée. Racine fusiforme, charnue, solitaire sur la souche. ♃ Juillet-Août.

Hab. Pyrénées centrales, Esquierry, Gavarnie ; Cazaü d'Estiba de Luz (Lap.) RR.

P. Spicatum *L. sp. 242 ; D C.; Dub.; Lois.; Mut.; Borr.; Gren. Godr.; P. spicata Lap.* — Fleurs d'un bleu pâle ou d'un blanc jaunâtre, en capitule ovoïde-allongé, puis cylindrique. Bractées linéaires-subulées plus longues que les fleurs, ou lancéolées, entières et quelquefois finement dentées. Calice et étamines glabres. Feuilles variables, glabres ou pubescentes : les radicales longuement pétiolées, souvent très larges à la base, échancrées en cœur, crénelées ainsi que les caulinaires ; celles-ci lancéolées ; les caulinaires supérieures sessiles, linéaires, entières ou finement dentées en scie ; souvent toutes lancéolées et maculées de noir. Pétiole plus ou moins ailé. Tige de 1-6 décimètres, dressée, glabre ou légèrement pubescente. Racine charnue, épaisse, fusiforme, émettant une ou plusieurs tiges. ⚥ Juillet-Août.

Hab. Les bois et les prairies. CCC.

P. Halleri *All.; D C.; Dub.; Lois.; Mut.; Gren. Godr.; P. ovatum Schmidt.; P. urticœfolium Clairv.; Rchb.; P. spicatum var. b. cœruleum Heys.* — Fleurs d'un bleu violet. Capitule ovale-oblong, puis cylindrique, muni à la base de bractées linéaires ou lancéolées, entières ou dentées, bien plus longues que la fleur. Étamines velues-laineuses à la base. Feuilles radicales et caulinaires inférieures presque aussi longues que larges, profondément en cœur à la base ; les moyennes ovales ; les supérieures longues et lancéolées ; toutes obscurément doublement dentées en scie. Tige de 5-12 décimètres, grande, robuste, fistuleuse. Racine grosse, fusiforme. Plante très glabre. ⚥ Juillet-Août.

Hab. Pyrénées occidentales ; Mont Sacou près de Mauléon (*Irat.*). RR.

398. SPECULARIA *Heist. syst. (Spéculaire).* — Calice à 5 lobes allongés, à tube prismatique ou obconique. Corolle en roue, à 5 lobes. 5 étamines à filets membraneux, velus. 3 stigmates. Capsule prismatique, linéaire-oblongue, à trois loges, à trois valves s'ouvrant latéralement au sommet.

S. Speculum *Alph.; D C. prod.; Borr.; Gren. Godr.; Prismatocorpus speculum Lhérit.; Mut.; Campanula speculum L. sp. 238 ; Lap.; Lois.; Legousia arvensis Dub.; Lorey.; Legousia Durandi Delarbre.* —Fleurs d'un bleu violet ou blanches, brièvement pédicellées ou sessiles, 2-5 au sommet des rameaux plus ou moins divergents, en panicule terminale. Calice à lanières linéaires-subulées. Corolle à lobes égalant les divisions calicinales, ovales-obtuses, mucronées. Filets des étamines courts et glabres. Capsule rude sur les angles.

Graines ovoïdes. Feuilles alternes, oblongues ou obovales, faiblement crénelées-ondulées ; les inférieures atténuées à la base ; les supérieures sessiles, demi-embrassantes. Tige simple ou plusieurs partant du collet, rameuses. Plante verte-pubescente ou blanche-pubescente. ♃ Juin-Juillet.

Hab. Les moissons jusqu'à Gèdre. CCC.

S. Hybrida *Alph.; D C. prod.; Gren. Godr.; Prismatocarpus hybridus Lhérit.; D C. fl. fr.; Dub.; Prismatocarpus confertus Mœnch.; Campanula hybrida L. sp. 239; Lois.; Lap.; C. spuria Pall.; Schultz.; Moris.; Rchb.; Legousia hybrida Delarb.; Lorey.; Legousia parviflora Gray.* — Fleurs rougeâtres, quelquefois blanches, souvent avortées, solitaires au sommet des rameaux, ou géminées, ou ternées. Rameaux raides. Calice à lanières oblongues ou oblongues-lancéolées, dressées. Corolle petite, souvent fermée, cachée par les divisions du calice. Graines très petites, ovoïdes. Feuilles alternes, oblongues ou obovées, crénelées, fortement ondulées. Tige raide, de 1-2 décimètres, simple ou rameuse au sommet, ou dès la base, droite, glabre ou hispide. Racine grêle. ☉ Mai-Juin.

Hab. Pyrénées-Orientales et centrales; Mont-Louis; St-Béat dans les moissons. C.

S. Falcata *Alph.; D C. prod.; Gren. Godr.; Prismatocarpus falcatus Ten.; Campanula falcata Rœm.; Schultz.; Lois.* — Fleurs bleues, plus grandes que dans l'espèce précédente, solitaires ou géminées à l'aisselle des feuilles en long épi; les inférieures écartées. Calice à lanières lancéolées-linéaires, souvent courbées. Graines arrondies-lenticulaires. Feuilles ovales, crénelées; les inférieures brièvement pétiolées; les supérieures sessiles, embrassantes. Tige simple ou un peu rameuse au sommet. Plante glabre. ☉ Mai-Juin.

Hab. Pyrénées-Orientales; Collioure, Cubières, dans les Corbières, *(Massot et Bernard).*

299. CAMPANULA *L. gen.* 218 *(Campanule).* — Calice à 5 divisions. Corolle campanulée, à 5 lobes. Étamines 5, libres, à filets dilatés à la base. Style terminé par 3-5 stigmates filiformes. Capsule turbinée à 3-5 loges, s'ouvrant par 3-5 pores latéraux. Plantes herbacées.

1. Chaque sinus du calice (angle formé par deux divisions calicinales) muni d'un appendice réfléchi sur le tube, qu'il recouvre plus ou moins.

C. Longifolia *Lap.; Lois.; Mut.; C. speciosa Pourr.; D C.; Dub.; Gren. Godr.; C. bicaulis Lap.* — Fleurs bleues, plus ou moins foncées, grandes, ascendantes, solitaires,

taires, en panicule pyramidale, portées sur de longs pédoncules munis de deux bractées aussi longues ou moins longues que la fleur. Calice à appendices des sinus lancéolés, ciliés, aussi longs que le tube, le recouvrant. Divisions calicinales lancéolées-linéaires, très-longues, plus ou moins poilues. Corolle à 5 lobes courts, ovales, mucronés, glabres ou poilus sur les bords. Trois stigmates. Capsule triloculaire. Graines d'un gris olivâtre, comprimées, membraneuses tout autour. Feuilles lancéolées-linéaires, ondulées, glabres et ciliées ou poilues sur les faces, entières ou crénelées, aiguës ou arrondies au sommet ou à dents espacées peu profondes ; les radicales atténuées à la base ; les caulinaires sessiles. Tige de 1-4 décimètres, fistuleuse, anguleuse, dressée, rameuse dès la base, à pédoncules uniflores dressés. Souche grosse, sub-ligneuse, dépourvue de stolons. Plante très poilue, rarement glabre. ♃ Juin-Juillet.

Hab. Pyrénées-Orientales et centrales, débris et montagnes calcaires: Lhéris, entrée de la vallée d'Argelès près de Lourdes. CCC.

2. Sinus du calice dépourvu d'appendice.

C. Glomerata *L. sp.* 235 ; *D C.; Lap.; Dub.; Lois. ; Mut.; Borr.; Gren. Godr.* — Fleurs bleues, sessiles, réunies en capitules serrés et latéraux, le terminal plus grand, entouré de bractées foliacées ovales-lancéolées; les latéraux plus ou moins écartés. Calice à divisions lancéolées-aiguës. Corolle un peu velue, divisée jusqu'au tiers de la longueur en lobes ovales. Graines jaunâtres. Feuilles finement crénelées, hérissées de poils courts, rudes, rarement blanchâtres-pubescentes ou presque glabres; les radicales pétiolées, ovales ou oblongues-acuminées; les caulinaires inférieures ovales ou ovales-lancéolées, ou lancéolées-arrondies ou en cœur à la base; les supérieures sessiles et embrassantes. Tige de 1-5 décimètres, dressée, simple, un peu anguleuse. Souche et racines dures, un peu ligneuses. Plante glabre ou velue. ♃ Juin-Septembre.

Hab. Les bois et les prairies sub et alpines. CC.

3. Fleurs en grappe; capsule penchée s'ouvrant à la base.

C. Latifolia *L. sp.* 233 ; *D C. Dub.; Lois.; Mut.; Borr.; Gren. Godr.; C. urticæfolia All.; Trachelium majus Clus.* — Fleurs blanches, rarement violettes, grandes, dressées-étalées, brièvement pédonculées, solitaires à l'aisselle des feuilles, formant une grappe plus ou moins fourrée, munie à la base de deux petites bractées placées au-dessous du milieu du pédoncule. Calice à lanières lancéolées-acuminées. Corolle oblongue, divisée en lobes lancéolés et ciliés. Style inclus.

Feuilles pubescentes, inégalement et doublement dentées, toutes ovales-lancéolées, acuminées; les inférieures atténuées en pétiole court et ailé; les supérieures sessiles. Tige de 4-15 décimètres, dressée, fistuleuse, sillonnée, simple, très feuillée. Racine rameuse, lactescente. Juin-Juillet.

Hab. Pyrénées centrales: bois de Bagnères-de-Luchon, Esquierry. RR.

C. Trachelium *L. sp.* 235, *D C.; Lap.; Dub.; Lois.; Mut.; Borr.; Gren. Godr.; Trachelium vulgare Clus.; Lob.* — Fleurs bleues, rarement blanches, dressées ou penchées, solitaires, géminées ou ternées sur des pédoncules courts, axillaires, en grappe oblongue et terminale munie de deux petites bractéoles à la base des pédoncules. Calice à lanières lancéolées-dressées. Corolle à lobes lancéolés-aigus, ciliés. Style inclus. Feuilles brièvement poilues, scabres et inégalement et doublement dentées, triangulaires et plus ou moins profondément en cœur à la base; les caulinaires supérieures brièvement pétiolées, à la fin sessiles, ovales ou ovales-lancéolées. Tige de 1-10 décimètres, à côtes fines, simple, hispide ou rameuse. Racine épaisse, un peu ligneuse. ♃ Juillet-Août.

Hab. Les prés, les bois, les bords des chemins. CCC.

C. Rapunculoïdes *L. sp.* 234; *D C.; Lap.; Dub.; Lois.; Mut.; Borr.; Gren. Godr.; C. contracta Mut.; C. trachelloïdes Rchb.; C. crenata Link.; C. urticæfolia Turr.* — Fleurs d'un beau bleu, pendantes, solitaires, disposées en longue grappe *spiciforme*, uni-latérale. Pédoncules courts, munis vers le haut de deux petites bractées. Calice à divisions lancéolées-linéaires, ciliées, ordinairement réfléchies après l'anthèse. Corolle à lobes triangulaires, ciliés. Stigmates égalant ou dépassant la corolle. Graines de même couleur que celles du *Linum usitatissimum*, comprimées et finement marquées de blanc. Feuilles rudes, munies sur les deux faces de petits poils raides et appliqués, irrégulièrement et doublement dentées, à dents grandes et sub-aiguës; les radicales et les caulinaires inférieures longuement pétiolées, lancéolées et échancrées en cœur à la base; les moyennes et les supérieures décroissantes, lancéolées-acuminées, sessiles. Tige de 2-6 décimètres, dressée, arrondie, blanchâtre et souvent rougeâtre, brièvement poilue ou glabre, rude, simple ou un peu rameuse. Racine émettant des stolons rampants. ♃ Juillet-Août.

Hab. Pyrénées-Orientales et centrales: de Luz à Gèdre, dans la vallée de Gavarnie. CC.

C. Erinus *L. sp.* 240; *D C.; Lap.; Dub.; Lois.; Mut.; Borr.; Gren. Godr.; Wahlenbergia erinus Link.; Koch; Roucelia erinus*

Dumort.; Moris.; Schultz. — Fleurs d'un bleu pâle, pendantes, solitaires, axillaires, presque sessiles, naissant à l'angle des bifurcations de la tige ou à l'aisselle des feuilles, formant des grappes en panicule irrégulière. Calice hérissé à tube très court, turbiné, à divisions ovales, étalées horizontalement à la maturité et laissant à nu à leur centre le disque calicinal. Corolle petite. Feuilles ovales-oblongues, cunéiformes, atténuées à la base en un court pétiole, et sessiles vers le haut de la tige, toutes dentées en scie, obtuses, hérissées de poils étalés. Tige de 1-2 décimètres, dressée, ascendante, simple ou très rameuse presque dès la base, hérissée. Racine grêle. ① Mai-Juin.

Hab. Pyrénées-Orientales et centrales: remparts de Perpignan C. Viedessos; St-Vincent, St-Béat. R.

4. Divisions du calice linéaires.

C. Rhomboïdalis *L. sp.* 233; *D C.; Dub.; Mut.; Gren. Godr.; C. rhomboidea Willd.; Bocc.; Rchb.* — Fleurs bleues, penchées, 2-10 en panicule étroite, unilatérale. Bouton et pédoncule ascendants. Calice à sinus arrondis, très obtus, à divisions plus longues que le bouton avant l'anthèse, linéaires-subulées, égalant ou dépassant les deux tiers de la corolle. Celle-ci à lobes arrondis, mucronulés. Feuilles à peine pubescentes ou poilues-ciliées, à nervures très apparentes, ovales, devenant lancéolées et acuminées vers le haut de la tige, entières ou un peu dentées en scie dans le tiers inférieur; les radicales pétiolées, ovales-obtuses, cordiformes, légèrement crénelées; les supérieures sessiles, très étroites. Tige de 1-3 décimètres, un peu pubescente, légèrement anguleuse, très feuillée vers le milieu. ⚥ Juin-Juillet.

Hab. Pyrénées centrales, roches et débris calcaires: coteau de Gerde, vallée de Campan. RR.

C. Lanceolata *Lap.; Gren. Godr.; C. rhomboïdalis var. c. Mut.* — Fleurs bleues, penchées en panicule axillaire et terminale. Calice à sinus arrondis, à divisions plus courtes que le bouton avant l'anthèse, étroitement lancéolées-linéaires, munies d'une nervure, égalant un peu plus du tiers de la corolle. Trois stigmates épais, sub-égaux à la corolle. Feuilles très nombreuses, sessiles, très rapprochées, glabres ou finement ciliées, ou toutes couvertes d'un duvet très fin, lancéolées, entières ou dentées; celles des rosettes plus ou moins longuement pétiolées, ovales, cordiformes, à la base, entières ou crénelées, moyennes ou très petites à *pétiolules* capillaires. Tige de 1-3 décimètres, ordinairement longuement couchée à la base, puis redressée et flexueuse, simple ou rameuse. Racine très épaisse, très longue. Souche

emettant une ou plusieurs tiges souvent pourpres. ♃ Juillet-
Août.

Hab. Toutes les Pyrénées, pâturages sub-alpins, forêts de sapins
et rochers; Mont Louis, Orlu; Pics de Cagire, de Gard, de Jisole,
Esquierry, Oo, Argelès, forêt de Nielade BR.; vallon d'Arise. R.

C. Linifolia *Lam.; D C.; Dub.; Mut.; Borr.; All.; Gren
Godr.; C. Scheuchzeri Lois.; C. rotundifolia var b. Vill.* —
Fleurs bleues, 2-8, en grappe étroite au sommet des tiges.
Calice à divisions linéaires plus courtes que le bouton, égalant environ la moitié de la corolle. Feuilles glabres ou
ciliées, ou pubescentes; les radicales cordiformes-ovales,
sinuées, pétiolées, dentées, détruites avant l'anthèse; les
caulinaires nombreuses, sessiles, lancéolées ou lancéolées-
linéaires (2-4 centimètres de longueur, 4-6 de largeur),
aiguës, entières ou munies de dents rares et peu profondes.
Tige de 1-3 décimètres, droite, dressée, feuillée. Racine
épaisse. Souche émettant du collet une ou un grand nombre
de tiges grêles. ♃ Juin-Juillet.

Hab. Les coteaux calcaires; les bois de Lhéris. R.

C. Rotundifolia *L. sp. 232; D C.; Lap.; Dub.; Lois.;
Mut.; Borr.; Gren. Godr.* — Fleurs bleues, quelquefois blanches, disposées en panicule multiflore sub-étalée, formée
de petites grappes terminant les rameaux et la tige. Bouton
et pédoncules étalés-dressés avant l'anthèse. Calice à divisions sub-étalées. Corolle insensiblement élargie de la base
au sommet, à lobes ovales-aigus, mucronés. Base des étamines aussi longue que large; filets plus courts que les
anthères. Feuilles des rosettes longuement pétiolées, profondément en cœur à la base, réniformes ou ovales, plus
ou moins aiguës, crénelées, à dents obtuses ou sub-aiguës,
un peu étalées; les caulinaires inférieures lancéolées ou
lancéolées-linéaires ou linéaires ainsi que toutes les supérieures, entières et denticulées. Tiges de 1-5 décimètres, courbées-
ascendantes à la base, minces, raides, rameuses. Racine
stolonifère. Plante glabre ou pubescente. ♃ Juillet-Août.

Hab. Débris et roches calcaires, champs. CCC.

C. Scheuchzerii *Vill.; Koch; Gren. Godr.; C. linifolia
var. b. Mut.* — Fleurs bleues, solitaires, unilatérales, rarement 2-5 au sommet de la tige, grandes, penchées et sub-
réfléchies avant l'anthèse. Corolle infundibuliforme, divisée
dans son quart supérieur en lobes larges arrondis. Feuilles
des rosettes petites, à pétiole plus long que le limbe ovale,
en cœur à la base, crénelé; les caulinaires tantôt lancéolées-
linéaires ou linéaires, tantôt sub-pétiolées et ovales ou lancéolées vers le bas de la tige, puis lancéolées et sessiles,

enfin linéaires vers le haut de la tige, toutes aiguës ou
obtuses, entières ou dentées, à dents écartées peu profondes.
Tiges de 5-15 centimètres, quelquefois longuement couchées,
d'autres fois raides, étalées, flexueuses. Plante glabre ou un
peu poilue. ♃ Juillet-Août.

Hab. Pyrénées-Orientales et centrales, parmi les fissures des rochers sub et alpins. R.

C. Pusilla *Haenk. in Jacq.; Gren. Godr.: C. cœspitosa
Vill.; Schultz.; Rchb.; C. pumila Jaumes; St-Hil.; C. rotundifolia var. b. pusilla Willd.; C. Bauh.* — Fleurs bleues, 1-3,
veinées, en grappe, portées sur des pédoncules dressés recourbés au sommet, même avant l'anthèse. Divisions du
calice linéaires, dressées, sub-étalées. Corolle ovale-arrondie
a la base, un peu dilatée à la gorge, à lobes larges; tube
plus ou moins poilu vers le fond. Base des filets des étamines
aussi large que longue. Stigmates inclus. Feuilles glabres ou
un peu poilues: celles des rosettes atténuées en pétiole 1-3
fois aussi long que le limbe; celui-ci ovale ou lancéolé,
arrondi ou sub en cœur à la base, à dents ovales ou lancéolées; les caulinaires inférieures ovales-lancéolées, dentées,
à pétiole plus court que le limbe; les moyennes et les supérieures lancéolées-linéaires, sessiles et entières; Tiges de
5-12 centimètres, simples, raides, pubescentes inférieurement ou tout à fait glabres, courbées à la base, puis dressées. Axe indéterminé. Souche émettant de longs stolons.
♃ Juin-Juillet.

Hab. Pyrénées centrales, sur les sables: bords de la Garonne,
St-Béat, Gavarnie, Arises. RR.

5. Capsule dressée, s'ouvrant vers le milieu ou près du sommet.

C. Rapunculus *L. sp. 232; Willd.; D C.; Dub.; Lois.;
Mut.; Gren. Godr.* — Fleurs bleues, en panicule étroite,
longue. Rameaux dressés, courts, rapprochés, pluriflores.
Pédoncules munis à leur base de deux petites bractées.
Calice à divisions linéaires sétacées, à tube ob-conique.
Corolle à lobes lancéolés, divisés jusqu'au tiers de leur longueur. Graines jaunâtres. Feuilles ondulées, entières ou
sub-crénelées; les inférieures oblongues, atténuées à la base
et décurrentes sur le pétiole; les supérieures sessiles, lancéolées-linéaires, finement décurrentes. Tiges toutes florifères, dressées, sillonnées. Racine épaisse, blanche, fusiforme. Plante velue, un peu rude. ♂ Mai-Août.

Hab. Pyrénées-Orientales et centrales; bords des bois, prairies. R.

C. Patula *L. sp. 232; D C. fl. fr.; Dub.; Mut.; Borr.;
Gren. Godr.; C. bellidifolia Lap.; D C. prod.; C. decurrens*

L. sp. 1re édit. *p.* 164: *Thore.* — Fleurs d'un bleu pâle, en panicule terminale, longue, large, rameuse. Rameaux étalés-ascendants, longs, pluriflores. Pédoncules munis au-dessus de leur milieu de deux bractéoles. Calice à divisions lancéolées-acuminées, denticulées, à tube obové. Corolle divisée jusqu'à la moitié de sa longueur en lobes lancéolés. Graines jaunâtres. Feuilles pubescentes, planes, à crénelures peu profondes ; les radicales étalées, oblongues-obovales, atténuées à la base, décurrentes sur le pétiole ; les caulinaires sessiles, lancéolées-linéaires, finement décurrentes sur la tige. Celle-ci dressée, pubescente inférieurement, très rameuse, sillonnée, plus ou moins rude. Racine grêle, rameuse, allongée. ♃ Mai-Août.

Hab. Pyrénées-Orientales et centrales : les champs, les bois ; prairies de l'Espagne. CCC.

C. Persicifolia *L. sp.* 232 ; *D C. ; Dub. ; Lois. ; Borr. ; Mut. ; Gren. Godr. : C. media Dod.* — Fleurs bleues, blanches ou bleuâtres, grandes, 1-6 en grappe terminale, à rameaux uniflores. Pédoncules courts, munis de deux bractées lancéolées. Calice à divisions lancéolées-linéaires, entières, à tube obové, glabre ou muni de 1-2 paquets de poils blancs comprimés. Corolle à lobes arrondis, terminés par un mucron obtus. Graines brunes. Feuilles radicales obovales-oblongues, atténuées en pétiole, crénelées ou entières ; les caulinaires sessiles, linéaires-lancéolées, finement dentées. Tige de 2-5 décimètres, simple, dressée, finement anguleuse. Racine rampante. ♃ Juin-Juillet.

Hab. Pyrénées-Orientales et centrales ; vallée de Llio, Penticosa près Cauterets. R.

100. WAHLENBERGIA *Schrad.* (*Wahlenbergée*). — Capsule s'ouvrant par des valves entre les lobes du calice. Calice à 5 lobes. Corolle campanulée-tubuleuse. 5 étamines à peine dilatées à la base. Capsule semi-adhérente, à 3-5 loges et à 3-5 valves.

W. Hederacea *Rchb. ; D C. prod. ; Mut. ; Borr. ; Gren. Godr. ; Campanula hederacea L. sp.* 240 ; *D C. fl. fr. ; Dub. ; Lois. ; Moris. ; Schultz. ; Roncela hederacea Dumort.* — Fleurs d'un bleu pâle ou blanchâtres, solitaires sur de longs pédoncules capillaires, terminaux ou opposés aux feuilles. Lobes du calice linéaires-subulés. Corolle oblongue-campanulée, dressée, à 5 lobes ovales, courts. Capsule globuleuse. Graines blanchâtres, très petites, finement ridées en long. Feuilles toutes pétiolées : les inférieures arrondies sub-entières : les supérieures échancrées en cœur à la base, triangulaires : les supérieures toujours plus grandes. Tiges de 1-3 décimètres.

filiformes, très rameuses, diffuses. Racine rampante, vivace. Plante glabre, molle. ♃ Juin-Juillet.

Hab Pyrénées centrales : bords des eaux, lieux humides ; les bois aux environs de Bagnères. CCC.

LX. VACCINIÉES.

Fleurs hermaphrodites, régulières. Calice à tube soudé à l'ovaire, à limbe à 4-5 dents. Corolle à 4-5 divisions se séparant quelquefois comme des pétales distincts, campanulée, urcéolée ou rotacée, caduque. Étamines libres, en nombre égal au nombre des divisions de la corolle ou en nombre double, alternant avec elles sans y adhérer. Anthères à deux loges et souvent à deux cornes. Ovaire à 4-5 loges, renfermant plusieurs ovules à placentas fixés sur une colonne centrale. 1 style. 1 stigmate simple. Fruit en baie, comestible. Arbrisseaux à feuilles simples.

401. VACCINIUM *L. gen.* (*Airelle*). — Calice à 4-5 dents. Corolle campanulée ou urcéolée. Étamines 8-10. Baie globuleuse, ombiliquée au sommet, à 4-5 loges polyspermes. Tige ligneuse.

1. Corolle ovoïde ou globuleuse ; feuilles caduques.

V. Myrtillus *L. sp.* 498 ; *D C.*; *Lap.*; *Dub.*; *Lois.*; *Borr.*; *Mut.*; *Gren. Godr.* — Fleurs d'un blanc jaunâtre, rosées en dehors, penchées, solitaires. Pédoncules axillaires plus courts que les feuilles. Calice à limbe court, sub-entier. Corolle urcéolée, globuleuse, à lobes courts et roulés en dehors. Étamines munies sur le dos de deux appendices sétiformes. Baie globuleuse, d'un noir violet, glauque-pruineuse. Feuilles d'un vert pâle, veinées sur les deux faces, ovales-aiguës, finement dentées, sub-sessiles. Tiges de 1-5 décimètres, dressées, très rameuses, prenant la forme *buissonneuse*, anguleuses et ailées. Racine rampante. ♃ fl. Mai ; fr. Juillet-Août.

Hab. Toute la chaîne ; les bois de la région inférieure sub-alpine. CCC.

V. Uliginosum *L. sp.* 499 ; *D C.*; *Lap.*; *Dub.*; *Mut.*; *Borr.*; *Gren. Godr.* — Fleurs blanches ou rosées, penchées. Pédoncules courts, uniflores, en grappe. Calice à divisions courtes, larges et arrondies. Corolle ovoïde, petite, urcéolée, à lobes courts, obtus, réfléchis. Baie globuleuse, noire-bleuâtre, glauque. Feuilles entières, obovées, obtuses ou émarginées, d'un vert pâle en dessus, glauques et réticulées en dessous. Tiges de 1-2 décimètres, rameuses, à rameaux arrondis. Racine rampante. **Plante glabre. ⚥ Fl. Juin; fr. Août-Septembre.**

Hab. Pyrénées-Orientales, centrales et occidentales; régions sub et alpines; Lac Bleu, Pic du Midi, etc. CCC.

2. Corolle campanulée; feuilles persistantes.

V. Vitis-idæa *L. sp.* 500; *D C.; Lap.; Dub.; Lois.; Borr.; Gren. Godr.* — Fleurs blanches ou rosées, en grappes courtes et terminales, penchées, naissant au sommet des rameaux. Pédoncules très courts. Bractées ciliolées. Calice à 5 lobes triangulaires, ciliolés. Corolle à lobes ovales-obtus, roulés en dehors. Anthères dépourvues d'appendices. Baie globuleuse, rouge, acidulée. Feuilles entières ou faiblement dentées, à bords roulés en dessous, obovées, glabres ou ciliées à la base, luisantes en dessus, plus pâles en dessous et ponctuées par des glandes brunes. Tiges de 1-2 décimètres, dressées-ascendantes; rameaux dressés, pubescents. Feuilles ressemblant à celles du *Buxus sempervirens*. Racine rampante. ⚥ Fl. Juin; fr. Août-Septembre.

Hab. Pyrénées-Orientales et centrales; les bois, les pâturages; Aiguecluse, Craberes, Castalet, Madres (*Lap.*); Cazaü d'Estiba de Luz. C.

402. OXYCOCCOS *Tournef. inst.* 655. — Corolle en roue, divisée presque jusqu'à la base en 4 lobes lancéolés et réfléchis sur le calice. — Le reste comme dans le genre *Vaccinium*. Tige filiforme, couchée, radicante. Feuilles persistantes.

O. Vulgaris *Pers.; Lois.; Borr.; Gren. Godr.; Vaccinium oxycoccos L. sp.* 500; *D C.; Lap.; Lam.; Dub.; Mut.; Schollera oxycoccos Hayne.* — Fleurs roses, penchées sur des pédoncules axillaires, filiformes, beaucoup plus longs que les fleurs, solitaires, géminés ou ternés. Calice à divisions courtes, arrondies. Corolle à divisions lancéolées-obtuses. Baie globuleuse, rouge. Feuilles ovales, petites, très entières, à bords roulés en dessous, souvent réfléchies, vertes et luisantes en dessus, glauques et blanchâtres-pruineuses en dessous. Tiges filiformes, très rameuses, couchées-radicantes. Racine rampante. ⚥ Fl. Juin; fr. Août.

Hab. Pyrénées-Orientales; les lieux marécageux; Madres, Canigou, Llaurenti. R.

LXI. ERICINÉES.

Fleurs hermaphrodites, régulières ou sub-irrégulières. Calice persistant, formé de 4-5 sépales plus ou moins soudés a la base. Corolle monopétale, souvent urcéolée et *marces-cente*, à 4-5 divisions. 8-10 étamines insérées sur le réceptacle ou à la base de la corolle. Anthères biloculaires, prolongées à la base en deux petites cornes. Ovaire simple, libre, inséré sur un disque hypogyne. 1 style à stigmate simple. Fruit multiloculaire polysperme, sec et capsulaire ou charnu, en forme de baie. Graines menues, fixées sur un placenta central. Embryon droit dans l'axe d'un périsperme charnu. Sous-arbrisseaux à feuilles indivises.

403. ARBUTUS *Tournef. inst.* 598 (*Arbousier*). — Calice à 5 divisions. Corolle sub-globuleuse ou ovoïde-campanulée, à 5 lobes réfléchis. Etamines 10, portant sur le dos deux appendices filiformes réfléchis. Fruit bacciforme, granulé, tuberculeux, à 5 loges.

A. Unedo *L. sp.* 566; *D C.; Lap.; Dub.; Lois.; Mut.; Gren. Godr.; Unedo edulis Link.; Clus.* — Fleurs d'un blanc jaunâtre, vertes au sommet, penchées, disposées en grappe courte. Pédoncules un peu plus courts que la corolle. Bractées très courtes, ovales, glabres extérieurement, ciliolées. Corolle ovoïde-urcéolée, divisée au sommet en 5 lobes courts, ciliolés, dressés. Filets des étamines velus-laineux. Anthères éperonnées. Baie grosse, globuleuse, couverte de tubercules, rouge à la maturité. Feuilles persistantes pendant l'hiver, grandes, oblongues ou oblongues-lancéolées, très coriaces, glabres, luisantes, dentées en scie. Pétiole court et parfois ailé. Tiges de 1-3 mètres, dressées, rameuses, à bois dur, à écorce rude, à jeunes pousses rudes et poilues. ♃ Fl. Février; fr. Octobre.

Hab. Pyrénées-Orientales et occidentales: environs de Perpignan et de Bayonne. CCC.

404. ARCTOSTAPHYLOS *Adans. fam.* 2, *p.* 165 (*Busserolle*). — Calice persistant, à 5 divisions. Corolle ovale-urcéolée, à bords courts, enroulés, à 5 dents. 10 étamines incluses. Anthères s'ouvrant par deux pores munis de deux arêtes réfléchies. Drupe en forme de baie globuleuse, à 5 loges monospermes.

A. Alpina *Spreng.; Koch; Gren. Godr.; Arbutus alpina L. sp.* 566; *D C.; Lap.; Dub.; Lois.; Mut.* — Fleurs blanches, petites, penchées, agrégées 2-3 au sommet des rameaux, pédonculées. Bractées ovales, minces, ciliées. Calice à lobes larges et courts. Corolle ovoïde-urcéolée, à 10 côtes à la base, à segments courts et réfléchis, velus sur la face interne. Filets des étamines un peu poilus. Anthères à appendice

sub-nul. Baie très petite, globuleuse, d'un bleu noirâtre.
Feuilles caduques, très rapprochées sur les jeunes rameaux,
obovées, atténuées en pétiole poilu, à limbe rugueux, vertes
en dessus, plus pâles en dessous, veinées-réticulées **sur les
deux faces**, denticulées tout autour, ciliées, à cils **caducs**.
Tiges de 1-6 décimètres, écailleuses, étalées, **rampantes**, à
jeunes rameaux glabres. Racine rampante. ♃ Fl. Mai-Juin;
fr. Juillet-Août.

Hab. Pyrénées centrales: région alpine, Pic d'Ayré, Escaubous,
col d'Aouet, près la crête d'Arises. C.

A. Officinalis *Wimm.; Koch; Borr.; Gren. Godr.; Arbutus uva-ursi L. sp.* 566; *D C.; Lap.; Lois.; Mut.* — **Fleurs**
blanches, roses au sommet, souvent rosées, penchées, **agrégées 5-8** en grappe courte, terminale, naissant **après les**
feuilles. Pédoncules plus courts que la corolle. Bractées
lancéolées, épaisses, pulvérulentes. Calice **à lobes larges et
courts**. Corolle à segments courts, réfléchis, velus **sur la**
surface interne. Filets des étamines pubescents. **Anthères**
munies au sommet de deux appendices filiformes. **Baie**
globuleuse, rouge. Feuilles persistantes pendant l'hiver,
coriaces, obovées, obtuses, entières, d'un vert foncé et luisant, glabres. Les jeunes pousses ont les feuilles ciliéeslaineuses. Tiges de 1-10 décimètres, écailleuses, étaléesrampantes. ♃ Fl. Mai-Juin; fr. Août.

Hab. Toute la chaîne: les régions sub et alpines. Cet arbuste sert
de bois de chauffage dans beaucoup de vallées froides et déboisées.

405. ANDROMEDA *L. gen.* 549 (*Andromède*). —
Calice à 5 divisions. Corolle ovoïde, caduque, contractée à la
gorge, à 5 segments. 10 étamines. Capsule à 5 loges, à 5
valves, à déhiscence *loculicide*.

A. Polifolia *L. sp.* 564; *D C.; Lap.; Dub.; Lois.; Mut.;
Borr.; Gren. Godr.; Rhododendron polifolium Scop.* — **Fleurs**
blanches, lavées de rose, penchées, réunies 4-8 presque en
ombelle au sommet des rameaux. Pédoncules uniflores.
Bractées lancéolées, rosées. Calice divisé en lanières ovales.
Corolle globuleuse-urcéolée, à lobes courts et roulés **en**
dehors. Anthères munies de deux appendices. Capsule globuleuse, noire et glauque. Feuilles persistantes, brièvement
pétiolées, coriaces, elliptiques-oblongues, mucronées, entières, roulées sur les bords, vertes et luisantes en dessus,
blanches et pourvues de fortes côtes en dessous. Tiges de
1-3 décimètres, un peu diffuses, couchées et radicantes à la
base. Racine rampante. Plante très glabre, ligneuse. ♃ Fl.
Mai-Juin; fr. Août.

Hab. Pyrénées-Orientales: marais, Roc blanc au Llaurenti *Lap.* IIIIr

406. CALLUNA *Salisb.* *(Callune).* — Calice à 4 divisions colorées, plus long que la corolle, entouré en dehors de 4 bractées en forme de calice. Corolle campanulée, à 4 divisions plus courtes que le calice. 8 étamines. Capsule à 4 loges et à 4 valves, à cloisons opposées aux sutures, fixée sur l'axe central.

C. Vulgaris *Salisb.; Borr.; D. C.; Gren. Godr.; Calluna erica D C.; Dub.; Erica vulgaris L. sp.* 501; *Lap.; Lois.; Mut.; Lam.* — Fleurs roses, rarement blanches, penchées, en grappe uni-latérale au sommet des rameaux, brièvement pédonculées. Calice scarieux, coloré, à sépales lancéolés et obtus, entouré à la base de petites bractées vertes et imbriquées. Corolle très petite, campanulée, à 5 divisions profondes et lancéolées. Étamines à anthères munies d'appendices. Stigmate saillant, quadrifide. Capsule velue. Feuilles petites, sessiles, imbriquées sur 4 rangs sur les jeunes rameaux, lancéolées-linéaires, glabres ou brièvement ciliées, convexes sur le dos, prolongées à la base en deux appendices subulés, contigus et quelquefois soudés. Tiges de 3-9 décimètres, couchées à la base ou redressées, très rameuses, tortueuses. ♃ Juillet-Septembre.

Hab. Pyrénées, friches jusque dans les régions alpines. CCC.

407. ERICA *L. gen.* 484 *(Bruyère).* — Calice à 4 divisions. Corolle campanulée ou urcéolée, à limbe à 4 lobes, plus longue que le calice. 8 étamines. Capsule à 4 loges. Anthères échancrées au sommet. Graines nombreuses dans chaque loge.

E. Vagans *L. mant.* 230; *D C. prod.; Lap.; Lois.; Mut.; Borr.; Gren. Godr.; E. multiflora D C. fl. fr.; Dub.; E. decipiens St-Am.; Eng. bot.* — Fleurs roses, ordinairement en longue grappe ou ramassées en capitule lâche, sub-verticillées le long ou vers l'extrémité des rameaux, pédonculées. Bractées et bractéoles du pédoncule lancéolées. Calice à dents ovales-lancéolées. Corolle ovoïde, aussi longue que large. Pédoncules naissant 2-3 ensemble. Étamines à anthères latérales, à loges séparées dans toute leur longueur. Capsule ovoïde, glabre. Feuilles verticillées par 4-5, d'un vert clair, étroitement linéaires, convexes et marquées d'un sillon en dessous. Tige de 3-10 décimètres, rameuse, à rameaux allongés dressés. Plante glabre, tortueuse. ♃ Juin-Juillet.

Hab. Les contreforts des Pyrénées centrales et occidentales. CCC.

E. Ciliaris *L. sp. 505; D C.; Lap.; Dub.; Lois.; Mut.; Borr.; Gren. Godr.* — Fleurs grandes, d'un beau rose, disposées vers le sommet des rameaux en grappe lâche, axillaire, allongée. Pédoncules courts. Calice petit, à divisions lancéolées, longuement ciliées. Corolle rose ou purpurine, tubuleuse-urcéolée, à lobes très courts et obtus. Feuilles verticillées par 3-4, ovales, planes, petites, ciliées, d'un vert foncé en dessus, blanchâtres-pubescentes en dessous, à bords roulés en dessous. Tige de 2-6 décimètres, dressée, rameuse, à rameaux hérissés. ⚥ Juillet-Septembre.

Hab. Pyrénées occidentales; pays Basque, environs de Bayonne. C.

E. Tetralix *L. sp. 502; D C. Lap.; Dub.; Lois.; Mut.; Borr.; Gren. Godr.* — Fleurs d'un rose plus ou moins vif, ou couleur de chair, terminales, réunies 5-10 en capitule court et compacte; pédoncules courts, laineux-blanchâtres, ainsi que le calice. Celui-ci à dents lancéolées, ciliées. Corolle ovoïde, urcéolée, penchée. Anthères munies de deux arêtes dentées. Capsule à 8 angles, velue-soyeuse. Feuilles verticillées par 4, linéaires, pubescentes, roulées sur les bords et bordées de longs cils. Tige de 1-6 décimètres, à rameaux pubescents ou hérissés. ⚥ Juillet-Septembre.

Hab. Pyrénées-Orientales, centrales et occidentales; les friches, les lieux un peu humides; monte jusqu'à Barèges. CCC.

E. Cinerea *L. sp. 501; D C.; Lap.; Dub.; Mut.; Borr.; Gren. Godr.; E. viridi-purpurea Gouan; Lois.; E. mutabilis Salisb.* — Fleurs d'un rouge violacé, terminales et naissant à l'extrémité de petits rameaux axillaires, feuillés, en panicule terminale. Pédoncules obscurément pulvérulents, égalant presque la corolle. Celle-ci ovoïde-urcéolée, à lobes courts. Calice à dents lancéolées, scarieuses sur les bords. Anthères à appendices sétiformes. Capsule globuleuse, glabre, à 5 sillons. Feuilles verticillées par trois, glabres, luisantes, linéaires, très étroites, munies à leur aisselle de fascicules de feuilles. Tige de 3-6 décimètres, dressée, raide, très rameuse, à rameaux pulvérulents. ⚥ Juin-Août.

Hab. Les contreforts inférieurs des Pyrénées. CC.

E. Arborea *L. sp. 502; D C.; Lap., Dub.; Lois.; Mut.; Gren. Godr.; E. caffra Andr.; E. stylosa Rud.; E. scoparia Thuab.; E. procera Salisb.; E. elata Link.* — Fleurs d'un blanc légèrement rosé, petites, terminales, en panicule pyramidale très allongée, penchée. Calice cilié, rarement glabre, à dents ovales, deux fois plus courtes que la corolle. Celle-ci campanulée, à lobes larges, obtus, non contractés à la gorge, réfléchis après l'anthèse. Anthères brunes, munies à la base de deux appendices aplatis, ciliés. Capsule glabre. Feuilles verticillées par 3-4, linéaires, sillonnées sur le dos, glabres. Tiges de 1-3 mètres, couchées, puis dressées, très rameuses, à rameaux blanchâtres, poilus-lanugineux, à poils inégaux, rameux, plumeux ou glochidiés. ♃ Juin-Juillet.

Hab. Pyrénées-Orientales et centrales: Pratto-de-Mollo; vallées de Luchon, de Gazost, de Cauterets, de Luz, de Labassere. CCC.

E. Scoparia *L. sp.* 502; *D C.; Lap.; Dub.; Mut.; Borr.; Gren. Godr.; E. fucata Thunb.; E. virgulata Wendl.; E. viridipurpurea Lois.* — Fleurs d'un vert jaunâtre, petites, globuleuses, en longue grappe multiflore. Calice glabre, à divisions ovales. Corolle à lobes larges, atteignant la moitié de la longueur du calice. Feuilles rapprochées, dressées, verticillées par 3-4, sans rameaux à leur aisselle, glabres, linéaires, très étroites, marquées d'un sillon dorsal. Tige de 3-12 décimètres, dressée, rameuse, à rameaux glabres, dressés. ♃ Mai-juin.

Hab. Pyrénées-Orientales et occidentales: environs de Perpignan, Bayonne, etc. CCC.

408. PHYLLODOCE *Don.* — Calice à 5 parties. Corolle ovoïde-urcéolée, à 5 dents. 10 étamines. Anthères deux fois plus courtes que les filets, tronquées à la base, s'ouvrant au sommet par deux pores. Stigmate pelté, à 5 lobes. Capsule à 5 valves.

P. Cœrulea *Gren. Godr.; P. taxifolia Salisb.; D C. prod.; Andromeda cerulea L. sp. ed.* 1, *p.* 393 *et ed.* 2, *p.* 563; *Erica cœrulea Willd.; Menziesia cœrulea Swartz.* — Fleurs bleues-violacées, terminales, 2-8 en ombelle au sommet des rameaux. Pédoncules uniflores, pourpres, souvent poilus-glanduleux et plus longs que la fleur. Calice à dents lancéolées, poilues-glanduleuses. Corolle ovoïde-urcéolée. Anthères mutiques. Capsule hispide. Style plus long que la capsule. Feuilles linéaires-oblongues, très obtuses, très rapprochées, imbriquées, persistantes, vertes, glabres, rudes tout autour, pâles en dessous. Tige de 1-2 décimètres, rameuse. Souche rampante. ♃ Juin.

Hab. Pyrénées centrales: près du port de la Glere, sur le bord des roches couvertes de gazon; Pic de la Mine, Médassole; port de Clarabide. RR.

409. DABOECIA *Don.* — Calice à 4 divisions. Corolle ovoïde-ventrue, à 4 lobes. 8 étamines. Anthères aussi longues que les filets, sagittées. Stigmate obtus. Capsule à 4 loges, à 4 valves, à déhiscence *septicide*.

D. Polifolia *Don.: D C. prod.: Gren. Godr.: Andromeda Daboecii L. syst. 406. A. montana Salisb.: Erica Daboecii L. sp. 509; Lap.: Menziezia Daboecii D C.: Dub.: Lois.: Mut.* — Fleurs roses ou violettes, grandes, axillaires, en grappe terminale lâche. Pédoncules plus courts que la fleur, poilus-glanduleux ainsi que le calice. Celui-ci à dents profondes, lancéolées, ciliées. Corolle oblongue-sub-urcéolée, à lobes très courts. Anthères noirâtres. Capsule hispide, sub-glanduleuse. Graines petites, brunes, couvertes de papilles blanches. Feuilles éparses, ovales-elliptiques, à pétiole court, entières, à bords roulés en dessous, vertes en dessus, blanches-tomenteuses en dessous, munies de longs cils blancs tout autour, quelquefois glanduleux au sommet, souvent munies de faisceaux de feuilles plus étroites à l'aisselle des feuilles ou de feuilles éparses plus étroites. Tiges de 2-4 décimètres, brunes, pubescentes ou glabres, à rameaux ascendants. Racine longue, rampante. ♃ Juillet-Octobre.

Hab. Pyrénées occidentales, tout le pays Basque. CCC.

410. LOISELEURIA *Desv. Jour.* — Calice à 5 divisions. Corolle campanulée, à 5 lobes. 5 étamines. Anthères s'ouvrant par deux fentes longitudinales. Capsule bi-triloculaire, à 2-3 valves bifides.

L. Procumbens *Desv.: Lois.: D C. prod.; Gren. Godr.; Azalea procumbens L. sp. 215; D C. fl. fr.: Lap.; Dub.; Mut.* — Fleurs d'un beau rose, terminales, 2-5 en ombelle au sommet des rameaux. Pédoncules uniflores. Calice à divisions ovales-lancéolées. Calice, corolle et pédoncules roses. Capsule globuleuse. Feuilles opposées, petites, ovales-obtuses, convexes, brillantes, marquées d'un sillon en dessus, munies en dessous d'une nervure saillante qui, avec les bords réfléchis de la feuille, forme des sillons. Tige de 1-4 décimètres, très rameuse, ligneuse, couchée-étalée, à rameaux diffus. ♃ Juin.

Hab. Pyrénées centrales; crête d'Arises, Pic du Midi au nord, port de Vénasque, cirque de Troumouse. RR.

411. RHODODENDRON *L. gen. 548.* — Calice à 5 divisions. Corolle infundibuliforme, plus ou moins irrégulière, à 5 lobes. 10 étamines. Anthères s'ouvrant au sommet par deux pores. Stigmate capité. Capsule 5-loculaire, plus rarement 8-10-loculaire, à 5-8-10 valves. Feuilles persistantes.

R. Ferrugineum *L. sp. 562; D C.: Lap.: Dub.: Lois.: Mut.: Gren. Godr.* — Fleurs d'un rouge rosé, terminales, presque en ombelle au sommet des rameaux. Pédoncules chagrinés-tuberculeux, glanduleux, munis de bractéoles capillaires, ciliées, glanduleuses au sommet. Calice très petit, glanduleux au sommet, muni de cils longs et blancs. Corolle d'un rouge briqueté, parsemée de tubercules dorés, glanduliformes, à limbe large, ouvert, à lobes obovés, ciliés sur les bords. Capsule glanduleuse. Graines jaunes, sub-striées longitudinalement, elliptiques, renflées. Feuilles presque en rosette, rapprochées au sommet des rameaux, coriaces, ovales-lancéolées, entières, glabres, ciliées sur les bords, d'un vert foncé en dessus, blanchâtres puis devenant ferrugineuses en dessous, munies d'une forte nervure. Tige de 3-8 décimètres, ligneuse, très rameuse au sommet, formant buisson. ♃ Juillet.

Hab. Les régions sub et alpines. CCC.

R. Chamœcistus *L. sp. Lap.* — Fleurs moyennes, solitaires, roses. Sépales ovales-lancéolés, poilus-glanduleux de même que le pétiole. Feuilles petites, serrées, linéaires-lancéolées, entières, ciliées sur les bords. Plante petite, d'un décimètre, ligneuse, rameuse. ♃ Juillet-Août.

Hab Pyrénées-Orientales; montée du port de Berbegué (Ariége) (*Franqueville*). RRR.

LXI. PYROLACÉES.

Fleurs hermaphrodites, régulières. Calice persistant, à 5 lobes. 5 pétales libres ou plus ou moins soudés. Étamines doubles des pétales; anthères à deux loges, s'ouvrant par deux pores. Ovaires à 3-5 loges. Un style terminé par un stigmate arrondi ou lobé. Capsule à 3-5 loges. Graines petites, très nombreuses, entourées d'une membrane et réticulées. Fleurs en grappe ou solitaires.

412. PYROLA *Tournef. inst. p. 256.* — Les caractères du genre sont les mêmes que ceux de la famille.

P. Rotundifolia *L. sp. 567; D C.; Lap.; Dub.; Lois.; Mut.; Borr.; Gren. Godr.* — Fleurs blanches, légèrement colorées en rose ou couleur de chair, en longue grappe lâche, terminale. Pédicelles égalant les bractées sub-linéaires, ou plus courts qu'elles. Calice à 5 dents lancéolées-aiguës, de moitié plus courtes que la corolle. Pétales obovés. Étamines à filets arqués et épaissis au sommet, terminées par un anneau que surmontent les stigmates dressés et soudés. Capsule réfléchie. Feuilles sub-réniformes, arrondies ou ovales, bordées de dents à peine visibles et écartées, toutes **pétiolées**, radicales. Hampe nue, de 1-2 décimètres, portant **quelques** écailles. Racine rampante, émettant des **rejets feuillés. Fleurs** odorantes. ♃ Juillet.

Hab. Toutes les Pyrénées, dans toutes les **forêts subalpines. CC.**

P. Minor *L. sp.* 567: *D C.; Lap.; Dub.; Lois.; Koch; Borr.; Gren Godr.; P. rosea Engl. bot.; Mut.; P. intermedia Schleich.* — Fleurs roses ou blanchâtres, en grappe serrée. Calice à lobes larges, triangulaires, plus ou moins acuminés. Pétales dressés. Style droit, très court, ne dépassant pas la corolle, dépourvu d'anneau, terminé par 5 stigmates en étoile. Capsule réfléchie. Feuilles sub-réniformes, arrondies ou ovales, bordées de dents écartées peu visibles, pétiolées. **Tige de** 5-15 centimètres, courte, feuillée à la base puis nue, portant quelques écailles. Racine grêle, rampante. ♃ **Juin-Juillet.**

Hab. Les bois sub et alpins. C.

P. Secunda *L. sp.* 567: *D C.; Lap.; Dub.; Lois.; Mut.; Borr.; Gren. Godr.; P. secunda et hybrida Vill.* — Fleurs **d'un** blanc verdâtre, en grappe uni-latérale. Calice à divisions triangulaires, finement denticulées, très courtes. **Style droit,** plus long que la corolle, terminé par 5 stigmates étalés. Capsule réfléchie. Feuilles alternes, ovales-lancéolées, finement dentées en scie, à pétiole court. **Tige feuillée dans le bas,** munie de quelques écailles. Racine grêle, rampante. **Plante** de 5-12 centimètres. ♃ Juin-Juillet.

Hab. Pyrénées-Orientales et centrales; les bois; Llaurenti; Pic de Gard; Vielle; vallée de l'Esponne. C.

P. Uniflora *L. sp.* 568; *D C.; Lap.; Dub.; Lois.; Mut.; Borr.; Gren. Godr.; Moneses grandiflora Salisb. in Gray.* — Fleurs blanches, grandes, étalées, penchées, solitaires au sommet de la tige. Calice à divisions ovales-obtuses, frangées, plus courtes que la corolle. Celle-ci ovale-arrondie. Style droit, terminé par 5 stigmates dressés. Feuilles toutes radicales, petites, opposées ou verticillées, **arrondies, atténuées** en pétiole court, finement dentées en scie. **Tige de 5-8 centimètres**, courte. Racine grêle, longuement rampante. ♃ Juin-Juillet.

Hab. Pyrénées-Orientales et centrales; Orlu, Llaurenti; port de Vielle; Oule du Marboré, Cauterets près du port d'Espagne. R.

LXII. MONOTROPÉES.

Fleurs hermaphrodites. Calice à 4-5 sépales. Corolle hypogyne, persistante, à 4-5 pétales imbriqués dans le bouton.

8-10 étamines libres, dont la moitié sortent du milieu de glandes qui entourent la base de l'ovaire et l'autre moitié alternent avec ces glandes; anthères peltées, adnées aux filets. 1 style à stigmate simple, infundibuliforme. Capsule à 5 loges, à 5 valves. Graines nombreuses. Plantes parasites, placées sur la racine des sapins.

418. MONOTROPA *L. gen.* 536. — Calice à 4-5 divisions pétaloïdes, planes. 4-5 pétales gibbeux, nectarifères à la base. 6-10 étamines. Stigmate cupuliforme. Capsule à 4-5 loges, velue. Fleurs en grappe.

M. Hypopithys *L. sp.* 555; *D C.*; *Lap.: Dub.; Lois.; Mut.: Borr.; Gren. Godr.: M. hypophegea Wallr.; Rchb.; M. glabra Bernh.; Hypopithys multiflora Scop.: Borr.* — Fleurs d'un jaune très clair, velues à l'intérieur, brièvement pédonculées, en grappe terminale serrée et recourbée au sommet. Calice à divisions étroitement lancéolées ou oblongues. Pétales dentés au sommet, brièvement éperonnés, arrondis, obtus. Capsule ovale, sillonnée intérieurement. Feuilles transparentes, dressées, ovales-oblongues. Tige de 1-2 décimètres, simple, épaisse, charnue. Souche écailleuse. Plante plus ou moins pubescente ou poilue-glanduleuse, surtout à l'intérieur des fleurs. ♃ Juillet-Août.

Hab. Pyrénées-centrales; les bois de Lhéris, d'Oubat et de Paillole. C.

COROLLIFLORES.

Calice formé de sépales plus ou moins soudés à la base. Corolle monopétale, hypogyne, irrégulière, insérée sur le réceptacle, distincte du calice. Étamines insérées sur la corolle. Ovaire libre.

LXIII. LENTIBULARIÉES.

Fleurs hermaphrodites, irrégulières. Calice persistant, à 2-5 divisions. Corolle caduque, en gueule, éperonnée. Deux étamines insérées à la base de la corolle. Ovaire libre, uni-loculaire. 1 style court. Stigmate à deux lèvres. Capsule polysperme. Embryon à deux cotylédons. Plantes aquatiques, herbacées.

414. PINGUICULA *Tournef. inst. p.* 167 *(Grassette).* Calice à 5 lobes, trois supérieurs et deux inférieurs. Corolle à deux lèvres : la supérieure bifide ; l'inférieure à trois lobes, munie d'un éperon à sa base. Stigmate à deux lames. Capsule à deux valves. Hampes uniflores.

1. Fleurs bleues ou violettes.

P. Vulgaris *L. sp.* 25; *D C.; Lap.; Dub.; Mut.; Borr.; Gren. Godr.* — Fleurs bleues ou violettes. Calice à divisions oblongues-obtuses. Lèvre supérieure de la corolle à deux lobes oblongs, plus longs que larges, contigus par leur bord interne ; lèvre inférieure à lobes oblongs, écartés l'un de l'autre ; éperon linéaire, égalant environ la moitié de la corolle. Capsule ovoïde-conique. Pédoncules 1-4 sur la même souche, plus ou moins glanduleux au sommet, ainsi que le calice. Feuilles toutes radicales, en rosette, d'un vert jaunâtre, grasses et comme mucilagineuses au toucher, ovales-oblongues, rétrécies à la base. Hampe de 5-8 centimètres, droite, glabre, terminée par une fleur. ♃ Mai-Juin.

Hab. Pyrénées centrales : lieux humides, lac de Lourdes. CCC.

P. Grandiflora *Lam.; D C.; Lap.; Dub.; Lois.; Eng. bot.; Mut.; Borr.; Gren. Godr.* — Fleurs violettes, rarement roses, grandes. Calice à divisions obovées, obtuses. Corolle ventrue, aussi large que longue ; lèvre supérieure à deux lobes obovés, plus ou moins imbriqués ; lèvre inférieure à lobes obovés, très larges supérieurement, plus étroits à la base, imbriqués ; éperon linéaire égalant près des deux tiers de la longueur de la corolle. Feuilles radicales elliptiques, obtuses, d'un vert jaunâtre, grasses, mucilagineuses. Hampes de 8-15 centimètres, 1-6 sur la souche, uniflores. Capsule ovoïde. ♃ Juin-Juillet.

Var. b. *Longifolia Gren. Godr.; P. longifolia D C.; Lap.; Endress.; Mut.* — Feuilles allongées-elliptiques, atténuées en pétiole. Fleurs aussi grandes que dans le type ou plus grandes. ♃ Juin-Juillet.

Hab. Le type : toutes les Pyrénées, lieux humides; var. b.: Pyrénées centrales, vallée d'Estaubé, Oule du Marboré, à la roche calcaire de St-Bertrand, vallée de Sia, port de Pinède. C.

2. Fleurs jaunes.

P. Alpina *L. sp. 25; D C.; Dub.; Lois.; Gren. Godr.; P. brachyloba Rchb.; P. villosa et alpina Vill.; P. flavescens Schrad.; Lap.; Mut.; P. alpestris Pers.* — Fleurs d'un blanc jaunâtre, marquées à la gorge de deux taches jaunes. Calice à peine glanduleux, ovale. Corolle petite ; lèvre supérieure à deux lobes courts, arrondis ; lèvre inférieure à trois lobes arrondis, courts, coniques. Capsule ovoïde. Pédoncules grêles, longs de 5-10 centimètres. Feuilles elliptiques, sessiles, d'un vert jaunâtre, très peu mucilagineuses. ♃ Juillet-Août.

Hab. Pyrénées centrales; région alpine froide, glaciers d'Oo, Esquierry, cirque d'Arbison, vallon de Cinq-Ours, lac Bleu. R.

P. Lusitanica *L. sp. 25; D C.; Lap.; Dub.; Lois.; Mut.; Borr.; Gren. Godr.; P. villosa Huds.; Linglf.; P. alpina Bergeret; Thore.; Schultz.; Rchb.* — Fleurs d'un blanc rosé, petites, à tube roussâtre et rayé de pourpre, très caduques. Calice glanduleux, à divisions sub-orbiculaires. Corolle plus longue que large; lèvre supérieure à lobes arrondis; les lobes inférieurs plus longs, échancrés et sub-bilobés; éperon court, linéaire, cylindrique, souvent un peu renflé. Capsule globuleuse. Pédoncules capillaires, longs de 6-15 centimètres, pubescents ou glanduleux vers le haut. Feuilles oblongues, obtuses, luisantes, d'un vert jaunâtre. ♃ Mai-Juin.

Hab. Pyrénées centrales et occidentales : les marais du lac de Lourdes; environs de Bayonne. C.

415. UTRICULARIA *L. gen.* 31 *(Utriculaire)*. — Calice bilabié, à deux lèvres. Corolle personnée, munie d'un eperon : lèvre inférieure grande, à palais renflé. 2 étamines. Capsule globuleuse, uniloculaire, s'ouvrant circulairement. Herbes à feuilles multifides.

U. Vulgaris *L. sp.* 26 ; *D C.; Lap.; Dub.; Lois.; Mut.; Borr.; Gren. Godr.* — Fleurs d'un beau jaune avec des stries orangées, en grappe simple, terminale, pédonculée, dressée au moment de la fructification. Bractées courtes, ovales. Corolle à gorge fermée par le renflement du palais ; lèvre supérieure entière, ondulée sur les bords ; lèvre inférieure plus grande, à bords réfléchis ; éperon conique. Feuilles ovales ou oblongues, ailées, multifides, à segments capillaires finement dentés-épineux, munis d'*utricules* globuleuses, comprimées. Hampe grosse, fistuleuse ; partie florifère nue, grêle ; partie submergée rameuse et très feuillée. ⚥ Juin-Juillet.

Hab. Pyrénées centrales ; marais du lac de Lourdes R.; St-Béat. *(Lap.)*.

LXIV. PRIMULACÉES.

Fleurs hermaphrodites, régulières. Calice à 4-5 sépales plus ou moins soudés à la base, persistants. Corolle monopétale, hypogyne, à 4-5 lobes. 4-5 étamines insérées sur la corolle et opposées à ses lobes. Ovaire libre, rarement adhérent. Un style. Stigmate simple. Capsule uni-loculaire, polysperme. Graines peltées. Embryon droit dans un périsperme charnu.

416. HOTTONIA *L. gen.* 203 *(Hottone)*. — Calice à 5 divisions profondes. Corolles à 5 lobes échancrés, à limbe plane et à tube court. 5 étamines sub-sessiles, insérées à la gorge de la corolle. Stigmate capité. Capsule globuleuse, mucronée.

H. Palustris *L. sp.* 208 ; *D C.; Lap.; Dub.; Lois.; Mut.; Borr.; Gren. Godr.* — Fleurs blanchâtres, rarement roses, en verticilles écartés et pédonculés au sommet de la tige. Pédoncules réfléchis au moment de la fructification, munis à la base d'une bractée subulée. Calice à dents linéaires-étalées, calleuses au sommet. Corolle à tube court, à limbe plane et divisé en lobes obovés. Capsule ovoïde-acuminée. Graines trigones. Feuilles verticillées, pinnatifides-pectinées, à lobes linéaires ; les supérieures en rosette. Tiges à partie

submergée, oblique et feuillée, émettant de la rosette de
longues radicelles; partie émergée nue au-dessous des fleurs.
Racine rampante. ♃ Mai-Juin.

Hab. Toute la chaîne; les marais, les forêts. CC.

417. PRIMULA *L. 'gen.* 197 *(Primevère).* — Calice tubuleux à 5 angles et à 5 dents. Corolle en entonnoir, à 5 lobes,
à tube cylindrique et renflé sous la gorge. 5 étamines incluses. Un style plus ou moins saillant. Capsule s'ouvrant au
sommet par 5 valves souvent bifides. Graines chagrinées.
Fleurs en ombelle. Feuilles toutes radicales.

Lorsque, dans ce genre, le style est inclus, la gorge de la corolle
est renflée et la plante fructifère, les étamines ferment alors l'entrée
du tube de la corolle; mais lorsque le style est saillant, les étamines
sont incluses, le tube de la corolle est cylindrique et la plante stérile; chaque pied a la corolle renflée ou non renflée, il n'y a pas de
mélange des deux espèces de fleurs sur le même pied.

1. Calice anguleux égal ou sub-égal au tube de la corolle munie
   d'appendices à la gorge; folioles de l'involucre subulées.

P. Officinalis *Jacq.; Lam.; D C.; Dub.; Lois.; Borr.; Gren.
Godr.; P. veris var.* a. *officinalis L. sp.* 205; *Engl. bot.; Mut.*
— Fleurs grandes, d'un jaune soufre, avec 5 taches orangées
à la gorge, ordinairement nombreuses, rarement solitaires,
portées sur des pédoncules poilus-laineux partant de la souche, munis à la base des pédicelles d'une bractée lancéolée-
subulée aussi longue que les feuilles. Calice à 5 angles, velu
sur les angles, à dents lancéolées-acuminées. Corolle à gorge
plissée, à limbe plus ou moins plane sur les bords, à divisions
en cœur renversé. Capsule ovoïde, plus grande ou égalant le
tube du calice. Celui-ci appliqué sur elle. Graines brunes,
anguleuses, finement chagrinées, papilleuses. Feuilles obovales ou oblongues, obtuses, rugueuses, denticulées, velues
et pâles en dessous, atténuées insensiblement en pétiole très
étroit sur la souche, toutes en rosette. Plante d'un décimètre. ♃ Mai-Juin.

Var. a. *P. Thomasinii Jacq.; D C. prod.; Dub.; Borr.; Fries.;
Gren. Godr.; P. veris L. sp.* 205; *Lap.*—Fleurs d'un jaune plus
ou moins foncé, penchées du même côté ou dressées, à limbe
ouvert, étalé, en roue. Calice tomenteux, uniformément blanchâtre, renflé et ouvert dans la plante fertile, étroitement
appliqué au sommet dans la plante stérile, muni de dents
ovales brièvement mucronulées. Corolle plissée à la gorge,
munie à l'intérieur d'un anneau ou de lignes de couleurs
plus vives ou de 5 taches orangées. Capsule ovoïde très courte.

renfermée dans le calice. Graines noires, couvertes de papilles d'un blanc jaunâtre dans leur sommet. Feuilles très variables, ovales-obtuses, blanches, plus ou moins tomenteuses ou presque vertes en dessous, rugueuses, irrégulièrement crénelées-ondulées, brusquement atténuées en pétiole ailé. Plante de 8-12 centimètres, couverte plus ou moins d'un duvet court et tomenteux. ♃ Avril-Mai.

Var. b. **P. elatior** *Jacq.; D C.; Lap.; Dub.; Lois.; Mut.; Borr.; Gren. Godr.; P. veris var*. b. *elatior L. sp*. 204; *Clus*. — Fleurs d'un jaune pâle, inodores, grandes, en ombelles portées sur des pédicelles très irréguliers munis à leur base de bractées linéaires.—Fleurs fertiles penchées du même côté; calice à côtes vertes, pubescent-blanchâtre et plus ou moins transparent dans les intervalles, renflé; étamines et style saillants; corolle renflée sous la gorge.—Fleurs stériles; calice appliqué sur le tube, à dents lancéolées-acuminées et souvent tachées à la gorge de couleur jaune-orange; étamines saillantes; style inclus.—Capsule hors du calice, ovoïde. Graines brunes, papilleuses, moins grosses que dans la variété précédente. Feuilles ovales ou oblongues, plus ou moins brusquement atténuées en pétiole ailé, inégalement ondulées-dentées, ridées, plus ou moins glabres à la face supérieure, poilues et plus ou moins blanches en dessous; toutes radicales en rosette. Plante blanche-tomenteuse. Tige de 8-15 centimètres. ♃ Avril-Mai.

Var. g. **P. alpina minor** *Lap.; P. intricata Gren. Godr*. — Fleurs d'un jaune pâle, petites, à limbe en entonnoir, à tube hors du calice, grêles. Calice pyriforme ouvert au sommet, à dents acuminées. Limbe de la corolle à peine denté au sommet. Capsule incluse, devenant saillante par la culture. Feuilles dentées tout autour, vertes, ridées, presque glabres, oblongues-obtuses, à limbe insensiblement atténué en pétiole et légèrement ailé. Racine rosée à l'intérieur. Plantes de 4-8 centimètres.

Hab. Le type : Pyrénées occidentales; environs de Bayonne RR.; var. a.: Pyrénées centrales, les bois, les prairies, les lieux couverts, Médoux, vallée de Campan, Gripp, Paillole, Lhéris. CC.: var. *b*. : toute la chaîne, dans les bois et les lieux couverts CCC.; var. *g*. : Pyrénées centrales; cirque de Gavarnie, Pic du Midi, Néouvielle, cirque d'Arbison, lac Bleu. R.

2. Calice arrondi, sub-égal au tube de la corolle; folioles de l'involucre épaissies.

P. Farinosa *L. sp*. 205; *D C.; Lap.; Dub.; Lois.; Mut.; Gren. Godr*. — Fleurs purpurines, dressées, en ombelle. Pédicelles inégaux, brièvement pulvérulents, munis à leur base de bractées linéaires. Calice à dents ovales-lancéolées et pulvérulentes, muni de côtes vertes et blanchâtres dans les intervalles. Corolle à gorge munie d'écailles jaunes, à tube dépassant peu le calice, très étalée, à limbe souvent bifide. Capsule sub-cylindrique, dépassant le calice, alors appliqué. Feuilles en rosette, obovales-oblongues, atténuées en pétiole ailé, très superficiellement dentées, glabres en dessus, blanches-pulvérulentes en dessous. Tige de 5-15 centimètres, blanche-tomenteuse, puis devenant glabre. ♃ Juin-Juillet.

Hab. Pyrénées centrales, les lieux humides sub et alpins; lac Bleu, Pic du Midi, col d'Aouet, col d'Arises. CC.

P. Auricula *L. sp.* 205 ; *D C.; Lap.; Dub.; Mut.; Gren. Godr.; P. lutea Vill.; Clus.; Jacq.; Schultz.; Rchb.* — Fleurs d'un jaune pâle, odorantes, à tube longuement saillant hors du calice, en ombelle, à pédicelles inégaux, grêles, munis à leur base de bractées courtes, ovales-lancéolées, obtuses, pulvérulentes, ainsi que le pédoncule et le calice. Celui-ci très court, à dents ovales sub-arrondies. Corolle à gorge pulvérulente, à limbe sub-plane. Capsule égalant le calice. Feuilles oblongues et obovales, irrégulièrement dentées vers le sommet ou très entières, plus ou moins pulvérulentes ou glabres, atténuées en pétiole ailé, ciliées-glanduleuses sur les bords. Tige d'un décimètre, pulvérulente. Souche épaisse. ♃ Juin-Juillet.

Hab. Pyrénées centrales ; rochers d'Escaubous. RRR.

P. Viscosa *Vill.; Mut.; Gren. Godr.; P. villosa Jacq.; Lap.; P. hirsuta All.; D C.* — Fleurs grandes, d'un pourpre clair, 1-10 en ombelle. Pédicelles inégaux, munis de bractées arrondies couvertes de poils glanduleux, ainsi que le pédoncule et le calice. Celui-ci court, à dents ovales-obtuses. Corolle étalée en entonnoir, à gorge un peu pulvérulente. Capsule un peu plus courte que le calice. Graines brunes, anguleuses. Feuilles obovées ou sub-orbiculaires, en coin à la base, d'un beau vert, luisantes, atténuées en pétiole large et ailé, ciliées-glanduleuses, visqueuses sur les deux faces, crénelées, à dents rapprochées. Plante de 3-10 centimètres, d'un vert noirâtre. Racine très longue, forte, couverte des débris des anciennes feuilles. ♃ Juin-Juillet.

Hab. Pyrénées-Orientales et centrales; région alpine, fentes des roches humides : vallée d'Eynes, Llaurenti, Honnt Blanquo, lac Bleu, Bizourtère, ports d'Oo, de Plan, etc. CC.

P. Integrifolia *L. sp.* 205 ; *D C.; Lap.; Dub.; Lois.; Mut.; Gren. Godr.; P. Candolleana Rchb.; P. Clusiana Tausch.;*

P. spectabilis Tratt. — Fleurs roses ou purpurines, grandes, 1-3 en ombelle, à pédicelles courts, dressés, munis de poils glanduleux ainsi que le pédoncule et le calice. Celui-ci à dents ovales-obtuses, poilu-glanduleux, coloré. Corolle à tube long, à gorge pulvérulente, à limbe étalé, **profondé-ment bifide**. Capsule plus courte que le calice. Feuilles oblongues-allongées, entières, atténuées en pétiole ailé, d'un vert gai, glabres, ciliées-glanduleuses tout autour. Plante de 3-8 centimètres. ♃ Juin-Juillet.

Hab. Pyrénées-Orientales et centrales; région sub et alpine, lieux humides: Lhéris, lac Bleu, Piés du Midi, d'Ereslids; ports de Vénasque, de Peyresourde, de Plan; Eaux-Bonnes. CCC.

3. Capsule à 5 valves s'ouvrant du sommet à la base et ne contenant que deux graines.

P. Vitaliana *L. sp.* 286; *D C. fl. fr.; Lois.; Androsace lutea Lam.; Androsace vitaliana Lap.; Aretia vitaliana L. syst.* 162; *Mut.: Gregoria vitaliana Dub.; D C. prod.; Gren. Godr.* — Fleurs jaunes, 1-5, terminales et axillaires au sommet des rosettes de feuilles, devenant vertes par la dessication. Pédoncules uniflores très grêles, renflés sous le calice. Celui-ci à lobes sub-linéaires. Corolle à tube renflé sous la gorge, plus long que le calice, à lobes étalés, dressés, ovales, arrondis au sommet, ou ovales-lancéolés, entiers, à gorge garnie de 5 glandes, d'un jaune orangé. Feuilles toutes en rosette, sessiles, lancéolées-linéaires, superposées et plus ou moins distantes. Plante couverte de poils étoilés. Tiges très rameuses, étalées et formant d'épais gazons. ♃ Juin-Juillet.

Hab. Toute la chaine, région alpine; Piquette d'Ereslids et au-dessus du lac d'Oncet. CCC.

418. ANDROSACE *Tournef. inst. p.* 123. — Calice à 5 divisions. Corolle petite, infundibuliforme ou en coupe, à 5 lobes, resserrée à la gorge, souvent munie d'appendices colorés. Style court. Capsule globuleuse, s'ouvrant par 5 valves de la base au sommet. Graines 2-5.

1. Fleurs axillaires ou solitaires.

A. Pubescens *D. C.; Dub.; Gren. Godr.; A. alpina L. sp.* 203; *Lap.; Aretia pubescens Lois.; Aretia glacialis Mut.* — Fleurs violettes, roses ou blanches, à gorge jaune, solitaires, portées sur un pédoncule cylindrique coloré et renflé sous le calice. Celui-ci à lobes lancéolés, munis de poils courts, simples ou rameux. Capsule s'ouvrant de haut en bas, à deux graines en réseau à points enfoncés. Feuilles verticillées, très renflées sur le dos et comprimées, serrées, oblongues, sub-spatulées, plus ou moins obtuses, atténuées en large et court pétiole, pubescentes tout autour, à poils généralement simples. Feuilles plus ou moins persistantes. Tiges nombreuses, réunies en épais gazon. Souche grêle, souvent prolongée en longue racine, surtout dans les débris mouvants. ⚤ Juillet-Août.

Hab. Pyrénées centrales: région glacée, débris mouvants des roches: sommet du Pic du Midi, port de la Canau, Maladetta, port d'Oo. R.

A. Cylindrica *D C. fl. fr.; Dub.; Androsace frutescens Lap.; Androsace pubescens var.* d. *cylindrica Gren. Godr.; Aretia cylindrica Lois.; Mut.; Endress.; Aretia pubescens var.* b. *cylindrica Gay.* — Fleurs blanches, petites, solitaires, portées sur un long pédoncule grêle couvert de poils souvent crochus et étoilés. Calice à divisions lancéolées-aiguës, à nervure verte et saillante, carénées sur le dos. Capsule sphérique, renfermée dans le calice. Graine brune, ovoïde, sub-trigone, couverte de papilles brunes et de quelques paquets de poils étoilés, blancs. Feuilles en rosette, très serrées, réfléchies, elliptiques, étroitement linéaires-lancéolées, plus ou moins obtuses, couvertes de poils simples et étoilés. Tiges formant des colonnes nombreuses sub-cylindriques. Plante couverte de poils simples ou rameux, souvent crochus à leur sommet. Racine sous-frutescente. ⚤ Juillet-Août.

Var. a. *Hirtella; Androsace hirtella L. Duf. act. s. lin. Bordeaux; A. pubescens var.* g. *hirtella Gren. Godr.* — Pédoncules très courts. Fleurs blanches. Calice à divisions lancéolées, vertes au sommet. Souche émettant un grand nombre de tiges rameuses au sommet, couvertes de petites feuilles verticillées, très serrées, elliptiques, linéaires, étroites, obtuses, atténuées en pétiole grêle. Plante couverte de poils simples et rameux, longs et blancs. ⚤ Juin-Juillet.

Hab. Le type : Pyrénées centrales: roches calcaires de St-Bertrand, près l'Oule du Marboré, localité unique (pendante et formant de gros paquets longs de 5-15 centimètres; difficile à prendre RRR.); var. *a.*: roches et débris calcaires, Soum d'Aucupat. R.

A. Pyrenaïca *Lam.; D C.; Dub.; Gren. Godr.; A. diapensoïdes Lap.; Mut.; Aretia pyrenaïca Lois.; Endress.* — Fleurs blanches, très petites, solitaires. Calice à divisions lancéolées carénées sur le dos, muni à la base d'une à deux bractées sub-scarieuses, glabres, de même que le calice. Pédoncules couverts de poils simples et étoilés. Graines ovoïdes, papilleuses par 4, placées contre un axe blanc, diaphane. Feuilles étroitement linéaires, verticillées, très serrées, obtuses, recourbées au sommet, couvertes de poils simples. Tiges nombreuses, couvertes de feuilles.

Plante formant gazon sur les rochers siliceux. ♃ Juin-Septembre.

Hab. Pyrénées centrales: Port de Vénasque, lac d'Oo, Mont St-Mammet, lacs d'Espingo, de Seculéjo; le Peyras, vallée de Campan, vallon du Lhéron, tours de Bizourtère. R.

A. Imbricata *Lam.; D C.; Dub.; Gren. Godr.; A. argentea Gærtn.; A. tomentosa Schl.; Gaud.; A. diapensia Vill.; Aretia argentea Lap.; Lois.; Endress.; Rchb.; Mut.*—Fleurs blanches, très petites, solitaires, portées sur un pédoncule souvent enfoncé dans les feuilles. Calice tomenteux à divisions lancéolées. Corolle à tube et gorge pourprés. Feuilles très courtes, verticillées, arquées, tomenteuses, **argentées**, à poils étoilés. Tiges en petite colonne cylindrique très serrée. Plante appliquée sur les roches siliceuses, **ayant le** *facies* d'un lichen. ♃ Juin-Juillet.

Hab. Toute la chaîne, les régions alpines; vallée d'Eynes, port de Vénasque, Pic du Midi, Vignemale, Mounné de Cauterets, pic d'Ossau. C.

2. Fleurs en ombelle.

A. Villosa *L. sp.* 203; *D C.; Lap.; Dub.; Lois.; Mut.; Gren. Godr.* — Fleurs blanches ou roses, veinées ou non veinées, à gorge purpurine ou jaune, en ombelle serrée, portées sur des pédicelles très courts entourés de bractées linéaires. Calice ovoïde, à lobes ovales. Corolle très étalée, à limbe entier, rarement bifide. Capsule ovoïde, renfermée dans le calice, contenant 1-2 graines brunes, ovoïdes, tronquées au sommet, couvertes de papilles blanches. Feuilles toutes radicales, en rosette, serrées, lancéolées-oblongues, longuement ciliées et couvertes de longs poils blancs-soyeux, devenant presque glabres en vieillissant. Tiges de 3-8 centimètres. Souche émettant un grand nombre de tiges et de rosettes de feuilles toutes couvertes de poils blancs. ♃ Juin-Juillet.

Hab. Toute la chaîne: vallée d'Eynes, Lhéris, Pics de Gard, etc. C.

A. Carnea *L. sp.* 208; *D C.; Lap.; Gaud.; Vill.; Dub.; Lois.; Mut.; Schultz.; Rchb.; Gren. Godr.* — Fleurs variables, rouges, roses, blanches ou couleur de chair, en ombelle serrée, portées sur des pédicelles courts, munies à leur base d'une collerette formée de bractées linéaires ou ovales, glabres. Calice glabrescent, turbiné, à divisions lancéolées-aiguës, vertes. Corolle à gorge jaune, munie de 5 glandes. Capsule ovoïde. Graines elliptiques, 1-2, comprimées. Feuilles toutes radicales, en rosette, étalées ou dressées, linéaires-aiguës, très étroites, carénées sur le dos, pulvérulentes. Tiges de 3-8 centimètres, longuement nues, pubescentes.

Souche rameuse, à rameaux terminés par des rosettes de feuilles et des tiges florifères. ♃ Juin-Juillet.

Hab. Toute la chaîne, régions alpines, pâturages. CC.

A. Maxima *L. sp.* 203; *D C.; Lap.; Dub.; Lois.; Jacq.; Schultz.; Mut.; Borr.; Rchb.; Gren. Godr.* — Fleurs blanches, à gorge jaune et plissée, en ombelle, portées sur des pédicelles inégaux entourés à leur base d'une couronne de folioles bractéiformes, obovées, étalées, pubescentes. Calice, à tube globuleux divisé en 5 lobes ovales, quelquefois dentés, velus, devenant très grand et glabre à la maturité. Corolle renfermée dans le calice, à limbe obové, entier. Capsule globuleuse. Graines grosses, velues sur les angles. Feuilles réunies en rosette radicale, glabres ou sub-glabres, elliptiques dans leur moitié supérieure, atténuées en pétiole court et ailé. Tiges de 5-8 centimètres. Souche émettant des tiges inégales, pourpres, couvertes de poils simples et longs. ♃ Mai-Juin.

Hab. Pyrénées-Orientales; Collioure, Bagnols. Mont-Louis, dans les champs. C.

419. CYCLAMEN *Tournef. inst. p.* 158 *(Cyclame).* — Calice à 5 divisions. Corolle à tube court, campanulé, à limbe à 5 divisions réfléchies, à gorge saillante. 5 étamines sessiles, insérées au sommet du tube. Capsule coriace, globuleuse, à 5 valves.

C. Repandum *Sibth.; Smith.; Gren. Godr.; C. vernum J. Gay.; Bertol.; Mut.: C. heredæfolium Ait.; Duh.; Lois.; C. ficariifolium Rchb.* — Fleurs petites, d'un blanc rosé, à gorge entière, d'un rouge violet, solitaires au sommet d'un long pédoncule. Style saillant. Calice plus long que le tube, à lobes ovales-lancéolés, acuminés, pubescents. Feuilles cordiformes-ovales, anguleuses, à mucron obtus, longuement pédonculées, souvent pourprées ou violettes en dessous. Souche en forme de tubercule, globuleuse, un peu déprimée, produisant une espèce de rhizome plus ou moins allongé qui porte des feuilles et des tiges fleuries. ♃ Juillet-Août.

Hab. Pyrénées-Orientales : fissures des roches calcaires à l'hermitage de St-Paul-de-Fenouilhades, à l'entrée du bois *(Lap., cap. Galant)* C.

420. SOLDANELLA *Tournef. inst. p.* 82 *(Soldenelle).* — Calice à 5 divisions courtes. Corolle campanulée, à 5 divisions multifides. 5 étamines à filets très courts. Un style long. Capsule ovale-oblongue, pyramidale, striée, s'ouvrant au sommet par une ouverture formée de 5-6 dents obtuses

S. Alpina *L. sp.* 206; *D C.; Lap.; Dub.; Lois.; Mut.; Gren. Godr.; S. montana Lecoq et Lamothe; Borr.; Moris.; S. alpina minor Clus.; S. Clusii Schm.; Gaud.* — Fleurs violettes, 1-4, axillaires, terminales, pédicellées. Calice à tube conique, à lobes sub-linéaires-obtus. Corolle campanulée, divisée en lanières linéaires. Écailles de la gorge à peine plus courtes que les filets des étamines et soudées avec eux. Feuilles pétiolées, à pétiole pulvérulent-glanduleux, à limbe orbiculaire et reniforme, entières ou obscurément crénelées. Tige de 5-15 centimètres, tuberculeuse, souvent glanduleuse dans sa partie supérieure. Souche oblique. ♃ Mai-Juin.

Hab. Pyrénées centrales, régions alpines; suit la fonte des neiges; Pic du Midi, lac Bleu, etc., etc. CCC.

S. Montana *Willd.; Koch; Gay.; Endr.; Gren. Godr.; S. Villosa Darracq. ann. soc. lin. Bord.; S. alpina major Clus.; Moris.; S. Clusii Bot. mag.* — Fleurs violettes, grandes. Pédicelles longs, uniflores, 1-4, réunis, munis de bractées courtes. Calice à tube campanulé, à divisions sub-linéaires-obtuses. Corolle à lanières inégales, courtes. Écailles de la corolle égalant les filets, aussi longues que larges, non soudées avec eux. Feuilles grandes, minces. Plante plus robuste que le *S. alpina* et plus pâle que la précédente. Tige velue au sommet. Souche oblique. ♃ Avril-Mai.

Hab. Pyrénées occidentales; Mont Harra, près Itsassoa, pas de Roland près Cambo *(Richter, Darracq.)* RR.

421. GLAUX *Tournef. inst. p.* 81. — Calice campanulé, à 5 divisions pétaloïdes. 5 étamines hypogynes insérées au fond du calice et alternes avec les lobes. Style filiforme. 1 stigmate capité. Capsule arrondie, à 5 valves. Graines peu nombreuses.

G. Maritima *L. sp.* 301; *D C.; Lap.; Dub.; Lois.; Gærtn.; Mut.; Borr.; Rchb.; Gren. Godr.* — Fleurs d'un blanc rosé, sessiles, axillaires, solitaires à l'aisselle des feuilles, disposées en longue grappe feuillée. Calice à divisions ovales-oblongues, obtuses. Capsule ovoïde. Feuilles la plus part opposées, sessiles, ovales-lancéolées, entières, un peu rugueuses. Tiges de 4-20 centimètres, un peu charnues, étalées, rameuses, radicantes à la base. Racine simple ou fibreuse. Plante glabre, glauque. ♃ Juin.

Hab. Pyrénées occidentales ; marais salants des environs de Bayonne. CCC.

422. ASTEROLINUM *Link. et Hoffm. fl. port.* 532 *Asterolin.* — Calice à 5 divisions lancéolées, subulées,

Corolle très courte, rotacée-campanulacée, à 5 lobes arrondis. 5 étamines filiformes, saillantes. Capsule globuleuse, enveloppée par le calice et la corolle persistants, à 5 valves, à 2-3 graines rugueuses creusées au centre.

A. Stellatum *Link.; Hoffm.; Dub.; Mut.; Gren. Godr.: Lysimachia linum-stellatum L. sp.* 211; *D C.; Lap.; Lois.; Schultz.; Rchb.* — Fleurs blanches, verdâtres, axillaires, solitaires, pédonculées, nombreuses. Pédoncules plus courts que les feuilles, penchés. Calice à divisions lancéolées-linéaires, acuminées-aristées, serrulées sur les bords, étalées en étoile. Corolle en roue, plus courte que le calice. Capsule globuleuse. Graines tuberculeuses. Feuilles opposées, sessiles ou sub-pétiolées, lancéolées-aiguës, un peu rudes sur les bords, denticulées. Tige grêle, rameuse, décombante ou simple, dressée. Racine grêle. ⓘ Mai-Juin.

Hab. Pyrénées-Orientales, lieux arides; Pratto-de-Mollo, dans les prés; Bagnols, au bas de la montagne de Fort-Sarral.

423. LYSIMACHIA *L. gen.* 205 *(Lysimaque).* — Calice à 5 divisions, en roue ou sub-campanulée, à 5 lobes, plus longue que le calice. 5 étamines augmentées souvent de 5 filets stériles. Capsule s'ouvrant au sommet en 5-10 valves rarement bi ou trifides. Graines nombreuses.

1. Fleurs en grappes terminales; étamines saillantes.

L. Ephemerum *L. sp.* 209; *D C.; Lap.; Dub.; Lois.: Mut.; Gren. Godr.; L. Olani Asso.; L. glauca Mœnch.; Schultz.; Rchb.: Ephemerum Mathioli Dod.* — Fleurs blanches, solitaires, naissant à l'aisselle d'une bractée linéaire, en grappe lâche et terminale. Pédicelles plus longs que la fleur. Calice à divisions ovales-obtuses. Corolle à divisions ovales. Capsule globuleuse, dépassant le calice. Graines nombreuses, brunes, sub-lisses. Feuilles opposées, lisses, glauques, lancéolées, allongées, entières, embrassantes, un peu décurrentes à la base. Souche grosse, rampante. ♃ Juillet-Août.

Hab. Pyrénées-Orientales et centrales : environs de Perpignan, de Mont Louis; vallée de Larboust, vis-à-vis la chapelle de St-Aventin et à la descente de Cazarilh par St-Aventin, lieux humides. C.

2. Fleurs en panicules axillaires; étamines incluses.

L. Vulgaris *L. sp.* 209; *D C.; Lap.; Dub.; Lois.; Mut.; Borr.; Gren. Godr.* — Fleurs jaunes, disposées en grappes rameuses, pédicellées et terminales, formant une large panicule. Pédicelles courts. Calice à divisions lancéolées, acuminées-subulées, ciliées. bordées d'une marge rouge. Corolle à segments ovales, munis supérieurement de petites glandes jaunâtres. Filets des étamines soudés dans leur tiers inférieur. Feuilles opposées, souvent ternées ou quaternées, brièvement pétiolées, ponctuées de noir, ovales-lancéolées, aiguës, entières ou sinuées, pubescentes en dessous. Tige de 6-10 décimètres, droite, rameuse, pubescente, sub-quadrangulaire. Racine rampante. Plante mollement velue. ♃ Juillet.

Hab. Bords des ruisseaux et marais. CCC.

L. Nummularia *L. sp.* 211; *D C.; Lap.; Dub.; Lois.; Mut.; Borr.; Gren. Godr.* — Fleurs jaunes, portées sur des pédoncules plus longs que les feuilles, uniflores, opposés, axillaires. Calice à divisions ovales-acuminées, en cœur. Corolle à lobes ovales, ponctués intérieurement de glandes jaunes. Feuilles opposées, brièvement pétiolées, souvent ponctuées de brun, orbiculaires, entières ou en cœur à la base. Tiges de 1-6 décimètres, couchées, rampantes, anguleuses, glabres, peu rameuses. Plante tout-à-fait glabre. ♃ Juin-Juillet.

Hab. Prairies humides, bords des fossés. CC.

L. Nemorum *L. sp.* 211; *D C.; Lap.; Dub.; Lois.; Mut.; Borr.; Gren. Godr.; Leroucria nemorum Mérat.; Godinella nemorum Lestib.; Ephemerum nemorum Rchb.* — Fleurs jaunes, uniflores, axillaires, portées sur des pédoncules grêles plus courts ou plus longs que les feuilles, recourbés à la maturité. Calice à segments lancéolés-linéaires, subulés. Corolle à lobes ovales-obtus, serrulés. Filets [des étamines libres à la base. Feuilles opposées, brièvement pétiolées, glabres, ovales-aiguës, entières. Tiges de 1-3 décimètres, couchées, un peu radicantes à la base, cylindracées, grêles, feuillées. Plante glabre ♃ Juin-Juillet.

Hab. Terrains siliceux, les prairies, les bois, bords des chemins. CCC.

424. CORIS *Tournef. inst. p.* 652. — Calice à 5 dents épineuses à la base. Corolle tubuleuse, à 5-7 lobes inégaux, bifides, presque à deux lèvres. 5 étamines didynames et glanduleuses à la base. Capsule à 5 valves et à 5 graines.

C. Monspeliensis *L. sp.* 252; *D C.; Lap.; Dub.; Lois.; Mut.; Gren. Godr.* — Fleurs d'un rose-bleuâtre, en grappe terminale. Pédicelles très courts. Calice à dents externes sétacées; les internes plus petites, triangulaires, ciliées, marquées au centre d'une tache d'un pourpre noir. Corolle bilabiée, à tube égal au calice. Feuilles nombreuses, linéaires, entières, mucronulées, sessiles, glabres, étalées ou réfléchies; les supérieures denticulées-épineuses. Tiges de 1-2 décimètres, gazonnantes, puis ascendantes-dressées, simples ou rameuses, pubescentes vers le haut de la grappe. Plante sub-ligneuse dans le bas. Racine dure, plus ou moins rameuse. ♃ Mai-Juin.

Hab. Pyrénées-Orientales ; Camp d'Amou, Bagnols, Notre-Dame-de-Pène, environs de Perpignan (*cap. Galant*).

425. CENTUNCULUS *L. gen.* 189 (*Centenille*). — Calice à 4-5 parties. Corolle plus petite que le calice, à tube renflé-globuleux, à limbe ouvert, 4-5 divisions. Étamines 4-5. Capsule globuleuse, s'ouvrant circulairement. Graines nombreuses.

C. Minimus *L. sp.* 169 ; *D C.: Lap.; Dub.; Lois.; Mut.; Borr.; Gren. Godr.* — Fleurs rosées ou blanchâtres, petites, sessiles, axillaires. Calice à segments linéaires-acuminés, subulés, plus longs que la corolle. Capsule globuleuse, apiculée, renfermée dans le calice. Graines petites, noires, triquètres, finement ponctuées. Feuilles sessiles ou brièvement pétiolées, ovales, entières, aiguës, étalées ; les inférieures opposées ; les supérieures alternes. Tige de 2-8 centimètres, grêle, rameuse, dressée, glabre. ☉ Juin-Juillet.

Hab. Pyrénées-Orientales ; Pratto-de-Mollo, dans le ruisseau. R.

426. SAMOLUS *Tournef. inst. p.* 143 (*Samole*). — Calice persistant. Corolle *hypocratériforme*, à 5 lobes ouverts, 5 étamines fertiles opposées aux divisions de la corolle et 5 stériles alternant avec elles. Capsule à 5 valves. Ovaire semi-infère. Graines munies d'un hile. Embryon droit.

S. Valerandi *L. sp.* 243 ; *D C.: Lap.; Dub.; Lois.; Mut.; Borr.; Gren. Godr.* — Fleurs blanches, longuement pédonculées, en grappes terminales, allongées. Pédoncules grêles, genouillés, munis à la courbure d'une bractée lancéolée. Calice à tube semi-globuleux, à dents ovales et dressées. Corolle petite, à tube court, à limbe étalé, à lobes obovés crénelés. Capsule plus courte que le calice. Graines brunes, trigones, lisses. Feuilles lisses, d'un vert glauque, entières ; les radicales en rosette, atténuées en pétiole ailé, obovées ; les caulinaires alternes. Tige de 1-3 décimètres, droite, cylindrique, glabre, souvent un peu rameuse au sommet. Racine fibreuse. ♃ Juin-Août.

Hab. Pyrénées-Orientales, centrales et occidentales ; lieux humides : étang d'Orlu, Asparagou, Barèges, vallon de la Glère, de Baïgorry à Bayonne (*Lap.*).

427. ANAGALLIS *Tournef. inst.* 142 (*Mouron.*) — Calice à 5 lobes. Corolle en roue, à 5 lobes, à tube court ou sub-nul. 5 étamines velues, insérées à la base de la corolle

1 style à stigmate capité. Capsules globuleuses s'ouvrant circulairement. Graines nombreuses.

A. Crassifolia *Thore.; D C.; Lap.; Dub.; Lois.; Mut.; Gren. Godr.* — Fleurs blanches, alternes, axillaires, pédonculées, dressées, puis réfléchies au moment de la fructification. Calice à dents lancéolées-acuminées, membraneuses sur les bords. Corolle à lobes ovales, glabres ou ciliés-glanduleux. Filets des étamines velus. Capsule globuleuse. Graines brunes, trigones, chagrinées. Feuilles alternes, pétiolées, sub-orbiculaires, munies d'une nervure. Tiges rampantes et radicantes, simples ou rameuses. Plante glabre et luisante. ♃ Juin-Juillet.

Hab. Pyrénées occidentales; marais, environs de Bayonne. R.

A. Arvensis *L. sp.* 211 ; *Dub.; Lap.; Lois.; Borr.; Mut.; Gren. Godr.* — Fleurs rouges, opposées, axillaires, pédonculées, étalées, puis réfléchies au moment de la floraison. Calice à dents lancéolées très aiguës, membraneuses sur les bords. Corolle étalée, à 5 lobes oblongs. Filets des étamines velus. Capsules globuleuses. Graines noires, finement rugueuses. Feuilles sessiles, opposées, ovales ou lancéolées, trinerviées, ponctuées de noir en dessous. Tiges de 1-2 décimètres, anguleuses, rameuses, diffuses. Plante glabre. ① Juin-Octobre.

Hab. Les champs et les lieux cultivés. CC.

A. Cœrulea *Schreb.; Borr.; A. latifolia L. sp.* 211 ; *Mut.; A. repens D C.; A. arvensis var.* b. *cœrulea Gren. Godr.; A. arvensis var.* a. *Lap.* — Fleurs d'un beau bleu, opposées, axillaires, portées sur des pédoncules robustes étalés-dressés, puis réfléchis au moment de la fructification. Calice à dents lancéolées très aiguës, membraneuses sur les bords. Corolle à lobes étalés, oblongs. Capsules globuleuses. Graines brunes, triangulaires, tuberculeuses. Feuilles sessiles, ovales, opposées, oblongues, à 5 nervures. Tiges de 1-2 décimètres, très anguleuses, très rameuses, diffuses, un peu redressées. Plante glabre, un peu glauque. ① Juin-Juillet.

Hab. Champs cultivés (plus rare que la précédente). C.

A. Tenella *L. mant.* 335 ; *D C.; Lap.; Dub.; Lois.; Mut.; Borr.; Gren. Godr.* — Fleurs roses, à lignes plus foncées, campanulées, opposées, axillaires, à pédoncules filiformes et dressés. Calice à dents linéaires-subulées. Capsules petites, globuleuses. Filets des étamines très velus. Graines brunes, tuberculeuses, petites. Feuilles légèrement pétiolées, plus ou moins arrondies, sub-mucronées. Tiges de 3-6 centi-

mètres, filiformes, rampantes, puis dressées, simples ou
rameuses. Plante glabre. ♃ Juin-Août.

Hab. Lieux humides, jusque dans les régions alpines. CCC.

LXV. OLÉACÉES.

Fleurs hermaphrodites ou uni-sexuelles, régulières, com-
plètes ou dépourvues de calice ou de corolle. Calice persistant, à 4 divisions. Corolle hypogyne, à 4 lobes, rarement
nulle. Deux étamines insérées dans le tube de la corolle ou
adnées aux pétales. Ovaire adhérent à la base, triloculaire,
contenant deux ovules pendants. Fruit capsulaire, en baie
ou en drupe.

428. FRAXINUS *Tournef. inst. p.* 577 *(Frêne).* —
Calice nul ou à 4 divisions. Corolle à 4 divisions profondes et linéaires, ou nulle. Ovaire biloculaire. Fruit *(samare)*
membraneux, comprimé, ailé au sommet, coriace, oblong,
foliacé, à une seule graine.

F. Excelsior *L. sp.* 1509 ; *D C.; Lap.; Dub.; Lois.; Borr.;
Mut.; Gren. Godr.* — Fleurs dépourvues de calice et de
corolle, paraissant avant les feuilles, en grappes courtes
au sommet des rameaux, dressées, puis penchées. Anthères
sessiles. Samares ou capsules nombreuses, en panicule pendante, elliptiques-oblongues, atténuées et arrondies à la base,
tronquées ou faiblement émarginées au sommet, mucronées
par la persistance du style. Graines elliptiques, allongées au
sommet, suspendues à leurs loges par un funicule. Bourgeons noirs. Feuilles ailées avec impaire, à folioles sub-sessiles, lancéolées-oblongues, acuminées, serrulées, glabres en
dessus, velues inférieurement de chaque côté de la nervure
médiane. Arbre élevé à écorce lisse, puis ridée, à rameaux
fragiles, verts et luisants. ♃ Fl. Avril ; fr. Septembre.

Hab. Les bois, (cultivé). CCC.

F. Oxyphylla *Bieb.; Borr.; Gren. Godr.* — Grappe fructifère un peu allongée. Samares elliptiques, lancéolées-linéaires, 3-4 centimètres sur 8-10 millimètres de large, atténuées
aux deux bouts, aiguës ou arrondies, mucronées par la base
persistante du style. Stigmate à peine échancré. Bourgeons
petits. Feuilles à 3-6 paires de folioles lancéolées-acuminées, cunéiformes, dentées dans les trois-quarts supérieurs,
à dents aiguës, saillantes, glabres, à rachis canaliculé. Arbre
moins élevé que le *F. excelsior.* ♃ Fl. Mars-Avril ; fr. Juin-
Juillet.

Var. a. *Obtusa* Gren. Godr.: F. *australis* Gay. — Samare oblongue, arrondie au sommet, souvent mucronée par la base du style persistant. ♃ Fl. Mars-Avril ; fr. Juin-Juillet.

Var. b. *Rostrata* Gren. Godr.: F. *rostrata* Guss.; D C. prod.: F. *oxycarpa* Willd. — Samare lancéolée-aiguë, mucronée par le style au sommet. ♃ Fl. Avril.; fr. Juin-Juillet.

Hab. Le type : bords des eaux et des routes CC.; var. a. : toutes les vallées; Var. b. : environs de Bagnères, Escaledieu. Argelès, vallée de Luz.

429. OLEA *Tournef.* (*Olivier*). — Calice à 4 dents. Corolle à 4 lobes, à tube court. Drupe à noyau osseux, contenant 1, rarement 2 graines.

O. Europœa *L. sp.* 11; *D C.: Lap.; Dub.; Lois.; Mut.: Gren. Godr.* — Fleurs blanches, disposées en petites grappes placées dans les aisselles des feuilles. Calice en coupe, obscurément à 4 dents, plus large que long. Corolle à lobes ovales. Fruit (drupe) plus ou moins charnu, plus ou moins ellipsoïde ou sub-sphérique. Feuilles opposées très variables dans leurs dimensions, ovales-oblongues, lancéolées-oblongues, vertes et souvent ponctuées de blanc en dessus, blanches et sub-argentées en dessous. Arbre de moyenne grandeur, 3-7 mètres, produisant à sa base 1-3 tiges peu élevées, à rameaux plus ou moins épineux ou inermes. ♃ Fl. Mai ; fr. Septembre.

Hab. Pyrénées-Orientales ; cultivé. CCC.

430. PHILLYREA *Tournef. inst.* 596 (*Philaria*). — Calice petit, campanulé, à 4 dents. Corolle à 4 divisions. Drupe globuleuse, à noyau fragile. Feuilles opposées, persistantes.

P. Media *L. sp.* 10; *Guss.; Bertol.; Mut.; Borr.: Gren. Godr.: P. latifolia Dub.: P. latifolia var. c. et P. media Lap.* — Fleurs d'un blanc verdâtre, petites, axillaires. Drupe arrondie, terminée par une pointe. Feuilles ovales-lancéolées ou oblongues, entières ou denticulées, mucronulées. Arbrisseau très rameux, à rameaux grisâtres. ♃ Fl. Avril-Mai ; fr. Août-Septembre.

Hab. Pyrénées-Orientales et centrales; Bagnols, Bellegarde, St-Béat au château, bosquet de Rap (*Lap.*).

P. Angustifolia *L. sp.* 10; *D C.: Lap.; Dub.; Lois.; Mut.: Gren. Godr.* — Fleurs blanchâtres, bordées de pourpre. Drupe apiculée au sommet. Feuilles linéaires-lancéolées, très entières. Arbuste très rameux, de 1-2 mètres. ♃ Fl. Avril-Mai; fr. Septembre.

Hab. Pyrénées-Orientales; Bagnols, Bellegarde, Villefranche, au château.

431. LIGUSTRUM *Tournef. ins.* 596 (*Froëne*). — Calice à 4 divisions très petites. Corolle à tube allongé, à 4 dents. Étamines incluses. Stigmate bifide. Baie globuleuse, biloculaire renfermant deux graines par loge.

L. Vulgaris *L. sp.* 10 : *D C.; Lap.; Dub.; Lois.; Mut.; Borr.; Gren. Godr.* — Fleurs blanches, odorantes, brièvement pédonculées, en thyrse serré au sommet des rameaux. Calice à dents très courtes. Corolle à lobes ovales, concaves, étalés. Baie noire, persistante jusqu'au printemps. Graines noires, ponctuées. Feuilles opposées, brièvement pétiolées, sub-coriaces, glabres, luisantes, entières, elliptiques et mucro-nées. Arbuste à rameaux et à écorce grisâtres, un peu ver-ruqueux. ♃ Fl. Mai-Juin; fr. Septembre.

Hab. Les haies, le bord des eaux. CCC.

LXVI. JASMINÉES.

Fleurs hermaphrodites régulières. Calice monosépale, per-sistant, tubuleux inférieurement, à 5-8 lobes. Corolle mono-pétale, régulière, à 5-8 lobes, à *estivation* contournée, tubu-leuse. Deux étamines incluses, insérées sur le tube de la corolle. Ovaire libre, à deux loges, bilobé au sommet, à filets courts. Style simple, très court. Fruit bacciforme, didyme, à une graine entourée d'un tégument membraneux. Arbris-seaux à feuilles opposées et ternées.

432. JASMINUM *Tournef. inst.* 597 (*Jasmin*). — Ca-lice à 5 divisions. Corolle tubuleuse, à limbe plane, divisé en 5 lobes obliques. Un style à stigmate renflé. Baie ferme, à deux loges monospermes.

J. Fruticans *L. sp.* 9; *D C.; Lap.; Dub.; Lois.; Mut.; Borr.; Gren. Godr.* — Fleurs jonquille, odorantes, 2-4 en petite panicule à l'extrémité des rameaux. Calice à dents subulées. Corolle à lobes ovales, à tube long. Baie noire. Feuilles alternes, ternées et simples, à folioles ovales-obtu-ses, cunéiformes à la base, d'un vert luisant. Arbuste de 1-3 mètres, rameux, à rameaux anguleux, allongés. ♃ Fl. Mai-Juin; fr. Juin-Juillet.

Hab. Pyrénées-Orientales et centrales; Fort Sarrat; vallées de Lu-chon, de Bertren, St-Béat, environs de Cierp, de Lourdes (au-des-sus du petit Gers). C.

LXVII. APOCYNACÉES.

Fleurs hermaphrodites régulières. Calice à 5 divisions persistantes. Corolle monopétale, régulière, hypogyne, à 5 divisions contournées dans le bouton. 5 étamines insérées sur la corolle, alternes avec ses lobes, à filets courts et libres. Anthères souvent appliquées sur le stigmate. Deux ovaires libres ou soudés en un seul. Deux styles soudés au sommet sous un seul stigmate. Fruit formé de 1-2 follicules, à graines nombreuses. Herbes ou arbrisseaux à feuilles opposées, entières.

488. VINCA *L. gen. ed. 1. n° 180 (Pervenche).* — Calice à 5 divisions. Corolle en soucoupe, à long tube, à gorge nue, pentagonale et à 5 lobes. 5 étamines à anthères rapprochées, se contournant ensuite. 1 style à stigmate en anneau, surmonté par une couronne de poils. Capsule en follicules allongées. Graines non chevelues. Plantes à feuilles persistantes, vertes, luisantes.

V. Minor *L. sp.* 304; *D C.; Lap.: Dub.; Lois.: Mut.; Borr.: Gren. Godr.* — Fleurs bleues, rarement blanches, solitaires, axillaires, pédonculées. Calice à lobes courts, lancéolés, glabres. Corolle tubuleuse, à limbe cunéiforme tronqué au sommet. Feuilles glabres, coriaces, luisantes, persistantes, elliptiques ou ovales-lancéolées, munies d'un pétiole très court. Tiges glabres, couchées, à la fin radicantes. ♃ Mai-Juin.

Hab. Les bois, les haies. CCC.

V. Major *L. sp.* 304; *D C.: Lap.; Dub.: Lois.; Mut.; Borr.; Gren. Godr.* — Fleurs bleues rarement **blanches**, **grandes**, à tube blanc, solitaires, axillaires, pédicellées. Calice à divisions linéaires, ciliées. Corolle à lobes cunéiformes, tronqués au sommet ou ovales-lancéolés. Feuilles glabres **sur les deux** faces, à bords pubescents et ciliés, ovales ou ovales-lancéolées, souvent en cœur à la base. Tiges fleuries dressées; les stériles très longues, étalées-couchées, glabres ou pubescentes. ♃ Mars-Juin.

Hab. Les mêmes lieux que la précédente; carrière de Nodrès. CC.

LXVIII. ASCLÉPIADÉES.

Fleurs hermaphrodites régulières. Calice à 5 divisions persistantes. Corolle monopétale, hypogyne, régulière, à 5

divisions, munie à la gorge d'appendices soudés avec le
tube des étamines. 5 étamines insérées à la base de la
corolle, à filets soudés en tube renfermant le pistil :
pollen aggloméré en masses. Deux ovaires. Deux styles
soudés sous un seul stigmate. Celui-ci charnu, à 5 angles
chargés d'aspérités. Fruit formé de deux follicules (un par
avortement) s'ouvrant latéralement. Graines nombreuses,
imbriquées, pendantes, souvent placées au milieu d'une
houpe de soies blanches. — Herbes ou sous-arbrisseaux à
feuilles opposées, à suc laiteux.

434. CYNANCHUM *L. gen.* 301 *(Cynanque)*. — Calice
à 5 parties. Corolle à 5 lobes. Couronne staminale tubuleuse
enveloppant les étamines, terminée au sommet par 5-10
dents sur un ou deux rangs. Stigmate terminé par une pointe
bifide. Graines portant une aigrette.

C. Acutum *L. sp.* 310; *Lois.; Lap.; Mut.; Gren. Godr.* —
Fleurs blanches, odorantes, en petites ombelles axillaires et
terminales formant une grappe irrégulière. Pédoncules inférieurs plus courts que les supérieurs; ceux-ci plus longs
que les feuilles réduites à l'état de bractées très petites.
Pédicelles tomenteux ainsi que le calice. Celui-ci à divisions
ovales. Corolle à divisions ovales-oblongues, émarginées,
glabres. Follicule lisse, oblong, atténué au sommet. Feuilles
dures, pubescentes, à la fin glabres, lancéolées, profondément en cœur à la base, à lobes de la base très arrondis,
pétiolés. Tiges grêles, volubiles, pubescentes supérieurement.
♃ Juillet-Août.

Hab. Pyrénées-Orientales; environs de Perpignan, Bagnols *(Lap).*

435. VINCETOXICUM *Mœnch.* *(Dompte-Venin).* —
Calice à 5 divisions. Corolle à 5 divisions profondes. 5 étamines soudées à la base en couronne cylindrique, à 5 lobes,
charnue. Anthères terminées par une membrane. Masse *pollinique* renflée, pendante. Follicules lisses. Graines chevelues.

V. Officinale *Mœnch.; D C.; Borr.; Gren Godr.; Asclepias
vincetoxicum L. sp.* 314; *D C.; Lap.; Mut.; Lois.; Cynanchum
vincetoxicum Dub.; Fuchs.; Schultz.* — Fleurs blanches à couronne jaune, odorantes, vertes à l'extérieur, en petits bouquets axillaires, pédonculés, formant une grappe feuillée.
Calice à divisions lancéolées, ciliées. Corolle ovale, épaisse,
glabre, étalée; couronne staminale à 5 lobes ovales-arrondis,
obtus. Follicules glabres, lancéolés, renflés dans leur partie
inférieure. Feuilles courtement pétiolées, cordiformes-ovales,
acuminées, finement ciliées sur les bords, opposées, quelquefois ternées. Tige de 3-8 décimètres, cylindrique, glabre ou

pubescente au sommet, simple ou peu rameuse. Racine
blanchâtre, rampante. ♃ Juin-Juillet.

Hab. Toutes les Pyrénées; dans les bois et les lieux incultes. CCC.

V. Nigrum *Mœnch.; D C. prod.; Gren. Godr.; Cynan-
clum nigrum R. Br.; Mut.; Asclespias nigra L. sp. 315; D C.;
Lap.* — Fleurs d'un pourpre noir, en petits bouquets axillaires, pédonculés, formant une grappe feuillée. Corolle à lobes
pubescents sur la face supérieure. Couronne staminale à
lobes ovales, épais. Feuilles opposées, ovales ou ovales-lancéolées, acuminées, pubescentes le long de la nervure dorsale et sur les bords, souvent réfléchies. Tige de 2-5 décimètres, cylindrique, volubile et pubescente vers le haut.
♃ Mai-Juillet.

Hab. Pyrénées-Orientales: remparts de Perpignan C.; Canigou, au
Mallet et Moligt. les bords des chemins, fort Sarral *(Lap.).* R.

436. GOMPHOCARPUS *R. Br. mém. Wern* 1, *p.*
38. — Calice à 5 divisions. Corolle à 5 lobes réfléchis. Couronne staminale formée de 5 appendices *cuculiformes.* Masse
pollinique suspendue, fixée par le sommet. Follicule souvent
solitaire, renflé, recouvert d'épines molles. Graines munies
d'une aigrette.

G. Fruticosus *R. Br.; D C. prod.; Asclepias fruticosa
L. sp.* 313; *Dub.; Lois.; Mut.* — Fleurs blanches, en ombelles
pluriflores, axillaires ou terminales, longuement et irrégulièrement pédonculées, plus ou moins tomenteuses, munies
à leur base de bractées acuminées. Corolle à divisions obovées, ciliées. Couronne staminale formée de folioles planes,
dentées à l'un des angles. Follicules ovoïdes, dressés, acuminés, solitaires, couverts d'épines molles, vertes. Feuilles
lancéolées-linéaires, atténuées en pétiole court, pubescentes
d'abord, puis presque glabres; celles des tiges fructifères
plus étroites, plus nombreuses. Tiges suffrutescentes, de 6
décimètres à 1 mètre. Souche très forte. ♃ Juillet-Août.

Hab. Pyrénées-Orientales; près de St-Paul, Ravignac, Céret, près
l'hermitage du Tech *(cap. Galant).* C.

LXIX. GENTIANÉES.

Fleurs hermaphrodites. Calice libre, persistant, quelquefois réduit à une spathe fendue latéralement, rarement 4-6-12
sépales plus ou moins soudés à la base. Corolle monopétale,
régulière, souvent *marcescente*, persistante, rarement caduque, contournée dans le bouton. Etamines 5, plus rarement
4-12, insérées sur le tube de la corolle, alternes avec ses

divisions. Un ovaire. Deux styles plus ou moins soudés à stigmate simple ou bilobé. Capsule polysperme, tantôt uniloculaire, à deux valves, tantôt à placenta central. Embryon droit dans le centre d'un périsperme charnu. —Plantes herbacées.

437. ERYTHRÆA *Richard* (*Erythrée*). — Calice tubuleux, anguleux, à 5 lobes. Corolle en entonnoir, à long tube cylindrique resserré sous la gorge, à 5 lobes. 5 étamines. Anthères oblongues se contournant en spirale après la floraison. Style filiforme, caduc. Stigmate bifide. Capsule allongée, biloculaire, à cloison formée par les bords rentrants des valves. — Les corolles n'ont quelquefois que 4 divisions.

E. Pulchella *Horn. fl. dan.; Borr.; Gren. Godr.; E. ramosissima Griseb. in D C. prod.; E. pyrenaïca Pers.; Chironia pulchella Swartz.; D C. fl. fr.; Chironia intermedia Mérat; Gentiana centaurium var. b. L. sp. 333; Gentiana ramosissima Vill.*— Fleurs roses, rarement blanches, axillaires, pédonculées, solitaires à l'extrémité des rameaux; les latérales dépourvues de bractées, formant par leur ensemble une cyme lâche, à dichotomies nombreuses. Calice égalant le tube de la corolle, à segments longuement linéaires. Corolle à lobes lancéolés-aigus, quelquefois à 2-3 dents au sommet. Capsule égalant le calice. Feuilles ovales-oblongues ou sub-aiguës, souvent celles du bas très courtes. Tige grêle, de deux centimètres à deux décimètres, très anguleuse, simple ou très rameuse; rameaux étalés. ① ② Juin-Septembre.

Hab. Pyrénées occidentales; lieux et pâturages humides, environs de Bayonne. R.

E. Centaurium *Pers.; Borr.; Mut.; Gren. Godr.; Chironia centaurium D C.; Lap.; Dub.; Gentiana centaurium L. sp. 332; Centaurium minus Tournef.* — Fleurs roses, grandes ou petites, quelquefois blanches, sub-sessiles, munies de petites bractées, fasciculées au sommet des rameaux, formant par leur ensemble des corymbes compactes et terminaux. Calice presque de moitié plus court que le tube de la corolle. Celle-ci à lobes lancéolés, souvent denticulés au sommet. Capsule sub-biloculaire, plus longue que le calice. Feuilles radicales obovées, obtuses, atténuées en pétiole court et disposées en rosette; les supérieures sessiles, ovales-oblongues ou linéaires-aiguës, opposées. Tiges de 5 centimètres à trois décimètres, grêles, droites, à 2-4 angles, surtout vers le haut, ordinairement simples dans le bas, simples ou rameuses, à rameaux fastigiés. Plante glabre. ② Juillet-Septembre.

Hab. Les champs, les bois, les plaines et les montagnes. CC

E. Latifolia *Smith ; Griseb. in D C. prod. ; Gren. Godr.,*
E. arenaria Presl. — Fleurs roses, pédonculées ou sub-pé-
donculées, solitaires dans la dichotomie et à l'extrémité des
rameaux, munies de bractées, en cyme serrée ou même
compacte, fastigiées, à dichotomies nombreuses. Calice sub-
égal au tube de la corolle, rarement plus court. Corolle à
lobes étroitement lancéolés. Capsule semi-biloculaire insensiblement atténuée au sommet, de la longueur du calice.
Feuilles ordinairement très rapprochées, sub-imbriquées,
courtes, ovales-arrondies aux deux extrémités, réunies en
rosette. Tige simple ou rameuse, fortement ailée ; rameaux
dressés. Plante glabre. (1,2) Août.

Hab. Pyrénées occidentales ; environs de Bayonne (*Griseb.*). R.

E. Chloodes *Gren. Godr. ; E. conferta Pers. ; E. littoralis*
Smith ; E. linarifolia var. b. humilis Griseb. in D C. prod. ;
Gentiana chloodes Brot. — Fleurs roses, sub-sessiles, en
cyme, 1-7 au sommet des tiges ou des rameaux, munies de
bractées à la base. Calice égalant le tube de la corolle.
Celle-ci concave, à lobes ovales sub-égaux. Capsule grosse,
dépassant peu le calice. Feuilles épaisses, oblongues-obtuses,
atténuées à la base, un peu décurrentes par les côtés ; les
inférieures en rosette et souvent détruites lors de l'anthèse ;
les supérieures plus étroites. Tiges de 3-10 centimètres, très
rameuses, naissant du collet de la racine, étalées, dressées,
très épaisses, munies de 2-4 côtes fines saillantes. Plante
glabre. (1) Juillet-Août.

Hab. Pyrénées occidentales ; sables maritimes, environs de Biarritz et de St-Jean-de-Luz. CC.

E. Spicata *Pers. ; Mut. ; Gren. Godr. ; Chironia spicata*
Willd. ; D C. ; Lap. ; Dub. ; Lois. ; Gentiana spicata L. sp. 333. —
Fleurs roses, sessiles, solitaires, écartées, naissant à l'aisselle
d'une bractée, en longues cymes *spiciformes*. Calice égal au
tube de la corolle. Celle-ci petite, à lobes lancéolés. Style indivis. Stigmate obscurément bilobé. Capsule égale au calice.
Feuilles ovales-oblongues, arrondies à la base, rapprochées
et opposées sur la tige. Tiges de 1-2 décimètres, grêles ou
fortes, simples ou très rameuses au sommet, anguleuses,
rapprochées, dressées. (1,2) Juillet-Août.

Hab. Pyrénées-Orientales et occidentales ; bords des deux mers,
Perpignan, Bayonne. C.

E. Maritima *Pers. ; Mut. ; Borr. ; Gren. Godr. ; Chironia*
maritima Willd. ; D C. ; Lap. ; Dub. ; Lois. ; Gentiana maritima
L. mant. 51. — Fleurs jaunes, axillaires et terminales, peu
nombreuses, longuement pédicellées, avec ou sans bractées,

formant une cyme lâche étalée-dressée. Calice court. Corolle à lobes elliptiques. Style profondément divisé en deux branches. Capsule double du calice. Feuilles rapprochées, elliptiques-oblongues, obtuses, rarement acuminées ; les caulinaires ovales ou lancéolées, aiguës. Tiges de 6-15 centimètres, dressées, rameuses dès la base. ☉ Juillet-Août.

Hab. Pyrénées-Orientales et occidentales ; sables maritimes, environs de Perpignan et de Bayonne. CCC.

438. CICENDIA *Adans. fam. 2, p.* 505 (*Cicendie*). — Calice arrondi, à 4-5 divisions profondes, linéaires-allongées. Corolle à 4-5 lobes concaves, souvent connivents, à tube allongé, renflé au milieu. 4-5 étamines à anthères non roulées en spirale. 1 style à stigmate capité. Capsule oblongue à deux valves.

C. Filiformis *Delarbre ; Borr. ; Gren. Godr. ; Exacum filiforme Willd. ; D C. ; Dub. ; Lois. ; Mut. ; Gentiana filiformis L. sp.* 335 ; *Microcala filiformis Linck. ; Schultz. ; Rchb.* — Fleurs jaunes, petites, solitaires, longuement pédicellées, dressées. Calice campanulé, à 4 dents triangulaires, lancéolées. Corolle monopétale, à 4 lobes. 4 étamines. Capsule sub-double de la longueur du calice. Celui-ci persistant. Graines très petites, d'un brun jaunâtre et noir, couvertes, sur des lignes en réseau, de papilles blanches. Feuilles radicales 4-6, en rosette ou rapprochées, oblongues ; les caulinaires linéaires, opposées, réunies par la base. Tiges de 2-6 centimètres, simples ou rameuses. ☉ Juin-Septembre.

Hab. Les lieux humides, le bord des étangs ; fossés du chemin d'Orignac, près de Bagnères. C.

439. CHLORA *L. gen.* 1258 (*Chlore*). — Calice à 6-8 divisions sub-linéaires. Corolle en coupe, à tube renflé-globuleux, à 6-8 lobes. Étamines 6-8. Style filiforme caduc. Stigmate bifide. Capsule uniloculaire.

C. Perfoliata *L. mant.* 10 ; *D C. ; Lap. ; Dub. ; Lois. ; Mut. ; Borr. ; Gren. Godr. ; Gentiana perfoliata L. sp.* 335. — Fleurs jaunes, en cyme multiflore. Calice à 8 divisions linéaires, subulées, plus courtes que la corolle. Celle-ci à divisions sub-obtuses. Capsule globuleuse. Feuilles inférieures, radicales, obovées, sub-pétiolées ; les caulinaires ovales-triangulaires, soudées à la base dans toute leur largeur. Tige de 1-5 décimètres, glauque ou d'un beau vert, lisse, cylindrique. ☉ Juin-Août.

Hab. Bords des routes, sur les terrains super-crétacés ; friches et vallées chaudes. CCC.

C. Imperfoliata *L. fil. supp.* 218; *Griseb. in DC. prod.; Mut.; Borr.; Gren. Godr.; C. sessifolia D C. fl. fr.; Lap.; Dub.; Lois.; C. dubia Lam.* — Fleurs jaunes, portées sur des pédoncules longs et robustes, uniflores, formant une cyme souvent réduite à une seule fleur. Calice à 6 divisions larges, lancéolées-acuminées, soudées à la base jusqu'au quart inférieur. Capsule ovoïde renfermée dans les lobes du calice. Graines petites, jaunâtres, finement papilleuses sur les lignes en réseau qui enveloppent le fruit. Feuilles sessiles, lancéolées-aiguës, elliptiques-oblongues ou en cœur, non soudées à la base. Tige de 5-15 centimètres, simple ou très rameuse, dressée. Plante glabre, un peu glauque. ⊙ Juin-Juillet.

Hab. Pyrénées-Orientales et occidentales; environs de Perpignan, Bagnols; sables maritimes aux environs de Bayonne. C.

440. GENTIANA *Tournef. et L.* (*Gentiane*). — Calice tubuleux, campanulé ou spathiforme, à 4-9, plus souvent 5 divisions. Corolle à tube cylindrique ou campanulé et à limbe à 5 ou 4-9 lobes entiers ou ciliés. 4-9 étamines insérées sur le tube de la corolle, à anthères quelquefois connées. Style nul ou formé par l'atténuation insensible de la capsule. Stigmate bifide à lobes obtus. Capsule uniloculaire.

l. Fleurs jaunes.

G. Lutea *L. sp.* 329; *D C.; Lap.; Dub.; Lois.; Mut.; Borr.; Gren. Godr.* — Fleurs jaunes, pédonculées, fasciculées, subverticillées au sommet de la tige et à l'aisselle des feuilles. Calice membraneux, ovale, irrégulièrement denté au sommet, fendu jusqu'à la base d'un seul côté, ressemblant à une spathe verte ou violette. Corolle divisée presque jusqu'à la base en 5-7-9 lobes étroitement lancéolés, dressés, rarement très étalés. Anthères linéaires. Stigmates roulés en dehors. Capsule ovoïde-acuminée. Graines ovales, comprimées, ailées, d'un brun roux, finement papilleuses. Feuilles opposées, munies de 5-7 nervures; les radicales grandes, elliptiques, atténuées en large pétiole; les caulinaires inférieures brièvement pétiolées; les moyennes sessiles et embrassantes. Tige de 5-12 décimètres, simple, cylindrique, lisse, robuste, fistuleuse. Racine oblique, rameuse, très longue. ♃ Juillet-Août.

Hab. Pyrénées centrales, régions sub et alpines; partout très commune, surtout à Lhéris.

G. Luteo-Burseri (*Hybride*). — Fleurs jaunes, violacées, pédonculées, en faisceau, sub-verticillées à l'aisselle des feuilles. Corolle obconique, sub-campanulée, divisée jusqu'aux trois quarts de sa longueur en 5-7 lobes dressés, lancéolés et ovales-oblongs, aigus. Feuilles à 3-5 nervures, elliptiques-oblongues. Le reste comme dans l'espèce précédente. ♃ Juillet.

Hab. Pyrénées centrales; Lhéris, 1850. RRR.

G. Burseri *D C.; Dub.; Lois.; Mut.; Gren. Godr.; G. punctata Vill.; Lap.; G. biloba D C.; G. hybrida Vill.* — Fleurs jaunes, grandes, dressées, ponctuées à l'intérieur, sessiles, fasciculées au sommet de la tige ou à l'aisselle des dernières feuilles. Calice membraneux, ovale, denticulé ou entier, fendu jusqu'à la base en forme de spathe. Corolle grande, obconique, divisée en 6 lobes munis de trois nervures obtuses ou aiguës, à tube plissé. Anthères soudées en tube traversé par l'ovaire. Capsule incluse ou ne dépassant pas les lobes de la corolle, ovoïde, un peu acuminée. Graines d'un jaune-brun, largement membraneuses tout autour, très comprimées, couvertes de papilles courtes et blanches. Feuilles radicales elliptiques-oblongues, à 5-7 nervures, atténuées en large pétiole; les caulinaires inférieures à pédoncules courts réunis à la base, formant presque un tube; les supérieures acuminées, embrassantes. Tige de 1-4 décimètres, simple, cylindrique, dressée dès la base. ♃ Juillet-Août.

Hab. Toute la partie alpine des Pyrénées-Orientales et centrales; vallée d'Eynes, *Cabano-naouo*, Pic du Midi, Gavarnie, Eaux-Bonnes, Courbet, Arises. CCC.

2. Fleurs bleues.

G. Pneumonanthe *L. sp.* 330; *D C.; Lap.; Dub.; Lois.; Mut.; Gren. Godr.* — Fleurs bleues ou bleuâtres, rarement blanchâtres, grandes, pédonculées, solitaires, rarement géminées, souvent très nombreuses, en corymbe. Calice tubuleux, à 5 lobes linéaires-aigus. Corolle à tube sub-campanulé, à 5 lobes ovales dressés-étalés, souvent séparés par une dent entre les sinus. Anthères soudées, oblongues. Capsule elliptique, stipitée. Graines grisâtres, fusiformes, couvertes d'un réseau, à bords blanchâtres. Feuilles lancéolées-linéaires, à bords un peu enroulés, réunies à la base en gaine courte; les inférieures très petites, en forme d'écailles. Tige grêle, de 1-3 décimètres, un peu anguleuse, simple, raide ou rameuse. Souche épaisse, émettant une ou plusieurs tiges. Racine sub-fusiforme. ♃ Juillet-Août.

Hab. Les lieux humides, lac de Lourdes. CCC.

G. Acaulis *L. sp.* 330; *D C.; Lap.; Dub.; Lois.; Mut.; Gren. Godr.; G. excisa Presl.; Koch.* — Fleurs d'un bleu

d'azur, solitaires, grandes, sub-sessiles au centre d'une
rosette radicale. Calice campanulé, à 5 divisions ovales-
lancéolées ou lancéolées-aiguës. Corolle campanulée, ponctuée de bleu à l'intérieur, dressée, à 5 lobes ovales-acuminés, séparés par des plis triangulaires et terminés par
des appendices entiers ou dentés. Anthères soudées. Capsule sessile et atténuée à la base. Graines ovoïdes, munies
de côtes sub-régulières. Feuilles plus ou moins coriaces,
radicales, lancéolées ou ovales-lancéolées ou largement
elliptiques, plus ou moins aiguës, finement denticulées ou
érodées ; les caulinaires très petites, sub-tractéiformes, 1-2
paires. Tige de 1-7 centimètres, y compris le pédoncule. ♃
Avril-Juin.

Hab. Toute la chaîne. CCC.

G. Alpina *Vill.: D C.; Dub.; Rchb.; Mut.; G. excisa
Presl.; G. acaulis var. g. parviflora Lois.; Gren. Godr.; G.
acaulis var. b. Lap.* — Fleurs plus pâles et plus petites
que celles de l'espèce précédente, souvent blanches, sub-
sessiles. Feuilles radicales courtes, ovales-elliptiques. Capsule renfermée dans la corolle. Graines brunes, ovoïdes,
munies de fortes côtes, très rugueuses. ♃ Mai-Juin.

Hab. Région alpine ; pics du Midi, le Conque, lac Bleu. C.

3. Tube de la corolle cylindrique ou peu renflé.

G. Pyrenaica *L. mant.* 55; *D C.; Lap.; Gouan; Dub.;
Mut.; Gren. Godr.* — Fleurs d'un bleu d'azur, en coupe, à
tube sub-cylindrique, uniflore. Calice tubuleux, à 5 dents
ovales, mucronées, beaucoup plus court que la corolle.
Celle-ci verte sur le dos, blanchâtre à la base, en coupe, à 5
lobes ovales, munie entre chaque lobe d'un appendice triangulaire, denté. Capsule elliptique, pédonculée, terminée par
deux stigmates oblongs roulés en dehors. Feuilles nombreuses, linéaires-lancéolées, mucronées, embrassantes.
Tige de 2-5 centimètres; les stériles étalées en gazon. Racine
fibreuse. ♃ Juin.

Hab. Pyrénées-Orientales et centrales; Canigou, Salvanaires,
Mont-Louis, Très-Seignous, coume del Tech, Oule du Marboré. RR.

G. Verna *L. sp.* 331; *D C.; Lap.; Dub.; Lois.; Mut.; Borr.;
Gren. Godr.* — Fleurs d'un beau bleu, solitaires. Calice plus
ou moins anguleux ou ailé, à 5 dents lancéolées-aiguës,
plus court que le tube de la corolle. Celle-ci à tube sub-
cylindrique, à 5 lobes ovales, étalés, souvent denticulés,
munie entre chaque lobe d'un appendice bifide. Stigmate
blanc, infundibuliforme. Capsule oblongue, sessile, atténuée
à la base. Graines ellipsoïdes, rugueuses. Feuilles sessiles,

elliptiques ou lancéolées, aiguës; les inférieures rapprochées en rosette; les caulinaires plus ou moins distantes. Tiges florales dressées; les stériles terminées par des rosettes. Souche courte, émettant des rejets stoloniformes étalés en gazon. ♃ Avril-Août.

Var. a. *Alata Gren. Godr.; G. angulosa M. B. Taur.; G. pumila Vill.* — Calice plus ou moins ventru, à angles saillants, même ailés. Feuilles souvent plus étroites. Fleurs à lobes plus grands et de couleur plus foncée, souvent verdâtres en dessous. ♃ Mai-Août.

Var. b. *Multiflora.* — Fleurs petites, 2-5, pédonculées sur la même rosette de feuilles radicales, ovales; les caulinaires 2-3 paires espacées, opposées, petites. ♃ Mai-Juin.

Hab. Le type : plaines et montagnes CCC.; var. *a.* : sub et alpine. Lhéris, C.; var. *b.* : coteau de Gerde. RR.

4. Gorge frangée; stigmates roulés en dehors.

G. Campestris *L. sp.* 334 ; *Lap.* ; *Dub.* ; *Lois.* ; *Mut.* ; *Borr.; Gren. Godr.* — Fleurs blanches ou d'un violet plus ou moins foncé, pédonculées, axillaires et terminales, formant une panicule dressée. Calice divisé jusqu'à la base en 4 lobes; les deux extérieurs larges, ovales-acuminés; les deux intérieurs plus étroits, linéaires-lancéolés. Corolle à tube cylindrique, à 4 lobes, à gorge fermée par de longs cils. Capsule égale à la corolle, sub-cylindrique. Graines jaunâtres, ovoïdes et sub-sphériques, couvertes de papilles très fines. Feuilles vertes ou violacées en dessus, plus pâles en dessous; les radicales très petites, obovées, atténuées en pétiole, plus ou moins arrondies au sommet; les caulinaires ovales ou ovales-lancéolées, atténuées à la base, opposées ; les supérieures sessiles; toutes munies de 3-5 nervures brunes. Tige de 5-15 centimètres, simple ou très rameuse dès la base, anguleuse au sommet. ♃ Juin-Septembre.

Hab. Toutes les Pyrénées, jusque dans les régions alpines. CCC.

G. Tenella *Rottbel; Griseb.; Gren. Godr.; G. glacialis Thomas in Vill. Dauph.; Mut.; G. nana Lap.; Rchb.* — Fleurs bleues, petites, portées par de très longs pédoncules capillaires, solitaires. Calice foliacé divisé en 4-5 lobes ovales-obtus, inégaux, bien plus courts que le tube de la corolle. Celle-ci à 4-5 divisions ovales-lancéolées, barbues à la gorge. Capsule ovale, dépassant peu la corolle, atténuée au sommet. Graines très petites, d'un jaune brun, ovoïdes, tuberculeuses. Feuilles inférieures rapprochées, sub-spatulées ou ovales-oblongues, atténuées en large pétiole; les caulinaires sessiles, oblongues. Tige simple ou rameuse dans le bas. Souche émettant une ou un grand nombre de tiges uniflores. Plante glabre, de 5-15 centimètres. Juillet-Août.

Hab. Pyrénées centrales, régions alpines et glacées, débris mouvants; port de Boucharo, Oule du Marboré, port de Vénasque, derrière l'Homme, Pic du Midi, R., Esquierry (magnifique de 12-15 centimètres). R.

5. Gorge nue.

G. Nivalis *L. sp.* 332; *D C.; Lap.; Dub.; Lois.; Mut.; Gren. Godr; G. minima Vill.; Clus.; Schultz.; Endress.; Fries.; Rchb.* — Fleurs très petites, bleues, solitaires au sommet de la tige et des rameaux. Calice tubuleux, à 5 dents lancéolées-aiguës. Corolle à lobes ovales-aigus, entiers. Stigmates infundibuliformes. Capsule ovale-allongée, renfermée dans la corolle. Graines d'un brun jaunâtre et noirâtre, linéaires, glabres, munies de lignes formant un réseau. Feuilles radicales en rosette, obovées, obtuses; les caulinaires un peu engaînantes, ovales-aiguës. Tige de 3-15 centimètres, simple ou très rameuse. (I) Juillet-Août.

Hab. Toute la chaîne; régions alpines. CCC.

G. Ciliata *L. sp.* 334; *D C.; Lap.; Dub.; Lois.; Mut.; Borr.; Gren. Godr.* — Fleurs d'un bleu pâle, solitaires au sommet de la tige et des rameaux. Calice régulier, à 4 lobes lancéolés-acuminés. Corolle sub-campanulée, sans appendice dans les sinus, à 4, rarement 3-5 lobes oblongs, denticulés dans leur moitié supérieure, frangés dans leur moitié inférieure. Capsule ovoïde très longue. Feuilles linéaires ou lancéolées-linéaires; les inférieures très courtes et devenant plus longues à mesure qu'elles s'élèvent sur la tige; toutes brièvement soudées à leur base. Tige anguleuse, flexueuse, dressée, simple. (I) Juillet-Septembre.

Hab. Pyrénées-Orientales et centrales, terrains argilo-calcaires secs ou humides; Pratto-de-Mollo; Bédat, Paillole, Gavarnie, Escaladieu, port de Vénasque, cascade d'Artigue à Grip. CCC.

441. SWERTIA *L. sp.* 321 *(Swertie).* — Calice à 5 divisions. Corolle étalée en roue, à gorge nue, à 5 lobes planes portant à leur base deux glandes saillantes, arrondies, ciliées sur les bords. 5 étamines. Stigmate sessile, persistant. Capsule uniloculaire, à graines ailées fixées sur les bords des valves.

S. Perennis *L. sp.* 328; *D C.; Lap.; Dub.; Lois.; Mut.; Borr.; Gren. Godr.* — Fleurs d'un bleu gris et sombre, tachées, pédonculées, axillaires et terminales, formant de petites

grappes en panicule étroite. Calice fendu jusqu'à la base en
5 sépales linéaires, étalés. Corolle à lobes étalés, lancéolés.
Capsule ovoïde. Graines brunes, sub-anguleuses, membraneuses tout autour, glabres, sub-rugueuses. Feuilles radicales opposées, pétiolées, oblongues-elliptiques; les caulinaires inférieures brièvement pétiolées, à pétiole ailé; les
supérieures sessiles, ovales-oblongues ou elliptiques. Tige de
1-5 décimètres, dressée, simple, multiflore. Racine oblique,
munie de fibres très amères. Plante glabre. ♃ Août-Septembre.

Hab. Toutes les Pyrénées; lieux humides sub et alpins, Arises. CC.

442. MENYANTHES *Tournef. inst. p.* 417 (*Ménianthe*).
— Calice à 5 divisions. Corolle en entonnoir, à 5 lobes égaux,
étalés, barbus sur la face interne. 5 étamines. 1 style à stigmate capité, sillonné. Ovaire inséré sur un disque en forme
d'anneau, cilié. Capsule uniloculaire, polysperme, bivalve.
Graines non bordées, lisses, glabres, presque globuleuses.

M. Trifoliata *L. sp.* 208; *Lap.; Dub.; Lois.; Mut.; Borr.;
Gren. Godr.* — Fleurs blanches tachées de rose, pédicellées
et disposées en grappe au sommet d'un long pédoncule axillaire, solitaire, muni de petites bractées, et à la base de
folioles oblongues, bractéiformes. Calice à 5 sépales ovales.
Corolle à 5 lobes lancéolés-aigus, étalés, couverts à leur face
supérieure de longs cils blancs et crépus. Style très-allongé.
Capsule globuleuse. Graines d'un jaune roux, brillantes,
ovoïdes-comprimées, entourées d'une marge plus ou moins
saillante. Feuilles trifoliées, portées sur un long pétiole
arrondi et élargi à la base en longue gaîne membraneuse enveloppant la tige, à folioles obovées, entières ou denticulées
au sommet, aiguës et obtuses. Tige courte, épaisse, articulée, couverte par les gaînes des anciennes feuilles. Plante
glabre. ♃ Avril-Mai.

Hab. Pyrénées centrales, les marais; port de Lhers, mont de Gauzat
à Vielle, las laquettos d'Escaubous, col de Marsous en allant au col
de Torte, marais de Lourdes. CC.

LXX. POLÉMONIACÉES.

Fleurs hermaphrodites. Calice à 5 divisions. Corolle monopétale, hypogyne, à 5 divisions un peu inégales, imbriquées
dans le bouton. 5 étamines insérées sur le tube de la corolle
et alternant avec ses lobes. Ovaire libre, triloculaire. 1 style.
Stigmate trifide. Capsule à 3 valves, souvent munie d'une
côte proéminente. Axe central à 3 angles sur lesquels s'appliquent les cloisons.

443. POLEMONIUM *Tournef. inst. p. 146 (Polémoine).*
— Calice campanulé à 5 sépales herbacés. Corolle à tube
court, en roue, à limbe campanulé, à gorge fermée par les
filets dilatés et poilus des étamines égales, dressées. Ovaire
triloculaire. Ovules placés sur deux rangs. Capsule triloculaire, trivalve, couverte par le calice. Graines ovoïdes
obtuses, presque sans ailes.

P. Cœruleum *L. sp.* 230; *D C.; Lap.; Dub.; Mut.; Borr.;
Gren. Godr.* — Fleurs bleues, nombreuses, en corymbe terminal. Calice à 5 divisions ovales ou lancéolées. Corolle campanulée, 2-3 fois plus longue que le calice. Ovaire contenant
6-10 ovules. Capsule triloculaire, à plusieurs graines. Celles-ci
ovoïdes-obtuses, presque non ailées. Feuilles ailées avec
impaire, à segments ovales-lancéolés, nombreux. Tige de 2-6
décimètres, dressée, rameuse supérieurement. Plante glabre,
sub-pubescente ou pubescente-glanduleuse. ♃ Mai-Juin.

Hab. Pyrénées-Orientales et centrales; Mont. Cagire, Pic de Gard
(Strengouléres) (*Lap.*). R.

LXXI. CONVOLVULACÉES.

Fleurs hermaphrodites régulières. Calice à 5 sépales plus
ou moins inégaux sur 1-2-3 rangs, persistant. Corolle monopétale, hypogyne, régulière, à 5 lobes. 5 étamines insérées
au fond de la corolle. Disque hypogyne, en forme d'anneau,
à 2-4 loges. Ovules dressés. Un style quelquefois partagé
jusqu'à la base. Capsule de 1-4 loges renfermant 1-2 graines,
indéhiscente ou à valves se détachant des cloisons qui per-
sistent sur le réceptacle, ou enfin à déhiscence circulaire.
Embryon plus ou moins courbé, à cotylédons foliacés ou
sans cotylédons et roulé en spirale autour de l'albumen
charnu.

444. CONVOLVULUS *L. gen.* 218 (*Liseron*). — Calice
à 5 divisions, nu ou entouré de deux bractées. Corolle infundibuliforme, campanulée, à 5 angles et à 5 plis. 5 étamines
souvent inégales. Un style à stigmate bifide. Capsule à 2-4
loges dispermes.

1. Calice entouré à la base par deux larges bractées;
plantes vivaces.

C. Sepium *L. sp.* 218; *D C.; Lap.; Dub.; Lois.; Mut.;
Borr.; Gren. Godr.* — Fleurs grandes, blanches, rarement
roses, solitaires, axillaires, pédonculées. Bractées grandes,
en cœur aiguës, embrassant et recouvrant le calice. Celui-ci

à lobes ovales-lancéolés. Capsule globuleuse, pourvue à la base d'un disque orangé. Graines 2-4, marquées à la base par l'ombilic, non écailleuses. Feuilles pétiolées, sagittées, à oreilles tronquées obliquement et souvent dentées-anguleuses. Tige glabre, volubile, anguleuse. ♃ Juillet-Octobre.

Hab. Toute la chaine, les haies. CCC.

C. Soldanella *L. sp.* 226 ; *D C.; Lap.; Dub.; Lois.; Mut.; Borr.; Gren. Godr.; C. pseudo-soldanella Mérat in Lois.* —Fleurs roses ou pourpres, solitaires, pédonculées, axillaires. Pédoncules tétragones et un peu ailés. Bractées ovales-arrondies, obtuses, couvrant presque le calice. Celui-ci à sépales ovales-obtus, *rétus*, mucronés. Corolle grande. Capsule ovoïde-aiguë. Graines noires, obscurément chagrinées, ovoïdes. Feuilles pétiolées, réniformes-arrondies, très obtuses, épaisses, à oreilles arrondies. Tige glabre, couchée, rampante. Racine très longue et mince. ♃ Juillet.

Hab. Pyrénées-Orientales et occidentales; les sables maritimes. Perpignan; Bayonne, St-Jean-de-Luz, Biarritz. C.

2. Bractées distantes de la fleur; tige volubile.

C. Arvensis *L. sp.* 218 ; *D C.; Lap.; Dub.; Lois.; Mut.; Borr.; Gren. Godr.* — Fleurs blanches ou roses, tachées intérieurement, axillaires, à pédoncules grêles, solitaires, bi-tri-flores. Bractées petites, linéaires. Calice à lobes courts, arrondis ou émarginés, scarieux et souvent ciliés, presque frangés sur les bords. Capsule ovoïde-aiguë, glabre, munie à la base d'un disque orangé. Graines noires, écailleuses. Feuilles pétiolées, sagittées ou ovales, arrondies et obtuses, ou oblongues, ou linéaires-aiguës; oreilles variables. Tige faible, anguleuse, volubile, à rejets rampants. Plante glabre ou pubescente. ♃ Juin-Juillet.

Hab. Les champs, les haies. CCC.

C. Althœoïdes *L. sp.* 222 ; *D C.; Lap.; Dub.; Lois.; Mut.; Gren. Godr.* —Fleurs d'un rose pourpre ou purpurines, uni-bi-flores, axillaires, portées sur des pédoncules courts ordinairement et quelquefois longs (*var.* b. *elatior Mut.*). Bractées sétacées, placées à la base des pédoncules. Calice à divisions ovales-arrondies, souvent mucronées. Corolle poilue au sommet du bouton. Capsule ovoïde, glabre. Feuilles pétiolées ; les inférieures ovales en cœur; les supérieures profondément divisées, à divisions lancéolées, ou linéaires entières, ou sinuées, ou même sub-divisées. Tige grimpante souvent volubile, plus ou moins poilue. ♃ Juin.

Hab Pyrénées-Orientales; Port-Vendres, fort Sarral, environs de Perpignan, Ambouilla (*Lap.*). R.

3. Tige non volubile.

C. Lanuginosus *Desr.; Choisy in D C. prod.; Gren. Godr.; C. saxatiles Vahl.; Lap.; D C. fl. fr.; C. capitatus Cav.* — Fleurs purpurines, réunies en petit capitule dense, à pédoncules courts et entourés de bractées ovales ou linéaires. Calice à divisions ovales ou lancéolées-acuminées. Corolle munie de lignes extérieures velues. Capsule glabrescente. Feuilles linéaires-lancéolées ; les supérieures sessiles, entières, munies d'une nervure, toutes poilues-soyeuses. Tiges ligneuses à la base, dressées, nombreuses, simples ou rameuses, hérissées jusque sous le calice de longs poils roux. Souche grosse, très rameuse. — Varie à poils argentés-soyeux, laineux, ou à poils appliqués. ♃ Juin-Juillet.

Hab. Pyrénées-Orientales ; près de Perpignan, Estagel, près Notre-Dame-de-Penna, Ambouilla *(cap. Galant.).*

C. Cantabrica *L. sp.* 225 ; *D C.; Lap.; Dub.; Lois.; Mut.; Borr.; Gren. Godr.* — Fleurs médiocres, blanches ou rosées, 1-4 réunies en petites cymes ascendantes, portées sur de longs pédoncules, irrégulières. Bractées linéaires-lancéolées, hérissées. Calice à divisions lancéolées, linéaires-aiguës. Corolle munie à l'extérieur de lignes velues. Capsule velue-hispide. Feuilles lancéolées, insensiblement atténuées en court pétiole ou sessiles et sub-linéaires supérieurement ; les inférieures elliptiques-lancéolées, arrondies au sommet ; toutes pubescentes. Tige ligneuse inférieurement, très rameuse, à ramifications allongées, hérissées de longs poils étalés. Souche ligneuse. ♃ Juin.

Hab. Pyrénées-Orientales ; sur les roches et les débris mouvants ; Collioure ; Bagnols. Ambouilla, fort Sarral. C.

C. Lineatus *L. sp.* 224 ; *D C.; Lap.; Dub.; Mut.; Borr.; Gren. Godr.; C. intermedius Lois.* — Fleurs rosées, velues, 1-4 en cymes lâches, pédicellées à l'extrémité de pédoncules plus courts que les feuilles. Bractées linéaires égalant ou dépassant le calice. Celui-ci à divisions lancéolées, velues-soyeuses. Corolle velue extérieurement. Capsule ovoïde, globuleuse, acuminée, velue. Feuilles linéaires ou lancéolées-linéaires, velues-soyeuses, atténuées aux deux extrémités. Tiges étalées, ascendantes, peu rameuses, soyeuses-argentées. Souche sub-ligneuse, rameuse. ♃ Juin-Juillet.

Hab. Pyrénées-Orientales ; environs de Perpignan, Collioure *(Lap.).*

4. Plantes annuelles.

C. Siculus *L. sp.* 223 ; *D C.; Lap.; Dub.; Lois.; Mut.; Gren. Godr.* — Fleurs bleues, solitaires, axillaires, portées sur des pédoncules aussi longs ou plus longs que les feuilles, recourbés après l'anthèse, formant une longue grappe feuillée. Bractées linéaires, rapprochées de la fleur. Calice à divisions ovales-lancéolées, poilues. Corolle double du calice. Capsule glabre. Feuilles ovales, tronquées à la base, pétiolées, pubescentes. Tige de 1-4 décimètres, pubescente, à poils appliqués. ♃ Mai-Juin.

Hab. Pyrénées-Orientales; sur la côte près de la mer (*Lap.*). R.

445. CUSCUTA *Tournef. inst.* 652 (*Cuscute*). — Calice à 4-5 divisions. Corolle campanulée ou urcéolée-globuleuse, à 4-5 lobes. 4-5 étamines insérées vers la base de la corolle et surmontant chacune 1-2 petites écailles géminées à peine visibles. Deux stigmates. Capsule biloculaire, à loges contenant deux graines. Embryon filiforme, dépourvu de cotylédons. — Plantes parasites.

C. Europœa *L. sp.* 180; *Lap.; Lois.; Mut.; Gren. Godr.; C. major D C.; Borr.; C. vulgaris Pers.; C. epithymum Thuill.* — Fleurs d'un blanc rosé ou tout-à-fait blanches, réunies en capitules globuleux munis d'une bractée à la base. Calice campanulé, à lobes arrondis, à tube oblong, charnu et prolongé au-dessous de l'ovaire. Corolle campanulée, à tube sub-cylindrique, renflé à la maturité, à lobes ovales et sub-obtus. Écailles minces, crénelées, appliquées contre le tube. Deux Styles. Capsule *ob-pyriforme.* Graines rondes, lisses. Tiges filiformes, couvertes de papilles, rameuses, d'un jaune verdâtre, passant du jaune au brun. ① Juin-Août.

Hab. Les haies et les lieux incultes, sur toute espèce de plantes. CC.

C. Epithymum *L. sp.* 100; *Willd.: Lap.: Mut.; Gren. Godr.; C. minor D C.; Dub.; Lam.* — Fleurs petites, roses ou blanchâtres, réunies en petits capitules globuleux munis d'une bractée. Calice à lobes ovales, étalés au sommet. Corolle campanulée, à tube sub-cylindrique, à lobes triangulaires brièvement acuminés, très étalés, à la fin réfléchis. Étamines saillantes. Écailles grandes, arrondies, frangées, formant le tube de la corolle, couvrant l'ovaire. Capsule sub-pyriforme. Graines jaunâtres, sub-cylindriques, papilleuses en réseau. Tiges capillaires, rameuses, ordinairement rougeâtres. ① Juillet-Août.

Hab. Les haies, sur toute espèce de plantes, depuis la plaine jusque dans les régions alpines. CCC.

LXXII. RAMONDIACÉES.

Fleurs hermaphrodites régulières. Calice libre, *gamophylle*, à 5 divisions. Corolle hypogyne, à 5 lobes alternes avec les divisions calicinales. 5 étamines insérées sur la gorge de la corolle. Anthères introrses, bi-loculaires, à loges s'ouvrant en long. Style simple. Stigmate indivis. Ovaire supère, uni-loculaire, formé de deux feuilles en forme de carpelle, à bords repliés en dedans, formant de fausses cloisons. Fruit capsulaire, bivalve, à déhiscense *septicide*. Graines nombreuses. Embryon *orthotrope*; cotylédons plans-convexes; albumen mince.

446. RAMONDIA *ann. philom.* (*Ram*). — Les caractères du genre sont ceux de la famille.

R. Pyrenaïca *Ram. D C.; Dub.; Lois.; Gren. Godr.; Ramondia Myconi Mut.; Verbascum Myconi L. sp. 255; Myconia borraginea, Chaixia Myconi Lap.* — Fleurs d'un pourpre violet, penchées, solitaires ou réunies au nombre de 2-5, en forme de petit corymbe irrégulier. Calice pubescent-glanduleux à la base, étalé, à dents oblongues, obtuses, sub-glabres. Corolle rotacée, à 5 lobes obovés, finement ciliés, à gorge munie de poils courts, orangés, en forme de couronne. Capsule ovoïde-oblongue, pubescente. Graines très petites, brunes, oblongues, hérissées de papilles. Feuilles réunies en rosette, étalées, ovales, contractées en un large pétiole, profondément crénelées, ridées, couvertes en dessous et sur les bords des pétioles de longs poils roux, soyeux, articulés, munis en dessus de poils plus courts. Hampes partant de la rosette, pubescentes-glanduleuses, brunes ou violacées. Souche couverte de fibres radicales longues et brunes. Plante de 5-15 centimètres. ⚥ Juin-Juillet.

Hab. Pyrénées-Orientales et centrales: les roches humides, dans les vallées humides: Pratto-de-Mollo, Rocca-Galiniera, St-Sauveur et toute la vallée de Luz jusqu'à Gavarnie, lac d'Oo, Esquierry, Sarrancolin, Cirque d'Arbison. CCC.

LXXIII. BORRAGINÉES.

Fleurs hermaphrodites régulières ou irrégulières. Calice libre, à 5 divisions. Corolle hypogyne, monopétale, à 5 lobes, régulière ou irrégulière, à gorge nue ou formée par des écailles. 5 étamines insérées sur la corolle et alternes avec les lobes. Ovaire libre, inséré sur un disque hypogyne, divisé en 2-4 lobes, du centre desquels s'élève le style simple, à stigmate simple ou bifide. Lobes de l'ovaire uniloculaires. monospermes, à ovules pendants, rarement à deux loges monospermes. Fruit formé de 4 carpelles secs, libres ou soudés deux à deux ou adhérents tous les 4 par leurs bords internes, placés au fond du calice. Embryon droit. Cotylédons foliacés. — Fleurs le plus souvent disposées en grappe. Feuilles le plus souvent alternes, souvent hérissées, de même que toute la plante, de poils raides tuberculeux à leur base.

447. CERINTHE *Tournef. inst. p.* 79 *(Mélinet).* — Calice à 5 divisions. Corolle cylindrique, nue à la gorge, à limbe à 5 dents. Deux carpelles ovales, sub-osseux, planes à la base.

C. Alpina *Kit.; Koch; Gren. Godr.; C. glabra D C.; Gaud.; C. major, minor* et *aspera Lap.* — Fleurs d'un jaune pâle, entourées d'un cercle roux placé à la hauteur des sépales, en grappe unilatérale après l'anthèse, pédicellées, dressées à la maturité. Calice glabre à segments oblongs. Corolle tubuleuse à 5 dents obtuses, réfléchies. Carpelles noirs, lisses, brillants, deux dans chaque calice. Feuilles minces, d'un vert glauque, toujours maculées de blanc, obovées-spatulées; les radicales très longues, atténuées en pétiole ailé; les caulinaires ovales en cœur, plus ou moins obtuses, embrassantes par deux oreilles arrondies; les feuilles sèches sont couvertes de petites tâches blanches. Tige couchée, puis ascendante, de 3-5 décimètres, cylindrique, plus ou moins glauque, glabre. Racine traçante. Souche noire, épaisse, émettant du collet une ou plusieurs tiges feuillées. ♃ Mai-Juin.

Hab. Pyrénées centrales; pic de Gard, pales de Crabères, bois de Lhéris, forêt de Paillole; vallée d'Aspe *(cap. Galant).*

448. BORRAGO *Tournef. inst. p.* 133 *(Bourrache).* — Calice à 5 divisions profondes. Corolle en roue, à 5 lobes, étalée, à gorge couronnée par 5 écailles échancrées. 5 étamines à anthères oblongues, conniventes, insérées à la base interne des filets dont la partie supérieure les recouvre en forme d'appendice. Carpelles ridés, renfermés dans la corolle.

B. Officinalis *L. sp.* 197; *Lap.; Mut.; Borr.; Gren. Godr.* — Fleurs bleues, rarement blanches, en grappes simples ou géminées, feuillées à la base, pédicellées, souvent arquées, réfléchies à la maturité, hérissées de poils très étalés. Calice à segments linéaires. Corolle plane, à tube nul, à lobes larges et acuminés. Carpelles bruns, oblongs, carénés sur les deux faces, munis de côtes longitudinales interrompues et tuberculeuses au sommet. Feuilles ridées ; les inférieures pétiolées, ovales ou elliptiques, obtuses, atténuées en pétiole ; les supérieures oblongues, rétrécies **au-dessus de la base** qui embrasse la tige. Celle-ci épaisse, dressée, cylindrique, fistuleuse. Plante de 2-4 décimètres, rameuse, hérissée-tuberculeuse. ☉ Juin-Juillet.

Hab. Spontanée autour des habitations. C.

449. SYMPHITUM *Tournef. inst. p.* 138 *(Consoude).* — Calice à 5 divisions. Corolle cylindrique-campanulée, à 5 lobes courts, à gorge fermée par 5 écailles lancéolées-subulées et souvent glanduleuses sur les bords. 5 étamines ; anthères soudées-conniventes, incluses ; filets sans appendices. Carpelles 4, ovoïdes, tronqués, excavés à la base entourée d'un anneau saillant et plissé.

S. Officinale *L. sp.* 195 ; *D C.; Lap.; Mut.; Borr.; Gren. Godr. ; S. bohemicum Schmid.* — Fleurs blanches, roses, violettes, d'un jaune pâle ou purpurines, en petites grappes géminées, nues, penchées. Calice à segments lancéolés-acuminés. Corolle tubuleuse-campanulée, à lobes triangulaires courbés en dehors. Écailles de la gorge incluses. Anthères une fois plus longues que leurs filets. Carpelles lisses, luisants, ovoïdes-trigones. Feuilles rudes, munies de poils épars, petits et longs placés sur les nervures ; les inférieures grandes, ovales-oblongues, longuement pétiolées ; les supérieures étroitement lancéolées-acuminées, sessiles et longuement décurrentes. Tige forte, dressée, striée, hispide, rameuse. Plante de 3-8 décimètres. Souche brune, épaisse, charnue, à épiderme noir. ♃ Mai-Juin.

Hab. Pyrénées centrales ; les prairies, Escaladieu. RR.

S. Tuberosum *L. sp.* 195 ; *D C.; Lap.; Koch ; Mut.; Borr.; Gren. Godr.* — Fleurs d'un jaune pâle, en petites grappes géminées, nues, penchées. Calice à segments linéaires-lancéolés, aigus. Corolle tubuleuse-campanulée, à lobes triangulaires recourbés en dehors. Écailles de la gorge incluses. Étamines à anthères une fois plus longues que leurs filets. Carpelles noirs, tuberculeux, globuleux-trigones, contractés au dessus de la base munie d'une couronne de pointes saillantes. Feuilles minces, rudes, munies de petits poils épars : les inférieures petites, ovales, contractées en pétiole, détruites avant l'anthèse ; les moyennes et les supérieures plus grandes, lancéolées, semi-décurrentes. Tige dressée, simple ou bifurquée. Souche brune, charnue, tuberculeuse, oblique. Plante de 1-3 décimètres. ⚥ Avril-Mai.

Hab. Toute la chaîne : bords des chemins, des eaux, lieux couverts. CCC.

450. ANCHUSA *L. gen.* 182 (*Buglose*). — Calice à 5 divisions. Corolle en entonnoir, à tube droit, prismatique à la base, à 5 lobes entiers, ouverts ; gorge fermée par 5 écailles velues ou pubescentes. Carpelles entourés à la base d'un bord en anneau.

A. Italica *Retz.; D C.; Lap.; Gaud.; Koch; Borr.; Gren. Godr.; A. paniculata Ait.; Mut.; Buglossum officinale Lam.* — Fleurs d'un bleu d'azur, axillaires, en grappes nombreuses, souvent géminées, formant par leur réunion une grande panicule. Bractées linéaires-lancéolées, acuminées. Pédicelles épais, irréguliers. Calice à 5 divisions, à segments linéaires, étalés au sommet après l'anthèse. Corolle à tube épais. Ecailles de la gorge munies au sommet d'un pinceau de poils en massue. Carpelles grisâtres, finement tuberculeux, ridés en réseau. Feuilles hérissées-tuberculeuses, rudes, ovales-lancéolées ou lancéolées-acuminées, entières ou faiblement sinuées ; les inférieures atténuées en pétiole; les supérieures sessiles. Tige hérissée, rameuse au sommet, à rameaux très étalés-dressés. ② Juin-Juillet.

Hab. Pyrénées-Orientales et centrales, champs, bords des routes; vallée de Larboust, Lourdes, etc. C.

A. Sempervirens *L. sp.* 192; *D C. fl. fr.; Bertol.; Mut.; Gren. Godr.; Buglossum sempervirens All.; Omphalodes sempervirens Don.; Caryolapha sempervirens Fisch et Trautv.; D C. prod.* — Fleurs bleues ou violacées, en petites grappes géminées. Pédoncule nu, long, muni de deux bractées grandes, lancéolées, et d'autres bractées plus petites, plus courtes que le calice. Celui-ci à 5 divisions, à segments lancéolés, étalés à la maturité. Corolle petite, à tube épais plus court que le calice. Ecailles de la gorge finement pubescentes. Carpelles noirs, finement ponctués, ridés en réseau, munis à la base d'un appendice réfléchi. Feuilles un peu velues, d'un vert gai en dessus, plus pâles en dessous, toutes ovales-acuminées, entières, les radicales grandes, pétiolées. Tige dressée, hérissée, rameuse au sommet. Plante de 2-8 décimètres. ⚥ Mai-Juin.

Hab. Pyrénées occidentales, lieux couverts : pays Basque, Dax. Libarcs.

A. Arvensis *Bieb.; Gren. Godr.; Lycopsis arvensis L. sp.* 199; *D C.; Lap.; Fl. dan.; Mut.; Borr.* — Fleurs bleues, blanches ou roses, petites, en grappes alternes ou géminées, à la fin lâches à la base. Bractées lancéolées plus longues que le calice. Pédicelles à la fin dressés. Calice à 5 divisions, à segments lancéolés. Corolle à tube grêle, plus long que le calice, recourbé à sa partie supérieure. Écailles de la gorge velues. Carpelles grisâtres, finement ponctués, ridés en réseau, courbés vers l'axe de la fleur. Feuilles hérissées, lancéolées, un peu ondulées, dentées; les inférieures rétrécies en pétiole; les caulinaires embrassantes. Tige de 2-4 décimètres, hérissée de poils raides, droite, rameuse. (i Juin-Septembre.

Hab. Toute la chaîne: les champs, jusqu'à Barèges. CCC.

451. ALKANNA *Tausch.* — Calice à 5 divisions. Corolle régulière, en entonnoir, ouverte à la gorge, munie au dessous du milieu de 5 petites callosités glabres, à limbe à 5 divisions, à tube velu intérieurement à la base. Anthères incluses. Carpelles 4, contractés en col à la base, insérés sur le réceptacle.

A. Tinctoria *Tausch; D C. prod.; Gren. Godr.; Lithospermum tinctorium L. sp. ed.* 1 *p.* 132; *D C. fl. fr.; Mut.; Anchusa tinctoria Desf.; Lap.; Buglossum tinctorium Lam.* — Fleurs d'un rouge passant au bleu, en grappes géminées avec une fleur alaire, à la fin lâches. Bractées plus longues ou plus courtes que le calice. Celui-ci s'accroissant à la maturité, à segments linéaires-aigus. Corolle pubescente à la gorge. Carpelles grisâtres, fortement et irrégulièrement tuberculeux. Feuilles hérissées, rudes, étroitement lancéolées; les inférieures longuement pétiolées; les supérieures sessiles. Tiges nombreuses, couchées-ascendantes, hérissées de poils raides entremêlés d'un duvet fin. Souche vivace, épaisse, émettant des rosettes de feuilles. Plante de 1-2 décimètres. ⚥ Mai-Juin.

Hab. Pyrénées-Orientales; environs de Perpignan et de Collioure. C.

452. ONOSMA *L. gen.* 187 *(Onanette).* — Calice à 5 divisions. Corolle régulière, cylindrique-campanulée, nue à la gorge, à limbe bordé de 5 dents courtes, à tube droit. Anthères incluses ou exsertes. Carpelles 4, ovoïdes-trigones, insérés sur le réceptacle par une surface plane, non contractés à la base.

O. Echioïdes *L. sp.* 196; *Vill.; D C.; Lap.; Mut.; Gren. Godr.; Cerinthe echioïdes Scop.* — Fleurs d'un jaune pâle, penchées pendant l'anthèse, brièvement pédicellées. Bractées lancéolées-acuminées. Calice à segments linéaires-lancéolés. Corolle tubuleuse, papilleuse en dehors, insensiblement élargie au sommet, à dents larges, triangulaires, étalées. Anthères incluses, finement scabres sur les bords, échancrées au sommet en deux pointes divariquées. Carpelles luisants, verdâtres, marbrés de brun, arrondis sur le dos, obtus. Feuilles très hérissées de poils raides blancs-jaunâtres naissant sur des tubercules; les radicales oblongues-lancéolées, atténuées en pétiole; les supérieures sessiles. Tiges de 1-2 décimètres, ascendantes, simples ou rameuses au sommet. Souche à divisions courtes, émettant souvent des rosettes de feuilles. ⚥ Juin-Juillet.

Hab. Pyrénées-Orientales; Pratto-de-Mollo, Custoja sur les roches, St-Laurent de Cerda (*cap. Galant*). C.

453. LITHOSPERMUM *Tournef. inst. p.* 137 *(Grémil).* Calice à 5 divisions. Corolle régulière, en entonnoir, à 5 lobes, à gorge un peu resserrée par 5 plis, souvent velue, à tube droit. Anthères incluses. Carpelles 5, ovoïdes ou trigones, osseux. Stigmate obtus, bifide.

1. Tiges frutescentes.

L. Fruticosum *L. sp.* 190; *D C.; Lap.; Dub.; Lois.; Mut.; Gren. Godr.* — Fleurs d'un pourpre bleu ou violettes, axillaires, rapprochées en petit nombre au sommet des rameaux. Pédicelles très courts, à la fin épaissis. Calice hérissé, tuberculeux ou non tuberculeux, à segments linéaires. Corolle glabre en dehors et à la gorge, à lobes ovales, à tube grêle. Carpelles blanchâtres, finement striés en long, ovoïdes. Feuilles linéaires ou linéaires-lancéolées, à bords roulés en dessous, hérissées, plus ou moins tuberculeuses, couvertes en dessous de poils blancs appliqués. Tiges ligneuses, de 1-3 décimètres, tortueuses, très rameuses, formant buisson. ⚥ Mai-Juillet.

Hab. Pyrénées-Orientales et occidentales; Villefranche, Olettte et environs de Prades; environs de Biarritz. C.

L. Oleœfolium *Lap.; Dub.; Lois.; D C. prod.; Endress.; Mut.; Gren. Godr.* — Fleurs bleues, axillaires, rapprochées au sommet des rameaux, formant une petite grappe qui s'allonge après l'anthèse. Pédicelles courts, épaissis au sommet. Calice velu, à dents linéaires s'allongeant après la fructification. Corolle une fois plus longue que le calice, très velue en dehors, à gorge glabre, à lobes ovales, à tube grêle. Étamines insérées sur la gorge; anthères linéaires, exsertes. Stigmate bilobé. Carpelles blancs, ovoïdes, acuminés, obtus. Feuilles obovées ou oblongues, atténuées en court pétiole, uni-nervées, vertes et velues en dessus, blanches-soyeuses en dessous. Tiges ligneuses, ascendantes-diffuses, rameuses. Plante de 1-3 décimètres, plus ou moins blanche au sommet. ⚥ Mai-Juin.

Hab. Pyrénées-Orientales ; Pratto-de-Mollo, hermitage de St-Aniol, de St-Aniol à Can-Mouraton de Reboil. R.

L. Prostratum *Lois.; D C.; Lap.; Mut.; Gren. Godr.; L. diffusum Lag.; L. atro-cæruleum Thore; Durieu.* — Fleurs d'un bleu pourpre, axillaires, rapprochées, formant une petite grappe. Pédicelles très courts, à la fin épaissis. Calice hérissé, à dents étroites, linéaires. Corolle bien plus longue que le calice, pubescente en dehors, très velue à la gorge, à lobes ovales-arrondis au sommet, à long tube grêle. Anthères elliptiques. Carpelles fauves, lisses, ponctués à la loupe, ovoïdes. Feuilles nombreuses, rapprochées, linéaires-lancéolées, à bords réfléchis, hérissées sur les deux faces de poils épars. Tiges de 1-5 décimètres, fruticuleuses, couchées, très rameuses. ⚥ Mai-Septembre.

Hab. Pyrénées occidentales, sables maritimes ; environs de **Bayonne**, St-Jean-de-Luz, Biarritz. CC.

2. Tiges herbacées.

L. Gastoni *Benth. in D C. prod.; Gren. Godr.* — Fleurs violettes, devenant d'un bleu d'azur, axillaires, rapprochées et formant une petite grappe corymbifère feuillée. Pédicelles anguleux, épaissis au sommet, plus courts et devenant aussi longs que le calice. Celui-ci velu, à dents lancéolées-aiguës. Corolle faiblement pubescente en dehors et à la gorge, à lobes largement ovales, atténués au sommet, obtus. Etamines insérées à la partie inférieure du tube; anthères elliptiques, apiculées. Carpelles jaunâtres, luisants, aigus, ponctués-excavés. Feuilles nombreuses, munies de poils appliqués, un peu rudes; les inférieures petites, *sub-squammiformes*; les moyennes et les supérieures sessiles, lancéolées-aiguës. Tiges de 1-3 décimètres, dressées, raides, simples. Souche épaisse ou grêle, rampante, rameuse. Plante munie de poils épars, appliqués. ⚥ Juin-Juillet.

Hab. Pyrénées centrales ; Balour, col de Torte, pics de Gers, d'Anie, vallée d'Ossau. R.

L. Purpureo-Cœruleum *L. sp.* 190 ; *D C.; Lap.; Mut.; Borr.; Gren. Godr.; L. violaceum Lam.* — Fleurs purpurines passant au bleu, en grappes terminales, géminées et ternées, s'allongeant après l'anthèse. Calice velu, à dents étroites, linéaires-aiguës. Corolle velue en dehors, finement pubescente à la gorge, à lobes obovés, arrondis au sommet, à tube large. Etamines insérées vers la partie supérieure du tube; anthères petites, apiculées. Carpelles blancs, luisants, ovoïdes-globuleux, lisses. Feuilles finement velues, vertes en dessus, plus pâles en dessous et un peu rudes, lancéolées-aiguës, atténuées en court pétiole. Tiges florales de 2-4 décimètres, dressées, simples ou un peu rameuses au sommet; les stériles allongées, rampantes. Souche vivace, épaisse, rameuse. Plante finement velue. ♃ Mai-Juin.

Hab. Pyrénées centrales; les bois et les terrains calcaires, les lieux incultes; Orignac près Bagnères. CCC.

L. Officinale *L. sp.* 189; *D C.; Lap.; Mut.; Borr.; Gren. Godr.* (*Herbe aux perles*). — Fleurs petites, d'un blanc jaunâtre, en grappes terminales, géminées ou ternées, avec une fleur *alaire*, s'allongeant après l'anthèse. Pédicelles très courts. Calice hérissé, à dents linéaires. Corolle pubescente en dehors et à la gorge, à lobes obovés, à tube court. Carpelles blancs, luisants, lisses, ovoïdes. Feuilles finement hérissées, rudes en dessous, vertes en dessus, munies de nervures latérales; les moyennes et les supérieures sessiles, oblongues-lancéolées, acuminées ou lancéolées-acuminées, entières. Tiges de 3-8 décimètres, droites, cylindriques, très rameuses, couvertes de poils appliqués tuberculeux à la base. Souche vivace, épaisse, longue et rameuse. ♃ Mai-Juillet.

Hab. Bords des routes, décombres et lieux incultes. CC.

L. Arvense *L. sp.* 190; *D C.; Lap.; Mut.; Borr.; Gren. Godr.* — Fleurs petites, blanchâtres, quelquefois roses ou bleues, en grappes terminales, s'allongeant après l'anthèse. Pédicelles courts. Calice hérissé, à dents aiguës, s'accroissant après la fructification. Corolle velue en dehors, glabre à la gorge, à lobes ovales, à tube grêle, long. Anthères apiculées. Carpelles fauves, ovoïdes-trigones, tuberculeux, luisants. Feuilles sessiles, lancéolées, plus ou moins arrondies au sommet et plus ou moins larges, nombreuses, étalées ou dressées, munies de poils petits, appliqués, d'un vert pâle, à une seule nervure; les inférieures oblongues-lancéolées. Tige de 2-6 décimètres, couverte de poils grisâtres, courts, rudes, appliqués. Plante plus ou moins dressée. Racine pivotante. ① Mai-Juin-Septembre.

Hab. Les moissons, les champs. CCC.

L. Apulum *Vahl.; D C.; Bert.; Koch; Gren. Godr.; Myosotis lappula L. sp.* 189; *Lap.; Myosotis lutea Lam.* — Fleurs petites, jaunes, en grappes terminales, uni-latérales, s'allongeant après l'anthèse. Pédicelles très courts, à la fin épaissis. Calice hérissé, à dents linéaires-lancéolées, s'accroissant à la fructification. Corolle pubescente en dehors et à la gorge, à lobes petits, ovales-arrondis, à tube grêle. Étamines insérées à la partie inférieure du tube. Anthères oblongues. Carpelles fauves, triquètres, luisants, irrégulièrement tuberculeux. Feuilles hérissées-tuberculeuses, linéaires-aiguës, à une nervure ; les inférieures atténuées à la base. Tige de 5-12 centimètres, dressée, rameuse au sommet. Racine grêle, pivotante. ① Mai-Juin.

Hab. Pyrénées-Orientales ; environs de Perpignan. R.

454. ECHIUM *Tournef. inst. p.* 135 (*Vipérine*).—Calice à 5 dents profondes, dressées. Corolle irrégulière, sub-campanulée, à tube court, à gorge nue et à limbe dilaté, à 5 lobes inégaux, l'inférieur plus petit, réfléchi, presque labiée en cloche. Étamines inégales ; anthères souvent exsertes. Carpelles tuberculeux, 4, ovoïdes ou turbinés, insérés sur le réceptacle.

E. Italicum *L. sp.* 139; *Bertol.; Mut.; Gren. Godr.; E. pyrenaïcum Desf ; D C. fl. fr.; E. pyramidale et luteum Lap.; E. asperrimum Lam.; E. pyramidatum D C prod.; E. violaceum Vill.; E. altissimum Jacq.* — Fleurs roses, bleuâtres, rarement d'un blanc pur, moyennes, en grappes simples ou composées, très nombreuses, en panicule pyramidale ou en grappe spiciforme, dense ou étroite. Calice très hérissé, à dents aiguës, dressées. Corolle pubescente en dehors, velue sur les angles, à lobes inégaux, à tube égalant le calice. Étamines à filets glabres. Carpelles trigones, acuminés au sommet, irrégulièrement tuberculeux. Feuilles hérissées-tuberculeuses, rudes, toutes aiguës, à nervure dorsale apparente ; les radicales grandes, lancéolées ou linéaires-lancéolées, atténuées en court pétiole ; les caulinaires plus étroites, plus petites, sessiles. Tige dressée, raide, couverte de poils piquants, blancs, étalés, tuberculeux à leur base, entremêlés de poils plus petits. Racine épaisse, fusiforme. Plante de 3-6 décimètres, très rameuse, hérissée de longs poils blancs ou jaunâtres. ① ② Juin-Juillet.

Hab. Pyrénées-Orientales et centrales, lieux arides, bords des routes ; environs de Perpignan ; route d'Orignac près Bagnères. CCC.

E. Vulgare *L. sp.* 200; *D C. ; Engl. bot.; Mut.; Borr.; Gren. Godr.* — Fleurs bleues ou purpurines, quelquefois roses ou blanches, en petites grappes formant par leur réunion une panicule allongée et assez étroite. Calice hérissé, à dents linéaires-aiguës, dressées. Corolle double du calice ou à peine plus longue et petite, pubescente en dehors et sur les angles, à limbe aussi large que long, tronqué obliquement, à 5 lobes arrondis, à tube plus court que le calice. Étamines exsertes, à filets glabres. Carpelles petits, noirs, inégalement et fine-

ment tuberculeux. Feuilles couvertes de poils fins appliqués
plus ou moins tuberculeux à la base, sessiles, lancéolées.
arrondies à la base ; les radicales en rosette, étroites,
oblongues-lancéolées, atténuées en pétiole ; les suivantes
plus étroites. Tige de 1-6 décimètres, dressée, simple ou
rameuse, raide, hérissée de poils raides étalés naissant
de tubercules colorés, entremêlés d'un duvet fin et réfléchi.
Racine brune, fusiforme. ⚁ Juin-Septembre.

Hab. Lieux arides. CCC.

E. Plantagineum *L. mant.* 202 ; *D C.; Lois.; Mut.; Gren.
Godr.; E. violaceum* et *grandiflorum Lap. ; E. creticum Lam.;
E. lusitanicum All. ; E. macranthum Ræm.* — Fleurs grandes,
violettes, avec ou sans stries blanches, en grappes simples, formant une panicule. Calice hérissé, à dents linéaires-lancéolées, étalées-dressées. Corolle de grandeur très
variable, un peu recourbée au sommet en dessus, munie de
quelques poils longs au sommet, à limbe brusquement à 5
lobes arrondis. Carpelles petits, noirs, tuberculeux, déprimés
sur le dos, acuminés au sommet. Feuilles munies en dessous de nervures latérales saillantes et en dessus de lignes blanches, couvertes de poils mous, appliqués, naissant sur des
tubercules ; les radicales très grandes, ovales ou oblongues ,
obtuses, atténuées en pétiole ailé, disposées en large rosette ;
les caulinaires moyennes et les supérieures oblongues-lancéolées, élargies et demi-embrassantes à la base. Tiges de 2-6
décimètres, dressées ou ascendantes, peu rameuses, couvertes de poils courts, fins et étalés. Racine grêle, fusiforme,
contenant un suc rougeâtre. — Les poils deviennent raides
avec l'âge. ⚁ Juin-Septembre.

Hab. Pyrénées-Orientales ; Collioures, rivière de Bagnols (*cap. Go-
lant*).

455. PULMONARIA *Tournef. inst. p.* 136 (*Pulmonaire*).
Calice campanulé, à 5 dents et à 5 angles. Corolle régulière,
à tube allongé, à 5 lobes, à gorge barbue. Etamines égales ;
anthères incluses. Stigmates obtus. Carpelles libres, 2-4 ,
insérés sur le réceptacle, planes à la base.

P. Officinalis *L. sp.* 194 ; *Poll.: Lap.: Vill.; Koch; Mut.;
Borr.; Gren. Godr.; P. angustifolia Lap.* — Fleurs roses, pourpres et violettes sur le même pied, en grappe terminale.
Calice hérissé de poils placés sur des tubercules, s'enflant à
la maturité, à 5 dents lancéolées. Corolle tubuleuse, contractée à la gorge, poilue. Akènes luisants, d'un brun foncé,
pubescents ou lisses, ovoïdes. Feuilles d'un vert plus ou moins
foncé , souvent tachées de blanc, plus pâles en dessous,
munies de poils raides placés sur des tubercules. à la fin

rudes au toucher; les radicales pétiolées, à pétiole canaliculé en dessus, ovales, aiguës; les supérieures sessiles, un peu décurrentes sur la tige. Celle-ci de 1-3 décimètres, anguleuse, dressée, hérissée de poils étalés. Souche grêle, oblique, émettant de longues fibres. ⚥ Mai-Septembre.

Hab. Les bois, les lieux couverts. CCC.

P. Mollis *Wolf.; D C.; Koch; Gren. Godr.; P. media Host.; Rchb.* — Fleurs rouges et violettes, en petites grappes terminales denses. Calice s'enflant après l'anthèse, aussi large à la base qu'au sommet. Corolle à gorge évasée et bordée d'un cercle de poils au dessous duquel le tube est velu. Akènes pubescents, arrondis au sommet. Feuilles ordinairement non tachées, couvertes d'un duvet court et serré, soyeux; celles des rejets stériles lancéolées, atténuées en un long pétiole; les caulinaires supérieures étroitement lancéolées, apiculées, sessiles et demi-embrassantes. Tige de 1-3 décimètres, dressée, couverte d'un duvet soyeux-glanduleux. Souche brune, écailleuse, émettant de longues fibres. ⚥ Mai-Juin.

Hab. Pyrénées-Orientales et occidentales; Mont Llaurenti (*D C.*), Mont d'Arin, pays Basque (*Gren.*). R.

456. MYOSOTIS *L. gen.* 180 (*Myosotis*). — Calice campanulé, à 5 divisions sub-égales. Corolle régulière en soucoupe (hypocratériforme), à gorge fermée par 5 écailles obtuses, petites, glabres, à 5 lobes, à tube court, droit. Etamines égales; anthères incluses. Carpelles 4, ovoïdes-trigones à la base, insérés sur le réceptacle.

1. Calice couvert de poils appliqués non crochus au sommet.

M. Palustris *Wither; Fries.; Koch; Mut.; Borr.; Gren. Godr.; M. scorpioïdes var.* b. *palustris L. sp.* 188; *M. perennis Mœnch.; Lap.; M. perennis var.* a. *D C.; Lois.*—Fleurs d'un bleu pâle, jaunes au centre, rarement blanches ou rosées, en grappes lâches ordinairement dépourvues de feuilles. Pédicelles étalés après l'anthèse, grêles, munis de poils appliqués; les inférieurs plus longs. Calice campanulé, ouvert à la fructification, muni de petits poils appliqués. Corolle à limbe plane. Style égalant presque le calice. Carpelles noirs, luisants, ovales, faiblement bordés. Feuilles oblongues-lancéolées, un peu rudes, ciliées à la base, atténuées en pétiole; les supérieures sessiles. Tiges de 2-5 décimètres, faibles, anguleuses, dressées ou ascendantes, plus ou moins rameuses, parsemées de poils plus ou moins appliqués. ⚥ Mai-Juin.

Hab. Lieux humides, prairies, bords des eaux. CCC.

2. Calice muni de poils étalés dont plusieurs sont courbés au sommet.

M. Stricta *Link.; Fries.; Koch; Mut.; Borr.; Gren. Godr.; M. arenaria Schrad. in Schultz.; M. arvensis Rchb.* — Fleurs petites, d'un bleu pâle, axillaires, naissant souvent dès la base de la tige, en grappes nues, raides. Pédicelles plus courts que le calice, dressés, couverts de poils étalés. Calice fermé à la maturité, muni sur son tube de poils étalés, tous courbés en crochet au sommet. Corolle très petite, à limbe concave. Carpelles noirs, luisants, ovales, bordés au sommet, carénés sur l'une des faces. Feuilles très velues ; les caulinaires oblongues, petites, obtuses, pourvues à leur base de poils crochus qui se rencontrent également sur la tige au dessous de chaque feuille ; les radicales atténuées en pétiole, disposées en rosette. Tige dressée, rameuse dès la base. Racine grêle. Plante de 5-15 centimètres. ① Mai-Juin.

Hab. Champs sablonneux. CCC.

M. Versicolor *Pers.; Koch; Rchb.; Mut.; Borr.; Gren. Godr.; M. scorpioïdes var. g. L. sp.* 188. — Fleurs petites, d'un jaune clair, passant au bleu ou au violet, quelquefois tout-à-fait jaunes, en grappes nues, lâches. Pédicelles grêles, courts, couverts de poils appliqués, étalés après l'anthèse. Calice fermé à la maturité, muni sur son tube de poils très étalés ou réfléchis, tous courbés au sommet en hameçon. Corolle à limbe concave, à tube à la fin une fois plus long que le calice. Carpelles bruns, luisants, ovales, *obtusiuscules*, étroitement bordés. Feuilles d'un vert gai, couvertes de poils droits, étalés ; les caulinaires linéaires-lancéolées. — Celles qui sont placées sous la bifurcation principale opposées ou sub-opposées. Tige de 1-2 décimètres, droite, grêle, rameuse, très feuillée. Racine fibreuse. ① Mai-Septembre.

Hab. Les champs cultivés, partout. CCC.

M. Hispida *Schlecht.; Koch; Borr.; Gren. Godr.; M. collina Rchb.; Fries.; Mut.; M. arnica var. b. DC.; Lois.; M. filiformis Schleich; M. Arvensis Link.; Engl. bot.* — Fleurs très petites, bleues, à gorge jaune, en grappes nues, à la fin très lâches, sur un axe filiforme plus long que la tige pendant l'anthèse. Pédicelles très grêles, étalés horizontalement, couverts de poils appliqués. Calice ouvert à la maturité, muni sur son tube de poils étalés ou réfléchis, tous courbés en crochet au sommet. Corolle à limbe concave, à tube plus court que le calice. Carpelles très petits, bruns, luisants, ovales, étroitement bordés. Feuilles molles, oblongues-obtuses, toutes alternes ; les radicales atténuées en pétiole ; toutes couvertes de poils simples non crochus. Tige de 5-15 centimètres, dressée, brièvement couchée à la base, mince, très flexible, simple ou divisée en rameaux très allongés. Racine fibreuse. ⚲ Mai-Juin-Septembre.

Hab. Pyrénées centrales; les champs, jusqu'aux environs de Barèges. CCC.

M. Intermedia *Linck.; Koch; Borr.; Gren. Godr.; M. scorpioïdes var* a. *arvensis L. sp.* 188; *M. arvensis Roth.; Fries.; Bertol.; Mut.* — Fleurs d'un bleu clair, à gorge jaune, rougeâtres avant l'anthèse, rarement blanches, en grappes nues, lâches. Pédicelles étalés couverts de poils appliqués; les inférieurs deux fois plus longs que le calice. Celui-ci fermé à la maturité, muni sur son tube de poils tous crochus au sommet. Corolle à tube plus court que le calice, à limbe concave. Carpelles bruns, ovales-obtus, luisants, un peu carénés sur une face, bordés. Feuilles d'un vert sombre, velues, oblongues-lancéolées, molles; les radicales obovées, atténuées en pétiole. Tige de 1-5 décimètres, droite, anguleuse, rameuse, hérissée de poils rameux; rameaux étalés-dressés. Racine oblique, chevelue. ⚭ Mai-Septembre.

Hab. Les champs. CCC.

M. Sylvatica *Hoffm.; Koch; Rchb.; Mut.; Borr.; Gren. Godr.; M. perennis var.* b. *sylvatica DC.; Lois.; M. hollandreana var.* b. *Schultz.* — Fleurs d'un bleu d'azur, un peu odorantes, en grappes terminales, solitaires, nues, à la fin lâches. Pédicelles étalés après l'anthèse, couverts de poils étalés ou réfléchis. Calice sub-fermé après la maturité, muni sur son tube de poils étalés ou réfléchis, la plupart courbés au sommet en crochet. Corolle à limbe plane, à tube égalant le calice. Carpelles noirs, ovales, luisants, sub-aigus, carénés sur une des faces. Feuilles molles, finement velues; les caulinaires oblongues, sessiles; les radicales oblongues-obovées, longuement pétiolées. Tiges de 2-5 décimètres, mollement hérissées de poils étalés-dressés ou ascendants, peu rameuses; rameaux étalés. Racine oblique, fibreuse. ⚭ Mai-Juin.

Hab. Les bois humides. CCC.

M. Alpestris *Schmidt; Koch; Bertol.; Gaud.; Mut.; Gren. Godr.; M. suaveolens Wallst; Kit.; Rchb.; M. lithospermifolia Hornem; M. montana Bieb.; Engl. bot.; M. alpina Lap.; M. pyrenaïca Pourr.; Vail.; M. odorata Poir.* — Fleurs d'un bleu pâle, grandes, étalées, à gorge jaune, en grappes simples ou géminées, longuement nues. Pédicelles courts, dressés, hérissés de poils appliqués. Calice ouvert à la maturité, à dents dressées, à tube couvert de poils étalés-droits et mêlés de poils crochus à leur sommet. Corolle à limbe étalé, entier ou échancré. Carpelles noirs, luisants, non carénés sur une des faces, plus grands que dans le *M. palustris*, arrondis au sommet, étroitement bordés. Feuilles molles, finement velues; les caulinaires oblongues, sub-obtuses; les radicales oblongues-obovées, atténuées en court pétiole. Tige de 5 centimètres à deux décimètres, dressée ou ascendante, simple. Souche épaisse. ② Juillet-Août.

Hab. Toute la chaîne, régions alpines. CCC.

M. Pyrenaica *Pourr.; Gren. Godr.; M. alpina Lap.; M. alpestris Salis.; M. olympica Boiss.; M. nana Sm. fl. grœ.; M. alpestris var. d. Mut.* — Fleurs grandes, d'un beau bleu, en grappes géminées avec une fleur *alaire*, courtes et compactes. Pédicelles plus courts que le calice, dressés, sub-appliqués. Calice plus long que dans les espèces précédentes, fermé à la maturité, à tube hérissé de longs poils blancs très étalés, mêlés de poils crochus à leur sommet. Corolle plane, à tube égalant le calice. Carpelles bruns, luisants, ovales-oblongs, bordés au sommet, un peu carénés sur une des faces. Feuilles un peu rudes, finement tuberculeuses, hérissées de poils étalés; les inférieures grandes, en rosette, spatulées, obtuses, glabres en dessous, hérissées en dessus, contractées en un long pétiole dilaté à la base; les caulinaires sessiles, oblongues ou linéaires-oblongues. Tiges de 3-10 centimètres, un peu gazonnantes, simples ou avec un seul rameau, munies de poils appliqués au sommet et de poils étalés à la base. Souche courte, noire, oblique, couverte des débris des anciennes feuilles, émettant des faisceaux de feuilles et pourvue de fibres radicales longues, simples. ♃ Juillet-Août.

Hab. Pyrénées-Orientales et centrales; vallée d'Eynes, Cambredases, Canigou, port de Vénasque. Castanèse; Moumné à Cauterets; cirque de Troumouse. R.

457. ECHINOSPERMUM *Swartz ex Lehm.* — Calice à 5 divisions. Corolle *hypocratériforme*, à gorge fermée par des écailles, à limbe à 5 parties, à tube court. Carpelles 4, triquètres, bordés sur les angles de deux rangs d'aiguillons terminés par des pointes crochues. Styles très courts.

E. Lappula *Lehmann; Koch; Borr.; Gren. Godr.; Myosotis lappula L. sp. 189; Willd.; Lap.; Cynoglossum lappula Scop.; Cynoglossum Clusii; Lois.; Rochelia lappula Rœm.; Schultz.; Lappula myosotis Mœnch.* — Fleurs bleues, petites, axillaires, en grappes alternes ou géminées, allongées, lâches. Calice hérissé, à dents linéaires-oblongues, à la fin étalées. Corolle à limbe concave. Carpelles fauves, tuberculeux sur les faces, munis sur les angles d'un double rang d'aiguillons crochus.

Feuilles velues et à la fin tuberculeuses, rudes, sessiles, oblongues-lancéolées; les inférieures atténuées en pétiole. Tige de 2-4 décimètres, couverte de poils blanchâtres, couchée, droite, à rameaux dressés. Racine grêle, pivotante, flexueuse. ② Juillet-Août.

Hab. Pyrénées-Orientales et centrales, champs arides; Fond-Pédrouse: St-Béat; monte jusque dans la vallée de Héas. CCC.

258. CYNOGLOSSUM *Tournef. inst. p.* 139 *(Cynoglosse)* — Calice à 5 lobes. Corolle courte, en entonnoir, à 5 lobes et à gorge fermée par 5 petites écailles obtuses, convexes, saillantes. Stigmate échancré. Étamines incluses. Carpelles 4, déprimés, hérissés sur leur surface d'aiguillons à pointe crochue; angle interne soudé à la colonne centrale dans toute son étendue et au style persistant et allongé.

C. Cheirifolium *L. sp.* 193; *Gouan; Vill.; D C.; Lap.; Gren. Godr.; C. argenteum Lam.; C. pictum Kew.; C. sempervirens Dub.* — Fleurs d'abord rougeâtres, puis d'un pourpre bleu, en grappes à la fin lâches, dressées. Pédicelles étalés-dressés à la fructification. Calice blanc-tomenteux. Carpelles obovés, déprimés sur la face interne, papilleux, munis de pointes courtes et crochues au sommet; celles de la face externe éparses, naissant d'une surface lisse. Feuilles molles, blanchâtres, soyeuses-argentées; les inférieures oblongues-lancéolées, atténuées en pétiole; les supérieures sessiles, étroitement lancéolées, atténuées à la base. Tige de 1-3 décimètres, dressée. Racine longue, pivotante. Plante blanchâtre-tomenteuse. ① Mai-Juin.

Hab. Pyrénées-Orientales, environs de Perpignan. R.

C. Pictum *Ait.; D C.; Lap.; Bertol.; Mut.; Borr.; Gren. Godr.; C. apenninum Gouan; C. amplexicaule Lam.; C. creticum Vill.* — Fleurs bleues, marquées de stries rougeâtres, en grappes allongées, lâches, très étalées. Pédicelles sub-réfléchis à la fructification. Calice couvert de poils mous, appliqués. Carpelles sub-orbiculaires, à face externe légèrement convexe, couverts sur toute leur surface de pointes crochues entremêlées de tubercules coniques. Feuilles d'un vert blanchâtre, couvertes sur les deux faces d'un duvet étalé et un peu raide; les inférieures oblongues ou lancéolées, obtuses, souvent mucronées, atténuées en pétiole; les supérieures oblongues-lancéolées, sessiles, à base plus ou moins cordiforme, amplexicaules ou demi-embrassantes. Tige dressée, de 4-8 décimètres, rameuse, à rameaux ouverts. Plante d'un vert blanchâtre. ① Juin-Juillet.

Hab. Pyrénées centrales: les lieux stériles, Lourdes. vallée d'Argelès, St-Béat. C.

C. Officinale *L. sp. 192; D C.; Lap.; Mut.; Borr.; Gren.
Godr.* — Fleurs d'un rouge sale, en grappes serrées, dressées.
Pédicelles droits ou arqués en dehors à la fructification.
Calice muni de poils soyeux appliqués. Carpelles obovés, à
bords réfléchis, déprimés au centre, hérissés de pointes
courtes, crochues, entourées d'un espace nu; celles de la
face externe peu nombreuses, naissant d'une surface lisse,
relevées. Feuilles molles, blanchâtres, couvertes sur les deux
faces d'un duvet fin et appliqué; les inférieures elliptiques,
rétrécies en pétiole et très dilatées à la base ou lancéolées-
aiguës; les supérieures sessiles, étroitement lancéolées,
semi-amplexicaules. Tige dressée, raide, rameuse, à rameaux dressés. Racine dure, noirâtre, fusiforme. Plante d'un
vert blanchâtre, plus ou moins anguleuse, hérissée de poils
mous. ② Juin-Juillet.

Hab. Toutes les vallées, dans les lieux stériles. CC.

C. Montanum *Lam.; D C.; Lap.; Koch; Mut.; Borr.; Gren.
Godr.; C. officinale var.* b. *L. sp. 192; C. germanicum Jacq.; C.
sylvaticum Hœnch in Jacq.; C. pellucidum Lois.* — Fleurs rougeâtres, violettes ou bleues, en grappes grêles, allongées,
lâches, étalées. Pédicelles courts, arqués à la fructification.
Calice brièvement hispide. Carpelles petits, arrondis, à
face interne plane, hérissés sur toute leur surface de pointes courtes crochues au sommet, très rapprochées; celles
de la face externe entremêlées de petits tubercules coniques. Feuilles minces, transparentes, luisantes et glabres
en dessus, rudes et hérissées en dessous de poils tuberculeux; les inférieures elliptiques, rétrécies en pétiole; les
intermédiaires sub-spatulées; les supérieures oblongues-
lancéolées, sessiles, sub-cordiformes, amplexicaules à la
base. Tige dressée, flexueuse au sommet, fistuleuse, couverte
de poils mous, étalés. Racine épaisse, munie de *chevelu.*
Plante de 3-5 décimètres, d'un aspect vert. ② Juin-Juillet.

Hab. Pyrénées centrales; Castanèse C., St-Béat R., Hourquette
d'Aspin. RR.

C. Dioscoridis *Vill.; Dur.; D C. prod.; Gren. Godr.; C.
Xatarti Gay in Endress.; C. apenninum L. sp. 193; Lap.; C.
montanum var.* a. *Mut.* — Fleurs bleues passant au pourpre,
petites, en grappes lâches, peu allongées, étalées-dressées.
Pédicelles arqués en dehors à la fructification. Calice soyeux.
Carpelles obovés, à face externe un peu déprimée au centre,
hérissés sur toute la surface de pointes courtes, crochues
au sommet; celles du dos et des bords confluentes par
leur base; celles de la face externe rapprochées, entremêlées de tubercules coniques. Feuilles d'un vert gai, un

peu rudes, couvertes de poils fins et étalés ; les radicales étroites, oblongues-lancéolées, atténuées en pétiole ; les caulinaires moyennes et supérieures sessiles, lancéolées-acuminées, élargies et arrondies à la base. Tige grêle, dressée, couverte inférieurement de poils réfléchis et supérieurement de poils dressés-appliqués, peu soyeux. Racine grêle, simple, pivotante. Plante de 1-3 décimètres. ② Juin-Juillet.

Hab. Pyrénées-Orientales : environs de Pratto-de-Mollo (*Lap.*) R.

459. OMPHALODES *Tournef. inst. p.* 140 (*Omphalède*). — Calice à 5 divisions. Corolle en roue, à gorge fermée par 5 écailles, à tube très court, à limbe à 5 lobes. Étamines incluses. Carpelles 4, déprimés, creusés sur la face interne en forme de corbeille, à bord membraneux denté ou cilié, réfléchi au sommet. Styles adhérents aux carpelles.

O. Verna *Mœnch.; Koch ; D C. prod.; Mut.; Borr.; Gren. Godr.; Cynoglossum omphalodes L. sp.* 193; *D C. fl. fr.; Picotia verna Rœm.; Schultz.*—Fleurs d'un bleu pâle ou d'un bleu d'azur, à gorge jaune, en grappes lâches, terminales et axillaires. Pédicelles grêles, longs, à la fin courbés et réfléchis. Calice couvert d'un duvet fin, appliqué, à dents lancéolées. Carpelles pubescents sur les bords. Feuilles minces, vertes en dessus, plus pâles en dessous, pubescentes ; les inférieures longuement pétiolées, cordiformes-ovales ; les supérieures ovales-lancéolées. Tige grêle, rameuse, ascendante. Souche rampante, stolonifère, radicante et feuillée. Plante de 5-15 centimètres. ♃ Avril-Mai.

Hab. (Échappée des jardins) La Roquette à Bagnères. CCC.

O. Littoralis *Lehm.; Lloyd.; D C. prod.; Mut.; Borr.; Gren. Godr.; Cynoglossum littorale Spreng.; Cynoglossum lateriflorum Aubr.; Picotia littoralis Rœm.; Schultz.* — Fleurs blanches, grandes, en petites grappes lâches, munies sous les rameaux inférieurs d'une bractée lancéolée semblable aux feuilles. Pédicelles longs, grêles, arqués ou étalés, munis au sommet ainsi que le tube du calice de poils appliqués. Calice vert, à dents lancéolées finement bordées de blanc et munies de cils raides. Carpelles munis de cils crochus au sommet. Feuilles radicales sub-spatulées ou spatulées ; les caulinaires sessiles, un peu glauques, ciliées tout autour, lancéolées. Tige dressée, rameuse au sommet, à rameaux étalés. Racine longue, brune, pivotante. Plante de 1-3 décimètres. ① Mai-Juin.

Hab. Pyrénées occidentales ; littoral de Bayonne. R.

460. ASPERUGO *Tournef. inst. p.* 135 (*Rapette*). — Calice à 5 divisions inégales sinuées-dentées. Corolle en entonnoir, à tube court, à gorge fermée par 5 écailles convexes, conniventes, à 5 lobes courts, obtus. Carpelles 4, comprimés, renfermés dans le calice accru comprimé et dilaté sous forme de deux lamelles planes, parallèles, sinuées-dentées.

A. Procumbens *L. sp.* 193 ; *D C.* ; *Lap.* ; *Mut.* ; *Borr.* ; *Gren. Godr.* — Fleurs petites, d'un bleu violet, axillaires, fasciculées, brièvement pédonculées, très espacées. Calice veiné en réseau, à lobes aigus, inégaux, ciliés. Carpelles jaunâtres, ovales, étroitement bordés. Feuilles rudes ; les inférieures alternes, atténuées en pétiole ; les supérieures sessiles, ovales-oblongues, obtuses, géminées ou quaternées. Tige rameuse dès la base, à rameaux allongés, couchés, anguleux, hérissés de petits aiguillons dirigés vers le bas. Plante de 2-6 décimètres. ⚥ Juin.

Hab. Pyrénées-Orientales et centrales ; environs de Perpignan, Viedessos, Vielle, vallée d'Aspe de la Case de Brousset à Anneou, sous un rocher. C.

461. HELIOTROPIUM *L. gen.* 179 (*Héliotrope*). — Calice tubuleux, à 5 divisions. Corolle en entonnoir, à 5 lobes séparés par 5 dents petites, à gorge nue. Etamines incluses. Style terminal. Carpelles ovoïdes-triquètres, soudés ensemble avant la maturité.

H. Europœum *L. sp.* 187 ; *D C.* ; *Lap.* ; *Mut.* ; *Borr.* ; *Gren. Godr.* — Fleurs petites, blanches ou violacées, sessiles, en grappes simples ou géminées, les unes terminales, les autres latérales, axillaires ou *oppositifoliées*. Calice velu, à 5 dents lancéolées, étalées en étoile à la fructification. Fruit rugueux, sub-globuleux, se séparant à la maturité en 4 carpelles pubescents, rugueux sur le dos. Feuilles toutes pétiolées, ovales, entières, nerveuses, d'un vert blanchâtre, pubescentes. Tige de 1-2 décimètres, dressée, flexueuse, rameuse, couverte de poils appliqués. Racine grêle, flexueuse. ⚥ Juin-Septembre.

Hab. Les champs arides de la plaine. CC.

LXXIV. SOLANÉES.

Fleurs hermaphrodites régulières ou rarement irrégulières. Calice libre, persistant, monophylle, à 5 dents, plus rarement à 4-6-10 divisions. Corolle hypogyne, caduque, à 5 lobes réguliers ou inégaux, plissée ou imbriquée dans le bouton. 5 étamines insérées à la base de la corolle et alternes avec ses lobes. Ovaire libre, simple. Un style à stigmate simple ou bifide. Fruit polysperme, tantôt bacciforme, à deux valves et à cloison parallèle aux **valves**, tantôt capsulaire à placenta placé au centre. Périsperme charnu. Embryon en anneau ou en spirale. Graines **réniformes** ou lenticulaires. — Feuilles alternes ; les supérieures souvent géminées. Fleurs axillaires ou en cyme partant de l'aisselle des feuilles.

A. FRUIT BACCIFORME.

462. LYCIUM *L. gen. 262 (Lyciet).* — Calice court, tubuleux, campanulé, à deux lèvres ou à 4-5 lobes. Corolle en entonnoir, à tube court, à 5 lobes. 5 étamines à filets velus à la base. Stigmate sillonné. Baie ovoïde ou arrondie, triloculaire.

L. Barbarum *L. sp.* 279 ; *D C.; Lap.; Borr.; Gren. Godr.; L. europæum Gouan.* — Fleurs d'un violet clair, solitaires, dressées ou fasciculées à l'aisselle des feuilles, pédicellées. Calice bilabié, à lèvre bidentée. Corolle à limbe ouvert divisé en 5 lobes oblongs, à la fin réfléchis. Etamines saillantes, à filets pubescents à la base. Baie oblongue, rouge ou **orangée**. Feuilles vertes, glabres, planes, petites, elliptiques, lancéolées-aiguës, entières, atténués en pétiole, fasciculées-alternes sur les jeunes rameaux. Tige grêle, très rameuse ; rameaux avortés épineux ; rameaux développés glabres, flexueux, munis de lignes saillantes. Plante de 1-2 mètres. ♃ Juin-Août.

Hab. Pyrénées-Orientales ; haies, environs de Perpignan, Collioure. R.

L. Mediterraneum *Dumas in D C. prod.; Gren. Godr.; L. europæum L. mant.* 47 ; *Lap.; Koch ; L. ovatum Duham.; Borr.; L. europæum Dub.* — Fleurs violettes veinées de blanc, solitaires, géminées ou ternées à l'aisselle des feuilles, pédicellées, dressées. Calice à 5 dents souvent inégales. Corolle à limbe très ouvert, profondément divisée en 5 lobes oblongs, à la fin réfléchis. Baie globuleuse, rouge ou orangée, de la grosseur d'un pois. Feuilles un peu charnues, glabres, planes, oblongues-obovées, atténuées en un court pétiole, alternes sur les jeunes rameaux. Tiges rameuses, droites ; rameaux avortés formant de courtes épines épaisses ; rameaux développés blanchâtres, étalés. Plante de 1-2 mètres. Mai-Juin.

Hab. Pyrénées-Orientales ; les bords de la Méditerranée, Port-Vendres. R.

L. Afrum *L. sp.* 277 ; *Lam.; Bertol.; Gren. Godr.* — Fleurs d'un pourpre livide, penchées, solitaires et axillaires, pédicellées. Calice à 5 dents. Corolle à tube insensiblement dilaté, à limbe court, divisé en 5 lobes ovales étalés et un peu recourbés en dehors 6 fois plus courts que le tube. Étamines à filets barbus à la base. Baie globuleuse, de la grosseur d'une cerise, munie de 5 sillons longitudinaux, jaune à la maturité. Feuilles canaliculées en dessus, fasciculées, étroites, linéaires, atténuées en pétiole. Tige droite, rameuse; rameaux avortés formant des épines assez longues; rameaux développés grisâtres, étalés. Plante de 1-2 mètres. ♃ Mai-Juin.

Hab. Pyrénées-Orientales; environs de Perpignan (*Gren. Godr.*).

463. SOLANUM *L. gen.* 251 *(Morelle).* — Calice à 5 divisions. Corolle rotacée. 5 étamines, rarement plus ; anthères oblongues, conniventes verticalement, s'ouvrant au sommet par deux pores. Baie biloculaire, arrondie, ordinairement à deux loges. Fleurs en corymbes axillaires ou terminaux.

S. Nigrum *L. sp.* 266 ; *D C.; Lap.; Borr.; Mut.; Gren. Godr.; Morella nigra Dunal.* — Fleurs blanches à anthères jaunes, en corymbe pauciflore brièvement pédonculé. Pédicelles pubescents, à la fin réfléchis et épaissis au sommet. Calice petit, à dents arrondies. Corolle pubescente, à lobes lancéolés. Baies très variables, noires, rouges ou jaunes, globuleuses. Feuilles pédonculées, ovales ou sub-deltoïdes, sinuées-dentées, peu velues, quelquefois entières. Tige dressée, rameuse dès la base et diffuse, munie de poils courts épars, appliqués-dressés; rameaux pourvus de lignes saillantes quelquefois très prononcées, dentelées çà et là. Plante de 1-5 décimètres, sub-velue.

Var. **a.** *Genuinum Gren. Godr.* — Baies noires.

Var. **b.** *Chlorocarpum Spen.; Gren. Godr.; S. ochroleucum Bast.* — Baies jaunes ou d'un jaune verdâtre (*S. lutrovirens Gmel*). La forme naine de cette race est le *S. humile de Bernh in Willd.* (*Gren. Godr.*).

Var. **g.** *Miniatum Mert.; Koch; Gren. Godr.; S. miniatum Willd.; D C.; Schultz.; Borr.* — Baies rouges, petites. Plante à odeur de musc.

Hab. Type et var. : lieux cultivés, décombres. CCC.

S. Dulcamara *L. sp.* 264 ; *D C.; Lap.; Borr.; Mut.; Gren. Godr.; S. scandens Lam.* — Fleurs violettes, grandes, en corymbes ou en cymes axillaires longuement pédonculés. Pédicelles glabres, articulés à leur base. Calice à dents courtes, triangulaires. Corolle pubescente sur les bords, à lobes lancéolés et souvent réfléchis. Baies ovoïdes, rouges à la maturité. Feuilles d'un vert foncé, pétiolées, couvertes sur les deux faces de poils courts appliqués, quelquefois tomenteuses, entières, cordiformes, ovales-aiguës ou comme hastées par la présence de deux lobes accessoires. Tige ligneuse, sarmenteuse, cylindrique-rameuse, feuillée. Plante de 1-2 mètres. ♃ Juin-Août.

Hab. Bois et lieux humides, bords des eaux dans les haies. CCC.

464. PHYSALIS *L. gen.* 250 (*Coqueret*). — Calice à 5 dents, persistant, renflé, très dilaté à la maturité. Corolle rotacée, à 5 lobes. 5 étamines à anthères conniventes, droites, oblongues, s'ouvrant longitudinalement. Baie globuleuse renfermée dans le calice. Fleurs solitaires.

P. Alkekengi *L. sp.* 262; *D C.; Lap.; Mut.; Borr.; Gren. Godr.* — Fleurs d'un blanc sale, verdâtres ou jaunâtres à la gorge, solitaires, axillaires ou placées entre deux feuilles penchées. Pédoncules d'abord courbés au sommet, puis réfléchis dès la base, ciliés. Calice velu, d'abord petit, campanulé, à dents courtes acuminées-étalées, puis vésiculeux, devenant grand, ovoïde, ombiliqué à la base, élégamment réticulé-veiné, à la fin d'un rouge vif. Baie globuleuse, luisante, d'un rouge vif, de la grosseur d'une cerise. Feuilles pétiolées, ovales-acuminées, sinuées sur les bords; les supérieures géminées. Tige dressée, anguleuse, simple ou rameuse. Souche grêle, rampante. Plante de 1-6 décimètres. ♃ Juin-Juillet.

Hab. Pyrénées-Orientales et centrales; les vignes, les haies des terrains calcaires, Pratto-de-Mollo; Sun, St-Béat, Orignac près Bagnères. R.

465. ATROPA *L. gen.* 249 (*Atrope*). — Calice campanulé, persistant, à 5 lobes. Corolle campanulée, à tube court et à 5 lobes égaux. 5 étamines inégales, rapprochées à la base, écartées au sommet, penchées ainsi que le style. Baie globuleuse, à deux loges, insérée sur le calice.

A. Belladona *L. sp.* 260; *D C.; Lap.; Mut.; Borr.; Gren. Godr.; Belladona baccifera Lam.* — Fleurs d'un brun violet, livides, striées de brun, grandes, pédonculées, solitaires ou géminées, penchées, axillaires. Calice à tube hémisphérique, à lobes ovales-acuminés, tomenteux, un peu hispides. Corolle tubuleuse à 15 nervures, rétrécie et plissée à la base. Baie globuleuse, devenant noire et luisante, de la grosseur d'une

cerise, très vénéneuse, robuste, fistuleuse, finement glanduleuse. Plante de 10 décimètres à 2 mètres. ♃ Juillet-Août.

Hab. Toute la chaîne, les bois ; Montfort, Pic de Gard, forêt de
Paillole, carrière de Campan, Gèdre, port de Vénasque, château
des Angles près Lourdes. CCC.

B. FRUIT CAPSULAIRE.

466. DATURA *L. gen.* 246 (*Datura*). — Calice grand, tubuleux, renflé, à 5 angles et à 5 dents, caduc, à base persistante. Corolle très grande, en entonnoir, à 5 plis et à 5 lobes.
Stigmate à deux lames. Capsule épineuse, à deux loges divisées par une fausse cloison en deux loges secondaires et
s'ouvrant en 4 valves.

D. Stramonium *L. sp.* 255 ; *Lap.* ; *D C.* ; *Mut.* ; *Borr.* ;
Gren. Godr. — Fleurs blanches, grandes, brièvement pédonculées, solitaires et alaires. Calice longuement tubuleux, pentagonal, à lobes triangulaires, acuminés, pliés en deux. Corolle
tubuleuse dépassant le calice, à 5 lobes brusquement acuminés. Capsule dressée, armée d'épines robustes. Graines noires,
réniformes, alvéolées, ondulées sur les bords. Feuilles ovales-aiguës, sinuées, anguleuses, un peu décurrentes sur le
pétiole, longuement pétiolées. Tige dressée, arrondie, rameuse, di-trichotome. Plante de 3 décimètres à 2 mètres.
♃ Juillet-Septembre.

Var. b. *Chalibea Koch* ; *Gren. Godr.* ; *D. Tatula L. sp.* 256 ;
Borr. — Tige, pétiole, nervure des feuilles et fleurs violacés.

Hab. Le type : champs, décombres, CC. ; la var. *b.* : Pyrénées-Orientales, Bages. RR.

467. HYOSCIAMUS *L. gen.* 247 (*Jusquiame*). — Calice
tubuleux, campanulé, renflé à la base, persistant en totalité,
s'accroissant après l'anthèse et enveloppant la capsule. Corolle en entonnoir, à 5 lobes obtus. 5 étamines incluses. Stigmate capité. Capsule ovale comprimée, biloculaire, s'ouvrant
circulairement par un opercule.

H. Niger *L. sp.* 257 ; *D C.* ; *Lap.* ; *Mut.* ; *Borr.* ; *Gren. Godr.*
— Fleurs d'un jaune sale, livides, veinées de pourpre et de
lignes noirâtres, sub-sessiles, en épi unilatéral feuillé, d'abord
roulé en crosse, puis allongé. Feuilles bractéales sessiles et
embrassantes, disposées sur deux rangs. Calice dressé à la
maturité, tomenteux, réticulé-veiné, à 5 dents acuminées.
Corolle régulière, à 5 divisions. Capsule renflée à la base.
Feuilles très molles, pubescentes, ovales-oblongues ; les
inférieures pétiolées ; les caulinaires sessiles, amplexicaules,
incisées-dentées, à lobes et à dents acuminées. Tige de 1-8

décimètres, rameuse. Plante d'un vert sombre, fétide, velue, visqueuse. ♂ Mai-Juin.

Hab. Bords des chemins. décombres; Ordincède, environs de Gèdre; monte jusqu'à Gavarnie. CCC.

H. Albus *L. sp.* 257; *Gouan; Dunal; Lap.; Mut.; Gren Godr.; D C. prod.; H. albus major Magnol; Lam.* — Fleurs d'un jaune pâle, verdâtres à l'intérieur du tube, pubescentes, sessiles ou brièvement pédonculées, en épi sub-unilatéral. Feuilles bractéales toutes pétiolées, sub-orbiculaires, en cœur, sinuées-dentées. Calice dressé à la maturité, velu, faiblement réticulé-veiné, à dents triangulaires. Corolle pubescente, à 5 lobes; les inférieurs plus petits que les supérieurs, séparés par un sinus plus profond. Filets des étamines blancs. Capsule ovoïde. Graines grisâtres, alvéolées. Feuilles pétiolées, plus ou moins velues, sub-orbiculaires, échancrées à la base, incisées-dentées, à lobes et à dents triangulaires. Tiges de 2-5 décimètres, dressées, rameuses. Racine pivotante. Plante velue, visqueuse. ♁ Mai-Juin.

Hab. Pyrénées-Orientales, région des oliviers. CC.

LXXV. VERBASCÉES.

Fleurs hermaphrodites. Calice libre, persistant, à 5 divisions imbriquées dans le bouton. Corolle caduque, hypogyne, rotacée, à 5 lobes planes, inégaux, à tube court. 4-5 étamines, rarement 4, insérées sur le tube de la corolle, à filets inégaux, dilatés; anthères fixées transversalement au sommet des filets, à loges confluentes. Style terminal, simple, entier. Stigmate capité ou décurrent sur le style. Ovaire supère à loges multiovulées. Capsule bivalve, à bords réfléchis. Graines oblongues, tuberculeuses. Embryon logé dans un albumen charnu. Feuilles alternes, rarement opposées.

1. Feuilles décurrentes; anthères inégales; capsule ovoïde.

468. VERBASCUM *L. gen.* 97 (*Molène.*)— Calice à 5 divisions. Corolle en roue, à 5 lobes inégaux. 5 étamines inégales, souvent barbues. Capsule globuleuse ou ovale-aiguë, s'ouvrant en deux valves au sommet.

V. Thapsus *L. sp.* 252; *Lap.; Schrader; Mut.; Borr.; Gren. Godr.; V. alatum Lam.; V. densiflorum Pollin.; V. Schraderi Mey.; V. neglectum Guss.* — Fleurs d'un jaune pâle, fasciculées, en épi dense. Pédicelles presque nuls au moment de la floraison. Calice tomenteux, à dents lancéolées. Corolle petite, concave; les deux étamines inférieures à filets

glabres ou sub-glabres, à anthères obliques; les supérieures
munies de poils blancs laineux, à anthères réniformes. Style
filiforme. Stigmate capité, non décurrent. Capsule ovoïde.
Graines petites, ovoïdes, d'un brun jaune, tronquées aux
deux bouts, striées, chagrinées. Feuilles superficiellement
crénelées, fortement tomenteuses, ovales-oblongues; les radicales oblongues-elliptiques, atténuées en pétiole; les caulinaires moyennes et les supérieures aiguës, décurrentes
sur la tige jusqu'à l'insertion de la feuille immédiatement
inférieure. Tige de 3-8 décimètres, raide, dressée, ailée.
Plante couverte d'un tomentum épais et étoilée. (2) Juillet-
Août.

Hab. Les lieux incultes, les vieux édifices. CCC.

V. Thapsoïforme *Schrad.; Koch; Borr.; Gren. Godr.*
— Fleurs d'un jaune pâle ou blanches, disposées en épis très
longs, denses. Calice tomenteux, à dents lancéolées. Étamines
inférieures à filets glabres; les supérieures à filets munis de
poils blancs laineux, épaissis en massue. Style spatulé au
sommet, comprimé; stigmate décurrent sur les bords du
style et formant un V renversé. Capsule ovoïde. Feuilles fortement crénelées; les inférieures oblongues, elliptiques, atténuées en pétiole; les caulinaires lancéolées, décurrentes sur
la tige jusqu'à l'insertion de la feuille immédiatement inférieure. Tiges de 1-2 mètres, raides, dressées, simples, rarement rameuses, ailées. Plante couverte d'un tomentum jaunâtre, épais, étoilé. (2) Juillet-Septembre.

Hab. Les vallées calcaires, champs arides. CCC.

2. Feuilles sub ou non décurrentes; anthères égales, réniformes;
capsule ovoïde.

V. Sinuatum *L. sp.* 254; *Vill.; DC.; Lap.; Schrad.; Koch;
Mut.; Gren. Godr.; V. scabrum Presl.* — Fleurs jaunes, petites,
formant une grande panicule pyramidale à rameaux divariqués, ascendants, grêles, effilés, portant des glomérules de
fleurs écartés les uns des autres. Pédicelles inégaux. Calice
blanc-tomenteux, à dents lancéolées, dressées, égalant la
capsule et plus long que les pédicelles. Étamines à filets
munis de poils violets. Anthères toutes égales. Capsule très
petite, ovoïde, globuleuse, obtuse, à la fin glabrescente.
Feuilles brièvement tomenteuses, surtout en dessous; les
inférieures pétiolées, oblongues, lancéolées, sinuées ou
sinuées-pinnatifides, à lobes un peu ondulés, dentés ou
incisés; les jeunes en rosette; les caulinaires supérieures
lancéolées-aiguës, embrassantes, brièvement décurrentes; les
raméales en cœur, embrassantes, non décurrentes. Tige de

5-10 décimètres, arrondie, rougeâtre sous un tomentum jaunâtre, étoilé, qui couvre la plante. (2) Juillet-Août.

Hab. Bords des routes, lieux incultes. CCC.

V. Boherhaavii *L. mant.* 45; *Gren. Godr.; V. majale Schrad.; Dub.; Lois.; V. phlomoïdes L. sp.* 253; *All. Bertol.* — Fleurs jaunes, grandes, fasciculées, plongées dans un tomentum blanc, cotonneux, en épis raides, allongés. Pédicelles épais, très courts. Calice se dépouillant de son tomentum à la maturité, à dents linéaires-lancéolées, munies de nervures saillantes. Corolle jaune, maculée de violet à la gorge. Etamines à filets munis de poils violets; les inférieures sub-glabres; les supérieures à anthères insérées obliquement. Stigmate capité. Capsule grande, ellipsoïde, obtuse, à la fin glabrescente, surmontée par la base du style, spinescente, nervée à la base. Feuilles inférieures tomenteuses-blanchâtres, ovales-elliptiques, contractées en pétiole, crénelées et quelquefois incisées et même sub-lyrées; les supérieures sessiles, ovales en cœur, embrassantes, non décurrentes, couvertes d'un tomentum blanc, cotonneux, épais. Tige de 5-10 décimètres, dressée, simple, arrondie. Plante rougeâtre, sous un tomentum qui se détache par flocons. (2) Juillet-Août.

Hab Pyrénées-Orientales; environs d'Olette, etc. C.

V. Pulverulentum *Vill.; D C.; Lap.; Engl. bot.; Mut.; Borr.; Gren. Godr.; V. phlomoïdes Thuil.? V. floccosum Waldst. Kit.; D C. fl. fr.; Schrad.; Koch; Bertol. V. heterophyllum Moretti; V. laxiflorum Presl.; V. pyramidale Host.* — Fleurs jaunes, grandes et petites, fasciculées, plongées dans un tomentum blanc et cotonneux, disposées en panicule pyramidale, à rameaux étalés, grêles, flexueux. Pédicelles égalant le calice. Celui-ci blanc-tomenteux, à dents linéaires-lancéolées, de moitié plus courtes que la capsule. Etamines à filets tous munis de poils blancs. Anthères égales. Capsule ovoïde, comprimée latéralement, déprimée au sommet, glabre à la maturité. Graines très petites, de couleur fauve, munies de lignes transversales profondes. Feuilles cotonneuses; les radicales oblongues, elliptiques, faiblement crénelées, atténuées en un court pétiole; les caulinaires sessiles, ovales ou arrondies, amplexicaules, arrondies à la base subitement, rétrécies en pointe aiguë, un peu obliques. Tige droite, anguleuse, à rameaux ascendants, souvent très rameuse au sommet. Plante de 2-8 décimètres, munie d'un tomentum blanc, caduc. (2) Juillet-Août.

Hab. Bords des routes, lieux incultes. CCC.

V. Lychnitis *L. sp.* 253; *Vill.; D C.; Lap.; Mut.; Borr.,*

Gren. Godr.; V. album Mœnch.; V. Mœnchii Schultz.; V. Weldenii Braun; Morel.; V. leucanthemum L. Duf. — Fleurs jaunes, ou blanches, pulvérulentes, en grappes pyramidales, à rameaux dressés et portant des glomérules de fleurs écartés les uns des autres. Pédicelles une fois plus longs que le calice au moment de la floraison. Calice tomenteux, à dents linéaires-lancéolées de moitié plus courtes que la capsule. Corolles petites, planes. Étamines à filets munis de poils blancs, à anthères égales. Capsules petites, ovoïdes, obtuses. Feuilles crénelées, sub-glabres et vertes en dessus, d'un blanc grisâtre, brièvement tomenteuses en dessous ; les inférieures elliptiques, oblongues ou ovales, un peu pointues, rétrécies en pétiole ; les supérieures sessiles, ovales-acuminées ; les moyennes lancéolées, non embrassantes. Tige de 3-8 décimètres, dressée, raide, fortement sillonnée, anguleuse dans le haut. Plante d'un vert grisâtre, d'un aspect poudreux, couverte d'un tomentum court, étoilé. ⓶ Juin-Août.

Hab. Les bois, les champs, les coteaux arides. C.

V. Nigrum *L. sp.* 253 ; *Vill.; D C.; Lap.; Mut.; Borr.; Gren. Godr.* — Fleurs jaunes ou blanches, à gorge violette, fasciculées, disposées en une longue grappe plus ou moins ou pas feuillée, ou en panicule rameuse, à rameaux dressés (*V. parisiense Thuil.*). Pédicelles grêles, irréguliers, plus longs ou plus courts que le calice. Celui-ci petit, égalant la capsule ou un peu plus court, très tomenteux, à dents linéaires-aiguës. Étamines à filets munis de poils violets, à anthères égales. Stigmate en croissant. Capsule petite, ovoïde, pubescente, obtuse. Feuilles variables, d'un vert sombre, pubescentes en dessus, plus ou moins blanches-tomenteuses en dessous, sub-glabres ou fortement tomenteuses des deux côtés (*V. alopecurus Thuil.; D C.; Lois.*) ; les inférieures longuement pédonculées ou presque sessiles, lancéolées ou cordiformes, ou oblongues-aiguës, inégalement crénelées ; les caulinaires plus ou moins pédonculées ou sessiles, arrondies à la base, acuminées, finement dentées, lancéolées. Tige dressée, simple ou très rameuse, plus ou moins anguleuse. Plante de 2-10 décimètres, couverte d'un tomentum étoilé. ⓶ Juillet-Septembre.

Hab. Débris mouvants des montagnes et vallées calcaires. CCC.

V. Chaixii *Vill.; D C.; Lois.; Mut.; Gren. Godr: V. urticœfolium Lam.; V. dentatum Lap.; V. gallicum Willd.; V. monspessulanum Pers.* — Fleurs jaunes, à gorge violette, fasciculées, en panicule pyramidale à rameaux divariqués, grêles. Pédicelles égalant le calice au moment de la floraison. Calice blanc-tomenteux, à dents linéaires-aiguës, plus courtes que la capsule. Corolle petite, plane. Étamines violettes, à filets poilus. Stigmate capité. Capsule très petite, ellipsoïde, arrondie. Feuilles pubescentes, vertes en dessus, tomenteuses et d'un vert blanchâtre en dessous; les inférieures longuement pétiolées, lancéolées, lobulées, dentées sur les bords, incisées-lyrées; les caulinaires moyennes brièvement pétiolées, ovales-arrondies à la base; les supérieures sessiles. Tiges dressées, grêles, arrondies, rougeâtres sous le tomentum. Plante de 5-8 décimètres. ♃ Juin-Août.

Hab. Pyrénées-Orientales; Pratto-de-Mollo, Mont-Louis (*Lap.*). R.

3. Feuilles non décurrentes ou brièvement décurrentes; anthères inégales; capsule globuleuse.

V. Blattaria *L. sp.* 254; *Vill.; DC.; Lap.; Thuill.; Schrad.; Mut.; Borr.; Gren. Godr.* — Fleurs jaunes, violettes à la base, grandes, minces, solitaires à l'aisselle des bractées, disposées en une longue grappe lâche pourvue de poils simples et glanduleux. Pédicelles grêles, étalés, deux fois plus longs que le calice. Celui-ci vert, glanduleux, à dents linéaires plus courtes que la capsule. Étamines à poils violets. Anthères inférieures insérées latéralement. Capsule globuleuse, glanduleuse. Feuilles glabres, vertes; les inférieures rétrécies en court pétiole, obovales, oblongues, obtuses, crénelées ou sinuées; les caulinaires et les supérieures sessiles, demi-embrassantes. Tige dressée, rameuse, grêle, anguleuse vers le haut. Plante de 3-6 décimètres, hispide, glanduleuse, un peu glauque. ⚋ Juin-Septembre.

Var. a. Feuilles toutes longuement pétiolées, oblongues, elliptiques, crénelées; les supérieures sessiles, lancéolées. ⚋ Juin-Septembre.

Var. b. Fleurs solitaires longuement pétiolées. Feuilles cordiformes, sub-crénelées, aiguës, toutes auriculées. Tiges très feuillées. ⚋ Juin-Septembre.

Hab. Pyrénées centrales; le type : haies, bords des chemins, environs de Lourdes. C. : var. *a.* les marais autour de Lourdes. R.: var. *b.* : haies, environs de Lourdes. R.

V. Virgatum *With.; Bertol.; Borr.; Gren. Godr.; V. repandum Guss.; Rchb.; V. glabrum Willd.; V. blattaroïdes Lam.; DC.; Lap.; Mut. ; V. viscidulum Pers.; V. dubium Thuil.; V. glandulosum Thore.* — Fleurs jaunes, grandes, à gorge violette, solitaires, géminées ou ternées à l'aisselle des feuilles bractéales, en longue grappe raide pourvue de poils simples et glanduleux. Pédicelles longs, dressés après l'anthèse. Calice velu-glanduleux, à dents linéaires-lancéolées plus courtes que la capsule. Étamines munies de poils violets; anthères des étamines longues insérées latéralement. Capsule globuleuse. Feuilles d'un vert pâle, munies de petits poils épars et glanduleux au sommet ; les radicales elliptiques, oblongues. rétrécies en pétiole, incisées, crénelées, quelquefois lyrées ; les caulinaires sessiles, oblongues ; les supérieures amplexicaules, brièvement décurrentes. Tige dressée, raide, simple, un peu anguleuse vers le haut. Plante de 5-10 décimètres. (2) Juin-Septembre.

Hab. Pyrénées occidentales ; environs de Bayonne. C.

Hybride.—Feuilles plus ou moins décurrentes ; capsules avortées.

V. Thapsiformi-Blattaria *Gren. Godr.; V. ramosissimum DC.; Dub.; Mut.; V. Bastardi Rœm. ; Schultz.; Borr.; V. pilosum Dol.; V. blattarioïdes var.* b. *caule ramosissimo Bast.* — **Fleurs fasciculées, disposées en grappes grêles très allongées, simples ou rameuses, hérissées de poils simples réunis par petits paquets. Pédicelles inégaux, très couverts, de même que le calice, d'un tomentum soyeux. Calice à dents lancéolées. Corolle grande, velue en dessous, à tube arrondi. Étamines couvertes de poils violets. Feuilles pubescentes sur les deux faces, tomenteuses en dessous ; les radicales oblongues-lancéolées, crénelées ou entières, atténuées en pétiole ailé ; les caulinaires sessiles, brièvement décurrentes d'un côté, ovales-oblongues, aiguës. Tiges dressées, cylindriques, hérissées de poils courts et étoilés, rameuses. Plante de 5-8 décimètres, couverte de poils étoilés. (2) Juin-Juillet.**

Hab. Pyrénées centrales : Lourdes, Asté. vallée d'Argelès, Agos, bords des routes. CC.

LXXVI. SCROPHULARIACÉES.

Fleurs hermaphrodites irrégulières. Calice monosépale, à plusieurs lobes, souvent persistant. Corolle à tube court ou allongé, régulier ou prolongé en bosse ou en éperon, à 4-5 lobes, monopétale, hypogyne, plus ou moins irrégulière, caduque, souvent à deux lèvres ; la supérieure bilobée ou en gueule ; l'inférieure trilobée. 4 étamines, rarement deux, insérées sur la corolle et plus courtes qu'elle ; un appendice staminal remplace la cinquième étamine avortée. 1-2 styles à stigmate simple ou bilobé. Ovaire simple, libre, à deux loges multiovulées. Capsule à 1-2 loges ou à deux valves. Fruit capsulaire ou bacciforme (*tozzia*). Graines 1-2 par loges, à deux valves à 2-3 dents ou s'ouvrant au sommet en 2-3 trous

formés par l'écartement de petites **valves**. Graines dressées
ou pendantes. Embryon droit entouré d'un périsperme
charnu. Plantes herbacées à feuilles alternes ou opposées.

469. SCROPHULARIA *Tournef. inst. p.* 166 (*Scrophu-
laire*).—Calice persistant, à 5 divisions. Corolle sub-globuleuse
à limbe contracté, divisée en deux lèvres; la supérieure à
deux lobes, souvent munie à l'intérieur d'une écaille (étamine
avortée); l'inférieure plus petite, réfléchie, à trois lobes. 4
étamines didynames. Capsule globuleuse, acuminée. Plante
plus ou moins fétide. Feuilles opposées.

1. Lobes du calice non bordés.

S. Vernalis *L. sp.* 864; *DC.; Lap.; Dub.;* (*Pyrenaïca planta
exclusa*) *Lois.; Schultz.; Rchb.; Mut.; Borr.; Gren. Godr.* —
Fleurs livides, odorantes, d'un jaune verdâtre, contractées
sous la gorge en cymes axillaires corymbiformes, pédonculées et rapprochées en panicule feuillée. Calice profondément
divisé en lobes oblongs, herbacés, non scarieux sur les bords.
Étamines à la fin saillantes. Capsule ovoïde, conique, velue-
glanduleuse. Graines noires, striées, rugueuses. Feuilles
pétiolées, cordiformes, doublement crénelées. Tige velue,
épaisse, fistuleuse, simple, dressée, à 4 angles. Racines
fibreuses. Plante finement velue-glanduleuse. (2) Juin-Juillet.

Hab. Pyrénées centrales : St-Béat, Esquierry. — Nous n'avons
rencontré que le *S. Pyrenaïca* dans les endroits cités par Lapeyrouse.

S. Peregrina *L. sp.* 866; *Lap.; Dub.; Lois.; Mut.; Gren.
Godr.; S. geminiflora Lam.* — Fleurs d'un pourpre livide, à
gorge dilatée, en cymes axillaires, lâches, pauciflores (2-5),
pédonculées, formant une panicule allongée feuillée. Calice
profondément divisé en lobes lancéolés-aigus. Étamines incluses; appendice staminal obtus. Capsules globuleuses, glabres, luisantes, un peu acuminées. Graines brunes, plissées, rugueuses. Feuilles glabres, pétiolées, ovales ou ovales-
lancéolées, en cœur ou tronquées à la base, dentées en scie.
Tige glabre ou munie de quelques poils courts réunis en
petit paquets, fistuleuse, striée, quadrangulaire, simple ou
rameuse. Racine fibreuse. Plante de 6 décimètres, d'un **vert
gai**. (1) Mai-Juin.

Hab. Pyrénées-Orientales, centrales et occidentales; fort Bellegarde; Cauterets; sables maritimes près Bayonne. C.

2. Calice bordé d'une membrane blanche-scarieuse.

S. Pyrenaïca *Benth. in D C. prod.: Gren. Godr.; S. vernalis Lap.?* — Fleurs jaunâtres, à lèvre inférieure blanchâtre,
à lèvre supérieure d'un brun pourpre, livide, axillaires et en

cymes corymbiformes, pédonculées, dressées, formant une panicule nue ou peu feuillée. Calice velu, visqueux, à lobes ovales bordés d'une marge blanchâtre-scarieuse. Appendice staminal large, réniforme, entier. Capsules glabres, ovoïdes, globuleuses, acuminées. Corolle à lèvre supérieure entière et bifide; l'inférieure à lobes intermédiaires réfléchis, d'un blanc jaunâtre livide. Graines très petites, brunes, rugueuses. Feuilles longuement pétiolées, souvent très velues vers les pétioles, d'un vert jaunâtre, ovales-arrondies ou en cœur, irrégulièrement crénelées, à crénelure plus ou moins large, bi-tridentées au sommet. Tige velue, fistuleuse, épaisse, à 4 angles. Racine pivotante, fibreuse. Plante de 1-3 décimètres, à odeur balsamique forte, plus ou moins visqueuse. — Cette viscosité ne se présente pas lorsque la plante croit dans les lieux découverts. ♃ Juin-Juillet.

Hab. Pyrénées centrales : Esquierry, Cauterets, Pierrefitte, vallée de Trébons. R.

3. Panicule non feuillée.

S. Alpestris *Gay.; Benth. in D C. prod.; Gren. Godr.; S. Scopoli D C.; Dub.; Lois.; Lap.; Benth. cat.; S. betonicæfolia Lap.; S. glandulosa W. K.; Mut.; S. auriculata Scop.* — Fleurs d'un pourpre verdâtre extérieurement et d'un pourpre livide à l'intérieur, en panicule pyramidale allongée, non feuillée. Pédicelles poilus-glanduleux ainsi que l'axe floral. Calice à divisions obovées, orbiculaires, à marge supérieure scarieuse. Filets des étamines poilus-glanduleux ; appendice staminal réniforme, orbiculaire. Capsules ovoïdes, globuleuses, acuminées, glabres. Graines brunes, rugueuses. Feuilles pubescentes très grandes ou de moyenne grandeur, ridées en scie, à dents sub-aiguës, à limbe plus ou moins grand, large et en cœur à la base, opposées ou lancéolées et sub-acuminées; les radicales plus ou moins longuement pétiolées; les caulinaires moins longuement pétiolées; les supérieures linéaires bractéiformes. Tige pubescente ou hérissée, simple, fistuleuse, quadrangulaire. Plante de 4-8 décimètres. ♃ Juillet-Août.

Hab. Les bois et lieux humides sub et alpins. CC.

A. Nodosa *L. sp.* 863 ; *D C.; Lap.; Lois.; Mut.; Borr.; Gren. Godr.; S. aquatica Chaum.* — Fleurs d'un rouge obscur, ou verdâtres, brunes supérieurement, en longue panicule, à rameaux glanduleux. Pédicelles glabres dans leur moitié supérieure, glanduleux au dessous des fleurs. Calice à divisions ovales-obtuses, denticulées au sommet, étroitement scarieuses. Filets des étamines poilus-glanduleux; appendice staminal obové, tronqué ou sub-émarginé. Capsule ovoïde, glabre. Graines très petites, rugueuses. Feuilles glabres, pétiolées, ovales-aiguës ou ovales-lancéolées, un peu en cœur à la base, ou tronquées, doublement ou simplement dentées, à pétiole non ailé. Tiges glabres ou longuement pubescentes, dressées, simples ou rameuses, quadrangulaires. Racine noueuse, souvent tuberculeuse. Plante d'un vert sombre. ♃ Juin-Juillet.

Hab. Les bois et les lieux couverts, bords des chemins. CCC.

S. Aquatica *L. sp.* 864; *D C. prod.; Lap.; Dub.; Lois.; Benth. in D C. prod.; Mut.; Borr.; Gren. Godr.; S. auriculata D C. fl. fr.; Dub.; Lois.; S. oblongifolia Lois.* — Fleurs d'un rouge brun foncé, disposées en longue panicule, à rameaux et à pédicelles munis de poils sub-glanduleux. Calice à divisions sub-orbiculaires, très scarieuses sur les bords. Filets des étamines munis de poils glanduleux; appendice staminal orbiculaire. Capsule ovoïde-globuleuse. Feuilles d'un vert sombre, cordiformes, oblongues-obtuses, bordées de crénelures ouvertes, à pointes obtuses calleuses, souvent munies à la base de deux appendices foliacés, toutes pétiolées. Tige quadrangulaire, étroitement ailée sur les angles. Racines fibreuses. Plante de 4 décimètres à deux mètres, très rameuses. ♃ Juillet-Août.

Hab. Bords des eaux. CCC.

S. Canina *L. sp.* 865; *D C.; Lap.; Dub.; Mut.; Borr.; Gren. Godr.; S. multifida Lam.; S. lucida All.; S. atropurpurea Moret.; Ruta canina Clus.* — Fleurs d'un pourpre noir, en petites cymes rapprochées en panicule, glanduleuses, pédicellées. Calice à lobes orbiculaires scarieux sur les bords. Étamines saillantes; appendice staminal lancéolé-aigu ou nul. Capsule globuleuse, apiculée. Feuilles pétiolées, glabres, pinnatifides, ailées, à lobes plus ou moins linéaires, plus ou moins larges ou oblongs; les derniers lobes confluents, inégalement incisés-dentés. Tige de 1-6 décimètres, cylindrique ou sub-cylindrique, lisse, glabre. Souche grosse, produisant plusieurs tiges sub-simples et formant par leur ensemble un petit buisson. Racines pivotantes. ♃ Juin-Août.

Hab. Pyrénées centrales; lieux sablonneux et terres incultes sub et très alpines, à la montée d'Ordincède. CCC.

S. Hoppii *Koch; Reut.; Gren. Godr.; S. canina var.* b. g. *D C. fl. fr.; Benth. in D C. prod.; S. juratensis Schl.* — Fleurs d'un rouge noirâtre mêlé de blanc, jaunâtres, deux fois plus grandes que celles du *S. canina*, en cymes rapprochées en panicule étroite à poils glanduleux. Pédicelles égalant ordinairement la longueur de la capsule. Calice à lobes sub-orbiculaires, scarieux, blanchâtres sur les bords. Corolle à lèvre supérieure deux fois plus longue que le tube. Capsule sub-globuleuse, près d'une fois plus grosse que celle du *S. canina*. Feuilles ordinairement pinnatifides, à lobes étroits incisés-dentés. Port du *S. canina*, mais moins fétide. Tous les autres caractères du *S. canina* s'appliquent à l'espèce décrite. Juillet-Août.

Hab. Pyrénées (*Gren. Godr.*).

470. ANTIRRHIMUM *Tournef. inst. p.* 167 (*Muflier*). — Calice à 5 divisions profondes. Corolle à tube large, en gueule, bossue à la base, dépourvue d'éperon; lèvre supérieure bifide, renversée; l'inférieure trilobée; palais proéminent, renflé et fermant la gorge. 4 étamines didynames. Capsule oblique, à deux loges s'ouvrant au sommet par trois trous. Graines rugueuses. Plantes vivaces ou annuelles, herbacées, rarement ligneuses. Feuilles opposées ou alternes.

A. Orontium *L. sp.* 860; *D C.; Lap.; Dub.; Lois.; Mut.; Borr.; Gren. Godr.* — Fleurs grandes, d'un rouge clair, parfois rayées ou blanches, axillaires, sub-sessiles. Pédoncule poilu-glanduleux. Calice poilu-glanduleux, à lobes inégaux, linéaires, plus longs que la corolle. Étamines ciliées vers le sommet. Pistil et ovaire glanduleux. Capsule velue, ovoïde, renfermée à la base du calice. Graines oblongues, pourvues sur une face d'une côte longitudinale et sur l'autre d'un sillon profond, à bords dentés. Feuilles glabres, sub-pétiolées, opposées et alternes, linéaires, oblongues ou lancéolées, atténuées en pétiole, souvent un peu velues; les supérieures linéaires. Tige de 1-2 décimètres, droite, cylindrique, simple ou rameuse, poilue-glanduleuse au sommet. Plante presque glabre ou munie de longs poils étalés, glanduleux vers le sommet de la tige. ① Juin-Septembre.

Hab. Les moissons. CCC.

A. Majus *L. sp.* 859; *D C.; Lap.; Dub.; Lois.; Mut.; Borr.; Gren. Godr.* — Fleurs passant du pourpre au jaune, blanchâtres, maculées à la gorge ou tout à fait blanches, en grappe, poilues-glanduleuses, pédicellées. Calice poilu-glanduleux à lobes inégaux, courts, obovés ou sub-orbiculaires, obtus. Style poilu-glanduleux. Capsule légèrement pubescente, glanduleuse, ovoïde, munie au sommet de trois tubercules. Graines grisâtres, ovoïdes, munies de côtes saillantes denticulées et anastomosées en réseau. Feuilles d'un vert sombre, glabres, entières, elliptiques-lancéolées ou sublinéaires; les inférieures et les moyennes atténuées en un court pétiole; les supérieures très étroites, sub-sessiles. Tige de 2-6 décimètres, dressée, simple ou rameuse, glabre inférieurement, pubescente et un peu glanduleuse **vers le sommet**. ♃ Juillet-Septembre.

Hab. Vieux édifices, vieux murs. CCC.

A. Latifolium *D C. fl. fr.; Benth. in D C. prod.; Mill.; Rchb.; Gren. Godr.; A. majus var.* b. *Mut.; A. diffusum Bernh.* — Fleurs peu nombreuses, jaunes, à renflement *basilaire* saillant, en grappe lâche, poilues-glanduleuses. Divisions du calice obovées, elliptiques, poilues, ciliées. Feuilles larges, courtes, ovales ou ovales-lancéolées, obtuses, pubescentes, souvent glanduleuses. Tige velue, diffuse. — Cette espèce ne diffère de l'*Antirrhinum majus* avec lequel on la confond souvent que par les caractères décrits ci-dessus. ♃ Juin.

Hab. Pyrénées-Orientales *(Gren. Godr.)*. R.

A. Sempervirens *Lap.; D C.; Dub.; Mut.; Endress.; Gren. Godr.* — Fleurs blanches ou d'un blanc jaunâtre, rayées de violet foncé sur la lèvre supérieure et sur le tube, opposées, très écartées, solitaires à l'aisselle des feuilles, formant une grappe plus ou moins allongée, pédonculées. Calice pubescent, à segments linéaires-lancéolés. Corolle un peu pubescente, prolongée en un éperon court et arrondi. Capsule globuleuse, fortement poilue-glanduleuse. Graines petites, munies de côtes minces et saillantes, sub-parallèles, présentant une étoile sur une des faces. Feuilles un peu charnues, glauques, opposées, persistantes, ovales ou oblongues, quelquefois sub-orbiculaires, entières, atténuées en pétiole; les inférieures souvent pourpres en dessous, couvertes sur les deux faces de poils courts et feutrés. Tiges très cassantes, d'un, rarement deux décimètres, très nombreuses. Souches ligneuses, très rameuses. ♃ Juin-Juillet.

Hab. Pyrénées centrales; les roches siliceuses, sur les ponts des vallées de Luz, de Cauterets; Esquierry, Maladetta, Pic du Midi, lac Bleu, Agos aux bords de la route, Gèdre, Gavarnie, vallée de Héas, etc. R.

A. Asarina *L. sp.* 860; *D C.; Lap.; Dub.; Lois.; Mut.; Borr.; Gren. Godr.* — Fleurs grandes, blanches, rosées ou rougeâtres, axillaires et solitaires, souvent opposées et écartées. Pédoncules plus longs que le calice. Celui-ci à dents lancéolées, velues-glanduleuses. Capsule glabre. Graines pyriformes, brunes, ridées. Feuilles pubescentes, opposées, longuement pétiolées, réniformes, ovales, crénelées et en cœur à la base. Tiges de 1-3 décimètres, nombreuses, pubescentes-glanduleuses, couchées et rampantes. Souches sub-ligneuses, rameuses. ♃ Juillet-Août.

Hab. Pyrénées-Orientales et centrales, depuis Perpignan jusqu'à Luchon; Pic de Gard, cascade de Montauban près Luchon. CCC.

471. ANARRHINUM *Desf. (Anarrhine).* — Calice a 5
divisions profondes. Corolle tubuleuse avec ou sans bosses
à la base, à gorge ouverte et sans palais proéminent; lèvre
supérieure dressée; l'inférieure trilobée. 4 étamines sub-
didynames; anthères réniformes. Capsule globuleuse, petite,
à deux loges. Graines ovoïdes, tuberculeuses.

A. Bellidifolium *Desf.; D C.; Lap.; Dub.; Lois.; Mut.;
Borr.; Gren. Godr.; Antirrhinum bellidifolium L. mant* 417;
Linaria bellidis folio Dalech. — Fleurs petites, d'un bleu
violet, tachées de blanc rosé, en grappe simple, effilée,
atteignant 1-2 décimètres ou formant plusieurs grappes terminales. Calice à divisions lancéolées, mucronées. Corolle à
tube cylindrique, à éperon grêle et recourbé. Capsule globuleuse, glabre. Graines très petites, chagrinées. Feuilles radicales en rosette, lancéolées, obovales-obtuses, dentées,
nervées, atténuées en pétiole; les caulinaires divisées
jusqu'à la base en lanières linéaires ou étroitement lancéolées-linéaires. Tige de 1-5 décimètres, droite, grêle, plus
ou moins rameuse. ② Juin-Août.

Hab. Pyrénées-Orientales et centrales; Collioure : de Cierp à Luchon, Cazarilhes près de cette dernière ville. C. .

472. LINARIA *Tournef. inst. p.* 158 *(Linaire).* — Calice
petit, à 5 divisions. Corolle munie d'un tube prolongé à la
base en éperon; lèvre supérieure bifide réfléchie; l'inférieure
trilobée, à palais renflé, proéminent, fermant souvent la
gorge. Capsule ovale ou globuleuse, à deux loges s'ouvrant
chacune par un pore au sommet. Graines anguleuses.

1. Feuilles longuement ou brièvement pétiolées; gorge fermée
   par le palais; graines oblongues; plantes vivaces.

L. Cymbalaria *Mill.; D C.; Dub.; Lois.; Mut.; Borr.; Gren.
Godr.; Antirrhinum cymbalaria L. sp.* 851; *Lap.; Antirrhinum
hederœfolium Pourr.* — Fleurs de 8-10 millimètres, d'un bleu
violet, à palais blanc taché de jaune, solitaires à l'aisselle
de toutes les feuilles, pédicellées. Calice glabre, à dents lancéolées-linéaires, aiguës. Corolle à éperon courbé deux fois
plus court que la corolle. Capsule globuleuse dépassant le
calice. Graines brunes, ovoïdes, couvertes de côtes saillantes,
souvent parallèles et interrompues. Feuilles longuement
pétiolées, cordiformes-arrondies, à 5-7 lobes arrondis, un
peu mucronés; les supérieures à lobes aigus. Tige se divisant dès la base en un grand nombre de rameaux étalés et
radicants. Racine grêle, fibreuse. Plante glabre. ♃ Mai-
Octobre.

Hab. Pyrénées-Orientales : vieux murs (*Lap.*). R.

L. Spuria *Mill.; D C.; Dub.; Lois.; Mut.; Borr.; Gren. Godr.; L. lanigera Fl. port.; Antirrhinum spurium L. sp. 851; Willd.; Fuchs.; Lap.* — Fleurs jaunes, à lèvre supérieure pourprée, veloutée, solitaires à l'aisselle des feuilles de la base au sommet de la tige. Pédoncules velus, étalés, dépassant les feuilles. Calice velu, à dents ovales-lancéolées sub en cœur à la base. Corolle à éperon subulé, courbé. Capsule globuleuse, glabre. Graines petites, brunes, finement alvéolées, en réseau. Feuilles pétiolées, pubescentes, ovales-arrondies, obscurément dentées, les inférieures parfois opposées. Tige couchée, rameuse ou dressée, munie à la base de rejets filiformes allongés, rampants. Plante de 1-6 décimètres, pubescente. ⊥ Juin-Octobre.

Hab. Les champs cultivés. CCC.

L. Elatine *Desf.; D C.; Dub.; Lois.; Mut.; Borr.; Gren. Godr.; Antirrhinum elatine L. sp. 851; Lap.* — Fleurs petites, solitaires à l'aisselle des feuilles de la base au sommet. Pédoncules longs, filiformes, glabres, étalés. Calice velu, à divisions lancéolées-acuminées. Corolle à éperon subulé, droit ou un peu courbé. Capsule globuleuse, hispide. Graines petites, brunes, ovoïdes, couvertes de points déprimés et de côtes saillantes anastomosées. Feuilles brièvement pétiolées, velues; les inférieures ovales, souvent opposées; les moyennes ovales-hastées, alternes; les supérieures sagittées, rarement entières. Tige rameuse dès la base, à rameaux grêles, allongés, couchés. Plante de 2-6 décimètres, couverte de longs poils mous étalés et de poils plus courts glanduleux. Racines grêles, fibreuses. ⊥ Juin-Octobre.

Hab. Les champs cultivés. CCC.

2. Feuilles non pétiolées, alternes, éparses ou verticillées.

a. *Graines marginées.*

L. Vulgaris *Mœnch; D C. fl. fr.; Dub.; Lois.; Benth in D C. prod.; Borr.; Gren. Godr.; L. genistifolia Benth. cat.; L. ciliata Lang.; Antirrhinum linaria L. sp. 858; Lap.; Antirrhinum commune Lam.* — Fleurs jaunes, à palais orangé barbu, en grappe terminale serrée. Pédoncules couverts, ainsi que la grappe, de petits poils glanduleux. Bractées linéaires réfléchies. Calice glabre ou légèrement muni çà et là de poils glanduleux, à divisions lancéolées-aiguës. Corolle à éperon conique, subulé, droit ou un peu courbé. Capsule ovoïde, glabre, grosse, deux fois plus longue que le calice. Graines noires, largement bordées, plus ou moins tuberculeuses au centre. Feuilles toutes éparses, glabres, lancéolées, linéaires-aiguës, trinervées, toutes alternes, éparses ou entassées. Tige de 2-4 décimètres, un peu fétide, dressée, glabre ou pubescente, simple ou rameuse. Racine rampante. ♃ Juillet-Septembre.

Var. **a.** *Peloria L. am.* 1, *p.* 55; *Gren. Godr.* — Corolle dépourvue d'éperon ou pourvue de 2-5 éperons déjetés.

Hab. Le type : les champs, les prairies CCC.; var. *a.* : Pyrénées centrales, champs de Gerde près Bagnères. RR.

L. Italica *Trev.; Benth. in D C. prod.; Mut.; Gren. Godr.; L. genistifolia D C.; Dub.; Lois.; L. angustifolia Rchb.; L. paniculata Peyer.; Vest.; L. Bauhini Mut.; Antirrhinum genistifolium Vill.; Antirrhinum polygalæfolium Poir.; Antirrhinum angustifolium Lois.; Antirrhinum Bauhini Gaud.* — Fleurs d'un jaune citron, glabres, petites, en grappe serrée dépourvue de poils glanduleux. Pédicelles et calice glabres. Celui-ci à divisions courtes, lancéolées. Capsule globuleuse, petite, une fois plus longue que le calice. Graines tuberculeuses au centre. Feuilles épaissies, glauques, lancéolées-linéaires, nombreuses, dressées ou étalées, très aiguës. Tige dressée, un peu rameuse au sommet. Espèce très voisine du *L. vulgaris;* mais la corolle du *L. italica* est plus petite, plus serrée, et la capsule de moitié moins grosse. ♃ Juin-Septembre.

Hab. Pyrénées-Orientales, environs de Villefranche (*cap. Galant*). R.

L. Pelisseriana *D C.; Dub.; Lois.; Borr.; Gren. Godr.; Antirrhinum pelisserianum L. sp.* 855; *Lap.* — Fleurs d'un pourpre violet, à palais blanchâtre, pédonculées, disposées au sommet des tiges et des rameaux en épi d'abord court et serré, puis allongé et lâche. Pédoncules glabres. Bractées linéaires, dressées. Calice glabre à divisions linéaires-acuminées. Corolle à éperon droit, conique, subulé, de la longueur de la corolle. Capsule globuleuse, déprimée, de moitié plus courte que le calice. Graines discoïdes, lisses, bordées et entourées d'un cercle de poils. Feuilles de la tige linéaires, un peu épaisses, alternes; les inférieures verticillées; celles des rameaux stériles ternées, ovales-lancéolées. Tige de 1-3 décimètres, grêle, droite, simple ou rameuse, souvent entourée à la base de rejets stériles. Racine grêle. Plante glabre. ⨁ Mai-Juin.

Hab. Les champs des contreforts des Pyrénées. R.

L. Arvensis *Desf.; D C.; Dub.; Lois.; Mut.; Borr.; Gren. Godr.; Antirrhinum arvense var. a. L. sp.* 855; *Antirrhinum arvense Willd.; Lap.* — Fleurs bleuâtres, striées, petites, d'abord en petite cyme serrée qui s'allonge ensuite en grappe lâche, interrompue. Pédoncules plus courts que le calice, poilus-glanduleux ainsi que la grappe et le calice. Bractées linéaires. Calice à divisions linéaires-oblongues, recourbées au sommet. Corolle à lèvre supérieure à deux lobes oblongs, obtus, étalés. Éperon subulé, court. Capsule globuleuse, un peu glanduleuse, dépassant le calice. Graines petites, très comprimées, grisâtres, à bordure large. Feuilles glauques, glabres, linéaires, alternes ; les inférieures quaternées. Tige de 1-4 décimètres, simple ou très rameuse dès la base, où elle est entourée de rejets courts à feuilles verticillées. Racine grêle. (1. Juin-Août.

Hab. Les champs, les moissons, les vieux murs. CCC.

b. Graines non marginées.

L. Spartea *Hoffm. et Link ; Benth. in D C. prod. ; Mut. ; Gren. Godr. ; L. Juncea Desf. ; D C. fl. fr. ; Dub. ; Antirrhinum spartium L. sp. 854 ; Lap.* — Fleurs jaunes, à palais plus foncé, en grappes glabres ou pulvérulentes, courtes et un peu serrées à l'extrémité des rameaux, pédicellées. Bractées très petites, linéaires. Corolle à éperon droit, conique, subulé, aussi long que la corolle. Stigmate bifide. Capsule un peu plus courte que le calice. Graines très petites, triquètres, ridées. Feuilles glabres, linéaires, sub-sétacées. Tige de 1-4 décimètres, glabre, grêle, simple ou très rameuse, à rameaux étalés très grêles. (1. Juin-Août.

Hab. Pyrénées-Orientales et occidentales ; lieux sablonneux, environs de Perpignan et de Bayonne. C.

L. Striata *D C. fl. fr. ; Dub. ; Lois. ; Benth. in D C. prod. ; Borr. ; Gren. Godr. ; L. repens Desf. ; Mut. ; L. monspessulana Dum. ; Antirrhinum monspessulanum L. sp. 854 ; Antirrhinum striatum Lam. ; Antirrhinum repens Lap.* — Fleurs d'un blanc cendré ou bleuâtres, striées de violet, en grappe terminale. Pédoncules glabres ou sub-ciliés. Calice glabre, à divisions lancéolées, linéaires-aiguës, dressées, beaucoup plus courtes que la corolle. Celle-ci à palais ample ; lèvre supérieure à deux lobes obtus redressés ; lèvre inférieure à lobes demi-circulaires ; éperon droit, conique, très court. Capsule plus grande que le calice. Graines noires, fortement et irrégulièrement ridées, en réseau, triquètres, munies d'une légère membrane. Feuilles nombreuses, lancéolées ou linéaires-aiguës ; les inférieures verticillées ; les supérieures éparses. Tige de 2-6 décimètres, dressée ou étalée, grêle, cassante, simple ou très rameuse, ordinairement entourée à la base de rejets stériles nombreux. Plante glabre, souvent glauque. ♃ Juillet-Août.

Hab. Pyrénées-Orientales, centrales et occidentales ; lieux stériles, champs arides jusqu'à l'hospice au pied du port de Vénasque. CCC.

3. Rameaux florifères diffus ou étalés-dressés ; graines marginées.

L. Thymifolia *D C. ; Dub. ; Lois. ; Mut. ; Gren. Godr. ; Antirrhinum supinum var. d. thymifolium Lap. ; Antirrhinum* *thymifolium Vahl.; Schultz.; Antirrhinum glaucum Thore.* — Fleurs jaunes à palais plus foncé, en grappe courte et compacte au sommet des rameaux. Pédoncules très courts, glabres ainsi que le calice. Celui-ci à divisions oblongues, spatulées. Corolle à éperon de même longueur que le limbe. Capsule globuleuse, glabre. Graines brunes, minces, convexes sur une face et concaves sur l'autre, largement marginées, lisses. Feuilles verticillées par 2-3, obovées, ovales, largement oblongues, glauques et glabres. Tige d'un, rarement deux décimètres, divisée jusqu'à la base en un grand nombre de rameaux Plante grêle, glauque et glabre, dressée puis couchée, simple ou rameuse. ⚥ Juin-Juillet.

Hab. Pyrénées occidentales: les sables maritimes aux environs de Bayonne. CC.

L. Alpina *D C.; Dub.; Lois.; Mut.; Gren. Godr.; Antirrhinum alpinum L. sp.* 856; *Lap.* — Fleurs violettes ou d'un pourpre bleuâtre, à palais d'un jaune safrané plus ou moins vif, striées, en grappes courtes, à la fin allongées au sommet des rameaux. Ceux-ci glabres, de même que les pédoncules. Calice à divisions linéaires plus courtes que la capsule. Corolle à éperon aussi long qu'elle. Capsule globuleuse, glabre. Graines sub-planes, ovales sub-orbiculaires, largement bordées, noires et lisses. Feuilles presque toutes verticillées par 4, linéaires, uninervées, glabres, glauques ainsi que les rameaux. Tiges divisées dès la base en un grand nombre de rameaux, couchées puis dressées, simples ou rameuses. Racine fibreuse. Plante d'un à deux décimètres, glabre, glauque. ⚥ Juin-Août.

Hab. Toute la chaîne; régions alpine et subalpine, débris mouvants de toutes les roches; descend jusque dans les basses vallées, sur les sables du bord des gaves. CC.

L. Supina *Desf.; D C.; Dub.; Lois.; Mut.; Borr.; Gren. Godr.; L. maritima D C.; L. Thuillieri Mérat; Antirrhinum supinum L. sp.* 856; *Lap.; Antirrhinum bipunctatum Thuill.; Antirrhinum maritimum Poir.; Schultz.* — Fleurs grandes, d'un jaune pâle, à palais orangé, en grappes courtes, compactes, à la fin un peu allongées au sommet des rameaux pubescents-glanduleux ainsi que les pédoncules. Ceux-ci très courts. Calice pubescent-glanduleux, à divisions linéaires-oblongues, plus court que la capsule. Filets des étamines velus à la base. Capsule sub-globuleuse, glabrescente. Graines planes, ovales, orbiculaires, largement marginées, noires, sub-lisses au centre. Feuilles linéaires, sub-charnues, rapprochées, éparses ou parfois presque toutes verticillées par 3-4, glauques, glabres. Tige divisée au collet en un grand nombre de rameaux couchés, diffus puis dressés, simples ou rameux. Racine annuelle. Plante glauque, glabre inférieurement, pubescente supérieurement. ⓘ Juin-Septembre.

Hab. Partout, les champs et les sables. CCC.

Aux environs de Bayonne, dans les sables maritimes où elle croît en abondance, cette plante a les fleurs en grappes très allongées, sa corolle est très petite; elle est glabre dans presque toutes ses parties.

L. Pyrenaïca *D C.; L. supina var.* b. *Gren. Godr.; Antirrhinum pyrenaïcum Presl.; Antirrhinum dubium Vill.; Antirrhinum supinum var.* b. *grandiflorum et Antirrhinum glaucum Lap.* — Fleurs grandes, jaunes, à palais plus foncé, orangé, en grappes courtes compactes, à la fin allongées au sommet des rameaux fortement pubescents-glanduleux ainsi que les pédoncules courts et le calice. Celui-ci à divisions linéaires-oblongues beaucoup plus courtes que la capsule. Corolle grande, à éperon plus long que le limbe, pubescente sur la partie supérieure et le palais. Filets des étamines légèrement velus à la base. Capsule globuleuse, glabre, munie au sommet de quelques poils glanduleux. Graines noires, planes, ovales-orbiculaires, largement marginées, fortement chagrinées au centre. Feuilles et port du *L. supina.* — Dans les hautes régions, la tige est plus raide, les feuilles radicales et celles des rameaux stériles plus petites, sub-spatulées. — Plante plus ou moins glauque, glabre inférieurement. ⓘ Juin-Septembre.

Hab. Les champs de toutes les vallées alpines et subalpines. CCC.

2. Feuilles alternes ou opposées; corolle à gorge non complètement fermée par le palais; graines ovoïdes non marginées.

L. Minor *Desf.; D C.; Dub.; Lois.; Mut.; Borr.; Gren Godr.; Antirrhinum minus L. sp.* 852; *Lap.* — Fleurs petites, d'un blanc rosé ou violettes, à palais jaune ou jaunâtre, distantes, nombreuses, axillaires, solitaires, en grappes lâches, feuillées. Pédoncules grêles beaucoup plus longs que le calice. Celui-ci à divisions inégales, linéaires-oblongues, obtuses. Corolle velue-glanduleuse, à éperon obtus. Capsule ovoïde, poilue-glanduleuse, un peu plus courte que le calice. Graines d'un brun jaunâtre, très petites, munies de côtes longitudinales plus ou moins régulières et anastomosées. Feuilles linéaires-lancéolées, obtuses; les inférieures opposées, atténuées en court pétiole; les supérieures alternes, étroites, sublinéaires. Tige de 1-2 décimètres, dressée, simple ou rameuse dès la base; rameaux dressés. Racine grêle. Plante couverte de poils courts et glanduleux. ⓘ Juin-Octobre.

Hab. Les champs, le bord des eaux, les lieux arides. CCC.

L. Rubrifolia *D C.; Dub.; Lois.; Gren. Godr.; Antirrhinum filiforme Poir.* — Fleurs d'un bleu violet, axillaires,

solitaires, en grappes ordinairement allongées. Pédoncules
3-4 fois aussi longs que le calice. Celui-ci à divisions inégales,
linéaires-oblongues. Corolle poilue-glanduleuse, campanulée,
sub-cylindrique, à éperon filiforme très aigu. Capsule ovoïde,
poilue-glanduleuse, plus courte que le calice. Graines oblongues, sillonnées, hérissées de tubercules entre les côtes.
Feuilles épaisses, ovales ou oblongues; les inférieures ovales,
opposées et rapprochées, sub en rosette à la base, glabres;
les supérieures alternes, poilues, devenant linéaires-oblongues. Tige de 10-15 centimètres, glabre inférieurement,
poilue-glanduleuse vers le sommet. Racine grêle. ⚊ Juin.

Hab. Pyrénées-Orientales; environs de Perpignan *(Gren.)*.

L. Origanifolia *DC.; Dub.; Lois.; Mut.; Gren. Godr.; L.
antirrhinum L. sp.* 852; *Antirrhinum Villosum Lap.* — Fleurs
d'un bleu violet, pâles, blanchâtres à la base, axillaires, pédonculées, solitaires, en grappes courtes et lâches au sommet
des rameaux. Calice à divisions inégales, linéaires-oblongues.
Corolle velue-glanduleuse, à éperon conique de moitié plus
court que les sépales. Capsule ovoïde, poilue-glanduleuse,
plus courte que le calice. Graines noires, munies de côtes
longitudinales anastomosées. Feuilles épaisses, oblongues ou
obovées, brièvement pétiolées; les inférieures opposées,
ovales, glabres; les supérieures alternes, poilues-glanduleuses. Tiges nombreuses, diffuses puis redressées, glabres
inférieurement et pubescentes supérieurement. Souche dure.
Plante velue, pubescente ou sub-glabre. ♃ Avril-Juillet.

*Var. b. Grandiflora Gren. Godr. ; Antirrhinum crassifolium
Willd.* — Fleurs plus grandes que celles du type, à poils plus
longs, plus fortement glanduleux, à lèvre supérieure d'un
beau bleu. Capsule très glanduleuse. Feuilles très épaisses.
Plante constamment couchée. ♃ Juillet-Août.

Hab Le type: Pyrénées centrales, vieux murs; très commune à
Lourdes; var. *b.* : Pic du Midi, port de Vénasque. RR.

473. GRATIOLA *L. gen.* 29 *(Gratiole).*—Calice à 5 divisions, muni de deux bractées à la base. Corolle tubuleuse, à
deux lèvres peu prononcées; la supérieure échancrée ; l'inférieure à trois lobes. 4 étamines, rarement 5, insérées sur
le tube de la corolle; deux munies d'anthères pendantes, à
deux fentes, et deux stériles. Stigmate à deux lamelles. Capsule biloculaire, ovale, s'ouvrant au sommet.

G. Officinalis *L. sp.* 24; *DC.; Lap.; Dub.; Lois.; Borr.;
Gren. Godr.* — Fleurs d'un rose pâle ou blanchâtres, à tube
jaunâtre, strié, axillaires, solitaires, longuement pédoncu-

lées, munies sous le calice de deux bractées plus longues et plus larges que les divisions du calice. Celui-ci à segments linéaires-aigus. Corolle barbue intérieurement au dessus de l'insertion des étamines fertiles. Capsule ovoïde, acuminée. Graines petites, oblongues, anguleuses, alvéolées. Feuilles lisses, sessiles, embrassantes, opposées, lancéolées, presque trinervées, dentées en scie dans leur partie supérieure. Tige dressée, simple, fistuleuse, arrondie à la base, quadrangulaire au sommet. Racine rampante. Plante glabre, lisse. ♃ Juillet.

Hab. Pyrénées-Orientales, centrales et occidentales ; les marais et les lieux aquatiques ; Collioure, base du Canigou, au Soulan de Barèges, Bayonne. R.

414. VERONICA *L. gen.* (*Véronique*). — Calice persistant, à 4 ou rarement 5 divisions souvent inégales. Corolle en roue, monopétale, à 4 lobes ; les supérieurs plus larges, à tube très court. Deux étamines saillantes. Stigmate entier. Capsule comprimée, marquée d'un sillon sur chaque face, ovale ou en cœur renversé, à deux loges, à cloison opposée aux valves. Placenta formé de deux lamelles. Plantes annuelles ou vivaces. Feuilles opposées ou les supérieures alternes. Fleurs axillaires, solitaires ou en grappe.

1. Racines vivaces: grappe simple, terminale, unique ou avec quelqu'autre latérale.

V. Spicata *L. sp.* 14 ; *D C.* ; *Lap.* ; *Dub.* ; *Mut.* ; *Borr.* ; *Gren. Godr.* : *V. longifolia* et *spicata Lois.* : *Lap* — Fleurs d'un bleu vif ou pâle, très nombreuses, en grappe de 4-10 centimètres, dense et spiciforme. Pédicelles courts munis de bractées linéaires. Calice à divisions ovales-lancéolées, velues. Corolle 2-3 fois plus longue que le calice, à divisions inférieures oblongues-lancéolées aiguës. Style long. Capsule velue-glanduleuse, sub-globuleuse, à peine fendue au sommet, émarginée, renfermant plusieurs graines lisses, planes sur la face interne. Feuilles brièvement pulvérulentes, fermes, opposées, ovales ou lancéolées-oblongues, crénelées, dentées, terminées en pointe obtuse, atténuées en court pétiole. Tige de 1-2 décimètres, ascendante, raide, simple, pubescente, grisâtre, ordinairement glanduleuse au sommet. Souche horizontale, sub-ligneuse. ♃ Juillet-Août.

Hab. Toutes les Pyrénées, pâturages sub et alpins. Pic du Midi, Arise, etc., etc., etc. C.

2. Racines vivaces, grappes axillaires opposées.

V. Teucrium *L. sp.* 16 ; *Benth. in D C. prodr.* ; *Mut.* ; *Borr.* ; *Gren. Godr.* — Fleurs grandes, d'un beau bleu ou

roses, en grappes denses, allongées. Pédicelles dressés.
Bractées linéaires-lancéolées. Calice à 5 divisions très inégales, linéaires, ciliées et non ciliées ; la supérieure plus courte.
Corolle à lobes ovales ; les trois inférieurs aigus. Capsule
glabrescente ou poilue supérieurement, dépassant à peine le
calice, oblongue, un peu comprimée, échancrée au sommet,
arrondie à la base. Graines planes. Feuilles sub-sessiles, opposées, ovales-oblongues, lancéolées ou sub-linéaires, plus
ou moins ridées en réseau, incisées-dentées, plus ou moins
pubescentes ou velues sur les deux faces. Tiges de 1-3 décimètres, simples ou très nombreuses, couchées à la base, puis
ascendantes ou sub-dressées, pubescentes ou velues. Souche
longuement traçante, rameuse, un peu ligneuse. ♃ Juin-
Juillet.

Hab. Pyrénées-Orientales, centrales et occidentales : Mont-Louis
St-Béat, environs de la Case de Brousset, vallée de Gabas. R.

V. Prostrata *L. sp.* 17 ; *D C.; Dub.; Mut.; Lois.; Borr.;
Gren. Godr.; V. acutiflora* et *V. latifolia var. g. dubia Lap.,
V. dentata Schrad.; V. lutetiana Rœm.; Schultz.* — Fleurs d'un
bleu rougeâtre, ou roses, en grappes courtes. Calice à 5
lobes inégaux, glabres ou ciliés. Lobes de la corolle arrondis
au sommet. Capsules glabres. Feuilles sub-sessiles, linéaires-
lancéolées ou lancéolées, réfléchies sur les bords, atténuées
en court pétiole. Tiges grêles, dures, couvertes d'un duvet
court et crépu, longuement étalées, couchées, disposées en
cercle, sub-ligneuse à la base. ♃ Juin-Juillet.

Hab. Pyrénées-Orientales et centrales : Mont-Louis, St-Béat, Piquette d'Ereslids dans les prés ; sur les petits mamelons au Pas
de l'Echelle près de Luz. RR.

V. Chamœdrys *L. sp.* 17 ; *D C.; Lap.; Dub.; Mut.; Borr.;
Gren. Godr.* — Fleurs d'un bleu clair, blanches à la base, en
grappes lâches, dressées. Pédicelles étalés-dressés, pubescents ainsi que l'axe floral, les bractées et le calice, plus
longs que la capsule et que les bractées. Calice à 4 lobes
lancéolés. Style plus long que la corolle. Capsule ciliée,
comprimée, rétrécie à la base, échancrée en cœur au sommet. Feuilles molles, sub-sessiles, ovales, en cœur, grossièrement incisées-dentées, *velues en dessous*, rugueuses.
Tiges de 1-2 décimètres, faibles, rampantes et radicantes à
la base, puis ascendantes, redressées, cylindriques, garnies
de deux lignes de poils opposés. Souche grêle, longue,
rampante, rameuse. Plante à poils blancs, plus ou moins
pubescente, à feuilles plus ou moins larges, grandes ou
petites. ♃ Avril-Mai.

Hab. Les champs, les bois, le bord des haies. CC

V. Urticæfolia *L. fin. sup.* 83; *Jacq.; D C.; Lap.; Dub.; Lois.; Mut.; Gren. Godr.; V latifolia Lam.; Vill.; Dalech.* — Fleurs bleues ou roses, grandes, en grappes lâches, formant une panicule. Pédicelles étalés-dressés, pubescents-glanduleux, très longs, grêles. Axe floral pubescent-glanduleux. Calice très petit, à 4 lobes lancéolés égalant à peine le tiers de la capsule, pubescent-glanduleux. Corolle veinée. Capsule pubescente, ciliée, comprimée, sub-orbiculaire, plus large que longue, très échancrée au sommet. Feuilles opposées, sessiles, un peu ridées, très nervées, grandes, ovales-acuminées, fortement dentées en scie, à dents aiguës; les supérieures très arrondies à la base et très acuminées au sommet; les caulinaires inférieures petites. Tige de 2-4 décimètres, cylindrique, dressée, simple, pubescente. Souche courtement rampante. Racine fibreuse. ♃ Juillet-Août.

Hab. Pyrénées-Orientales; Mont-Louis, Saleix, Madres, Castanèse (*Lap.*). R.

V. Anagallis *L. sp.* 16; *D C.; Lap.; Dub.; Lois.; Mut.; Borr.; Gren. Godr.* — Fleurs d'un bleu clair, veinées, parfois rosées, en grappes lâches. Pédicelles étalés plus longs ou plus courts que le calice et que les bractées. Calice à 4 divisions glabres, lancéolées. Corolle plus courte que les divisions du calice. Style égalant la capsule. Celle-ci glabre, sub-orbiculaire, à peine émarginée au sommet, renflée, à deux loges renfermant un grand nombre de graines jaunâtres, ovoïdes, sub-planes sur les deux faces. Feuilles glabres, sessiles, opposées, semi-embrassantes, ovales ou lancéolées-aiguës, dentées en scie ou sub-entières, à rameaux fleuris naissant à l'aisselle des feuilles. Tige fistuleuse, de 1-8 décimètres, glabre, plus ou moins épaisse, sub-quadrangulaire, dressée vers la partie supérieure et un peu couchée à la base. Plante glabre ou munie de quelques poils glanduleux placés sur les pédicelles. ♃ Mai-Septembre.

Hab. Sur le bord des ruisseaux et les ruisseaux, eaux courantes. CC.

V. Anagalloïdes *Guss.; Benth. in D C. prod.; Borr.; Gren. Godr.* — Fleurs de l'espèce précédente, en grappes lâches. Pédicelles très étalés ou dressés, poilus-glanduleux de même que l'axe floral. Calice poilu-glanduleux à la base, à sépales étroitement lancéolés, un peu poilus-glanduleux. Capsule renfermée dans le calice, elliptique-obtuse, un peu ou à peine marginée au sommet, ciliée-glanduleuse tout autour. Feuilles opposées par 2-3, étroitement lancéolées ou sub-linéaires-aiguës, embrassantes à la base, entières ou à peine dentées. Tige grêle, fistuleuse, un peu couchée à la bas, puis dressée. — Le reste comme dans le *V. anagallis.* ♃ Mai-Septembre.

Hab. Pyrénées centrales; les ruisseaux des environs de Bagnères. C.

3. Grappes alternes, parfois opposées.

V. Scutellata *L. sp.* 16; *DC.; Lap.; Dub.; Lois.: Mut.; Borr., Gren. Godr.* — Fleurs blanches, souvent striées de rose ou de bleu, en grappes nombreuses, très lâches, portées sur des pédoncules très grêles. Pédicelles filiformes, sub-capillaires, très longs, étalés. Calice à 4 lobes égaux, glabres, lancéolés, plus courts que la capsule. Celle-ci arrondie à la base, comprimée, entourée sur les bords d'une marge mince échancrée au sommet. Style plus court que la capsule. Feuilles sessiles, opposées, lancéolées, linéaires-aiguës, entières ou obscurément dentées. Tige de 1-5 décimètres, grêle, faible, rameuse, radicante puis redressée. Plante glabre ou rarement pubescente. ♃ Juin-Septembre.

Hab. Pyrénées centrales; les marais et les lieux humides; lac de Lourdes, etc.; etc., etc. CC.

V. Beccabunga *L. sp.* 16; *D C.; Lap.; Dub.; Mut.: Borr.; Gren. Godr.* — Fleurs bleus ou bleuâtres, en grappes lâches, ascendantes. Pédicelles étalés, plus longs que le calice. Celui-ci à 4 lobes glabres, ovales-lancéolés. Capsule glabre, sub-orbiculaire, à peine échancrée, un peu renflée. Graines ovoïdes, jaunâtres, sub-planes. Feuilles opposées, un peu pétiolées, ovales ou oblongues-elliptiques, obtuses, glabres, crénelées, denticulées, charnues. Tige de 2-5 déci - mètres, rampante, radicante à la base, puis redressée-ascendante, cylindrique, fistuleuse, simple ou rameuse. Souche rampante. Plantes s'allongeant par une extrémité et se dénudant par l'autre. ♃ Mai-Septembre.

Hab. Lieux humides, les ruisseaux, etc. CCC.

V. Montana *L. sp.* 17; *D C.: Lap.; Dub.: Lois.; Mut.; Borr.; Gren. Godr.* — Fleurs d'un bleu pâle ou blanches, veinées de pourpre ou de lilas très foncé, en grappe pauciflore. Pédicelles velus plus longs que le calice. Celui-ci à 4 lobes sub-égaux, velus ou sub-glabres, obovés, plus courts que la capsule. Celle-ci grande, plus large que haute, très comprimée, émarginée au sommet, ciliée tout autour. Feuilles molles, pétiolées, opposées, ovales, poilues, fortement dentées. Tiges de 1-2 décimètres, couchées, un peu radicantes à la base, faibles, hérissées ainsi que les pétioles. ♃ Mai-Juin.

Hab. Les bois, les forêts et les lieux ombragés des montagnes. C.

V. Aphylla *L. sp. 14 ; D C. ; Lap. ; Dub. ; Lois. ; Mut. ; Gren.
Godr. ; V. radicalis Lam. ; V. depauperata W. K. Rchb.* — Fleurs bleues, veinées, peu nombreuses, 1-5, en grappe pauciflore au sommet de pédoncules grêles, pubescents-glanduleux. Calice à divisions oblongues, obtuses, plus courtes que la corolle. Capsule grande, comprimée, émarginée au sommet, violette, pubescente, double du style. Graines jaunâtres, planes, très petites. Feuilles en rosette, radicales, lâches ou très serrées, atténuées en un court pétiole, poilues, obovées ou sub-orbiculaires, entières ou dentées du milieu au sommet. Tige nue, presque nulle ou variant de 1-8 centimètres. Souche ligneuse, rameuse, à divisions courtes ou allongées, rampante ou radicante, terminée par une rosette de feuilles. ♃ Juillet-Août.

Hab. Pyrénées-Orientales, centrales et occidentales ; les pâturages et les débris sub-mouvants des régions alpines ; Lhécou, Pic du Midi, etc., etc., etc. CCC.

V. Officinalis *L. sp. 14 ; D C. ; Lap. ; Dub. ; Lois. ; Mut. ;
Borr. ; Gren. Godr.* — Fleurs petites, d'un bleu pâle ou blanches, veinées de rose ou de bleu foncé, en grappes serrées, multiflores, portées sur des pédoncules raides, épais. Pédicelles dressés plus courts que le calice. Celui-ci à 4 lobes lancéolés-linéaires, velus-glanduleux, de moitié plus courts ou égalant la capsule. Corolle petite. Style égalant la capsule. Celle-ci aussi large que haute, comprimée, triangulaire, entière ou fortement échancrée au sommet, velue, plus ou moins glanduleuse. Graines jaunâtres, petites, comprimées, ovoïdes, lisses. Feuilles opposées, atténuées en un court pétiole, pubescentes, obovées, elliptiques ou oblongues, dentées ou entières. Tige de 1-10 décimètres, couchée, rameuse, radicante, très velue ou sub-glabre. Plante d'un vert sombre, à poils articulés, velue, visqueuse au sommet. ♃ Juin-Juillet.

Var. a. Plante sub-glabre. Fleurs bleues, en grappe fructifère, grêles, dressées, velues, sub-glanduleuses. Capsule moins longue que les sépales, sub-glabre ou un peu velue-glanduleuse. Sépales glabres. Axe floral velu-glanduleux. Feuilles glabres ou sub-tomenteuses, oblongues, pétiolées, dentées. ♃ Juillet-Août.

Hab. le type : Pyrénées centrales ; les bois, le bord des chemins CC. ; var. *a.* : régions alpines, Pic du Midi, Ancupat. RR.

1. Grappes terminales ; calice à 4 divisions ; graines comprimées, bi-convexes ; feuilles diminuant insensiblement de la base au sommet.

a. Plantes vivaces.

V. Nummularia *Gouan ; D C. ; Dub. ; Mut. ; Gren. Godr. ;*

V. irregularis Lap.; Rchb — Fleurs d'un bleu clair ou rosées, en petit capitule sessile, pauciflore et feuillé, un peu allongé à la maturité. Pédicelles très courts. Bractées sub-foliacées. Calice à divisions oblongues, longuement ciliées. Corolle à divisions supérieures plus étroites, linéaires; l'infé-rieure deux fois plus large et plus longue. Axe et bractées pubescents. Capsules orbiculaires, faiblement échancrées, glabres et ciliolées sur le même pied. Style égalant environ la capsule. Feuilles toutes opposées, rapprochées vers l'ex-trémité des rameaux, oblongues ou obovées, petites, épais-ses, glabres ou ciliolées sur les bords inférieurs, atténuées en un court pétiole; les inférieures plus grandes; les supé-rieures imbriquées. Tige tortueuse, ligneuse à la base, très rameuse, radicante, nue et couronnée à l'extrémité, redressée par les feuilles et les fleurs. ♃ Juillet-Août.

Hab. Toutes les régions supérieures de la chaîne. Pic du Midi. R.

V. Fruticulosa *L. sp. 15; Lap.; Dub.; Benth in D C. prod.; Mut.; Gren. Godr.: V. frutescens Scop.: Vill.* — Fleurs d'un beau bleu, rarement blanches ou roses, en tête ou en grappe courte, lâche, un peu allongée à la maturité (2-3 centimè-tres). Pédicelles s'allongeant après la floraison. Bractées linéaires. Calice à 4 divisions oblongues-obtuses plus courtes que la capsule, couvert ainsi que toute la grappe de poils courts et crépus, glanduleux ou non glanduleux. Capsule velue ou poilue-glanduleuse, ovale, comprimée, plus haute que large, échancrée au sommet. Graines jaunâtres, sub-obo-vées, comprimées, presque rudes. Feuilles toutes opposées, glabres ou ciliées, luisantes, épaisses, oblongues ou obovées, entières ou faiblement crénelées, à une nervure, atténuées en un court pétiole: les inférieures petites, spatulées: les supérieures plus grandes, elliptiques-oblongues. Tiges tor-tueuses, ligneuses à la base, très rameuses: rameaux cou-chés, diffus, puis redressés. Plante de 5-15 centimètres, gla-bre inférieurement, très feuillée. ♃ Juillet-Août.

Var. b. *Pilosa Gren. Godr.: V. saxatilis Jacq.: D C.: Lois.: Lap.; Mut.* — Grappes couvertes de poils articulés non glanduleux. Fleurs bleues à gorge purpurine. Capsule poilue non glanduleuse. ♃ Juillet-Septembre.

Hab. Type et var.: toute la chaîne des Pyrénées sub et très alpine. CCC. La variété *b.* colore à la longue le papier où elle est renfermée: le type le fait aussi mais d'une manière moins pro-noncée.

V. Bellidioïdes *L. sp. 15; D C.; Lap.: Dub.: Lois.; Mut.; Gren. Godr.* — Fleurs d'un beau bleu clair, en grappe courte et serrée, hérissée de poils articulés. Pédicelles plus courts que le calice et que les bractées lancéolées. Calice, capsule et axe floral très velus-glanduleux, à sépales oblongs. Capsule grande, ovale, faiblement échancrée. Graines d'un jaune pâle, très petites, obovées, comprimées, entourées d'une ligne ou marge d'un jaune plus clair. Feuilles radicales, grandes, nombreuses, rapprochées en rosette, oblongues-obtuses, épaisses, atténuées en pétiole, entières ou dentées au sommet, poilues ou scabres ; celles de la hampe sessiles, opposées ; les supérieures petites. Tige de 6-15 centimètres, couchée à la base, puis redressée, velue, à poils plus ou moins glanduleux. Plante munie de 1-3 paires de feuilles sessiles. ♃ Juillet-Août.

Hab. Toutes les Pyrénées ; les prairies élevées, régions sub et alpines, Pic du Midi, etc., etc., C.

V. Alpina *L. sp.* 15 ; *D C. fl. fr.; Lap.; Dub.; Mut.; Benth. in D C. prod.; V. pumila All.; V. integrifolia Willd.* — Fleurs d'un bleu pâle, petites, en grappe courte, hérissée de poils longs et articulés. Pédicelles plus courts que le calice et que les bractées lancéolées. Calice hérissé, à sépales lancéolés, un peu plus courts que la capsule. Celle-ci ovale-oblongue, hérissée, comprimée, faiblement échancrée au sommet. Style 2-3 fois plus court que la capsule. Graines très petites, d'un jaune brun, comprimées. Feuilles opposées, quelquefois alternes au sommet de la tige, sessiles, glabrescentes ou hérissées, entières ou crénelées, ovales ou elliptiques ou sub-aiguës ; les inférieures et les supérieures plus petites ; les moyennes souvent très grandes. Tige de 3-12 centimètres, couchée d'abord, puis ascendante, feuillée. Racine fibreuse. Plante pubescente ou hérissée. ♃ Juillet-Août.

Hab. Lieux frais, humides ou secs ; régions subalpines. CCC.

V. Serpyllifolia *L. sp.* 15 ; *D C.; Lap.; Dub.; Lois.; Mut.; Borr.; Gren. Godr.* — Fleurs blanches, rayées de bleu, bleuâtres ou rosées, en grappes multiflores souvent très allongées. Pédicelles courts, poilus-glanduleux ainsi que les bractées. Calice à divisions ovales-oblongues, obtuses, glabres ou ciliées-glanduleuses, égalant ou un peu plus courtes que la capsule. Celle-ci petite, sub-réniforme, arrondie à la base, échancrée au sommet, comprimée, ciliée-glanduleuse ou glabre. Graines d'un jaune brun, comprimées, ovoïdes. Feuilles opposées, épaisses, glabres, luisantes, lisses, oblongues, sub-linéaires ou orbiculaires ; les radicales pédonculées ; les moyennes et les supérieures sessiles, entières ou obscurément dentées. Tige de 5 centimètres à deux décimètres, simple ou rameuse, radicante à la base, puis dressée, très finement pubescente. ♃ Mai-Octobre.

Hab. Toute la chaîne ; les champs, les bords des chemins ; remonte jusque dans les régions alpines. CCC.

V. Ponœ *Gouan ; D C. ; Lap. ; Dub. ; Gren. Godr.* — Inflorescence toujours terminale. Fleurs d'un rose violet ou bleues, veinées, à gorge blanche, en grappe lâche, dressée. Pédicelles dressés, pubescents-glanduleux, ainsi que l'axe floral. Bractées linéaires. Calice à divisions sub-linéaires de moitié plus courtes que la capsule. Celle-ci sub-glabre, ciliée tout autour, obcordiforme, légèrement échancrée au sommet. Corolle beaucoup plus large que le calice. Style très court. Graines jaunâtres, comprimées, sub-orbiculaires. Feuilles un peu rudes, brièvement poilues et pédonculées, opposées par 2-3, ovales ou allongées ou ovales-lancéolées, fortement dentées en scie. Tige de 6 centimètres à trois décimètres, simple ou rarement rameuse, dressée, courbée, pubescente. Souche longuement rampante. ♃ Juin-Juillet.

Hab. Toutes les Pyrénées subalpines, bords des eaux et au pied des roches humides. CCC.

b. Plantes annuelles.

V. Arvensis *L. sp.* 18 ; *D C. ; Lap. ; Dub. ; Lois. : Mut. ; Borr. ; Gren. Godr. ; V. polyanthos Thuill. ; V. Bellardi All. ; Engl. bot. ; V. microphylla Kit.* — Fleurs d'un bleu clair, petites, en grappe spiciforme à la fin lâche et très allongée. Pédoncules dressés, courts, cylindriques. Bractées égalant les fleurs. Calice à divisions très inégales, linéaires-lancéolées, velues-glanduleuses, dépassant la corolle et la capsule. Corolle petite, blanche à la gorge. Style très court. Capsule plus haute que large, en cœur, comprimée, divisée en deux lobes arrondis, ciliés. Feuilles opposées ; les inférieures un peu pétiolées, cordiformes, ovales, crénelées, dentées, entières ; les moyennes munies de trois fortes nervures ; les florales supérieures alternes, oblongues-lancéolées. Tiges de 1-2 décimètres, solitaires ou nombreuses, formant une touffe rougeâtre, pubescentes, rameuses ou simples, couchées à la base, à rameaux redressés. Plante très variable munie de poils articulés disposés sur deux rangs dans le bas. ⚥ Avril-Août.

Hab. Les champs, les prairies. CCC.

V. Peregrina *L. sp.* 20 ; *D C. ; Lap. ; Dub. ; Lois. ; Benth. in D C. prod. ; Gren. Godr. ; V. romana L. sp.* 19 ; *V. mary-landica L. sp.* 20 ; *V. carnulosa et V. lœvis Lam. ; Moris : Schultz. ; V. sub-serrata Rchb.* — Fleurs petites, bleuâtres, en grappe spiciforme, à la fin lâche, très allongée. Pédicelles quadrangulaires beaucoup plus courts que le calice et les bractées foliacées, entières, atténuées en pétiole, dépassant de beaucoup les fleurs. Calice à 4 divisions linéaires-oblongues, dépassant la corolle. Style presque nul. Capsule glabre, plus courte que le calice, en cœur renversé, légèrement échancrée. Feuilles opposées, toutes atténuées en pétiole, entières ou faiblement crénelées, se transformant insensiblement en bractées; les inférieures pétiolées, obovées, oblongues. Tige dressée, très rameuse. Racine fibreuse. Plante de 4-12 centimètres, glabre. ① Avril-Juin.

Hab. Pyrénées-Orientales; les champs. C.

V. Verna *L. sp.* 19; *D C.; Lap.; Dub.; Lois.; Mut.; Borr.; Gren. Godr.; V. polygonoïdes et V. pennatifida Lam.; V. succulenta All.; V. Dillenii Crantz.; V. Bellardi Willd.* — Fleurs d'un bleu pâle, en grappe spiciforme, à la fin lâche et très allongée. Pédicelles dressés, cylindriques, plus courts que le calice. Bractées égalant presque les fleurs. Calice à 4 divisions inégales, lancéolées-linéaires, velues-glanduleuses, plus longues que la corolle et que la capsule. Celle-ci en cœur renversé, comprimée, ciliée-glanduleuse, échancrée, plus grande que le style qui n'atteint pas l'échancrure. Feuilles opposées, un peu velues, se transformant insensiblement en bractées, sub-linéaires, entières; les radicales ovales, atténuées en pétiole; les moyennes ovales, pennatifides, à lobes moyens plus grands; les florales lancéolées. Tige de 4-12 centimètres, droite, pubescente, à rameaux dressés ou simples, à poils simples et crépus-glanduleux vers le sommet. Racine pivotante. ① Juillet-Août.

Hab. Pyrénées centrales; les environs du pic d'Ereslids près de Barèges. RR.

V. Acinifolia *L. sp.* 19; *D C.; Lap.; Dub.; Lois.; Mut.; Borr.; Gren. Godr.; V. romana All.; Vail.; Vill.* — Fleurs d'un bleu clair, jaunes à la gorge et blanchâtres sur les bords, en grappe allongée. Pédicelles étalés, grêles, cylindriques, beaucoup plus longs ou égalant les bractées et le calice. Celui-ci à 4 divisions petites, ovales, velues-glanduleuses, plus court que la corolle et moitié moins long que la capsule. Style court. Capsule comprimée, échancrée, à lobes arrondis ciliés. Feuilles un peu épaisses, souvent rougeâtres; les inférieures opposées, atténuées en pétiole, ovales-obtuses, entières ou faiblement crénelées; les supérieures sessiles. Tige grêle, de 5-10 centimètres, simple ou rameuse dès la base. Racine oblique. Plante couverte de poils articulés simples ou glanduleux. ① Avril-Mai.

Hab. Pyrénées-Orientales et centrales; champs sablonneux. Mont-Louis; Tarbes. Orignac près Bagnères. R

5. Graines creusées d'un côté et convexes de l'autre.
   a. *Fleurs en grappes lâches : feuilles florales bractéiformes*

V. Triphyllos *L. sp.* 19; *D C.; Lap.; Dub. ; Lois. ; Mut. ; Borr.; Gren. Godr.; V. digitata Lam.*— Fleurs d'un bleu foncé, quelquefois violettes, axillaires. Pédicelles ascendants, longs, poilus-glanduleux, dressés. Calice à 4 lobes obtus égalant ou dépassant très peu la corolle. Style plus court que l'échancrure de la capsule. Celle-ci très grande, orbiculaire, gonflée vers la base, comprimée vers le haut, ciliée-glanduleuse, à échancrure peu ouverte. Style égalant le tiers de la hauteur de la capsule. Feuilles un peu épaisses, opposées ; les inférieures ovales, entières, pétiolées ; les caulinaires moyennes sessiles, à 3-5 lobes, digitées, obtuses ; les caulinaires supérieures lancéolées ou bi-tripartites. Tiges de 4-10 centimètres, pubescentes, dressées, glanduleuses, rameuses dès la base. ♃ Mai-Juin.

Hab. Pyrénées-Orientales ; Mont-Louis, à la citadelle ; Pratto-de-Mollo R. — Les échantillons que je possède m'ont été donnés par le docteur Dubani en 1841.

V. Præcox *All.; D C.; Lap.; Dub.; Lois.; Borr.; Gren. Godr.; V. ocymifolia Thuill.; Schultz.*— Fleurs bleues, rayées, axillaires, en grappes lâches. Pédicelles plus longs que le calice et que les bractées, finement poilus-glanduleux. Calice à lobes oblongs plus courts que la corolle et presqu'aussi longs que la capsule. Celle-ci oblongue, sub-orbiculaire, plus haute que large, gonflée, ciliée-glanduleuse, à échancrure peu profonde. Feuilles radicales et caulinaires ovales et un peu en cœur, pétiolées, pubescentes, irrégulièrement et profondément crénelées, souvent un peu glanduleuses ; les supérieures ovales-oblongues, entières ou crénelées. Tige de 5-20 centimètres, dressée ou ascendante, simple ou rameuse, à rameaux souvent divergents, pubescente, faiblement glanduleuse à la base. ① Mai.

Hab. Pyrénées-Orientales et centrales ; coteaux et champs sablonneux ; Pla-Guilhem *(Lap.)* ; St-Béat, Bagnères. R.

   b. *Fleurs en grappes feuillées : pédoncules réfléchis après l'anthèse : feuilles florales semblables aux caulinaires.*

V. Persica *Poir.; Gren. Godr.; V. Buxbaumii Ten.; Borr.; V. hospita M. K.; V. Tournefortii Gmel.; V. filiformis D C.; Dub.; Rchb.; Mut.* — Fleurs grandes, bleuâtres, velues, rayées, axillaires et terminales. Pédicelles très longs. Calice à divisions lancéolées, divariquées par paires, plus longues que la capsule, ciliées, nervées. Capsule une fois plus longue que large, réticulée, à nervures saillantes, pubescente, comprimée, amincie sur les bords ou carène aiguë.

échancrée et un peu rétrécie au sommet, à lobes divergents, rétrécis, contenant 5-8 graines. Style égalant presque la longueur de la capsule. Feuilles pétiolées, sub-cordiformes; les radicales opposées; les caulinaires inférieures alternes, irrégulièrement et profondément crénelées, pubescentes, souvent glanduleuses; les supérieures ovales-oblongues, rarerarement entières. Tiges de 1-2 décimètres, étalées-diffuses, velues, dressées-ascendantes, simples ou très rameuses. Plante pubescente et faiblement glanduleuse dans le bas. (L Mars-Avril.

Hab. Pyrénées centrales, les champs et le bord des routes; très commune aux environs de Lourdes, dans le bassin et aux environs de Bagnères et Pouzac.

V. Agrestis *L. sp.* 18; *DC.; Lap.; Dub.; Lois.; Mut.; Borr.; Gren. Godr.: V. pulchella Bast.; Fusch; Moris.; Rchb.* — Fleurs d'un bleu pâle, veinées, à lobe inférieur blanc, en grappes axillaires. Pédicelles égalant ou dépassant peu la longueur des feuilles. Calice à divisions ovales-aiguës ou obtuses, plus longues que la corolle et que la capsule. Celle-ci poilue-glanduleuse, en cœur, plus large que longue, réticulée-veinée, à lobes gonflés, carénée sur les bords, à échancrure étroite au sommet, contenant 4-5 graines dans chaque loge. Style court, égalant environ la moitié de la hauteur de la capsule. Feuilles courtement pétiolées, cordiformes-oblongues ou ovales, dentées, crénelées, d'un vert jaunâtre ou olivâtre; les inférieures opposées. Tige de 1-2 décimètres, très rameuse, diffuse, étalée, pubescente. (L Mars-Octobre.

Hab. Les champs cultivés. CCC.

V. Didyma *Ten.: Gren. Godr.: V. polita Fries.; Borr.: V. agrestis var.* b. *Mut.* — Fleur d'un bleu tendre, veinée, axillaire, solitaire. Pédoncule égalant ou dépassant les feuilles. Calice à divisions larges, ovales, se recourbant un peu à la base, aiguës, fortement nervées. Capsule échancrée au sommet, à lobes très ventrus et arrondis sur les bords, à poils courts et serrés, peu ou pas glanduleux, contenant 8-10 graines dans chaque loge. Style faisant saillie hors de l'échancrure. Feuilles d'un vert obscur, ovales-arrondies, en cœur ou presque réniformes, incisées-dentées, souvent glabrescentes. Tige de 1-2 décimètres, grêle, très rameuse, diffuse, étalée. Plante ordinairement pubescente. (L Mars-Octobre.

Hab. Les champs, les vieux murs, les jardins. CCC.

V. Hederæfolia *L. sp.* 19; *DC.: Dub.; Lois.; Mut.; Gren. Godr.* — Fleurs blanches ou d'un bleu pâle, en grappe axillaire, solitaire. Pédoncules sillonnés égalant ou dépassant les feuilles. Calice à divisions en cœur, acuminées, aiguës, longuement ciliées, dressées après l'anthèse, faisant saillie en dehors par les côtés. Capsule glabre, sub-globuleuse, contenant 1-2 graines. Feuilles pétiolées, velues, cordiformes-arrondies, grandes ou très petites, à 3-5-7 lobes obtus ; les radicales ovales entières ou ovales oblongues. Tige de 3 centimètres à 1 mètre, couchée, rameuse. Plante pubescente. ⊙ Mars-Novembre.

Hab. Les champs ; fleurit presque toute l'année. CCC.

475. SIBTHORPIA *L. gen.* 320 *(Sibthorpie).* — Calice à 5 divisions. Corolle régulière, sub en roue, à tube grêle et égal au calice, à 5 lobes sub-égaux et émarginés. 4 étamines dont deux plus courtes. Stigmate capité. Capsule comprimée, orbiculaire, à deux loges, marquée d'un sillon sur chaque face, s'ouvrant au sommet.

S. Europœa *L. sp.* 880 ; *D C.; Dub.; Lois.; Lam.; Engl. bot.; Mut.; Borr.; Gren. Godr.* — Fleurs jaunes, très petites, axillaires, solitaires. Pédoncules grêles, de 8-10 millimètres de longueur, plus courts que les pétioles, pubescents ainsi que le calice. Celui-ci à 5 divisions lancéolées. Corolle dépassant à peine le calice. Capsule renfermée dans le calice, contenant 2-4 graines grises, ovoïdes, sub-pubescentes. Feuilles longuement pétiolées, cordiformes, orbiculaires, crénelées, velues. Tige de 6-12 centimètres, filiforme. étalée à terre, radicante. Plante pubescente. ♃ Juillet-Septembre.

Hab. Les lieux humides sablonneux et sur les roches calcaires ; environs de Bayonne, St-Jean-de-Luz. R.

476. LIMOSELLA *L. gen.* 776 *(Limoselle).* — Calice à 5 divisions. Corolle très petite, sub-campanulée, à tube plus court ou égalant le calice, à 5 lobes égaux ou sub-égaux. 4 étamines didynames, quelquefois 2 par avortement, à peine saillantes ; anthères uniloculaires par la soudure des lobes. Stigmate capité. Capsule ovoïde, uniloculaire au sommet et biloculaire inférieurement, à 2 valves entières et parallèles. Graines oblongues, droites, sillonnées ou ridées.

L. Aquatica *L. sp.* 881 ; *D C.; Lap.; Dub.; Lois.; Borr.; Gren. Godr.* — Fleurs très petites, 3-4 millimètres, blanches ou rosées, à tube verdâtre. Pédoncules grêles, uniflores, radicaux, réunis au centre d'une rosette de feuilles et plus courts qu'elles. Calice violacé, campanulé, à divisions aiguës plus courtes que la corolle. Celle-ci à 5 lobes ovales-obtus. Anthères d'un pourpre noir. Capsule dépassant le calice. Graines oblongues, striées longitudinalement, ridées transversalement. Feuilles longuement pétiolées, toutes radicales, ovales-lancéolées, spatulées, très entières. lisses et un peu épaisses.

Plante de 3-8 centimètres, glabre et gazonnante. Racines émettant des rejets qui produisent de nouvelles tiges. ⚥ Juillet-Août.

Hab. Lieux humides et sablonneux; bords des rivières. CCC.

477. ERINUS *L. gen.* 318 *(Erinus).* — Calice à 5 divisions profondes. Corolle tubuleuse à tube grêle égal au calice, à 5 lobes sub-égaux échancrés ou émarginés. 4 étamines didynames incluses dans le tube; anthères uniloculaires. Capsule ovoïde, biloculaire, marquée d'un sillon sur chaque face, à 2 valves *loculicides* bifides ou bipartites.

E. Alpinus *L. sp.* 878; *D C.; Lap.; Lam.; Dub.; Lois.; Mut.; Rchb.; Gren. Godr.* — Fleurs d'un bleu clair, rarement blanches ou roses. velues en dehors, à lobe supérieur profondément bifide, en grappe courte et terminale s'allongeant après l'anthèse. Pédoncules solitaires, plus courts que les bractées dressées: celles-ci foliacées, oblongues, denticulées, pubescentes ou velues, ainsi que toute la grappe sub-corymbiforme. Calice à divisions linéaires-lancéolées, aiguës ou obtuses. Corolle à tube cylindrique égalant la longueur du calice, à limbe strié par des veines plus foncées. Capsule ovoïde plus courte que le calice. Graines ovoïdes, brunes, sub-rugueuses. Feuilles glabres ou pubescentes, d'un vert jaunâtre, brillantes, velues et même laineuses, oblongues-spatulées, incisées-dentées à leur sommet, atténuées en pétiole; les radicales presqu'en rosette. Tige simple, étalée, ascendante, de 5 centimètres à deux décimètres, plus ou moins velue. Souche rameuse. Plante glabrescente, pubescente, velue ou laineuse. ⚥ Juin-Août.

Var. h. *Hirsutus Lap.; Gren. Godr.* — Plante entièrement couverte de longs poils blanchâtres et laineux.

Var. g. *Viscoglandulosus Philip.* — Plante couverte de poils articulés, visqueux, mêlés de poils glanduleux. ⚥ Juin-Août.

Hab. Le type : toute la chaine sur les roches sub et alpines CCC.; la var. *b.* : vieux murs et bords des routes dans les vallées de Gavarnie, de Cauterets, de Luchon, etc. C : var. *g.* : de Luz à Scia, bords de la route, vallée de Barèges. R.

478. DIGITALIS *Tournef. inst. p.* 165 *(Digitale.)* — Calice à 5 divisions inégales. Corolle campanulée, tubuleuse à tube ample, ventrue, à limbe oblique, à 4 lobes inégaux; le supérieur échancré; l'inférieur bilobé. 4 étamines didynames insérées au fond de la corolle. Stigmate simple ou à deux lamelles. Capsule ovale, acuminée, partagée en deux loges par les bords rentrants des valves. Fleurs en grappe. Feuilles alternes ou éparses.

D. Purpurea *L. sp.* 866; *D C.; Lap.; Dub.; Lois.; Mut.; Borr.; Gren. Godr.* — Fleurs grandes, pourprées extérieurement, barbues, blanches et maculées de tâches d'un pourpre foncé à l'intérieur, en grappes spiciformes très longues, unilatérales. Pédoncule épaissi au sommet, tomenteux ainsi que l'axe floral et le calice. Celui-ci divisé en lobes larges, ovales, mucronulés. Bractées lancéolées-linéaires. Capsule ovoïde, velue-glanduleuse. Graines sphériques, brunes, nombreuses, très petites. Feuilles ovales-oblongues ou lancéolées, crénelées, pubescentes en dessus, tomenteuses en dessous; les inférieures longuement pétiolées; les supérieures sessiles. Tige de deux décimètres à un mètre, arrondie, dressée, simple ou rameuse au sommet. Racines fibreuses. Plante couverte de poils mous, fins et étalés. ♂ ♃ Juin-Août.

Hab. Sur les terrains siliceux secs ou humides. CC.

D. Purpurascens *Roth.; D C.; Dub.; Gren. Godr.; D. intermedia Lap.; D. hybrida Benth. cat.; D. fucata Erh.; D. longiflora Lej.; D. purpureo-lutea Mey.* — Fleurs grandes, tubuleuses, campanulées, longuement atténuées à la base, en grappes serrées, unilatérales, d'un jaune rougeâtre ou purpurines, maculées ou non maculées de pourpre à l'intérieur. Calice à divisions lancéolées-aiguës, pubescent, aussi que les pédoncules et l'axe floral. Corolle de trois centimètres de long sur un centimètre de large, ciliée-glanduleuse à son orifice, à lèvre supérieure tronquée, à lèvre inférieure trilobée. Capsule ovoïde, velue-glanduleuse, *stérile (Gren. Godr.).* Feuilles oblongues-lancéolées, glabres, pubescentes sur les nervures de la face inférieure, finement dentées en scie; les inférieures atténuées en long pétiole; les supérieures sessiles. Tige arrondie, dressée, simple. Racines fibreuses. ♂ ♃ Juin-Juillet.

Hab. Pyrénées centrales; vallée de Vénasque et environs de cette ville. R.

D. Lutea *L. sp.* 867; *Lap.; Benth. in D C. prod.; Lois.; Borr.; Mut.; Gren. Godr.; D. parviflora All.; D C. fl. fr.; Dub.* — Fleurs d'un blanc jaunâtre, velues et non maculées intérieurement, tubuleuses, campanulées, ventrues et resserrées sous la gorge, à lobe supérieur bifide, à lobules latéraux très aigus, disposées en longue grappe spiciforme, terminale et unilatérale. Pédoncules plus courts que le calice, glabres ainsi que l'axe floral. Calice glabre, à divisions linéaires-lancéolées, dressées, étalées, ciliées-glanduleuses sur les bords. Capsule ovoïde, poilue-glanduleuse. Feuilles pâles en dessous, vertes et luisantes en dessus, légèrement pubescentes à la base ; les radicales rétrécies en pétiole ; les supérieures arrondies à la base, sessiles, acuminées. Tige arrondie, dressée, glabre, simple et rameuse. (2) Juillet-Août.

Hab. Pyrénées centrales: les bois, les atterrissements: montée d'Esquierry, Paillole, vallon d'Asté, environs de Barèges et de Gèdre. etc., etc. C.

D. Grandiflora *All.; Lam.; D C.; Dub.; Mut.; Borr.; Gren. Godr.; D. ambigua Murr.; Lois.; D. lutea Poll.; D. ochroleuca Jacq.* — Fleurs d'un jaune pâle, veinées de lignes brunes en dedans, très grandes, disposées en longues grappes terminales et unilatérales. Pédoncules plus courts que le calice, un peu épaissis au sommet, velus-glanduleux, ainsi que l'axe floral et le calice. Celui-ci à divisions lancéolées-linéaires recourbées. Corolle pubescente-glanduleuse, très ouverte à la gorge. Capsule ovoïde, acuminée, velue-glanduleuse. Feuilles oblongues, lancéolées, dentées en scie, pubescentes, ciliées, sessiles, amplexicaules ; les inférieures atténuées en pétiole court et ailé ; les supérieures semi-amplexicaules. Tiges obscurément anguleuses à la base. Plante de 4-8 décimètres, droite, simple, grêle, pubescente, à poils mous articulés. ♃ Juin-Août.

Hab. Pyrénées *(Gren. Godr.)*, vallée d'Oo près d'Esquierry. R.

479. EUPHRASIA *Tournef. inst. p.* 174 *(Euphraise).* — Calice tubuleux ou campanulé à 4 divisions. Corolle bilabiée, à lèvre supérieure concave, échancrée, large, en casque, tronquée, à lèvre inférieure plane, trilobée. 4 étamines didynames placées sous le casque; anthères velues, inégalement éperonnés à la base ; les inférieures aristées. Capsule incluse, oblongue, comprimée, biloculaire, polysperme, à valves entières ou bifides. Graines nombreuses, pendantes, fusiformes, striées et munies d'un sillon longitudinal. Plantes annuelles *probablement parasites sur les racines des végétaux voisins (Decaisne).* Feuilles opposées ; les supérieures éparses. Fleurs brièvement pédonculées en épis terminaux ou sub-latéraux.

E. Officinalis *L. sp.* 841 ; *D C.; Lap.; Dub.; Lois.; Mut.; Borr.; Gren. Godr.* — Fleurs blanches, à gorge jaune, striées de violet, sub-sessiles, axillaires, solitaires à l'aisselle des feuilles supérieures. Calice velu-glanduleux, muni sur le tube de 5 côtes saillantes, à 4 lobes lancéolés, cuspidés, dressés. Corolle à lèvre supérieure crénelée au sommet ; l'inférieure maculée ou non maculée de jaune à la base, à trois lobes échancrés. Anthères barbues à la base. Capsule velue supérieurement, oblongue-obovée, mucronulée. Graines

gisâtres à côtes blanches, ridées transversalement. Feuilles
sessiles, ovales-obtuses; les inférieures à dents obtuses;
les supérieures à dents aiguës. Tige de 6-12 centimètres,
simple ou rameuse, dressée, cylindrique. Plante poilue
inférieurement, velue-glanduleuse dans toutes ses parties,
très variable pour la grandeur de la fleur.—Fleurs grandes,
var. a. *grandiflora Soyer-Will.* — Fleurs moyennes, *var.* b.
intermedia Soyer-Will. — Fleurs petites, *var.* g. *parviflora
Soyer-Will.* (L Juin-Septembre.

Hab. Les prairies et les lieux incultes. CCC.

E. Nemorosa *Pers.; Sôyer-Will.; Borr.; Gren. Godr.; E.
officinalis var.* d. *nemorosa Mut.* — Fleurs blanches tachées de
bleu (la lèvre supérieure est ordinairement bleue), axillaires
et terminales. Calice glabre ou pulvérulent, non glanduleux
de même que l'axe floral et les bractées, à divisions longuement cuspidées et un peu rudes sur les bords. Capsule légèrement velue, linéaire-oblongue, tronquée et mucronée au
sommet, étroite. Graines allongées, fusiformes, jaunâtres,
à côtes blanches et saillantes. Feuilles variables, épaisses,
étroites ou larges, d'un vert foncé, dressées, sub-appliquées,
luisantes, glabres ou pulvérulentes vers le haut, non glanduleuses, munies de dents étroites et profondes, toutes ou
les moyennes et les supérieures longuement cuspidées. Tige
raide, courtement pubescente, simple ou très rameuse; rameaux dressés. Plante plus ou moins velue.

Var. a. *Grandiflora Soyer-Will.; Gren. Godr.; E. alpina D C.
fl. fr.* — Fleurs très grandes, 10-15 millimètres; dents des
feuilles sétacées.

Var. b. *Intermedia Soyer-Will.; Gren. Godr.; E. officinalis
var.* b. *parviflora Walls.; E. pratensis Rchb.* — Fleurs médiocres, 5-7 millimètres; dents des feuilles sétacées; plante plus
ou moins glabrescente.

Var. g. *Parviflora Soyer-Will.; Gren. Godr.; E. minima Schl.;
D C. fl. fr.; E. officinalis var.* e. *Lois.; Bartsia imbricata et B.
humilis Lap.* — Fleurs petites, jaunes, rouges ou blanches;
feuilles plus ou moins larges, à dents obtuses ou cuspidées;
plante petite, glabrescente, ou pubescente.

Var. d. *Alpina Gren. Godr.; E. alpina Lam.; E. Salisburgensis
Koch; E. tricuspidata L. sp.* 841.—Feuilles étroitement oblongues ou lancéolées, à dents sub-obtuses; les florales glabres,
étroitement lancéolées, uni-bi-tridentées, en cœur à la base;
fleurs grandes. (L) Juin-Août.

Plante très variable par les fleurs et par les feuilles et dont
on pourrait faire autant d'espèces ou de variétés qu'il y en
a de pieds sur nos montagnes.

Hab. Les bois et les prairies jusque dans les régions alpines. CCC

480. ODONTITES *Hall.: Pers. syn. 2, p. 150 (Odonti-tes)*. — Calice tubuleux ou campanulé. Lèvre inférieure de la corolle étalée-dressée, à trois lobes entiers; la supérieure concave, entière ou émarginée. Palais non plissé. Anthères saillantes, mucronées, à loges toutes également aristées. Capsule oblongue, comprimée, s'ouvrant à peine au sommet. Graines sillonnées longitudinalement. Plantes rameuses à feuilles opposées.

O. Rubra *Pers.: Benth. in D C. prod.; O. verna Rchb.; Borr.; Euphrasia odontites L. sp.* 841 *; Lap.; Lois.; Dub.; Mut.; E. verna D C. fl. fr.; E. serotina Lam.; Bartsia odontites Smith*. — Fleurs sub-sessiles, en épis unilatéraux feuillés allongés après la floraison, rosées, velues, à lèvres écartées; la supérieure peu concave, tronquée; l'inférieure plus courte, à trois lobes spatulés, obtus, le médian sub-émarginé. Bractées lancéolées dépassant la fleur. Calice pubescent, à quatre dents lancéolées. Etamines dépassant un peu la lèvre supérieure de la corolle; anthères jaunâtres, un peu barbues, à lobes surmontés de poils glanduleux qui *agglutinent* les anthères. Style long dépassant la lèvre supérieure. Capsule velue, ovale-oblongue, un peu tronquée au sommet. Graines fusiformes, grisâtres, ridées transversalement. Feuilles larges à la base, lancéolées, acuminées, dentées, étalées, sessiles, munies de chaque côté de 2-5 dents. Tige de 1-3 décimètres, droite, très rameuse, pubescente, à rameaux ascendants. Plante rude, couverte de poils dirigés vers le bas sur la tige et dirigés vers le haut sur les feuilles. ① Juin.

Hab. Les moissons, le bord des chemins. CC.

O. Serotina *Rchb.; Gren. Godr.; Borr.; O. vulgaris Hev.; Euphrasia odontites D C.; Lap.: Dub.; E. odontites var. b. Lois.; Bartsia serotina Bertol*. — Fleurs rougeâtres ou rosées, à lèvres écartées, sub-sessiles, en épis feuillés à la fin allongés. Corolle velue, à lèvres très inégales. Anthères barbues et réunies. Style dépassant la lèvre supérieure. Calice pubescent, à 4 dents lancéolées. Bractées oblongues-lancéolées, plus courtes que la fleur. Capsule ovale-oblongue, renfermée dans le calice. Graines petites, grisâtres, ridées transversalement. Feuilles lancéolées-linéaires, acuminées, dentées. Tige de 2-5 décimètres, dressée, pubescente, rameuse, à rameaux ascendants. ① Juillet-Août.

Hab. Les champs, les moissons, le bord des chemins. CC.

O. Viscosa *Rchb.; Benth. in D C. prod.: Gren. Godr.; Euphrasia viscosa L. mant.* 86*: D C.: Lap.: Dub.: Lois.; E. linifolia Pol.: Moris*. — Fleurs d'un jaune pâle, glabres ou à peine pulvérulentes, non ciliées sur les bords, en épis terminaux unilatéraux et à la fin allongés. Bractées sub-linéaires; les inférieures plus longues, les supérieures plus courtes que la fleur. Calice pubescent-glanduleux ainsi que l'axe floral et les bords des bractées. Étamines placées et comme soudées ensemble sous le casque, à filets glabres ou scabres, à anthères sub-laineuses à l'insertion des filets. Capsule velue, échancrée au sommet. Feuilles sessiles, lancéolées-linéaires ou linéaires-acuminées, entières ou à 1-2 dents de chaque côté, pulvérulentes, à poils simples et glanduleux. Tige de 1-3 décimètres, raide, dressée, pubescente inférieurement, poilue-glanduleuse vers et au sommet. Plante odorante. (L. Août-Septembre.

Hab. Pyrénées-Orientales; Villefranche, bains du Vernet. R.

O. Lutea *Rchb.; Benth. in D C. prod.; Gren. Godr.; Euphrasia lutea L. sp.* 842; *Lap.; Mut.; E. linifolia D C. fl. fr.; Dub.; Lois.; E. lœvis Gater.; Moris.; Schultz.* — Fleurs jaunes, petites, pubescentes, à lobes ciliés et barbus, en épis terminaux et unilatéraux à la fin allongés. Bractées plus courtes que les fleurs. Calice pubescent, à dents triangulaires. Corolle à lèvre supérieure comprimée, tronquée au sommet. Étamines et style saillants; filets poilus inférieurement; anthères jaunes, libres, glabres. Style hispide inférieurement. Capsule velue, échancrée au sommet. Feuilles linéaires-lancéolées, étroites, entières ou dentées; les supérieures linéaires, entières. Tige de 1-2 décimètres, rougeâtre, couverte au sommet de petits poils courts sub-pulvérulents, à la fin glabrescents, droite-rameuse; rameaux étalés. (L. Juillet-Septembre.

Hab. Coteaux arides. C.

481. BARTSIA *L. gen.* 739 (*Barsie*). — Calice tubuleux ou campanulé, coloré, non renflé, à 4 divisions. Corolle à lèvre supérieure concave, entière ou émarginée, à bords non repliés; l'inférieure à trois lobes dressés ou étalés; palais souvent convexe. Anthères velues. Stigmate épais. Capsule ovale ou oblongue, comprimée. Graines ovoïdes, comprimées vers le hile, munies de 8-12 côtes dont les dorsales se prolongent en ailes.

B. Alpina *L. sp.* 839; *D C.; Lap.; Dub.; Lois.; Borr.; Mut.; Gren. Godr.; Rhinanthus alpinus Lam.* — Fleurs d'un rouge violacé, très longues, à tube étroit, dilaté ou arrondi, à lobe supérieur en casque, brièvement pédonculées, en épi terminal et feuillé, entier; l'inférieur trilobé, à divisions petites et arrondies. Bractées foliacées, violettes, 2-3, plus longues que le calice et velues-glanduleuses comme lui. Calice d'un violet sub-noirâtre, divisé en 4 lobes lancéolés. Corolle poilue sur le dos. Étamines poilues-laineuses. Capsule poilue, aiguë, presque une fois plus longue que le calice. Graines grisâtres à côtes membraneuses ondulées. Feuilles sessiles, ovales, dentées, crénelées, opposées ; les supérieures embrassantes ; les inférieures plus petites ; toutes brièvement pubescentes. Tige de 1-2 décimètres, simple, dressée, raide, poilue. Racine rampante. Plante devenant noire par la dessication. ♃ Juillet-Août.

Hab. Toute la chaîne, les pacages et les roches des régions sub et alpines ; Lhéris, etc., etc. C.

B. Spicata *Ram. bul. phil. ; D C. ; Dub. ; Lois. ; Gren. Godr. ; B. Fagoni Lap.* — Fleurs violettes ou roses, longues de deux centimètres, brièvement pédonculées, en épi terminal dépourvu de feuilles, à lèvre supérieure oblongue-aiguë, à lèvre inférieure trilobée ; les lobes latéraux très étroits. Bractées lancéolées-linéaires, entières, égalant à peine la longueur du calice et couvertes comme lui de poils courts simples et de poils glanduleux. Calice à dents lancéolées-acuminées. Corolle à lobe inférieur mucronulé. Étamines poilues-laineuses, ne dépassant pas la corolle. Capsule velue, oblongue, plus courte ou égalant le calice. Graines grisâtres, linéaires, à côtes membraneuses ondulées. Feuilles opposées, ovales ou ovales-lancéolées, dentées en scie, poilues, scabres. Tiges de 2-4 décimètres, simples ou rameuses, finement pubescentes. Racines rampantes. Souche émettant un grand nombre de tiges. ♃ Juillet-Septembre.

Hab. Pyrénées centrales ; montagnes de Rio, Pics de Gard, de Cagire ; Pales-de-Boue, lac d'Espingo, bords de l'étang d'Escoubous, près le pic d'Ereslids, les estibas de Luz, Cauterets, bois de Lhéris. C.

482. TRIXAGO *Stev. mém. mosq.* 6, *p.* 4 *(Trixagine).* — Calice renflé-campanulé, à 4 lobes courts. Corolle à lèvre supérieure en casque court demi-cylindrique, à lèvre inférieure trilobée-étalée, à palais bi-gibbeux. Styles épaissis au sommet. Capsule ovale, globuleuse, gonflée, un peu comprimée. Graines à côtes fines et longitudinales, non ailées. Placenta gros, épais, bifide.

T. Apula *Stev. ; Benth. in D C. prod. ; Gren. Godr. ; Trixago versicolor Borr. ; Bartsia trixago L. sp. ed.* 1, *p.* 602 ; *D C. fl. fr. ; Dub. ; Lois. ; Bartsia maxima et Bartsia versicolor Pers ; Rhinanthus trixago L. sp. ed.* 2, *p.* 849 ; *Bartsia maritima Lam. ; Bellardia trixago All. ; Barr.* — Fleurs jaunes, blanchâtres, purpurines ou veinées de blanc, de jaune et de pourpre, en épis courts plus ou moins poilus-visqueux dans toutes leurs parties. Calice à dents ovales, courtes, velues. Corolle à lèvre supérieure velue, à lèvre inférieure trilobée plus longue que le casque. Étamines un peu velues-visqueuses, plus courtes que le casque. Capsule velue, très dure, ovoïde, globuleuse, dépassant peu les lobes du calice. Graines très petites, jaunâtres, à côtes fines longitudinales et saillantes. Feuilles très variables, sessiles ou embrassantes, lancéolées-oblongues ou sub-linéaires, dentées en scie, à dents écartées et obtuses, plus ou moins glanduleuses. Tige de 1-3 décimètres, pubescente, rougeâtre, simple ou rameuse. ⚥ Juin-Juillet.

Hab. Pyrénées-Orientales et occidentales; entre Collioure et Perpignan, bord des eaux; bords du ruisseau d'Urdos (B.-P.). R.

488. EUFRAGIA *Griseb.* (*Eufragie*). — Calice tubuleux à 5 divisions. Corolle à casque concave, entier ou émarginé, à lèvre inférieure longuement étalée, trilobée, à palais convexe. Stigmate capité. Capsule oblongue ou lancéolée, un peu comprimée. Graines petites, à peine striées à la loupe.

E. Viscosa *Benth. in D C. prod.; Borr.; Gren. Godr.; Bartsia viscosa L. sp.* 839; *D C. fl. fr.; Dub.; Lois.; Mut.; Bartsia maxima Desf.; Rhinanthus Villosa Lam.; Trixago viscosa Rchb.; Schultz.* — Fleurs jaunes, sub-sessiles, en longs épis plus ou moins feuillés. Bractées d'abord plus grandes et ensuite plus courtes que la fleur, poilues-glanduleuses ainsi que le calice. Celui-ci à lobes ovales-lancéolés ou lancéolés-linéaires, entiers ou dentés. Étamines incluses : anthères velues. Style hérissé. Capsule ellipsoïde dépassant à peine le tube du calice, poilue au sommet. Graines très petites, d'un brun jaunâtre, lisses, à peine striées. Feuilles sessiles, lancéolées, rugueuses, poilues, fortement dentées, souvent ovales-lancéolées. Tige droite, simple ou peu rameuse. Plante très feuillée, de 1-2 décimètres, poilue-glanduleuse vers le haut. ⚥ Mai-Juin.

Hab. Pyrénées occidentales; environs de Bayonne. C.

E. Latifolia *Griseb.; Benth. in D C. prod.; Gren. Godr.: E. latifolia L. sp.* 841; *D C. fl. fr.; Lois.; Bartsia imbricata Lap.; Bartsia latifolia Sibth.; Mut.; Bartsia purpurea Dub.; Trixago purpurea Stev.; Trixago latifolia Rchb.; Koch.* —Fleurs pourprées à tube blanchâtre, sessiles, en tête serrée, puis en épi interrompu non feuillé. Bractées plus courtes que le calice, lobées-palmées. Calice à lobes lancéolés. Corolle dépassant le calice; lèvre inférieure trilobée. Étamines incluses; anthères faiblement laineuses à la base. Capsule glabre, lancéolée, allongée, aiguë au sommet, atténuée à la base, renfermée dans le calice. Graines petites, brunes, jaunâtres, lisses. Feuilles sessiles, opposées: les inférieures incisées dentées : les supérieures palmatifides. Tige de 5-15 centimètres, simple ou rameuse dès la base, poilue-glanduleuse. Plante poilue-glanduleuse. ⚥ Avril-Mai.

Hab. Pyrénées centrales, les lieux sablonneux jusqu'à Barèges. C.

484. RHINANTHUS *L. gen.* 740 (*Rhinanthe*).—Calice persistant, comprimé, ventru, à limbe resserré, à 4 lobes. Corolle bilabiée, à lèvre supérieure en casque comprimé, à lèvre inférieure plane, trilobée. 4 étamines didynames, incluses, à anthères velues. Capsule incluse, sub-orbiculaire, comprimée, mucronée, à deux loges polyspermes. Graines comprimées, nombreuses, bordées d'une aile membraneuse.

R. Major *Ehrh.; Benth. in D C. prod. ; Mut.; Borr.; Gren. Godr.; R. hirsutus Rchb.; R. crista galli L. sp.* 840; *Lap.; R. hirsuta Lam.; D C. fl. fr.; Dub.: R. Villosus Pers.; R. alectorolophus Lois.; Alectorolophus grandiflorus Wallr.; Alectorolopus major Rchb.*— Fleurs jaunes, violacées au sommet, sub-sessiles, en épis serrés, puis allongés et lâches. Bractées d'un blanc jaunâtre, membraneuses, ovales, dentées en scie. Calice pâle, glabre ou velu, réticulé, membraneux, ovale-orbiculaire, vésiculeux, comprimé, à 4 dents courtes triangulaires. Corolle à tube courbé, bilabiée, à lèvres de même grandeur ; l'inférieure dirigée en avant et munie sous le sommet de deux dents violettes, oblongues et tronquées. Style violet, glabre au sommet, saillant. Capsule comprimée, apiculée. Graines comprimées, ovales, épaisses vers l'ombilic, concentriquement rugueuses sur les faces, ailées, membraneuses. Feuilles vertes, oblongues-lancéolées, dentées en scie, rudes, ponctuées de blanc en dessous, souvent en cœur à la base, un peu réfléchies sur les bords. Tige de 1-4 décimètres, droite, simple ou rameuse au sommet, maculée de brun, quadrangulaire.

Var. a. *Glaber Schultz.: Gren. Godr.; R. major Koch.* — Tiges grêles, allongées, simples ou rameuses, obscurément quadrangulaires. ⚥ Mai-Juin.

Hab. Les prairies sèches ou un peu humides. CCC.

R. Minor *Ehrh.; Benth in D C. prod.; Lois.; Mut.; Borr.; Gren. Godr.: R. glaber Lam.; D C. fl. fr.; R. crista galli var.* a *et* b. *L. sp.* 840; *Alectorolophus grandiflorus Wallr.* — Fleurs jaunes, plus petites que celles de l'espèce précédente, en épis terminaux d'abord serrés, puis allongés. Bractées vertes, ovales, à dents étroites, acuminées, subulées. Calice d'un vert obscur, glabre, maculé de brun, réticulé, ovale-orbiculaire, vésiculeux, à 4 dents courtes, triangulaires, conniventes. Corolle à tube droit, à lèvre supérieure plus longue que l'inférieure, munie sous le sommet de deux petites dents jaunes ou d'un bleu livide. Style pubescent sous le stigmate, courbé en crochet au sommet, caché dans le casque. Capsule comprimée aussi large que longue, sub-arrondie. Graines comprimées, ovales, tronquées et épaissies à l'ombilic, non rugueuses sur les faces. Feuilles sessiles, rudes, d'un vert foncé, petites, oblongues-lancéolées, dentées en scie. Tige simple ou rameuse, dressée, glabre, quadrangulaire. (1) Mai-Juin.

Hab. Les prairies jusque dans les régions alpines. C.

485. PEDICULARIS *Tournef. inst. p.* 171 (*Pédiculaire*). — Calice ventru, à 3-5 dents inégales, ou bi-labié, à lèvre supérieure entière ou bidentée, à lèvre inférieure tridentée. Corolle bilabiée, à lèvre supérieure en casque, comprimée, allongée, souvent échancrée ; l'inférieure à trois lobes. Étamines 4, didynames, à anthères mutiques. Capsule comprimée, mucronée, oblique, à deux loges polyspermes. Graines réticulées-rugueuses. Plantes annuelles ou vivaces, à feuilles pennatipartites. Fleurs en grappes terminales.

1. Lèvre supérieure de la corolle formant un casque obtus.
dépourvue de bec et de dents.

P. Verticillata *L. sp.* 846; *D C.; Lap.; Dub.; Lois.; Mut.; Borr.; Gren. Godr.* — Fleurs pourpres, verticillées, réunies en épi serré, puis s'allongeant en panicule lâche non feuillée, entourée de feuilles verticillées à la base. Calice renflé, hérissé, fendu supérieurement, à dents courtes. Corolle à lèvre supérieure ascendante, obtuse, glabre, non dentée. Capsule ovale-lancéolée, aiguë, plus longue que le calice, de couleur pourpre. Graines finement striées en long, brunes. Feuilles profondément découpées en lobes ovales-oblongs, obtus, inégalement dentés ; les caulinaires verticillées par 4. Tige de 5-20 centimètres, simple, plus ou moins pubescente. Racine petite, rameuse, simple. ⚥ Juin-Juillet.

Hab. Pyrénées centrales ; les prairies, ports de Lhers, de la Picade, Soulanes, Crabère, Baréges, vallon de Buc. C.

P. Foliosa *L. mant* 86; *D C.; Lap.; Dub.; Lois.; Mut.; Borr.; Gren. Godr.; P. comosa Scop.* — Fleurs jaunes, grandes, en épis gros, serrés, très feuillés. Bractées lancéolées, pennatifides, dentées en scie, égalant ou dépassant les corolles surtout à la base. Calice campanulé, velu, à 5 dents courtes, inégales, triangulaires, acuminées ; la supérieure plus longue. Corolle à tube plus long que le calice. Étamines à filets barbus. Capsule dépassant peu le calice, ovoïde-comprimée et brièvement mucronée au sommet. Graines grosses, ovoïdes, réticulées. Feuilles grandes, pétiolées, pinnées, à folioles découpées en lobes linéaires-lancéolés, incisés-dentés, mucronés ; les caulinaires alternes. **Tige** de 1-4 décimètres, dressée, simple, anguleuse, peu feuillée. Racine longue, épaisse, rameuse. Plante un peu velue, robuste. ♃ Juin-Juillet.

Hab. Toutes les Pyrénées, prairies sub et alpines ; Lhéris, etc. C.

2. Lèvre supérieure de la corolle terminée par un bec court, prolongée à la base en deux dents aiguës.

P. Palustris *L. sp.* 845 ; *D C.; Lap.; Dub.; Lois.; Mut.; Borr.; Gren. Godr.* — Fleurs grandes, roses ou blanches, en longs épis feuillés, à la fin très lâches et très allongés. Calice oblong, velu, à la fin visqueux, bi-lobé, à lobes incisés-dentés, crispés, glabres sur les bords. Corolle à lèvre supérieure tronquée, terminée par un bec court, denticulée et munie de deux dents placées vers le milieu. Capsule ovoïde, comprimée et atténuée en pointe un peu plus longue que le calice. Graines ovoïdes, réticulées. Feuilles pennatifides, à lobes oblongs crénelés munis au sommet de dents calleuses et blanches. Tiges de 2-4 décimètres, dressées, très rameuses, fistuleuses, à rameaux grêles étalés-dressés. Racines épaisses, fibreuses. Plante presque glabre. ② Mai.

Hab. Pyrénées-Orientales et centrales : prairies humides et tourbeuses ; Pratto-de-Mollo, Ereslids ; Landes de Lannemezan. RR.

P. Sylvatica *L. sp.* 845 ; *D C.; Lap.; Dub.; Lois.; Mut.; Borr.; Gren. Godr.* — Fleurs roses ou rouges, axillaires, brièvement pédicellées. Epi de la tige centrale occupant presque toute sa longueur ; ceux des tiges latérales plus courts et souvent très serrés. Calice divisé en 5 lobes inégaux, velus sur les bords ; le supérieur petit, lancéolé ; les autres oblongs, à 3-5 dents. Corolle à lobe supérieur bi-denté dépourvu de dents dans son milieu. Capsule arrondie au sommet, mucronée sur les côtés. Graines d'un brun noirâtre finement réticulées. Feuilles pinnées, à folioles ovales, dentées, glabres. Tiges nombreuses, simples, d'un décimètre ; la centrale dressée ; les latérales étalées, diffuses. Racines fibreuses. Plante glabre. ② Mai-Juin-Septembre.

Hab. Les marais, les bois, les prairies des montagnes. CCC.

P. Comosa *L. sp.* 847 ; *D C.; Lap.; Dub.; Lois.; Mut.; Borr.; Gren. Godr.; P. asparagoïdes Lap.* — Fleurs jaunes, rarement rouges, sessiles, en épi dense et allongé. Bractées inférieures semblables aux feuilles, égales ou plus longues que les fleurs ; les moyennes et les supérieures lancéolées, sub-entières, ne dépassant pas le calice. Celui-ci campanulé, devenant visqueux à la maturité, velu, poilu-laineux sur toute sa surface ou seulement sur les angles, à 5 dents très courtes, ovales, triangulaires. Corolle à lèvre supérieure *falciforme*, munie de deux dents triangulaires-aiguës ; filets des étamines velus. Capsule ovale-aiguë, un peu plus longue que le calice. Feuilles lancéolées, pinnées. à folioles oblongues-acuminées, découpées en lobes dentés mucronés ; les caulinaires alternes ; les inférieures longuement pétiolées. Tige de 1-3 décimètres, pubescente, dressée, simple, fistuleuse. Racines épaisses entourées de fibres très allongées, renflées, sub-napiformes. ♃ Juillet-Août.

Hab. Pyrénées-Orientales et centrales ; Pratto-de-Mollo, Crabère, Canigou, Cincle de Comps ; Cauterets, Houn-Blanco et les crêtes environnantes. R.

3. Lèvre supérieure de la corolle terminée en bec, dépourvue de dents.

P. Pyrenaïca *Gay ; Endr.; Gren. Godr.; P. incarnata* et *P. giroflexa Lap.* — Fleurs d'un rouge vif, en tête ou en épis courts, munies de bractées pinnatifides. Calice tubuleux, glabre, à dents ciliées plus courtes que le tube, variables : les unes lancéolées et les autres incisées-dentées. Corolle à lèvre supérieure étroite prolongée en long bec linéaire, tronqué, échancré. Filets des étamines barbulés dans toute leur longueur et très velus ainsi que la corolle à leur point d'attache. Feuilles bi-pinnatifides, à segments ovales, incisés-dentés, à dents courtes lancéolées et serrulées ; les radicales longuement pétiolées ; les moyennes à pétioles ciliés, laineux sur les bords, de même que la base des pétioles radicaux. Tige de 8-15 centimètres, ascendante, dressée, glabre et parcourue dans sa longueur par deux lignes de poils parallèles naissant des bords décurrents des pétioles. Souche grosse. Racine fibreuse. ♃ Juillet-Août.

Hab. Pyrénées-Orientales, centrales et occidentales ; régions et pâturages alpins, depuis Mont-Louis jusqu'à Eaux-Bonnes et Roncevaux. R.

P. Mixta *Gren.* mss.*; P. pyrenaïca var.* b. *lasiocalyx Gren. Godr.* — Fleurs rouges ou roses, pédonculées en tête, serrées à la fin, en long épi multiflore. Calice tubuleux, campanulé. rameux, membraneux, muni de 4 stries vertes foliacées et dentées. Bractées pinnatifides, à segments mucronés, cartilagineux. Corolle à lèvre supérieure pourprée, étroite et prolongée en bec long linéaire, tronquée, échancrée ; lèvre inférieure très étalée, à trois lobes irréguliers. Stigmate longuement saillant. Étamines munies ainsi que les filets de quelques poils rudes à la base, quelquefois complètement glabres. Capsule glabre, ovale, aiguë, comprimée et un peu arquée vers le sommet. Feuilles bi-pinnatifides, à segments ovales, incisées-dentées, mucronées, longuement pétiolées, dressées et étalées ; les caulinaires supérieures réduites à l'état de bractées. Tige de 8-15 centimètres, brune, courbée à la base, puis ascendante-cylindrique, sub-glabre à la base et couverte de longs poils blancs, mous, du milieu de la tige jusqu'au sommet. Rhizome épais entouré de fibres allongées. ♃ Août-Septembre.

Hab. Pyrénées centrales ; lieux humides, marécageux, ruisseau de Cinquette en montant au Mounné immédiatement après avoir passé le torrent, pâturages de Castanèse, plan des Etangs, à la base de la Maladetta. RR.

P. Rostrata *L. sp.* 845 ; *D C.; Lap.; Dub.; Lois.; Vill.; Mut.; Gren. Godr.* — Fleurs d'un rouge rosé, en tête, puis s'allongeant en épi court, lâche, pauciflore (3-6 fleurs). Bractées foliacées, pinnatifides. Calice tubuleux, campanulé, glabre ou sub-glabre, à dents variables, les unes dentées, les autres entières. Corolle à lèvre supérieure atténuée en bec long, étroit, tronqué ; lèvre inférieure très étalée, à trois lobes grands, d'un rouge plus clair que le reste de la fleur ; tube de la corolle glabre au point d'insertion des étamines barbues au sommet. Capsule ovale-lancéolée, comprimée au sommet, mucronulée, dépassant de plus d'un tiers la longueur du calice. Graines brunes, ovoïdes, atténuées au sommet et pétiolées à la base, réticulées régulièrement par des points enfoncés. Feuilles toutes radicales, pétiolées, pinnatifides, à segments ovales-lancéolés-incisés, sub-dentées ou denticulées, un peu blanchâtres tout autour. Tiges de 5-12 centimètres, étalées, couchées, redressées au sommet, grêles, glabres ou légèrement pubescentes, parcourues par deux lignes de poils provenant des bords décurrents des pétioles. Souche grosse. Racines fibreuses. ♃ Juillet-Août.

Hab. Pyrénées-Orientales et centrales ; débris mouvants des roches siliceuses, régions alpines, Pratto-de-Mollo, vallée d'Eynes ; ports de Paillole, de la Picade, Pic du Midi, etc., etc. CCC.

4. Fleurs jaunes.

P. Tuberosa *L. sp.* 847 ; *D C.; Lap.; Dub.; Lois.; Mut.; Gren. Godr.; P. gyroflexa var.* b. *Vill.* — Fleurs jaunes, rarement roses, en tête serrée, à la fin allongées en épi lâche. Bractées pennatifides. Calice campanulé, pubescent, à divisions foliacées, incisées-dentées. Corolle à lèvre supérieure prolongée en bec étroit, linéaire ; lèvre inférieure très étalée, à trois lobes. Filets des étamines barbus ainsi que le tube de

la corolle, vers le sommet et à leur point d'insertion. Capsule
ovale-lancéolée, comprimée vers le sommet. Feuilles sub-
glabres, à rachis velu, pennatifides, à segments lancéolés,
incisés-dentés, à dents du sommet cartilagineuses. Tige de
8-15 centimètres, finement pubescente, courbée à la base,
puis redressée, droite, raide. Souche grosse. Racines
fibreuses, fasciculées, très fortes. ♃ Juillet-Août.

Hab. Pyrénées-Orientales et centrales : Pratto-de-Mollo, Costabona (*Lap.*); pentes du Petit Mounné, Conques, Houn-Blanco. R.

486. MELAMPYRUM *L. gen.* (*Mélampyre*). — Calice tubuleux, campanulé, à 4 lobes inégaux. Corolle tubuleuse, comprimée, à lèvre supérieure en casque comprimé, réfléchie sur les bords, à lèvre inférieure trilobée,
sillonnée, bi-gibbeuse. 4 étamines didynames ; anthères
appendiculées. Ovaire biloculaire muni d'une glande à la
base. Capsule ovoïde, acuminée, comprimée, oblique, à
deux loges contenant 1-2 graines lisses. Feuilles opposées.
Fleurs en épis terminaux à grandes bractées.

M. Cristatum *L. sp.* 842 ; *D C; Lap.; Dub.; Lois.; Vill.;
Borr.; Gren. Godr.* — Fleurs jaunes à gorge foncée, souvent
tachées de rouge, en épis quadrangulaires, compactes, ovales,
à angles relevés en crêtes. Bractées étroitement imbriquées
sur 4 rangs, très larges et en cœur, acuminées, pliées en
deux, recourbées en dehors, munies sur les bords de dents
très étroites, inégales et ciliées. Calice à 4 dents lancéolées-
acuminées, à tube glabre. Anthères velues. Capsule dépassant le calice, comprimée, discoïde. Deux graines oblongues.
Feuilles sessiles, linéaires-lancéolées-aiguës; les inférieures
entières. Tige de 1-3 décimètres, pubescente, à rameaux
étalés. ① Juin-Août.

Hab. Les bois sablonneux, les coteaux incultes. C.

M. Arvense *L. sp.* 842 ; *D C.; Lap.; Dub.; Lois.; Borr.;
Gren. Godr.* — Fleurs rouges à gorge jaune, dressées, en
épis cylindriques. Bractées lancéolées, pennatifides, à lobes
supérieurs très grands ; les latéraux étroits, linéaires-subulés et même capillaires. Calice pubescent, à 4-5 dents
profondes, lancéolées, en pointe sétacée, égalant la longueur
du tube de la corolle. Celle-ci pubescente. Anthères barbues
à la base. Capsule obovée, comprimée, acuminée, atténuée en
pointe à la base, à deux loges contenant chacune une graine
grosse. Feuilles sessiles, linéaires-lancéolées-acuminées,
entières; les supérieures incisées ou pennatifides à la base.
Tige de 2-4 décimètres, dressée, raide, scabre, à rameaux
étalés. Plante couverte de poils. ① Juin-Juillet.

Var. a. Bractées purpurines ou d'un jaune verdâtre. ⚥
Juin-Juillet.

Hab. Type et var. : les champs, les moissons et les bois. CCC.

M. Sylvaticum *L. sp.* 843; *D C.; Lap.; Dub.: Lois.;
Mut.; Borr.: Gren. Godr.* — Fleurs jaunes ou d'un blanc
mêlé de jaune, pédonculées, disposées par paires en **grappes**
lâches, interrompues et unilatérales. Bractées pétiolées,
lancéolées, entières ou munies de dents courtes. Calice
glabre, à dents ovales-lancéolées, ouvertes, dépassant ou
égalant le tube de la corolle. Capsule ovoïde, comprimée,
acuminée, à la fin réfléchie; loges ne contenant qu'une seule
graine. Feuilles pétiolées, linéaires-lancéolées, acuminées;
les florales lancéolées, entières ou portant 1-2 dents; toutes
glabres ou finement pulvérulentes. Tige de trois décimètres,
grêle, à rameaux étalés. Racines grêles. ⚥ Juillet-Août.

Hab. Les forêts et la lisière des forêts alpines. CCC.

M. Pratense *L. sp.* 843; *D C.; Lap.; Dub.; Lois.; Mut.;
Borr.; Gren. Godr.; M. vulgatum Pers.* — Fleurs jaunes ou
d'un blanc mêlé de jaune, parfois lavées de rose, pédonculées par paires, en grappes lâches unilatérales feuillées.
Bractées inférieures lancéolées, semblables aux feuilles; les
supérieures pourvues à leur base de 2-4 dents longuement
acuminées, subulées. Calice petit, campanulé, glabre, à 4-5
dents sub-linéaires-sétacées, inégales et ascendantes, scabres
sur les bords. Corolle fermée à la gorge, très velue dans
l'intérieur du casque. Anthères ciliées. Capsule comprimée,
lancéolée, arrondie à la base, à la fin réfléchie, très glabre et
acuminée, renfermant dans chaque loge deux graines noires.
Feuilles brièvement pétiolées, lancéolées ou linéaires-lancéolées, arrondies à la base, acuminées, scabres; les supérieures
ordinairement hastées, portant à la base 1-2 dents de
chaque côté. Tige de 1-8 décimètres, quadrangulaire,
simple ou très rameuse, à rameaux opposés, étalés, diffus,
pubescents. Plante sub-glabre. — Bractées vertes. ⚥ Juin-
Juillet.

Hab. Les bois et les taillis. CC.

M. Nemorosum *L. sp.* 843; *D C.; Lap.; Dub.; Mut.;
Borr.; Gren. Godr.* — Fleurs jaunes à tube ferrugineux,
pédonculées par paires, en grappes très lâches unilatérales.
Bractées pétiolées, ovales-lancéolées, incisées-dentées et en
cœur à la base; les supérieures dépourvues de fleurs et
colorées en violet. Calice tubuleux, campanulé, velu, sub-
laineux, à 4 dents lancéolées-acuminées. Corolle jaune à

casque et palais orangés. Anthères et filets des étamines pubescents. Capsule ovoïde, un peu comprimée, ne renfermant qu'une graine grosse, rarement deux. Feuilles toutes distinctement pétiolées, ovales-lancéolées, acuminées, entières ; les florales supérieures bleuâtres, comme hastées, dentées à la base, à dents sétacées. Tige de 2-5 décimètres, dressée, rameuse, pubescente. Rameaux allongés, étalés. ⚦ Juillet-Août.

Hab. Pyrénées-Orientales : Saumèdes, La Techède à Mèlles *(Lap.).* R.

487. TOZZIA *L. gen.* 306. — Calice tubuleux-campanulé, à 4-5 dents inégales. Corolle à 5 divisions sub-égales s'ouvrant en deux lèvres ; la supérieure à peine concave, à deux lobes ; l'inférieure trilobée. 4 étamines didynames ; anthères appendiculées. Stigmate simple. Ovaire biloculaire à deux ovules. Capsule globuleuse, charnue, contenant une graine à appendice membraneux à deux lames.

T. Alpina *L. sp.* 844 ; *D C.; Lap.; Dub.; Lois.; Vill.; Rchb.; Mut.; Gren. Godr.* — Fleurs jaunes, petites, axillaires, pédonculées, sub-unilatérales et opposées. Calice campanulé, à 4 rarement 5 dents courtes, ovales et obtuses. Corolle presque en coupe, à tube grêle plus long que le calice, à lèvre supérieure bilobée, à lèvre inférieure à trois lobes oblongs, ciliés tout autour, marqués de trois rangs de points plus foncés. Anthères glabres, jaunes, mucronulées. Capsule renfermée dans le calice. Feuilles opposées, sessiles, semi-embrassantes, ovales-obtuses, glabres, molles, portant à la base quelques dents ou crénelures. Tiges de 1-3 décimètres, dressées, pubescentes sur les angles, très tendres, rameuses presque dès la base. Souche renflée et succulente de même que la plante, formée d'écailles épaisses, charnues, blanchâtres. Racines grêles. ♃ Juillet-Août.

Hab. Pyrénées centrales ; bois de Cazeaux, à Vieille, Castelet, Esquierry, Port de Plan : cascade de Gripp *(Gren.),* où je ne l'ai pas vue ; vallée du Lys près de la cascade d'Enfer. R.

LXXVII. OROBANCHÉES.

Fleurs hermaphrodites régulières, solitaires à l'aisselle des bractées en épis terminaux. Calice libre, persistant, tubuleux, à 4-5 sépales réunis ou soudés par paires et bifides, ordinairement entouré de bractées. Corolle monopétale hypogyne, irrégulière, à deux lèvres, à tube campanulé, plus ou moins arqué, à lèvre supérieure en casque, entière, émarginée ou bifide, à lèvre inférieure trifide, ordinairement munie près de la gorge de deux plis gibbeux. 4 étamines didynames insérées sur le tube de la corolle et cachées sous la lèvre supérieure ; anthères biloculaires, mucronées, s'ouvrant longitudinalement. Ovaire libre, bilobé. Capsule uniloculaire, à deux valves. Graines portées sur une nervure longitudinale. Périsperme charnu ou corné. Plantes charnues parasites. Feuilles réduites à des écailles.

488. OROBANCHE *L. gen.* 779 *(Orobanche).* — Fleurs munies inférieurement d'une bractée latérale. Calice formé de deux sépales un peu soudés à la base, bifides ou plus rarement entiers. Corolle tubuleuse, persistante, arquée, à deux lèvres et à 4-5 lobes, glanduleuse, charnue dans sa partie inférieure. Capsule uniloculaire, à deux valves adhérentes à la base et au sommet, séparées seulement dans leur milieu. Plantes parasites.

O. Rapum *Thuill. ; Reut. in D C. prod.; Dub.; Mut.; Borr.; Gren. Godr.; O. major Lam.; O. fœtida Lap.; D C. fl. fr.; O. du Cytise à balai Vauch.; Rchb.; Schultz.* — Fleurs rouges, d'un rose ou d'un brun jaunâtre, à odeur fade, en épis longs ou courts, lâches. Bractées lancéolées-acuminées, poilues-glanduleuses. Calice à deux sépales, un de chaque côté, bifides, ovales, contigus, très nervés, poilus-glanduleux, à lobes étroits-aigus, égalant le tube de la corolle. Celle-ci campanulée, régulièrement arquée sur le dos, couverte de petits poils glanduleux, à lèvres obscurément denticulées ; la supérieure émarginée ; l'inférieure à trois lobes ovales, le médian beaucoup plus grand que les latéraux. Étamines insérées à la base de la corolle ; anthères d'abord jaunâtres, devenant blanchâtres après l'anthèse, à filets glabres à la base, pubescents-glanduleux au sommet ainsi que le style. Stigmate jaune ou rougeâtre à la base. Tige de 2-7 décimètres, pubescente, renflée, en tubercule à la base, écailleuse, couverte de poils crispés-glanduleux. Plante souvent sociétaire, droite, anguleuse. ♃ Mai-Juin.

Hab. Lieux stériles, sur le genêt à balai (*Sarothamnus scoparius*). C.

O. Cruenta *Bertol.; Reut. in D C. prod.; Koch ; Mut.; Borr.; Gren. Godr.; O. Ulicis Desmoul.; O. Lobelii Noulet; O. gracilis Smith.; O. vulgaris Gaud.; O. major Dub.; O. caryophyllacea Schl.; Schultz.; O. fœtida Lap.; O. du genêt des teinturiers Vauch.* —Fleurs variables, jaunes, rayées en dehors, d'un rouge obscur en dedans, ou pourpres et d'un rouge de sang à la gorge, jaunâtres à la base ou tout-à-fait jaunes, en épi lâche à la base, plus serré vers le haut. Bractées dépassant souvent la corolle, poilues-glanduleuses ainsi que les sépales. Ceux-ci largement ovales, très nervés, bifides, à divisions un peu inégales, égalant ou dépassant le tube de la corolle. Celle-ci campanulée, arquée sur le dos, ventrue en avant à la base, à lèvres crispées, denticulées, ciliées-glanduleuses ; la supérieure émarginée, en casque, entière ou un peu échancrée ; l'inférieure à trois lobes, le moyen deux fois plus grand que les latéraux. Étamines insérées à la base de la corolle, à anthères un peu blanchâtres après l'anthèse, à filets lancéolés et velus à la base, glanduleux vers le sommet ainsi que le style. Tige de 2-5 décimètres, écailleuse, un peu renflée et rougeâtre à la base, parsemée de poils glanduleux ; écailles lancéolées. Plante à radicelles nombreuses. ⚥ Juin-Juillet.

Hab. Partout sur les racines du *Genista tinctoria*, du *Lotus corniculatus* et d'autres légumineuses. CCC.

O. Variegata *Wallr.; Reut. in D C. prod.; Mut.; Gren. Godr.; O. fœtida D C. fl. fr.; Dub.; Lois.; O. du genêt cendré Vauch.; Rchb.; O. major Desf.* — Fleurs jaunâtres, souvent veinées de brun et d'un pourpre foncé et doré à l'intérieur, en épi lâche. Bractées ovales-lancéolées, acuminées, brunes, pubescentes-glanduleuses ainsi que les sépales. Ceux-ci largement ovales, nervés, inégalement bifides, dépassant le tube de la corolle. Celle-ci de même forme que celle de l'*O. cruenta*, campanulée, régulièrement arquée, courte, couverte de petits poils glanduleux, à lèvres crispées, denticulées, ciliées-glanduleuses. Étamines à filets ovales très dilatés et velus à la base, glanduleux vers le haut ainsi que le style. Tige de 3-5 décimètres, écailleuse, finement velue, *furfuracée*-glanduleuse. — Plante à corolle plus arquée, plus grande, à fleurs plus larges et à filets plus dilatés que dans l'*O. cruenta*. ⚥ Juin-Juillet.

Hab. Sur les racines du *Genista cinerea*, du *Sarothamnus scoparius*, du *Cytisus pilosus* et de la *Veronica fruticulosa*; vallée de l'Esponne, etc., etc.

O. Speciosa *D C. fl. fr.; Lois.; Reut. in D C. prod.; Gren. Godr.; O. pruinosa Lap.; Dub.; Benth. cat.; O. alba Mut.; O. de la fève Vauch.; Rchb.; Endress.* — Fleurs brunâtres, papyracées à l'état sec, en long épi un peu lâche. Bractées ovales-lancéolées, à peine plus longues que le tube de la corolle, *furfuracées*-pubescentes et glanduleuses ainsi que les sépales. Ceux-ci s'écartant l'un de l'autre dès la base, à 4-6 nervures ovales-lancéolées, entières ou bifides, à divisions presque égales, lancéolées, acuminées, ciliées-glanduleuses, égalant le tube de la corolle. Celle-ci campanulée, arquée, plus ou moins pubescente, furfuracée-glanduleuse, blanche avec des stries bleues ou violettes, à lèvres denticulées et ciliées ; la supérieure bilobée ; l'inférieure à trois lobes arrondis, le médian plus grand. Étamines insérées un peu au-dessous de la base de la corolle, à filets pubescents à la base et glanduleux vers le sommet ainsi que le style ; anthères brunes après l'anthèse. Stigmate d'un violet clair. Tige de 2-5 décimètres, poilue-furfuracée. ♃ Juin.

Hab. Pyrénées-Orientales ; sur les racines du *Vicia faba*, Pratto-de-Mollo *(Lap.)* ; Port-Vendres *(Gren.)*. R.

O. Galli *Dub.; Reut. in D C. prod.; Coss. et Germ.; Mut.; Borr.; Gren. Godr.; O. du Gallium mollugo Vauch.; O. vulgaris D C. fl. fr.; Koch ; O. bipontina Schultz.; O. caryophyllacea Smith.; Engl. bot. ; Rchb.; O. incurva Benth. cat.; Schultz.; O. laxiflora et O. adenostemum Rchb.* — Fleurs variables, à odeur de giroflée, d'un blanc rosâtre ou jaunâtre, veinées, en long épi lâche. Bractées lancéolées, très aiguës, furfuracées-pubescentes et glanduleuses, égalant ou plus courtes que la corolle. Sépales pubescents-glanduleux, contigus, soudés entièrement, ovales-lancéolés, acuminés, entiers ou bifides, subulés. Corolle campanulée, non ventrue, arquée sur le dos, pubescente-glanduleuse, à lèvres irrégulièrement denticulées, ciliées-glanduleuses ; la supérieure en casque, à peine échancrée, à côtés portés en avant, non ouverts ; l'inférieure à trois lobes ovales, arrondis, sub-égaux, crénelés-frangés, dirigés en avant. Étamines insérées un peu au-dessus de la base de la corolle, plus ou moins dilatées et velues jusque dans leur moitié supérieure, plus ou moins poilues-glanduleuses dans la partie supérieure ainsi que le style, quelquefois glabres au sommet. Stigmate pourpre-foncé. Tige de 1-5 décimètres, peu renflée à la base, velue-glanduleuse, à écailles lancéolées. ♃ Juillet-Août.

Hab. Partout, sur les racines des *Gallium mollugo* et *sylvestre*, du *Betonica alopecuros*, de l'*Asphodelus albus*, du *Ligustrum vulgare*. C.

O. Epithymum *D C.: Dub ; Lois.; Rchb.; Mut.; Borr.; Gren. Godr.; O. sparsiflora Wallr.; O. rubra Hook; O. serpylli Desmoul.; O. du Thym serpolet Vauch.* — Fleurs d'un blanc jaunâtre ou rougeâtres et veinées de pourpre, à odeur de giroflée, en épi pauciflore. Bractées lancéolées, longuement acuminées, dépassant la lèvre inférieure de la corolle, pubescentes-glanduleuses de même que toute la plante. Sépales écartés dès la base, placés sur le côté de la fleur, très nervés, lancéolés-acuminés, dirigés en arrière et aussi longs que le tube de la corolle, entiers ou munis d'une dent latérale divariquée. Corolle campanulée, à dos sub-droit ou irrégulièrement arqué, couverte de petits poils glanduleux posés sur des glandes purpurines, à lèvres inégales à bords dentés ou crépus; la supérieure un peu courbée en avant au sommet; l'inférieure a trois lobes, le moyen plus grand. Étamines insérées très près de la base de la corolle, légèrement pubescentes à la base, munies au sommet ainsi que le style de quelques poils glanduleux. Style violacé vers le haut; stigmate pourpre foncé. Tige de 1-2 décimètres, velue-glanduleuse. Plante croissant ordinairement par touffes, couverte d'écailles ovales-acuminées d'un jaune rougeâtre. ♃ Juin-Juillet.

Hab. Sur les racines des *Thymus vulgaris* et *serpyllum* et de la *Satureia montana.*

O. Scabiosæ *Koch.; Reut. in D C. prod.; Mut.; Gren. Godr.; O. pallidiflora Wimmer.* — Fleurs à lèvre supérieure d'un rouge pourpre, à lèvre inférieure d'un blanc jaunâtre, nombreuses, en épi gros, allongé, serré. Bractées ovales-lancéolées dépassant un peu la corolle, pubescentes-glanduleuses ainsi que les sépales. Ceux-ci contigus à leur origine, puis s'écartant fortement l'un de l'autre, ovales-lancéolés, subulés, entiers ou bifides, égalant le tube de la corolle. Celle-ci campanulée, régulièrement arquée de la base au sommet, couverte de poils glanduleux placés sur des glandes noirâtres, à lèvres *érodées*, denticulées, parfois ciliées; la supérieure bilobée, étalée; l'inférieure à trois lobes égaux. Étamines insérées un peu au dessus de la base de la corolle, glabres ou légèrement pubescentes à la base. Style muni de quelques poils glanduleux ou glabre; stigmate d'un pourpre noir. Tige de 2-4 décimètres, robuste, brunâtre, velue-glanduleuse, à écailles nombreuses, lancéolées ou ovales-lancéolées. Souche forte, écailleuse. ♃ Juillet-Août.

Hab. Pyrénées centrales: sur les racines du *Carduus defloratus*, bois de Lhéris; du *Carduus carlinoïdes*, vallée de Héas R.; à Lhéris sur l'*Aconitum Pyrenaïcum.* R.

O. Teucrii *Hol.* et *Schultz.; Reut. in D C. prod.; Borr.; Mut.; Gren Godr.; O. atro-rubens Schultz.* — Fleurs jaunes mêlées de blanc, de rouge et de violet, à odeur légère de giroflée, en épi pauciflore court et lâche. Bractées lancéolées-acuminées aussi longues que la corolle. Sépales contigus ou soudés à la base, très nervés, bifides, à divisions inégales ne dépassant pas la moitié de la corolle. Celle-ci campanulée, tubuleuse, à dos sub-droit, à lèvres *érodées*, denticulées et ciliées-glanduleuses comme le reste de l'axe floral; la supérieure souvent entière ou émarginée, courbée en casque, inclinée; l'inférieure à trois lobes sub-égaux, étalés, arrondis. Étamines insérées à 3-4 millimètres au dessus de la base de la corolle: les extérieures velues dans leur moitié inférieure, toutes glanduleuses, ainsi que le style violacé; anthères d'un blanc jaunâtre. Stigmate d'un violet noirâtre. Tige solitaire, de 1-2 décimètres, d'un jaune roux, poilue-glanduleuse, munie d'écailles lancéolées. ⚥ Juin.

Hab. Pyrénées centrales; sur les *Teucrium pyrenaïcum et scorodonia*; coteaux calcaires près de l'Elysée-Cottin C.; les bois de Lhéris. R.

O. Major *L. fl. suec.* 561 ; *Walhb.: Fries.; Gren. Godr.; O. elatior Sutton.; Reut. in D C. prod.; Dub.; Lois.; Mut.; O. stigmatodes Wimmer.; Koch.; O. de la centaurée scabieuse Vauch.* — Fleurs jaunâtres, pâles ou d'un violet sub-ferrugineux, très nombreuses, en épi compacte. Bractées lancéolées égalant ou dépassant la corolle, pubescentes-furfuracées ainsi que les sépales. Ceux-ci très nervés, un peu soudés à la base, ovales-lancéolés, divisés au delà du milieu en deux lanières lancéolées, acuminées, subulées, dépassant peu le milieu du tube de la corolle. Celle-ci d'environ deux centimètres, un peu renflée au dessus de l'insertion des étamines, courbée sur le dos, à lèvres irrégulièrement érodées-dentées; lèvre supérieure émarginée ou à deux lobes arrondis; l'inférieure à trois lobes sub-égaux dirigés en avant. Etamines insérées vers le quart inférieur de la base de la corolle, à filets laineux, un peu glanduleux au sommet ainsi que le style. Stigmate jaune. Tige de 2-5 décimètres, un peu renflée à la base, rougeâtre, pubescente-glanduleuse, munie d'écailles nombreuses, lancéolées. ⚥ Juin.

Hab. Pyrénées-Orientales; sur les racines du *Centaurea scabiosa*; collines pierreuses, Mont-Louis *(Benth. cat.).* R.

O. Salviæ *Schultz.; Koch.; Reut. in D C. prod.; Gren. Godr.; O. alpestris Schultz.; C. Billot.* — Fleurs d'un blanc jaunâtre, en épi lâche. Bractées ovales-lancéolées, plus courtes que la corolle, pubescentes. Sépales uninervés, écartés, lancéolés, inégalement bifides, plus longs que le tube de la corolle. Celle-ci campanulée, arquée sur le dos, à lèvres fortement denticulées et sub-ciliées; la supérieure à deux lobes porrigés; l'inférieure à trois lobes arrondis. Etamines insérées vers le quart inférieur du tube de la corolle, à filets droits pubescents dans leur moitié inférieure, avec quelques poils glanduleux vers le sommet. Stigmate d'un jaune vif. Tige de 2-3 décimètres, pubescente, jaunâtre, munie d'écailles lancéolées. ⚥ Juillet-Août.

Hab. Pyrénées centrales; sur les racines du *Salvia glutinosa*; cascade des Demoiselles, vallée de Luchon. RR.

O. Hederæ *Dub.; Desmoul.; Reut. in D C. prod.; Borr.; Gren. Godr.; O. barbata Poir.; Mut.; O. apiculata Wallr.; O. du lierre Vauch.* — Fleurs d'un jaune pâle veinées de violet, ou bleuâtres, peu ou pas odorantes, en épi peu serré. Bractées ovales-lancéolées, acuminées, égalant la corolle, pubescentes, d'un violet noir ainsi que les sépales. Ceux-ci sub-uninervés, soudés à la base, lancéolés-subulés, entiers, bidentés ou bifides, égalant ou dépassant le tube de la corolle. Celle-ci tubuleuse, un peu ou très arquée sur le dos, glabre ou munie de quelques poils glanduleux, à lèvres denticulées; la supérieure émarginée, souvent bilobée; l'inférieure à trois lobes, le moyen toujours plus grand. Étamines insérées vers le tiers inférieur du tube, glabres ou très légèrement pubescentes dans le bas. Style sub-glanduleux ou tout-à-fait glabre. Stigmate jaune. Tige de 1-3 décimètres, élancée, légèrement pubescente-glanduleuse, renflée ou à peine renflée à la base, violette ou jaunâtre, munie d'écailles ovales-lancéolées rapprochées inférieurement. ♃ Juin.

Hab. Pyrénées centrales; sur le lierre, vieux murs à Pierrefitte, pont de Scia, vallée d'Aure à la descente d'Aspin près de la route; sur le *Vicia faba* au pied et sur les murs d'un jardin à Pierrefitte où cette plante est très commune (1840, 25 juin).

489. PHELIPŒA *C. A. Meyer in Ledeb.* — Fleurs munies d'une bractée principale et de deux latérales. Calice à 5 divisions, campanulé, sub-régulier. Corolle bilabiée, à lèvre supérieure bifide, à lèvre inférieure trilobée. Capsule polysperme s'ouvrant par deux valves soudées à la base, échancrées au sommet. Plantes parasites.

P. Cærulea *C. Meyer; Reut. in D C. prod.; Coss. et Germ.; Gren. Godr.; Orobanche cærulea D C. fl. fr.; Lap.; Vill.; Dub.; Lois.; Rchb.; Mut.; Borr.; O. purpurea Jacq.; O. comosa Holl.; O. lævis L.? Lam.; O. de l'Artémise commune Vauch.* — Fleurs d'un beau bleu à veines plus foncées, en épi lâche. Bractée médiane pubescente, ovale-lancéolée, acuminée, à nervure dorsale large et bleuâtre, égalant le calice ou un peu plus courte; les latérales linéaires, subulées, insérées au sommet des pédoncules. Calice coriace, épais, divisé jusqu'au tiers ou à la moitié en 5 dents lancéolées-acuminées, bleuâtres; les antérieures atteignant le milieu du tube de la corolle; la postérieure plus courte, quelquefois avortée. Corolle brièvement pulvérulente-glanduleuse, tubuleuse, à tube renflé à la base, reserrée vers le milieu, puis dilatée jusqu'à la gorge, courbée antérieurement, à lèvres planes, dentées; la supérieure à deux lobes; l'inférieure à trois lobes ovales, munie à la base de deux gibbosités qui ferment la gorge. Étamines insérées au-dessous de l'étranglement du tube, à filets glabres ou pubescents à la base; anthères blanches. Style bleuâtre au sommet, poilu-glanduleux; stigmate blanchâtre. Tige de 2-3 décimètres, d'un bleu d'acier, brièvement pubescente-glanduleuse au sommet, munie d'écailles lancéolées. ♃ Juillet.

Hab. Pyrénées-Orientales; très abondant sur les racines du tabac (*Lap.*); prairies des vallées sur l'*Achillæa millefolium*. R.

P. Cœsia *Reut. in D C. prod.; Gren. Godr.; O. cœsia Rchb.* — Fleurs bleues à nervures plus foncées, en épi court et serré. Bractée médiane et sépales plus courts que le tube de la corolle, furfuracés, *lanugineux*, glanduleux. Calice à 4 dents lancéolées-aiguës. Corolle pubescente, lanugineuse, glanduleuse, tubuleuse, infundibuliforme, étranglée vers son milieu, droite, à lèvres ciliées-dentées, à dents obtuses. Étamines insérées au-dessous de l'étranglement, légèrement pubescentes à la base, glabres ou un peu glanduleuses vers le sommet; anthères blanches, glabres. Tige de 1-2 décimètres, pubescente-glanduleuse, munie d'écailles lancéolées. ♃ Juin-Juillet.

Hab. Pyrénées-Orientales, sur les racines de l'*Artemisia gallica*. R.

490. CLANDESTINA *Tournef. inst. p.* 652. — Fleurs munies inférieurement d'une seule bractée. Calice campanulé, à 4 lobes. Corolle à deux lèvres; la supérieure en casque; l'inférieure plus courte, à trois lobes. Ovaire muni à sa base d'une glande semi-circulaire, épaisse, ondulée, hypogyne. Capsule uniloculaire s'ouvrant au sommet par deux valves. 4-5 graines grosses, anguleuses. — Fleurs en grappe unilatérale.

C. Rectiflora *Lam.; Reut. in D C. prod.; Borr.; Gren. Godr.; Lathræa clandestina L. sp.* 843; *D C. fl. fr.; Dub.; Lois.; Mut.; Schultz.* — Fleurs d'un pourpre violet, rarement blanches, réunies en corymbe. Pédoncules solitaires, dressés, plus longs que le calice. Bractée sub-orbiculaire, semi-embrassante, blanche, charnue. Calice campanulé, tubuleux, glabre. Corolle grande, 4-5 centimètres. Anthères velues au sommet. Style arqué, renfermé dans le casque de la corolle. Capsule ovoïde s'ouvrant avec élasticité. Tige sub-nulle ou réduite à une souche souterraine écailleuse, rameuse; écailles rapprochées. ♃ Mai-Juin.

Hab. Au pied des arbres, au bord des eaux dans les bois sub et alpins CCC.

491. LATHRŒA *L. gen.* 743 *(Lathrée).* — Fleurs munies inférieurement d'une seule bractée. Calice campanulé, à 4 lobes. Corolle bilobée, à lèvre supérieure entière; l'inférieure courte, tridentée. Ovaire entouré d'une glande semilunaire, hypogyne. Capsule uniloculaire s'ouvrant au sommet par deux valves. Graines petites, nombreuses, fixées à 4 placentas larges, rapprochées par paires.

L. Squamaria *L. sp.* 848; *D C.; Lap.; Dub.; Lois.; Mut.; Borr.; Gren. Godr.* — Fleurs rougeâtres, blanches ou légèrement rosées, penchées, unilatérales, en épi serré, penché puis redressé, s'allongeant de 5-15 centimètres. Bractées grandes, arrondies, blanchâtres, pourprées, imbriquées. Calice velu-glanduleux, divisé jusqu'au milieu en 4 dents ovales-aiguës. Corolle à peine plus longue que le calice. Anthères velues. Style recourbé au sommet. Capsule ovale, conique, égalant le calice, s'ouvrant avec élasticité. Graines globuleuses. Partie aérienne de la tige dressée, simple, munie de quelques écailles membraneuses; partie souterraine blanche, tortueuse, très rameuse, couverte d'écailles épaisses, charnues, en cœur, étroitement imbriquées, descendant profondément dans le sol. ♃ Mars-Avril.

Hab. Pyrénées-Orientales et occidentales: Pratto-de-Mollo, à la Rocca del Campo *(Lap.)*; environs de Bayonne. R.

LXXVIII. LABIÉES.

Fleurs hermaphrodites irrégulières. Calice libre, persistant, monopétale, à 5 divisions, tubuleux ou campanulé, quelquefois à deux lèvres. Corolle hypogyne, à deux lèvres, caduque, plus rarement infundibuliforme, rarement nulle. Étamines insérées dans le tube ou sous la lèvre supérieure de la corolle, rarement 2, régulièrement 4 dont 2 plus courtes; anthères biloculaires. Ovaire libre, inséré sur un disque hypogyne et divisé en 4 lobes du centre desquels s'élève le style simple à stigmate bifide; lobes de l'ovaire uniloculaires, monosperme à ovules dressés. Fruit composé de 4 carpelles placés au fond du calice. Akènes dressés. Cotylédons planes.—Fleurs solitaires ou glomérulées, axillaires, verticillées, en grappes ou capitules. Tige à 4 angles. Feuilles opposées. Plantes aromatiques.

492. LAVANDULA *L. gen.* 711. — Calice ovoïde-tubuleux, sillonné, fermé après la floraison, à 5 dents; la supérieure prolongée en appendice. Corolle bilabiée, à lèvre supérieure bifide, à lèvre inférieure trilobée, également divisée. Style et étamines inclus dans le tube de la corolle. Anthères réniformes, s'ouvrant en demi-cercle. Akènes oblongs, lisses, arrondis au sommet.

L. Stœchas *L. sp.* 800; *D C.; Lap.; Mut.; Gren. Godr.; Stœchas purpurea Tournef. inst. p.* 201; *C. Billot.* — Fleurs d'un pourpre foncé, en épi dense ovale ou oblong, anguleux, surmonté de grandes bractées membraneuses d'un blanc violet. Bractées et bractéoles de l'épi larges, rhomboïdales, mucronées, membraneuses, souvent denticulées au sommet, colorées. Calice tomenteux, à dents ovales-aiguës ou obtuses; la supérieure munie d'un appendice cordiforme. Corolle petite, à lobes orbiculaires. Akènes ovales, bruns, trigones, luisants. Feuilles blanches, tomenteuses sur les deux faces, fasciculées, linéaires ou linéaires-oblongues, roulées sur les bords. Tige pubescente, dressée, très rameuse; rameaux dressés, tétragones, pubescents-tomenteux. Plantes de 2-4 décimètres. ♃ Juin-Juillet.

Hab. Pyrénées-Orientales; environs de Collioure, Villefranche, Olette, Fonpédrouse parmi les débris des roches. C.

L. Spica *L. sp.* 800; *Desf.; Lois.; Lap.; Koch; Mut.; Gren. Godr.; L. pyrenaïca D C.; L. angustifolia Mœnch.; L. vera D C.; L. officinalis Chaix in Vill.* — Fleurs bleues ou violettes, en épi grêle longuement pédonculé, interrompu à la base. Bractées membraneuses, brunes, striées, rhomboïdales, acuminées, glabres ou tomenteuses, plus courtes que le calice. Celui-ci brièvement obtus, tomenteux, bleuâtre, à dents très courtes; la supérieure munie d'un petit appendice semi-orbiculaire. Corolle pubescente à lobes ovales. Akènes oblongs, comprimés, bruns, luisants. Feuilles blanches, tomenteuses, lancéolées ou linéaires, glanduleuses en dessous, entières, à bords un peu enroulés, portant souvent à leur aisselle un petit faisceau de petites feuilles blanches. Tige fructifère dressée ou ascendante, très rameuse; rameaux grêles, simple, tétragones. Plante de 2-6 décimètres, odorante. ♃ Juillet-Août.

Hab. Pyrénées-Orientales et centrales; Canigou, Villefranche, Font de Comps, vallon de Connat; Vénasque, Castanèse. C.

L. Latifolia *Vill.; Poll.; Bertol.; Mut.; Gren. Godr.; L. spica D C.; Lois.; Borr.; L. spica var.* b. *L. sp.* 800; *L. altera Blackw.* — Fleurs d'un bleu clair, aromatiques, en épi lâche, axillaires, sub-verticillées, portées sur des tiges florifères très longues et munies aux deux tiers de leur longueur de deux rameaux fleuris. Bractées linéaires, très étroites, foliacées, roulées sur les bords, tomenteuses, de moitié plus courtes que le calice. Celui-ci tubuleux, fortement strié, plus court que le tube de la corolle, à divisions ciliées sur les bords. Corolle plus petite que dans le *L. spica*. Akènes bruns, cylindriques, ovoïdes, glabres, brillants, lisses. Feuilles blanches-tomenteuses, roulées sur les bords, spatulées-lancéolées, longuement atténuées en pétiole, rapprochées à la base des rameaux; les radicales très petites; les moyennes quatre fois plus grandes; les caulinaires 2, opposées, placées au tiers inférieur de la tige florale, munies d'une forte nervure dorsale, sub-glabres. Tige florifère d'un vert blanchâtre, à 4 angles obtus, striée entre les angles, de 3-6 décimètres; tige stérile très feuillée, plus ou moins étalée. Souche ligneuse. ♃ Août-Septembre.

Hab. Pyrénées centrales; montagne de Sacou dans la vallée de Barousse. RRR.

493. MENTHA *L. gen.* 891 (*Menthe*). — Calice à 5 dents. Corolle en entonnoir, à tube inclus dans le calice, à limbe à 4 lobes sub-égaux; le supérieur échancré. Etamines droites, divergentes; anthères à loges parallèles s'ouvrant longitudinalement. Fleurs verticillées. Style sub-bifide au sommet. Akènes lisses, ovoïdes.

M. Rotundifolia *L. sp.* 805; *D C.; Lap.; Dub.; Borr.: Mut.; Gren. Godr.; M. rugosa Lam.; M. macrostachia Tenore: M. neglecta Fries.: Rchb.; M. suavolens Erh.; M. fragans Presl.* — Fleurs petites, blanches ou rosées, en glomérules disposés en épis cylindriques, aigus. Bractées ovales-lancéolées, acuminées, égalant la fleur. Calice petit, campanulé, ventru, globuleux à la maturité, à dents lancéolées-subulées. à la fin conniventes. Feuilles sessiles, ovales ou arrondies. obtuses, crénelées-dentées, rugueuses, velues, grisâtres en dessous, verticillées par 2-3. Tiges de 3-6 décimètres, dressées, rameuses au sommet, velues. Souche rampante. Plante à odeur forte. ♃ Juillet-Août.

Hab. Bords des chemins et lieux incultes. CCC.

M. Sylvestris *L. sp.* 805; *D C.; Lap.; Dub.; Borr.; Mut.: Gren. Godr.; M. sylvestris var.* a. *vulgaris Koch; M. nemorosa Willd.; M. velutina Lej.* — Fleurs d'un rose pâle ou blanches, disposées en épis cylindriques. Bractées linéaires-subulées, égalant la fleur. Calice hérissé, campanulé, ventru, contracté à la gorge à la maturité, à dents subulées. Corolle à 4 divisions. Feuilles sub-sessiles, ovales-oblongues ou étroitement lancéolées-aiguës, dentées en scie. finement pubescentes en dessus, tomenteuses blanchâtres en dessous et souvent sur les deux faces. Tiges dressées, de 2-5 décimètres, rameuses, pubescentes, blanchâtres. Souche rampante. Plante odorante. ♃ Juillet-Août.

Hab. Bords des eaux dans toutes les vallées, les régions sub et alpines. CCC.

M. Viridis *L. sp.* 804; *Vill.; Thuill.; D C.; Lap.; Fries.; Borr.; Gren. Godr.; M. sylvestris var. d. viridis Mut.* — Fleurs d'un rose pâle, à odeur suave, en épis cylindriques souvent interrompus à la base. Bractées très étroites, linéaires-subulées, égalant la fleur. Calice campanulé, ventru et contracté à la gorge à la maturité, à dents subulées. Feuilles subsessiles, lancéolées-aiguës, arrondies ou atténuées à la base, à lobules bordés de dents écartées les unes des autres. Tiges dressées, glabres ou tomenteuses, rameuses au sommet. Souche rampante. Plante de 3-6 décimètres. ♃ Juillet-Août.

Hab. Pyrénées centrales; le long des ruisseaux; environs de Lourdes R.; Saleix et vallée de Luchon. RR.

M. Aquatica *L. sp.* 805; *Lap.; Benth. lab.; Mut.; Borr.; Gren. Godr.; M. hirsuta D C.; Dub.; M. sativa Smith.; M. palustris spicata Riv.; M. pedonculata Pers.; Poirr.; M. origanoïdes Lej.* — Fleurs rosées, disposées en capitules globuleux, ovales; les inférieurs écartés et pourvus à leur base de deux feuilles florales plus longues qu'eux. Calice à tube oblong, obové, strié, à dents triangulaires, brusquement et longuement subulées, dressées à la maturité. Feuilles pétiolées, ovales ou lancéolées, sub-glabres, dentées en scie, aiguës ou obtuses. Tige de 2-5 décimètres, ascendante, flexueuse, rameuse, plus ou moins velue. Souche rampante. Plante plus ou moins glabre ou hérissée. ♃ Juillet-Août.

Hab. Bords des eaux. CCC.

M. Sativa *L. sp.* 805; *Lap.; Mut.; Borr.; Eng. bot.; Gren. Godr.; M. verticillata Riv.; M. agardhiana Fries.; M. rivalis Sole; M. plicata Opiz.* — Fleurs rougeâtres ou rosées, glomérules des fleurs plumeux avant l'anthèse, placés à l'aisselle des feuilles; les supérieurs en grappe feuillée, verticillée; les inférieurs pédonculés. Calice oblong, ouvert à la maturité, à dents lancéolées-subulées. Feuilles minces, pétiolées, plus ou moins velues, ovales ou elliptiques, obtuses ou aiguës, dentées en scie, à dents étalées. Tige de 1-3 décimètres, dressée, pubescente, rameuse, à rameaux ascendants. Souche rampante. Plante plus ou moins pubescente. ♃ Juillet-Septembre.

Hab. Les champs et le bord des eaux. CCC.

M. Gentilis *L. sp.* 805; *D C.; Lap.; Mut.; Gren. Godr.;*

M. procumbens Thuill.; Fries.; M. rubra, gracilis et sativa Sole; M. parviflora Schultz.; M. arvensis var. e. Benth. lab.; M. elegans Lej.; M. resinosa Opiz. — Fleurs purpurines, en glomérules plumeux avant l'anthèse, axillaires, verticillés et terminaux : les supérieurs rapprochés en épis grêles. Calice ouvert à la maturité, strié, à dents lancéolées-subulées, ciliées. Bractées linéaires-lancéolées, atteignant à peine la hauteur du tube du calice. Feuilles pétiolées, ovales, fortement dentées en scie, d'un vert foncé, souvent pourprées, très nervées, à nervure pourpre, plus pâles en dessous et hérissées de poils sur la nervure ; les florales sessiles. Tige de 3-5 décimètres, droite, simple ou rameuse, rouge, violette, presque glabre. Souche rampante, très chevelue. Plante à odeur forte. ♃ Août.

Hab. Bords des eaux et lieux humides. C.

M. Arvensis *L. sp.* 806 ; *D C.; Lap.; Sole ; Mut.; Borr.; Gren. Godr.* — Fleurs rougeâtres, verticillées, axillaires, plus ou moins rapprochées, sessiles, très nombreuses. Axe floral surmonté par un faisceau de petites feuilles. Calice court, campanulé, ouvert à la gorge, à dents courtes, triangulaires-aiguës, à la fin étalées. Feuilles d'un vert gai, pétiolées, velues ou glabres, obtuses ou obtusiuscules, dentées dans leur moitié supérieure, entières à la base ou rarement sub-entières. Tiges de 1-3 décimètres, couchées-ascendantes, rameuses souvent dès la base ; rameaux allongés, faibles, étalés, diffus. Souche rampante. Plante très variable, très feuillée, velue ou sub-glabre. ♃ Juillet-Août.

Hab. Les champs humides. CCC.

M. Pulegium *L. sp.* 807 ; *D C.; Lap.; Mut.; Borr.; Gren. Godr.; M. exigua Lam.; M. simplex Host.; Pulegium vulgare Mill.* — Fleurs d'un rouge violet, souvent blanches, en épis verticillés, axillaires, rapprochés, nombreux ; feuilles florales égalant ou dépassant les glomérules. Calice tubuleux, resserré à la gorge à la maturité, strié, à dents lancéolées-subulées. Feuilles pétiolées, petites, ovales, elliptiques, obtuses, obscurément dentées, glabres ou velues. Tiges couchées et même radicantes, de 1-3 décimètres, diffuses, anguleuses, très rameuses, émettant du collet des rameaux radicants. Plante odorante. ♃ Juillet-Août.

Hab. Les prairies, les lieux incultes et humides, le bord des routes. CC.

494. PRESLIA *Opiz. in bot. Zeit.* 1824. — Calice tubuleux, régulier, à gorge velue en dedans, à 4 dents concaves, aristées. Corolle régulière, infundibuliforme, à tube court, à 4 lobes égaux et entiers. 4 étamines fertiles ; anthères biloculaires, s'ouvrant en long. Akènes oblongs, lisses, arrondis au sommet.

P. Cervina *Fries.; Benth. in D C. prod.; Gren. Godr.; Mentha cervina L. sp.* 807; *Gouan; Lap.; D C. fl. fr.; Vill.; Mut.; Mentha punctata Mœnch.; Pulegium cervinum Mill.; Preslia angustifolium Riv.* — Fleurs blanches, en glomérules verticillés, nombreux, rapprochés, axillaires; axe floral terminé par plusieurs paires de petites feuilles stériles. Bractéoles palmatifides, nervées. Calice sub-glabre, oblong, campanulé, à dents velues à l'intérieur, triangulaires, munies au-dessous d'une arête blanche, sétacée. Feuilles vertes, glabres, ponctuées, sessiles, entières, obtuses; les principales linéaires-lancéolées, munies à leur aisselle d'un rameau très court et couvert de feuilles linéaires. Tiges couchées, redressées au sommet, sub-cylindriques. Souche rampante. Plante de 1-3 décimètres, glabre. ♃ Juillet-Août.

Hab Pyrénées-Orientales; environs de Perpignan, Ceret. C.

495. LYCOPUS *L. gen.* 33. — Calice campanulé, à 5 dents. Corolle à tube court, à 4 lobes sub-égaux; le supérieur souvent échancré. Deux étamines fertiles droites, écartées, divergentes, presque saillantes; deux autres sub-nulles avortées, filiformes. Akènes secs, lisses, trigones, tronqués au sommet, rétrécis à la base.

L. Europœus *L. sp.* 30; *D C.; Lap.; Mut.; Borr.; Gren. Godr.; L. palustris Lam.* — Fleurs blanches, ponctuées de rouge, en glomérules sessiles, compactes, par paires écartées, axillaires, occupant toute la tige. Calice à tube ouvert, à dents ovales-lancéolées terminées en pointe sétacée, sub-épineuse. Corolle velue à la gorge. Fruit dépassant le tube du calice, muni d'une bordure et épaissi. Feuilles inférieures pétiolées, pinnatifides à la base; les autres ovales-lancéolées ou lancéolées-poilues, grossièrement incisées-dentées. Tiges de 2-8 décimètres, raides, dressées, plus ou moins rameuses, quadrangulaires, avec un sillon profond sur chaque face. Plante velue ou pubescente. Racine rampante. ♃ Juillet-Août.

Hab. Bords des eaux, haies humides. CCC.

496. ORIGANUM *L. gen. (Origan).* — Calice cylindrique, à 5 dents ou partagé en deux lobes. Corolle à tube comprimé, à lèvre supérieure dressée, émarginée, l'inférieure à trois lobes égaux. 4 étamines droites, écartées, divergentes. Fruit arrondi. Fleurs munies de feuilles florales bractéiformes.

O. Vulgare *L. sp.* 824 ; *D C.; Lap.; Mut.; Borr.; Gren. Godr.; O. stoloniferum Bess.; O. orientale Mill.* — Fleurs rosées, en épis ovoïdes ou allongés agrégés au sommet de la tige et des rameaux, formant une panicule étroite, trichotome, *à rameaux fastigiés, étalés-dressés.* Bractées ovales-aiguës, plus longues que le calice, purpurines, violacées ou vertes. Calice poilu à la gorge, à dents courtes, dressées, ovales-aiguës. Corolle à tube droit, insensiblement dilaté au sommet, deux fois plus long que le calice. Étamines saillantes. Stigmates inégaux, l'un dressé et l'autre étalé. Feuilles pétiolées, ovales-lancéolées, un peu velues, atténuées en pointe, obtuses, obscurément denticulées. Tige de 2-3 décimètres, munie de poils mous articulés, étalés. Souche oblique émettant des jets stériles ascendants. ♃ Juillet-Août.

Var. b. Prismaticum Gaud.; Gren. Godr.; O. creticum D C.; Lap. — Fleurs en épis allongés, prismatiques, longs de 15-20 millimètres. ♃ Juillet-Août.

Hab. Le type : les lieux incultes CCC.; var. *b.* : Pyrénées-Orientales. parmi les atterrissements calcaires. C.

497. THYMUS *L. gen. (Thym).* — Calice ovoïde, strié, poilu intérieurement, à deux lèvres ; la supérieure à 3 dents ; l'inférieure à 2. Corolle bilabiée ; lèvre supérieure droite, échancrée ; l'inférieure trifide. 4 étamines biloculaires, divergentes à la base, distinctes au sommet. Fleurs disposées en glomérules axillaires ou en capitules.

T. Vulgaris *L. sp.* 825 ; *Vill.; D C.; Lap.; Benth. lab.; Koch ; Mut.; Gren. Godr.* — Fleurs purpurines ou blanches, en capitule globuleux ou ovoïde à la fin très lâche. Calice strié, oblique sur le pédicelle, à tube légèrement bossu en avant et inférieurement ; dents supérieures larges, sub-triangulaires ; les deux inférieures linéaires-lancéolées ; toutes ciliées sur les bords. Corolle petite. Feuilles petites, ponctuées, plus ou moins blanches-tomenteuses, plus ou moins roulées sur les bords, brièvement pétiolées, fasciculées aux nœuds, à nervures latérales visibles. Tiges ligneuses, dressées ou ascendantes, très rameuses, velues tout autour. Plante de 1-2 décimètres, très odorante, formant un buisson serré. ♃ Juin-Juillet.

Hab. Pyrénées-Orientales et centrales ; montagnes calcaires ; très commune dans les vallées de Lourdes, de Luz, de St Béat, de Cauterets.

T. Serpillum *L. fl. suec.* 208 *et sp.* 825 ; *Lap.; Mut.; Borr.; Gren. Godr.; Thymus reflexus Lej.* — Fleurs purpurines, quelquefois blanches, en glomérules rapprochés en tête, globuleux ou ovoïdes, presque en grappe plus ou moins allongée. Calice strié, à la fin d'un rouge violacé, à tube rétréci à la base ; lèvre supérieure à dents lancéolées ; celles de la lèvre inférieure linéaires ; toutes ciliées sur les bords. Corolle à tube obconique, double du calice. Feuilles atténuées en pétiole court, nervées, planes, ovales, elliptiques-obtuses, entières, quelquefois ponctuées et glanduleuses en dessous, glabres ou ciliées à la base. Tiges très rameuses, étalées, rampantes, à rameaux un peu dressés. Racines sub-ligneuses. Plante très variable, de 1-2 décimètres, formant gazon épais. — Varie à feuilles obovées-cunéiformes, à feuilles linéaires-cunéiformes plus longues ou plus courtes que les entrenœuds, glabres ou munies de quelques cils à leur base ou couvertes de longs poils blancs et mous. ♃ Juin-Août.

Hab. Pyrénées-Orientales et centrales, roches calcaires aux expositions chaudes ; vallée d'Eynes, vallon d'Asté, vallée d'Argelès. CC.

T. Chamædrys *Fries.; Gren. Godr.: T. serpillum var.* b. *L. sp.* 825 ; *T. montanus Borr.* — Fleurs rouges, en glomérules verticillés, axillaires, terminaux, très fournis, formant un épi allongé. Calice à tube rétréci à la base, à dents supérieures lancéolées-acuminées aussi grandes que le tube ; les inférieures linéaires-acuminées ; toutes ciliées. Corolle une fois plus longue que le calice, tubuleuse, cylindrique. Feuilles pétiolées, ovales, plus grandes que celles des espèces précédentes, presque glabres ou très velues sur les deux faces, planes, brusquement atténuées en pétiole, à nervures faibles, à paires écartées les unes des autres. Tiges de 1-5 décimètres, nombreuses, étalées, ascendantes, velues, grêles, peu rameuses ; rameaux écartés les uns des autres. ♃ Juillet-Septembre.

Hab. Pyrénées-Orientales et centrales, lieux secs et sablonneux ; Mont-Louis, vallée d'Asté. RR.

498. HYSSOPUS *L. gen.* 709 (*Hysope*). — Calice tubuleux, à nervures nombreuses, à 5 dents sub-égales, à gorge nue. Corolle à tube grêle, à lèvre supérieure droite, plane, échancrée ; l'inférieure étalée, trilobée ; le lobe médian plus grand, obcordé, crénelé ; les latéraux courts, entiers, ascendants. 4 étamines droites, divergentes ; anthères à deux loges divergentes soudées au sommet.

H. Officinalis *L. sp.* 796 ; *Vill.; D C.; Lam.; Lap.; Mut.; Gren. Godr.* — Fleurs bleues, rarement rouges ou blanches, en épi étroit muni de feuilles florales étroites, linéaires. Calice strié, réfléchi sur le pédicelle, à tube obconique, à dents étalées, ovales-lancéolées, acuminées en pointe fine, ciliées sur les bords. Corolle à tube courbé, infléchi, égalant le calice, dilaté à la gorge. Bractéoles petites, linéaires, mucronulées. Feuilles vertes, glabres ou pubescentes, linéaires-lancéolées ou elliptiques-entières, ponctuées, glanduleuses sur les deux faces, portant souvent à leur aisselle un faisceau de feuilles plus petites. Tige ligneuse à la base, se divisant en rameaux nombreux, dressée, feuillée, brièvement pubescente. Plante de 3-6 décimètres. ⚥ Juillet-Août.

Hab. Pyrénées-Orientales et centrales, les roches et débris calcaires; Saleix, Fonpedrouse, Coume de Vic; St-Béat, vallées de Luchon, de Lourdes. C.

L'*Hyssopus aristatus* (*Gren. mém. soc. acad. Nancy*) est indiqué d'après Redoub sur les bords du Tech. Nous n'avons point retrouvé cette plante que nous ne décrivons point pour ce motif.

499. SATUREIA *L. gen.* 707 (*Sarriette*). — Calice tubuleux campanulé, à 10-15 stries et à 5 dents étalées; les inférieures plus profondes, non disposées en deux lèvres, à gorge non poilue. Corolle bilabiée à lèvre supérieure plane, à lèvre inférieure trilobée, à tube grêle égalant le calice. 4 étamines écartées à la base, conniventes sous la lèvre supérieure de la corolle. Fleurs verticillées ou axillaires.

S. Hortensis *L. sp.* 795; *Vill.; D C.; Lap.; Lam.; Mut.; Borr.; Gren. Godr.; Saturcia viminea Burm.* — Fleurs bleuâtres ou rougeâtres, petites, axillaires, par 2-5, brièvement pédonculées. Bractéoles subulées, velues. Calice à dents lancéolées, subulées, ciliées. Akène ovoïde, finement chagriné. Feuilles linéaires-lancéolées, mutiques, un peu velues, ponctuées, glanduleuses, atténuées en un court pétiole. Tige de 1-4 décimètres, herbacée, dressée, rameuse, souvent rougeâtre, couverte de petits poils réfléchis. Racines grêles. Plante odorante. ① Juillet-Septembre.

Hab. Pyrénées-Orientales; Villefranche sur les roches, Prades; (cultivée dans les jardins d'où elle s'échappe souvent).

S. Montana *L. sp.* 794; *Vill.; D C.; Lap.; Mut.; Borr.; Gren. Godr.; S. hyssopifolia Sibth.; Endress.; Micromeria montana Rchb.* — Fleurs blanches mêlées de rose et ponctuées de rouge, en glomérules pédonculés de 2-7 fleurs. Bractéoles linéaires-lancéolées-acuminées, mucronées, ciliées. Calice à dents lancéolées-acuminées, subulées, étalées, ciliolées. Akène brun, ovoïde, trigone, finement chagriné. Feuilles coriaces, lancéolées, acuminées, très entières, ciliées à la base, ponctuées-glanduleuses, longuement atténuées en coin à la base, sessiles; les inférieures aiguës; les supérieures mucronées. Tiges dressées, ascendantes, ligneuses à la base, rameuses; rameaux dressés, pubescents. Plante de 1-3 décimètres, d'une odeur forte. ⚇ Juillet-Août.

Hab. Pyrénées-Orientales, centrales et occidentales, toutes les vallées élevées. Llio, St-Béat, de Luz à Gavarnie, vallée du Larboust, Pays basque.

500. CALAMINTHA *Mœnch.* *(Calament).* — Calice à tube cylindracé ordinairement barbu à la gorge, à 1-3 stries, à limbe bilabié; la lèvre supérieure tridentée, étalée; l'inférieure bifide. Corolle bilabiée, à lèvre supérieure dressée, entière ou émarginée, sub-plane, échancrée; l'inférieure à trois lobes inégaux. 4 étamines écartées à la base, convergentes sous la lèvre supérieure de la corolle; anthères à loges divergentes à la base, distinctes au sommet.

1. Fleurs en glomérules; rameaux dichotomes; calice à tube droit.

C. Grandiflora *Mœnch.; Gaud.; Koch.; Benth. in D C. prod.; Gren. Godr.; C. montana var. b. Lam.; Melissa grandiflora L. sp. 827; Vill.; Lois.; Bot. mag.; Nepeta grandiflora Lap.; Thymus grandiflorus Scop.; D C. fl. fr.; Bertol.; Rchb.* — Fleurs roses, grandes, en cymes axillaires pauciflores, unilatérales, finement pubescentes; les inférieures pédonculées, plus courtes que les feuilles florales. Calice à tube cylindrique, campanulé, muni de poils intérieurs à la gorge, à dents longuement ciliées; les trois supérieures ovales-acuminées; les inférieures plus longues, lancéolées-subulées. Corolle légèrement ciliée, 2-3 fois plus longue que le calice, à tube arqué brusquement élargi vers le milieu; le lobe moyen de la lèvre inférieure en cœur renversé. Akène noir, ovoïde. Feuilles grandes, minces, d'un vert gai, plus pâles en dessous, toutes pétiolées, ovales-aiguës ou ovales-oblongues, arrondies ou cunéiformes à la base, bordées de dents grandes, profondes et étalées; la terminale plus **grande.** Tige de 3-5 décimètres, dressée, peu rameuse, velue. Souche rampante, émettant de courts stolons. Plante pubescente. ⚇ Juillet-Août.

Hab Pyrénées centrales; les bois de Lhéris, de St-Lary *(Lap.)*.

C. Officinalis *Mœnch.; Koch.; Borr.; Gren. Godr.; C. sylvatica Bromfield.; C. montana var. a. Lam.; Melissa calamintha L. sp. 827; Vill.; Rchb.; Mut.; Thymus calamintha Scop.; Lois.* — Fleurs d'un lilas rosé-clair ou blanches, très variables, assez grandes, en cymes axillaires lâches, unilatérales, hérissées de longs poils blancs; les inférieures longuement pédonculées, égalant les feuilles florales. Calice à tube long, insensiblement élargi vers la gorge munie de poils intérieurs, à dents ciliées; les trois supérieures lancéolées-acuminées ; les deux inférieures plus longues, linéaires-subulées. Corolle à tube arqué, insensiblement dilaté dès le milieu, à lobe moyen de la lèvre inférieure orbiculaire. Akène sub-globuleux, brun, maculé de blanc près de l'ombilic. Feuilles assez grandes, plus ou moins velues, grisâtres, obliquement arrondies, obtuses, obscurément dentées ou crénelées ; les inférieures presque orbiculaires ou toutes bordées de dents de scie peu nombreuses. Tige dressée, flexueuse, rameuse ; rameaux dressés, étalés. Souche émettant des stolons nombreux allongés, radicants. Plante de 2-4 décimètres, plus ou moins velue, à odeur douce et agréable. ♃ Juillet-Août.

Hab. Les bois et les montagnes calcaires. CCC.

C. Nepeta *Link.; Hofm.; Koch; Benth. in D C. prod.; Borr.; Gren. Godr.; C. trichotoma Mœnch.; C. parviflora Lam.; Melissa nepeta L. sp. 828; Lap.; Melissa cretica All.; Thymus nepeta D C. fl. fr.; Engl. bot.; Rchb.; Schultz.* — Fleurs moyennes, d'un blanc bleuâtre ou rosé, en cymes axillaires denses, unilatérales, pédonculées, dépassant les feuilles florales. Calice dressé sur le pédicelle, à tube cylindrique renflé à la base à la maturité, muni à la gorge de poils saillants, à dents brièvement ciliées ; les trois supérieures courtes, lancéolées-aiguës ; les deux inférieures plus longues, ovales, brusquement et longuement acuminées-subulées, porrigées. Corolle une fois plus longue que le calice, à tube droit, à lobe moyen inférieurement tronqué. Akène brun, ovoïde. Feuilles petites, fermes, plus ou moins munies de poils courbés-appliqués, toutes pétiolées, ovales-arrondies, obtuses, dentées en scie. Tiges florifères couchées à la base, puis dressées, très rameuses ; rameaux très étalés. Souches courtes, sub-ligneuses, émettant des tiges non florifères courtes, étalées. Plante de 2-6 décimètres, mollement pubescente, à odeur forte et un peu fétide. ♃ Juillet-Août.

Hab. Pyrénées-Orientales et centrales, les débris et roches calcaires ; St-Martin-du-Canigou, Ambouilla, Viedessos, St.-Béat. R.

2. Calice à tube courbé.

C. Alpina *Lam.; Gaud.; Koch; Benth. in D C. prod.; Gren. Godr.; Thymus alpinus L. sp. 826; D C. fl. fr.; Lap.; Vill.; Thymus montanus Crantz.; Thymus villosissimus Tausch.; Melissa alpina Benth. lab.; Mut.; Schultz.; Rchb.; Acinos alpinus Mœnch.* — Fleurs purpurines, à gorge brusquement élargie, géminées ou ternées à l'aisselle des feuilles supérieures. Calice réfléchi sur un pédoncule souvent rougeâtre, hérissé de poils étalés et muni d'un duvet fin, à tube renflé en avant près de la base, contracté au-dessus du renflement, à dents supérieures lancéolées-acuminées, étalées-dressées, toutes longuement ciliées. Corolle à lobe moyen inférieur échancré. Akène oblong, d'un gris brun. Feuilles glabres ou velues, nervées, pétiolées, ovales, rhomboïdales-aiguës, rétrécies à la base, aiguës ou acuminées au sommet, dentées supérieurement. Tige un peu ligneuse, couchée-radicante à la base, puis ascendante, flexueuse, glabre ou velue. Plante de 10-15 centimètres, très gazonnante, pubescente ou couverte de longs poils étalés. ♃ Juin-Juillet.

Hab. Les débris et terrains calcaires jusque dans les régions alpines. CCC.

C. Acynos *Clair.; Benth. in D C. prod.; Gren. Godr.; C. arvensis Lam.; Thymus acynos L. sp.* 826; *Lap.; Melissa Acynos Mut.; Acynos vulgaris Pers.; Acynos thymoïdes Mœnch.: Rchb.* — Fleurs veinées de pourpre, de violet et de blanc, géminées ou ternées à l'aisselle des feuilles. Calice strié, réfléchi sur le pédoncule court, hérissé de poils étalés, à tube renflé en avant et contracté en dessus, à dents supérieures courtes, triangulaires, brusquement subulées, à la fin plus ou moins étalées. Corolle petite, à gorge élargie. Akène noirâtre, trigone à la base, à ombilic long. Feuilles plus ou moins velues, nervées, pétiolées, petites, ovales, linéaires ou rhomboïdales, aiguës, dentées à la partie supérieure. Tige rameuse; rameaux dressés ou ascendants, couverts de poils réfléchis. Plante de 2-3 décimètres. ① Juin-Juillet.

Hab. Pyrénées centrales, les champs et les lieux incultes; vallée de Luz, Pragnères. R.

501. CLINOPODIUM *L. gen.* (*Clinopode*). — Calice tubuleux, courbé, sillonné de nervures nombreuses, à lèvre supérieure à trois dents acuminées; l'inférieure bifide, à gorge poilue. Corolle à lèvre supérieure dressée, échancrée, l'inférieure à trois lobes. Fleurs entourées d'un involucre composé de folioles sétacées entourant tout le verticille et non une seule fleur.

C. Vulgare *L. sp.* 821 ; *Lap.; D C. fl. fr.; Mut.; Borr.; Melissa clinopodium Benth. in D C. prod.; Calamintha clinopodium Gren. Godr.; Calamintha œgyptiacum Lam.* — Fleurs rouges, en cymes multiflores, hérissées de longs poils, entourées d'un involucre foliacé et circonscrivant tout le verticille. Calice dressé, à tube allongé, peu renflé à la base, muni de quelques poils à la gorge, à dents toutes ciliées; les supérieures lancéolées-acuminées; les inférieures longuement acuminées. Corolle 2-3 fois plus longue que le calice. Akène ovoïde, brun, un peu maculé de blanc près de l'ombilic. Feuilles courtement pétiolées, plus ou moins velues, souvent blanchâtres en dessous, ovales ou ovales-lancéolées, faiblement dentées en scie. Tige dressée ou ascendante, simple ou rameuse. Plante de 3-6 décimètres. ♃ Juillet-Août.

Hab. Les haies, les lieux incultes, les buissons. CCC.

502. MELISSA *L. gen.* 728 *(Mélisse)*. — Calice à tube campanulé, veiné, strié, à limbe bilabié, à lèvre supérieure ascendante, tridentée, à lèvre inférieure bifide. Corolle courte, à tube nu en dedans, à lèvre supérieure concave, échancrée; l'inférieure trifide; gorge presque dépourvue de poils. 4 étamines écartées à la base, convergentes au sommet sous la lèvre supérieure; anthères à loges très divergentes soudées au sommet.

M. Officinalis *L. sp.* 18; *D C.; Lap.; Koch; Salis.; Mut.; Borr.; Gren. Godr.; M. cordifolia Pers.; M. altissima Sibth.; M. foliosa Op.; M. graveolens Host.*—Fleurs blanchâtres, en cymes axillaires de 6-12 fleurs, brièvement pédonculées, unilatérales et plus courtes que les feuilles florales. Calice à la fin réfléchi, velu, à lèvre supérieure large, plane, réticulée-veinée, à dents très courtes, mucronées, à lèvre inférieure à dents lancéolées-aristées. Corolle à tube un peu recourbé. Akène brun, oblong. Feuilles pétiolées, ovales, crénelées, dentées, ridées en réseau, d'un vert gai, en cœur à la base. Tige droite, rameuse; rameaux très étalés. Plante de 3-8 décimètres, glabre ou très peu velue, odorante. ♃ Juillet-Août.

Hab. Les bois et les buissons, çà et là. R.

503. HORMINUM *L. gen.* 730 *(Horminelle)*. — Calice à tube campanulé nu à la gorge, strié, à limbe profondé-ment bilabié; lèvre supérieure à trois dents; l'inférieure à deux. Corolle bilabiée, à lèvre supérieure dressée, concave, émarginée; l'inférieure à trois lobes courts, à tube saillant pourvu d'un anneau de poils, renflé à la gorge. 4 étamines fertiles; anthères adhérentes par paires soudées à leur sommet. Stigmates bilobés. Ovaires ovales, arrondis au sommet. Feuilles en rosette.

H. Pyrenaïcum *L. sp.* 831; *Gaud.; Benth. lab.; Koch; Mut.; Gren. Godr.; Melissa pyrenaïca Lap.; D C.; Lois.; Dub.* — Fleurs grandes, d'un bleu violet, rarement blanches, portées sur des pédoncules simples, géminées ou ternées à l'aisselle de chaque bractée, formant un épi interrompu. Bractées ovales-acuminées, aiguës, plus courtes que les fleurs. Calice incliné, à tube violet, anguleux, insensiblement dilaté jusqu'à la gorge, à dents aristées. Corolle à lèvre supérieure courte ; l'inférieure plus longue, à lobes arrondis, le médian émarginé. Akène ovoïde, trigone, brun, chagriné, bordé de blanc autour de l'ombilic. Feuilles pétiolées, presque toutes radicales, étalées en rosette, d'un vert variable, à limbe suborbiculaire ou ovale, sub en cœur à la base, un peu prolongées sur le pétiole, ridées, largement crénelées ; les caulinaires nulles ou à 1-3 paires, petites, sessiles, crénelées, souvent apiculées. Tige dressée, simple, pubescente. Souche forte, noire, oblique, écailleuse. Plante de 8-15 centimètres, plus ou moins pubescente. ♃ Juin-Juillet.

Hab. Pyrénées centrales, montagnes calcaires ; Pic de Gard, Madres, Lhéris, Aucupat, Anneou ; Pics d'Ossau, de Pinède. CCC.

504. ROSMARINUS *L. gen.* 38 (*Romarin*). — Calice campanulé, à gorge nue en dedans, à deux lèvres ; la supérieure entière ; l'inférieure bifide. Corolle bilabiée, à lèvre supérieure voûtée, comprimée, bifide, à lèvre inférieure à trois lobes ; le médian étalé, très grand, pendant ; les latéraux oblongs, dressés. Deux étamines à filets insérés sous la gorge de la corolle et munies à leur base d'une petite dent ; anthères à deux loges divariquées.

R. Officinalis *L. sp.* 33 ; *Vill.; D C.; Lap.; Mut.; Gren. Godr.* — Fleurs bleues, rapprochées au sommet de la tige, axillaires. Bractées petites, blanches-tomenteuses, lancéolées, caduques. Calice blanchâtre, pulvérulent, à lèvre supérieure ovale, concave ; l'inférieure à deux lobes rapprochés, lancéolés. Corolle une fois plus longue que le calice. Akènes bruns, obovés. Feuilles sessiles, coriaces, persistantes, très nombreuses, vertes et chagrinées en dessus, blanches-tomenteuses et roulées en dessous sur les bords. Tiges de 6-10 décimètres, ligneuses, très rameuses, dressées. Plante odorante. ♃ Mars-Avril.

Hab. Pyrénées-Orientales et centrales ; Villefranche, montagnes de Ria et de Costabona, St-Béat ; vallée de Cierp. C.

505. SALVIA *L. gen.* 39 (*Sauge*). — Calice nu à la gorge, campanulé ou tubuleux, à deux lèvres ; la supérieure entière ou tridentée ; l'inférieure bifide. Corolle à deux lèvres ; la supérieure voûtée, comprimée, souvent échancrée ; l'inférieure à trois lobes. Deux étamines fertiles ; filets courts, insérés à la gorge de la corolle, articulés au sommet ; anthères à loges séparées, dont l'une stérile, fixée à l'extrémité inférieure d'un long *connectif* attaché transversalement sur le filet. Feuilles verticillées.

1. Tube de la corolle pourvu dans l'intérieur d'un anneau
de poils.

S. Officinalis *L. sp.* 34 ; *D C.; Lap.; Koch; Borr.; Mut.;
Gren. Godr.* — Fleurs bleuâtres ou violettes, à odeur très
forte, brièvement pédicellées ; verticilles de 6-12 fleurs en
épis terminaux. Bractées ovales-acuminées, mucronées, à la
fin caduques. Calice strié, pubescent, à divisions lancéolées,
mucronées, pliées, carénées, les deux inférieures plus profondes. Corolle à lèvre supérieure sub-droite, émarginée, à
tube muni à l'intérieur d'un anneau de poils. Feuilles d'un
vert blanchâtre, finement réticulées, rugueuses, plus ou
moins pubescentes, crénelées ; les inférieures pétiolées,
oblongues-lancéolées, quelquefois auriculées ; les supérieures sessiles, opposées. Tige suffrutescente à la base,
rameuse, à rameaux dressés. Plante de 1-3 décimètres,
odorante. ♃ Juillet-Août.

Hab. Pyrénées-Orientales ; Cerdagne, Fond de Comps (*Gren.*) ;
Pratto-de-Mollo (*cap. Galant*). CCC.

2. Tube de la corolle dépourvu d'anneau de poils.

S. Sclarea *L. sp.* 38 ; *Vill.; D C.; Lap. Mut.: Borr.;
Gren. Godr.; S. bracteata Bot. mag.; S. simsiana Ræm.;
Schultz.* — Fleurs d'un bleu pâle ou d'un blanc lavé de
violet, grandes, brièvement pédicellées, 2-3 par glomérules
rapprochés en épis terminaux. Bractées grandes, membraneuses, violacées au sommet, concaves, ciliées, sub-orbiculaires, en cœur, brusquement et finement acuminées, à la
fin réfléchies. Calice fortement strié, pubescent-glanduleux,
à lèvre supérieure à trois dents courtes, à lèvre inférieure
à deux lobes lancéolés-aigus, aristés. Corolle une fois plus
longue que le calice, velue-glanduleuse, à tube dilaté au
sommet et bossu en avant, à lèvre supérieure très grande,
recourbée en faux, à deux lobes. Akène brun, jaunâtre, marbré, lisse et luisant. Feuilles fortement réticulées, bosselées,
larges, cordiformes, ovales-oblongues, doublement dentées
ou crénelées, velues-tomenteuses ; les inférieures pétiolées.
Tiges de 8-12 décimètres, velues-glanduleuses au sommet.
Plante rameuse, velue, odorante. ♃ Juillet-Août.

Hab. Pyrénées-Orientales et centrales, montagnes calcaires ; Vicdessos, St-Béat, Cazarilh près Luchon. R.

S. Œthiopis *L. sp.* 39 ; *Vill.; D C.: Lap.; Mut.; Borr.;
Gren. Godr.* — Fleurs blanches souvent lavées de violet,
grandes, pédicellées, 2-3 par glomérules, axillaires, en épis
plus ou moins serrés. Bractées grandes, égalant le calice,
velues-laineuses, sub-orbiculaires, en cœur, brusquement et

finement acuminées, à la fin étalées, arquées. Calice laineux ; lèvre supérieure trifide ; l'inférieure bifide, à lobes tous lancéolés-acuminés-aristés. Corolle une fois plus longue que le calice, munie de petits poils rougeâtres, à tube plus court que le calice, brusquement dilaté au sommet et bossu en avant ; limbe bilabié, à lèvre supérieure fortement arquée, étroite. Akène brun, lisse. Feuilles fortement réticulées, un peu velues en dessus, blanches-tomenteuses en dessous ; les inférieures pétiolées ; celles de la tige embrassantes, ovales, sinuées ou lobées-dentées ou anguleuses ; les inférieures ovales-en-cœur. Tige de 3-6 décimètres, forte, dressée, laineuse, rameuse. Plante très laineuse. ♃ Juin-Juillet.

Hab. Pyrénées-Orientales et centrales ; Roussillon ; Vielle-Aure, Cazarilh, Luchon.

S. Glutinosa *L. sp.* 37 et *mant.* 2, *p.* 319 ; *Vill. ; D C. ; Gaud. : Koch ; Rchb. ; Mut. ; Gren. Godr.* — Fleurs jaunes, grandes, longuement pédicellées, 2-3 par glomérule, en épis plus ou moins serrés. Bractées plus courtes que le calice, velues-glanduleuses, lancéolées-acuminées, arrondies à la base, à la fin réfléchies. Calice pubescent-glanduleux, à lèvre supérieure entière, à bords réfléchis en dedans, à lèvre inférieure à deux dents courtes, lancéolées. Corolle pubescente-glanduleuse, à tube plus long que le calice, dilaté à la gorge, à lèvre supérieure falciforme, bifide, munie à la base de deux étamines rudimentaires stériles. Akène brun, lisse. Feuilles d'un vert pâle, molles, pubescentes, pétiolées, ovales, hastées, en cœur à la base, acuminées, inégalement dentées en scie. Tige de 4-8 décimètres, dressée, rameuse. Plante velue, glutineuse au sommet. ♃ Juin-Juillet.

Hab. Pyrénées-Orientales (*Gren. Godr.*). R.

S. Pratensis *L. sp.* 35 ; *D C. ; Lap. ; Mut. ; Borr. ; Gren. Godr.* — Fleurs variables, bleues, blanchâtres, bleuâtres ou roses, grandes, brièvement pédicellées, 2-3 par glomérule, axillaires, terminales. Bractées plus courtes que le calice, herbacées, velues-glanduleuses, ovales-acuminées, embrassantes, à la fin réfléchies. Calice velu-glanduleux, à lèvre supérieure munie de trois petites dents subulées et conniventes, la médiane plus courte ; lèvre inférieure à deux dents lancéolées, cuspidées. Corolle pubescente-glanduleuse, à tube insensiblement dilaté vers le sommet ; lèvre supérieure courbée en faux, échancré. Akène brun, lisse, luisant. Feuilles ovales ou oblongues, doublement crénelées, rugueuses, pubescentes en dessous ; les inférieures pétiolées, cordiformes à la base ; les supérieures peu nombreuses, sessiles, embrassantes. Tige de 2-4 décimètres, dressée ou ascendante, simple ou rameuse au sommet et peu feuillée. Plante odorante, velue-glanduleuse au sommet. ⚥ Mai-Juillet.

Hab. Pyrénées-Orientales ; Rocca Galiniera, Pratto-de-Mollo (*Lap.*).

8. Verbenaca *L. sp.* 35 ; *Vill.; D C.; Lap.; Dub.; Mut.; Borr.; Gren. Godr.; S. clandestina L. syst. veg.* 12, *p.* 66 ; *S. variabilis Lois.; S. multifida Smith. fl. græ.* — Fleurs d'un bleu violet, en épis nus, terminaux ; 2-3 fleurs par glomérule. Bractées plus courtes que le calice, herbacées, pubescentes ou velues, semi-orbiculaires, en cœur à la base, apiculées, à la fin réfléchies. Calice hérissé sur les nervures de poils quelquefois glanduleux, à lèvre supérieure à trois dents très petites ; l'inférieure à deux lobes lancéolés-cuspidés. Corolle petite, à peine plus longue que le calice, à lèvre supérieure concave, courbée au sommet. Akène brun, lisse. Feuilles vertes sur les deux faces, glabres en dessus, pubescentes en dessous sur les nervures, oblongues ou ovales-obtuses, dentées, lobées, pinnatifides, inégalement crénelées, rugueuses ; les radicales longuement pétiolées ; les supérieures sessiles, embrassantes. Tige de 1-3 décimètres, dressée-pubescente, divisée au sommet en 2-3 rameaux. Plante à odeur faible. ⚥ Mai-Juin.

Hab. Pyrénées-Orientales et centrales, coteaux calcaires ; Prades, Pratto-de-Mollo, vallée de Luchon, Vielle. C.

506. NEPETA *L. gen.* 710 (*Chataire*). — Calice tubuleux ou ovoïde, sillonné, à 5 dents aiguës un peu obliques. Corolle à deux lèvres ; la supérieure plane-dressée, bifide ; l'inférieure à trois lobes, le moyen orbiculaire, entier, crénelé, concave, les latéraux très courts, réfléchis ; tube à la fin arqué. 4 étamines ascendantes rejetées en dehors après l'anthèse ; anthères à deux loges très divergentes. Ovaires sub-lisses. Fleurs en cymes axillaires.

N. Lanceolata *Lam.; D C.; Gren. Godr.; N. graveolens Vill.; Lap.; Rchb.; N. nepetella Lap.; All.: Koch ; Mut.; N. austriaca Host.* — Fleurs blanches, en glomérules de 4-6 fleurs formant un épi court, brièvement pédonculés, axillaires, espacés. Bractées plus longues que les pédicelles, linéaires-subulées. Calice très velu-laineux, à tube oblong, courbé, à dents inégales lancéolées-subulées. Corolle très velue extérieurement, à tube un peu saillant, insensiblement dilaté de la base au sommet. Akène noir, oblong, trigone, tuberculeux. Feuilles variables, petites, étroites, réfléchies, blanches ou cendrées en dessous, plus ou moins couvertes d'un duvet court appliqué, toutes brièvement pétiolées, lancéolées ou linéaires-lancéolées, en cœur, tronquées ou atténuées à la base, profondément dentées. Tiges de 2-4 décimètres, dressées ou ascendantes, rameuses. Plante odorante, couverte d'un duvet court réfléchi. ♃ Juillet-Août.

Hab. Pyrénées centrales; port de Vénasque, Massive de Castanèse, vallée d'Astos, de Pinède, Plan du Brada. R.

N. Cataria *L. sp.* 796; *Vill.; D C.; Lap.; Koch; Mut.: Borr.; Gren. Godr.: N. vulgaris Lam.; Cataria vulgaris Mœnch.* — Fleurs blanches ou rosées, rapprochées en formant une grappe spiciforme; glomérules multiflores, serrés, brièvement pédonculés. Bractéoles subulées plus courtes que le calice. Celui-ci velu, à tube ovoïde, peu courbé, à dents inégales, lancéolées-acuminées-subulées. Corolle velue, à tube inclus, dilaté à la gorge. Akène brun, ovoïde, sub-trigone, lisse. Feuilles molles, pubescentes, d'un vert gai en dessus, plus pâles en dessous et même blanchâtres, étalées, toutes pétiolées, en cœur ou ovales-en-cœur, prolongées sur le pétiole, bordées de larges crénelures mucronulées. Tige de 4-8 décimètres, dressée, pubescente, rameuse. ♃ Juillet-Août.

Hab. Pyrénées-Orientales, centrales et occidentales, vallées chaudes; Prades, Saleix, Cadeil, environs de Luchon, Gèdre, Pays Basque. C.

N. Latifolia *D C. fl. fr.; Dub.; Lois.; Benth. in D C. prod.; Gren. Godr.; N. grandiflora et violacea Lap.; N. pannonica Jacq.: N. paniculata Crantz.* — Fleurs bleues, rarement blanches ou violacées, en glomérules multiflores, brièvement pédonculés, formant un épi allongé. Bractéoles plus courtes que le calice, linéaires-subulées. Calice pubescent à tube ovoïde, à dents égales, souvent bleues, triangulaires, acuminées-subulées. Corolle pubescente à tube saillant, grêle, dilaté vers la gorge. Akène noir, ovoïde, trigone, muriqué au sommet. Feuilles pubescentes, grandes, ovales-lancéolées, un peu en cœur à la base, sessiles, crénelées; les inférieures un peu pétiolées. Tiges dressées, à 4 angles obtus, simples ou un peu rameuses. Plante de 3-8 décimètres, souvent glanduleuse au sommet. ♃ Juillet-Septembre.

Hab. Pyrénées-Orientales; Mont-Louis, La Cabanas, vallée d'Eynes, Capsir; St-Lary dans le bois. C.

507. DRACOCEPHALUM *L. gen.* 729. — Calice tubuleux *à 5 dents; la supérieure très grande et d'une autre forme que les autres, rarement toutes semblables et disposées* en deux lèvres. Corolle bilabiée; lèvre supérieure courbée, concave, émarginée: lèvre inférieure trilobée; le lobe moyen très grand, en cœur renversé. 4 étamines ascendantes, courbées au sommet: anthères s'ouvrant longitudinalement.

D. Austriacum *L. sp.* 829; *Vill.; D C.; Lap.; Gren. Godr.; Ruyschiana laciniata Mill.; Fries.; Rchb.; Zornia partita Mœnch.* — Fleurs grandes, d'un beau violet, rapprochées en épi interrompu au sommet de la tige. Bractées velues, trifides, à segments aristés. Calice velu, strié, à dents inégales munies de trois nervures, veinées en travers; la supérieure plus grande, ovale, brièvement aristée; les autres linéaires-aiguës, mucronées. Corolle à tube courbé sur le dos. Anthères velues. Feuilles peu velues, d'un vert pâle; les caulinaires à 3-5 divisions linéaires, trinervées, aristées. Tiges nombreuses, rameuses ou simples, velues, étalées. Plante de 1-3 décimètres, velue. ♃ Mai-Juin.

Hab. Pyrénées-Orientales: montagnes de Noedes au-dessus de Font de Comps *(Lap., Benth.).* R.

D. Ruyschiana *L. sp.* 820; *Vill.; D C.; Dub.; Gren. Godr.; Ruyschiana spicata Mill.; Fries.; Rchb.; Zornia linearifolia Mœnch.* — Fleurs d'un beau bleu, de grandeur moyenne, en épi interrompu. Bractées petites, entières, lancéolées-acuminées, ciliées. Calice pulvérulent, strié, à dents trinervées, veinées; la supérieure ovale mucronée, les autres lancéolées. Corolle à tube droit. Anthères barbues. Feuilles glabres ou pubescentes sur les bords, d'un vert gai en dessus, pâles et ponctuées en dessous, roulées sur les bords, étroites, linéaires-lancéolées, mutiques, atténuées à la base; toutes entières. Tige de 1-2 décimètres, grêle, simple, dressée. Plante subglabre. ♃ Juillet-Août.

Hab. Pyrénées centrales: fond de la vallée de Luttours au-dessus de la cascade de Pisse-de-Rose *(Le Prévost* et *Mme Richard).* RRR.

508. GLECHOMA *L. gen.* 714 *(Lierre terrestre).* — Calice tubuleux, à 5 dents égales pour la forme, la supérieure plus grande, disposées en deux lèvres et striées. Corolle à lèvre supérieure plane, droite, bifide; l'inférieure étalée, à trois lobes; le moyen plus grand, obcordé. 4 étamines ascendantes, recourbées au sommet, placées sous la lèvre supérieure de la corolle. Anthères à deux loges divergentes s'ouvrant longitudinalement.

G. Hederacea *L. sp.* 807; *D C.; Lap.; Gren. Godr., G. hederaceum Mut.; Borr.; Nepeta glechoma Benth. lab.* — Fleurs d'un violet pâle, à lèvres tachées, axillaires, en demi-verticille formé de 2-3 fleurs brièvement pédonculées à l'aisselle de presque toutes les feuilles. Bractéoles très courtes, sétacées. Calice strié, à dents ovales-acuminées, sétacées. Corolle à tube obconique velu à la base de la lèvre inférieure. Akènes bruns, lisses. Feuilles molles, pétiolées, réniformes.

crénelées; les supérieures cordiformes, presque glabres; toutes profondément et doublement crénelées. Tiges épaisses, couchées, rampantes, dressées ou ascendantes pendant la floraison, à rejets nombreux rampants, plus ou moins velus : les fertiles dressés, les stériles couchés. Plante de 1-2 décimètres, glabre ou pubescente, très polymorphe, odorante. — Ce n'est qu'après l'anthèse que la tige s'accroît et atteint quelquefois un mètre de longueur. ♃ Mai-Juin.

Hab. Lieux incultes, bord des haies. CCC.

509. LAMIUM *L. gen.* 716 (*Lamier*). — Calice tubuleux campanulé, à 5 dents sub-égales, sétacées, à gorge nue. Corolle à gorge renflée, à lèvre supérieure voûtée, **grande**, à lèvre inférieure à trois lobes; le médian plus grand, échancré, rétréci à la base; les latéraux plus petits, **réfléchis** en forme de dents. 4 étamines saillantes; anthères à deux loges opposées bout à bout, s'ouvrant longitudinalement, diposées par paire en forme de croix. Fruit tronqué, trigone, à **angles** aigus, glabre au sommet.

1. Tube de la corolle glabre intérieurement; anthères barbues.

L. Amplexicaule *L. sp.* 809; *D C.; Lap.; Koch; Mut.; Borr.; Gren. Godr.; Galeobdolon amplexicaule Mœnch.; Pollichia amplexicaule Willd.; Engl. bot.* — Fleurs petites, rouges, sessiles, en glomérules de 6-10. verticillés et terminaux, formant une grappe interrompue. Calice mollement velu, à dents lancéolées-acuminées, subulées, ciliées. Corolle petite, à tube grêle, oblong, blanchâtre, droit, dilaté à la gorge; lèvre supérieure très velue, ovale, entière. Corolle souvent rudimentaire dans les fleurs du printemps. Akène lisse. Feuilles pubescentes, arrondies, obtuses, crénelées; les inférieures pétiolées, orbiculaires, en cœur, crénelées; les supérieures plus grandes, sessiles, embrassantes, réniformes, crénelées, souvent lobées. Tiges de 5-20 centimètres, grêles, dressées ou ascendantes, simples ou rameuses. ① Mai-Juin.

Hab. Les lieux cultivés, les jardins. CC.

L. Hybridum *Vill.; Thuil.; D C.; Mut.; Gren. Godr.; L. dissectum Wilh.; L. confertum Fries.; L. incisum Willd.; Lap.; Borr.; L. rubrum minus foliis profonde incisis Tournef. inst. p.* 184. — Fleurs rouges ou purpurines, petites, 3-6 en glomérules feuillés, rapprochés au sommet des tiges en une tête feuillée. Bractéoles courtes, subulées, ciliées. Calice souvent rougeâtre, un peu velu, à dents lancéolées-acuminées, subulées, ciliées, nervées ouvertes après l'anthèse. Corolle à tube dépassant à peine le calice ou plus court que lui, grêle, droit, dilaté à la gorge, nu intérieurement; lèvre supérieure velue, convexe, entière. Akène lisse. Feuilles pubescentes, inégalement cordiformes, irrégulièrement crénelées; les inférieures plus petites, cordiformes, ovales-arrondies, pétiolées; les supérieures rapprochées, atténuées en pétiole dilaté large. Tiges très rameuses, couchées ou ascendantes, plus ou moins pourpres. Plante de 1-3 décimètres, presque glabre. ⚥ Mai-Juin-Septembre.

Hab. Champs cultivés. C.

2. Tube de la corolle muni intérieurement d'un anneau de poils à la gorge; anthères barbues.

L. Purpureum *L. sp.* 809; *D C; Lap.; Koch; Mut.; Borr.; Gren. Godr.; L. nudum Mœnch.; Crantz.* — Fleurs petites, purpurines, en cymes feuillées formées par des glomérules de 3-5 fleurs rapprochés au sommet des tiges. Bractéoles subulées, ciliées. Calice glabre ou sub-glabre, à dents lancéolées-acuminées, subulées, ciliées, ouvertes après l'anthèse. Corolle à tube plus long que le calice, droit, étroit, dilaté brusquement, muni à la gorge d'un anneau de poils; lèvre supérieure brièvement velue, ovale, entière; lèvre inférieure munie à la base et de chaque côté de deux petites dents courtes, linéaires. Feuilles d'un vert gai, velues, pétiolées, cordiformes, ovales-obtuses, inégalement crénelées, dentées, un peu rugueuses; les supérieures très rapprochées, réfléchies. Tiges rudes sur les angles, rameuses; la centrale dressée; les latérales ascendantes. Plante de 1-2 décimètres, brune, finement pubescente. ⚥ Avril-Juin-Septembre-Octobre.

Hab. Les champs cultivés et les vieux murs. CCC.

L. Maculatum *L. sp.* 809; *D C.; Koch; Mut.; Borr.; Gren. Godr.; L. stoloniferum et orvala Lap.; L. hirsutum Lam.; L. lœvigatum L. sp.* 808; *L. album var.* b. *Poll.; L. grandiflorum Pourret.; L. rubrum Wallr.; L. rulgatum var.* a. *rubrum Benth. lab.* — Fleurs grandes, purpurines ou blanches ou d'un blanc rosé, à lèvre inférieure plus ou moins panachée, en épi interrompu; verticille formé de glomérules de 3-5 fleurs. Bractéoles petites ou nulles. Calice glabre ou velu, à dents lancéolées-acuminées, subulées, ciliées, à la fin divariquées. Corolle à tube plus long que le calice, courbé, serré à la base, élargi, ventru près de la gorge et muni d'un anneau de poils; lèvre supérieure obtuse, crénelée, ciliée en dehors; lèvre inférieure garnie d'une seule dent de chaque côté de la base. Étamines à filets ciliés. Feuilles pubescentes ou velues, souvent pourvues d'une tache blanchâtre longitudinale, cordiformes, ovales-acuminées, inégalement dentées en scie, un peu rugueuses ; les inférieures plus petites, longuement pétiolées ; les supérieures moins longuement pétiolées, triangulaires, acuminées, souvent prolongées sur le pétiole. Tiges dressées ou ascendantes, glabres ou velues. Plante de 2-6 décimètres. ♃ Avril-Mai.

Hab. Bord des eaux, haies. CCC.

L. Album *L. sp.* 809 ; *DC.; Lap.; Koch; Mut.; Borr.; Gren. Godr.; L. foliosum Crantz.; L. vulgatum var. b. album Benth. lab.* — Fleurs blanches, moyennes, en grappe interrompue et verticillée formée par des glomérules de 5-8 fleurs. Bractéoles ciliées, petites. Calice glabre ou velu, ordinairement maculé de noir, à dents lancéolées-acuminées, subulées. Corolle à tube égalant le calice, courbé, resserré à la base, muni d'un cran à partir duquel il s'élargit peu à peu vers la gorge pourvue intérieurement d'un anneau de poils oblique ; lèvre supérieure très velue, doublement carénée, dentée ; lèvre inférieure munie de deux dents de chaque côté de la base. Feuilles velues, fortement et inégalement dentées ; la terminale plus longue ; toutes pétiolées en cœur, acuminées. Tige dressée ou ascendante, velue. Plante de 2-4 décimètres. ♃ Mai-Juin.

Hab. Pyrénées centrales ; bord des chemins ; vallée de Trébons. R.

3. Anthères glabres.

L. Flexuosum *Ten.: Gren. Godr.; Bert.; L. petitinum Gay.; Rchb.; Endress.* — Fleurs blanches, en glomérules de 4-8 fleurs rapprochées au sommet des tiges ; la paire inférieure écartée. Bractéoles plus courtes que le calice, linéaires-subulées, ciliées. Calice velu, strié, à dents lancéolées-acuminées, spinuleuses, ciliées. Corolle à tube renfermé dans le calice, resserrée à la base, munie d'un cran au-dessus duquel la gorge s'élargit, portant à l'intérieur un anneau de poils ; lèvre supérieure courbée, allongée, atténuée à la base, pubescente ; lèvre inférieure à lobe médian en cœur renversé : les latéraux recourbés et munis intérieurement d'une dent très courte en alène. Feuilles pétiolées, molles, velues, souvent maculées ; les inférieures petites, ovales, sub-cordiformes à la base, aiguës ; les moyennes et les supérieures tronquées ou arrondies à la base ; toutes doublement dentées. Tige de 3-6 décimètres, grêle, flexueuse, radicante aux nœuds inférieurs. Plante couverte de poils mous réfléchis. ♃ Avril-Juin.

Hab. Pyrénées-Orientales ; environs de Perpignan. Pratto-de-Mollo. Roussillon. C.

1. Fleurs jaunes.

L. Galeobdolon *Crantz.; Benth. in D C. prod.; Mut.; Gren. Godr.; Galeopsis galeobdolon L. sp.* 810 ; *Galeobdolon luteum Huds.; D C. fl. fr.; Cardiaca sylvatica Lam.; Leonurus galeobdolon Scop.; Pollichia galeobdolon Willd.; Engl. bot.; Fries.; Rchb.; Pollichia vulgaris Pers.; Leonurus galeobdolon Lap.* — Fleurs jaunes, grandes, en grappe interrompue formée par des glomérules verticillés axillaires de 3-5 fleurs. Bractéoles linéaires, spinuleuses, velues. Calice strié, pubescent, à dents lancéolées-subulées, spinuleuses au sommet. Corolle à tube égalant le calice, dilaté, étroit dans sa moitié inférieure, courbé vers la gorge, pourvu d'un anneau de poils oblique à l'intérieur ; lèvre supérieure allongée, courbée, atténuée à la base, longuement ciliée, entière ; lèvre inférieure à trois lobes lancéolés, entiers, aigus ; le terminal plus grand que les latéraux. Feuilles pétiolées, cordiformes, molles, velues, ovales-acuminées, fortement dentées en scie, souvent maculées de blanc, quelquefois doublement dentées. Tiges fleuries dressées ; les stériles couchées et radicantes. Plante de 3-6 décimètres. ⚥ Avril-Juin.

Hab. Toute la chaine, dans les vallées ; haies et buissons. CCC.

510. LEONURUS *L. gen.* 722 (*Agripaume*). — Calice tubuleux-campanulé, à 5 dents épineuses. Corolle à tube contracté au-dessus de la base et muni en dedans d'un anneau de poils ; lèvre supérieure velue, concave, rétrécie à la base ; l'inférieure à trois lobes obtus, étalés, roulés en dessous par les bords et simulant un seul lobe aigu. 4 étamines rapprochées d'abord sous la lèvre supérieure et déjetés après l'anthèse sur les côtés ; anthères biloculaires s'ouvrant longitudinalement. Akènes trigones, à angles aigus, velus au sommet.

L. Cardiaca *L. sp.* 817 ; *D C.; Lap.; Mut.; Borr.; Gren. Godr.; L. campestris Huds.; Cardiaca trilobata Lam.; Cardiaca vulgaris Mœnch.* — Fleurs d'un rose pâle, velues, verticillées, axillaires, formant un long épi feuillé et interrompu. Bractéoles courtes, sétacées. Calice velu, anguleux, très ouvert, à 5 dents triangulaires à la base, terminées par une longue pointe épineuse ; les trois supérieures dressées ; les deux inférieures réfléchies. Corolle à tube plus long que le calice, resserré au milieu et muni intérieurement d'un anneau de poils oblique. Akènes tronqués et velus au sommet, trigones, à angles aigus, à surfaces planes. Feuilles pétiolées, ridées, un peu rudes, pubescentes en dessous ; les inférieures profondément découpées en 5-7 lobes palmés, inégalement incisés-dentés : les supérieures cunéiformes à la base, trilobées, rarement entières au sommet. Tige droite, très rameuse et très feuillée. Plante de 2-6 décimètres, brunâtre, fétide, d'un vert sombre. ♃ Juillet-Août.

Hab. Pyrénées-Orientales; les haies, les champs et décombres. CCC.

311. GALEOPSIS *L. gen.* 717 *(Galéope).* — Calice tubuleux à 5 dents épineuses sub-égales. Corolle bilabiée, à gorge dilatée ; lèvre supérieure voûtée, entière; l'inférieure trilobée, munie de deux plis dentiformes à la base du lobe médian obtus ou échancré. 4 étamines exsertes ; anthères à deux loges opposées velues en dedans. Fruit ovoïde, arrondi au sommet.

1. Tige non renflée sous les nœuds.

G. Angustifolia *Ehrh.; Hoffm.; Gren. Godr.: G. ladanum L. sp.* 810; *Vill.; Lap.; Sm. fl. brit.; Mut.; Borr.; G. latifolia Hoffm.; G. segetum folio latiore Riv.* — Fleurs purpurines ou blanches, maculées, en glomérules sérrés terminaux, (l'inférieur écarté, pauciflore) formant un épi feuillé. Bractées linéaires-subulées, épineuses, plus longues que le calice. Celui-ci couvert de poils courts, mous, appliqués, à tube élargi à la gorge, à dents inégales, étroites, subulées, épineuses, moyennes, courtes, à la fin étalées. Corolle de grandeur variable, à tube presque droit plus long que le calice ou l'égalant, élargi à la gorge; lèvre supérieure concave, denticulée. Feuilles plus ou moins couvertes de poils mous et appliqués, allongées, pétiolées, oblongues ou linéaires-lancéolées, cunéiformes à la base, entières ou dentées seulement dans le milieu, à dents écartées ; les florales linéaires-lancéolées-aiguës, peu ou pas dentées. Tige dressée, élancée, à rameaux ascendants. Plante de 1-3 décimètres, verte ou blanchâtre, de forme pyramidale, glanduleuse au sommet. ⚇ Juillet-Septembre.

Hab. Champs cultivés. CCC.

G. Ladanum *L. sp.* 810; *Lap.; G. intermedia Vill.; Borr.; Gren. Godr.; G. parviflora Lam.; D C.* — Fleurs roses, petites, en glomérules verticillés multiflores, tous écartés les uns des autres. Bractées linéaires brièvement subulées, épineuses, appliquées, plus courtes que le calice. Celui-ci visqueux, couvert de poils mous étalés entre-mêlés de poils glanduleux à dents triangulaires, subulées, épineuses, à la fin dressées. Corolle à tube droit égalant le calice, peu élargi à la gorge, à lèvre supérieure sub-plane. Feuilles couvertes de petits poils appliqués, brièvement pétiolées, ovales-pointues ou ovales-lancéolées, légèrement dentées en scie ; les florales étalées ou réfléchies, lancéolées, dentées en scie. Tige

dressée, rameuse, à rameaux ascendants formant une large
panicule. Plante de 1-3 décimètres. ♃ Juillet-Septembre.

Hab. Pyrénées-Orientales; environs de Mont-Louis.

G. Dubia *Leers.; Mut.; Borr.; Gren. Godr.; G. grandiflora
Lap.; Roth.; G. villosa Huds.; G. ochroleuca Lam.; D C.; Koch ;
G. cannabina Poll.; G. prostrata Vill.; G. segetum Rchb.* —
Fleurs d'un blanc jaunâtre, panachées de jaune, rarement
purpurines, en glomérules distincts; les terminaux rapprochés. Bractées petites, linéaires, épineuses au sommet, appliquées, plus courtes que le calice. Celui-ci couvert de poils
mous étalés, la plupart glanduleux, à tube insensiblement
élargi vers la gorge, à dents lancéolées brièvement épineuses. Corolle grande, quatre fois plus longue que le calice,
à tube élargi à la gorge, à lèvre supérieure concave, incisée-
dentée. Feuilles mollement velues, sub-tomenteuses en dessous, ovales-lancéolées ou lancéolées, atténuées aux deux
extrémités, dentées en scie, à nervures saillantes, rapprochées et parallèles; les florales étalées, lancéolées, atténuées aux deux bouts, dentées en scie. Tige dressée, rameuse, étalée, formant une panicule pyramidale. Plante de
1-3 décimètres, pubescente, à poils appliqués grisâtres. ⚀
Juillet-Août.

Hab. Moissons des terrains siliceux. C.

G. Pyrenaica *Bart.; Gren. Godr.; G. grandiflora Lap.*
— Fleurs purpurines, grandes, à tube élargi à la gorge, en
glomérules distincts, multiflores, verticillés et terminaux.
Bractées petites, lancéolées-épineuses au sommet, plus courtes que le calice. Celui-ci couvert de poils blancs appliqués
entre-mêlés de poils glanduleux, à tube mince, insensiblement élargi vers le sommet, à dents triangulaires longuement subulées, épineuses, à la fin dressées. Corolle moyenne
à tube élargi à la gorge, dépassant de beaucoup le calice, à
lèvre supérieure concave. Akènes bruns, sub-tomenteux, finement chagrinés. Feuilles pétiolées, brièvement tomenteuses
sur les deux faces, ovales-arrondies ou tronquées à la base,
crénelées. Tige dressée, rameuse, à rameaux ascendants
formant une large panicule. Plante de 1-4 décimètres, pubescente. ⚀ Août-Septembre.

Hab. Pyrénées-Orientales; Port-Vendres, Vernet. Olette. Mont-
Louis. CC.

2. Tiges renflées sous les nœuds.

G. Tetrahit *L. sp. 810; Vill.; D C.; Lap.; Mut.; Gren.
Godr.; Tetrahit nodosum Mœnch.* — Fleurs moyennes, purpurines, roses ou blanches, verticillées, rapprochées. Calice

hérissé, plus ou moins glanduleux vers le sommet, à nervure saillante, à dents inégales étroitement lancéolées, longuement subulées-épineuses. Corolle à tube égalant le calice ou plus court; lèvre supérieure peu voûtée, à 3-5 dents; lèvre inférieure à lobe moyen sub-carré, obtus, entier ou bifide, d'un gris jaunâtre, marbré, très gros, lisse. Feuilles minces, petites ou très grandes, ovales-oblongues, acuminées, dentées en scie, poilues, plus ou moins longuement pétiolées. Tige dressée, simple ou rameuse, souvent rouge ou rougeâtre, gonflée et hérissée sur les nœuds, plus ou moins munie de poils raides articulés dirigés vers la base. Plante de 1-6 décimètres. ⚲ Juillet-Août.

Hab. Les champs, les haies, les bois jusque dans la région alpine. CCC.

512. STACHYS *L. gen.* 719 (*Épiaire*). — Calice tubuleux-campanulé, anguleux, à 5 dents épineuses, à tube court muni intérieurement d'un anneau de poils. Corolle à deux lèvres; la supérieure concave, entière; l'inférieure plus longue, à trois lobes, le médian obovale ou ob-cordé. 4 étamines saillantes d'abord, déjetées en dehors de la gorge après l'anthèse; anthères à deux loges opposées. **Fruit** arrondi au sommet.

1. Bractées égalant ou sub-égalant le calice.

S. Germanica *L. sp.* 812; *Lap.; D C.; Lois.; Benth. lab.; Mut.; Borr.; Gren. Godr.; S. tomentosa Gat.; S. lanata Crantz.* — Fleurs moyennes, 12-20, rosées, en verticilles, rapprochées, sub-sessiles à l'aisselle de chaque feuille florale, formant un épi terminal allongé. Bractéoles linéaires, lancéolées-aiguës, laineuses. Calice blanc-laineux, obconique, à dents inégales, dressées, triangulaires-acuminées, mucronées. Corolle à tube inclus poilu intérieurement, laineuse, une fois plus longue que le calice; lèvre supérieure dressée, ovale-obtuse, entière, barbue au sommet; lèvre inférieure à lobe médian plus grand, émarginé. Akènes noirs, lisses, sub-triangulaires vers la base. Feuilles épaisses, ridées, crénelées, tomenteuses, laineuses; les inférieures pétiolées, cordiformes-ovales; les florales sessiles, lancéolées. Tige de 3-10 décimètres, dressée, simple ou rameuse. Plante blanche-laineuse. ♃ Juillet-Août.

Hab. Pyrénées-Orientales, les coteaux secs et calcaires; Viedessos. R.

S. Heraclea *All.; D C.; Lois.; Mut.; Borr.; Gren. Godr.; S. barbata Lap.; S. phlomoïdes Willd.; S. betonicæfolia Pers.; S. barbigera Vis.* — Fleurs purpurines, nombreuses, 5-10, verticillées, brièvement pédicellées à l'aisselle de chaque feuille florale, formant un long épi interrompu. Bractéoles linéaires-lancéolées, atténuées aux deux bouts, velues et longuement ciliées. Calice tubuleux-campanulé, velu-laineux, pubescent-glanduleux sur les nervures, à dents étalées, ovales-lancéolées, acuminées, mucronulées. Corolle laineuse une fois plus longue que le calice, à tube poilu intérieurement; lèvre supérieure porrigée, obovée, entière; l'inférieure plus longue, à lobe moyen plus grand, obové, entier ou crénelé. Akènes bruns, lisses. Feuilles molles, vertes en dessus, plus pâles en dessous; les inférieures pétiolées, oblongues-cordiformes ou ovales-oblongues, obtuses, crénelées, rugueuses; les florales sub-sessiles, passant insensiblement à l'état de bractées cordiformes, arrondies-acuminées, entières, souvent rougeâtres. Tige multicaule, de 2-6 décimètres, toute hérissée de longs poils blancs. Souche épaisse. Plante simple ou peu rameuse. ♃ Juin-Juillet.

Hab. Pyrénées-Orientales; Pratto-de-Mollo, à la Sedela de la Manera. RR.

S. Alpina *L. sp.* 812; *Vill.; D C.; Lap.; Lois.; Mut.; Borr.; Gren. Godr.* — Fleurs d'un rouge brun, terne, mouchetées de blanc, 5-10 par verticille, formant un épi terminal interrompu. Bractéoles linéaires-subulées, atténuées à la base, réfléchies, plus ou moins velues. Calice campanulé, à dents inégales ovales-acuminées, mucronées, étalées, munies de longs poils et d'autres plus courts glanduleux. Corolle laineuse, plus longue que le calice, à tube muni intérieurement d'un anneau de poils; lèvre supérieure porrigée, obovée, obtuse, entière, barbue au sommet; lèvre inférieure à trois lobes, le médian plus grand, émarginé. Akènes gros, gris, bruns, lisses, à trois côtes saillantes. Feuilles vertes en dessus, plus pâles en dessous, velues sur les deux faces, fortement crénelées; les inférieures longuement pétiolées, ovales, en cœur; les supérieures sessiles, lancéolées, acuminées. Tige de 2-6 décimètres, dressée, velue, simple ou rameuse. Plante un peu glanduleuse au sommet. ♃ Juin-Juillet.

Hab. Toute la chaîne sub et alpine, les bois et les coteaux calcaires. CCC.

2. Bractées nulles ou sub-nulles, dépassant à peine le pédicelle.

a. *Fleurs rouges ou blanches.*

S. Sylvatica *L. sp.* 811; *D C.; Lap.; Mut.; Borr.; Gren. Godr.; S. canariense Jacq.* — Fleurs d'un rouge brun, rayées de blanc, 2-3 en demi-verticilles opposés et placés à l'aisselle des feuilles florales, formant un épi terminal interrompu. Bractéoles très petites n'atteignant pas le calice. Celui-ci velu-glanduleux, campanulé, à dents étalées-lancéolées, acuminées, mucronées. Corolle pubescente-glanduleuse, une fois plus longue que le calice; tube contracté à la base, un peu ventru, muni intérieurement d'un anneau de poils; lèvre supérieure dressée, oblongue, obtuse, entière; lèvre inférieure trilobée, à lobe médian plus grand, émarginé. Akènes petits, noirs, tuberculeux. Feuilles molles, vertes, fétides, cordiformes, ovales-aiguës, dentées en scie, toutes plus ou moins longuement pétiolées; les florales sessiles. Tiges de 2-5 décimètres, grêles, dressées, simples, rarement rameuses. Souches rameuses émettant des jets souterrains. ♃ Juin-Août.

Hab. Les champs, les haies, les bois. CCC.

S. Palustris *L. sp.* 811; *D C.; Lap.; Mut.; Borr.; Gren. Godr.* — Fleurs roses, à lèvre inférieure marbrée de blanc et de rouge, sessiles, très étalées, 3-5 à l'aisselle de chaque feuille florale, formant un épi terminal interrompu. Bractéoles très petites n'atteignant pas le calice. Celui-ci très velu, campanulé et glanduleux, à dents triangulaires, subulées, mucronées. Corolle pubescente-glanduleuse, une fois plus longue que le calice, à tube un peu ventru au-dessus de la base, muni intérieurement d'un anneau de poils; lèvre supérieure obovée, entière; l'inférieure trilobée, à lobe médian plus grand, entier. Akènes noirâtres, lisses. Feuilles molles, finement velues, vertes en dessus, quelquefois cendrées en dessous, lancéolées ou oblongues, aiguës, dentées, courtement pédonculées, un peu cordiformes à la base. Tige de 4-10 décimètres, droite, simple ou pourvue de rameaux, hérissée sur les angles de poils raides et réfléchis. Souche rampante. ♃ Juillet-Août.

Hab. Pyrénées centrales; bords des eaux et champs humides, Mauvezin, Escaladieu, Lourdes.

S. Arvensis *L. sp.* 814; *D C.; Lap.; Lois.; Borr.; Gren. Godr.; S. arvensis minima Riv.; Glechoma marrubiastrum Vill.; Cardiaca arvensis Lam.; Fries.; Trixago arvensis Hoffm.; Link.* — Fleurs petites, rougeâtres ou d'un blanc rosé, à pédicelles solitaires, géminées ou ternées à l'aisselle de chaque feuille florale, toutes étalées, en épi lâche. Bractéoles nulles. Calice hérissé, campanulé, à dents étalées, dressées, lancéolées-aiguës, ciliées, terminées par une courte arête glabre. Corolle dépassant à peine le calice, à tube muni intérieurement d'un anneau de poils; lèvre supérieure orbiculaire, entière; lèvre inférieure trilobée, à lobe médian légèrement émarginé. Akènes d'un brun noir. Feuilles d'un vert pâle, un peu velues, crénelées, cordiformes, ovales, obtuses; les inférieures pétiolées; les florales plus petites, mucronées, sessiles. Tiges faibles, dressées, hérissées de poils blanchâtres, simples ou divisées dès la base en rameaux ascendants. Racine pivotante et chevelue. Plante de 1-2 décimètres. ① Juin-Octobre.

Hab. Les champs, etc., etc., etc. CCC.

b. Fleurs jaunes.

S. Annua *L. sp.* 813; *D C.; Lap.; Benth. lab., Mut.; Borr.; Gren. Godr.; S. nervosa Gat.; Betonica annua L. sp. ed.* 1, *p.* 573; *Sideritis flore albo Riv.* — Fleurs blanches ou jaunes, ou la lèvre inférieure seulement jaune, à pédicelles courts, très étalées, ternées ou quaternées, en épi lâche. Bractéoles subulées, barbues. Calice velu-glanduleux, à dents très longues, courbées, étroitement lancéolées, subulées-spinuleuses, velues jusqu'au sommet. Corolle une fois plus longue que le calice, à tube muni transversalement d'un anneau de poils; lèvre supérieure oblongue, ondulée sur les bords; lèvre inférieure trilobée; le lobe médian très large, ondulé-crénelé. Akènes bruns. Feuilles vertes, glabres ou un peu velues, longuement ciliées sur les pétioles, lancéolées-oblongues, atténuées à la base, crénelées ou dentées, toutes pétiolées; les florales sessiles. Tiges dressées, solitaires, divisées dès la base en rameaux allongés et étalés. Plante de 1-3 décimètres. ① Juillet-Octobre.

Hab. Les champs calcaires et argileux. CCC.

S. Hirta *L. sp.* 813; *D C.; Lap.; Lois.; Dub.; Benth. lab.; Mut.; Gren. Godr.; S. divaricata Viv.; Tetrahitum hirtum Hoffm.; Link.; Sideritis ocymastrum Gouan.* — Fleurs jaunâtres maculées de pourpre sur la lèvre inférieure, géminées ou ternées à l'aisselle des feuilles florales; les supérieures rapprochées. Bractéoles très petites, sétacées, hérissées. Calice hérissé, turbiné, campanulé, à dents lancéolées-aiguës, terminées par une arête aiguë. Corolle un peu plus longue que le calice, à tube muni d'un anneau intérieur de poils; lèvre supérieure étroite, dressée, bifide, à lobes linéaires; lèvre inférieure trilobée, à lobe médian ovale. Akènes bruns, tuberculeux ou lisses. Feuilles molles, velues, ovales, obtuses, crénelées; les inférieures pétiolées; les moyennes et les supérieures sessiles. Tiges dressées, ascendantes ou couchées, simples ou rameuses. Plante de 1-2 décimètres, couverte de poils blancs et étalés. ① Mai.

Hab. Pyrénées occidentales; environs de Bayonne sur les sables. RR.

S. Recta *L. mant.* 82; *Lap.; Benth. lab.; Koch; Mut.;*

Borr.; Gren. Godr.; S. sideritis D C. fl. fr.; Vill.; S. procumbens Lam.; S. Buffonia Thuil.; S. betonica Scop.; Betonica hirta Gouan.; Sideritis hirsuta Gouan. — Fleurs jaunâtres marbrées de brun sur la lèvre inférieure, à pédicelles très courts, étalées-dressées, 3-5 à l'aisselle des feuilles florales, en épi très allongé ordinairement interrompu dans une **grande** partie de sa longueur. Bractéoles courtes, très petites, **séta**cées. Calice velu, campanulé, à dents étalées-dressées, ovales-lancéolées, terminées par une courte épine glabre. Corolle 1-2 fois plus longue que le calice, à **tube muni à** l'intérieur d'un anneau de poils; lèvre supérieure étroite, ovale, dressée, entière; l'inférieure trilobée, à lobe médian grand, émarginé. Akènes bruns, finement alvéolés. Feuilles velues, sub-sessiles, un peu rugueuses, oblongues-lancéolées, dentées, atténuées en pétiole ou linéaires-lancéolées; les florales supérieures ovales, mucronées, entières, sessiles. Tiges nombreuses, dressées ou ascendantes, simples ou rameuses. Plante hérissée. ♃ Juin-Août.

Hab. Les haies et les lieux incultes. CCC.

S. Maritima *L. mant.* 82; *Gouan.; Lam.; Lap.; D C.; Dub.; Lois.; Mut.; Gren. Godr.* — Fleurs petites, d'un jaune pâle, brièvement pédicellées, géminées ou ternées à l'aisselle des feuilles florales, rapprochées au sommet des tiges en épi dense. Bractéoles linéaires très petites. Calice tomenteux, campanulé, à dents dressées, ovales-lancéolées, **acu**minées, très aiguës, velues. Corolle d'un tiers plus longue que le calice, à tube muni d'un anneau de poils à l'intérieur; lèvre supérieure dressée, ovale, obtuse, crénelée; lèvre inférieure trilobée, à lobe médian obové, sub-entier. Akènes noirâtres, finement alvéolés. Feuilles mollement velues, finement crénelées; les inférieures elliptiques-oblongues, longuement pétiolées; les caulinaires et les supérieures cunéiformes à la base, plus brièvement pétiolées. **Tiges** fleuries couchées ou ascendantes, entremêlées de tiges stériles feuillées, courtes, couvertes de poils mous étalés, réfléchis. Plante de 1-2 décimètres. ♃ Mai-Juin.

Hab. Pyrénées-Orientales; environs de Perpignan, Collioure, Plajas d'Argelès, Mazol. C.

518. BETONICA *L. gen.* 333 *(Bétoine).* Calice tubuleux, conique, anguleux, à 5 dents mucronées sub-égales. Corolle cylindrique, bilabiée, à tube un peu courbé, plus ou moins saillant, muni ou non muni à l'intérieur d'un anneau de poils; lèvre supérieure concave, ascendante; l'inférieure étalée, trilobée; le lobe médian obtus ou échancré. Étamines rapprochées parallèlement sous la lèvre supérieure de la corolle, non déjetées après l'anthèse. Akènes arrondis, obtus. Fleurs jaunes. Feuilles en cœur, crénelées.

B. Alopecuros *L. sp.* 811; *Vill.; DC.; Lap.; Mut.; Gren. Godr.; Betonica lutea Mill.; Stachys alopecuros Benth. lab.*—Fleurs d'un jaune pâle, en épi serré multiflore et terminal. Bractéoles lancéolées-acuminées, aristées, plus courtes que le calice. Celui-ci velu, veiné, à dents ciliées, lancéolées-acuminées, terminées par une spinule jaunâtre. Corolle à tube renfermé dans le calice; lèvre supérieure dressée, à bords réfléchis en dehors, velue, ovale, à deux lobes; lèvre inférieure trilobée, à lobe médian obové, un peu crénelé. Etamines incluses. Feuilles d'un vert jaunâtre, pubescentes en dessus, velues en dessous, ovales, en cœur à la base, plus ou moins aiguës, fortement dentées; les inférieures longuement pétiolées; les supérieures plus petites, sessiles, en cœur. Tiges de 1-3 décimètres, dressées-ascendantes, simples. Plantes plus ou moins pubescentes. ♃ Juillet-Août.

Hab. Les régions sub et alpines, dans les bois, les pâturages et parmi les roches calcaires. CCC.

B. Hirsuta *L. mant.* 240; *Vill.; DC.; Lap.; Mut.; Gren. Godr.; B. Monnieri Gouan; Stachys densiflora Benth. lab.* — Fleurs grandes, étroites, purpurines ou pourpres, en épis plus ou moins longs, denses, multiflores, épais, globuleux ou ovales, non interrompus à la base. Bractéoles lancéolées-acuminées, aristées, égalant le calice. Celui-ci strié, velu au sommet, à dents ciliées, lancéolées-acuminées, terminées par une spinule jaunâtre. Corolle à tube saillant *dépourvu de poils à la gorge;* lèvre supérieure porrigée, droite, sub-glabre, obovée, entière ot. à peine émarginée; lèvre inférieure à trois lobes; le médian sub-orbiculaire, plane, émarginé. Etamines égalant presque la lèvre supérieure. Feuilles vertes en dessus, plus pâles en dessous, velues, oblongues, en cœur à la base, à dents arrondies; les radicales à pétiole grêle et long; les caulinaires et les supérieures sont moins longuement pétiolées à mesure qu'elles s'approchent du sommet; les florales oblongues, sessiles. Tige de 1-4 décimètres, dressée ou ascendante, épaisse, simple. Souche oblique, épaisse, fibreuse. Plante couverte de poils jaunâtres réfléchis. ♃ Juillet-Août.

Hab. Pyrénées centrales; bois de Lhéris, environs de Barèges, Héas, Esquierry.

B. Officinalis *L. sp.* 810; *Vill.: DC.; Lap.; Mut.; Borr.; Gren. Godr.; B. hirta Leyss.: Rchb.; B. strata DC.: Lois.: Stachys betonica Benth. lab.* — Fleurs rouges, en épi terminal ovoïde ou oblong, souvent interrompu, plus lâche que dans les espèces précédentes. Bractéoles ovales-lancéolées, aristées, plus courtes que le calice. Celui-ci plus ou moins velu, non veiné, cilié à la gorge, à dents triangulaires, subulées, spinuleuses, colorées. Corolle à tube saillant non muni d'un anneau de poils; lèvre supérieure dressée, convexe au sommet, entière; lèvre inférieure à trois lobes; le médian obové, un peu crénelé. Étamines n'atteignant pas le milieu de la lèvre supérieure. Feuilles vertes, noirâtres en dessus, plus pâles en dessous, plus ou moins velues; les inférieures pétiolées, ovales-oblongues, en cœur à la base; les supérieures plus étroitement pétiolées; les florales linéaires-oblongues, sessiles, toutes crénelées, à dents un peu aiguës. Tige de 1-2 décimètres, dressée, ascendante, grêle ou velue. Plante à poils réfléchis vers le bas. ♃ Juin-Juillet.

Hab. Bords des chemins, des routes, des champs. CCC.

514. BALLOTA *L. gen.* 720 *(Ballote).* — Calice tubuleux-campanulé, pentagonal, à 10 stries, à 5 dents égales ou à 10 dents alternativement plus petites, toutes pliées en long. Corolle bilabiée, à tube garni d'un anneau de poils intérieur, à lèvre supérieure concave, crénelée, à lèvre inférieure à trois lobes; le médian plus grand, échancré. Étamines rapprochées parallèlement sous la lèvre supérieure, restant droites après la floraison; anthères à loges très divergentes, distinctes. Akènes ovales-arrondis, obtus, trigones dans le bas.

B. Fœtida *Lam.; D C.; Koch; Borr.; Gren. Godr.; B. nigra L. sp. ed.* 1, *p.* 582; *Lap.; Mut.* — Fleurs rouges ou blanches (*Ballota alba L. sp.* 814), en glomérules pédonculés placés à l'aisselle des feuilles supérieures, formant un long épi feuillé. Bractéoles nombreuses, molles, linéaires-subulées. Calice pubescent, strié, dilaté à la gorge, à 10 côtes à 5 dents courtes brièvement acuminées. Corolle pubescente sur la lèvre supérieure. Akènes bruns, trigones à la base, arrondis et lisses au sommet. Feuilles pétiolées, sub-cordiformes, ovales, inégalement crénelées, dentées, ridées en réseau. Tiges herbacées, dressées ou ascendantes, rameuses. Plante de 2-4 décimètres, fétide. ♃ Juin-Août.

Hab. Bords des chemins, partout. CCC.

515. PHLOMIS *L. gen.* 725 *(Phlomide).* — Calice tubuleux, pentagonal, à 5 dents égales, membraneux entre les dents. Corolle bilabiée, à tube à peine saillant muni intérieurement d'un anneau de poils; lèvre supérieure grande, voûtée en casque, cotonneuse ou velue, recouvrant presque l'inférieure trilobée ; le lobe moyen entier, les latéraux petits. 4 étamines saillantes, didynames ; les longues munies à la base d'un appendice filiforme dirigé vers le haut, grand, entier ; anthères à deux loges opposées. Akènes trigones arrondis au sommet.

1. Fleurs jaunes.

P. Lychnitis *L. sp.* 819 ; *Vill.; Lam.; DC.; Lois.; Mut.; Gren. Godr.; P. fruticosa* et *lychnitis Lap.* — Fleurs jaunes, grandes, en glomérules opposés à l'aisselle des feuilles florales, terminaux. Bractéoles filiformes, subulées, molles, plus courtes que le calice, couvertes de longs poils soyeux. Calice velu-soyeux, pubescent, à dents courtes subulées. Corolle couverte de poils étoilés ; lèvre supérieure barbue au sommet ; lèvre inférieure trilobée, à lobe médian en cœur renversé. Feuilles finement ridées, vertes et pubescentes en dessus, tomenteuses en dessous ; les inférieures linéaires-oblongues, atténuées en pétiole ; les caulinaires sessiles ; les florales très dilatées à la base, sub-triangulaires, acuminées. Tiges ligneuses dans le bas, à rameaux dressés. Plante de 2-4 décimètres, blanche, tomenteuse. ♃ Mai-Juin.

Hab. Pyrénées-Orientales ; à La Nouvelle, bois de Jugasse, Bachas à la Prada, environs de Perpignan. C.

2. Fleurs purpurines.

P. Herba-Venti *L. sp.* 819; *Vill.; Lam.; DC.; Lap.; Lois.; Dub.; Mut.; Endress.; Gren. Godr.* — Fleurs grandes, purpurines, en glomérules opposés, verticillés et terminaux ; axe floral souvent terminé par deux petites feuilles. Bractéoles filiformes, subulées, spinuleuses, raides, plus longues que le calice, hérissées de longs poils tuberculeux à la base. Calice hérissé sur les angles, couvert de petits poils étoilés, à dents contractées en une pointe subulée, spinuleuse, ciliée. Corolle couverte de poils étoilés, à lèvre supérieure émarginée ; l'inférieure trilobée, à lobe médian plane, ovale et peu émarginé. Feuilles vertes, luisantes, rudes en dessus, plus pâles et munies en dessous de poils rameux, à la fin un peu coriaces, crénelées ; les inférieures oblongues, sub en cœur à la base, pétiolées ; les moyennes sessiles, lancéolées. Tige de 2-6 décimètres, herbacée, dressée, hérissée, rameuse à rameaux étalés et ascendants. ♃ Mai-Juin.

Hab. Pyrénées-Orientales ; environs de Perpignan. C.

516. SIDERITIS *S. gen.* 712 (*Crapaudine*). — Calice tubuleux, poilu à la gorge, à 5 dents épineuses égales ou sub-égales. Corolle bilabiée à tube court, inclus, muni à la base des étamines d'un anneau de poils ; lèvre supérieure dressée, plane, entière ou échancrée ; l'inférieure trilobée ; le lobe médian plus grand, échancré. 4 étamines incluses, courtes, écartées ; anthères biloculaires s'ouvrant par une fente longitudinale commune. — Style inclus ; stigmate bifide. Ovaires ovales, arrondis au sommet.

S. Romana *L. sp.* 802 ; *Vill. ; D C. ; Lap. ; Mut. ; Koch ; Gren. Godr. ; S. spathulata Lam. ; Burgsdorffia rigida Mœnch. ; Burgsdorffia romana Hoffm. ; Link.* — Fleurs blanches, petites, en grappe interrompue plus ou moins longue. Calice velu, nervé, à tube bossu à la base, à dents inégales ; la supérieure plus grande, *accrescente, ovale ;* les autres lancéolées, épineuses. Corolle égalant le calice ; lèvre supérieure ovale, entière ou bifide ; l'inférieure à trois lobes ; le médian orbiculaire, entier. Feuilles velues, les inférieures atténuées en pétiole ; les autres sessiles, toutes ovales-oblongues, dentées dans leur moitié supérieure ; les florales semblables aux caulinaires. Tiges herbacées couvertes de poils étalés ; la centrale dressée ; les latérales couchées ou ascendantes. Plante de 1-3 centimètres. ⴲ Juillet-Août.

Hab. Pyrénées-Orientales ; lieux secs . Bagnols, Canigou, Fond de Comps. Port-Vendres. C.

S. Hirsuta *L. sp.* 803 ; *Lam. ; Lap. ; Mut. ; Gren. Godr. ; S. tomentosa Pourret ; S. scordioïdes lanata et latifolia Benth. cat. ; S. scordioïdes hirsuta var. d. D C. fl. fr. ; Betonica hirta Gouan.* — Fleurs blanches, verticillées, disposées en grappe plus ou moins longue souvent rameuse à la base. Bractées larges, semi-orbiculaires, en cœur, dentées, à dents jaunes, épineuses. Calice très velu, à dents lanceolées, spinuleuses. Corolle petite, dépassant peu le calice, à lèvre supérieure linéaire, oblongue, échancrée ; l'inférieure trifide ; lobe médian échancré. Akènes bruns, noirâtres, lisses. Feuilles plus ou moins velues, obovées, cunéiformes, incisées-dentées ; les inférieures pétiolées ; les supérieures sessiles. Tige ligneuse, nue à la base, rameuse. Plante de 1-4 décimètres, couverte de poils longs étalés. ♃ Juillet-Août.

Hab. Pyrénées-Orientales ; Case de l'Ène, environs de Perpignan, Port-Vendres, Collioure, Bagnols *(cap. Galant).* CC.

S. Scordioïdes *L. sp.* 803 ; *Vill. ; Lam. ; Lap. ; Gren. Godr. ; Mut. ; S. scordioïdes var.* b. *et* g. *D C. fl. fr. ; S. hirsuta Gouan. ; S. fruticulosa Pourret.* — Fleurs jaunes, petites, en grappe allongée interrompue ou très serrée. Bractées larges, égalant le calice, semi-orbiculaires, incisées-dentées, épineuses. Calice velu, campanulé, à dents lancéolées-acuminées, épineuses, jaunes. Corolle dépassant peu le calice, à lèvre supérieure linéaire-oblongue, échancrée ; lèvre inférieure à 3 lobes, le médian souvent échancré. Feuilles petites, linéaires-oblongues, cunéiformes à la base, incisées-dentées, plus ou moins blanches-tomenteuses ou *paraissant glabres*. Tige de 1-2 décimètres, ligneuse, nue à la base, dressée ou ascendante, très rameuse, à rameaux munis d'une forte ligne de poils courts, crépus, appliqués, partant des angles des pétioles des feuilles. ⚥ Juin-Juillet.

Hab. Pyrénées-Orientales et centrales; montagnes calcaires. Prades, Esne, Villefranche, Perpignan, Héas. C.

S. Hysopifolia *L. sp.* 803 ; *D C.; Lap.; Gren. Godr.; S. crenata Pour.; S. incana Gouan.; S. alpina Vill.; Pourret; S. pyrenaïca Poir.; Benth. cat.; S. scordioïdes Koch.* — Fleurs petites, en grappes plus ou moins courtes, ovoïdes ou oblongues, à peine interrompues à la base. Bractées égalant le calice, ovales-lancéolées ou les supérieures orbiculaires, incisées-dentées, à dents épineuses. Calice pubescent ou velu, à dents égales, lancéolées, acuminées, épineuses. Corolle dépassant peu le calice ; lèvre supérieure large, ovale, oblongue, bilobée; lèvre inférieure trifide, à lobe médian concave et crénelé. Feuilles variables, larges ou étroites, sub-glabres ou velues, d'un vert gai, ovales, elliptiques-oblongues ou linéaires-lancéolées, plus ou moins obtuses, atténuées à la base, entières ou munies de quelques dents au sommet. Tige ligneuse, nue à la base, couchée ou ascendante, très rameuse, à rameaux plus ou moins munis de poils courts, crépus et souvent disposés sur deux faces et alternant avec les feuilles. Plante de 1-2 décimètres, plus ou moins velue. Juillet-Août.

Hab. Pyrénées-Orientales et centrales ; débris et fissures des roches siliceuses, Pic du Midi et toute la région alpine. C.

517. MARRUBIUM *L. gen.* 72! *(Marrube).* — Calice tubuleux, cylindrique, à 10 stries et à 10 dents alternativement plus petites et plus grandes ou plus rarement à 5 égales. Corolle à tube court muni à l'intérieur d'un anneau de poils interrompus, à deux lèvres ; la supérieure sub-plane, bilobée, ascendante; l'inférieure trilobée, baissée ; le lobe médian large, arrondi, quelquefois échancré. 4 étamines incluses ainsi que le style; anthères opposées s'ouvrant par une fente commune. Akènes trigones, lisses et planes, triangulaires, tronques.

M. Vulgare *L. sp.* 816; *D C.; Lap.; Mut.; Borr.; Gren. Godr.* — Fleurs blanches, en glomérules espacés ou terminaux formant un long épi. Bractéoles linéaires, subulées, courbées en crochet au sommet. Calice tomenteux fermé à la gorge par un anneau de poils, à 10 dents sétacées, crochues au sommet, étalées et alternativement plus grandes. Corolle pubescente, à tube courbé muni d'un anneau de poils à la gorge; lèvre supérieure étroite, divisée en deux lobes obtus, l'inférieure à lobe médian sub-orbiculaire, crénelé. Feuilles ridées, pétiolées, ovales-arrondies, inégalement crénelées, rugueuses, blanches-tomenteuses en dessous, quelquefois sur les deux faces; les inférieures longuement pétiolées, les supérieures sub-sessiles. Tige de 2-6 décimètres, très rameuse et très feuillée. Plante blanche-tomenteuse. ♃ Juillet-Septembre.

Hab. Bords des routes, décombres. CCC.

518. MELITTIS *L. sp.* 731 (*Melitte*). — Calice campanulé, veiné, membraneux, enflé, sub-bilabié, à lèvre supérieure bi-tridentée ou sub-entière; l'inférieure bifide. Corolle à tube beaucoup plus long que le calice, à limbe évasé bilabié; lèvre supérieure orbiculaire, sub-plane; lèvre inférieure trilobée; le lobe moyen entier ou crénelé. 4 étamines; anthères rapprochées par paire, à loges divergentes disposées en croix s'ouvrant longitudinalement. Akènes trigones, arrondis au sommet.

M. Melissophyllum *L. sp.* 832; *D C.; Koch; Mut.; Borr.: Gren. Godr.* — Fleurs rouges ou panachées de pourpre, grandes, pédicellées, unilatérales, solitaires, géminées ou ternées à l'aisselle des feuilles supérieures. Calice d'un vert pâle; lèvre supérieure souvent bi-tridentée ou entière sur le même pied. Corolle pubescente, à tube droit dilaté à la gorge. Akènes bruns, velus. Feuilles pétiolées, cordiformes, ovales ou lancéolées, crénelées-dentées, velues; les inférieures plus petites. Tige de 2-3 décimètres, dressée, simple ou rameuse. Souche épaisse, oblique. Plante longuement velue. ♃ Juin-Août.

Hab. Pyrénées-Orientales; St-Martin du Canigou, Ambouilla, Prades, Mattes de Planes (*Lap.*). R.

519. SCUTELLARIA *L. gen.* 734 (*Scutellaire*). — Calice court, à deux lèvres entières; la supérieure munie sur le dos d'une écaille concave retombant et fermant le calice après l'anthèse. Corolle à tube long, réfléchi, non muni d'un anneau de poils intérieurs, bilabiée, à lèvre supérieure comprimée, concave, bidentée à la base, couvrant l'inférieure; celle-ci plus large, échancrée, non divisée. 4 étamines rapprochées sous la lèvre supérieure, à filets non munis d'appendices à la base; anthères à loges opposées et s'ouvrant par une fente commune. Akènes globuleux.

S. Alpina *L. sp.* 834; *Vill.; D C.; Lap.; Mut.; Borr.; Gren. Godr.* — Fleurs à lèvre supérieure d'un bleu violet, à lèvre inférieure d'un blanc laiteux, grandes, en épi terminal court, dense et tétragone, puis s'allongeant et interrompu. Bractées souvent colorées de violet, plus courtes que les fleurs, dressées, membraneuses, sessiles, lancéolées, entières. Calice très court, velu, souvent glanduleux. Corolle pubescente, à tube courbé à la base, puis droit, insensiblement dilaté. Akènes globuleux, grisâtres, granuleux. Feuilles pubescentes ou sub-glabres, courtement pétiolées, ovales-obtuses, crénelées, dentées ou en cœur à la base; les supérieures sessiles et sub-aiguës. Tiges de 1-2 décimètres, rameuses, couchées, puis ascendantes. Plante mollement velue, gazonnante. Souche ligneuse. ♃ Juillet-Août.

Hab. Pyrénées-Orientales et centrales; débris mouvants des roches siliceuses, régions alpines supérieures: vallée d'Eynes; Cambredases au Roc-Blanc, vallon d'Arise, Pic du Midi, Port de Gavarnie.

S. Galericulata *L. sp.* 835; *D C.; Lap.; Mut.; Borr.; Gren. Godr.; Cassida galericulata Scop.; Engl. bot.* — Fleurs bleues ou violacées, grandes, unilatérales, non disposées en épi, solitaires ou géminées à l'aisselle des feuilles le long des rameaux, munies de deux petites bractéoles sétacées placées à la base des pédicelles. Calice court, glabre, réfléchi à la maturité. Corolle velue, à tube grêle courbé au-dessus de la base, ascendant, insensiblement dilaté vers la gorge. Akènes bruns, tuberculeux. Feuilles brièvement pétiolées, cordiformes à la base, oblongues-lancéolées, crénelées, très nervées, sub-crénelées et un peu rudes sur les bords. Tige de 2-4 décimètres, dressée-ascendante, simple ou très rameuse. Souche rampante, grêle. Plante sub-glabre. ♃ Juillet-Août.

Hab. Bords des eaux, plaines et vallées. CCC.

S. Minor *L. sp.* 385; *D C.; Lap.; Koch; Mut.; Borr.; Gren. Godr.; Cassida palustris minimo flore purpurascente Lindern.* — Fleurs petites, roses ou rougeâtres, géminées, axillaires. Calice très petit, égalant ou plus court que le pédicelle, hérissé de poils courts non glanduleux. Corolle à tube ventru à la base, droit. Akènes petits, bruns, tuberculeux. Feuilles petites, sub-sessiles, oblongues-lancéolées, obtuses, sub-entières, un peu velues ou glabres; les inférieures cordiformes, ovales; les supérieures lancéolées, à nervures médianes saillantes. Tige grêle, simple ou rameuse. Plante de 10-15 centimètres. Souche grêle, rampante, à rameaux capillaires. ♃ Juillet-Août.

J'ai trouvé dans les marais près de Pouzac une variété à

tige de 4 décimètres, très rameuse, à corolles droites, opposées à l'aisselle des feuilles, portées sur des pédoncules grêles, velus. Les feuilles dans cette variété sont lancéolées, en cœur à la base. Elle ne diffère du *S. minor* que par sa tige très longue s'appuyant sur les plantes environnantes et par les caractères ci-dessus décrits. ♃ Juillet-Août.

Hab. Les lieux humides : remonte jusque dans les régions sub et alpines. CCC.

520. BRUNELLA *Tournef.* (*Brunelle.*) — Calice tubuleux-campanulé, nervé, réticulé-veiné, à gorge nue, bilabié ; lèvre supérieure tridentée, dépourvue d'écailles ; l'inférieure bifide. Corolle bilabiée, à tube muni à l'intérieur d'un anneau de poils ; lèvre supérieure voûtée, concave, comprimée latéralement ; l'inférieure à trois lobes obtus ; le médian plus grand, échancré et crénelé. 4 étamines parallèles, rapprochées, à filets divisés au sommet en deux pointes dont l'une porte l'anthère ; celle-ci biloculaire s'ouvrant par deux fentes longitudinales. Akènes oblongs. — Fleurs en verticilles compactes, formant un épi.

B. Vulgaris *Mœnch.* ; *Borr.* ; *Gren. Godr.* ; *B. vulgaris L. sp.* 837 ; *D C.* ; *Lap.* ; *Mut.* — Fleurs d'un rouge violet, quelquefois roses ou blanches, en épi serré, globuleux ou oblong, muni à la base de deux feuilles opposées, entières, pennatifides ou crénelées. Bractées larges, colorées à leurs sommet, réticulées, velues, sub-orbiculaires, brusquement acuminées, ciliées. Calice brun, glabre ou hérissé sur les côtés, cilié : lèvre supérieure à dents écartées ; lèvre inférieure divisée profondément et jusqu'à la moitié. Corolle munie d'une ligne de poils sur le dos de la lèvre supérieure. Étamines à filets accessoires spinuleux-subulés. Akènes bruns, lisses, sub-trigones à la base, à hile long et blanc. Feuilles pétiolées, ovales-oblongues, entières ou dentées ; quelquefois les supérieures pennatifides, vertes en dessus, plus pâles en dessous, arrondies à la base. Tige de 1-3 décimètres, ascendante. Souche rampante. Plante plus ou moins couchée et radicante, glabre ou velue. ♃ Juin-Août.

Hab. Les champs, les prairies. CCC.

B. Alba *Poll.* ; *Koch* ; *Borr.* ; *Gren. Godr.* ; *Prunella lacineata var. a. L. sp.* 837 ; *Prunella laciniata Lap.* ; *Jacq.* ; *Rchb.* ; *Mut.* ; *P. secunda Clus* ; *P. folio laciniata Moris.* — Fleurs blanches, rosées ou jaunâtres, en épi serré, globuleux ou oblong, muni à la base de deux feuilles florales entières ou dentées. Bractées très larges, réticulées, velues, sub-orbiculaires, brusquement acuminées, bordées d'une ligne

purpurine. Calice réticulé, velu, hérissé de poils blancs mous ;
lèvre supérieure large, tronquée, à dents écartées, courtes ,
se recouvrant par les bords ; lèvre inférieure bifide, linéaire,
acuminée, ciliée. Etamines munies au sommet d'un appendice en pointe subulée, souvent courbée en arc. Feuilles
petites, pétiolées, ovales-oblongues, entières ou dentées ; les
caulinaires et les supérieures pennatifides. Tige de 1-2
décimètres, couchée à la base, ascendante, plus ou moins
couverte de poils blancs ou grisâtres. ♃ Juillet-Août.

Hab. Pyrénées centrales : coteaux calcaires : vallée de Lesponne.
St-Sauveur çà et là. R.

B. Grandiflora *Mœnch.; DC.; Borr.; Gren. Godr.; Prunella grandiflora Lap.; Prunella vulgaris var. b. grandiflora
L. sp.* 837. — Fleurs grandes, purpurines ou d'un bleu
violet, rarement blanches ou roses, en épi serré, oblong,
pourvu ou non pourvu de feuilles florales. Bractées très
larges, réticulées, velues, sub-orbiculaires, brusquement
acuminées, ciliées, souvent colorées. Calice velu à la base,
cilié ; lèvre supérieure à dents courtes, écartées ; lèvre
inférieure divisée jusqu'au tiers de sa longueur en deux
dents acuminées ciliées. Corolle beaucoup plus grande que
le calice, munie sur le dos de la lèvre supérieure d'une
faible ligne de poils. Etamines longues munies d'un appendice
tuberculeux sous le sommet. Feuilles pétiolées, fermes, un
peu velues en dessous, ovales-oblongues, très entières ou
dentées ; les caulinaires pennatifides. Tige de 1-3 décimètres,
ascendante, velue. Souche rampante. ♃ Juin-Août.

Hab. Les champs et les coteaux calcaires. CCC.

B. Pyrenaica *Nob.; B. Pyrenaïca-maxima flore majore
Tournef.; B. hastæfolia Brot.; B. grandiflora var. g. pyrenaïca
Gren. Godr.*—Fleurs grandes, purpurines ou d'un bleu violet,
en épi serré, oblong, ordinairement muni et quelquefois dépourvu de deux feuilles florales courtes. Bractées très larges,
réticulées, velues, sub-orbiculaires, brusquement acuminées,
ciliées. Calice brun au sommet, vert à la base, strié, glabre en
dessus, velu en dessous, quelquefois velu partout ; lèvre
supérieure ample, à 3 dents écartées, acuminées, sub-spinu-
leuses, la médiane plus courte, triangulaire ; lèvre inférieure
divisée en deux dents lancéolées, acuminées, fortement nervées, réticulées, toutes ciliées. Corolle très grande ; tube
très évasé à la gorge, bossu en dessous ; lèvre supérieure
deux fois plus large que dans l'espèce précédente, munie sur
le dos d'une ligne de poils blancs plus ou moins longs ;
lèvre inférieure trifide, à lobe médian concave, denté en
scie ; les latéraux entiers. Filets des étamines longs, munis

d'un appendice très obtus. Akènes bruns, luisants, munis de côtes arrondies, sub-rudes et arrondis au sommet. Feuilles peu nombreuses, très écartées, d'un vert pâle ; les inférieures longuement pétiolées, ovales-oblongues, obtuses ; les caulinaires inférieures souvent sagittées, entières ou munies de quelques dents placées à la base ; les caulinaires supérieures presque sessiles, ovales, elliptiques, entières, dentées ou pennatifides. Tige robuste, droite, ascendante. Souche rampante. Plante de 1-2 décimètres, plus ou moins velue. ♃ Juillet-Août.

Hab. Pyrénées centrales, montagnes calcaires: Lhéris, Tourmalet. Arizes, Courbet, Esquierry, Pic de Gard. C.

521. AJUGA *L. gen.* 785 *(Bugle)*. — Calice campanulé, ovale, à 5 dents sub-égales. Corolle à tube muni en dedans d'un anneau de poils: lèvre supérieure très courte, à deux dents ou entière ; l'inférieure à trois lobes, celui du milieu plus grand, obcordé. 4 étamines souvent saillantes, rapprochées par paires: les antérieures plus longues ; anthères biloculaires, s'ouvrant par une fente commune. Akènes ridés en réseau.

A. Reptans *L. sp.* 809 ; *D C ; Lap.; Mut.; Koch; Borr.; Gren. Godr. : Bugula reptans Lam.* — Fleurs bleues, roses ou blanches, en grappe plus ou moins allongée, verticillées, axillaires. Calice à dents lancéolées-aiguës, velues. Corolle à tube droit, cylindrique ; lèvre inférieure à 3 lobes ; le médian en cœur renversé. Feuilles un peu velues, ovales-oblongues, un peu crénelées ou sinuées ; les radicales spatulées, rétrécies en pétiole ; les florales sessiles, ovales-obtuses, souvent colorées de bleu ou de pourpre. Tige de 1-2 décimètres, dressée, pubescente. Souche tronquée, émettant des stolons souvent très allongés. Plante glabre ou peu velue. ♃ Mai-Juin.

Hab. Les prairies, les bois. CCC.

A. Pyramidalis *L. sp.* 785 ; *D C.; Vill.; Lap.; Koch; Mut.; Borr.; Gren. Godr.; Bugula pyramidalis Mill.; Rchb.* — Fleurs petites, d'un bleu pâle ou blanches, à tube allongé, en grappes très feuillées, pyramidales, denses et continues. Calice à dents étroites, linéaires, laineuses, plus longues que le tube de la corolle. Celle-ci à tube grêle, allongé, cylindrique ; lèvre inférieure à lobes non divergents, le moyen échancré. Akènes ovoïdes, gris, réticulés. Feuilles radicales grandes, étalées en rossette, appliquées sur la terre, persistantes, velues, ovales, crenelées ou sinuées-dentées, ou entières, atténuées en pétiole ; les caulinaires sessiles, toutes atténuées à la base : les florales sessiles, souvent purpurines, largement ovales, entières ou faiblement sinuées, bien plus longues que les fleurs. Tige courte, de 5-15 centimètres, dressée, simple, très feuillée. Plante velue. ♃ Juin-Juillet.

Hab. Pyrénées-Orientales, centrales et occidentales ; régions alpines, débris mouvants des roches siliceuses ; Canigou, Mont-Louis, forêt d'Oubat, toute la chaîne. C.

A. Chamœpitys *Schreb.; D C.; Lap.; Mut.; Borr.; Gren. Godr.; Teucrium chamœpitys L. sp. 787; Vill.; Bugula chamœpitys All.; Chamœpitys trifida Dumont.* — Fleurs jaunes, souvent ponctuées, en grappe très feuillée occupant presque toute la longueur des rameaux fleuris. Calice velu, à 5 dents inégales, lancéolées. Corolle à tube n'atteignant pas l'extrémité du calice ; lèvre supérieure dressée ; lèvre inférieure trilobée ; lobe médian en cœur renversé. Akènes d'un gris livide, ovoïdes, allongés, arrondis au sommet ; hile très grand, entouré d'un bord blanc saillant. (Les akènes offrent en miniature la forme d'une pantoufle chinoise arrondie au sommet et fortement réticulée). Feuilles oblongues, entières, dentées ou pinnatifides : les supérieures divisées en trois lobes linéaires, entiers et divergents. Tige de 5-12 centimètres, rameuse dès la base, couchée, étalée, pourvue de poils tout autour. Racine longue, pivotante, grêle. ⚊ Juin-Octobre.

Hab. Pyrénées centrales, les champs cultivés ; vallée de Larboust ; Cazarilh sur le chiste carburé de transition. C.

A. Iva *Schreb.: D C.; Lap.; Mut.; Gren. Godr.; Teucrium iva L. sp. 787; All.; Teucrium moschatum Lam.* — Fleurs purpurines ou d'un jaune doré, formant une longue grappe feuillée à la fin lâche à la base. Calice laineux, à dents lancéolées, obtiuscules, plus courtes que le tube. Corolle à tube infundibuliforme dépassant le calice ; lèvre supérieure dressée ; lèvre inférieure à lobe médian en cœur renversé. Akènes d'un jaune pâle, réticulés. Feuilles sessiles, très velues, uninervées, linéaires ou linéaires-lancéolées : les inférieures et les moyennes munies de 2-4 dents vers le sommet. Tige de 5-15 centimètres, très rameuse, couchée ou ascendante, très feuillée. Racine rameuse. Plante plus ou moins velue. ♃ Mai-Juin.

Hab. Pyrénées-Orientales ; environs de Bachas *(cap. Galant).*

522. TEUCRIUM *L. gen.* 706 *(Germandrée).* — Calice tubuleux ou campanulé, à 5 dents, plus rarement à deux lèvres ; la supérieure entière, ovale ; l'inférieure à 4 dents. Corolle à tube court ; lèvre supérieure très courte, bifide, réfléchie latéralement ; lèvre inférieure à trois lobes, le médian plus grand ; la lèvre supérieure parait manquer et la lèvre inférieure parait être à 5 divisions. 4 étamines saillantes entre les divisions de la lèvre supérieure ; anthères confluentes. Akènes lisses ou ridés.

1. Fleurs solitaires à l'aisselle des feuilles supérieures ; calice à 5 dents.

T. Fruticans *L. sp.* 787 ; *D C.; Desf.; Dub.; Benth. cat.; Lois. ; Mut.; Gren. Godr.* — Fleurs bleues, veinées ou rosées, solitaires et axillaires, formant une grappe feuillée au sommet des rameaux. Calice tomenteux, à tube court, ouvert, à dents lancéolées-aiguës. Corolle à lobe médian inférieur concave, oblong, rétréci à la base, pubescent sur la nervure médiane. Akènes d'un gris brun, réticulés, pubescents. Feuilles d'un vert foncé et luisantes en dessus, d'un blanc de neige ou jaunâtres en dessous, brièvement pétiolées, ovales ou oblongues, entières ; les florales plus courtes que les fleurs. Tiges de 1-2 mètres, dressées, rameuses ; rameaux étalés, blanchâtres. Mai-Juin.

Hab. Pyrénées-Orientales ; rivière de Bagnols (*cap.*[*Galant*). G

2. Fleurs en glomérules axillaires ; calice à 5 dents.

T. Botrys *L. sp.* 786 ; *D C.; Lap.; Mut.; Borr.; Gren. Godr.; Chamœdrys botrys Mœnch.* — Fleurs purpurines ou blanches, pédicellées, en demi-verticilles, formant une longue grappe lâche. Calice brièvement velu, plus ou moins glanduleux, à tube très ouvert, sub-membraneux, à dents uninervées, triangulaires, aristées. Corolle à lobe médian inférieur concave, oblong, velu sur la nervure médiane. Akènes bruns, noirâtres, réticulés, un peu papilleux. Feuilles d'un vert foncé, petites, pétiolées, pubescentes, un peu visqueuses, multifides, à lobes courts, linéaires-oblongs ; les florales plus courtes que les fleurs. Tiges de 10-15 centimètres, rameuses dès la base, dressées, hérissées. Plante d'une odeur forte, très feuillée. (ⱡ) Juin-Juillet.

Hab. Pyrénées centrales ; les champs de Cazarilh près de Luchon. Esquierry, vallée d'Aure, environs de Barèges. R.

T. Scordium *L. sp.* 790 ; *D C.; Lap.; Mut.; Borr.; Gren. Godr.; T. palustre Lam.; T. arenarium Gmel.; Chamœdrys scordium Mœnch.* — Fleurs purpurines ou violacées, pédicellées, en petits verticilles unilatéraux, axillaires, formant une longue grappe étroite et feuillée. Calice petit, velu, bossu à la base et en avant, à dents lancéolées-acuminées. Corolle à lobes latéraux de la lèvre supérieure lancéolés. Akènes petits, bruns, réticulés en réseau, un peu papilleux sur les bords. Feuilles sessiles, velues, d'un vert cendré ou violettes, lancéolées-oblongues, grossièrement dentées en scie ; les caulinaires arrondies à la base ; les raméales atténuées et entières dans leur moitié inférieure. Tiges de 1-3 décimètres, herbacées, ascendantes, flexueuses, radicantes à la base, très feuillées, rameuses. Souche émettant des stolons munis d'appendices foliacés. ⚥ Juin-Août.

Hab. Pyrénées centrales ; lieux humides, environs de St-Béat. R.

3. Fleurs solitaires à l'aisselle des bractées : calice bilabié.

T. Scorodonia *L. sp.* 789 ; *D C.* ; *Lap.* ; *Mut.* ; *Borr.* ; *Gren. Godr.* ; *T. sylvestre Lam.* ; *Scorodonia heteromalla Mœnch.* — Fleurs jaunâtres ou d'un jaune verdâtre, petites, à étamines brunes, en grappe étroite et terminale, allongée et souvent unilatérale. Bractées petites, ovales, concaves, entières, plus courtes que la fleur. Calice très court, pubescent, bossu à la base et en avant, à dents réticulées veinées ; la supérieure sub-orbiculaire, concave ; les autres aristées. Corolle à tube dépassant de beaucoup le calice, à lobe médian inférieur ovale, concave. Akènes petits, bruns, lisses, sub-brillants. Feuilles pétiolées, cordiformes, ovales ou oblongues, crénelées, dentées, rugueuses, pubescentes, ridées en réseau. Tiges herbacées, de 2-6 décimètres, dressées, fermes, très rameuses au sommet. Plante velue, à odeur d'ail. Souche épaisse, stolonifère. ⚥ Juin-Septembre.

Hab. Les haies, les bois. C.

4. Glomérules pauciflores en grappes terminales : calice à 5 dents.

T. Chamœdrys *L. sp.* 790 ; *D C.* ; *Lap.* ; *Mut.* ; *Borr.* ; *Gren. Godr.* ; *T. officinale Lam.* ; *Chamœdrys officinalis Mœnch.* — Fleurs purpurines, roses ou blanches, en grappe feuillée, géminées ou ternées à l'aisselle des feuilles florales. Calice souvent rougeâtre, pubescent, sub-bossu en avant à la base, à dents lancéolées, très aiguës, velues. Corolle à lobe médian inférieur concave, obové, cunéiforme. Akènes bruns, un peu ridés en réseau et souvent papilleux à la base. Feuilles fermes, luisantes en dessus, d'un vert pâle en dessous, courtement pétiolées, ovales-obtuses, cunéiformes à la base, fortement crénelées ; les florales petites, elliptiques, égalant les fleurs. Tiges nues, de 1-3 décimètres, couchées à la base, à rameaux ascendants plus ou moins velus ou pubescents. Souche rampante, émettant des stolons filiformes. ⚥ Juin-Septembre.

Hab. Coteaux calcaires et vieux édifices. CC.

T. Flavum *L. sp.* 791; *All.: D C.: Desf.; Lap.: Dub.: Lois.: Benth. lab.: Mut.: Gren. Godr.: Chamædrys flava Mœnch.*—**Fleurs** d'un jaune verdâtre, géminées ou ternées à l'aisselle des feuilles supérieures, en grappe feuillée uni-latérale, interrompue à la base. Calice pubescent-glanduleux, à dents lancéolées. Corolle à lobe médian inférieur sub-orbiculaire, concave. Akènes bruns, lisses. Feuilles pétiolées, vertes et **pubescentes**, veloutées et plus pâles en dessous, ovales, crénelées, sub-tronquées à la base: les supérieures prolongées en coin sur le pétiole; les florales ovales, concaves, entières, plus courtes que les fleurs. Tiges de 2-4 décimètres, nues et frutescentes à la base, rameuses; rameaux dressés, cendrés, pubescents. Plante à odeur forte. ♃ Juillet-Août.

Hab. Pyrénées-Orientales; environs de Perpignan, Quérigut.

5. Fleurs en capitules terminaux; calice à 5 dents.

T. Pyrenaïcum *L. sp.* 791; *D C.; Lap.; Dub.; Mut.; Gren. Godr.: T. reptans Pourr.; Polium pyrenaïcum Mill.* — Fleurs à lèvre supérieure purpurine, à lobes latéraux de la lèvre inférieure violacés; le médian blanc-jaunâtre, en grappe serrée et terminale, sub-globuleuse, entourée de feuilles rapprochées. Bractées petites, linéaires, spatulées, pétiolées, plus courtes que la fleur. Calice tubuleux, un peu bossu à la base, plus ou moins velu, à dents acuminées, sétacées. Corolle à lobe médian inférieur obové, grand, tronqué, crénelé, rarement entier. Akènes bruns, noirâtres, ridés en réseau. Feuilles pétiolées, ridées en réseau, vertes et velues des deux côtés, sub-orbiculaires, en coin et entières à la base, crénelées tout autour. Tiges nombreuses, nues dans le bas, couchées, radicantes, gazonnantes, très rameuses, feuillées et très velues au sommet. Souche rampante, sub-ligneuse. Plante de 5-15 centimètres, odorante. ♃ Juin-Septembre.

Hab. Pyrénées-Orientales et centrales. montagnes calcaires; Pechède. Bugarach. Saleix, Mendebelsa; très commune autour de Bagnères; pic de Lhéris, Lourdes.

T. Montanum *L. sp.* 791; *D C.; Lap.; Mut.; Borr.; Gren. Godr.; Polium montanum Mill.* —· Fleurs d'un blanc jaunâtre ou purpurines, en capitules serrés, entourés de feuilles rapprochées. Bractées linéaires-oblongues, atténuées à la base, plus courtes que les fleurs. Calice tomenteux ou glabre, à dents lancéolées-subulées. Corolle à lobe **médian** inférieur oblong, obové, concave. Akènes bruns, ridés en réseau. Feuilles vertes et luisantes en dessus, **blanches-**tomenteuses en dessous, roulées sur les bords, entières, linéaires-lancéolées, atténuées en un court pétiole. Tige de 1-3 décimètres, un peu ligneuse, grêle, cylindrique, très rameuse, pubescente, à rameaux couchés très feuillés. Souche courte. Plante très odorante. ♃ Juin-Juillet.

Hab. Pyrénées-Orientales et centrales, coteaux calcaires; Ussat, Vicdessos; Saleix, St-Béat. C.

T. Aureum *Schreb.; Lap.; Gren. Godr.; T. flavicans Lam.; Lap.; D C.; Benth. lab.; T. tomentosum Vill.; T. polium var. c. Mut.; Polium aureum Mœnch.* — Fleurs petites, d'un jaune pâle ou blanches, souvent veinées de pourpre, en capitules serrés, ovoïdes, solitaires ou agglomérés à l'extrémité des rameaux très velus, tomenteux, munis de poils longs d'un jaune doré, plus rarement blancs. Bractées linéaires, spatulées, pétiolées, plus courtes que les fleurs. Calice campanulé couvert de longs poils étalés, à dents carénées sur le dos, aiguës; la supérieure large, lancéolée; les autres lancéolées-acuminées. Corolle à lobes de la lèvre supérieure velus, à lobe médian de la lèvre inférieure ovale, penduriforme, tronqué, auriculé à la base. Style profondément bifide. Akènes bruns, réticulés en réseau. Feuilles tomenteuses; les supérieures souvent d'un jaune doré; les autres d'un vert grisâtre en dessus, blanchâtres en dessous, à la fin roulées sur les bords, sessiles, oblongues-obtuses, sub-arrondies ou brièvement cunéiformes à la base. Tiges couchées ou ascendantes, rameuses, cotonneuses, ligneuses et nues dans le bas. Racines verticales, rameuses. Plante de 1-3 décimètres, odorante. ♃ Juin-Août.

Hab. Pyrénées-Orientales et centrales, sur les roches et les détritus calcaires; Pratto-de-Mollo, Villefranche, Prades; St-Béat. C.

T. Polium *L. sp.* 792; *Vill.; All.; D C.; Lap.; Benth. lab.; Mut.; Gren. Godr.; T. pseudo-hyssopus Schreb.* — Fleurs blanches, rarement purpurines, en capitule serré, ovoïde ou globuleux, pédonculé, couvert d'un tomentum court blanc, rarement jaune. Bractées linéaires, spatulées. Calice campanulé, tomenteux, à dents courtes, planes; la supérieure ovale, les autres lancéolées. Corolle à lèvre supérieure pubescente, ovale; lobe médian de la lèvre inférieure ovale, tronqué à la base. Étamines à filets tordus en spirale. Akènes bruns, réticulés, excavés. Feuilles sessiles, brièvement tomenteuses, d'un vert cendré en dessus, blanches en dessous, roulées sur les bords, linéaires-oblongues, cunéiformes et entières à la base, crénelées dans leur moitié supérieure. Tige de 1-2 décimètres, ligneuse et nue dans le bas, très rameuse, couchée ou ascendante. Plante blanche, tomenteuse, odorante. ♃ Juin-Juillet.

Hab. Pyrénées-Orientales et centrales, les roches et les débris calcaires; environs de Perpignan et de St-Béat. R.

LXXIX. ACANTHACÉES.

Fleurs hermaphrodites irrégulières. Calice persistant, à 5 divisions inégales. Corolle monopétale, hypogyne, caduque, à 5 divisions, tubuleuse inférieurement, à limbe bilabié; lèvre supérieure sub-bilabiée, nulle; lèvre inférieure trilobée. 4 étamines dont 2 courtes, insérées sur le tube de la corolle; quelquefois les deux étamines courtes sont avortées; anthères parallèles uniloculaires s'ouvrant longitudinalement. 1 style terminal filiforme. Stigmate entier ou bifide. Ovaire libre, biloculaire, *pluriovulé*. Fruit capsulaire, membraneux, biloculaire, à deux valves bipartites soudées à la cloison qui divise les loges. Graines non pourvues d'albumen. Embryon courbé, rarement droit. Stipules nulles. (Famille très voisine des *scrophulariacées* dont elle ne diffère que par l'absence de périsperme et par les cotylédons foliacés).

523. ACANTHUS *Tournef. inst.* 80 (*Acanthe*). — Calice sub-bilabié à 4 divisions inégales; les latérales très petites. Corolle à tube court et fermé par des poils, à lèvre unique, inférieure, trilobée. 4 étamines didynames; anthères velues antérieurement. Stigmate bifide. Capsule ovoïde, à deux loges à 1-2 graines. — Plantes élégantes, à fleurs grandes, en épi.

A. Mollis *L. sp.* 891; *DC.; Dub.; Lam.; Benth. lab.; Endres.; Gren. Godr.; A. sativus Dod.* — Fleurs blanches, sessiles, disposées en épi pubescent, munies à la base de trois bractées; l'externe grande, blanche à la base, ovale-oblongue, dentée, épineuse, embrassant le calice; les deux intérieures linéaires. Calice fendu presque jusqu'à la base en deux lèvres; la supérieure obovée-oblongue, tridentée, simulant la lèvre supérieure de la corolle. Celle-ci à lèvre inférieure obovée, trilobée, nervée, contractée en lobes étroits dans la moitié inférieure. 4 étamines à filets gros, lisses, glabres; anthères laineuses antérieurement. Style grêle. Capsule ovoïde, glabre. Feuilles glabres, ciliolées, oblongues, irrégulièrement pennatiséquées, à divisions larges, bilobées, dentées, mucronées. Tige simple, de 2-6 centimètres. ♃ Mai-Juin.

Hab. Pyrénées-Orientales, environs de Perpignan. C.

LXXX. VERBENACÉES.

Fleurs hermaphrodites ordinairement irrégulières. Calice tubuleux ou campanulé, persistant, à 4-5 divisions. Corolle monopétale, hypogyne, tubuleuse, caduque, à limbe irrégulier, bilabié ou à 5 divisions. 4 étamines dydynames par l'avortement de l'étamine supérieure, inégales, toutes fertiles ou deux stériles, insérées sur le tube de la corolle ; anthères biloculaires s'ouvrant longitudinalement. Ovaire libre, à 2-4 loges, à ovules droits, solitaires ou géminés. Un style simple naissant du sommet de l'ovaire, à stigmate simple ou bifide. Fruit sec se divisant en 4 carpelles distincts. Graines dressées. — Albumen nul. Embryon droit. Radicule dirigée vers le hile. Stipules nulles. Feuilles opposées. (Famille très rapprochée de celle des *labiées* dont elle ne diffère que par le style naissant du sommet de l'ovaire.)

584. VERBENA *Tournef.* (*Verveine*). — Calice court, tubuleux, à 5 lobes. Corolle à tube courbé, cylindrique, à limbe presque plane, à 5 lobes, sub-bilabiée ; lèvre supérieure échancrée, bifide ; l'inférieure à 3 lobes sub-égaux. 4 étamines, deux incluses ordinairement stériles, deux saillantes fertiles. Fruit capsulaire se séparant en 4 carpelles. Graines solitaires dans chaque loge.

V. Officinalis *L. sp.* 29 ; *D C.; Lam.; Lap.; Dub.; Mut.; Borr.; Gren. Godr.* — Fleurs petites, d'un bleu lilas clair, rarement blanches, disposées en épis grêles, allongés, terminaux. Bractées ovales-acuminées plus courtes que le calice. Celui-ci dressé, tubuleux, à dents courtes, ovales-aiguës. Corolle à tube cylindrique plus long que le calice, à lobes arrondis et presque tronqués. Fruit muni extérieurement de côtes longitudinales et à l'intérieur des points d'attache de papilles blanches. Feuilles ovales-oblongues, trifides, crénelées ou linéaires, atténuées en pétiole, à lobe supérieur plus grand, rhomboïdales ; les supérieures crénelées. Tiges à 4 angles, rudes, canaliculées sur deux faces opposées, rameuses. Plante de 3-6 décimètres, couchée ou ascendante, très étalée. ♃ Juin-Octobre.

Hab. Les champs, les coteaux incultes, le bord des chemins. CCC.

585. VITEX *L. gen.* 790 (*Gattilier*). — Calice court, en cloche, à 5 dents ; la supérieure plus courte. Corolle à tube court, à limbe à 5 lobes, sub-bilabié ; lèvre supérieure bifide ; lèvre inférieure à trois lobes, le moyen plus grand. 4 étamines saillantes, didynames. Fruit charnu (drupe). Graines solitaires dans chaque loge

V. Agnus-castus *L. sp.* 860 ; *D C.; Lam.; Lap.; Dub.; Mut.; Gren. Godr.* — Fleurs bleues ou violettes, rarement blanches, disposées en longs épis terminaux, verticillés, formés par de petites grappes multiflores brièvement pédonculées. Bractées courtes, linéaires. Calice très petit, tomenteux, à dents très courtes, linéaires. Corolle de 4-6 millimètres. Feuilles à 5, rarement 3-7 folioles lancéolées-aiguës, sub-entières, d'un vert obscur en dessus, blanches-tomenteuses en dessous. Arbrisseau de 1-2 mètres, à jeunes rameaux tétragones et tomenteux. ♃ Juin-Juillet.

Hab. Pyrénées-Orientales; bords des eaux. Port-Vendres, Bagnols, Can-Campa (*Lap.*). C.

LXXXI. PLANTAGINÉES.

Fleurs hermaphrodites plus rarement monoïques. Calice libre, persistant, à 4, rarement 3 divisions. Corolle monopétale, hypogyne, tubuleuse, resserrée au sommet, à 4 lobes réguliers, scarieuse, persistante. 4 étamines saillantes insérées sur le tube de la corolle et alternes avec ses lobes, plus rarement placées sur le réceptacle; anthères biloculaires s'ouvrant longitudinalement. Un style; un stigmate. Ovaire formé de deux carpelles, libre, simple, biloculaire, pluriovulé. Capsule s'ouvrant circulairement, à 2-4 loges formées par un placenta central plane ou à 4 ailes, plus rarement uniloculaire, monosperme et indéhiscente. Embryon droit au centre d'un périsperme sub-corné. Plantes à fleurs en épi ou en capitules rarement solitaires.

526. PLANTAGO *L. gen.* 142 *(Plantain).* — Fleurs hermaphrodites, disposées en épi. Calice à 4 divisions profondes; les deux antérieures parfois soudées en une seule. Corolle à tube court, ovale, à 4 lobes réfléchis. 4 étamines insérées au fond du tube. Capsule s'ouvrant circulairement, à 2-4 loges formées par un placenta libre à 2-4 ailes. Graines fixées au milieu de la cloison qui sépare les loges.

1. Hampe nue; feuilles toutes radicales.

P. Major *L. sp.* 163; *Lap.; Mut.; Borr.; Gren. Godr.* — Fleurs blanchâtres, en épi allongé, cylindrique, atténué au sommet, glabre. Bractées concaves, ovales-obtuses, carénées, vertes sur le dos, scarieuses sur les bords. Calice à lobes ovales-obtus. Corolle à lobes ovales-obtus. Capsule ovoïde, renfermant de 4-8 graines oblongues. Feuilles épaisses, coriaces, étalées, ovales ou elliptiques, pétiolées, entières ou un peu dentées, glabres ou légèrement pubescentes, à 5-7-9 nervures. Hampe dressée, cylindrique, pubescente. Racine ou souche courte, brune, épaisse, munie de longues fibres radicantes. Plante de 1-3 décimètres. ♃ Juillet-Octobre.

Hab. Lieux incultes, le bord des chemins. CC.

P. Intermedia *Gilib.; Lap.; Dub.; Mut.; Borr.; Gren. Godr.* — Fleurs blanchâtres, en épi grêle, cylindrique, glabre, lâche à la base, souvent arqué. Bractées plus courtes que le calice, concaves, obtuses, carénées, vertes sur le dos, scarieuses sur les bords. Calice ovale-obtus. Corolle à lobes lancéolés plus ou moins aigus. Capsule ovoïde, biloculaire. Graines brunes, plus grosses que celles de l'espèce précédente. Feuilles étalées, minces, molles, ovales ou ovales-lancéolées, irrégulièrement dentées-sinuées, à 3-5 nervures. Hampes velues, puis arquées, étalées, ascendantes. Souche brune, courte, munie de fibres radicales grêles. Plante de 5-20 centimètres, très voisine du *P. major* avec laquelle on la confond souvent. ♃ Juin-Octobre.

Hab. Régions sub et alpines, partout. CCC.

P. Media *L. sp.* 163; *D C.; Lap.; Dub.; Borr.; Gren. Godr.* — Fleurs blanchâtres, à étamines lilas, odorantes, en épi oblong, cylindrique, obtus, dense, taché de blanc. Bractées ovales-obtuses, vertes sur le dos, largement membraneuses sur les bords. Calice à lobes sub-planes, arrondis. Corolle à lobes ovales-oblongs, obtus. Capsule ovoïde, à deux loges renfermant *chacune une graine ovale.* Feuilles peu épaisses, étalées sur la terre, brièvement velues sur les deux faces, ovales-lancéolées, entières ou sinuées-dentées, à 7-9 nervures, atténuées en pétiole court et large. Hampe arquée à la base, ascendante, arrondie, finement striée, mollement velue, plus longue que les feuilles. Souche brune, munie de fibres grêles. Plante de 2-3 décimètres. ♃ Mai-Juin.

Hab. Les champs, les prairies. C.

P. Coronopus *L. sp.* 166; *D C.; Lap.; Dub.; Lois.; Mut.; Borr.; Gren. Godr.; Coronopus hortensis Magn. bot.; Fries.; Rchb.* — Fleurs jaunâtres, en épi grêle, cylindrique, dense, glabre ou pubescent. Bractées ovales, subulées, larges à la base et membraneuses sur les bords, souvent longuement subulées. Calice cilié à lobes latéraux carénés sur le dos. Corolle à lobes ovales, acuminés, aigus, à tube velu. Capsule petite, ovoïde, à trois loges *renfermant chacune deux graines petites, sub-luisantes, séparées par une fausse cloison.* Feuilles très variables, étalées ou dressées, glabres, ciliées ou hérissées sur les deux faces, linéaires ou linéaires-lancéolées, charnues ou non charnues, pennatifides, bi-pennatifides ou simplement dentées, rarement entières, à dents ou lobes écartés, acuminés. Hampe étalée ou dressée, arrondie souvent couverte de poils appliqués. Racine longue, pivotante. Plante de 3-30 centimètres, très polymorphe. ② Juin-Août.

Hab. Pyrénées centrales ; lieux sablonneux ; Pouzac près Bagnères sur les terrains d'ophite. R.

P. Crassifolia *Forsk.; Gren. Godr.; P. maritima Desf.; Delile ; D C.; P. teretifolia Sieb.; P. recurvata Koch; Coronopus maritima major Magnol.* — Fleurs d'un blanc sale, appliquées contre l'axe floral, en épi grêle, cylindrique, lâche. Bractées ovales-obtuses ou sub-obtuses, concaves, d'un fauve clair, membraneuses sur les bords. Calice à lobes latéraux membraneux ou sub-membraneux, ciliés au sommet, carénés, munis d'une ligne verte sur la carène relevée en ailes membraneuses et ciliées. Corolle à lobes lancéolés-aigus. Capsule petite, ovale, apiculée, à deux loges, contenant chacune *une graine* linéaire, oblongue. Feuilles dressées ou étalées, droites ou arquées, charnues, semi-cylindriques, glabres ou hérissées, entières, munies de trois nervures. Hampes dressées ou étalées, arrondies, striées, couvertes de poils courts appliqués. Souche épaisse, courte, écailleuse, émettant de longues fibres radicales simples, fasciculées. Plante de 1-3 décimètres. ⚥ Juillet-Août.

Hab. Pyrénées-Orientales ; les bords de la mer, Bagnols, Collioures. etc.

P. Maritima *L. fl. succ. p.* 46 *et sp.* 165; *Smith.; Lap.: Mut.: Borr.; Gren. Godr.; P. graminea Lam.; D C.* — Fleurs d'un blanc sale, en épi cylindrique lâche à la base. Bractées lancéolées-aiguës ou obtuses, concaves, carénées, d'un vert noirâtre sur le dos, étroitement membraneuses sur les bords. Calice à lobes latéraux largement scarieux, finement ciliés au sommet, carénés, à carène tranchante ciliée et denticulée. Corolle à lobes lancéolés-aigus. Capsule oblongue, conique, biloculaire, renfermant *une graine* linéaire-oblongue dans chaque loge. Feuilles linéaires, atténués au sommet, épaissies et charnues, courbées en goutières ou linéaires et planes, glabres, entières ou à 5 dents, éparses, à trois nervures. Hampe de 1-5 décimètres, cylindrique, couverte de poils appliqués. Souche charnue, non ligneuse, rameuse, à divisions grêles, épaissies et fortement écailleuses au sommet, pourvue çà et là de fibres radicales longues et simples. Plante de 2-4 décimètres, gazonnante, très polymorphe par ses feuilles. — Le *P. Wulfennii Willd.* n'est que le *P. maritima* à feuilles étroites. ⚥ Juin-Septembre.

Hab. Pyrénées-Orientales et occidentales : sables des côtes de l'Océan et de la Méditerranée. CC

P. Serpentina *Lam.; Vill.; Lap.; Mut.; Borr.; Gren. Godr.;*
P. coronopus var d. *integralis D C.; P. maritima Koch; Coronopus*
serpentina Magnol. — Fleurs verdâtres à anthères jaunâtres,
en épi cylindrique dense, plus ou moins grêle et allongé.
Bractées éparses, ovales ou lancéolées, concaves, aiguës, à
pointe subulée plus longue que le calice, vertes et carénées
sur le dos, étroitement scarieuses et finement ciliées pendant
la floraison. Calice à lobes latéraux scarieux, finement ciliés
au sommet, carénés, à carène tranchante et denticulée. Corolle à tube velu, à lobes lancéolés, apiculés. Capsule oblongue, conique, aiguë, biloculaire; chaque loge contient une
graine linéaire-oblongue. Feuilles dressées ou étalées, souvent flexueuses, d'un vert glauque, épaisses, coriaces, linéaires, étroites, subulées, trigones, canaliculées ou simplement
linéaires, hispides sur les bords, à trois nervures, entières
ou munies de 2-4 dents très courtes et très écartées. Hampes
cylindriques ou striées, velues. Souches épaisses, ligneuses,
écailleuses, rameuses, se continuant en une racine dure et
pivotante qui atteint jusqu'à 3-5 décimètres de longueur et
ressemble à un serpent. Plante de 1-4 décimètres. ♃ Juillet-
Août.

Hab. Pyrénées-Orientales, centrales et occidentales; fissures des
roches calcaires; Mont-Louis, Carolle; Barèges, Cazaü d'Estiba, Pena
du Brada, Pas-de-Roland. R.

P. Alpina *L. sp.* 165; *D C.; Lap.; Dub.; Borr.; Gren.*
Godr.; P. atrata Lap.; P. orina Vill.—Fleurs blanches à onglet
souvent rose, en épi cylindrique, oblong, dense. Bractées
souvent purpurines, lancéolées-aiguës, vertes ou violettes
sur le dos, scarieuses et finement ciliées sur les bords, non
saillantes avant l'anthèse. Calice à lobes latéraux carénés, à
carène pubescente. Corolle à lobes lancéolés-aigus. Capsule
ovoïde, obtuse, à deux loges contenant chacune une graine
oblongue d'un brun noirâtre. Feuilles molles, dressées ou
étalées, linéaires, atténuées aux deux extrémités, entières ou
munies de 1-2 petites dents et d'une bordure scarieuse,
étroite et transparente, couvertes ainsi que le collet de poils
appliqués *(P. incana Ram. in D C. fl. fr.)* ou glabres, noircissant
par la dessication, pourvues de trois nervures. Hampe étalée,
arrondie, grêle, munie de poils appliqués. Souche courte,
écailleuse, brièvement rameuse, se continuant en racines
pivotantes, longues, simples ou presque simples. Plante de
4-15 centimètres. ♃ Juillet-Août.

Hab. Les pâturages sub et alpins. CCC.

P. Subulata *L. sp.* 166; *Desf.; Benth. cat.; Gren. Godr.;*
P. pungens Lap.; P. triquetra Pers.; Holosteum massiliense
Bauh. — Fleurs blanchâtres, en épi compacte, cylindrique,

oblong. Bractées lancéolées-aiguës, cuspidées, carénées, finement denticulées sur les bords et sur la carène, non saillantes avant l'anthèse. Calice à lobes latéraux fauves, scarieux, à carène brune, ciliée. Corolle à lobes ovales-aigus, à tube glabre ou cilié. Capsule oblongue, conique, aiguë, à deux loges contenant chacune une graine ovale-oblongue. Feuilles courtes naissant sur une souche épaisse, raides, coriaces, linéaires, sub-planes, triquêtres et munies d'une pointe sub-piquante, entières ou denticulées à la base, à trois nervures, glabres ou ciliées, persistantes. Hampe dressée, arrondie, plus longue que les feuilles, couverte de poils ascendants. Souche ligneuse, très rameuse, à divisions allongées. Plante de 5-15 centimètres. ♃ Mai-Juin.

Hab. Pyrénées-Orientales : roches maritimes ; Collioures, Port-Vendres. C.

P. Lagopus *L. sp.* 165; *D C.; Lap.; Dub.; Mut.; Gren. Godr.; P. intermedia Lap.; P. arvensis Presl.; P. eriostachya Tenore; P. lusitanica L. sp.* 167. — Fleurs blanches, en épi serré, velu-soyeux, blanc, devenant roussâtre, ovale ou ovale-oblong, sub-globuleux. Bractées lancéolées-acuminées, **scarieuses**, munies d'une ligne noirâtre sur le dos et de longs poils d'un blanc de neige ou fauves. Calice à sépales latéraux carénés, très velus au sommet. Corolle à lobes étalés, ovales-acuminés, velus sur la nervure dorsale. Capsule petite, obovée, biloculaire, contenant dans chaque loge une graine oblongue. Feuilles lancéolées sub-arrondies au sommet, mucronées, atténuées en pétiole étroit, souvent munies de dentelures écartées, à 3-5 nervures. Hampe ascendante, finement striée, glabre ou munie de poils appliqués. Racine divisée en fibres radicales nombreuses. Plante de 1-3 décimètres, polymorphe. ⚥ Mai-Juin.

Hab. Pyrénées-Orientales ; pâturages, bords des champs; Perpignan *(cap. Galant)*; Bagnols, Can-Campa *(Lap.)*.R.

P. Lanceolata *L. sp.* 164; *D C.; Lap.; Mut.; Borr.; Gren. Godr.* — Fleurs blanches ou blanchâtres, en épi serré, glabre, ovale-oblong ou globuleux. Bractées largement ovales, longuement acuminées, scarieuses, noirâtres *(P. nigricans Link.)*, souvent velues sur le dos. Calice à sépales latéraux carénés, acuminés en une pointe courte, à carène velue. Corolle glabre, à lobes ovales-acuminés. Capsule oblongue, obtuse, biloculaire ; chaque loge contient une graine oblongue. Feuilles ordinairement dressées, lancéolées-acuminées, atténués en pétiole grêle et long muni de dentelures fines, écartées, à 3-5 nervures, glabres ou couvertes de poils non laineux. Hampe dressée ou ascendante, plus longue que les feuilles, sillonnée, glabre ou couverte de poils appliqués. Souche courte, épaisse. Plante de 1-4 décimètres, polymorphe. ⚥ Avril-Octobre.

Hab. Champs, prairies, bords des chemins. CCC.

P. Albicans *L. sp.* 165; *Vill.; Desf.; D C.; Lois.: Dub.; Mut.; Gren. Godr.* — Fleurs blanchâtres, en épi allongé, cylindrique, interrompu à la base, velu. Bractées concaves, lancéolées-obtuses, largement scarieuses sur les bords, épaissies sur le dos, munies au sommet d'un pinceau de longs poils. Calice à lobes latéraux très scarieux, bordé de longs poils. Corolle à lobes ovales brièvement acuminés, glabres. Capsule ovoïde-obtuse, biloculaire; chaque loge renferme une graine ovale et luisante. Feuilles linéaires-lancéolées, longuement atténuées à la base, à trois nervures molles, blanchâtres, laineuses, ordinairement entières. Hampe dressée ou ascendante, arrondie, tomenteuse, plus longue que les feuilles. Souche épaisse, très rameuse, à divisions ligneuses, écailleuses au sommet. Plante de 2-4 décimètres, gazonnante. ⚥ Mai-Juin.

Hab. Pyrénées-Orientales; Perpignan, Case de Pène. RR.

P. Montana *Lam.; D C.; Dub.; Lois.; Koch; Mut.; Gren. Godr.; P. alpina Vill.; P. atrata Hopp.; Lap.; P. sphærocephala Poirr.; P. quinquenervia Schleich.* — Fleurs verdâtres, en épi ovale ou globuleux. Bractées larges cachant les fleurs, orbiculaires, terminées par une pointe courte scarieuse et brune sur les bords, munies d'une large bande verte sur le dos, velues au sommet. Calice à sépales latéraux scarieux, barbus au sommet. Corolle à lobes lancéolés-aigus. Capsule ovale-oblongue, faiblement rugueuse. Feuilles linéaires-lancéolées-acuminées, atténuées à la base, entières ou bordées vers le haut de quelques dents écartées, à trois nervures, étalées, glabres ou munies de quelques poils épars et étalés, noircissant par la dessication. Hampe dressée ou étalée, striée, glabre ou velue. Souche brune, écailleuse, se continuant en une racine un peu rameuse. Plante de 4-12 centimètres. ⚥ Juillet-Août.

Hab. Régions sub et alpines, Castanèse (Espagne). RR.

P. Monosperma *Pourr.; Gren. Godr.; P. argentea Lam.; Desf.; Lap.; Dub.; P. sericea Bent. cat.; Mut.; Endress.; P. capitata Hoppe; P. monspeliensis Willd.* — Fleurs blanchâtres, en épi sub-globuleux un peu velu. Bractées sub-orbiculaires, munies d'une pointe courte, scarieuses sur les bords, bordées de longs poils mous, munies d'une bande verte sur le dos, velues-soyeuses. Calice à sépales latéraux blancs, carénés, velus au sommet. Corolle à lobes lancéolés, *acutiuscules*. Capsule ovoïde à deux loges contenant dans chacune une graine ovale, grosse, rugueuse. Feuilles linéaires-lancéolées, un peu rétrécies vers le bas, entières, d'un vert noirâtre sous les poils, couverte sur les deux faces de longs poils blancs-argentés, munies de trois nervures. Hampe étalée, arrondie, couverte de poils appliqués. Souche brune, épaisse, écailleuse, prolongée en racine pivotante. Plante de 3-10 centimètres. ⚥ Juillet-Août.

Hab. Pyrénées-Orientales et centrales; Mont-Louis. Vénasque, Castanèse (Espagne).

2. Tiges feuillées.

P. Psyllium *L. sp.* 167; *D C.; Lap.; Lois.; Koch; Mut.; Gren. Godr.; P. sicula Presl.* — Fleurs blanchâtres, en épi ovale ou sub-globuleux pauciflore, opposé aux feuilles, pédonculé. Bractées égales, lancéolées-acuminées, vertes sur le dos, ciliées, linéaires, non foliacées, ne dépassant jamais le calice. Celui-ci à sépales tous semblables, lancéolés-aigus. Corolle à lobes lancéolés-acuminés. Capsule ovoïde contenant une graine oblongue, lisse, brillante. Feuilles linéaires ou linéaires-lancéolées, atténuées aux deux bouts, planes, étalées ou arquées en dehors, ciliées à la base, rudes, entières ou munies de quelques dents étalées, à trois nervures, opposées et sessiles sur les tiges. Tige herbacée, dressée ou ascendante, fistuleuse, simple ou rameuse. Plante de 1-3 décimètres, pubescente-glanduleuse. ① Juillet-Août.

Hab. Pyrénées-Orientales et centrales; terrains secs et arides; vallée d'Eynes, Mazos, Prades, Vielle (*Lap.*). R.

P. Arenaria *Walds et Kit.; D C.; Lap.; Koch; Mut.; Gren. Godr.; P. indica L. sp.* 167. — Fleurs d'un blanc sale, en épi ovale longuement pétiolé. Bractées inférieures ovales-acuminées; les supérieures obovées-obtuses. Calice à divisions inégales; les latérales lancéolées; les antérieures spatulées et obtuses. Corolle à lobes lancéolés-acuminés. Capsule ovoïde, biloculaire, contenant dans chaque loge une graine oblongue, luisante. Feuilles opposées, fasciculées, très longues, linéaires-aiguës, entières ou légèrement dentelées. Tige dressée, rameuse. Plante de 1-3 décimètres, pubescente, peu glanduleuse. ① Juin-Août.

Hab. Pyrénées-Orientales, centrales et occidentales; les lieux sablonneux, littoral de Perpignan et de Bayonne; St-Béat. C.

P. Cynops *L. sp.* 167; *Desf.; D C.; Lap.; Dub.; Lois.; Koch; Mut.; Gren. Godr.; P. suffruticosa Lam.; P. genevensis Poir.* — Fleurs blanches, en épi ovoïde. Bractées inférieures larges, ovales-lancéolées, concaves, acuminées en une longue pointe ; les supérieures lancéolées-mucronées. Calice à sépales dissemblables, les uns larges, ovales, mucronés, les autres aigus, carénés, à carène bordée de soies raides. Corolle à lobes lancéolés. Capsule ovoïde, à deux loges contenant chacune une graine oblongue, brune. Pédoncule axillaire, raide. Feuilles opposées ou verticillées par trois, étalées ou arquées en dehors, linéaires, rudes au sommet, entières, glabres ou velues. Tige frutescente, rameuse, formant buisson. Plante de 1-3 décimètres. ☉ Juillet-Août.

Hab. Pyrénées-Orientales : lieux incultes ; de Perpignan jusqu'à Villefranche, environs du Vernet. C.

527. LITTORELLA *L. gen.* 1328. — Fleurs monoïques. — Fleurs mâles longuement pédonculées, solitaires. Calice à 4 divisions, herbacé, scarieux sur les bords. Corolle . en entonnoir, à 4 lobes. 4 étamines saillantes insérées sur le réceptacle.— Fleurs femelles solitaires, géminées ou ternées, sessiles à la base des pédoncules des fleurs mâles. Calice transparent, à 3-4 divisions inégales. Corolle urcéolée, denticulée sur les bords. Style très longuement subulé, pubescent. Capsule osseuse, uniloculaire, indéhiscente, à une graine.

L. Lacustris *L. mant.* 295 ; *D C.; Lap.; Koch; Mut.; Borr.; Gren. Godr.; Plantago uniflora L. sp.* 167 ; *Rchb.* — Fleurs blanchâtres. — Les mâles portées sur de longs pédoncules radicaux, souvent pourvues d'une bractée scarieuse et embrassante. Calice à sépales lancéolés, scarieux sur les bords. Corolle plus longue que le calice, à tube glabre, cylindrique, à lobes étalés, lancéolés. Filets des étamines capillaires, très longs, dressés puis réfléchis. — Fleurs femelles sessiles, entourées de 2-3 écailles blanchâtres. Style pubescent au sommet. Fruit oblong. Feuilles toutes radicales, linéaires, dressées ou arquées, subulées, élargies et canaliculées à la base. Souche courte, grêle, blanche, rampante, émettant à chaque nœud un faisceau de fibres fasciculées. Plante de 3-10 centimètres, glabre, vivant sous l'eau et ne fleurissant que sur les bords. ♃ Juin-Juillet.

Hab. Pyrénées centrales ; bords des marais, lac de Lourdes, marais du Pont-Long près Pau. C.

LXXXII. PLUMBAGINÉES.

Fleurs hermaphrodites régulières. Calice libre, tubuleux, persistant, scarieux, à 5 plis et à 5 dents Corolle régulière monopétale, découpée en 5 lobes ou à 5 pétales onguiculés

5 étamines insérées sur le réceptacle dans les fleurs monopétales ou sur l'onglet des pétales dans les fleurs à pétales distincts. Ovaire simple, libre, uniloculaire. 5 styles ou un style à 5 stigmates. Capsule indéhiscente ou s'ouvrant au sommet, recouverte par le calice. Embryon droit. Périsperme farineux. Cotylédons planes ; radicule dirigée vers le hile. — Fleurs en tête ou en épi. — Feuilles simples, entières, alternes ou radicales.

528. ARMERIA *Willd.* — Calice muni de 5 plis ou côtes, à 5 nervures, à 5 lobes scarieux. Corolle à 5 pétales soudés à leur base en anneau. Étamines insérées à la base de la corolle. 5 styles plumeux soudés et barbus à la base ; stigmates filiformes. Capsule membraneuse, incluse. Épillets à une bractée, réunis en capitule muni d'un involucre au sommet d'un pédoncule. Feuilles radicales en gazon.

A. Maritima *Willd.; Fries.; Borr.; Gren. Godr.; Statice armeria Sm. brit.; Statice maritima Mill.; Koch; Statice cœspitosa Poir.; Engl. bot.; Rchb.*— Fleurs roses réunies en capitules hémisphériques. Écailles extérieures de l'involucre un peu mucronées ; les autres très obtuses, scarieuses. Calice hérissé sur toute sa surface, à dents mucronées. Corolle à pétales émarginés. Fruit à 5 côtes ne dépassant pas les bractées. Feuilles linéaires, planes, radicales, glabres ou ciliées à la base. Hampe de 5-12 centimètres, nue, grêle, un peu velue, gazonnante. Souche très rameuse-écailleuse. ♃ Juin.

Hab. Pyrénées-Orientales et occidentales; sables maritimes; Perpignan, Bayonne. C.

A. Ruscinonensis *Gir.; Bois. in D C. prod.; Gren. Godr.* — Fleurs d'un rose lilas, en capitules hémisphériques. Folioles de l'involucre bi-tri-sériées ; les extérieures ovales, scarieuses sur les bords, obtuses, brusquement terminées par une pointe épaisse ; les intérieures très membraneuses, mutiques ou brièvement mucronées, plus longues que le fruit. Calice obconique, à côtes velues, à sillons glabres ; limbe égalant le tube, à trois lobes triangulaires acuminés. Fruit à sommet conique, à 5 côtes rayonnantes. Feuilles linéaires, radicales, pliées-canaliculées, fermes, glabres, sub-aiguës, à une nervure. Hampe courte, dressée. Souche dure, rameuse, écailleuse. Plante de 6-10 centimètres. ♃ Juin.

Hab. Pyrénées-Orientales; Collioure (*cap. Galant.*) R.

A. Plantaginea *Willd.; Lois.; Bois. in D C. prod.; Mut., Gren. Godr.; A. rigida Wallr.; A. arenaria Ebel.; Statice plantaginea All.; D C. fl. fr.; Statice arenaria Pers.* — Fleurs roses un

peu lilas, en capitules globuleux. Involucre à folioles externes
herbacées, lancéolées, acuminées; les internes obtuses,
un peu mucronées, scarieuses sur les bords. Gaîne allongée,
variable, égalant ou deux fois plus longue que le capitule.
Bractées dépassant peu la longueur du fruit. Calice à tube
conique, muni de côtes velues ; limbe aussi long que le tube,
à lobes lancéolés-aristés. Fruit à sommet conique, à 5 côtes
rayonnantes. Feuilles toutes radicales, glabres ou finement
ciliées, planes, linéaires-lancéolées ou lancéolées-acuminées,
atténuées en pétiole étroit, munies de 1-7 nervures et d'un bord
étroit, scabre et transparent. Hampe grêle, dressée, glabre,
sub-glauque. Souche rameuse à divisions courtes. Racine
grêle, longue. Plante de 1-5 décimètres, gazonnante. ⚥
Juillet-Septembre.

Hab. Pyrénées-Orientales et centrales; lieux secs; Mont-Louis,
Olette, Collioure ; Gazost. C.

A. Alpina *Willd. ; Hel. ; Wallr. ; Boiss. in D C. prod.;
Gren. Godr.; Statice armeria var. alpina D C fl. fr.; Statice alpina Hoppe ; Statice armeria Scop.; Statice montana Mill.* —
Fleurs d'un rose clair ou blanches, en capitule grand, globuleux. Folioles de l'involucre presque toutes scarieuses; les
externes fauves, ovales, concaves, plus courtes que les fleurs ;
les internes plus grandes, arrondies, mutiques. Gaîne plus
courte que le capitule. Calice fauve, muni de côtes étroites,
velues et blanches, à sillons glabres plus larges; limbe ovale,
terminé par une arête plus courte que le lobe. Fruit brièvement
apiculé, à 5 côtes. Feuilles glabres, charnues, planes, linéaires-lancéolées, *obtiuscules*, à une nervure très étroitement
bordée. Hampe dressée, glabre, presque glauque. Souche
épaisse, courte, rameuse. Racines très longues, à fibres fasciculées. Plante de 1-2 décimètres, gazonnante. ⚥ Juillet-
Septembre.

Hab. Régions alpines, débris et gazons, fissures des rochers. C.

A. Pubinervis *Boiss. in. D C. prod.; Gren. Godr.* —
Fleurs légèrement roses, passant au bleu, en capitules
grands, hémisphériques. Folioles externes de l'involucre
petites, sub-herbacées, d'un jaune verdâtre, lancéolées ; les
inférieures ovales, très scarieuses, mucronées ou mutiques.
Gaîne aussi courte que le capitule. Bractées vertes sur le
dos, plus longues que le fruit. Calice muni de côtes fines
alternativement velues et presque glabres, plus étroites que
les sillons, à limbe égalant le tube, à lobes courts, triangulaires, terminés par une arête. Fruit à sommet brièvement
conique, à 5 côtes rayonnantes. Feuilles brièvement pubescentes sur les nervures et sur les deux faces, linéaires-lan-

céolées, planes, mucronées, à trois nervures, légèrement bordées. Hampe dressée, épaisse, finement velue à la base ou tout-à-fait glabre. Souche ligneuse, épaisse, courte, écailleuse. Plante de 1-4 décimètres. ♃ Juin-Juillet.

Hab. Pyrénées centrales et occidentales; bords du lac d'Estain (vallée d'Aspe), du lac d'Yous (vallée d'Osseau); Biarritz, environs de Bayonne. RRR.

529. STATICE *Willd.* — Calice obconique ou tubuleux, à 5 angles, à limbe à 5-10 parties, scarieux. Corolle à 5 pétales étalés, libres ou soudés en anneau à la base. 5 étamines insérées à la base de la corolle. 5 styles glabres libres ou seulement soudés et barbus à la base. Capsule monosperme, incluse. Epillets munis de trois bractées. Herbes à feuilles radicales en rosette, pédicellées sur un réceptacle garni de paillettes et disposées en capitule à deux rangs de folioles; les internes réfléchies en forme de gaine sur le pédoncule; les externes scarieuses imbriquées. Plantes vivaces à feuilles radicales gazonnantes.

S. Limonium *L. fl. succ.* 99; *Koch; Brebisson; Mut.; Gren. Godr.; S. limonium scanica Fries.; S. pseudo-limonium Rchb.* — Fleurs lilas, en panicule très rameuse, corymbiforme, à rameaux dressés. Epillets uni-biflores, imbriqués, formant des épis unilatéraux peu arqués, rapprochés au sommet des rameaux. Bractées externes à bords blancs, membraneuses, ovales, arrondies sur le dos, mucronées; les internes très grandes, embrassant les fleurs, obtuses, scarieuses au sommet et sur les bords. Calice à tube poilu sur les deux nervures, à limbe bleuâtre, divisé en lobes triangulaires, apiculés. Feuilles elliptiques ou oblongues-elliptiques, obtuses ou aiguës, atténuées en pétiole grêle et terminées par une pointe subulée, munies d'une nervure rameuse. Hampe cylindracée, ramifiée au sommet en panicule corymbiforme fournie, à rameaux courts un peu étalés, chargés de fleurs. Souche épaisse, brune, courte. Plante de 1-5 décimètres, glabre. ♃ Juillet-Août.

Hab. Pyrénées occidentales; les marais salants, environs de Bayonne. C.

S. Occidentalis *Lloyd. fl. loir. inf.; Bois. in D C. prod.; Gren. Godr.; S. Bubani Gir. ann. sc. nat.; S. dichotoma Mut.; S. lanceolata Rchb.; S. oleifolia Willd.* — Fleurs d'un bleu clair, devenant blanches par la dessication, disposées en panicule très rameuse, un peu flexueuse, à rameaux grêles. Epillets bi-triflores, en épis uni-latéraux dressés. Bractées externes courtes, ovales-aiguës; les internes plus grandes, obovées, obtuses, vertes et arrondies sur le dos, très scarieuses sur les bords et fauves. Calice à lobes arrondis. Feuilles lancéolées-spatulées, souvent terminées par un mucron allongé naissant sous le sommet, atténués en pétiole plane et large. Hampe de 1-4 décimètres, grêle, dressée, ascendante, à rameaux nombreux. Souche brune, ligneuse, très rameuse. Racine dure, rameuse. ♃ Juillet-Septembre.

Hab. Pyrénées occidentales ; les marais salants ; Biarritz, environs de Bayonne. C.

S. Dubyei *Gren. Godr.; S. dichotoma Dub. ; Laterrad.; Mut.; S. reticulata Willd.* — Fleurs bleues, unilatérales, très serrées, en panicule très allongée, étalée, dressée. Epillets gros, écartés, disposés en épi allongés, lâches, flexueux, non agglomérés. Bractée inférieure lancéolée, aiguë ; l'interne plus grande, membraneuse dans son tiers supérieur, ridée sur le dos. Calice grand, à lobes aigus. Feuilles ovales-spatulées, atténuées en pétiole, planes. Souche courte, ligneuse. Racine longue, dure, pivotante. Plante de 1-4 décimètres, glabre, sub-glauque. ♃ Juillet-Août.

Hab Pyrénées occidentales ; sables maritimes, marais salants ; Biarritz, Vieux Boucaut. R.

530. PLUMBAGO *Tournef. inst. p.* 140 *(Dentelaire)*. — Calice à tube glanduleux, à 5 dents et à 5 angles. Corolle monopétale, en entonnoir, à 5 lobes. 5 étamines libres, hypogynes, à filets dilatés à la base. 1 style. 5 stigmates filiformes glanduleux sur la face interne. Capsule entourée par le calice. Fleurs en épi, à trois bractées. — Tiges rameuses, feuillées.

P. Europœa *L. sp.* 215 ; *D C.; Desf.; Lap.; Mut.; Gren. Godr.* — Fleurs purpurines ou violettes, en épi court, dense au sommet de chaque rameau, à trois bractées lancéolées placées sous chaque fleur. Calice à tube cylindrique finement strié, muni de 5 soies glanduleuses au sommet. Corolle à limbe étalé, divisé en 5 lobes obovés. Fruit noir, dur, ovoïde, conique. Graine fauve, apiculée et noire au sommet. Feuilles vertes en dessus, plus pâles en dessous, rudes, spinuleuses, onduleuses ; les inférieures obovées, atténuées en pétiole ; les moyennes sessiles ; les supérieures lancéolées, brièvement auriculées. Tige dressée, rameuse, anguleuse, striée. Plante de 3-12 décimètres. ♃ Juillet-Août.

Hab. Pyrénées-Orientales : de Noëdes à Prades (*Lap*) RR

LXXXIII. GLOBULARIÉES.

Fleurs hermaphrodites régulières, aggrégées en capitules globuleux sessiles sur un réceptacle commun garni de paillettes et entouré d'un involucre polyphylle. Calice tubuleux, persistant, à 5 dents aiguës ou bilabiées. Corolle tubuleuse, hypogyne, à 5 divisions ou à limbe bilabié; lèvre supérieure petite, bipartite; lèvre inférieure plus grande, tri-partite. Étamines 4, par l'avortement de celle qui aurait dû se trouver entre les deux divisions de la lèvre supérieure, insérées au sommet du tube de la corolle et alternant avec les lobes; anthères bilobées, arrondies, à lobes confluents au moment de l'anthèse et s'ouvrant par une fente longitudinale. 1 style bifide. Ovaire libre à un ovule pendant. Fruit sec, ovoïde, monosperme, mucroné par la base persistante du style, recouvert par le calice. Plante à feuilles radicales ou alternes. Embryon droit dans un albumen charnu; radicule très rapprochée du hile.

531. GLOBULARIA *L. gen.* 112 *(Globulaire)*. — Les caractères du genre sont les mêmes que ceux de la famille.

1. Tiges herbacées.

G. Vulgaris *L. sp.* 139; *D C.; Lap.; Dub.; Mut.; Borr.; Gren. Godr.* — Fleurs bleues, rarement blanches, réunies en capitule petit, dense, entouré d'un involucre formé de 9-12 folioles imbriquées, oblongues, acuminées, poilues, ciliées. Réceptacle conique, hérissé. Calice à 5 angles, velu, très poilu à la gorge, à dents lancéolées-subulées, ciliées. Corolle tubuleuse dépassant le calice; lèvre supérieure courte, bifide; lèvre inférieure à trois lobes allongés, linéaires. Capsule fusiforme, comprimée-acuminée. Feuilles radicales nombreuses, en rosette, coriaces, obovées, pétiolées, échancrées ou tridentées au sommet; les caulinaires petites, nombreuses, sessiles, lancéolées, alternes. Tige dressée, simple. Racine dure, ligneuse, produisant une ou plusieurs tiges. Plante glabre. ♃ Juin.

Hab. Les coteaux stériles et les plaines. C.

G. Nudicaulis *L. sp.* 140; *D C.; Lap.; Dub.; Vill.; Mut.; Gren. Godr.* — Fleurs d'un bleu pâle, en capitule gros, dense, muni d'un involucre à folioles nombreuses, imbriquées, ovales, glabres de même que le réceptacle. Calice glabre, à dents lancéolées. Corolle tubuleuse dépassant peu le calice; lèvre supérieure nulle ou à deux dents petites très courtes; lèvre inférieure à trois lobes linéaires. Feuilles radicales en rosette, longues, obovées, entières, quelquefois sub-dentées au sommet, atténuées en pétiole, d'un vert luisant. Tige herbacée, simple, courbée, ascendante, nue, de 6-10 centimètres. Plante glabre. Souche épaisse, émettant une ou plusieurs tiges. ♃ Mai-Juin.

Hab. Toute la chaîne, dans les pâturages sub et alpins. CCC.

2. Tige ligneuse.

G. Cordifolia *L. sp.* 139; *D C.; Dub.; Gren. Godr.* — Fleurs d'un bleu clair, en petit capitule, munies d'un involucre foliacé à folioles ovales, ciliées, hérissées à la base. Réceptacle glabre à écailles lancéolées, persistantes. Calice couvert de poils appliqués, à dents lancéolées-acuminées. Corolle sub-bilabiée, à 5 lobes, à divisions linéaires ; les deux supérieures plus courtes, les trois inférieures plus grandes. Feuilles réunies en rosette à la base des pédoncules, cunéiformes, atténuées en pétiole, à limbe entier ou tridenté. Tige nue ou munie de 1-2 écailles. Souche très rameuse, ligneuse, rampante, appliquée sur la terre ou sur les roches. ♃ Juin-Juillet.

Var. **b.** *Nana Gren. Godr.* — Feuilles très étroites, entières au sommet. ♃ Juin-Juillet.

Hab. Type et var. : toute la chaîne, régions sub et alpines, sur la terre et contre les roches. CCC.

G. Alypum *L. sp.* 139; *D C.; Lap.; Dub.; Mut.; Gren. Godr.* — Fleurs bleues, odorantes, en capitule dense muni d'un involucre à folioles nombreuses, ovales-arrondies et mucronées au sommet, scarieuses et ciliées sur les bords. Réceptacle globuleux, poilu, hérissé, couvert d'écailles linéaires-subulées, hérissées, caduques. Calice barbu, à dents linéaires-acuminées. Corolle à lèvre supérieure très courte, sub-nulle, bifide ; l'inférieure tridentée, très longue. Feuilles éparses sur la tige et les rameaux, oblongues, épaisses, glauques ou vertes, parsemées sur les deux faces de points brillants, munies d'une nervure, entières ou bi-tridentées. Tige de 2-5 décimètres, ligneuse, formant buisson. ♃ Avril-Mai.

Hab. Pyrénées-Orientales, environs de Perpignan. R.

LXXXIV. AMARANTHACÉES.

Fleurs rarement hermaphrodites, souvent monoïques, rapprochées en tête ou en épi, à une seule enveloppe florale. Périgone (*calice*) persistant, scarieux, muni de deux bractées, à 3-5 sépales libres ou soudés entre eux à la base et formant ainsi un calice monosépale à 3-4 lobes. 3-5 étamines hypogynes,

libres ou monadelphes, opposées aux sépales. Ovaire simple
libre, uniloculaire, pluriovulé. 1-3 styles; stigmates peu distincts. Capsule uniloculaire s'ouvrant circulairement, ordinairement à une graine lenticulaire, réniforme, suspendue
au funicule et munie d'une double enveloppe; l'externe dure
et noire, l'interne membraneuse. Embryon recourbé autour
d'un périsperme farineux. Plantes herbacées ou sub-fructes-
centes, à feuilles simples alternes et plus rarement opposées.

532. AMARANTHUS *L. gen.* 1060 (*Amaranthe*). —
Fleurs monoïques en glomérules, 3-6, munies de trois bractées. Périgone à 3-5 sépales libres, quelquefois soudés à la
base. — Fleurs mâles : 3-5 étamines ; anthères biloculaires ;
filets subulés. — Fleurs femelles : 1 style à base persistante, à
trois stigmates. Capsule à une graine lenticulaire, crustacée.
Plantes herbacées. Feuilles alternes.

1. Calice à 3 lobes; 3 étamines.

A. Albus *L. sp.* 1404; *Willd.; Lap.; Lois.; Dub.; Mut.;*
Borr. ; Gren. Godr. — Fleurs d'un blanc sale, en glomérules
axillaires courts, bipartits, formant à l'extrémité des rameaux un épi grêle, effilé, interrompu, feuillé. Bractées lancéolées-acuminées, sub-épineuses, plus longues que les fleurs.
Périgone à trois divisions dépassant la capsule. Trois étamines. Graines très petites, très brillantes, sub-bordées. Feuilles
petites, atténuées en long pétiole, tronquées, échancrées,
munies d'un petit mucron au centre de l'échancrure, fermes,
glabres ; les inférieures obovées-oblongues ; les supérieures
lancéolées-oblongues, toutes d'un vert pâle. Tige très rameuse,
divergente, anguleuse, très glabre. Plante de 6-8 décimètres,
d'un vert pâle. ① Juin-Septembre.

Hab. Pyrénées-Orientales ; Bagnols *(Lap.)*, environs de Perpignan. R.

A. Sylvestris *Desf.; Vill.; Lap.; Dub.; Lois.; Mut.; Borr.;*
Gren. Godr.; A. viridis L. sp. 1405? *Moq. in D C. prod.; A. pal-*
lidus Bieb. — Fleurs verdâtres, en glomérules tous axillaires ;
les inférieurs espacés ; les supérieurs rapprochés presqu'en
épis feuillés. Bractées lancéolées-linéaires, *non spinuleuses.*
Périgone à trois divisions mucronées. Graines petites, noires,
brillantes, lenticulaires, entourées d'une bordure légère.
Feuilles pétiolées, rhomboïdales, ovales, entières, obtuses
ou un peu pointues, planes ou un peu ondulées. Tige de 3-6
décimètres, anguleuse, sillonnée, rameuse à la base ; la
centrale droite ; les autres étalées ou ascendantes-diffuses.
Plante dressée, verte, jaunâtre, glabre. ① Juin-Septembre.

Hab. Pyrénées-Orientales et centrales ; terrains cultivés ; environs
de Perpignan. CCC ; St-Béat dans les champs. R.

A. Blitum *L. sp.* 1405 ; *D C.; Lap.; Dub.; Mut.; Borr.; Gren. Godr.; A. ascendens Lois.; Albersia blitum Kunth.; Coss. et Germ.; Blitum album minus Pluck.; Blitum rubrum supinum Lob.* — Fleurs d'un blanc verdâtre, en glomérules arrondis, axillaires ; les inférieurs espacés ; les terminaux rapprochés en épis cylindriques non feuillés. Bractées lancéolées plus courtes que les fleurs. Périgone à trois divisions lancéolées-subulées. Capsule comprimée-lenticulaire, aussi large que longue. Graines d'un brun noir, petites, luisantes, entourées d'un bord plane. Feuilles pétiolées, ovales, sub-rhomboï-dales, très obtuses, nerveuses, glabres, vertes, luisantes en dessous, souvent tachées de blanc et échancrées au sommet et mucronées au centre de l'échancrure. Tiges couchées, grosses, striées, glabres, rameuses, diffuses, étalées ou ascendantes. Plante de 5-9 décimètres, glabre, d'un vert jaunâtre. Racine pivotante. ① Juillet-Août.

Hab. Murs et décombres autour des habitations. C.

A. Deflexus *L. mant.* 295 ; *Gren. Godr.; A prostratus Balb.; D C.; Lap.; Lois.; Mut.; Borr.; A. spicatus Bast.; Albersia pros-trata Kunth.; Euxolus deflexus Moq. in D C. prod.; Blitum capi-tatum Benth. in Lap.* — Fleurs verdâtres, en glomérules axil-laires ; les inférieurs espacés, les supérieurs rapprochés en épis terminaux serrés, non feuillés. Bractées égalant à peu près les fleurs. Périgone à trois divisions linéaires, mucro-nulées. Capsule d'un gris blanchâtre, ellipsoïde, plus large que longue, munie de deux stries longitudinales. Graines très petites, d'un brun noir, très brillantes. Feuilles ovales, rhomboïdales, atténuées en pétiole, terminées par une pointe obtuse ou échancrée, à nervures blanches très rameuses, vertes en dessus et glauques en dessous, poilues en dessous sur les nervures, à pétiole égal au limbe. Tiges de 3-6 déci-mètres, grêles, couchées, souvent ascendantes, glabres dans le bas, velues au sommet, striées. Plante souvent rougeâtre, très rameuse. Racine pivotante. ① Juillet-Septembre.

Hab. Pyrénées-Orientales et centrales ; champs cultivés ; plaine de Bagnères. C.

2. Calice à 5 lobes ; 5 étamines.

A. Retroflexus *L. sp.* 1407 ; *Lap.; Mut.; Borr.; A. spi-catus Lam.; A. chlorostachys Moret.; Poll.; Riss.* — Fleurs d'un vert blanchâtre, en glomérules axillaires rapprochés, for-mant un épi non feuillé, serré, terminal. Bractées longue-ment acuminées, mucronées, deux fois plus longues que le périgone, à nervure verte, membraneuse tout autour. Divi-sions du périgone tronquées, échancrées, obtuses, mucronées. Graines très petites, d'un brun noir, très brillantes. Feuilles pétiolées, ovales, acuminées en pointe obtuse, nerveuses, ondulées, d'un vert pâle en dessus, plus pâles et ponctuées en dessous. Tige droite, sillonnée, pubescente, rude, peu rameuse; rameaux serrés. Racine pivotante, grêle, très longue. Plante de 1-9 décimètres. ⚥ Juillet-Septembre.

Hab. Champs, moissons, lieux incultes, plaines. CC.

(212). POLYCNEMUM *L. gen.* 53 *(Polychnème).* — Fleurs hermaphrodites. Périgone persistant, scarieux, à 5 divisions, muni de deux bractées. Corolle nulle. 3, rarement 5 étamines hypogynes opposées aux sépales. Un style bifide à deux stigmates (peut-être deux styles soudés à la base). Capsule comprimée, uniloculaire, monosperme, fermée par un opercule adhérent. Graine lenticulaire verticale, dure, ponctuée.

Ce genre a été déjà décrit par erreur après le genre *Scleranthus*, tome 1ᵉʳ, page 330. Il aurait dû être placé dans la famille des *Amaranthacées* à laquelle il appartient réellement.
Pour la description du *Polycnemum majus* voir **tome 1ᵉʳ, page 330.**

P. Arvense *L. sp.* 50; *Jacq.; D C.; Sturm.; Lap.; Mut.; Billot.; Borr.; Gren. Godr.* — Fleurs d'un blanc sale ou verdâtres, solitaires, sessiles, axillaires, munies de deux bractées blanches, scarieuses, lancéolées-acuminées, en pointe sétacée *égalant à peine la longueur du périgone.* Celui-ci scarieux, à 5 divisions. Graines petites, noirâtres, ponctuées. Feuilles grêles, triquètres, subulées, mucronées, raides, un peu étalées, puis dressées, sub-imbriquées. Tiges diffuses, étalées, grêles, couchées, à rameaux nombreux souvent verruqueux. Plante de 9-15 centimètres, très rameuse dès la base, glabre, grêle. Racines grêles, longues. ⚥ Juin-Juillet.

Hab. Pyrénées-Orientales; roches siliceuses, les champs sablonneux, environs de Perpignan, roches de Cadeil et de Barcugnas. R.

LXXXV. PHYTOLACCÉES.

Fleurs hermaphrodites. Périgone à 4-5 divisions imbriquées dans le bouton. Corolle nulle. Étamines insérées au fond du périgone et sur un disque périgyne, hypogynes, 5 et alternant avec les lobes du périgone ou en grand nombre et alternant entre elles quelquefois sans ordre. 1-10 styles. Ovaire libre à 1-10 loges monospermes. Fruit en baie pluriloculaire. Embryon périphérique à périsperme farineux. Feuilles alternes.

533. PHYTOLACCA *L. gen.* 588. — Périgone coloré, à 5 divisions persistantes et réfléchies. Corolle nulle. 8-20 étamines libres, hypogynes, insérées au fond du périgone sur un disque charnu. 5-10 styles. Ovaire à 5-10 loges et à 5-10 stries. Baie à 8-10 loges monospermes. Feuilles alternes sans stipules.

P. Decandra *L. sp.* 631 ; *D C.; Dub.; Lois.; Mut.; Borr.; Gren. Godr.* — Fleurs rosées, en grappes opposées aux feuilles portées sur un long pédoncule strié. Pédicelles longs munis à la base de bractéoles linéaires. Périgone pétaloïde pourpré, à 5 divisions obtuses recourbées en dedans. 10 étamines égalant ou dépassant le calice. 10 styles très courts. Baie d'un pourpre noir à 10 sillons correspondants, à 10 loges monospermes. Graines réniformes attachées à un axe central. Feuilles glabres, ovales-lancéolées, entières, pétiolées, alternes, terminées en pointe calleuse, opposées aux grappes de fleurs, alternes et terminales à l'extrémité des rameaux. Tige droite, très rameuse, souvent rougeâtre. Plante d'un vert gai, glabre. ⁊ Juillet-Septembre.

Hab. Pyrénées-Orientales, centrales et occidentales; autour des maisons, bords des routes, plaine de Bagnères, etc., etc., etc. CCC.

LXXXVI. SALSOLACÉES.

Fleurs le plus souvent hermaphrodites, rarement polygames, monoïques ou dioïques. Périgone (*calice*) herbacé, persistant, à 5 divisions, rarement moins, imbriquées dans le bouton, quelquefois à 3-5 sépales libres ou plus ou moins soudés s'accroissant après l'anthèse. Étamines 5 (plus ou moins), insérées au fond du périgone, opposées à ses lobes et en nombre égal ou moindre. Styles soudés ou distincts, à 2-4 stigmates. Ovaire libre ou adhérent à la base, uniloculaire, uniovulé. Fruit indéhiscent tantôt sec, monosperme, nu ou recouvert par le calice membraneux, tantôt entouré d'un calice pulpeux. Une graine lenticulaire, verticale ou horizontale. Embryon circulaire, périphérique ou en spirale; périsperme farineux ou nul. Plantes à feuilles alternes sans stipules.

534. BETA *Tournef. inst. p.* 501 *(Bette).* — Fleurs hermaphrodites. Périgone à 5 divisions, adhérent à la base de l'ovaire. 5 étamines *sub-périgynes* insérées sur un anneau charnu entourant la base de l'ovaire. Styles courts, 2-3, rarement 4-5, à 3 stigmates. Fruit sub-ligneux enveloppé par le calice. Graine horizontale à enveloppe coriace et renfermée dans le calice persistant et un peu charnu.

B. Vulgaris *L. sp.* 322 ; *D C.; Lap.; St-Hil.; Koch; Mut.; Borr.; Gren. Godr.* — Fleurs blanches ou rougeâtres, en grappes pédonculées opposées aux feuilles, alternes et terminales, formant des épis grêles et nus. Périgone coloré. Stigmates ovales. Feuilles radicales grandes, pétiolées, sub-cordiformes, ovales-obtuses, ondulées, nervées, entières, très luisantes ; les supérieures rhomboïdales, ovales, entières. Tige très anguleuse, droite, robuste. Racines très variables, rouges, jaunes ou blanches, épaisses, napiformes, succulentes. Plante de 1-4 pieds, verte ou rouge, glabre. ℗ ♃ Juillet-Septembre.

Hab. Les champs et les lieux cultivés. C.

535. CHENOPODIUM *L. gen.* 309 (*Anserine*). — Fleurs hermaphrodites. Périgone persistant à 5 divisions herbacées, souvent carénées. Étamines 5, rarement moins, insérées à la base du calice. Styles deux, rarement trois, soudés à la base. Fruit déprimé, entouré par le périgone *non adhérent.* Graine lenticulaire placée horizontalement, plus rarement verticale, à enveloppe coriace.

1. Feuilles entières.

a. *Fleurs agglomérées en épi.*

C. Vulvaria *L. sp.* 321 ; *D C.; Lap.; Dub.; Lois.; C. olidum Curt.; Mut.; C. fœtidum Lam.* — Fleurs d'un blanc verdâtre, glauques, agglomérées en petite grappe axillaire non feuillée, espacées, opposées. Périgone à 5 divisions recouvrant le fruit. Graines horizontales, noires, lisses, luisantes, finement ponctuées. Feuilles très entières, rhomboïdales, ovales-obtuses, longuement pétiolées, pulvérulentes, glauques-farineuses, surtout en dessous. Tiges effilées, très rameuses, diffuses sur le sol. Plante fétide, cendrée, poudreuse, de 2-6 décimètres. Racines longues, grêles, simples ou rameuses. ① Juillet-Septembre.

Hab. Les champs cultivés, les murs, les décombres. CCC.

b. *Fleurs à la fin séparées en cyme.*

C. Polyspermum *L. sp.* 321 ; *D C.; Lap.; Dub.; Lois.; Mut.; Borr.; Noul.; Gren. Godr.; C. acutifolium Sm.; Brit.; C. cymosum Chevall.* — Fleurs vertes, en grappes courtes et lâches, axillaires et terminales, ramifiées en cymes feuillées presque jusqu'au sommet. Périgone fructifère ouvert à la maturité. Graines horizontales, luisantes, d'un rouge très foncé, finement ponctuées (vues à la loupe). Feuilles pétiolées, ovales-obtuses, très entières, glabres, vertes des deux côtés, quelquefois ovales-lancéolées (*C. acutifolium Sm.*), toutes émarginées, décurrentes sur le pétiole. Tige rameuse, couchée, diffuse, striée, glabre. Racine grêle, pivotante. Plante de 1-5 décimètres. ① Juillet-Octobre.

Hab. Les champs, les décombres. CCC.

2. Feuilles dentées ou anguleuses.

a. *Fleurs agglomérées en épi.*

C. Album *L. sp.* 319; *Lap.; Lois.; Koch; Mut.; Borr.; Gren. Godr.; C. triviale Noul.; C. leiospermum D C.; Dub.* — Fleurs blanchâtres, pulvérulentes, en grappes simples ou rameuses, compactes ou lâches, nues ou feuillées à la base, sessiles. Périgone recouvrant le fruit, à 5 divisions carénées. Graines horizontales, noires, luisantes, finement ponctuées. Feuilles très variables, pétiolées, triangulaires, rhomboïdales ou légèrement obovales, dentées ou rhomboïdales-triangulaires, inégalement dentées, glauques, blanchâtres en dessous, souvent bordées de rouge; les supérieures oblongues-aiguës. Tige dressée, rameuse, striée, à stries colorées, souvent simple, glauque. Plante de 3-7 décimètres.

Var. a. *Commune Gren. Godr.* — Feuilles rhomboïdales, triangulaires, dentées, entièrement pulvérulentes; les supérieures oblongues, entières. Epi serré.

Var. b. *Viride Gren. Godr.; C. viride L. sp.* 319; *Fries.; Thuill.; Mut.* — Feuilles vertes, luisantes, à peine pulvérulentes; les supérieures entières. Fleurs en grappes, à ramifications étalées, entremêlées de quelques feuilles.

Var. g. *opulifolium Nob.; v. d. Vaillantii Noul.; C. opulifolium Schrad. in D C.; Gren. Godr.; Atriplex rosea Lap.* — Feuilles rhomboïdales, courtes, obtuses, à trois lobes inégalement dentés, glauques en dessous; les supérieures dentées. Fleurs en grappe lâche.

Var. d. *Ficifolium Nob.; var. c. Smithii Noul.; C. ficifolium Smith.; D C.; Borr.; Gren. Godr.; C. serotinum Moquin.* — Feuilles allongées, hastées, inégalement dentées au sommet; les supérieures oblongues, entières ou lancéolées. Fleurs en grappes courtes, axillaires, non feuillées et très espacées. Juillet-Octobre.

Hab. Type et var. : les champs, les lieux cultivés, les jardins. CC.

C. Murale *L. sp.* 318; *Engl. bot.; Lap.; Mut.; Borr.; Noul.; Gren. Godr.* — Fleurs vertes, en grappes nues, rameuses, axillaires et terminales. Périgone recouvrant entièrement le fruit, à divisions sub-carénées. Graines noires, ponctuées, ternes, amincies-tranchantes sur les bords. Feuilles minces, deltoïdes, pétiolées, aiguës, luisantes en dessus, plus pâles en dessous, plus ou moins pulvérulentes, d'abord un peu fétides, bordées de dents irrégulières aiguës. Tige de 4-8 décimètres, dressée ou étalée, simple ou rameuse. Plante anguleuse. Racine grêle, blanche, munie de fibrilles capillaires. ⊙ Juillet-Septembre.

Hab. Les vieux murs, les décombres. CCC.

C. Urbicum *L. sp.* 318; *D C.; Lap.; Dub.; Lois.; Mut.; Borr.; Noul.; Gren. Godr.; C. deltoïdeum Lam.; C. chryso-melanospermum Zucc.; C. melanospermum Wallr.* — Fleurs glabres, vertes, rougissant en vieillissant, en grappes nues ou peu feuillées seulement à la base, serrées, appliquées contre la tige, axillaires ou disposées en long panicule terminal. Périgone ne couvrant pas le fruit au centre, à divisions subétalées. Graines horizontales, non luisantes, granulées. Feuilles d'un beau vert en dessus, plus ou moins blanches en dessous, un peu épaisses, toutes pétiolées, triangulaires, peu profondément dentées, à sommet entier. Tige dressée, rameuse, striée, à onglet blanc, puis rougeâtre, glabre. Plante de 3-6 décimètres. Juillet-Septembre.

Hab. Les villages, aux pieds des murs. CC.

C. Glaucum *L. sp.* 320; *D C.; Lap.; Dub.; Lois.; Mut.; Benth. cat.; Borr.; Gren. Godr.; Blitum glaucum Koch.* — Fleurs vertes, agglomérées en petites grappes nues, axillaires, serrées, plus courtes que les feuilles, occupant presque toute la tige. Périgone ne recouvrant pas entièrement le fruit, à 5 divisions carénées. Graines verticales mêlées de graines horizontales, lisses, brillantes, chagrinées, à bord aigu. Feuilles oblongues-obtuses, sinuées-dentées, vertes en dessus, très glauques, sub-farineuses en dessous; les supérieures sub-entières, plus étroites. Tige de 1-4 décimètres, sillonnée, simple ou rameuse, diffuse ou couchée à la base. Plante verte, souvent rougeâtre (*C. rubrum Lej.*), moins grande que les espèces précédentes. ① Juillet-Octobre.

Hab. Pyrénées-Orientales et centrales; les champs, les lieux cultivés. C.

C. Rubrum *L. sp.* 316; *D C.; Lois.; Lap.; Mut.; Noul.; Gren. Godr.; Blitum rubrum Rchb.; Borr.; Blitum polymorphum Meyer.* — Fleurs rougeâtres, en glomérules très fournis, axillaires, formant des grappes rameuses foliacées, sub-corymbiformes, terminales et occupant presque toute la tige; fleur terminale à 5 étamines, les autres à deux. Périgone ne recouvrant pas entièrement le fruit, à divisions appliquées. Graines luisantes, granuleuses, très petites, verticales, excepté celle de la fleur terminale. Feuilles vertes, très variables, pétiolées, rhomboïdales, lancéolées, un peu cordiformes à la base, glabres, profondément dentées ou trilobées en fer de lance, à base entière en coin longuement prolongé, obtuses, sinuées-dentées, à dents lancéolées; les deux inférieures très grosses. Tige dressée dans les lieux gras, à la fin rougeâtre, simple ou rameuse. Racines grêles,

fusiformes et pivotantes , rameuses, souvent tortueuses.
Plante de 1-2 décimètres. ① Juillet-Septembre.

Hab. Pyrénées-Orientales et centrales ; les villages , les champs .
les décombres, les fumiers ; Mont-Louis, vallée d'Aure, Arreau. R.

C. Bonus-Henricus *L. sp.* 318; *D C.; Lap.; Dub.;*
Lois.; Mut.; Benth. cat.; Borr.; Blitum bonus-Henricus Rchb.;
Moq.; Meyer. (Vulg. épinard sauvage). — Fleurs vertes, agglomérées en épis axillaires et terminaux non feuillés ; les
supérieurs en long épi dressé au sommet de la tige et des
rameaux et formant une panicule étroite munie à la base
de quelques feuilles. Fleurs terminales à 5 étamines. Les
autres à 2-3. Périgone ne couvrant pas le fruit en entier, à
divisions appliquées. Stigmate saillant. Graines verticales,
excepté celle de la fleur terminale, lenticulaires, comprimées,
d'un noir cendré, lisses, luisantes. Feuilles larges, pétiolées,
triangulaires, hastées, aiguës, entières ou à peine ondulées,
un peu pulvérulentes en dessous et souvent ponctuées.
Tige droite, épaisse, pulvérulente. Racine grêle, brune.
Plante à souche épaisse. Juillet-Septembre.

Hab. Toute la chaîne : autour des cabanes des pasteurs sub et
alpines; Lhéris, Ordincède, Houn-Blanco, etc., etc., etc. CCC.

C. Ambrosioïdes *L. sp.* 320; *Lap.; Dub.; Lois.; Mut.;*
Gren. Godr.; Noul.; Ambrina ambrosioïdes Spach. (Vulg. thé du
Mexique). — Fleurs vertes , disposées par petits glomérules
sessiles , axillaires , en grappes allongées entremêlées de
feuilles lancéolées, obtuses, entières, formant par leur
ensemble une longue et étroite panicule. Périgone couvrant
le fruit, à divisions non carénées. Graines noires, luisantes.
Feuilles inférieures pétiolées, lancéolées, bordées de grosses
dents peu profondes, vertes, glabres, souvent glanduleuses
en dessous ; les supérieures lancéolées , entières. Tiges
dressées, striées, vertes, glabres. Plante de 3-6 décimètres,
simple, rarement rameuse, d'une odeur forte. Racine forte,
pivotante. ① Juillet-Septembre. — Originaire du Mexique ;
spontanée en France.

Hab. Pyrénées-Orientales, centrales et occidentales ; bords des
eaux, environs de Perpignan, St-Béat, Bayonne, Pays Basque. R.

C. Botrys *L sp.* 320; *D C.; Lap.; Dub.; Lois.; Mut.;*
Botrydium aromaticum Spach.; Ambrina botrys Moquin (Vulg.
piment). — Fleurs vertes, disposées en petites grappes courtes, sub-nues ou nues, axillaires , lâches ou compactes,
formant à l'extrémité des tiges ou des rameaux de longues
panicules effilées. Périgone couvrant le fruit, à divisions pubescentes-glanduleuses. Graines noires, luisantes. Feuilles pétiolées, ascendantes, d'un vert glauque, pubescentes-glandu-

leuses sur les deux faces, oblongues-obtuses, pennatifides, à lobes obtus ; les supérieures sub-entières, spatulées. Tige dressée, anguleuse, cannelée, pubescente. Plante de 3-7 centimètres, à feuilles variables, grandes ou très petites, glabres ou bordées de longs poils cotonneux. Racine pivotante, rameuse. ⚊ Juin-Août.

Hab. Pyrénées-Orientales et occidentales; les lieux sablonneux, Perpignan, Bayonne. C.

b. *Fleurs à la fin séparées en cyme.*

C. Hybridum *L. sp.* 319; *D C.; Lap.; Dub.; Lois.; Mut.; Benth. cat.; Borr.; Gren. Godr.; C. angulosum Lam.; C. stramoniifolium Chev.* — Fleurs vertes, en grappes non feuillées, rameuses, formant une panicule lâche. Périgone ne couvrant pas entièrement le fruit, à divisions ovales-obtuses. Graines ponctuées, grises, horizontales, obtuses sur les bords. Feuilles pétiolées, en cœur à la base, vertes des deux côtés, triangulaires-acuminées, à 3-5-7 lobes, le terminal très allongé ; les supérieures à 1-2 dents de chaque côté. Tige d'un vert clair ou rougeâtre, cannelée, anguleuse. Plante de 3-9 décimètres, verte, glabre, un peu fétide; ses feuilles ressemblent à celles du *Datura stramonium.* ⚊ Juillet-Septembre.

Hab. Pyrénées-Orientales et centrales; terrains cultivés, vallée d'Argelès. C.

536. ATRIPLEX *Tournef. inst. p.* 506 *(Arroche).* — Fleurs monoïques, unisexuelles, souvent mêlées de quelques fleurs hermaphrodites. Fleurs males : périgone à 3-5 divisions; 3-5 étamines insérées à la base du périgone. Fleurs femelles : périgone comprimé, à deux sépales persistants s'accroissant après la floraison et enveloppant le fruit. Deux styles soudés à la base. Graines verticales, comprimées, à enveloppe crustacée et recouvertes par le calice. Fleurs herbacées.

1. Tige herbacée.

A. Tatarica *L. sp.* 1493; *Lap.; Mut.; Borr.; A. campestris Koch et Ziz.; A. oblongifolia W. Kit.; A. sativa Desv.; A. microsperma Roth.* — Fleurs en glomérules lâches, penchés, formant un épi long et peu compacte recourbé au sommet. Sépales du périgone fructifère ovales, rhomboïdaux ou deltoïdes, entiers. Fruits solitaires, géminés ou ternés. Feuilles inférieures ovales, sub-hastées à la base, dentées; les supérieures lancéolées, entières, toutes brillantes-argentées en dessous. Tige d'un vert grisâtre, droite, à rameaux dressés-étalés. Plante de 3-8 décimètres. ⚊ Juillet-Septembre.

Hab. Pyrénées-Orientales; bords des chemins, Perpignan. R.

A. Patula *L. sp.* 1494; *D C.; Lap.; Benth. cat.; Mut.; Noul.; Borr.; Gren. Godr.; A. angustifolia Smith.; Dub.* — Fleurs vertes, en grappes axillaires et terminales, lâches, feuillées à la base, *nues* et raides au sommet. Sépales du périgone fructifères, rhomboïdaux, munis de chaque côté à la base d'une dent en forme de fer de hallebarde, entiers ou triangulaires, dentés en scie, à lobe terminal lancéolé et entier, glabrescents ou hispides. Graines noires, lisses. Feuilles atténuées en pétiole, épaisses, légèrement blanchâtres; les inférieures opposées, deltoïdes, lancéolées, ou les unes ovales-oblongues, dentées, comme hastées à la base, les autres lancéolées ou linéaires-entières. Tige de 2-9 décimètres, anguleuse et très rameuse, diffuse, étalée ou droite avec des rameaux inférieurs étalés et ascendants. Plante polymorphe divisée dès la base en rameaux très nombreux. Racines très rameuses. ① Juillet septembre.

Hab. Les champs, les jardins, les décombres. CCC.

A. Latifolia *Wahlemberg; Mut.; Borr.; A. angustifolia Smith.; Lap.; Benth. cat.; Noul.* — Fleurs verdâtres, en glomérules axillaires et terminaux formant des épis allongés ou courts, serrés ou lâches. Sépales des périgones fructifères triangulaires, entiers ou légèrement denticulés et scarieux sur les bords, verts sur le dos, quelquefois muriqués. Graines petites, noires, luisantes. Feuilles atténuées en un court pétiole, vertes, souvent épaisses, alternes, triangulaires, hastées, plus ou moins dentées; les supérieures lancéolées, entières. Tige de 2-8 décimètres, anguleuse, rameuse, étalée ou dressée. Plante verte très polymorphe, à angles souvent jaunâtres. ① Juillet-Septembre.

Hab. Les champs, les décombres. CCC.

A. Hastata *L. sp.* 1494; *D C. fl. fr.; Lap.; Dub.; Lois.; Moq. in D C. prod.; Benth. cat.; Mut.; Borr.; Noul.; Gren. Godr.; A. angustifolia Smith.?* — Fleurs vertes, en glomérules formant des grappes axillaires et terminales lâches, très allongées, feuillées à la base et quelquefois au sommet. Sépales des périgones fructifères deltoïdes, hastés, dentés, incisés à la base, allongés au sommet, à dents longues, subulées et rayonnantes, rarement entiers. Graines noires, luisantes. Feuilles pétiolées, triangulaires, hastées, acuminées, alternes ou opposées, vertes, glabres; les inférieures sinuées-dentées; les supérieures entières. Tige dressée, rameuse, diffuse; les rameaux inférieurs étalés sur la terre, plus ou moins anguleux. Plante glabre, de 3-6 décimètres. Racine épaisse. ① Juillet-Septembre.

Hab. Pyrénées centrales; bords des eaux sur le sable, environs de St-Béat. R.

A. Laciniata *L. sp.* 1494; *Leded.; D C.; Dub.; Lois.; Benth. cat.; Mut.; Noul.; A. marina Dod.; A. diffusa Tenore; A. sinuata Hoffm. Chenopodium glaucum Lap.* — Fleurs roussâtres, à anthères d'un rouge clair. — Fleurs hermaphrodites disposées en épi serré terminal; les femelles en petits paquets axillaires feuillés. Sépales du périgone fructifère comprimés, ridés, pulvérulents, bordés de 3-5 dents aiguës; la terminale plus grande. Graines brunes, à reflet doré, rudes, enveloppées d'une membrane blanche très mince. Feuilles presque toutes alternes, toutes pétiolées, profondément sinuées-dentées, argentées en dessous, vertes, farineuses ou glabres en dessus; les supérieures en fer de lance. Tige dressée, très rameuse, diffuse, un peu anguleuse, lisse, glabre dans le bas, pubescente dans le haut. Plante de 2-4 décimètres. ① Juillet-Août.

Hab. Pyrénées-Orientales et occidentales; lieux maritimes, Perpignan, Bayonne.

2. Tige ligneuse.

A. Portulacoïdes *L. sp.* 1493; *D C.; Dub.; Lois.; Benth. cat.; Mut.; Borr.; Obione portulacoïdes Moq. in D C. prod.; Gren. Godr.; Halimus portulacoïdes Clus.; Dod.; Koch; Rchb.; Chenopodium portulacoïdes Thunb.* — Fleurs jaunâtres, en petite grappe terminale dépourvue de feuilles. Sépales des périgones fructifères à trois lobes, à dent du milieu courte, les latérales plus grandes, toutes soudées à la maturité et formant une capsule sub-sessile. Feuilles opposées, ovales-lancéolées, élargies vers le sommet, sub-spatulées, atténuées à la base en un pétiole court et droit, épaisses, charnues, pulvérulentes, argentées (varie à feuilles arrondies *A. latifolia*). Tige ascendante ou dressée, à rameaux effilés, étalés. Plante ligneuse dans le bas, de 2-5 décimètres, blanche, glauque. Juillet-Septembre.

Hab. Pyrénées-Orientales et occidentales; marais maritimes, Perpignan, Bayonne. CC.

A. Halimus *L. sp.* 1492; *Lap.; D C.; Dub.; Lois.; Mut.; Borr.; Gren. Godr.; Halimus pedonculatus Wallr.* — Fleurs jaunâtres, en glomérules axillaires et terminaux formant des panicules raméales, pyramidales, nues. Sépales des périgones fructifères rhomboïdaux, entiers ou à peine faiblement dentés, coriaces. Feuilles alternes, raides, ovales, rhomboïdales, blanches, argentées des deux côtés, entières ou à peine dentées, persistantes, atténuées en pétiole; les supérieures lancéolées, aiguës. Tige ligneuse, élevée, à rameaux effilés. Plante d'un mètre et plus. Août-Septembre.

Hab. Pyrénées-Orientales; Collioure (*Lap.*).

537. CAMPHOROSMA *L. gen.* 164 (*Camphrée*). — Fleurs hermaphrodites, rarement polygames. Périgone urcéolé, pubescent, à 4 dents pointues, deux opposées plus grandes, pliées en travers sur le dos, carénées, et deux plus petites planes. Corolle nulle. 4 étamines saillantes insérées au fond du périgone. 2-3 styles inclus. Capsule à une graine comprimée. Embryon épais, vert.

C. Monspeliaca *L. sp.* 178; *Lam.; Lap.; Dub.; Lois.; Mut.; Gren. Godr.; C. perenne Poll.* — Fleurs blanchâtres ou verdâtres, axillaires, en épis serrés, sub-sessiles, velues, munies de bractées linéaires. Périgone urcéolé à divisions obtuses. Graines orbiculaires, noires, lisses. Feuilles petites, linéaires-acuminées, épaisses, velues, d'un vert cendré, munies à leur base de faisceaux de feuilles qui sont les rudiments des nouvelles pousses. Tiges nombreuses, gazonnantes, pubescentes ou velues; les stériles courtes, étalées; les florifères de 2-3 décimètres, ligneuses, redressées, portant des fleurs au sommet. Plante ligneuse. Racine grosse, dure. ♃ Septembre.

Hab. Pyrénées-Orientales et occidentales; sables maritimes, Perpignan, Bayonne.

538. SALICORNIA *Tournef. inst.* 51 (*Salicorne*). — Fleurs hermaphrodites ou polygames, placées dans les excavations du rachis, non saillantes. Périgone charnu, obscurément lobé. Corolle nulle. 12 étamines saillantes. Style court, à deux stigmates, papilleux, saillants. Fruit comprimé recouvert par le périgone fermé. Graines verticales, adhérentes ou distinctes du péricarpe membraneux. Embryon central ou périphérique, enveloppé par l'albumen ou le recouvrant. Plantes charnues, salées, articulées, sans feuilles. Fleurs ternées en épi, enfoncées dans les concavitées de l'axe floral.

S. Herbacea *L. sp.* 5; *D C.; Lap.; Dub.; Lois.; Mut.; Borr.; Gren. Godr.; S. annua Engl. bot.; Lam.; Schultz.; Rchb.; S. acetaria Poll.* — Fleurs verdâtres, en épis cylindriques un peu rétrécis, opposés, articulés. Cavités florifères placées à la base de chaque article, triflores et tri-alvéolées; la centrale plus élevée. Périgone glabre, comprimé, serré à la gorge, fendu et muni à la fente de deux appendices. Graines comprimées, pubescentes. Tige charnue, herbacée, articulée, de 2-3 décimètres, d'abord solitaire, puis à rameaux nombreux étalés, simples, fructifères, devenant sub-ligneux en vieillissant. Articulations comprimées, échancrées entre les nœuds. Plante rameuse en pyramide, couchée, étalée dans les lieux plus secs, d'un vert clair, quelquefois rougeâtre. Racines annuelles, grêles, tortueuses, rameuses à leur sommet. ① Juillet-Octobre.

Hab. Pyrénées-Orientales et occidentales ; marais salants, Perpignan, Bayonne. CC.

539. SUŒDA *Forsk.* — Fleurs hermaphrodites ou polygames munies de bractées agglomérées. Périgone en godet, à 5 sépales soudés à la base, charnus, un peu renflés, dépourvus d'appendices. Corolle nulle. 5 étamines insérées à la base des sépales, à filets filiformes. Stigmates 2-3, rarement 4-5, divariquées, papilleux. Fruit déprimé ou comprimé, couvert par les lobes du périgone fermé et non muni d'appendices. Graine lenticulaire, verticale ou horizontale, à double enveloppe ; l'intérieure blanche, membraneuse ; l'extérieure crustacée. Embryon en spirale, épais ; albumen nul ou placé sur les deux côtés de l'embryon ; radicule externe et infère. Feuilles charnues, linéaires, cylindriques.

S. Fruticosa *Forsk.; Moquin. in D C. prod.; Bon.; Mut.; Gren. Godr.; Salsola fruticosa L. sp. ed. 2, p. 324; Lap.; Lois.; Chenopodium fruticosum L. sp. ed. 1re, p. 221; D C. fl. fr.; Dub.; Schoberia fruticosa C. Meyer in Ledeb.* — Fleurs verdâtres, axillaires, sessiles, placées à la base des feuilles, solitaires, géminées ou ternées. 2-3 bractées sous chaque fleur, blanches-membraneuses, persistantes, courtes, aiguës. Calice campanulé à 5 divisions enveloppant le fruit. Graines verticales, noires, brillantes. Feuilles petites, très nombreuses, linéaires, obtuses, demi cylindriques, charnues, sessiles, d'un vert glauque, noircissant par la dessication ; les florales plus courtes et plus larges. Plante ligneuse ; arbrisseau toujours vert, de 6-10 décimètres, dressé, très rameux, glabre. ♃ Juillet-Septembre.

Hab. Pyrénées-Orientales et occidentales ; lieux maritimes, bords des deux mers. CC.

S. Maritima *Dumort.; Moq.; Mut.; Borr.; Gren. Godr.; Schoberia maritima C. Meyer.; Salsola maritima Poir.; Chenopodina maritima Moq. in D C. prod.; Chenopodium maritimum L. sp. 321; D C. fl. fr.; Dub.; Lois.* — Fleurs verdâtres, axillaires, sessiles, en glomérules placés à l'aisselle des feuilles et formant un épi feuillé. Périgone à divisions obtuses appliquées sur le fruit. Graine lenticulaire, noire, lisse, obscurément ponctuée. Feuilles opaques, planes en dessus, convexes en dessous, glabres, charnues, linéaires, demi cylindriques, aiguës, molles, luisantes, dilatées à la base, un peu cartilagineuses tout autour. Plante d'un vert pâle ou rougeâtre, rameuse, diffuse, surtout dans les rameaux inférieurs. Racine très grêle, longue, pivotante. ① Août-Septembre.

Hab. Pyrénées-Orientales et occidentales; sables maritimes des deux mers, Perpignan, Bayonne. CCC.

540. SALSOLA *L. gen.* 706 (*Soude*). — Fleurs hermaphrodites. Périgone à 5, rarement 4 sépales soudés à la base, munis d'appendices, scarieux après la floraison. 5 étamines soudées à la base, insérées sur un anneau déprimé, hypogyne. Un style à 2-3 stigmates. Fruit déprimé enveloppé par le périgone fermé et muni de 5 ailes étalées à la maturité. 1 graine horizontale sub-globuleuse à enveloppe membraneuse. Embryon en spirale, vert ; radicule terminant la spirale.

S. Kali *L. sp.* 322 ; *D C.; Lap. ; Dub.; Lois. ; Mut.; Borr.; Gren. Godr.; S. decumbens Lam.; Moris.; Schultz.* — Fleurs verdâtres, solitaires ou 2-3 en glomérules à l'aisselle des feuilles, formant par leur ensemble un épi feuillé. Bractées ovales à la base, blanches-scarieuses sur les bords, subulées au sommet, transparentes, plus courtes ou égalant le périgone. Celui-ci à divisions d'abord minces, puis cartilagineuses, obtuses ou aiguës, devenant sub-glochidiées et portant sur le dos une aile rose ou blanche, ou une écaille formant carène. Feuilles alternes, lancéolées-linéaires, glabres ou scabres, hérissées ainsi que la tige, triquètres, subulées-épineuses au sommet, étalées. Tige très rameuse, étalée, diffuse, striée de rouge. Plante de 1-4 décimètres, pubescente ou glabre, d'un vert glauque ou jaunâtre. ② Juin-Septembre.

Hab. Pyrénées-Orientales et occidentales; bords de l'Océan, Perpignan, Bayonne; remonte souvent le long des cours d'eau (*Gren. Godr.*). C.

S. Soda *L. sp.* 323; *Lap.; D C.; Dub.; Lois.; Mut.; Borr.; Gren. Godr. ; S. longifolia Lam.; Dod.; Rchb.* — Fleurs verdâtres, axillaires, solitaires ou géminées, espacées, plus petites que les feuilles à l'aisselle desquelles elles naissent dès la base. Bractées lancéolées dépassant les fleurs. Périgone à divisions lancéolées-aiguës, membraneuses et portant sous le sommet un appendice court, en carène brièvement arrondie, marquée d'un pli transversal. Fruit ovoïde, gros, enveloppé par les divisions calicinales étoilées. Feuilles charnues, semi-amplexicaules à la base, puis linéaires, filiformes, demi cylindriques, mucronées, triquètres, très dilatées à leur base, marquées sur les angles et au milieu de la face supérieure d'une ligne verdâtre ou rougeâtre, terminées par une soie fine non épineuse. Tige dressée ou étalée, rameuse, d'un vert foncé. Plante annuelle, glabre, lisse, plus robuste que l'espèce précédente. ⓘ Juillet-Septembre.

Hab. Pyrénées-Orientales et occidentales ; sables maritimes des deux mers. C.

S. Prostrata *L. sp.* 323 ; *Jacq.; D C.; Lap.; Dub.; Loïs.; Koch ; Kochia prostrata Schrad.; Moq. in D C. prod.; Mut.; Borr.; Gren. Godr.; Chenopodium Camphoratœfolium Pourret; Chenopodium angustanum All.* — Fleurs axillaires, sub-ternées, sessiles, en glomérules, formant de longs épis minces et feuillés. Périgone pubescent, d'abord campanulé, à 5 divisions arrondies plus larges que longues, contiguës, crénelées, fortement veinées, munies à la maturité d'une aile demi-circulaire plissée et formant avec celles des autres sépales une étoile. Fruit enveloppé par le périgone renfermant une graine noire. Feuilles linéaires, planes, sub-cotonneuses ou poilues, blanchâtres en dessous, non charnues et non sillonnées ; les feuilles sont plus longues et plus rapprochées dans les jeunes tiges ; elles forment faisceau dans les tiges adultes. Rameaux stériles, réfléchis. Plante de 2-7 décimètres, très rameuse, étalée ou ascendante, un peu ligneuse, plus ou moins poilue, blanchâtre surtout à la fin, luisante dans le bas. ♃ Août-Septembre.

Hab. Pyrénées-Orientales ; environs de Perpignan. R.

LXXXVII. POLYGONÉES OU POLYGONACÉES.

Fleurs hermaphrodites rarement unisexuelles. Périgone (calice) persistant, plus rarement caduc, herbacé, souvent coloré, à 3-5 sépales libres, quelquefois soudés, égaux, imbriqués dans le bouton, quelquefois disposés sur deux rangs ; les internes formant pétales, opposés aux côtés de l'ovaire ; les extérieurs très grands, s'accroissant et enveloppant le fruit. Étamines 4-10, insérées à la base du calice, opposées aux divisions périgonales des sépales soudés ; anthères biloculaires s'ouvrant longitudinalement. Ovaire libre, uniloculaire. 2-3 styles ou plusieurs stigmates sessiles. Fruit noir ou cariopse, monosperme, indéhiscent, plus ou moins recouvert par les lobes internes du périgone. Graine dressée, libre, quelquefois soudée au péricarpe, à test membraneux. Embryon souvent recourbé ; périsperme farineux. Plantes annuelles ou vivaces, droites, étalées, volubiles, à tiges noueuses, à feuilles alternes et souvent munies de stipules engainantes

541. RUMEX *L. gen.* 451 *(Patience).* — Fleurs hermaphrodites, dioïques ou polygames. Périgone divisé jusqu'à la base en 6 folioles ; les trois internes plus grandes, conniventes, souvent munies sur le dos d'un petit tubercule charnu entourant le fruit en forme de valve ; les trois externes étalées ou réfléchies, plus ou moins adhérentes. Involucelle en entonnoir ou en cloche, formé de trois bractées. 6 étamines opposées par paires aux lobes extérieurs du périgone. Stigmate en pinceau. Fruit trigone, renfermé dans les folioles pétaloïdes du périgone.

1. Feuilles hastées ou sagittées à la base.

Fleurs dioïques ou polygames.

R. Acetosa *L. sp.* 481 ; *Lap.; Dub.; Lois.; Benth. cat.; Mut.; Borr.; Noul.; Gren. Godr.; B. pseudo-acetosa Bertol.; Lapathum pratense Lam.* — Fleurs dioïques, verdâtres, rougeâtres ou blanchâtres, disposées en demi verticille non muni d'une feuille bractéale, formant par leur réunion une panicule terminale pauciflore. Folioles internes du périgone fructifère cordiformes-arrondies, membraneuses, entières, munies à la base de petites écailles réfléchies. Feuilles pétiolées, vertes, *consistantes*, à nervures peu ou pas saillantes, ovales-oblongues, ondulées sur les bords ; les inférieures très longuement pétiolées, oblongues-obtuses, sagittées, à oreillettes plus ou moins écartées et plus ou moins aiguës ; les supérieures sessiles, amplexicaules, cordiformes, oblongues ou lancéolées. Gaînes variables, longues ou courtes, membraneuses, souvent déchirées en arête. Tige droite, sillonnée, glabre, simple ou peu rameuse. Racines grêles, fibreuses, rameuses. Plante de 1-12 décimètres, très acide. ♃ Mai-Septembre.

Hab. Toute la chaîne : les champs, les bois, le bord des eaux. CCC.

R. Acetosella *L. sp.* 481 ; *Lap.; Dub.; Lois.; Benth. cat.; Mut.; Borr.; Gren. Godr.; Lapathum arvense Lam.; Dod.* — Fleurs dioïques, verdâtres, blanchâtres ou rougeâtres, disposées en demi verticille non muni d'une feuille bractéale, formant une panicule étalée, terminale, très grêle. Folioles internes du périgone fructifère cordiformes, sub-arrondies, entières, membraneuses, veinées en réseau, dépourvues d'écailles à la base, plus petites que le fruit ; les extérieures dressées, appliquées sur le fruit et plus grandes. — Fleurs mâles ouvertes. Fleurs femelles toujours fermées. Feuilles inférieures pétiolées, ovales-oblongues, hastées ou ovales-lancéolées, entières ou munies à la base de deux oreilles linéaires-aiguës, écartées ; les supérieures entières, oblon-

gues, linéaires, atténuées en pétiole. Gaines courtes, dilatées au sommet. Tige dressée, anguleuse, glabre, rameuse.
Plante très variable, haute de 1-3 décimètres. Racine rampante, ligneuse. ⚥ Mai-Septembre.

Hab. Toute la chaine : bords des chemins , des champs dans
la plaine, lieux incultes. CCC.

R. Scutatus *L. sp* 480; *D C.; Lap.; Dub.; Lois.; Benth.
cat.; Mut.; Borr.; Gren. Godr.; Lapathum scutatum Lam.; Dod.*
— Fleurs verdâtres, rarement rougeâtres, hermaphrodites,
en grappe grêle très allongée, formée par des verticilles
unilatéraux , très espacés, dépourvus de feuilles florales.
Folioles internes du périgone fructifère arrondies, entières,
très dilatées, veinées en réseau, membraneuses, dépourvues
d'écailles à la base; les extérieures appliquées sur les premières. Feuilles longuement pétiolées, glauques, épaisses,
cordiformes, obtuses, hastées, à oreilles plus ou moins
aiguës, divergentes ou en forme de fer de lance, presque en
forme de violon (*B. hastifolius Bieb.*). Gaine longue, membraneuse, déchirée au sommet, sub-dentée. Tige couchée,
puis dressée, sub-ligneuse à la base, cylindrique. Plante
glauque, glabre, haute de 1-5 décimètres. ⚥ Mai-Septembre.

Hab. Débris et roches calcaires subalpines, vieux murs. CCC.

R. Tuberosus *L. sp.* 481 ; *Bergeret; Lap.; D C.; Lois.;
Mut.* — Fleurs verdâtres ou pourprées , hermaphrodites.
Folioles internes du périgone arrondies, membraneuses,
veinées au centre, entières, souvent pourvues de petites
aspérités blanchâtres ; les externes réfléchies. Feuilles lancéolées en flèche, à oreillettes aiguës, étalées, penchées ; les
radicales pétiolées ; les suivantes à pédoncule embrassant
très dilaté ; les supérieures sessiles, embrassant la tige.
Racine tubuleuse, pivotante, munie au collet des débris des
anciennes feuilles. Tige droite, finement sillonnée, haute de
4-6 décimètres. Plante glabre. ⚥

Hab. Pyrénées-Orientales et occidentales; environs de Perpignan
(*cap. Galant.*). R ; vallée d'Ossau, prairies de Garies. RRR.

R. Arifolius *All.; D C.; Dub.; Lois.; Benth. cat.; Borr.;
Mut.; Gren. Godr.; R. montanus Poir.; R. hispanica Gmel.;
R. amplexicaulis et arifolius Lap.* — Fleurs verdâtres ou rougeâtres, 3-6, en demi-verticilles lâches, non feuillés, réunis en
panicule terminale. Périgone à folioles externes très petites,
réfléchies, ovales-lancéolées, à marge rose ; les internes plus
grandes que le fruit, à lobes arrondis, en cœur ou tronqués
à la base, munies d'un petit tubercule en forme d'écaille.

Pédicelles roses, articulés. Feuilles vertes, molles, minces, à 5-7 nervures saillantes, pas très sagittées, à-oreillettes courtes ; les inférieures pétiolées, hastées, sagittées, souvent arrondies au sommet, à oreillettes courtes, arrondies, divergentes ; les caulinaires plus allongées, plus aiguës ; les supérieures sessiles, embrassantes. Gaines courtes, d'un rouge vif, ouvertes, tronquées, très entières, se détruisant après l'anthèse. Tige grêle, lâchement feuillée, striée, peu rameuse au sommet. Souche épaisse garnie des débris des anciennes feuilles. Plante de 3-6 décimètres, d'un vert blanchâtre, glabre. ♃ Juin-Juillet.

Hab. Toute la chaîne sub et alpine ; bords des torrents et lieux humides, d'une acidité agréable. CC.

2. Feuilles non hastées ni sagittées.

a. *Fleurs hermaphrodites ou polygames.*

R. Bucephalophorus *L. sp.* 479 ; *Cav.; Lap.; Dub.; Lois.; Benth. cat.; Mut.; Gren. Godr.; Lapathum bucephalophorum Lam.* — Fleurs hermaphrodites, en verticilles bi-triflores dépourvus au sommet de feuilles bractéales, axillaires à l'aisselle des feuilles bractéales dans le bas d'un épi terminal grêle, un peu feuillé, formé par la réunion des verticilles. Pédicelles épais, à peu près égaux au périgone, réfléchis après l'anthèse. Périgone à folioles internes ovales-lancéolées, trifides, à 2-3 dents fines de chaque côté, à nervures à la fin renflées à la base en coin saillant. Bractées scarieuses. Feuilles atténuées en petiole grêle, spatulées, plus ou moins aiguës ; les radicales petites (2-3 centimètres de longueur sur un de largeur) ; les caulinaires lancéolées-oblongues, sub-pétiolées, munies de stipules. Tige grêle, cylindrique, finement striée. Racine grêle, brune ou rougeâtre. Plante d'un vert blanchâtre, glabre, haute de 1-2 décimètres. ♃ Mai-Juin.

Hab. Pyrénées-Orientales et occidentales; sables maritimes, Perpignan, Bayonne. C.

b. *Valves du fruit non dentées.*

R. Alpinus *L. sp.* 480 ; *D C.; Lap.; Dub.; Lois.; Vill.; Benth. cat.; Mut.; Borr.; Gren. Godr.; Lapathum alpinum Lam.* — Fleurs polygames, en grappe pédonculée, serrée, peu rameuse, formée par des verticilles terminaux non feuillés. Folioles internes du périgone fructifère cordiformes-ovales, entières, veinées en réseau, dépourvues de tubercules ou d'écailles à la base. Pédicelles articulés. Feuilles molles, larges, ridées en réseau, pédonculées, un peu ondulées ; les radicales profondément en cœur à la base, ovales-arrondies ;

obtuses, à pétiole long canaliculé; les supérieures ovales-lancéolées, à pétiole longuement engaînant. Tige dressée, robuste, striée. Racine grosse, tortueuse. Plante de 2-6 décimètres, glabre, très peu acide. ♃ Juillet-Août.

Hab. Pâturages sub et alpins. CCC.

c. Valves du fruit à peine dentées à la base.

R. Hydrolapathum *Huds.; Koch·; Fries.; Mut.; Borr.; Gren. Godr.; R. aquaticus Vill.; Smith; D C.; Dub.* — Fleurs verdâtres ou rougeâtres, en faux verticilles feuillés ou non feuillés, plus ou moins rapprochés, multiflores, formant une grande panicule rameuse, terminale. Folioles internes du périgone fructifère, ovales, larges ou étroites, triangulaires, entières ou largement denticulées à la base, veinées en réseau et toutes munies d'un petit tubercule brun, oblong sur la face externe. Pédicelles filiformes articulés. Feuilles très longues, largement lancéolées-acuminées, rétrécies aux deux bouts, coriaces, planes, lisses, non crispées, décurrentes sur le pétiole, légèrement ondulées, crénelées sur les bords; les radicales très grandes, atteignant quelquefois un mètre et à pétiole plane; les inférieures oblongues-aiguës et à pétiole épais, sub-anguleux en dessous. Tige fistuleuse, cannelée, rameuse au sommet. Plante de 1-2 mètres. ♃ Juin-Septembre.

Hab. Les bords des eaux, des marais et des fossés. CCC.

R. Crispus *L. sp.* 166; *D C.; Lap.; Lois.; Dub.; Mut.; Borr.; Noul.; Gren. Godr.; Lapathum crispum Lam.; Fries.* — Fleurs verdâtres, en verticilles très peu espacés; les inférieurs pourvus de feuilles florales sessiles; les supérieurs nus, formant une panicule allongée, étroite, terminale. Folioles internes du périgone fructifère cordiformes-arrondies, obtuses, veinées en réseau, entières ou très légèrement ondulées, denticulées sur les bords, munies, ainsi que les folioles extérieures, d'un petit tubercule ovoïde et qui manque souvent par avortement sur l'une ou sur les deux folioles pétaloïdes qui forment comme les valves du fruit. Feuilles pétiolées oblongues, lancéolées-aiguës, ondulées, crépues sur les bords; les inférieures oblongues-lancéolées, décurrentes sur le pétiole; les caulinaires lancéolées-linéaires. Tige dressée-anguleuse, sillonnée, rameuse au sommet. Plante de 5-10 décimètres, glabre. ♃ Juillet-Septembre.

Hab. Les prairies, le bord des eaux. CCC.

R. Pratensis *Mertens; Koch; Borr.; R. acutus L. sp.* 478; *Willd.; Lap.; Dub.; Fries.; Gren. Godr.; R. obtusifolius Lap.; Mut.; R. cristatus Wallr.; R. Friesii Gren. Godr.* —

Fleurs verdâtres ou rougeâtres, pendantes, en verticilles distants ; les inférieurs axillaires, feuillés ; les supérieurs disposés en grappe terminale non feuillée au sommet. Folioles internes du périgone fructifère cordiformes-ovales, obtuses, veinées en réseau, munies de chaque côté d'une dent plus longue triangulaire ou de 2-3 dents à la base, dont une plus grande, toutes munies d'un gros tubercule ovoïde, parfois rougeâtre, quelquefois peu apparent sur l'une d'elles. Pédicelles filiformes, papilleux ainsi que les sépales. Feuilles radicales cordiformes ou oblongues, en cœur, obtuses ou un peu aiguës, planes, légèrement crénelées sur les bords ; les supérieures lancéolées ou ovales-lancéolées-aiguës. Tiges et pétioles rudes, pubescents ou glabres, dressés, rameux, anguleux. Plante glabre, haute de 3-9 décimètres. ♃ Juillet-Août.

Hab. Les bords des marais, les lieux humides. CCC.

R. Conglomeratus *Schreb.; Murr.; Koch; Fries.; Coss. et Germ.; Borr.; Mut.; Gren. Godr.; R. nemolapathum D C.; Lois.; St-Amand; Noul.; L. acutus D C. fl. fr.; Dub.; R. verticillatus Vill.* — Fleurs verdâtres, en faux verticilles nombreux, espacés, feuillés dans le bas, nus au sommet de l'épi interrompu formé par tous les verticilles. Folioles internes du périgone fructifère linéaires, oblongues-obtuses, entières, toutes munies à leur base d'un petit tubercule oblong. Pédicelles égalant à peine le périgone. Feuilles courtement pétiolées, un peu ondulées ou crénelées sur les bords ; les radicales cordiformes ou ovales, oblongues-obtuses ou aiguës, finement dentées ou ondulées ; les supérieures très allongées, lancéolées-acuminées ; les florales sessiles ou atténuées en pétiole grêle. Tige anguleuse, sillonnée, souvent rougeâtre, à rameaux grêles, divariqués ou ascendants. Plante glabre, haute de 4-8 décimètres. ♃ Juillet-Août.

Les fruits sont souvent agglomérés en petits paquets.

Hab. Les lieux humides, les bois. CCC.

R. Pulcher *L. sp.* 477 *et mant.* 369 ; *Lap.; D C.; Dub.; Lois.; Koch; Benth. cat.; Mut.; Noul.; Borr.; Gren. Godr.; R. divaricatus Lap.; Lapathum sinuatum Lam.; Moris.* — Fleurs verdâtres à anthères jaunes, en verticilles courts, axillaires, formant un épi grêle interrompu, muni de petites feuilles bractéales. Folioles internes du périgone fructifère ovales, plus ou moins aiguës, marquées de fortes veines en réseau, bordées dans le bas de dents épineuses et munies sur le dos d'un tubercule oblong et rugueux. Pédicelles très courts. Feuilles inférieures pétiolées, étalées, cordiformes, oblongues-obtuses, un peu ondulées, offrant vers la base et de chaque côté une échancrure en forme de violon, souvent hérissées sur les nervures ; les supérieures plus petites, lancéolées-aiguës, ondulées. Tiges anguleuses, dressées, très rameuses, à rameaux grêles, effilés, tortueuses, très divariquées. Plante de 1-2 décimètres, glabre.

Var. b. *Hirtus Gren. Godr.; R. divaricatus L. sp.* 478. Feuilles non en forme de violon (*panduriformes*). ♃ Juillet-Août.

Hab. Toute la chaîne : les marais, les vieux murs et les lieux incultes. CCC.

512. OXYRIA *Hill. (Oxyrie).* — Fleurs hermaphrodites. Périgone à 4 folioles ; les deux internes plus grandes, formant corolle. 6 étamines, 4 en 2 paires placées devant les sépales et deux solitaires devant les folioles petaloïdes. Style court, à deux stigmates en pinceau. Fruit lenticulaire, ailé, dépassant les divisions calicinales. Embryon central, droit ; cotylédons elliptiques.

O. Digyna *Camp.; Dub.; Mut.; Rumex digynus L. sp.* 480; *D C.; Lap.; Lois.; Lapathum digynum Lam.; Fries.; Rheum digynum Wahlemb.; Donia sapida R. Brown.* — Fleurs verdâtres, en grappe rameuse spiciforme. Périgone à 4 folioles ; les deux internes ovales, élargies au sommet, remplaçant les pétales ; les deux externes sépaloïdes, lancéolées. Fruit pendant, bordé d'une aile rouge fortement échancrée au sommet. Feuilles toutes radicales, pétiolées, obtuses ou échancrées au sommet, sub-trilobées, réniformes, glabres. Hampe nue, finement striée, portant quelquefois 1-2 feuilles. Souche épaisse, émettant une ou plusieurs hampes. Racine forte, noirâtre, pivotante ou oblique. Plante de 5-15 centimètres, glabre. ♃ Juillet-Août.

Hab. Pyrénées centrales; régions sub-alpines et glacées; fissures des rochers; Pic du Midi, Pic d'Arbison, lac Bleu, Tours de Bisourtère. CC.

543. POLYGONUM *L. gen.* 495 (*Renouée*). — Fleurs hermaphrodites, rarement polygames par avortement. Périgone coloré, persistant, à 5 folioles, quelquefois à 3-4-6. Étamines 5-8, rarement 4-9 sur deux rangs et souvent munies d'une glande à la base, géminées devant les folioles externes du périgone, solitaires devant les intérieures. 2-3 styles libres ou soudés à la base; stigmates capités. Ovaire trigone. Fruit à une graine ovale ou triangulaire, adhérent à la base, renfermé dans le périgone persistant, desséché. Embryon tantôt excentrique et placé sur le côté de l'albumen, tantôt central et entouré par l'albumen farineux. Tige articulée.

1. Fleurs en épi terminal unique ; 3 styles libres ; tiges non volubiles ;
racines grosses, tubéreuses ; embryon latéral.

P. Bistorta *L. sp.* 516 ; *D C.; Dub.; Lois.; Lap.; Mut.;
Borr.; Gren. Godr.* — Fleurs rosées, rarement blanches, en
épi serré, cylindrique, solitaire, muni d'écailles brillantes.
Bractées denticulées, acuminées-subulées. 8 étamines saillantes. 3 styles inclus ou saillants. Fruits lisses, brillants,
trigones. Feuilles vertes, luisantes, glabres en dessus, glauques, blanchâtres et pubescentes en dessous ; les inférieures
ovales-oblongues, échancrées à la base et décurrentes sur le
pétiole allongé ; les supérieures sessiles, engaînantes, lancéolées-aiguës, à limbe arrondi à la base, toutes entières. Tige
de 2-8 décimètres, droite, simple. Racines épaisses, deux
fois contournées. Plante glabre. ♃ Juin-Juillet.

Hab. Toutes les Pyrénées ; les prairies des vallées humides. CCC.

P. Viviparum *L. sp.* 516 ; *Engl. bot.; D C.; Lap.;
Dub.; Lois.; Mut.; Benth. cat.; Borr.; Gren. Godr.* — Fleurs
roses ou blanchâtres, souvent entremêlées de bulbilles, en épi
grêle, lâche, terminal. Bractées membraneuses, ovales-acuminées. Sépales scarieux, tronqués et mucronés. 6-8 étamines incluses. Stigmates saillants. Fruit ovoïde, *sub-trigone*,
quelquefois mucroné. Feuilles vertes en dessus, glauques en
dessous, roulées inférieurement sur les bords, munies de
grosses veines imitant des crénelures ; les radicales à long
pétiole, elliptiques ; les caulinaires sessiles, lancéolées. Gaîne
rouge ou brune, membraneuse, déchirée. Tige droite, grêle,
simple, glabre. Racines fortes, massives, contournées. Plante
de 1-3 décimètres. ♃ Juillet-Août.

Hab. Toute la chaîne ; les pâturages des régions sub et alpines. CCC.

2. Tiges rameuses non volubiles portant un épi dense à l'extrémité
de chaque rameau ; 2 stigmates grands ; racines fibreuses ; embryon latéral.

P. Amphibium *L. sp.* 517 ; *D C.; Lap.; Dub.; Lois.;
Benth. cat.; Mut.; Borr.; Gren. Godr.* — Fleurs rosées, rarement blanches, en épis solitaires, denses, dressés, oblongs,
longuement pédonculés à l'extrémité des rameaux, s'élevant
au-dessus de l'eau. Périgones non munis de glandes ou de
nervures saillantes. Fruit luisant, ovale-comprimé. Feuilles
oblongues-lancéolées, inégalement en cœur à la base ou
elliptiques, fermes, ciliées, denticulées sur les bords, ordinairement glabres, flottantes sur l'eau, munies d'une forte
nervure médiane, pourvues de pétioles dilatés et embrassants. Gaînes tronquées. Tige cylindrique, rampante, peu
rameuse, ordinairement submergée. Plante de 3-10 décimètres. ♃ Juillet-Septembre.

Var. b. *Terrestris Mœnch.; Gren. Godr.* — Feuilles lancéolées-acuminées ou linéaires-oblongues, un peu hérissées, sub-sessiles. ♃ Juillet-Septembre.

Hab. Le type : les fossés, les lacs, les mares, C.; environs de Lourdes CC.; var. *a.:* environs de Bagnères, près le château Cassan. R.

P. Lapathifolium *L. sp.* 517; *D C.; Lap.; Dub.; Lois.; Smith.; Brot.; Benth. cat.; Mut.; Borr.; Noul.; Gren. Godr.; P. turgidum Thuil.; P. pensylvanicum Curt.; P. persicaria var.* g. *B. M.; P. pallens Pers.; P. scabrum Mœnch.* — Fleurs roses ou d'un blanc verdâtre, grosses, portées sur des pédoncules chargés de petites aspérités glanduleuses, disposées en épis axillaires formant une sorte de panicule. Périgone à divisions glanduleuses, nervées. 5-6 étamines. 2 styles non soudés, réfléchis. Fruit orbiculaire comprimé sur les deux faces. Feuilles très variables, vertes et souvent tachées de noir au centre, pétiolées, ondulées, ovales-elliptiques ou lancéolées-hérissées sur les bords et sur la nervure dorsale; les plus jeunes glanduleuses en dessous, quelquefois blanchâtres-cotonneuses (*P. incanum Lois.*); les supérieures sub-visqueuses. Gaines nerveuses, tronquées, sub-ciliées. Tige dressée, rameuse. Plante de 3-6 décimètres, glabre. ⓘ Juillet-Octobre.

Var. g. *Nodosum Gren. Godr.; P. nodosum Pers.; Borr.*—Epis allongés plus grêles que dans le type. Etamines ne dépassant pas le périgone. Fruits lisses, noirs, plus petits que dans le type. Feuilles elliptiques-acuminées, maculées de noir; les inférieures ovales. Tige rougeâtre, ponctuée de rouge, à entre-nœuds longs, à nœuds gonflés, robuste, de 3-6 décimètres.

Hab. Type et var.: les champs, le bord des eaux de la plaine. CCC.

P. Persicaria *L. sp.* 518; *D C.; Lap.; Dub.; Lois.; Benth. cat.; Mut.; Borr.; Noul.; Gren. Godr.; P. biforme Wahlemb.* — Fleurs purpurines, roses ou blanchâtres, sub-sesiles ou pédonculées, en épis courts, cylindriques, serrés, un peu penchés. Bractées courtement ciliées, aiguës. Pédoncules non glanduleux, quelquefois munis de quelques poils épars appliqués. Périgone à divisions lisses, non nervées. Styles soudés à la partie inférieure. Fruit trigone ou comprimé, sub-cordiforme, noir, sub-luisant. Feuilles pétiolées, ovales ou oblongues, lancéolées, un peu rudes sur les bords, finement denticulées, ciliées-glabres ou un peu pubescentes en dessous, atténuées dans le bas, très nerveuses. Gaines nerveuses, scarieuses, hispides, longuement velues. Tige dressée, rameuse, parfois renflée à chaque nœud. Racines très chevelues. Plante de 3-8 décimètres, glabre. ⓘ Juillet-Septembre.

Var. a. — Épis lâches. Feuilles blanchâtres, cotonneuses en dessous, lancéolées, atténuées en court pétiole ; gaîne courte, entière. Tige plus ou moins pubescente près des nœuds. Racine grêle, très rameuse. ① Juillet-Septembre.

Hab. Le type : les champs de maïs, les lieux humides CCC.; var. *a.* : champs cultivés, environs de Bagnères, Gerde. C.

P. Minus *Huds.; Lap.; Lois.; Mut.; Benth. cat.; Borr.; P. pusillum Lam.; P. angustifolium Roth.* — Fleurs blanchâtres ou verdâtres, en épis filiformes, grêles, lâches, axillaires et terminaux. Pédoncules lisses, ainsi que les divisions calicinales non glanduleuses et non nervées. 5 étamines. 2-3 styles soudés à la base. Fruits sub-trigones, noirs, très luisants. Feuilles petites, atténuées aux deux bouts, lancéolées-linéaires, à pétiole court, vertes des deux côtés ou légèrement blanchâtres en dessous ; partie supérieure de la feuille ciliée, comme dentée. Gaîne poilue, ciliée. Tige cylindrique munie à chaque nœud des débris des anciennes gaînes, très diffuse. Plante glabre. ① Juillet-Septembre.

Hab Pyrénées centrales ; bords des eaux, marais du lac de Gaube, Tourmalet à la descente de l'Adour. C.

P. Mite *Schr.; Borr.; P. laxiflorum Weihe; Mut.; P. hybridum Chaub.; Noul.; P. dubium Stein.; P. Braunii Bl.; Fing.* — Fleurs légèrement purpurines ou roses, en épis filiformes interrompus, plus ou moins penchés, grêles et lâches. Périgone à 4 divisions non glanduleuses et non nervées. 6 étamines. 2-3 styles soudés à la base, réfléchis à la fin. Pédoncules lisses, axillaires, dressés, puis penchés, non glanduleux. Fruit noir, luisant, trigone. Feuilles lancéolées ou elliptiques, acuminées, atténuées en court pétiole, ciliées, finement dentées ; stipule ou gaîne large, courte, longuement ciliée, tronquée. Tige couchée à la base, puis ascendante, étalée ou dressée, cylindrique, très noueuse. Plante de 1-5 décimètres, très glabre, verte ou jaunâtre. Racines brunes, très rameuses. ① Juillet-Septembre.

Hab. Les lieux humides, les fossés. C.

P. Hydropiper *L. sp.* 517; *D C.; Dub.; Lois.; Mut.; Borr.; Noul.; Gren. Godr.; P. acre Lam.* — Fleurs verdâtres ou blanchâtres, purpurines au sommet, axillaires et terminales, en épis filiformes interrompus. Bractées ciliées. Pédoncules lisses. Périgone à 4 divisions glanduleuses non munies de nervures saillantes. 6-8 étamines. 2 styles soudés dès la moitié inférieure. Fruits noirs, luisants ; ceux des fleurs inférieures comprimés, ceux des supérieures à trois angles. Feuilles luisantes, lancéolées ou elliptiques, acuminées, glabres, finement ciliées sur les bords, ondulées, finement denticulées, d'une saveur âcre et poivrée, atténuées en court pétiole. Gaîne presque glabre, lâche, bordée de cils raides. Tige couchée à la base, puis ascendante, rameuse, peu renflée aux nœuds. Plante de 3-8 décimètres, glabre. ① Juillet-Août.

Hab. Les fossés, le bord des chemins, les lieux humides. CCC.

3. Fleurs axillaires *à l'aisselle des feuilles*, presque solitaires; 3 étamines: 3 styles courts: stigmates très petits; tiges rameuses non volubiles; feuilles rétrecies à la base; embryon placé latéralement.

P. Aviculare *L. sp.* 519; *D C.; Lap.; Dub.; Lois.; Benth. cat.; Mut.; Borr.; Noul.; Gren. Godr.* — Fleurs blanches, purpurines au sommet, axillaires, 2-4, sub-sessiles à la base des feuilles. Périgone à 5 divisions, à nervure dorsale saillante. Graines trigones, rugueuses, d'un noir brun. Feuilles très variables, ovales-lancéolées ou elliptiques, planes, veinées, rudes sur les bords, atténuées en court pétiole, souvent ondulées, glabres ou sub-glabrescentes, un peu épaisses. Gaînes décolorées, à 6 nervures à la base, à deux divisions, laciniées au sommet. Tige couchée, ascendante, dressée, striée, très rameuse, glabre, épaisse ou très grêle, étalée. Plante de 1-10 décimètres, glabre. ① Juillet-Septembre.

Hab. Le bord des chemins, les champs, les lieux incultes. CCC.

P. Bellardi *All.; Ped.; D C.; Lois.; Mut.; Borr.; Gren. Godr.; P. virgatum Lois.; P. patulum Bieb.; P. aviculare var. d. Bellardi Dub.; Noul.; P. monspeliense Guss.* — Fleurs rosées ou blanches, axillaires, longuement pédicellées, formant un long épi grêle nu ou presque nu, très interrompu. Divisions du périgone à nervures saillantes. Fruits chagrinés, noirs, très luisants, plus gros que ceux de l'espèce précédente. Feuilles elliptiques, planes, veinées, pétiolées; les supérieures lancéolées, atténuées en court pétiole. Gaînes scarieuses, blanches, déchiquetées en lanières linéaires membraneuses. Tige droite, striée, rameuse, à rameaux grêles, flexueux, presque nue. Plante de 2-6 décimètres, d'un vert jaunâtre. Racine grêle, horizontale. ① Juillet-Septembre.

Hab. Les champs cultivés, plaine de Bagnères. RR.

P. Maritimum *L. sp.* 519; *D C.; Dub.; Lois.; Mut.; Borr.; Gren. Godr.* — Fleurs blanches ou rosées, pédicellées, fasciculées à l'aisselle des feuilles. Pédicelles plus longs que le périgone. Celui-ci à divisions munies d'une nervure dorsale saillante. 8 étamines. 3 styles très courts. Fruit long, de 4-5 millimètres, gros, luisant, brun, triangulaire, dépassant le périgone, aigu au sommet. Feuilles coriaces, épaisses, glabres, d'un vert glauque, petites, ovales-elliptiques, atténuées en court pétiole, nervées en dessous, sub-roulées sur les bords. Gaînes scarieuses, brunes à la base, blanches au milieu et au sommet, larges, plus longues que les entre-nœuds, nervées, se déchirant à la partie supérieure. Tiges striées, brunes, très noueuses, feuillées dès la base, couchées, étalées, dressées, très rameuses. Plante de 3-6 décimètres, glabre. Racine sub-ligneuse. ♃ Juin-Septembre.

Hab. Pyrénées-Orientales et occidentales; sables maritimes, Perpignan, Bayonne. CC.

4. Fleurs en grappe terminale paniculée; 8 étamines; 3 styles courts à stigmates épais; tiges non volubiles; feuilles à peine rétrécies à la base; embryon placé latéralement.

P. Alpinum *All.; Lap.; D C.; Dub.; Lois.; Mut.; Gren. Godr.; P. divaricatum Vill.* — Fleurs blanches, légèrement rosées, solitaires ou géminées, pédicellées, rapprochées sur les rameaux et formant une panicule sub-dichotome. Bractées courtes, barbues. Divisions du périgone obtuses, glanduleuses à la base. Fruit brillant, égalant le périgone. Feuilles pétiolées, lancéolées, ciliées sur les bords, munies d'une forte nervure, vertes des deux côtés, entières, planes ou légèrement ondulées, glabres, pubescentes en dessous; celles des rameaux sessiles, en faisceau. Gaînes demi-cylindriques, courtes, hérissées, laciniées à la maturité. Plante de 4-8 décimètres, striée, fistuleuse. Racine forte. ♃ Juillet-Août.

Hab. Pyrénées-Orientales et centrales; Pratto-de-Mollo, à l'entrée de la vallée d'Eynes, le long des eaux vives, Lhaurenti, Crabère. CC.

5. Fleurs axillaires, fasciculées; calice accrescent; 8 étamines; un style à stigmate trilobé; tiges volubiles; feuilles en cœur à la base ou ovales-sagittées; embryon placé latéralement.

P. Convolvulus *L. sp. 522; Curt.; Lap.; D C.; Dub.; Lois.; Engl. bot.; Benth. cat.; Mut.; Borr.; Noul.; Gren. Godr.* — Fleurs blanchâtres à anthères violettes, pédicellées, fasciculées, 3-6, axillaires, rapprochées presque en épi au sommet des rameaux. Périgone à 6 divisions; les externes sub-carénées. 8 étamines. Style trilobé. Fruit terne, noir, finement strié, trigone, recouvert par le périgone persistant. Feuilles pétiolées, cordiformes, sagittées, aiguës. Gaînes petites, sub-tronquées. Tiges volubiles, de 2-5 décimètres, anguleuses, striées, rudes, rameuses, grimpantes ou couchées sur le sol. Plante glabre. Racine grêle, rameuse. ① Juillet-Septembre.

Hab. Toute la chaîne : les champs, les haies; vallée de Bagnères. C.

P. Dumetorum *L. sp.* 522 ; *D C.; Lap.; Dub.; Lois.; Mut.; Benth. cat.; Borr.; Noul.; Gren. Godr.* — Fleurs blanches à anthères violettes, pédicellées, fasciculées, axillaires, formant presque un épi au sommet des rameaux. Périgone à 5 divisions. 8 étamines membraneuses ou carénées, ailées par le dos. Style à stigmate trilobé. Fruit triangulaire, lisse, noir, luisant, recouvert par le périgone. Feuilles pétiolées, glabres, cordiformes, sagittées, aiguës au sommet. Gaînes petites, sub-tronquées. Tiges volubiles, anguleuses, cylindracées, lisses. Plante glabre, atteignant parfois trois mètres. ⓛ Juillet-Septembre.

Hab. Les haies, les buissons. CCC.

6. Fleurs en cyme ou en corymbe ; 8 étamines; 3 styles ou un style trilobé ; tiges non volubiles; feuilles en cœur ; embryon central dans un périsperme farineux.

P. Fagopyrum *L. sp.* 522 ; *D C.; Lap.; Dub.; Lois.; Mut.; Borr.; Noul.; Gren. Godr.; P. pyramidatum Lois.; Fagopyrum vulgare Rees.; Fagopyrum esculentum Mœnch. (Vulg. blé sarrasin).* — Fleurs blanches tachées de rose, pédicellées en grappes, légèrement pédonculées, axillaires, terminales, formant corymbe. Périgone à 5 divisions. 8 étamines. Fruit lisse, trigone, à angles entiers, de couleur fauve ou grise, dépassant le périgone. Feuilles pédicellées, cordiformes, sagittées, acuminées. Gaînes courtes, tronquées, entières. Tige dressée, rameuse, renflée aux nœuds. Plante glabre, légèrement anguleuse. ⓘ Juillet-Septembre.

Hab. Sub-spontanée, régions subalpines et alpines; cultivée. CCC.

LXXXVIII. THYMÉLÉES.

Fleurs hermaphrodites, rarement dioïques par avortement. Périgone coloré, libre, tubuleux, persistant, infundibuliforme, à 4, rarement 5 divisions imbriquées dans le bouton. Corolle nulle. Étamines en nombre défini, ordinairement 8-10, souvent doubles des divisions périgonales et insérées sur deux rangs dans le tube ou à la gorge du périgone; anthères biloculaires s'ouvrant par deux fentes longitudinales. Un ovaire libre, simple, uniloculaire, à un ovule. Un style souvent latéral; un stigmate. Fruit unique, sec ou en forme de baie, uniloculaire à une, rarement plusieurs graines, nu ou enveloppé par le périgone. Graine à test mince. Embryon droit enveloppé par l'albumen nul ou mince et charnu. Arbustes ligneux ou plantes herbacées dépourvues de stipules. Feuilles simples, épaisses ou opposées, entières, persistantes ou caduques.

544. PASSERINA *L. gen.* 487 *(Passerine).* — Fleurs hermaphrodites, quelquefois dioïques. Périgone tubuleux persistant, marcescent, à stigmate capité. Fruit sec, monosperme, luisant, terminé en bec et renfermé dans le périgone. Graine à test ligneux.

P. Annua *Wicks.; Spreng.; Koch; Lois.; Borr.; Gren. Godr.; P. stellera Coss. et Germ.; Stellera passerina L. sp.* 512 *; Gouan; D C.; Lap.; Dub.; Mut.; Noul.* — Fleurs d'un jaune-verdâtre, tachées de rouge, munies de deux petites bractées, sessiles, axillaires, solitaires ou géminées, formant de longues panicules spiciformes feuillées. Périgone pubescent, à lobes obtus, dressés, connivents au sommet après l'anthèse. Graines pyriformes, noirâtres, luisantes. Feuilles éparses, sessiles, linéaires, ponctuées (vues à la loupe), aiguës, planes, un peu glauques ; les florales égalant ou plus courtes que les fleurs. Tige dressée, simple ou à rameaux peu nombreux. Plante de 2-5 décimètres, glabre, herbacée. Racine longue, pivotante, grêle. ① Juin-Juillet.

Hab. Pyrénées centrales; les champs, les collines, les pelouses sèches C.; Mauvezin, Labarthe, St-Bertrand, Tarbes *(Lap.).* R.

P. Nivalis *Ram. bull. phil.; D C.; Dub.; Lois.; Mut.; P. calycina D C.; Gren. Godr.; P. juniperifolia Lap.* — Fleurs jaunes, souvent un peu verdâtres, sessiles, dioïques ou hermaphrodites, axillaires, munies de bractées ciliées, formant une capitule feuillée, allongée. Périgone court, ovoïde, à divisions plus courtes que le tube. Fruit pyriforme, d'un gris cendré, finement ponctué, ovoïde-obtus, sub-égal au périgone. Feuilles sessiles, coriaces, luisantes, linéaires-lancéolées, sub-obtuses, concaves en dessus, convexes en dessous, ciliées, uninervées, entières, glabres; les florales plus courtes que les fleurs. Tiges tortueuses, à écorce grise. Plante de 2-4 décimètres, couchée sur le sol. ♃ Mars-Avril.

Hab. Pyrénées centrales et occidentales ; sur les sables: Bernadouze, au Plan de Beret, vers les sources de la Garonne, Paillole, oule du Marboré; ports de Bouchara, de Pinède. R.

P. Dioica *Ram. bul. phil.; D C.; Dub.; Lois.; Mut.; Gren. Godr.; P. empetrifolia Lap.; Daphne dioica Gouan; Daphne empetrifolia Lap.; Daphne calycina Bergeret.* — Fleurs jaunes ou verdâtres, dioïques ou hermaphrodites, axillaires, sessiles, géminées, rarement solitaires, placées au centre de 5 petites feuilles caliciformes, lancéolées, imbriquées. Périgone glabre, tubuleux, à lobes lancéolés plus courts que le tube. Fruit pubescent, obtus et velu au sommet, moins grand que le périgone. Feuilles ponctuées en dessous, éparses, serrées au sommet des jeunes rameaux, glabres, tendres, ovales-lancéolées ou lancéolées-linéaires, à nervure saillante, vertes au-dessus, glauques au-dessous. Tige couchée, pendante, appliquée contre les rochers, cicatrisée à la place des anciennes feuilles, ligneuse, à écorce brune à la base. Plante glabre, de 1-3 décimètres. Racines très fortes. Avril-Mai.

Hab. Toute la chaîne : fissures des roches calcaires, montagnes au-dessus de Salut, Lhéris, etc., etc., etc. CCC.

P. Hirsuta *L. sp.* 513; *D C.; Lap.; Dub.; Lois.; Mut.; Gren. Godr.; P. polygalæfolia Lap.* — Fleurs jaunâtres, sessiles, axillaires, agrégées, terminales, dépourvues de bractées. Périgone hérissé en dehors, sub en cloche, à lobes ovales plus courts que le tube. Fruit petit, d'un gris olivâtre, finement chagriné. Feuilles petites, rapprochées, sub-imbriquées sur les jeunes rameaux, épaisses, sessiles, ovales, charnues, cotonneuses en dedans, glabres en dehors, d'un vert jaunâtre, souvent cotonneuses des deux côtés (*P. polygalæfolia Lap.*). Plante dressée, très rameuse, cotonneuse dans le jeune âge, glabre ou sub-glabre dans le bas, ligneuse. ♃ Avril-Mai-Septembre.

Hab. Pyrénées-Orientales : tour de Bellegarde, Collioure, près de la tour de Massane (*Lap.*). R.

P. Tinctoria *Pourr.; Lap.; Lois.; Mut.; Gren. Godr.; P. hirsuta Asso.* — Fleurs jaunes, sessiles, axillaires, placées vers le haut des rameaux, plus courtes que les feuilles florales, munies à la base de deux bractées tomenteuses plus courtes que le périgone. Celui-ci ovoïde, à 5 lobes plus courts que le tube. Fruit sub-glabre et sub-égal au périgone. Feuilles imbriquées, lancéolées, longues, épaisses, étroites au sommet des rameaux, sans nervures saillantes, d'abord vertes et finement laineuses dans leur jeunesse, à la fin pulvérulentes, cendrées ou glabres. Plante de un mètre, droite, ferme, à jeunes rameaux serrés, pubescents. ♃ Septembre et tout l'hiver.

Hab. Pyrénées-Orientales et occidentales ; frontières de la Catalogne, revers méridional du Pays Basque. C.

P. Thymelœa *D C.; Dub.; Lois.; Mut.; Gren. Godr.; Daphne thymelœa L sp.* 509; *Lap.; Daphne sanamunda All.* — Fleurs jaunâtres ou verdâtres, axillaires, sessiles, solitaires dans le bas, sub-sessiles, agrégées dans le haut, plus courtes ou égalant les feuilles florales, dépourvues de bractées à la base, formant un long épi feuillé. Périgone à 4 divisions lancéolées plus courtes que le tube. Fruit allongé pyriforme.

Feuilles alternes, nombreuses, très rapprochées, sub-imbriquées, éparses, ovales-lancéolées, atténuées en court pétiole,
aiguës, entières, coriaces, luisantes, ponctuées, glauques.
Tige grêle, ligneuse, feuillée dès la base, de 1-3 décimètres.
Souche tortueuse, épaisse. Plante glauque. ⚥ Février-Mai.

Hab. Pyrénées-Orientales; dans les bois de Bellegarde, Ambouilla,
environs de Prade (*cap. Galant*). R.

545. DAPHNE *L. gen.* 485. — Fleurs hermaphrodites.
Périgone coloré, caduc, tubuleux, à 4 divisions, à gorge non
écailleuse. 8 étamines incluses insérées près de la gorge.
Glandes hypogynes nulles. Style très court à stigmate
capité. Fruit drupacé, monosperme, charnu ou coriace, non
enveloppé par le périgone. Tiges ligneuses.

1. Fleurs terminales.

D. Gnidium *L. sp.* 511; *D C.; Lap.; Dub.; Lois.; Mut.;*
Gren. Godr.; (Vulg. Garou). — Fleurs blanchâtres ou purpurines, soyeuses, odorantes, pédicellées, ramassées, formant
une panicule terminale. Pédoncules et pédicelles tomenteux,
de même que le périgone à 4 divisions ovales-lancéolées-
obtuses. Fruit sub-sphérique, rouge à la maturité. Feuilles
persistantes, très nombreuses, très sinuées, linéaires-lancéolées, sessiles, rétrécies à la base, très glabres, d'un vert gai,
cassantes, acuminées, mucronées, entières, uninervées. Tige
très rameuse, très simple ou paniculée, effilée. Plante de 2-8
décimètres, glabre, verte, glauque. ⚥ Mai-Août.

Hab. Pyrénées-Orientales; Tour de Massane, Collioure. R.

D. Cneorum *L. sp.* 511; *Jacq.; D C.; Lap.; Dub.; Lois.;*
Mut.; Gren. Godr. — Fleurs très odorantes, rouges, rarement blanches, brièvement pédicellées, fasciculées, terminales au sommet des rameaux feuillés. Bractées sub-tronquées. Périgone à divisions ovales, sub-mucronées, plus
longues que larges, à tube pubescent, de 8-10 millimètres,
renflé, bossu à la base. Anthères apparentes. Baie d'un brun
jaunâtre. Feuilles petites, linéaires en spatule ou lancéolées-
obtuses, souvent mucronées, glabres, entières, uninervées,
sessiles, un peu espacées, d'un vert pâle. Tiges nombreuses,
diffuses, à rameaux dichotomes, minces, effilées, couchées ou
redressées, ligneuses à la base, à écorce de couleur fauve.
Plante de 1-3 décimètres, glabre. ⚥ Avril pour la plaine,
Bayonne; Juin-Juillet pour les régions subalpines et alpines.

Hab. Toute la chaîne, depuis les sables des bords de la mer jusque dans les régions subalpines et alpines. CCC.

2. Fleurs latérales ou axillaires.

D. Alpina *Borr.; Benth. cat.; Mut.* — Fleurs blanches,

odorantes, sessiles, sub-latérales, en paquets, serrées contre
l'axe floral feuillé. Périgone à tube oblong velu-hérissé, à 4
lobes ovales ou lancéolés-acuminés. Feuilles lancéolées-
obtuses; les jeunes pubescentes, soyeuses; les autres glabrescentes. Tige de 3 décimètres à un mètre 50 centimètres,
tortueuse, très rameuse. Avril-Juin.

Hab. Pyrénées-Orientales (*Benth.*).

D. Mezereum *L. sp.* 509; *D C.; Lam.; Lap.; Dub.;
Lois.; Mut.; Gren. Godr.;* (*Vulg. Bois gentil*). — Fleurs roses,
souvent blanches, odorantes, sessiles, géminées ou ternées,
sub en épis latéraux le long des rameaux terminés par une
rosette de feuilles. Bractées ovales, écailleuses. Périgone à
tube extérieurement pubescent, à segments ovales-aigus.
Fruit ovoïde, rouge ou jaune à la maturité, renfermant une eau
d'un goût très agréable. Graines petites contenant un suc très
caustique. Feuilles caduques, naissant après les fleurs, lancéolées-oblongues, atténuées en un court pétiole, sub-obtuses, minces, glabres, un peu glauques en dessous, souvent
ciliées, munies d'une forte nervure médiane. Tige de 2-6
décimètres, à écorce rugueuse, brune, ligneuse. ♃ Fr. Mai.

Hab. Toute la chaîne subalpine et alpine. C.

D. Laureola *L. sp.* 510; *Engl. bot.; D C.; Lap.; Dub.;
Lois.; Mut.; Benth. cat.; Borr.; Noul.; Gren. Godr.* — Fleurs
verdâtres ou jaunâtres, odorantes, sub-sessiles, axillaires,
placées en petites grappes au sommet de la tige feuillée.
Bractées plus courtes que la fleur, jaunâtres, ovales, concaves,
glabres de même que le périgone tubuleux, à lobes ovales-
lancéolés. Baie noire, luisante. Feuilles persistantes, sub en
rosette au sommet des rameaux, lancéolées-aiguës ou lancéolées-spatulées, atténuées à la base, vertes, luisantes,
coriaces, entières, sub-sessiles, atteignant jusqu'à 6 centimètres. Tige de 3-10 décimètres, cylindrique, flexible,
rameuse au sommet. Plante très glabre. (Varie à fleurs très
nombreuses, serrées ou lâches contre l'axe floral). ♃ Février-Mars.

Hab. Les bois, les plaines et les montagnes. CCC.

D. Pallhesiensis *Philip.; D. Philippi Gren. Godr. arch.
fl. fr. et Fl. fr.* — Fleurs d'un jaune verdâtre, souvent
violettes en dehors, agglomérées, axillaires, 3-6, en paquets,
serrées contre l'axe floral, toutes pédonculées. Pédoncules
forts, épais, très courts. Bractées beaucoup plus grandes que
dans le *D. laureola*, *égalant ou dépassant les fleurs*, larges,
ovales, concaves, charnues, légèrement cartilagineuses sur

les bords. Périgone beaucoup plus petit que dans l'espèce
précédente (trois millimètres de longueur, un de largeur),
glabre, à tube gros, court, à limbe de trois millimètres divisé
en quatre lobes ovales plus ou moins aigus ou lancéolés.
Baie noirâtre. Graine pyriforme, noire, lisse, brillante.
Feuilles se rapprochant beaucoup de celles de l'espèce précédente, descendant plus bas sur les branches et ne formant
pas seulement une rosette, persistantes, glabres, d'un vert
foncé, charnues, obovées-sub-spatulées, aiguës au sommet,
atténuées en un large et court pétiole à la base, munies d'une
forte·nervure dorsale. Tiges plus feuillées que celles du *D.
laureola*, plus ramassées en buisson, sub-couchées, de 2-4
décimètres, portant des feuilles dès le tiers ou la moitié supérieure, ligneuses à la base·, sub-herbacées au sommet. Plante
glabre, d'un vert foncé. Port ressemblant beaucoup à celui
du *D. laureola*. ♃ Mai-Juin.

Hab Pyrénées centrales; Lhéris, Tourmalet, col d'Aouet, cirque
d'Arbison, lac Bleu. C.

LXXXIX. SANTALACÉES.

Fleurs hermaphrodites, dioïques ou monoïques, petites,
presqu'en épi, rarement solitaires ou en ombelle. Périgone
supère, adhérent à l'ovaire, légèrement coloré à l'intérieur,
tubuleux, persistant ou caduc, à 3-4-5 divisions contiguës
dans le bouton. 3-4-5 étamines opposées aux lobes du périgone et insérées à la base des divisions périgonales; filets
subulés; anthères introrses. Ovaire infère soudé au tube du
périgone, uni-loculaire, à 2-4 ovules pendants, fixés près d'un
placenta central naissant du fond de la loge. Un style à stigmate souvent lobé. Fruit sec ou drupacé, monosperme, surmonté ordinairement par le limbe du périgone, renfermant
un noyau crustacé ou osseux. Embryon droit, cylindrique,
à radicule supère, placé au centre d'un albumen charnu.
Feuilles entières, alternes, sans stipules. — Les espèces de
cette famille passent pour être parasites sur les racines des
autres plantes *(Mitten)*.

546. THESIUM *L. gen.* 292 *(Thésion)*. — Fleurs hermaphrodites. Périgone vert extérieurement, blanc à l'intérieur, en entonnoir ou en soucoupe, à 4-5 divisions conniventes et s'enroulant de dehors en dedans après l'anthèse.
4-5 étamines opposées aux divisions périgonales, à filets
subulés, entourées d'un petit faisceau de poils; anthères à
deux loges. Un style à stigmate simple. Capsule monosperme
couronnée par le périgone persistant et enroulé.

T. Alpinum *L. sp.* 301 ; *D C.; Dub.; Lois.; Lap.; Benth. cat.; Mut.; Borr.; Gren. Godr.* — Fleurs en grappe simple, unilatérale, occupant la moitié de la tige, formée par des fleurs axillaires solitaires sur de courts pédoncules, munies de trois bractées très inégales ; la médiane plus longue que la fleur. Axe floral droit. Périgone à trois segments profondément divisés, étalés puis réfléchis. Capsule sub-globuleuse, nerveuse et surmontée par le périgone persistant enroulé et formant une couronne aussi longue que le fruit. Feuilles épaisses, un peu glauques, luisantes, linéaires, à une nervure. Tiges de 1-3 décimètres, nombreuses, simples, droites ou couchées. Racine pivotante. Plante maigre ou grosse, jaunâtre. ♃ Juin-Juillet.

Hab. Toute la chaîne, pâturages subalpins et alpins ; Esquierry, Lhéris, Tourmalet, etc., etc., etc. C.

T. Pratense *Ehrh.; Koch; Rchb.; Mut.; Borr.; Gren. Godr.; T. decumbens Gmel.; T. linophyllum Smith.* — Fleurs blanchâtres, en grappe simple étalée, non unilatérale, formée de fleurs solitaires, pédonculées, étalées, munies de trois bractées ne dépassant pas la fleur, planes, denticulées, peu inégales. Axe floral fléchi à la maturité. Périgone à lobes ovales très étalés, réfléchis à la maturité. Capsule sub-globuleuse, marquée de côtes saillantes et couronnée par les divisions périgonales fermées, qui l'égalent en longueur ou la dépassent. Feuilles linéaires-lancéolées, à trois nervures obscures, très étroites (2-3 millimètres). Tiges de 1-4 décimètres, nombreuses, très déliées ; les extérieures inclinées. Racine pivotante, multicaule. Plante verte. ♃ Juin-Juillet.

Hab. Les prairies, les coteaux. CCC.

T. Linophyllum *L. sp.* 301 ; *D C.; Lap.; Lois.; Mut.; Noul.; T. intermedium Schrad.; Koch; Gren. Godr.* — Fleurs d'un blanc jaunâtre, en grappe pyramidale au sommet de la tige, formée par des rameaux bi-tri-chotomes, portant une fleur à chaque division raméale. Trois bractées, la moyenne plus grande, égalant ou dépassant le fruit, placée sous le périgone. Axe floral droit. Périgone à divisions enroulées sur le fruit après l'anthèse et formant un bourrelet moins long que la capsule tantôt ovale à côtes saillantes, nervée en réseau, pédonculée, tantôt ovale oblongue, sub-arrondie, sessile. Feuilles alternes, épaisses, linéaires, un peu canaliculées, à trois nervures ou à feuilles plus larges à 3-5-7 nervures. Tiges nombreuses, couchées, anguleuses. Plante glabre, de 1-2 décimètres. Souche grêle, émettant des stolons radicants. ♃ Mai-Juin.

Hab. Pyrénées centrales, environs de St-Béat. Escaladieu. R

547. OSYRIS *L. gen.* 1101. — Fleurs souvent dioïques ; les mâles à périgone à trois divisions, à disque charnu, trilobé ; 3 étamines insérées hors du disque et opposées aux divisions calicinales ; les femelles à périgone turbiné soudé à l'ovaire, à limbe à 3-4 divisions, à 3-4 étamines stériles placées comme dans les fleurs mâles. 1 style à trois stigmates. Ovaire inférieur, uniloculaire. Fruit globuleux, bacciforme, ombiliqué, monosperme. Port du *Thesium.*

O. Alba *L. sp.* 1450 ; *D C.; Lap.; Dub.; Lois.; Mut.; Borr.; Gren. Godr.* — Fleurs d'un jaune verdâtre, petites ; les mâles fasciculées, pédicellées ; les femelles solitaires, sessiles à l'extrémité des rameaux, formant une grappe longue, effilée. Fruit rouge, gros comme un pois, devenant dur. Feuilles persistantes, vertes, coriaces, lancéolées-linéaires, entières, glabres. Sous-arbrisseau de 4-9 décimètres, très rameux, vert, strié, redressé. ⚥ Avril-Juin.

Hab. Pyrénées centrales et occidentales ; environs de St-Béat C., St-Martin C.; Bosquet de Rape, vis-à-vis Cierp, dans la montagne: Basses-Pyrénées *(Gren. Godr.).*

XC. CYTINÉES.

Fleurs monoïques ou dioïques, terminales, solitaires ou agrégées ; les supérieures males, les inférieures femelles par avortement. — Fleurs mâles : périgone tubuleux, campanulé, adhérent, à 3-4-6 lobes opposés aux 3-4-6 étamines insérées sur une colonne centrale ; anthères extrorses, biloculaires. — Fleurs femelles : périgone égal à celui des fleurs mâles , épigyne ; styles cylindriques adhérents au tube du périgone ; ovaire infère, uniloculaire, multiovulé. Baie molle, pulpeuse. Graines nombreuses. Périsperme charnu. Embryon droit. Plantes parasites ressemblant aux orobanches.

548. CYTINUS *L. gen.* 1232.—Les caractères du genre sont ceux de la famille.

C. Hypocistis *L. sys. veg.* 826; *D C.; Lam.; Lap.; Dub.; Lois.; Benth. cat.; Mut.; Gren. Godr.; Asarum hypocistis L. sp.* 633. — Fleurs rougeâtres ou tout-à-fait jaunes, agrégées, sessiles au sommet de la tige, en épi; les supérieures males; les inférieures femelles : périgone campanulé , à 4 divisions munies à la base de deux bractées opposées de même couleur que les fleurs. — Fleurs mâles : 8 anthères sessiles autour du sommet de la colonne centrale couronnée par 8 tubercules coniques. Les femelles à style cylindrique: 8 stigmales verticillés en tête. Baie à 8 loges. Tiges **charnues**, à écailles imbriquées, sub ou légèrement frangées tout-autour. Racine collée contre la plante-mère. Plante de 5-12 centimètres, glabre, parasite. ♃ Mai-Juin.

Hab. Pyrénées-Orientales et occidentales; sur le collet ou les racines des schistes; Bagnols, Can-Campa *(Lap.)*; Bayonne. R.

XCI. ARISTOLOCHIÉES.

Fleurs hermaphrodites ou unisexuelles, solitaires, agrégées ou axillaires. Périgone tubuleux, ventru à la base, supère, coloré, quelquefois irrégulier, caduc, obliquement tronqué en languette, quelquefois régulier, persistant, à trois lobes. 6-12 étamines tantôt sessiles, épygines et soudées avec la base du style, tantôt libres et insérées au sommet de l'ovaire. Un style à 6 stigmates en étoile. Ovaire à 3-6 loges multiovulées. Baie coriace, à 6 loges polyspermes, ombiliquée au sommet ou couronnée par le calice persistant, indéhiscente ou à déhiscence septicide. Embryon très petit à la base de l'albumen charnu ou sub-corné. Herbes ou sousarbrisseaux ordinairement sarmenteux, feuillés, alternes, simples, pétiolées.

A. *Etamines soudées en tube autour du style; calice irrégulier coloré.*

549. ARISTOLOCHIA *Tournef. inst. p.* 262 (*Aristoloche*). — Fleurs hermaphrodites. Périgone ventru, tubuleux, coloré, à limbe entier, allongé en langue unilatérale, quelquefois divisé, caduc, se détachant circulairement du sommet de l'ovaire après l'anthèse. 6 étamines à anthères subsessiles, soudées au style. Style court. Stigmate à 6 lobes étalés. Capsule coriace, à 6 loges polyspermes. Graines sur un rang, triangulaires, aplaties.

1. Fleurs solitaires.

A. Rotunda L. *sp.* 1364; *D C.; Lap.; Dub.; Lois.; Benth. cat.; Mut.; Gren. Godr.* — Fleurs solitaires, axillaires, pédonculées, longuement tubuleuses, dépassant les feuilles florales, brunes ou jaunâtres, à languette plus foncée, oblongue, tronquée, échancrée. Capsule globuleuse, penchée. Feuilles pétiolées, d'un vert foncé, alternes, lisses ou sub-lisses, pubescentes en dessous, à nervures non saillantes, en cœur, ovales-obtuses, entières. Tige de 2-3 décimètres, faible, anguleuse, redressée, sub-rameuse. Racines tuberculeuses. Plante glabre. ♃ Mai-Juin.

Hab. Pyrénées-Orientales et centrales; Mont-Louis, Olette; carrière de Campan. R.

A. Longa *L. sp.* 164; *D C.; Lap.; Dub.; Lois.; Benth. cat.; Mut.; Gren. Godr.* — Fleurs axillaires, solitaires, pédonculées, d'un brun jaunâtre, rayées de violet, à gorge d'un pourpre noir, à languette d'un jaune verdâtre. Périgone grêle, tubuleux, sub-cilié; languette ovale, acuminée, striée. Capsule obovée, pyriforme. Feuilles pétiolées, en cœur, à sinus très ouvert à la base, ovales, tronquées, échancrées, sub-tomenteuses ou pubescentes, d'un vert obscur, alternes. Racine ou tubercule cylindrique, napiforme. Tige de 1-3 décimètres, rameuse, étalée, sub-grimpante. Plante glabre dans le bas, légèrement pubescente au sommet. ♃ Avril-Mai.

Hab. Pyrénées-Orientales; St-Martin-du-Canigou, au bas d'Ambouilla *(Lap.).* R.

A. Pistolochia *L. sp.* 1364; *Clus.; D C.; Lap.; Dub.; Lois.; Mut.; Gren. Godr.* — Fleurs brunes, solitaires, axillaires, dépassant les feuilles, à pédoncule court. Périgone à tube grêle, à languette lancéolée-ciliée. Capsule ovoïde, pendante. Feuilles petites, très nervées, ciliées en dessous, sub-glabres en dessus, un peu blanchâtres, ovales-triangulaires, en cœur, crénelées ou entières, souvent mucronées, rudes et à nervures très saillantes en dessous. Tige de 2-3 décimètres, sub-cylindrique ou anguleuse, tomenteuse, rameuse. Racine fibreuse en faisceau. ♃ Mai-Juin.

Hab. Pyrénées-Orientales; Fort Sarral, Villefranche *(cap. Galant.)* R.

2. Fleurs agrégées.

A. Clematitis *L. sp.* 1364; *D C.; Eng. bot.; Lap.; Dub.; Lois.; Mut.; Borr.; Noul.; Gren. Godr.* — Fleurs jaunâtres, axillaires, pédonculées, fasciculées, plus courtes que les feuilles florales. Périgone tubuleux. Capsule grosse, pyriforme, pendante. Feuilles pétiolées, glabres, fermes, profondément en cœur, ovales-obtuses, entières, d'un vert pâle. Tige simple, anguleuse, sillonnée ou très rameuse, à rameaux renflés à leur base. Racine épaisse, traçante. Plante de 3-6 décimètres, glabre, fétide. ♃ Mai-Septembre.

Hab. Pyrénées-Orientales; lieux pierreux; environs de Perpignan, dans les vignes. C.

B. *Etamines libres; périgone régulier.*

550. ASARUM *Tournef. ins. p.* 501 *(Azaret).* — Fleurs hermaphrodites. Périgone campanulé, coloré intérieurement, persistant, à 3-4 lobes. 12 étamines insérées sur un disque périgyne; anthères libres, biloculaires. Style court; stigmate à 6 lobes. Ovaire à 6 loges. Capsule dure, surmontée par le périgone persistant, à 6 loges périspermes. Graines sur deux rangs, ovoïdes et munies en avant d'une crête longitudinale divisée par un sillon.

A. Europoeum *L. sp.* 633; *D C.; Lap.; Lam.; Dub.; Lois.; Mut.; Borr.; Gren. Godr.* — Fleurs terminales, solitaires, naissant à la base de deux pétioles, courtement pédonculées, sub-sessiles, vertes en dehors, d'un rouge brun intérieurement. Périgone poilu des deux côtés, à lobes épais, dressés, ovales, à sommet acuminé, réfléchi. Capsule sub-sphérique, indéhiscente. Graines grisâtres, rugueuses. Deux feuilles sur chaque tige, longuement pétiolées, réniformes, profondément en cœur à la base, obtuses, coriaces, luisantes en dessus, plus pâles, en réseau et sub-pubescentes en dessous; pétioles canaliculés, laineux. Tiges nombreuses, très courtes, naissant sur une souche rameuse, rampante, munie d'écailles blanchâtres, grandes, membraneuses, à la fin caduques. Plante à forte odeur de camphre. ♃ Avril-Mai.

Hab. Pyrénées centrales; vallée de Bielsa. R.

XCII. EMPÉTRÉES.

Fleurs régulières, unisexuelles, dioïques ou polygames. Calice libre, à 3, rarement 2 folioles imbriquées dans le bouton et alternant avec les 3, rarement 2 pétales de la corolle hypogyne.—Fleurs mâles : 3 étamines libres opposées aux pétales et insérées avec eux à la base du réceptacle; filets persistants; anthères biloculaires, extrorses, s'ouvrant en long par deux fentes.—Fleurs femelles : ovaire libre, rudimentaire dans les fleurs mâles, sur un disque charnu dans les fleurs femelles, 3-6-9 loges; ovules solitaires dans chaque loge. 1 style à stigmates laciniés, rayonnés. Fruit drupacé à 3-6-9 graines osseuses, à test membraneux. Embryon droit, placé au centre de l'albumen.

551. EMPETRUM *Tournef. inst. p.* 379. — Fleurs polygames. Calice coriace, à trois sépales, entouré à la base par 6 écailles imbriquées. Corolle à trois pétales alternés avec les sépales.— Fleurs mâles : 3 étamines exsertes à filets très longs.— Fleurs femelles : style court à 6-9 divisions bifides. Baie ou drupe globuleuse, à 6-9 loges. Graines blanchâtres, une dans chaque loge, finement ridées.

E. Nigrum *L. sp.* 1450; *D C.; Lap.; Engl. bot.; Dub.; Lois.; Mut.; Gren. Godr.* — Fleurs verdâtres ou rougeâtres, axillaires, sessiles, petites, peu apparentes, placées au dessous de l'extrémité des rameaux. Bractées oblongues dépassant le périgone. Pétales obovés. Filets des étamines dépassant les pétales. Baies noires. Feuilles petites, sub-sessiles, très brièvement pétiolées, oblongues ou linéaires, lisses, fermes, entières, très nombreuses, sub-imbriquées, épaisses, coriaces, d'un vert foncé, portant sur le dos une nervure blanchâtre et sur les bords de fines aspérités. Tiges de 1-3 décimètres, à rameaux très nombreux, couchées-étalées. Sous-arbrisseau ressemblant à une bruyère. Plante glabre. ♃ Juin-Juillet.

Hab. Toute la chaîne subalpine et alpine, pâturages et anfractuosités des rochers; Esquierry, Tourmalet, Anouillas, Pic du Midi, lac Bleu. C.

XCIII. EUPHORBIACÉES.

Fleurs unisexuelles, monoïques ou dioïques, axillaires ou terminales, réunies dans un involucre commun, avec une fleur femelle au centre entourée de fleurs mâles réduites chacune à une seule étamine et dépourvues de périgone, ou en glomérules, grappes ou épis et pourvues alors d'une enveloppe florale. Périgone nul ou libre à 4-6 divisions.—Fleurs mâles : étamines en nombre variable, insérées au centre floral ou sous le pistil avorté; anthères biloculaires s'ouvrant en long; filets libres ou soudés.—Fleurs femelles : styles 2-3, libres ou soudés, à stigmates divisés. Ovaire à 2-3 loges renfermant chacune 1-2 ovules, sessile, libre ou stipité. Capsule à 2-3 coques s'ouvrant avec élasticité le long de la nervure dorsale. Graines à test crustacé, munies à l'ombilic d'une caroncule. Embryon orthotrope dans un albumen charnu. Cotylédons planes; radicule supère. Plantes herbacées ou sub-ligneuses à suc le plus souvent laiteux. Feuilles alternes, rarement opposées.

A. *Fleurs non réunies dans un involucre commun.*

552. MERCURIALIS *Tournef. inst.* 308 (*Mercuriale*). — Fleurs herbacées, dioïques ou rarement monoïques. Périgone à 3-4 divisions.—Fleurs mâles: étamines 9-16; anthères à deux loges arrondies, sub-globuleuses. — Fleurs femelles: style court; deux stigmates allongés; 2-3 étamines avortées dont les filets sont appliqués contre l'ovaire. Capsule à deux coques (dydime) à une graine aiguë, brune, grenue. Feuilles opposées munies de petites stipules.

M. Tomentosa *L. sp.* 1465; *Lam.; D C. fl. fr.; Dub.; Lois.; Benth. cat.; Mut.; Gren. Godr.; Phyllon testiculatum* et *spicatum Magnol.* — Fleurs verdâtres, dioïques; fleurs mâles réunies au sommet du pédoncule en glomérules écartés les uns des autres; fleurs femelles solitaires ou géminées, sub-sessiles à l'aisselle des feuilles. Capsule hérissée. Graines brunes, luisantes. Feuilles opposées, à pétioles courts, dilatés à la base, ovales, blanchâtres, cotonneuses, soyeuses, entières ou dentées au sommet. Tige cylindrique à base ligneuse. Plante rameuse, de 2-5 décimètres, blanche, cotonneuse. ♃ Juin-Juillet.

Hab. Pyrénées-Orientales, dans les sables; Bagnols, environs d'Illo et de Corbère au milieu des débris mouvants des schistes (*Lap.*)

M. Perennis *L. sp.* 1465 ; *D C. fl. fr.; Engl. bot.; Lap.; Koch; Mut.; Borr.; Noul.; Gren. Godr.* — Fleurs verdâtres, dioïques ; les mâles à 9 étamines réunies en petits glomérules brièvement pédicellés, écartés, placés au sommet d'un pédoncule axillaire, capillaire, plus long que la feuille. Les fleurs femelles placées à l'aisselle des feuilles portées sur de longs pédoncules. Capsule velue, hispide, assez grosse. Graines grisâtres, chagrinées, globuleuses. Feuilles opposées, pétiolées, elliptiques-lancéolées ou ovales-lancéolées, un peu atténuées à la base, d'un vert foncé, devenant un peu bleues en séchant, très rapprochées au sommet de la tige. Celle-ci herbacée, droite, anguleuse, nue inférieurement, rameuse au sommet, à rameaux opposés, ascendants. Racine fibreuse. Plante glabre. ① Juillet-Août.

Hab. Pyrénées centrales; les bois, parmi les débris des rochers calcaires; Lhéris, etc., etc., etc.

M. Annua *L. sp.* 1465 ; *Engl. bot.; D C.; Lap.; Benth. cat.; Mut.; Noul.; Gren. Godr.* — Fleurs verdâtres, dioïques ; les mâles en épis allongés sur des pédoncules filiformes, axillaires, dépassant les feuilles ; les femelles solitaires ou géminées à l'aisselle des feuilles sub-sessiles. Capsules globuleuses, verruqueuses, hérissées. Feuilles opposées, pétiolées, ovales-lancéolées, lisses, d'un vert pâle, obtuses, largement arrondies à la base, dentées en scie, pubescentes ou glabres. Racines rampantes. Tige de 1-3 décimètres, droite, simple. ♃ Juin-Juillet.

Hab. Les bois et les champs de la plaine. CC.

553. CROTON *L. gen.* 495 (*Croton*). — Fleurs monoïques, en grappes terminales ou alaires, non réunies dans un involucre commun. —Fleurs mâles : périgone à 10 divisions, 5 plus grandes à estivation valvaire formant calice, 5 plus petites simulant les pétales; étamines 5-8-10, à filets soudés se prolongeant au-dessus des anthères adnées.—Fleurs femelles : périgone à 10 divisions sub-égales formant le calice.

3 styles bifides. Capsule à trois coques renfermant chacune une graine solitaire. Feuilles éparses, étoilées, cotonneuses.

C. Tinctorium *L. sp.* 1425; *Lam.; D C.; Lap.; Mut.; C. tinctoria Juss. in Spreng.; Gren. Godr.; Crozophora tinctorium A. Juss.; Clus.*—Fleurs mâles en grappes axillaires, brièvement pédicellées. Divisions sépaloïdes linéaires-lancéolées; divisions pétaloïdes étroites, linéaires, jaunâtres.— Fleurs femelles 2-3 sur des pédoncules bifides ou trifides, placées à la base de la grappe des fleurs mâles, dressées d'abord, penchées ensuite. Capsule grosse, écailleuse, tuberculeuse, pendante. Graines ovoïdes, sub-trigones, solitaires, rugueuses. Feuilles ovales, rhomboïdales, sinuées, alternes, étoilées, cotonneuses, blanchâtres, munies à leur base de deux glandes. Tige de 2-3 décimètres. ⓘ Juin-Juillet.

Hab. Pyrénées-Orientales; environs de Perpignan. R.

554. BUXUS *Tournef. inst.* 345 *(Buis).*— Fleurs monoïques agglomérées. — Fleurs mâles : périgone muni de bractées; 4 divisions en croix; 4 étamines insérées sous le rudiment de l'ovaire; anthères ovales.— Fleurs femelles : périgone semblable à celui des fleurs mâles; 3 styles libres, persistants, à trois stigmates. Capsule tuberculeuse, épineuse, à trois coques dispermes.

B. Sempervirens *L. sp.* 1394; *D C.; Lap.; Mut.; Borr.; Gren. Godr.* — Fleurs jaunâtres, sessiles, axillaires, placées à la base des feuilles des rameaux supérieurs. Capsule ovoïde, dure, à pointes courtes et divergentes. Graines noires, oblongues, trigones. Feuilles légèrement pétiolées, ovales-oblongues, odorantes, coriaces, opaques en dessous, convexes de chaque côté ou très étroites, persistantes, entières, luisantes en dessus, plus pâles en dessous. Arbrisseau à bois dur, compacte, jaunâtre; les jeunes rameaux tétragones. Souche très forte. ♃ Avril-Mai.

Hab. Les lieux pierreux et calcaires. CCC.

B. *Fleurs dépourvues d'enveloppe florale et réunies dans un involucre commun.*

555. EUPHORBIA *L. gen.* 609 *(Euphorbe).* — Fleurs monoïques réunies dans un involucre commun; les fleurs mâles réduites à une seule étamine et entourant une fleur femelle centrale et pédicellée. Involucre caliciforme à 8-10 divisions, 4-5 petites, membraneuses, dressées ou inclinées en dedans, et 4-5 divisions plus grandes, étalées en dehors, glanduleuses, entières ou échancrées. — Fleurs mâles 10 ou plus, composées d'une seule étamine et d'une

petite bractée insérées à la base de l'involucre et pédicellées ;
anthères biloculaires, globuleuses ; filets articulés sur le pédicelle. — Fleur femelle solitaire, plus longuement pédicellée,
persistante ; trois styles. Corolle et périgone nuls. Capsule à
trois coques s'ouvrant en deux valves avec élasticité et ne
renfermant qu'une graine. Plantes à suc laiteux.

1. Feuilles opposées munies de stipules ; fleurs alaires.

E. Chamæsyce *L. sp.* 652 ; *Clus.* ; *D C.* ; *Lap.* ; *Vill.* ;
Dub. ; *Mut.* ; *Benth. cat.* ; *Gren. Godr.* ; *E. thymifolia Lois.* ; *E.
massiliense D C.* ; *Tythimalus nummularius Lam.* — Fleurs d'un
pourpre sombre, axillaires, solitaires et alaires, petites, très
brièvement pédicellées. Glandes de l'involucre caliciforme
larges, courtes, tridentées. Capsule arrondie, trigone, lisse
ou légèrement scabre sur les angles. Graines petites, ovales,
à 4 angles, obtuses, grises, ridées en réseau. Feuilles très
petites, sub-sessiles, opposées, sub-orbiculaires, à base inégale, échancrées au sommet et munies de petites stipules
linéaires membraneuses. Tige filiforme, couchée, dichotome,
très rameuse. Plante glabre ou à feuilles et capsules poilues-
blanchâtres. ① Juin-Août.

Hab. Pyrénées-Orientales, terres cultivées ; Bagnols, Prades, base
du Canigou, dans les vignes de Perpignan. CC.

2. Feuilles alternes ou éparses, sans stipules ; glandes de l'involucre
caliciforme arrondies en avant ; fleurs en ombelle.

a. Graines alvéolées.

E. Helioscopia *L. sp.* 658 ; *D C.* ; *Mut.* ; *Borr.* ; *Gren.
Godr.* ; *Tythimalus helioscopen Lam.* ; *Eng. bot. (Réveille-matin).* —
Fleurs rougeâtres, en ombelle à 5 rayons trifides et à divisions dichotomes. Bractées libres, inégales. Folioles du verticille ombellaire semblables aux feuilles caulinaires ; divisions
de l'involucre caliciforme (glandes) arrondies, entières, jaunes. Capsule lisse, glabre, non ailée sur le dos. Graines
rougeâtres ou brunâtres, réticulées, alvéolées. Feuilles sessiles, alternes, obovales, cunéiformes, élargies, arrondies et
finement denticulées vers le sommet, glabres ou offrant quelques poils épars, plus grandes à mesure qu'elles s'éloignent
du collet ; les radicales pétiolées. Tige dressée, simple ou
rameuse dans le bas, droite ou tortueuse. Racine pivotante.
Plante de 1-5 décimètres. ①

Hab. Les champs, les jardins ; fleurit toute l'année. CCC.

b. Capsules verruqueuses, rarement lisses.

3. Plantes annuelles ou bisannuelles.

E. Platyphyllos *L. sp.* 660 ; *Jacq.* ; *Koch* ; *Benth. cat.* ; *Mut.* ;

Borr.; Noul.; Gren. Godr.; E. lanuginosa et *E. peploïdes Thuil.;
E. subciliata Pers. ; E. dubia Dierb. — Fleurs jaunâtres, en
ombelle à 5 rayons, trifides, à rameaux bifides, courts, s'allongeant et se divariquant avec l'âge. Folioles du verticille
ombellaire ovales, triangulaires, serrulées, mucronées. Bractées libres ; les supérieures triangulaires, toutes poilues aux
aisselles. Divisions externes de l'involucre caliciforme (glandes)
ovales. Capsule glabre, plus ou moins verruqueuse. Graines glabres, peu verruqueuses ou très lisses, comprimées,
d'un gris brun métallique. Feuilles sessiles, à base cordiforme, lancéolées-aiguës, finement serrulées dans leur
moitié supérieure, fermes, glabres ou poilues (*E. lanuginosa
Thuil.*), quelquefois déjetées sur la tige ; les inférieures obovales-obtuses, atténuées en pétiole. Tige droite, simple
inférieurement, à rameaux floraux souvent très nombreux,
axillaires et paniculés au-dessous de l'ombelle. Plante de
5-9 décimètres, glabre, fétide. ① Juillet-Octobre.

Hab. Pyrénées occidentales ; moissons, lieux cultivés, chemins,
décombres, très commune à Bayonne.

" *Plantes vivaces.*

E. Pilosa *L. sp.* 659 ; *D C.; Dub.; Benth. cat.; Mut.; Borr.;
Gren. Godr.; E. illyrica Lois.; E. procera Koch; E. paniculata
Lois.* — Fleurs jaunâtres, en ombelle à 5 rayons trifurqués,
dichotomes. Verticille ombellaire à folioles ovales, dentelées,
jaunâtres, ainsi que les bractées courtes, sub-entières. Divisions externes de l'involucre caliciforme (glandes) entières,
arrondies. Capsule lisse ou verruqueuse, plus ou moins velue,
à 3 sillons couverts de points verruqueux et parsemés de longs
poils épars, caducs. Graines obovales, lisses, luisantes, d'un
brun noirâtre. Feuilles toutes sessiles, oblongues-lancéolées,
obtuses, velues sur les deux faces ou un peu aiguës, entières
ou denticulées. Tige de 5-8 décimètres, dressée, garnie de
rameaux axillaires ; les inférieurs feuillés, stériles, les supérieurs florifères, entourant l'ombelle. Plante fistuleuse. ♃
Juin-Juillet.

Hab. Pyrénées occidentales ; environs de Bayonne. C.

E. Hyberna *L. sp.* 662 ; *D C.; Lap.; Dub.; Lois.; Engl. bot.;
Benth. cat.; Mut.; Borr.; Gren. Godr.; E. carniolica Lap.*—Fleurs
d'un beau jaune, en ombelle de 3-6 rayons dichotomes, ordinairement dépourvue de rameaux axillaires. Verticille ombellaire à folioles elliptiques obtuses. Bractées libres ou peu
embrassantes, entières. Divisions externes de l'involucre caliciforme (glandes) brunes, réniformes. Capsule grosse, trigone, glabre, chargée de verrues tuberculeuses. Graines
grosses, brunâtres, finement ponctuées. Feuilles sessiles,

larges, ovales ou oblongues, minces, entières, plus ou moins velues sur les bords et en dessus, vertes en dessus, plus pâles en dessous; les caulinaires sessiles, oblongues-elliptiques, obtuses. Tige de 2-6 décimètres, fistuleuse, dressée, striée, ordinairement simple, très feuillée. Racines épaisses produisant plusieurs tiges. Plante d'un vert gai, plus ou moins glabre. ♃ Mai-Juin.

Hab. Les bois jusque dans la région alpine. CCC.

E. Pubescens *Desf.; D C.; B. G.; Lap.; Lois.; Mut.; Gren. Godr.; E. pilosa Brot.; E. coralloïdes Chaub.* — Fleurs jaunâtres, en ombelles à 5 rayons trifides puis dichotomes. Verticille ombellaire à folioles lancéolées, mucronées, dentées en scie. Bractées libres, ovales, rhomboïdales, mucronées, denticulées. Divisions externes de l'involucre caliciforme (glandes) entières, arrondies. Capsule large, ovoïde, trigone, verruqueuse, poilue, à trois sillons profonds. Graines sub-globuleuses, brunes, opaques, un peu rudes vers l'ombilic et entourées d'une ligne dorsale continue, saillante. Feuilles presque dressées, éparses, courtes, ovales-oblongues, un peu rétrécies au sommet, obtuses-acuminées, un peu en cœur et sub-embrassantes à la base, dentelées en scie; les inférieures très petites, atténuées en pétiole; les caulinaires demi-embrassantes, sessiles. Plante de 2-4 décimètres, molle, toute velue-laineuse. Souche vivace. ♃ Juin-Juillet.

Var. a. E. paniculata Lois.; Lap.; Benth. cat. — Feuilles oblongues, presque embrassantes. Involucre caliciforme et verticille ombellaire à divisions et à folioles ovales-lancéolées, sub en cœur. Capsule glabre, verruqueuse. Graines finement verruqueuses, lisses, d'un rouge brun. Plante presque glabre. ♃ Juin-Juillet.

Hab. Pyrénées-Orientales et occidentales; rivages des deux mers, Perpignan, Bayonne. C.

E. Palustris *L. sp.* 662; *D C.; Lap.; Dub.; Lois.; Koch; Benth. cat.; Mut.; Gren. Godr.; Esula palustris Riv.* — Fleurs jaunâtres, en ombelle multifide ou à 5 rayons courts, trifurqués, puis bifides. Verticille ombellaire à folioles elliptiques, obtuses, atténuées à la base. Bractées ovales, un peu embrassantes. Divisions externes de l'involucre caliciforme (glandes) arrondies, entières, d'un jaune fauve. Capsule grosse, globuleuse, trigone, marquée de trois sillons, glabre et couverte de verrues tuberculeuses. Graines lisses, ovoïdes, d'un brun luisant. Feuilles sessiles, glabres, membraneuses, ovales ou lancéolées, d'un vert gai, atténuées à la base, à une nervure saillante, à bords fermes ou à peine denticulés; les raméales plus étroites et plus rapprochées. Plante de 4-6 décimètres, droite, robuste, cylindrique, à rameaux axillaires, feuillés, stériles ; les supérieurs florifères. ⚥ Mai-Juin.

Hab. Bords des eaux et marais, lac de Lourdes. R.

E. Dulcis *L. sp.* 656; *Jacq.; Dub.; Koch ; Benth. cat.; Mut.; Borr.; Noul.; Gren. Godr.; E. purpurata Lap.; Thuil.; E. carniolica D C.; E. solisequa Rchb.; Esula solisequa Riv.; Tithymalus montanus non acris C. Bauh.* — Fleurs jaunâtres ou brunes, puis purpurines, en ombelle à 3-5 rayons 1-2 fois bifides. Verticille ombellaire à folioles sub-entières, ovales, lancéolées-obtuses. Bractées entières, libres, triangulaires-obtuses. Involucre caliciforme à 4 *glandes* dans les fleurs externes, à 5 *glandes* dans les fleurs centrales, toutes arrondies, entières. Capsule glabre ou velue, à coques arrondies sur le dos, munie de tubercules saillants, épais, inégaux, arrondis. Graines ovoïdes, sub-sessiles, d'un gris rosé. Feuilles pétiolées, larges, minces, velues en dessous dans leur jeunesse, écartées, lancéolées-obtuses ou aiguës, atténuées à la base, entières ou finement denticulées dans leur moitié supérieure, rudes sur les bords. Tige de 3-6 décimètres, munie à la base de petites écailles éparses, cylindrique, un peu velue, portant souvent des rameaux floraux axillaires placés au-dessous de l'ombelle. Rhizome rampant, noueux, jaunâtre, épais, garni de fibres. Plante d'un vert obscur. ⚥ Mai-Juin.

Hab. Les bois et les lieux couverts. CCC.

E. Angulata *Jacq. ; Rchb. ; Host. ; Koch ; Mut. ; Borr.: Gren. Godr.; E. dulcis var. g. filipendula St-Aman.* — Fleurs jaunâtres, brièvement pédicellées, en ombelle à 3-4-5 rayons dichotomes, 2-3 fois aussi longs que l'involucre. Verticille ombellaire à folioles courtes rhomboïdales, obtuses, ovales, cartilagineuses sur les bords, dentelées. Involucre caliciforme à divisions externes ovales (glandes) entières, largement en cœur, rhomboïdales, toujours jaunes pendant l'anthèse. Capsule glabre, verruqueuse. Feuilles alternes, ovales ou brièvement lancéolées, fermes et plus petites que dans l'*E. Dulcis;* obtuses, finement cartilagineuses sur les bords, dentelées, glabres, glauques en dessous, à nervures blanches. Tige striée, membraneuse, anguleuse, de 2-3 décimètres. Rhizome grêle, allongé en forme de ver, muni à son extrémité d'un tubercule oblong ou arrondi, souvent espacé. Plante presque glabre. ⚥ Mai-Juin.

Hab. Toute la chaîne : lieux sablonneux, bois de l'Escaladieu, vallon de Constance près Bagnères; Bayonne. C.

E. Pyrenaica *Jord.; E. chamœbuxus Gren. Godr.* — Fleurs jaunâtres ou rougeâtres, en ombelle très courte à

3-4 rayons, souvent à une seule fleur terminale. Verticille ombellaire à folioles ovales-obtuses, denticulées. Bractées de même forme plus petites. Involucre caliciforme à *glandes* rouges, arrondies en avant. Capsule globuleuse, trigone, glabre, à coques munies de petites côtes épaisses. Graines lisses, ovoïdes-elliptiques, grisâtres. Feuilles alternes, sub-sessiles, ovales-oblongues ou elliptiques, minces, glabres, entières ou peu dentées au sommet ; les inférieures plus rétrécies vers le bas ; les supérieures quelquefois mucronées. Tiges de 1-2 décimètres, nombreuses, couchées, munies de petites écailles jaunes, grêles, glabres. Souche émettant un grand nombre de rameaux droits, simples. Rhizome horizontal ; très long. ♃ Juin-Juillet.

Hab. Pyrénées centrales, débris mouvants des roches calcaires ; vallée d'Aspe, à Athos, Pas d'Azun, pic d'Anie.

E. Verrucosa *Lam.; D C.; Lap.; Koch; Mut.; Borr.; Gren. Godr.; E. flavescens Benth. cat.; E. flavicoma Rchb.* — Fleurs jaunâtres, ainsi que l'ombelle, devenant vertes après l'anthèse. Ombelle à 5 rayons plus courts que les folioles du verticille, bi-tri-furqués. Verticille ombellaire à folioles ovales-obtuses finement denticulées. Bractées libres, obovées-obtuses, atténuées à la base, jaunâtres. Involucre caliciforme à divisions externes (glandes) ovales, entières. Capsule grosse, sub-globuleuse, hérissée de petites verrues groupées-mamelonnées. Graines lisses, brunes, à reflet métallique, ovales-oblongues, d'un roux grisâtre. Feuilles sub-sessiles, nombreuses, alternes, ovales ou oblongues, pubescentes, devenant presque glabres à la fin, serrulées vers le sommet ; les inférieures plus petites. Tige dure, rougeâtre ou verte, cylindrique, ligneuse, glabre ou pubescente, simple, rarement rameuse. Souche épaisse, produisant du collet un grand nombre de tiges. Plante de 2-4 décimètres, couchée-étalée, peu redressée, formant des touffes nombreuses. ♃ Juin-Juillet.

Hab. Pyrénées centrales, montagnes calcaires ; Lhéris, bords de l'Adour près Bagnères, Pic de Gard, environs de Barèges, Esquierry, St-Béat, Viedessos. C.

E. Gerardiana *Jacq.; Lap.; Spreng.; Mut.; Benth. cat.; Borr.; Gren. Godr.; E. cajogala Ehrh.; Schl.; E. Beguieri et E. esula Vill.; E. esula L. sp.* 660; *D C.; Dub.; Koch; Gren. Godr.; E. linarifolia Lam.; Tithymalus rupestris Lam.* — Fleurs et ombelle d'un beau jaune. Celle-ci à 5-10 rayons bi-trichotomes. Folioles du verticille ombellaire entières, ovales ou lancéolées. Bractées jaunes, sub-en-cœur, apiculées. Divisions externes de l'involucre caliciforme (glandes) triangulaires, arrondies, souvent tronqués, rarement un peu échancrées, mais à angles toujours largement obtus et arrondis. Capsules glabres, chargées de très petits points tuberculeux. Graines ovoïdes, lisses, blanchâtres. Feuilles sessiles, linéaires-lancéolées ou oblongues, un peu coriaces, très entières, mucronées, fermes, glauques, glabres. Tiges dressées ou ascendantes, simples ou offrant quelques rameaux florifères au-dessous de l'ombelle. Racines dures, produisant plusieurs tiges de 2-6 décimètres. Plante glauque. ⚥ Mai-Juin.

Hab. Pyrénées-Orientales; Rocca Galiniera, château de Villefranche, col de la Perche, Salligouse, la Trancade. C.

3 Feuilles éparses sans stipules : glandes externes de l'involucre caliciforme triangulaires, en demi-lune ou en croissant, ordinairement à deux cornes; fleurs en ombelle ; rayons ordinairement bifides; graines ridées ou tuberculeuses.

a. Plantes annuelles.

E. Peplus *L. sp.* 658; *D C.; Lap.; Mut.; Borr.; N'Jul.; Gren. Godr.* — Fleurs petites, jaunes ou jaunâtres, en ombelle à trois rayons dichotomes. Folioles du verticille ombellaire obovées, atténuées en pétiole court. Bractées libres, sessiles, ovales, entières. Glandes de l'involucre caliciforme en croissant, munies de deux segments en pointes allongées. Capsule glabre, petite, trigone, verruqueuse, munie de deux ailes en forme de carène. Graines grises-blanchâtres, à deux sillons d'un côté, ponctuées-creusées de l'autre. Feuilles épaisses, minces, pétiolées, élargies au sommet, atténuées à la base, ovales-obtuses, très entières ; les inférieures plus arrondies ; les supérieures allongées. Tige dressée, rameuse au sommet, cylindrique. Racine fibreuse. Plante de 1-3 décimètres, délicate, glabre, un peu pubescente. ① Mai-Septembre.

Hab. Partout; champs, jardins, bords des eaux. CCC.

E. Falcata *L. sp.* 654; *Jacq.; Lap.; D C.; Dub.; Koch; Mut.; Borr.; Gren. Godr.; E. mucronata Lam.; E. obscura Lois.; E. arvensis Schleich.* — Fleurs jaunâtres, en ombelle à 2-3-5 rayons dichotomes. Folioles du verticille ombellaire larges, cordiformes, triangulaires, mucronées, sub-égales aux feuilles. Bractées inégales, ovales ou rhomboïdales. Divisions exterees de l'involucre caliciforme *échancrées* en croissant, à pointes courtes. Capsule glabre, lisse, obscurément carénée. Graines petites, tétragones, obtuses, blanchâtres ou brunâtres, peu rugueuses sur les angles. Feuilles sessiles, glabres, un peu glauques en dessous, raides, lancéolées ou peu cunéiformes, aiguës, mucronulées, entières ; les inférieures caduques, obovales ou échancrées, mucronées. Tige dressée, rameuse à la base, quelquefois sur tout le parcours de la tige. Racines longues, grêles, pivotantes. Plante très variable, un peu glauque, haute de 1-2 décimètres. ⊙ Juillet-Septembre.

Hab. Pyrénées-Orientales et centrales; St-Béat sur les sables. RR.

E. Exigua *L. sp.* 654; *D C.; Lap.; Mut.; Borr.; Noul.; Gren. Godr.; E. rubra D C.; E. leptophylla Lap.* — Fleurs jaunâtres, petites, en ombelle de 3-4-5 rayons plusieurs fois dichotomes. Folioles du verticille ombellaire élargies, sub en cœur à la base, linéaires-lancéolées. Bractées plus petites, sub-égales pour la forme. Divisions externes de l'involucre caliciforme, échancrées en croissant à longues cornes. Capsule glabre, lisse ou un peu ponctuée. Graines très petites, grises, rugueuses, tuberculeuses. Feuilles variables, sessiles, glabres, un peu raides, linéaires ou linéaires-cunéiformes, obtuses ou pointues, entières, aiguës ou mucronulées (*E. retusa D C.*), échancrées, presque trilobées (*E. tricuspidata Lam.*); les inférieures serrées contre la tige. Celle-ci simple ou très rameuse, dressée ou couchée, de 5-12 centimètres, cylindrique, très variable. Plante glabre. ⊙ Tout l'été.

Hab. Les champs, les moissons; plaine de Bagnères. C.

E. Segetalis *L. sp.* 657; *Jacq.; Koch; Lap.; Mut.; Noul.; Benth. cat.; Gren. Godr.; E. portlandica et longibracteata D C.; E. terracina Vill.; E. cœspitosa Tendre; E. pinifolia Lam.; E. provincialis Lap.* — Fleurs jaunâtres, en ombelle à 5 rayons dichotomes. Folioles de la base de l'ombelle ovales-rhomboïdales ou lancéolées, obtuses ou aiguës. Bractées libres, réniformes. Divisions externes de l'involucre caliciforme (glandes) en croissant, à deux cornes longues, sétacées. Capsule glabre, un peu ponctuée, rude sur les angles, à trois lobes profonds. Graines obovales, réticulées, blanchâtres. Feuilles sessiles ou atténuées en court pétiole, glabres et glauques, entières et uninervées, linéaires-lancéolées, mucronées. Tige dressée, rameuse. Plante de 1-2 décimètres, glabre, glauque, très polymorphe. ⊙ Mai-Juin.

Hab. Pyrénées-Orientales; les moissons, Perpignan. C.

4. Feuilles épaisses ou alternes sans stipules; glandes de l'involucre caliciforme en croissant; fleurs en ombelle. — Plantes vivaces.

α. Bractées libres.

E. Serrata *L. sp.* 658; *Desf.; D C.; Vill.; Lap.; Dub.; Lois.; Benth. cat.; Mut.; Noul.; Gren. Godr.; Tithymalus serratus Lam.* — Fleurs d'un beau jaune, en ombelle de 3-5 rayons courts 2-3 fois dichotomes. Folioles du verticille ombellaire grandes, en cœur à la base, aiguës au sommet

finement dentées. Bractées jaunes, en cœur à la base, aiguës
au sommet, les supérieures dentées. Divisions externes de l'involucre
caliciforme brunes, en croissant, à pointes courtes.
Capsule sub-lisse, glabre, trigone, grosse, à sillons profonds.
Graines d'un gris-noirâtre, cylindriques, lisses, échancrées aux
deux bouts, munies d'une caroncule grande. Feuilles sessiles,
linéaires-lancéolées, aiguës, souvent mucronées, entières ou
profondément ou légèrement dentées en scie, glabres ou
ciliées ; les supérieures plus larges dans le tiers inférieur,
plus ou moins brusquement acuminées, dentées, sub-embrassantes.
Tige striée, rameuse à la base, rarement simple,
glabre ou glauque. Plante de 1-3 décimètres. ♃ Mai-Juillet.

Hab. Pyrénées-Orientales ; dans les vignes, à Perpignan, le Conflant,
la Cerdagne, Prades, Noëdes et Villefranche. C.

E. Pithyusa *L. sp.* 656 ; *D C.; Dub.; Lois.; Benth. cat.;
Mut.; Gren. Godr.; E. mucronata Lap.; Tithymalus acutifolius
Lam.* — Fleurs rougeâtres, en ombelle à 4-5-8 rayons bi-trichotomes.
Folioles du verticille ombellaire ovales-aiguës,
cuspidées. Bractées sub en cœur, cuspidées. Divisions externes
de l'involucre caliciforme jaunes, sub en croissant, à pointes
obtuses. Capsule petite, trigone, lisse, glabre, couverte de papilles.
Graines ovales, très finement veinées en réseau. Feuilles
lancéolées, coriaces, glauques, un peu raides, mucronées,
nombreuses, serrées ; les inférieures imbriquées, réfléchies ;
les supérieures plus larges, acuminées ; celles des rameaux
stériles plus étroites, plus glauques et plus chargées de
papilles. Tige épaisse, ligneuse à la base, divisée dans le
bas en rameaux nombreux ordinairement dressés. Plante de
1-2 décimètres, glauque, molle et couverte de cicatrices. ♃
Mai-Juin.

Hab. Pyrénées-Orientales ; Collioure, Port Vendres (*Endress.*). R.

P. Provincialis *Willd.; B. Magn.; Dub.; Lois.; Benth. cat.;
Mut.; E. terracina L. sp.* 664 ; *Guss., Bertol.; Gren. Godr.; E. affinis
D C.; E. ramosissima Lois.; E. neapolitana Tenore; E. heterophylla
Desf.; E. valentina Ortega Barr.; E. diversifolia Pers.* — Fleurs
jaunâtres, en ombelle à 3-4-5 rayons dichotomes et souvent
à 2-4 autres rayons placés sous l'ombelle principale. Folioles
du verticille ombellaire elliptiques-obtuses à la base, mucronulées
au sommet, dentelées. Bractées verdâtres, rhomboïdales,
larges, dentelées, à dents plus prononcées à la base.
Divisions externes de l'involucre caliciforme (glandes) en croissant,
munies de 2 longues cornes subulées, d'un vert jaunâtre.
Capsule trigone, lisse, glabre, à dos convexe, à une nervure.
Graines allongées, sub-ovales, lisses, munies d'une fine nervure,
opaques, cendrées. Feuilles sessiles, un peu coriaces, ovales

en coin, oblongues ou lancéolées-aiguës, souvent obtuses, vertes, glabres, dentelées dans leur partie supérieure; les caulinaires éparses, linéaires-oblongues; celles des rameaux stériles plus petites, échancrées. Tiges épaisses et ligneuses dans le bas. Plante de 1-3 décimètres, très variable, très glauque. ⚥ Avril-Mai.

Hab. Pyrénées-Orientales; Collioure, tout le Roussillon. C.

E. Biumbellata *Poir.; Desf.; D C.; Dub.; Lois.; Benth. cat.; Mut.; Gren. Godr.; E. segetalis var. g. D C.* — Fleurs jaunâtres, en ombelles à 5-10 rayons bi-trichotomes; la deuxième ombelle est placée au-dessous, quelquefois une troisième imparfaite est placée au-dessous de la deuxième. Folioles des verticilles ombellaires ovales ou oblongues-aiguës, entières ou denticulées au sommet. Bractées sub-orbiculaires, tronquées à la base, mucronées au sommet, libres. Divisions externes de l'involucre caliciforme orangées, en croissant, à pointes allongées et terminées presqu'en massue. Capsules glabres, à dos convexe, trigones, ponctuées, verruqueuses. Graines ovoïdes, ridées, tuberculeuses, blanchâtres. Feuilles denses, étalées, linéaires-lancéolées-obtuses, un peu mucronées, glabres, rudes vers le sommet, atténuées à la base, sessiles; les supérieures un peu plus larges à la base. Tiges raides, simples à la base, munies de rameaux stériles. Plante de 2-3 décimètres. Racine vivace, épaisse, tortueuse. ⚥ Mai-Juin.

Hab. Pyrénées-Orientales; Pied des Alberts, Collioure *(Cabiau).* R.

E. Parallas *L. sp.* 657; *D C.; Lap.; Dub.; Koch; Benth. cat.; Mut.; Borr.; Gren. Godr.; E. pinea Lap.; Tithymalus maritimus Lam.*—Fleurs jaunâtres, en ombelle à 3-4-5 rayons bifurqués. Folioles du verticille ombellaire sub-égales aux feuilles caulinaires. Bractées d'un vert jaunâtre, sub-réniformes, concaves, entières, apiculées. Divisions externes de l'involucre caliciforme en demi-lune, à deux dents très courtes. Capsule verruqueuse profondément divisée en trois coques à un sillon sur le dos, ponctuée de blanc. Graines ovoïdes-globuleuses, cendrées, presque lisses, munies de points enfoncés peu visibles. Feuilles sessiles, nombreuses, serrées, dressées, imbriquées, lancéolées-acuminées, épaisses, coriaces; les inférieures petites, étroites, linéaires-lancéolées; les moyennes oblongues-lancéolées; les supérieures ovales-aiguës; celles des jeunes rameaux linéaires-lancéolées, toutes entières. Tige cicatrisée, simple, dressée-ascendante, fructescente, nue ou très rameuse, portant quelquefois sous l'ombelle des rameaux fleuris. Plante de 2-4 décimètres, glauque. Racines ligneuses. ⚥ Juin-Juillet.

Hab. Pyrénées-Orientales et occidentales; sables maritimes, Perpignan, St-Jean-de-Luz, Bayonne. CCC.

E. Cyparissias *L. sp.* 661 ; *D C.; Engl. bot.; Benth. cat.; Mut.; Lap.; Borr.; Noul.; Gren. Godr.* — Fleurs jaunâtres, en ombelle à rayons nombreux, dichotomes. Folioles du verticille ombellaire sub-égales aux feuilles caulinaires supérieures. Bractées jaunes pendant l'anthèse, rougeâtres après, réniformes, sub en cœur, obtuses, entières. Divisions externes de l'involucre caliciforme jaunes, en croissant, à pointes courtes. Capsule rude, trigone, ponctuée, à sillons profonds, glabres. Graines lisses, grisâtres, sessiles. Feuilles d'un vert gai, très étalées, réfléchies, sessiles, linéaires-lancéolées, obtuses ou un peu pointues, glabres, molles, très nombreuses et très étroites ou les inférieures oblongues-spatulées, sub-filiformes sur les rameaux stériles. Tige de 2-4 décimètres, dressée, rameuse au sommet. Racines rampantes. Plante souvent un peu glauque. ♃ Juin-Juillet.

Hab. Pyrénées-Orientales et centrales : régions subalpines et alpines; Esquierry, Plan des Etangs, Mont-Louis, Saleix; St-Béat, vallée de Vénasque. CC.

E. Nicæensis *All.; Dub.; Lois.; Koch ; Benth. cat.; Mut.; Borr.; Gren. Godr.; E. esula D C.; Dub.; E. myrsinites Lap.; E. olæfolia Gouan; E. Amygdaloïdes Lam.* — Fleurs jaunâtres, en ombelle à 5 rayons dichotomes. Folioles du verticille ombellaire ovales-oblongues, arrondies au sommet, mucronulées. Bractées libres, ovales-obtuses, mucronulées. Divisions externes de l'involucre caliciforme (glandes) en demi-lune, à pointes courtes et obtuses. Capsule velue, glabre, globuleuse, apiculée par le style, grisâtre, lisse ou très finement ponctuée sur les angles. Graines obovales, lisses, d'un gris brunâtre, presque tachées. Feuilles coriaces, un peu épaisses, sessiles, ovales-lancéolées-obtuses, mucronées ou aiguës, glabres, glauques, entières, rarement un peu denticulées, rudes vers le sommet, souvent réfléchies. Tiges nombreuses, dressées, simples, quelquefois stériles. Plante de 2-3 décimètres. ♃ Juin.

Hab. Pyrénées-Orientales et centrales ; autour de Perpignan, Lhéris (*Lap.*) où nous n'avons pas trouvé cette plante. R.

b. **Bractées soudées.**

E. Amygdaloïdes *L. sp.* 662 ; *Sm.; Engl. bot.; Koch ; Guss.; Mut.; Borr.; Gren. Godr.; E. sylvatica Jacq.; D C.; Dub.; Lois.* — Fleurs jaunâtres, en ombelle à 6-8 rayons dichotomes. Folioles du verticille ombellaire obovées, arrondies au sommet. Bractées soudées, orbiculaires, formant un disque plane, perfoliacées. Divisions externes de l'involucre caliciforme en croissant à deux cornes. Capsules trigones à sillons très ouverts, glabres, très finement ponctuées, comme maculées.

Graines ovoïdes cylindracées, lisses, brunâtres, déprimées au hile. Feuilles inférieures atténuées en pétiole, plus ou moins spatulées, grandes, fermes, d'un vert foncé, rougeâtres, obovées, rapprochées, sub en rosette, larges, dressées ou réfléchies; les supérieures larges, plus molles, plus petites, plus écartées, d'un vert jaunâtre, obovales, lancéolées-obtuses ou mucronées, glabres ou pubescentes, entières ou finement dentées. Tige ordinairement rougeâtre vers le bas et dépourvue de feuilles, simple, dressée, pubescente, dure, munie au-dessous de l'ombelle de nombreux rameaux axillaires; les inférieurs feuillées, les supérieurs florifères. Plante de 3-5 décimètres. ♃ Mai-Août.

Hab. Toute la chaîne; les bois, partout. CCC.

5. Feuilles opposées, en coin, sans stipules; glandes de l'involucre caliciforme en croissant; fleurs en ombelle; graines ridées ou rugueuses.

E. Lathyris L. *sp.* 655; *D C.; Lap.; Mut.; Borr.; Gren. Godr.; Esula major Riv.; Cataputia minor Lob.* — Fleurs d'un jaune verdâtre. Ombelle à 4-5 rayons très grands, dichotomes, dont un souvent avorté. Folioles du verticille ombellaire sub-égales aux feuilles caulinaires. Bractées libres, sub en cœur à la base, aiguës au sommet. Divisions externes de l'involucre caliciforme (glandes) échancrées en croissant, à cornes dilatées et obtuses au sommet. Capsule glabre, très grosse, sillonnée, à coques arrondies sur le dos. Graines brunes, opaques, réticulées, rugueuses. Feuilles opposées, sessiles et disposées sur quatre rangs, oblongues, lancéolées-aiguës, glabres et glauques, entières; les caulinaires cordiformes-aiguës, opposées, embrassantes. Tige droite, fistuleuse, simple à la base, rameuse au sommet. Plante glabre, glauque, rougeâtre à la base. ☉ Mai-Août.

Hab. Autour des habitations, échappée des jardins. RRR.

XCIV. URTICÉES.

Fleurs petites, dioïques, monoïques ou polygames, solitaires ou aggrégées, en grappes ou entourées d'un involucre monophylle. — Fleurs mâles : périgone persistant, monosépale, à 3-5 divisions; corolle nulle; étamines définies, ordinairement 4, opposées aux divisions périgonales, à filets d'abord réfléchis puis étalés; anthères biloculaires s'ouvrant longitudinalement. — Fleurs femelles : périgone à 4 divisions sub-égales ou inégales, quelquefois les externes nulles; style 2-1 bifurqué au sommet. Ovaire uniorbiculaire, uniovûlé. Fruit sec ou charnu (akène, capsule, noix, samare ou drupe), à une loge, à une graine pendante. Embryon en spirale, droit ou courbé. Radicule dressée. — Herbes ou arbres à feuilles ordinairement hérissées.

556. CANABIS *Tournef. inst. p.* 515 (*Chanvre*).—Fleurs dioïques en grappes ou en panicule. — Les mâles axillaires, en grappe; périgone à 5 divisions; 5 étamines pendantes. — Fleurs femelles : axillaires, sub-géminées en épi; périgone en spathe, fendu en long sur les côtés; deux styles inégaux; stigmate en' massue. Ovaire resserré au-dessus du milieu. Capsule dure, à deux valves, recouverte par le périgone.

C. Sativa *L. sp.* 1457; *D C.; Dub.; Mut.; Borr.; Gren. Godr.*—Fleurs verdâtres :—Les mâles verticillées, en grappes pendantes, opposées, formant un long épi. — Les femelles sessiles, axillaires, réunies en glomérules et formant un épi au sommet de la tige. Feuilles pétiolées, opposées, digitées, à 5-7 segments lancéolés-acuminés, dentés; les supérieures à trois segments; toutes rudes en dessous. Tige de 1-2 mètres, dressée, droite, dure, rude, anguleuse, simple ou rameuse, pubescente. Racine chevelue. Plante à odeur forte. ① Juin-Septembre.

Hab. Cultivée; spontanée autour des habitations.

557. PARIETARIA *Tournef. inst. p.* 509 (*Pariétaire*). — Fleurs monoïques ou polygames sessiles, agglomérées, axillaires, réunies dans un involucre commun polyphlle. — Fleurs hermaphrodites : corolle nulle; périgone à 4-5 divisions, s'allongeant en tube et recouvrant le fruit; 4-5 étamines opposées aux divisions périgonales, à filets réfléchis et se relevant au moment de l'anthèse; ovaire uniloculaire; un style filiforme; stigmate en pinceau.—Fleurs femelles : périgone à 2-3 divisions. Fruit monosperme renfermé dans le périgone persistant. Plantes à feuilles alternes.

P. Lusitanica *L. sp.* 1492; *D C.; Lap.; Dub.; Mut.; Gren. Godr.*— Fleurs d'un blanc sale, axillaires, sub-sessiles, sub-ternées. Bractées digitées, formant un involucre à segments découpés appliqués sur les fleurs. Périgone serré. — Fleurs mâles ou femelles, campanulées, ne s'augmentant pas après l'anthèse. Graines globuleuses. Feuilles petites, ovales-arrondies, obtuses, poilues, courtement pétiolées, entières. Tiges tombantes, étalées à terre, filiformes, rameuses. Plante de 2-3 décimètres, pubescente. ① Mai-Juin.

Hab. Pyrénées-Orientales; les vieux murs, Bagnols. C.

P. Diffusa *Mert.; Koch; Borr.; P. judaïca Lam.; Dub.;*

Lap.—Fleurs verdâtres ; les unes campanulées , les autres allongées en tube, toutes en glomérules sessiles le long de la tige et des rameaux, axillaires, dichotomes. Bractées décurrentes sur les rameaux de la tige , plus courtes que les fleurs. Périgone plus long que les étamines, s'allongeant après l'anthèse. Graines très luisantes, noires et brunes. Feuilles d'un vert foncé, pétiolées, inégales, ovales-acuminées, très ponctuées, très entières. Tiges pendantes, étalées, diffuses, rameuses, à rameaux plus longs que la feuille à l'aisselle de laquelle ils naissent. Plantes glabres. ♃ Juin-Septembre.

Hab. Pyrénées centrales ; vieux murs , Saleix *(Lap.)* , Campan , Escaladieu, Argelès.

P. Officinalis *L. sp.* 1492 ; *D C.; Lap.; Dub.; Mut.; Borr.; Noul.; P. erecta Koch; Gren. Godr.* — Fleurs très petites, d'un blanc sale, en glomérules, sessiles le long des rameaux, axillaires , géminées, dichotomes, velues. Bractées plus courtes que la fleur, libres , non décurrentes sur les rameaux, lancéolées. Périgone des fleurs hermaphrodites égalant les étamines et ne s'augmentant pas après l'anthèse. Feuilles d'un vert clair, minces, ponctuées, pellucides, pétiolées, ovales-lancéolées, acuminées, entières, pubescentes, longuement atténuées à la base et souvent décurrentes. Tige de 2-6 décimètres, droite, simple ou à rameaux dressés plus courts que les feuilles à l'aisselle desquelles ils naissent. Plante brièvement velue-pubescente. ♃ Mars-Septembre.

Hab. Les vieux murs. CCC.

558. URTICA *Tournef. inst. p.* 514 *(Ortie).*—Fleurs monoïques ou dioïques , herbacées, axillaires, agglomérées en cyme ou en épi. — Fleurs mâles : périgone régulier à 4-5 divisions profondes, à 4-5 étamines, à filets repliés avant l'anthèse s'allongeant ensuite avec élasticité. — Fleurs femelles : périgone à 4 divisions inégales, en croix ; les externes très petites, quelquefois nulles ; les internes persistantes. Stigmate sessile, en pinceau. Fruit sec, nu ou renfermé dans le périgone accru. Plantes à poils glanduleux secrétant une liqueur caustique. — Tiges obscurément quadrangulaires. Feuilles opposées.

1. Fleurs femelles en boule.

U. Pilulifera *L. sp.* 1395 ; *Lam.; D C.; Lap.; Dub.; Benth. cat.; Mut.; Borr.; Noul.; Gren. Godr.* — Fleurs petites, verdâtres ; les mâles en grappes ramifiées, dressées, très grêles ; les femelles en épis globuleux , hispides, pédonculés, axillaires. Feuilles opposées, pétiolées, ovales-acuminées , incisées-dentées , à dents profondes, allongées, peu ponctuées. Tige ordinairement dressée, cylindrique, un peu glauque :

Plante de 3-6 décimètres, hérissée sur toutes ses parties de poils forts glanduleux à leur base. ♃ Juin-Juillet.

Hab. Pyrénées-Orientales ; Collioure , de Ria aux bains de Moligt (*Lap.*). R.

2. Fleurs agglomérées en épis ou en cyme ; feuilles veinées.

U. Membranacea *Poir.; Willd.; D C.; Dub.; Benth. cat.; Mut.; Gren. Godr.; U. caudata Brot.; Billot.; Soleir.* — Fleurs verdâtres, monoïques, en grappes axillaires , géminées, étalées, dressées et unisexuelles ; fleurs mâles en glomérules égalant ou dépassant les pétioles, à *rachis nu à la base et dilaté membraneux du milieu au sommet,* portant des fleurs à la face supérieure et nu à la face inférieure ; les fleurs mâles avortent souvent et sont remplacées par des fleurs femelles ; la plante devient ainsi *dioïque.* Fleurs femelles inférieures aux fleurs mâles, en grappes plus courtes que les pétioles, entourant sur toutes les faces et dans toute sa longueur le rachis non dilaté. Feuilles opposées, ovales-aiguës, grossièrement dentées, longuement pétiolées, munies de deux stipules à chaque verticille. Plante de 3-4 décimètres, plus ou moins poilue-glanduleuse et secrétant comme l'espèce précédente un suc caustique. ♃ Mai-Juin.

Hab. Pyrénées-Orientales ; environs de Perpignan. R.

U. Dioïca *L. sp.* 1396; *D C.; Lap.; Dub.; Benth. cat.; Mut.; Noul.; Gren. Godr.; U. hispida B. G.; Lois.; Endress.* — Fleurs verdâtres ou rougeâtres, dioïques, en glomérules rapprochés, formant des grappes axillaires grêles, garnies de la base au sommet, dépassant les pétioles ; fleurs mâles en grappes dressées, plus grêles ; fleurs femelles fructifères en grappes pendantes réfléchies. Périgone sub-hispide dans les deux espèces de fleurs. Feuilles cordiformes, ovales-oblongues, acuminées, largement dentées en scie, opposées, pétiolées, à pétiole plus court que le limbe. Tige de 4-10 décimètres, droite, dressée, rarement rameuse. Racine vivace et rampante. Plante fortement hérissée de poils très piquants à suc très caustique. ♃ Juin-Novembre.

Var. a. *Nob.* — Feuilles orbiculaires, ovales ou réniformes. ♃ Juin-Novembre.

Hab. Type et var. : autour des habitions, jardins et décombres. CCC.

Cette plante semble habiter partout avec l'homme. A peine un pasteur a-t-il établi à une hauteur quelconque sa cabane d'été, que l'année suivante l'*Urtica dioïca* croit en abondance autour de cette demeure nouvelle.

U. Urens *L sp.* 1396; *D C.; Lap.; Dub.; Benth. cat.; Mut.; Borr.; Noul.; Gren. Godr.* — Fleurs verdâtres, monoïques, axillaires, géminées, en grappes presque simples, plus courtes que les pétioles. Fleurs mâles et femelles réunies sur la même grappe ; les femelles en plus grand nombre. Périgone glabre. Feuilles cordiformes, ovales-oblongues, acuminées, longuement dentées en scie, opposées, pétiolées, à pétiole égal au limbe, munies de quatre stipules à chaque verticille. Tiges de 2-6 décimètres, étalées, dressées, rameuses. ① Juin-Juillet.

Hab. Décombres, bords des chemins, haies ; monte jusque dans les régions alpines autour des châlets et des cabanes. CCC.

559. HUMULUS *L. gen.* 1116 *(Houblon).* — Fleurs dioïques. — Fleurs mâles en grappes ; périgone à 4-5 divisions. 5 étamines dressées, apiculées par le connectif. — Fleurs femelles géminées, axillaires à l'aisselle des bractées ; périgone monophylle, tubuleux, enroulé à la base, dilaté et en forme d'écaille au sommet et dont l'ensemble forme un cône pétiolé (strobile) entouré d'écailles persistantes, scarieuses, imbriquées. Un ovaire. Deux styles. Fruit sec. Graine recouverte d'une arille saillante hors du périgone.

H. Lupulus *L. sp.* 1457 ; *Lam.; D C.; Lap.; Dub.; Mut.; Borr.; Noul.* — Fleurs mâles verdâtres, à anthères jaunes, axillaires, en grappes opposées, terminales, rameuses ; divisions du périgone oblongues-lancéolées, réfléchies ou étalées, blanches sur les bords ; les femelles en chatons formés par des écailles ; pédoncules opposés. Écailles grandes, ovales, entières, souvent colorées. Feuilles opposées, alternes dans le haut, pétiolées, cordiformes, dentées en scie, entières ou à 3-5 lobes, rudes. Tiges volubiles, nombreuses, grimpantes, rameuses, fortement striées, hérissées de courts aiguillons. ⚥ Juin-Juillet.

Hab. Les haies, le bord des eaux. CC.

560. ULMUS *L. gen.* 316 *(Orme).* — Arbres à fruit sec. Fleurs hermaphrodites. Périgone coloré, persistant, campanulé, à 4-5 lobes, 4-5-8-12 étamines. Ovaire comprimé, biloculaire. 2 stigmates. Capsule monosperme par avortement, comprimée, entourée d'une aile membraneuse large.

U. Campestris *L. sp.* 327 ; *Lam.; Lap.; Smith.; Engl. bot.; Benth. cat.; Mut.; Borr.; Noul.; Gren. Godr.* — Fleurs d'un rouge brunâtre, agglomérées, sub-sessiles, naissant avant les feuilles. 4 étamines. Fruit glabre, ovale, échancré au sommet, largement ailé-membraneux, souvent rougeâtre ou verdâtre et portant la graine presque dans son milieu. Feuilles alternes, pétiolées, ovales ou ovales-elliptiques, acuminées, doublement dentées, inégales à la base, rudes et barbues sur le pétiole et les nervures au moment de l'anthèse. Arbre élevé, à branches dressées, à écorce lisse et fendillée. Avril-Mai.

Hab. Routes, villages, places, bois peu élevés. C.

U. Suberosa *Willd.; Benth. cat.; Borr.; U. campestris var. b. suberosa Mut.; Koch; Gren. Godr.* — Fleurs rougeâtres, agglomérées, sub-sessiles, naissant avant les feuilles. 4 étamines. Fruit largement ailé-membraneux, glabre, obovale, arrondi, échancré au sommet, souvent rougeâtre ou verdâtre, portant la graine dans son milieu. Feuilles petites, ovales ou obovales, inégales à la base, doublement dentées, à dents obtuses, fermes, plus ou moins rudes, barbues sur les nervures. Arbre petit ou souvent arbrisseau à rameaux tortueux. Ecorce ordinairement boursouflée, tubéreuse. ② Mai-Juin.

Hab. Les bois, les haies, les buissons. CC.

U. Montana *Smith; Engl. bot.; Gaud.; Mut.; Borr.; Gren. Godr.; U. nitens Mœnch.* — Fleurs rougeâtres, ridées, pédonculées, agglomérées, naissant avant les feuilles. 5-6 étamines. Fruit plus grand que dans les espèces précédentes, largement membraneux, large, orbiculaire, échancré au sommet, glabre et cilié dans l'échancrure. Graines ovales, placées vers le milieu du fruit et éloignées de l'échancrure. Feuilles à pétiole court, grandes, d'un vert foncé, rudes, légèrement velues sur les nervures, ovales, brusquement acuminées, inégales et presque en cœur à la base, doublement dentées à dents aiguës. Arbres élevés à branches étalées. ⚤ Juin-Juillet.

Hab. Les bois, dans les vallées chaudes. CCC.

561. FICUS *Tournef. inst. p.* 662 (*Figuier*). — Fleurs monoïques, nombreuses, pédicellées, renfermées dans un réceptacle charnu, pyriforme, perforé et ombiliqué au sommet. — Fleurs mâles : périgone à trois divisions; trois étamines opposées aux divisions. — Fleurs femelles : périgone à 5 divisions soudées inférieurement en tube. Ovaire uniloculaire. Style latéral; deux stigmates. Fruit à une graine entourée de la pulpe du réceptacle, à test dur.

F. Carica *L. sp.* 1513 ; *D C.; Dub.; Mut.; Gren. Godr.* — Fruit pyriforme blanc ou rosé. Feuilles larges, pétiolées, cordiformes, palmées, à 3-5 lobes, rudes en dessus, pubescentes en dessous. Arbres et plus souvent arbrisseaux à suc laiteux. ⚤ Mars-Mai.

Hab. Pyrénées-Orientales, lieux pierreux. C.

562. MORUS *Tournef. inst.* 589 (*Murier*). — Fleurs monoïques en chatons uni-sexuels, denses. — Fleurs mâles : périgone persistant à 4 divisions ovales étalées à la floraison ; 4 étamines opposées aux divisions périgonales. — Fleurs femelles : périgone persistant à 4 divisions concaves, opposées par paires. Ovaire sessile, biloculaire, libre. Deux stigmates. Fruit charnu, succulent.

M. Alba *L. sp.* 1398 ; *D C.; Lap.; Dub.; Mut.; Gren. Godr.; M. candida Dod.* — Fleurs femelles en chatons égalant la longueur du pédoncule. Bords des divisions du périgone glabres. Stigmates glabres, papilleux. Fruits roses ou blancs, fades, sucrés, formés par la réunion des périgones devenus charnus et soudés. Feuilles ovales, dentées en scie, inégalement cordiformes à la base, quelquefois lobées, presque lisses ou un peu scabres. Arbre très fort. ♃ Avril-Mai.

Hab. Originaire d'Orient : Pyrénées-Orientales, cultivé et spontané dans la région des Oliviers ; cultivé aussi dans les environs de Perpignan. — Le *Morus nigra L.* et le *Morus rubra*, l'un de la Chine, et l'autre de l'Amérique, l'un à fruit noir et l'autre à fruit rouge, sont aussi cultivés.

XCV. MYRICÉES.

Fleurs unisexuelles monoïques ou dioïques, plus rarement hermaphrodites, solitaires à l'aisselle des bractées, écailleuses, persistantes, disposées en chatons. — Fleurs mâles en chatons filiformes ; écaille florifère (périgone) portant 2-4-6-8 étamines et munie de deux bractéoles ; étamines libres ou monadelphes, à anthères extrorses, biloculaires. — Fleurs femelles en chatons ovoïdes ou cylindriques ; périgone formé par 2-6 écailles hypogynes, souvent adhérentes à l'ovaire. Celui-ci simple, libre, uniloculaire, à un ovule dressé. Deux stigmates allongés, subulés. Fruit sec, indéhiscent, globuleux, à noyau simulant une drupe par l'accroissement des écailles hypogynes devenues charnues. Embryon droit, inverse. Cotylédons charnus, planes, convexes. Arbrisseaux à feuilles alternes munis de points résineux, aromatiques.

563. MYRICA *L. gen.* 1107. — Fleurs dioïques, en chatons filiformes ou ovoïdes à écailles uniflores. — Fleurs mâles : chatons filiformes ; 4-6 étamines insérées à la base de l'écaille, rapprochées et même adhérentes entre elles ; anthères à 4 valves. — Fleurs femelles ; chatons ovoïdes. Un ovaire adhérant par la base à un périgone composé de 4 écailles. Deux stigmates. Fruit charnu (drupe) à une loge à une graine.

M. Gale *L. sp.* 1453; *D C.; Lap.; Dub.; Mut.; Borr.; Gren. Godr.* — Fleurs roussâtres, en chatons petits, ovoïdes, nombreux, placés à l'extrémité des rameaux. Écailles acuminées. Ovaire muni de points résineux, jaunes, brillants. Feuilles lancéolées, rétrécies à la base en court pétiole, dentées en scie au sommet, fermes, jaunâtres et pubescentes en dessous. Arbrisseau odorant. ♃ Avril-Mai.

Hab. Pyrénées occidentales; landes marécageuses, Bayonne, Biarritz. CC.

XCVI. BÉTULINÉES.

Fleurs sessiles, géminées ou ternées, naissant à l'aisselle d'une bractée squammiforme, réunies en chatons unisexuels, cylindriques-ovales, globuleux, à la fin ligneux. — Fleurs mâles ternées à l'aisselle d'une bractée petite munie de 2-5 bractéoles petites; périgone à 3-4 divisions, écailleux ou monophylle; 2-4-12 étamines insérées à la base du périgone; anthères uni-biloculaires s'ouvrant longitudinalement. — Fleurs femelles géminées à l'aisselle d'une bractée entière ou trilobée, sessiles au moment de l'anthèse; périgone nul ou formé d'écailles s'accroissant avec le fruit. Ovaire à deux loges contenant un seul ovule. Deux stigmates filiformes. Fruit sec, indéhiscent, comprimé, membraneux, parfois ailé latéralement. Graines pendantes, solitaires dans chaque loge. Cotylédons planes.—Arbres ou arbrisseaux à feuilles alternes.

564. ALNUS *Tournef. inst. p.* 587 *(Aulne).* — Chatons monoïques précoces, rougeâtres, à pédoncules rameux. — Les mâles cylindriques, à écailles pédicellées, triflores munies de 4 bractéoles; périgone à 4 lobes; 4-12 étamines; anthères biloculaires. — Chatons femelles ovoïdes à écailles cunéiformes ovales, coriaces, persistantes, biflores, grandissant après l'anthèse. Ovaire très petit. Sigmate filiforme. Fruit dur, biloculaire, comprimé, non ailé.

A. Glutinosa *Gœrnt.; D C.; Lap.; Dub.; Lois.; Mut.; Borr.; Gren. Godr.; Betula alnus var.* a. *glutinosa L. sp.* 1314; *Betula glutinosa Vill.* — Fleurs verdâtres ou rougeâtres; les chatons mâles naissant avant les feuilles, 3-6 au sommet des rameaux, pendants; chatons femelles 3-6; écailles *triangulaires deltoïdes,* à une fleur. Fruit lenticulaire, obové, apiculé par le style. Feuilles ovales-arrondies, doublement dentées en scie, à la fin poilues ou pubescentes en dessous aux aisselles et sur les nervures, d'un vert sombre et glabres audessus, glutineuses dans leur jeunesse. Arbre à bois rougeâtre, à écorce brune. ⚥ Février-Mars.

Hab. Bords des eaux dans toutes les vallées. CCC.

565. BETULA *Tournef. inst. p.* 588 *(Bouleau).* — Chatons monoïques, solitaires, allongés-cylindriques, à écailles pédicellées, trilobées et couvrant 2-3 fleurs. — Chatons mâles : périgone monophylle ou écailleux, irrégulier, à trois lobes; 6 étamines à filets bifides.—Chatons femelles oblongs, à écailles oblongues, bi ou triflores, devenant trilobées, cunéiformes; périgone nul; ovaire sessile; deux styles; deux stigmates simples. Fruit comprimé, uniloculaire, monosperme et entouré d'une aile membraneuse.

B. Alba *L. sp.* 1393; *D C.; Lap.; Dub.; Lois.; Mut.; Gren. Godr.* — Fleurs jaunâtres; les mâles en chatons terminaux, pendants; les femelles en chatons axillaires, cylindriques; écailles ciliées, trilobées, à lobes latéraux recourbés; le médian plus court. Style rougeâtre. Fruit elliptique, atténué aux deux bouts, à aile membraneuse plus large que lui. Feuilles d'un vert clair, deltoïdes, acuminées, doublement dentées en scie, glabres, luisantes ainsi que les pétioles. Arbres à épiderme d'un blanc-satiné, à jeunes rameaux rougeâtres, glabres. ⚥ Avril-mai.

Var. b. *laciniata Gren. Godr.* — Feuilles pinnatifides profondément lobées. ⚥ Avril-Mai.

Hab. Type et var. : les bois, les plaines. CCC.

B. Pubescens *Ehrh.; D C.; Lap.; Dub.; Koch; Mut.; Borr.; Gren. Godr.* — Fleurs mâles en chatons pendants, jaunâtres. — Fleurs femelles en chatons axillaires, pubescents, cylindriques, ovoïdes ou dressés. Ecailles ciliées, pulvérulentes, trilobées, à lobe moyen triangulaire, court, obtus, à lobes latéraux étalés, plus grands. Fruit oblong, rétréci à la base, entouré d'une aile membraneuse dentée sur les bords. Feuilles ovales, sub-rhomboïdales, aiguës, dentées en scie, à nervures secondaires réticulées, non saillantes, d'un vert sombre, plus pâles et pubescentes en dessous, devenant presque glabres avec l'âge, barbues en dessous à l'aisselle des nervures; celles des jeunes rameaux glutineuses, et celles des rameaux stériles en cœur à la base. Arbre à épiderme brun; les jeunes rameaux à pétiole pubescent. ① Mai-Juin.

Hab. Pyrénées-Orientales; les bois humides de **Montfort** et de **Fanges** *(Lap.).* C.

XCVII. SALICINÉES.

Fleurs dioïques, réunies à l'aisselle d'une écaille et solitaires, en chatons unisexuels. Disque réduit à deux glandes à la base des organes sexuels (*salix*) ou cupiliforme (*populus*). Périgone remplacé soit dans les fleurs mâles, soit dans les fleurs femelles, par une glande, rarement deux, une externe et l'autre interne placées à l'aisselle des écailles. — Fleurs mâles : 1-30 étamines libres ou monadelphes sortant de l'aisselle des écailles ou du centre des glandes caliciformes, à filets plus ou moins soudés. — Fleurs femelles : ovaire libre, uniloculaire, à plusieurs ovules pendants fixés sur deux placentas pariétaux. Deux styles plus ou moins soudés; deux stigmates bifides. Capsule ovoïde, conique, à plusieurs graines, s'ouvrant au sommet par deux valves. Graines munies d'une aigrette cotonneuse ou chevelue, très petites, à test membraneux. Embryon droit. Cotylédons planes.—Arbres ou arbrisseaux à feuilles alternes, à stipules foliacées ou très petites, ou nulles.

466. SALIX *Tournef. inst. p.* 590. — Fleurs dioïques en chatons oblongs ou cylindriques à écailles imbriquées, uniflores, entières et munies à la base des étamines ou des pistils de deux glandes remplaçant le disque. — Fleurs mâles : 1-10 étamines, le plus souvent deux, soudées de la base au sommet ainsi que les anthères (simulant une étamine solitaire, à anthère quadrangulaire). — Fleurs femelles : ovaire sessile ou pédicellé, uniloculaire, pluriovulé. Un style à deux stigmates entiers, échancrés ou bifides. Capsule uniloculaire, bivalve. — Graines munies d'une aigrette.

1. Chatons terminaux; sous-arbrisseaux rampants.

S. Herbacea *L. sp.* 1445; *D C.; Lap.; Dub.; Lois.; Benth. cat.; Mut.; Borr.; Gren. Godr.* — Fleurs jaunâtres. Chatons terminaux à pédoncules courts munis à la base de deux feuilles. — Les mâles pauciflores (2-7 fleurs), à écailles glabres, arrondies. — Chatons femelles sub-sphériques ou oblongs. Capsule sub-sessile, portée sur un pédicelle très court. ne dépassant pas les glandes, glabre, ovoïde. Style court ; stigmates bifides. Feuilles orbiculaires ou ovales, pétiolées, souvent échancrées au sommet, dentées en scie, glabres, veinées en réseau, luisantes et vertes sur les deux faces. Tige souterraine, rampante et radicante, portant de très petits rameaux à peine ligneux, plus souvent herbacés, étalés, grêles; tige très petite, atteignant à peine un décimètre.

Hab. Pyrénées centrales; régions alpines, lieux humides; Arizes, lac Bleu, Pic du Midi (clot de Mountariou), glacier d'Oo, Vignemale.

S. Retusa *L. sp.* 1445; *Vill.; D C.; Lap.; Dub.; Lois.; Mut.; Gren. Godr.; S. serpyllifolia Jacq.; Scop.* — Fleurs jaunâtres. Chatons paraissant avec les feuilles, portés sur des pédoncules feuillés peu allongés. — Les mâles cylindriques, à écailles obovées-ciliées-obtuses; anthères pourprées. — Les femelles lâches, oblongs, saillants, pauciflores, à écailles tronquées, ciliées dans le jeune âge, devenant ensuite glabres, égalant la capsule. Style saillant, filiforme; stigmates bifides. Capsule d'un brun jaunâtre, sèche, ovale-lancéolée, glabre ou plus ou moins ciliée ou poilue sur le même pied, portée sur un pédicelle beaucoup plus long que les glandes. Feuilles ovales, courtes ou longues, ou lancéolées, subsessiles, souvent élargies au sommet, entières ou dentées en scie, à la fin glabres, luisantes en dessus, opaques en dessous, à nervures sub-parallèles. Tige très rameuse, à rameaux penchés ou dressés, rougeâtres. Arbrisseau de 1-4 décimètres, noueux, étalé sur le sol, rabougri. ♃ Juin-Juillet.

Var. a. — Ecailles tronquées et ciliées au sommet; feuilles lancéolées; style et stigmate bifide. ♃ Juin-Juillet.

Hab. Type et var.: Pyrénées-Orientales et centrales; régions subalpines, partout; Pic de Midi, Cambredases, port d'Oo, Vignemale, etc. C·

S. Reticulata *L. sp.* 1446; *D C.; Lap.; Dub.; Lois.; Benth. cat.; Mut.; Gren. Godr.* — Fleurs jaunâtres. Chatons paraissant après les feuilles, portés sur un long pédoncule feuillé à la base, à écailles obovées, toutes velues. — Les mâles courts, grêles, lâches. Anthères noires. — Les femelles denses, cylindriques, bleuâtres. Capsule sub-sessile, à pédicelle plus court que les glandes, ovale-oblongue, velue-cotonneuse. Style très court. Stigmates bifides. Feuilles elliptiques, orbiculaires, obtuses, entières, longuement pétiolées, d'un vert foncé et rugueuses en dessus, très glauques et blanchâtres en dessous, pulvérulentes dans leur jeunesse, glabres en vieillissant, veinées en réseau en dessous et munies à la base d'une ou deux écailles larges, brunes, lâches. Arbrisseau de 1-3 décimètres, étalé, couché, tortueux, pubescent d'abord, glabre ensuite. ♃ Juin-Juillet.

Hab. Régions alpines, lieux humides et fentes des rochers. CCC.

2. Chatons latéraux.

a. **Arbrisseaux nains : chatons longuement pédonculés ; écailles discolores ; deux étamines à anthères fauves après l'anthèse ; ovaire sessile ; feuilles ovales ou ovales-lancéolées ; tige tortueuse.**

S. Myrsinites *L. sp.* 1445 ; *D C.; Lap.; Dub.; Mut.; Vill.; Koch ; Fries.; S. arbutifolia et Jacquiniana Willd.; S. alpinus Lap.* — Fleurs bleuâtres. Chatons naissant avec les feuilles sur un pédoncule feuillé à la base, nu au sommet. — Les mâles sub-cylindriques. — Les femelles serrés, longs, sub-terminaux. Ovaire sessile, ovale-oblong, en alène, soyeux, pubescent. Style allongé ; stigmate linéaire, souvent d'un pourpre noir. Capsule brièvement pédicellée, ovoïde-conique, brune-pourprée, velue-laineuse. Feuilles pétiolées, elliptiques ou lancéolées, plus ou moins aiguës, veinées en réseau, dentées en scie par des glandes saillantes ou entières ; les jeunes longuement velues, devenant glabres et luisantes en vieillissant. Arbrisseau de 3-5 décimètres, divergent, à jeunes pousses velues, tombantes. ⚥ Juin-Juillet.

Hab. Pyrénées-Orientales ; le bord des ruisseaux ; bois de la Matte *(Pourr.).* RR.

S. Glauca *L. sp.* 1446 ; *Lap.; Dub.; Lois.; Koch ; Fries.; Benth. cat. ; Mut. ; Gren. Godr.; S. sericea Vill.; Willd.; D C.; Lap.; Rchb.* — Fleurs naissant après les feuilles, en chatons pédonculés, feuillés, surtout à la base. — Chatons mâles sub-cylindriques, à filets-barbus à la base, à anthères globuleuses d'un bleu rosé. — Chatons femelles gros, lâches, à écailles velues, roses au sommet, égalant ou sub-égalant l'ovaire. Celui-ci gros, ovale, sub-sessile, soyeux-cotonneux, d'un blanc pur. Style court ou allongé ; stigmates rouges, allongés, bifides. Capsule conique, d'un blanc sale, tomenteuse, sessile ou portée sur un pédoncule ne dépassant pas la glande qui se trouve à la base de la capsule. Feuilles très peu pétiolées, elliptiques, lancéolées ou oblongues-lancéolées, ovales ou linéaires-lancéolées, sub-entières, longuement velues, soyeuses en dessous ou des deux côtés, ou presque dénudées, luisantes, glabres ou glauques en dessous. Arbres de 1-5 décimètres. ⚥ Juin-Juillet.

Hab. Toute la chaîne, régions alpines au bord des neiges : Llaurenti, Paillères, port de Coumebière au Castelet *(Lap.)*; Ascou, Pays Basque. R.

S. Pyrenaica *Gouan ; D C.; Lap.; Dub.; Lois.; Benth. cat.; Mut.; Gren. Godr.; S. ciliata D C.; Clus.* — Fleurs jaunâtres. Chatons naissant avec les feuilles, pédonculés, très feuillés à la base. — Les mâles grêles, oblongs. — Les femelles moins longuement pédonculés, allongés, lâches, soyeux.

Ovaire sessile, ovale, blanc-cotonneux. Styles allongés-soudés; stigmates bifides. Capsule ventrue, sub-pyriforme, rousse, blanche-tomenteuse, devenant glabre à la maturité. Feuilles sub-sessiles, elliptiques ou ovales, élargies au sommet, sub-obtuses ou brièvement mucronées, entières ou dentées, vertes, pubescentes en dessus, très glauques-argentées-hérissées en dessous, devenant glabrescentes, à nervures saillantes, à bords entiers et ciliés; les plus jeunes soyeuses, uninervées. Arbre de 2-5 décimètres, à jeunes rameaux rougeâtres ou verdâtres. Plante rampante, puis ascendante. ⚥ Juin-Juillet.

Hab. Toute la chaîne; régions subalpines et alpines, fissures des roches et pâturages. CCC.

b. Arbrisseaux à rameaux raides; chatons sessiles au moment de l'anthèse, s'allongeant ensuite, feuillés à la base; écailles discolores; anthères jaunes; ovaire porté sur un pédicelle égalant ou dépassant deux fois la longueur de la glande; deux étamines.

Stigmate sub-sessile; feuilles petites, plus ou moins rugueuses, plus ou moins crépues, soyeuses-aiguës en dessous.

S. Repens *L. sp.* 1447; *Lap.*; *Vil.*; *Dub.*; *Lois.*; *Benth. cat.*; *Mut.*; *Borr.*; *Gren. Godr.*; *S. depressa D C.*; *Hoffm.*; *S. arenaria Wimm.*; *S. polymorpha Erh.* — Fleurs jaunâtres, en chatons précoces naissant avec ou avant les feuilles, sessiles ou sub-sessiles, un peu feuillés à la base.—Les mâles ovoïdes, à écailles pubescentes, à filets des étamines un peu velus à la base.—Les femelles ovales-cylindriques, brièvement pédonculés, denses, à écailles brunâtres et plus velues que dans les chatons mâles. Style court; stigmates bifides. Capsule pédicellée, à pédicelle plus long que la glande, ovale-allongée, glabre ou tomenteuse. Feuilles légèrement pétiolées, ovales ou arrondies, elliptiques ou lancéolées, terminées par une petite pointe oblique, luisantes en dessus, soyeuses-argentées, veinées en dessous ou plus rarement glabres ou glauques, à bords réfléchis, entiers ou denticulés; stipules nulles ou lancéolées-aiguës. Sous-arbrisseau de 1-5 décimètres, très rameux, à rameaux étalés, rampants ou dressés; les jeunes pousses pubescentes-blanchâtres. ⚥ Avril-Juin.

Hab. Pyrénées centrales, lieux marécageux; St-Béat, Mauvezin, Trés-Seignous, Pic d'Ereslids. R.

S. Caprœa *L. sp.* 1448; *D C.*; *Lap.*; *Dub.*; *Lois.*; *Benth. cat.*; *Mut.*; *Borr.*; *Gren Godr.*; *S. acuminata* et *ulmifolia Thuil.*; *S. aurigerana Lap.*; *S. hybrida Vill.*; *Mut.*; *S. tomentosa Ser.*; *S. sphacelata Willd.*— Fleurs jaunâtres ou verdâtres, naissant avant les feuilles, sessiles, munies de bractées à la base des chatons.—Les mâles gros, longuement barbus.—Les femelles lâches, allongés; écailles brunes, laineuses. Style court; stigmates bifides. Capsule ovale-atténuée, ventrue à la base.

pédicellée, cotonneuse, à pédicelle 5-6 fois plus long que la glande. Feuilles larges, ovales, planes, à pointe souvent recourbée ou oblique, ondulées, crénelées, rugeuses, glabres, luisantes en dessus, blanchâtres-cotonneuses en dessous ; les plus jeunes blanches des deux côtés. Stipules réniformes. Bourgeons glabres. Arbre de petite ou de moyenne taille. ♃ Mars-Avril.

Var. a. — Feuilles sub-entières ou les inférieures rondes, entières, dentées, toutes velues en dessous. Avril-Mai.

Hab. Toute la chaîne ; bords des eaux, lieux humides et bois ; plaines et montagnes. CCC.

S. Grandifolia *Ser.; D C.; Gaud.; Mut.; Gren. Godr.; S. cinerascens Willd.; Dub.; S. appendiculata Vill.* — Fleurs jaunâtres, naissant avec les feuilles, en chatons sessiles, feuillés à la base. — Les mâles petits (10-12 millimètres), à duvet court.—Les femelles lâches, allongés, à écailles fauves. Style court ; stigmates ovales, bifides. Capsule pédicellée, ovale, atténuée, cotonneuse. Feuilles grandes, légèrement pédonculées, oblongues, ovales, élargies vers le sommet, planes ou ondulées, dentées en scie, vertes et sub-glabres en dessus, cendrées, pubescentes et devenant glabres en dessous. Arbuste à jeunes pousses devenant bientôt glabres. Stipules grandes, réniformes.—Se distingue du *S. capræa* par la grandeur de ses feuilles et de ses stipules, par la couleur de ses écailles et la contemporanéité de ses chatons avec les feuilles. ♃ Mai-Juin.

Var. a. *Lanata Nob.; S. lanata Gaud.* — Feuilles lancéolées, atténuées aux deux extrémités, mollement pubescentes, à côtes et jeunes pousses blanches-cotonneuses ainsi que le style. Capsule blanche-laineuse. ♃ Mai-Juin.

Hab. Type et var : Pyrénées-Orientales et centrales ; fond Roumieu près Mont-Louis ; vallée de Campan près de Ste-Marie (stérile). R.

S. Aurita *L. sp.* 1446; *D C.; Lois.; Mut.; Gren. Godr.; S. rugosa Ser.; S. ulmifolia Vill.* — Chatons naissant avant les feuilles, munis à la base de quelques bractées foliacées, d'abord sessiles puis pédonculés. — Les mâles velus, ovoïdes — Les femelles courts, un peu denses, à écailles brunes au sommet. Style très court ; stigmate court, émarginé. Capsule ovale-allongée, lancéolée, tomenteuse, pédicellée ; pédicelle égalant 5-6 fois la longueur de la glande. Feuilles obovées ou oblongues, terminées au sommet par une pointe recourbée, ondulées-dentées ou très entières, rugueuses, pubescentes en dessus, glauques, hérissées et tomenteuses en dessous. Stipules réniformes. Bourgeons glabres. Arbrisseau très ra meux, tortueux, divariqué, à écorce grisâtre, à rameaux glabres ou finement tomenteux au sommet. Mars-Avril.

Hab. Les bois, les lieux humides, le bord des eaux. CCC.

S. Auritœ-Caprœa (*Hybride*) *Nob.; S. ambigua Ehrh.; Koch; Gren. Godr.; S. versifolia Ser.; D C.; S. incubacea Fries.* — Chatons naissant avant les feuilles, munis à leur base de petites feuilles *bractéolaires.* — Les mâles ovoïdes, à écailles très barbues, noires au sommet; filets des étamines munis de quelques poils à leur base.—Chatons femelles plus allongés, denses ou ovoïdes, à écailles velues. Stigmate court, bi-tri-quatrifide ou émarginé. Feuilles très variables, ellipti-ques-lancéolées, obovées ou lancéolées, entières ou dente-lées, recourbées au sommet, veinées, rugueuses en dessous et recouvertes d'un duvet fin et soyeux, à la fin devenant glabres et d'un vert noirâtre. Arbrisseau de 1-2 mètres, rameux, à écorce grise, à rameaux glabres dressés. ♃ Avril.

Il n'est pas rare de trouver sur le même rameau des chatons mâles et des chatons femelles et même sur un seul chaton des organes mâles et femelles, soit dans le bas ou au sommet ou dans l'intérieur du chaton. Quelquefois les chatons femelles sont très courts et les ovaires longuement pédicellés. Cette plante passe par son hybriditée aux *Salix caprœa* et aux *Salix aurita* par une suite nombreuse et très variée d'intermédiaires.

Var. a. Monstruosum Nob.—Organes mâles et femelles réunis dans la même enveloppe florale. Stigmate et anthères soudés et formant d'un côté l'anthère et de l'autre une partie du stigmate ordinairement prolongé et atrophé. ♃ Mars-Avril.

Hab. Le type: Pyrénées centrales, vallée de l'Adour où l'on en fait des haies de clôture CCC.; la var. : environs de Gerde (22 mars 1857). RRR.

** *Styles plus ou moins allongés; feuilles jamais rugueuses, ni crépues, ni soyeuses, glabres tout au moins en vieillissant.*

S. Phyllcifolia *L. sp.* 1442; *Sm.; Engl. bot.; Koch; Fries.; Benth. cat.; Mut.; Gren. Godr.; S. arbuscula Koch; Walhbg.; S. bicolor D C.; Dub.; S. laurina Lois.; S. Weigeliana, violacca et humilis Willd.; S. myrtilloïdes Lap.* — Fleurs blan-châtres. Chatons naissant avant les feuilles, munis à la base de bractées foliacées. — Les mâles denses, ovoïdes, courts, à écailles velues. Anthères jaunâtres ou d'un brun jaunâtre. — Chatons femelles ovoïdes, cylindriques, plus ou moins pé-donculés à la maturité. Ecailles noires, velues. Style allongé; stigmates bifides. Capsule portée sur un pédicelle de 2-3 millimètres plus long que la glande (1 millimètre), ovoïde-lancéolée, sub-soyeuse ou glabre. Feuilles très variables,

ovales ou lancéolées, sub-elliptiques, sinuées-dentelées ou
dentées, à dents plus ou moins régulières ; les jeunes membraneuses sub-diaphanes ; les adultes raides et dures, glauques ou glabres au-dessous ou tout-à-fait glabres. Stipules
sub en cœur, à sommet oblique ou lancéolées, très petites
ou nulles. Arbrisseau peu élevé, brillant, d'un vert obscur
ou d'un vert gai, très rameux, à rameaux étalés. ♃ Mai-
Juin.

Hab. Pyrénées-Orientales et centrales; régions alpines, bords des
lacs, des torrents; Madres près du lac d'Albo au Llaurenti, fond
Romieu, lac de la Glaire, près Barèges, Glacier d'Oo, Maladetta. R.

c. Arbustes à rameaux flexibles et effilés : chatons grêles, allongés, sessiles ou sub-
sessiles, naissant avec ou avant les feuilles; anthères jaunes; écailles discolores ;
capsule portée sur un pédicelle deux fois plus long que la glande ; 2 étamines.

S. Viminalis *L. sp.* 1448 ; *D C.; Dub.; Lois.; Mut.;
Borr.; Gren. Godr.; S. longifolia Lam.; S. virescens Vill.* —
Fleurs jaunâtres ou verdâtres, naissant avec ou avant les
feuilles, en chatons sub-sessiles munis de bractées un peu
aiguës à la base. — Les mâles ovoïdes, obtus, compactes, à
écailles oblongues. Filets des étamines non soudés ; anthères
jaunâtres.—Chatons femelles cylindriques, plus longs que les
mâles ; écailles très velues. Style allongé; stigmates filiformes, divergents, entiers ou bifides, dépassant les poils des
écailles. Capsule ovoïde, sessile, tomenteuse. Glande dépassant la base de la capsule. Feuilles allongées-lancéolées,
acuminées, entières ou un peu ondulées, enroulées sur les
bords dans leur jeunesse, soyeuses-argentées en dessous,
d'un vert clair en dessus. Stipules lancéolées-linéaires, plus
courtes que le pétiole ou linéaires-acuminées. Arbrisseau de
2-4 mètres, à rameaux ordinairement cendrés. Mars-Mai.

Hab. Pyrénées-Orientales et centrales; bords des eaux. C.

d. Arbustes à rameaux allongés, flexibles, effilés : chatons sessiles ou sub-sessiles,
naissant avant les feuilles, munis de bractées foliacées à la base : anthères d'abord
rougeâtres puis noires, à face interne jaune ; écailles discolores ; deux étamines souvent soudées en une seule

S. Rubra *Huds.; Koch; Lois.; Mut.; Borr.; Gren. Godr.;
S. fissa Erh.; D C.; S. olivacacca et membranea Thuil.; S. pur-
purea-viminalis Wimm.* — Chatons mâles précoces, sessiles,
ovales-oblongs ; écailles verdâtres-noirâtres au sommet,
hérissées et barbues. 2 étamines soudées en tout ou en partie ;
anthères rouges, devenant jaunes, puis noirâtres. — Chatons
femelles sub-sessiles, munis de quelques feuilles à la base,
dressés, quelquefois courbés. Glandes dépassant la base de
l'ovaire. Écailles noires, hérissées, barbues au sommet. Style
saillant; stigmates en lamelles linéaires ou oblongues, rougeâtres, puis bruns. Capsule sessile, ovoïde-ovale, tomen-

teuse. Feuilles lancéolées, allongées, acuminées ou linéaires-lancéolées, denticulées ou ondulées, à bords un peu enroulés, pubescentes-soyeuses en dessous, devenant glabres dans les tiges mâles. Stipules petites, linéaires. Arbre de 3-6 mètres à rameaux très flexibles, d'un pourpre sale, jaunâtre ou olivâtre. ♃ Mars-Avril.

Var. b. *purpureoïdes Gren. Godr. (Hybride).* — Feuilles brièvement pédonculées, oblongues ou obovées-lancéolées, brièvement acuminées, glabres. Arbuste distinct du type par ses feuilles plus courtes, plus larges et se rapprochant de l'espèce suivante. ♃ Mars-Avril.

Hab. Type : bord des eaux, prairies et toutes les vallées CC.; var. *b.* : haies, vallée de Campan. R.

S. Purpurea *L. sp.* 1444; *Lap.; Engl. bot.; Koch; Fries.; Lois.; Mut.; Gren. Godr.; S. monandra Hoffm.; D C.; Dub.; Benth. cat.* — Chatons mâles à fleurs purpurines, sessiles, cylindriques, étalés-arqués, munis de même que les chatons femelles de deux bractées foliacées à la base ; écailles noirâtres, velues ; deux étamines soudées dans toute la longueur des filets et simulant une étamine à anthères pourprées, à 4 loges.—Chatons femelles à fleurs verdâtres, épais, atteignant trois centimètres, sub-sessiles ; écailles noirâtres plus longues que les poils. Style court, sub-nul ; stigmates échancrés, pourprés. Glande dépassant la base de la capsule. Celle-ci ovoïde, sessile, pubescente-tomenteuse. Feuilles lancéolées, sub-sessiles, élargies vers le sommet, pointues, finement serrulées et glanduleuses, planes, glabres, glauques, bleuâtres en dessous; celles de la base opposées. Arbrisseau de 1-4 mètres ; rameaux rougeâtres, grisâtres ou cendrés, à jeunes rameaux d'un pourpre foncé. ♃ Avril-Mai.

Hab. Pyrénées-Orientales et centrales ; bords des eaux, Orlu, Saleix; vallée d'Argelès. R.

e. Arbustes à rameaux flexibles ou fragiles; chatons grêles, allongés; anthères jaunes; écailles concolores jaunâtres ou roussâtres; deux glandes, rarement une.

* *Écailles persistantes.*

S. Incana *Schr.; D C.; Gaud.; Mut.; Gren. Godr.; S. riparia Willd.; Lois.; R. rosmarinifolia Gouan.; S. viminalis Vil.; S. lavandulæfolia Lap.; S. angustifolia Poir.* — Chatons naissant avant les feuilles, sub-sessiles, munis à la base de feuilles bractéales. — Chatons mâles à écailles entièrement jaunâtres, sub-glabres, ciliées sur les bords. Deux étamines soudées jusqu'à la moitié.—Chatons femelles allongés, grêles, lâches. Écailles lancéolées-obtuses, plus longues que les pédicelles. Style allongé ; stigmate bifide. Capsule glabre, ovale, atténuée au sommet, pédicellée. Feuilles linéaires ou lancéolées-linéaires, acuminées, dentelées au sommet, entières à la base, réfléchies sur les bords, souvent glanduleuses, vertes et glabres en dessus, ridées-veinées et blanches-cotonneuses en dessous. Arbre de 2-6 mètres ; rameaux fragiles ordinairement d'un brun noir. ♃ Mai-Juin.

Hab. Pyrénées centrales ; bord des eaux de Luz à Gavarnie. C.

S. Amygdalina *L. sp.* 1443 ; *D C.; Lois.; Borr.; Gren. Godr.; S. triandra Dub.; Vill.; Mut.; Lap.; Benth. cat.; Noul.; S. pentandra Thuil.* — Fleurs jaunâtres, en chatons naissant avec les feuilles, pédonculés et munis à la base de quelques feuilles. — Chatons mâles allongés, lâches, presque verticillés ; écailles persistantes, d'un jaune verdâtre, très glabres au sommet. 3 étamines velues à la base. — Chatons femelles plus courts et plus serrés que les mâles ; écailles dépassant à peine le pédicelle ; celui-ci court, deux fois à peine plus long que les glandes. Style court ; stigmates échancrés, étalés, presque à angle droit. Capsules ovoïdes, acuminées, glabres, tuberculeuses, pédicellées. Feuilles linéaires-oblongues, pédicellées, atténuées à la base, .acuminées et dentées en scie, à dents mucronées, sub-glanduleuses, glabres, plus ou moins glauques en dessous. Stipules petites, ovales, obliques, obtuses, persistantes. Arbre ou plus souvent arbuste à rameaux d'un brun rougeâtre, de 2-7 mètres. ♃ Mai.

Var. a. *Lanceolata, S. hoppiana Wild.* —Feuilles lancéolées ou oblongues-lancéolées, atteignant jusqu'à 8 centimètres, dentées, glanduleuses, glauques en dessous. Arbrisseau de 2-4 mètres, à rameaux dressés, glabres, d'un vert noirâtre. ♃ Avril-Mai..

Hab. Bords des eaux. CCC.

** *Ecailles caduques.*

S. Babylonica *L. sp.* 1443 ; *D C.; Dub.; Mut.; Gren. Godr.; S. propendens Ser.* — Chatons naissant avant les feuilles, pédonculés, étalés, feuillés. — Les mâles allongés-arqués.—Les femelles petits, à feuilles du pédoncule égalant le chaton. Style court ; stigmate échancré, ovale. Capsule sessile, ovale, glabre. Glande ne dépassant pas la base de la capsule. Ecailles caduques. Feuilles lancéolées-linéaires, pédonculées, acuminées, denticulées en scie, glabres. Stipules obliquement lancéolées-acuminées, ordinairement caduques. Arbres à rameaux grêles, flexibles, pendants. ♃ Mai-Juin.

Hab. Originaire d'Orient, cultivé pour ornement. CC.

S. Alba *L. sp.* 1449 ; *Lam.; Dub.; Lois.; Koch ; Fries.; Mut.; Benth. cat.; Borr.; Noul.; Gren. Godr.* — Fleurs verdâtres nais sant avec les feuilles, en chatons pédonculés, étalés-dressés, feuillés. — Les mâles grêles, à axe velu ainsi que les écailles ; 2 étamines jaunes.—Chatons femelles allongés, compactes, un peu aigus, pendants à la maturité. Style très court ; stigmates bilobés. Écailles lancéolées, velues à la base, caduques. Glandes courtes. Capsule ovoïde, allongée, glabre, sub-sessile, à pédicelle égalant à peine la glande. Feuilles pétio-lées, lancéolées, acuminées, dentelées en scie et souvent glanduleuses à la marge, peu velues en dessus, soyeuses-blanches en dessous. Stipules très petites, lancéolées, cadu-ques-soyeuses ainsi que le pétiole et les jeunes pousses. Arbre de 7-14 mètres, blanchâtre, à écorce grisâtre. ♃ Avril-Mai.

Hab. Les bois, le bord des eaux. CCC.

S. Pentandra *L. sp.* 1442 ; *D C.* ; *Lap.* ; *Dub.* ; *Lois.* ; *Koch* ; *Fries.* ; *Mut.* ; *Borr.* ; *Gren. Godr.* — Chatons portés sur un pédoncule feuillé, naissant avec les feuilles. — Les mâles courts, compactes, épais, ovales. Étamines 5, rarement 4-10, non soudées ; écailles et axe du chaton velus. — Chatons femelles lâches, allongés. Style médiocre ; stigmates échan-crés, un peu épais, bifides. Capsule brièvement ovale, atté-nuée, glabre, portée sur un pédicelle plus long que les glandes. Feuilles grandes, ovales-elliptiques ou ovales-lan-céolées, acuminées, bordées de dents fines, ressemblant à celles du laurier, glanduleuses, très nombreuses, très glabres, d'un beau vert, luisantes. Stipules nulles ou ovales-oblongues et droites. Arbrisseau ou arbre à rameaux lisses, luisants, un peu visqueux au sommet. ♃ Mai-Juin.

Dans cette espèce on trouve quelquefois des chatons à fleurs mâles et femelles mêlées.

Hab. Pyrénées-Orientales. C.

567. POPULUS *Tournef. inst. p.* 592 (*Peuplier*). — Fleurs dioïques, en chatons cylindriques, à écailles déchirées-incisées, rayonnantes au sommet. Disque cupuliforme. Péri-gone en entonnoir. — Fleurs mâles : 8 étamines ou 12-30, libres, insérées sur le disque. — Fleurs femelles : un ovaire sessile ou pédicellé, uniloculaire. Style très court, à 2-3 stigmates profondément bifides. Capsule à deux valves, à bords rentrants, polysperme. Graines munies d'un aigrette soyeuse. 1-8 étamines. Jeunes pousses cotonneuses. Chatons pubescents.

P. Alba *L. sp.* 1463 ; *D C.* ; *Lap.* ; *Dub.* ; *Lois.* ; *Mut.* ; *Benth. cat.* ; *Borr.* ; *Gren. Godr.* — Chatons ovales-oblongs. — Les mâles à écailles oblongues, crénelées, velues au sommet.— Les femelles à écailles lancéolées, dentées, ciliées au sommet. Stigmates opposés en croix, linéaires. Capsule sub-globuleuse, glabre. Feuilles variables, un peu arrondies en cœur, lobées, anguleuses, dentées ou cordiformes, à 3-5 lobes palmés peu profonds, d'un vert sombre en dessus, tomenteuses en dessous, à duvet d'un blanc brillant, persistant. Arbre de 10-20 mètres, à écorce crevassée; rameaux horizontaux; les plus jeunes et les pédoncules sont blancs-tomenteux. ♃ Avril-Mai.

Hab. Pyrénées-Orientales et centrales; lieux humides, Prades, Villefranche, vallée de Luchon et d'Argelès C. (feuilles tachant le papier en noir).

P. Tremula *L. sp.* 1464; *D C.; Lap.; Dub.; Lois.; Benth. cat.; Mut.; Borr.; Noul.; Gren. Godr.* — Fleurs verdâtres ou brunâtres, en chatons. Ecailles incisées, lancéolées, uniformes, digittées et chargées de poils laineux. Chatons femelles ovoïdes, cylindriques. Stigmates bifides. Capsule sub-globuleuse, glabre, brièvement pédicellée. Feuilles sub-orbiculaires, dentées, anguleuses, d'un vert clair, glabres, portées sur de longs pétioles grêles, inégalement sinuées-dentées, comprimées, pubescentes, soyeuses dans leur jeunesse; feuilles des rejets d'automne plus brièvement pétiolées, ovales-aiguës, souvent velues-laineuses en dessous. Rameaux des pousses radicales pubescents, à feuilles quelquefois cordiformes. Arbre de 6-12 mètres, à écorce lisse; branches étalées. ♃ Avril-Mai.

Hab. Toute la chaîne; les bois, les forêts (cultivé). CCC.

P. Canescens *Sm.; D C.; Lap. Dub.; Lois.; Benth. cat.; Mut.; Borr.; Gren. Godr.* — Chatons cylindriques, allongés, à écailles fendues, denticulées, pectinées et ciliées au sommet. Stigmate à 3-4 lobes palmés en éventail. Capsule sub-globuleuse, glabre. Feuilles petites, ovales ou sub-arrondies, anguleuses, dentées, d'un vert foncé et luisantes en dessus, tomenteuses en dessous, à duvet court et grisâtre disparaissant sur les anciennes feuilles; celles des jeunes rameaux cordiformes, ovales, non lobées, quelquefois très blanches en dessous. Arbre de 6-10 mètres, à écorce lisse, à rameaux ascendants; les plus jeunes pubescents. ♃ Avril-Mai.

Hab. Pyrénées centrales; avenue de Salut (cultivé).

P. Nigra *L. sp.* 1464; *D C.; Lap.; Dub.; Lois.; Mut.; Borr.; Noul.; Gren. Godr.* — Fleurs rougeâtres, en chatons naissant avant les feuilles. Ecailles glabres. — Fleurs mâles : 16 étamines; anthères purpurines. Feuilles portées sur des pétioles longs, grêles, comprimés, à limbe orbiculaire ou deltoïde, ovale ou en coin et sub-entier à la base, acuminées, crénelées, dentées en scie, plus longues que larges et glabres. Arbre élevé, pyramidal, de 12-20 mètres, à rameaux étalés, à écorce lisse, grisâtre ; les jeunes bourgeons glutineux. ♃ Mars-Avril.

Hab. Toute la chaîne ; les bois humides (cultivé). C.

P. Fastigiata *Poir.; D C.; Pers.; Dub.; Lois.; Mut.; Borr.; P. pyramidalis Mœnch.; Gren. Godr.; P. dilatata Ait.* — Chatons naissant avant les feuilles. — Les mâles nombreux, sessiles à l'extrémité des rameaux, à écailles petites, en coin, laciniées ; anthères purpurines.—Chatons femelles inconnus. Feuilles sub-deltoïdes, triangulaires, acuminées, dentées en scie, glabres, un peu rétrécies à la base et pétiolées. Arbre pyramidal très élevé, atteignant 25-30 mètres, à rameaux droits et serrés contre le tronc. Ecorce lisse. ♃ Avril-Mai.

Hab. Cultivé et spontané. CCC.

XCVIII. QUERCINÉES.

Fleurs monoïques. — Les mâles en chatons munis de petites bractées. Périgone à 4-6 divisions ou remplacé par une-écaille, à 5-20 étamines insérées sur le calice ou sur les écailles ; anthères biloculaires s'ouvrant par deux fentes. — Fleurs femelles solitaires ou aggrégées ou en épis. Périgone soudé à l'ovaire, à limbe denticulé souvent nul. Ovaire à 2-6 loges ; 1-2 ovules. Styles soudés ou libres, à 2-6 stigmates. Involucre fructifère accessible, variable, coriace, quelquefois ligneux, tantôt capsuliforme, entourant entièrement le fruit, tantôt en cupule et n'entourant que sa base. Périsperme nul. Embryon droit ; cotylédons épais ou foliacés. Arbres ou arbrisseaux à feuilles simples, alternes, à stipules caduques, enveloppant le bourgeon.

568. FAGUS *Tournef. inst. p. 584.* — Fleurs monoïques, en chatons. — Les mâles globuleux, serrés, inférieurs, axillaires, pédonculés, pendants ; écailles très petites, caduques ; périgone à 6 lobes portant 8-12 étamines insérées sur un disque glanduleux. — Les femelles dressés, supérieurs, composés de fleurs solitaires, géminées ou ternées, renfermées dans un involucre *(capsule)* urcéolé, à 4 lobes formé de nombreuses bractées linéaires, soudées (devenant des épines molles ou coriaces). Périgone hérissé, à 4 lobes, adhérent à l'ovaire. Celui-ci à trois loges biovulées. 3 styles filiformes à stigmates latéraux. Involucre fructifère capsuliforme, ligneux, épineux, velu à l'intérieur, à 3 fruits trigones, lisses, à test crustacé, succulents.

F. Sylvatica *L. sp.* 1416; *Lam.; D C.; Dub.; Lois.; Mut.; Borr.; Gren. Godr.* — Fleurs mâles en chatons globuleux, serrés, pendants. Périgone à 6 lobes. — Fleurs femelles en chatons dressés. Fruit brun, triangulaire, à angles aigus. Bourgeons glabres, luisants. Feuilles pétiolées, ovales, ondulées ou obscurément dentées, lisses, nerveuses, d'un beau vert, à nervures saillantes, d'abord pubescentes, puis glabres, ciliées sur les bords; les cotylédonaires réniformes, subémarginées au sommet, très amples, vertes en dessus, argentées en dessous. Pétioles pubescents. Arbre à écorce grisâtre, unie, à cyme régulière, atteignant souvent plus de 30 mètres. Mai-Juin.

Hab. Les grandes forêts et les coteaux. CCC.

569. CASTANEA *Tournef. inst.* 584 *(Chataignier)*. — Fleurs monoïques.—Chatons mâles grêles, très longs, formés de glomérules de fleurs sessiles et munies de petites bractées; périgone à 6 divisions; 10-20 étamines renfermées dans un involucre (cupule). — Chatons femelles globuloïdes à 2-5 fleurs, à 5-6 divisions, hérissés d'épines serrées. Périgone supère à 5-8 divisions, à 5-8 stigmates. Ovaire à 5-8 loges contenant deux ovules. Fruit uniloculaire par avortement, succulent, ovoïde-trigone, renfermé dans la cupule accrue, coriace, hérissée d'épines rayonnantes.

C. Vulgaris *Lam.; D C.; Dub.; Mut.; Borr.; Gren. Godr.* —Fleurs jaunâtres.—Les mâles sessiles, en glomérules espacés formant des grappes pendantes. — Les femelles renfermées dans une cupule. Fruit variable, difforme, brun, luisant, à base blanche, recouvert par la cupule accrue et très hérissée. Feuilles courtement pétiolées, oblongues-lancéolées-aiguës, dentées, mucronées, glabres, très nervées. Arbre à écorce gercée, très élevé, très rameux, à cymes sub-régulières. Avril-Mai.

Hab. Les contreforts de la chaîne des Pyrénées sur les terrains souvent métamorphyques ou siliceux. Les arbres des terrains calcaires ne portent qu'un fruit peu féculent. CCC.

570. CARPINUS *L. gen.* 1073 *(Charme)*. — Fleurs monoïques. — Chatons mâles cylindriques, à écailles ovales ciliées à la base, non divisées. Etamines 8-14, insérées à la base d'une écaille périgonale, à anthères biloculaires, barbues.—Chatons femelles imbriqués, lâches, à écailles biflores, à deux lobes irréguliers; les internes plus grands, prenant un grand accroissement sur le fruit. Ovaire à deux loges contenant un ovule couronné par le calice à 6 dents. Deux stigmates. Fruit osseux, ovoïde, comprimé, à une graine, entouré par l'involucre fructifère accru.

C. Betulus L. *sp.* 1416; *Lam.; D C.; Dub.; Lois.; Mut.; Borr.; Gren. Godr.* — Fleurs verdâtres ou rougeâtres, en chatons. — Les mâles naissant avant les feuilles, sessiles, à écailles périgonales ovales-acuminées, ciliées.—Les femelles à involucre fructifère très grand, pourvus à la maturité d'une écaille trilobée à lobes très irréguliers; l'intermédiaire souvent denté. Fruit à nervures saillantes couronné par les 3-4-6 dents du périgone. Feuilles pétiolées, ovales-acuminées, doublement dentées, glabres, pubescentes en dessous sur les nervures et barbues aux aisselles. Arbre élevé à rameaux étalés. Avril-Mai.

Hab. Les bois, les haies (cultivé). CC.

571. CORYLUS *Tournef. inst.* 22 *(Coudrier).* — Fleurs monoïques. — Les mâles en longs chatons cylindriques pendants, à écailles deltoïdes, trilobées, ciliées. 6-8 étamines à l'aisselle des écailles; anthères biloculaires barbues au sommet.—Fleurs femelles renfermées dans un bourgeon écailleux à bractées entières. Périgone soudé à l'ovaire. Ovaire à deux ovules. Stigmates rouges, saillants. Fruit osseux (noisette) entouré d'un involucre foliacé, déchiré.

C. Avellana L. *sp.* 1417; *D C.; Dub.; Lois.; Mut.; Borr.; Gren. Godr.* —Chatons mâles pendants, jaunâtres, paraissant en automne avant la chute des feuilles et se développant avant l'apparition des nouvelles. Bourgeons des fleurs femelles solitaires. Style d'un rouge vif. Involucre fructifère à lobes campanulés, fermés ou ouverts, lacérés, dentés. Feuilles pétiolées, cordiformes, ovales-acuminées, pubescentes en dessous et d'un vert plus pâle qu'en dessus, doublement dentées. Stipules oblongues-obtuses, caduques. Arbrisseau à rameaux flexibles, longs, droits. Mai-Avril.

Hab. Les bois, les coteaux calcaires. CCC.

572. QUERCUS *Tournef. inst. p.* 852 *(Chêne).* —Fleurs monoïques en chatons. — Les mâles filiformes, interrompus, non munis d'écailles bractéales. Périgone à 5-9 divisions, portant à la base 5-9 étamines à anthères biloculaires. —Les femelles solitaires à l'aisselle d'une écaille caduque renfermée dans un involucre accrescent composé de bractées écailleuses, imbriquées, soudées et formant une cupule coriace hémisphérique. Ovaire à 3-4 loges biovulées adhérent à l'écaille périgonale. Style court; stigmates égalant le nombre des loges. Involucre fructifère ne recouvrant que la moitié du fruit (gland), ovoïde ou oblong et mucroné par le style, uniloculaire par avortement, à périsperme luisant, coriace.

1. Feuilles caduques.

Q. Pedunculata *Ehrh.; Lap.; Mut.; Borr.; Noul.; Gren. Godr.; Q. racemosa D C.; Dub.; Lois.; Q. robur L. fl. succ. ed. 2, p. 340 var. a. (Vulg. Chêne blanc).* — Fleurs jaunâtres. Fruits solitaires ou 2-3 sur le sommet d'un pédoncule 3-4 fois plus long que les pétioles. Ecailles de la cupule appliquées. Celle-ci sessile, 3 fois plus courte que le gland, ovoïde. Feuilles pétiolées ou sub-sessiles, oblongues, sinuées ou pennatifides, à lobes inégaux, obtus, glabres, fermes, un peu glauques en dessous. Arbre très élevé à rameaux étalés. Fl. Avril-Mai; fr. Août-Septembre.

Hab. Les forêts de toute la chaîne. C.

Q. Fastigiata *Lam.; D C.; Dub.; Lois.; Mut.; Gren. Godr.; Q. pedunculata var. Decaisne (Vulg. Chêne pyramidal).*—Fleurs jaunâtres. Fruits 3-5 au sommet d'un pédoncule plus long que le pétiole. Cupules 4-5 fois plus courtes que le gland, à écailles glabres, obtuses. Gland plus allongé que dans l'espèce précédente. Feuilles sub-sessiles, oblongues, plus larges au sommet, sinuées-lobées, à lobes très obtus et peu profonds, glabres, d'un vert plus pâle en dessous. Arbre très élevé à rameaux dressés partant presque de la base, en pyramide et donnant à cette espèce l'aspect du *Populus fastigiata.* Fl. Avril-Mai ; fr. Août-Septembre.

Hab. Toute la chaîne : Pratto-de-Mollo, vallée de Gavarnie, Pragnères, St-Sauveur, bois de Navarreus. R.

Q. Robur *L. sp.* 1414; *Vill.; Lap.; Lois.; Mut.; Benth. cat.; Q. sessiliflora Sm.; D C.; Dub.; Borr.; Gren. Godr.; Q. microcarpa Lap. (Vulg. Chêne mâle).*—Fleurs jaunâtres. Fruits ordinairement agglomérés, sessiles ou à pédoncule ne dépassant pas la longueur du pétiole (à peine un centimètre). Ecailles de la cupule appliquées. Celle-ci 1/2 plus courte que le gland ovoïde. Feuilles épaisses, brièvement pétiolées, ovales-allongées, élargies au sommet, sinuées-pennatifides, glabres, luisantes en dessus, d'un blanc glauque en dessous. Arbre de moyenne grandeur, moins élevé que les espèces précédentes. Fl. Avril-Mai; fr. Août-Septembre.

Hab. Fait la base des forêts des Pyrénées-Orientales; rare dans les Pyrénées occidentales.

Q. Pubescens *Willd.; D C.; Lap.; Dub.; Lois.; Mut.;*

Benth. cat.; Borr.; Q. lanuginosa Thuil.; Rchb. (Vulg. Chêne noir).— Fleurs jaunâtres. Fruits sub-sessiles, agglomérés, petits, presque renfermés dans les cupules. Celles-ci hémisphériques, à écailles ovales-obtuses, appliquées, ciliées sinon pubescentes. Feuilles pétiolées, fermes, oblongues, ovales, échancrées à la base, ou atténuées en pétiole, sinuées, à lobes entiers ou peu dentés, obtuses, mutiques, glabres en dessus, très pubescentes en dessous. Arbre tortueux, peu élevé. Varie dans ses fruits et dans ses feuilles. Fl. Avril-Mai ; fr. Août-Septembre.

Hab. Forme la base des forêts des Pyrénées inférieures. CCC.

Q. Tozza *Bosc.; D C.; Dub.; Benth. cat.; Mut.; Borr.; Gren. Godr.; Q. humilis D C.; Q. cerris var. g. D C.; Q. pyrenaïca Willd.; Lois.; Q. stolonifera Lap.; Q. nigra Thore; Q. tauzin Pers.; Q. brossa Endress. (Vulg. Chêne tauzin).* — Fleurs jaunâtres, tomenteuses. Fruits sub-sessiles ou brièvement pédonculés. Cupule hémisphérique, assez grosse, à écailles appliquées, oblongues, acuminées-imbriquées, un peu ouvertes au sommet. Feuilles fermes, pétiolées, obovales ou oblongues, sinuées ou pennatifides, à lobes oblongs ou obtus, entiers ou peu dentés, mollement tomenteuses dans leur jeunesse, blanchâtres ou jaunâtres, paraissant presque glabres en dessus dans l'âge adulte, mais toujours parsemées de poils courts, étoilés. Arbre très variable, à racine traçante, stolonifère, surtout dans les terrains sablonneux ; écorce ridée, fendillée. Fl. Mai ; fr. Août-Septembre.

Hab. Toute la chaîne : dans toutes les forêts des vallées. CCC.

2. Feuilles persistantes, coriaces, toujours vertes.

Q. Ilex *L. sp.* 1412 ; *D C. ; Lap.; Dub.; Lois.; Mut.; Benth. cat.; Q. alpina et alzina Lap.; Q. calycina et expansa Poir.; (Vulg. Chêne vert.)*—Fleurs jaunâtres. Fruits solitaires ou 2-3 à l'extrémité d'un pédoncule très court, ovale. Cupule large, en cloche, pubescente, à écailles courtes, ovales, appliquées. Feuilles variables, petites, pétiolées, ovales ou elliptiques ou ovales-arrondies, ciliées ou non ciliées, dentées, sub-dentées ou très entières, d'un vert sombre en dessus, blanches-cotonneuses en dessous. Arbre peu élevé, à rameaux étalés, dressés ; jeunes rameaux blanchâtres devenant glabres ; écorce entière. Fl. Avril-Mai ; fr. Août-Septembre.

Hab. Pyrénées-Orientales et occidentales ; Pays Basque. C.

Q. Suber *L. sp.* 1412 ; *D C.; Lap.; Dub.; Lois.; Benth. cat.; Mut.; Gren. Godr. (Vulg. Chêne liége).* —Fleurs jaunâtres. Fruits solitaires ou géminés, portés sur de courts pédoncules. Cupule rétrécie en cône à la base, à écailles courtes, ovales-aiguës, tomenteuses, sub-étalées. Feuilles ovales-

oblongues, dentées en scie ou très entières, d'un vert foncé
en dessus, cotonneuses en dessous. Arbre peu élevé à jeunes
rameaux cotonneux et roussâtres, à écorce spongieuse,
crevassée et épaisse. Fl. Avril-Mai ; fr. Août-Septembre.

Hab. Pyrénées-Orientales et centrales ; les parties chaudes des
environs de Perpignan, tous les revers des Pyrénées espagnoles,
CC. ; sur les calcaires à droite et à l'entrée de la vallée de l'Esponne
(provenant sans doute de graines apportées par des oiseaux.) RR.

Q. Coccifera *L. sp.* 1413 ; *D C.; Lap.; Dub.; Lois.; Benth.
cat.; Mut.; Gren. Godr.* — Fleurs jaunâtres, sub-sessiles.
Cupule pubescente, cendrée, à écailles courtes, sub-aiguës,
sub-étalées, sub-recourbées au sommet. Feuilles pétiolées,
petites, coriaces, oblongues, en cœur à la base, dentées,
épineuses, vertes et glabres sur les deux faces. Arbrisseau
bas, à souche divisée en un grand nombre de rameaux
tortueux et diffus, formant de gros buissons, 1-2 mètres. Fl.
Avril-Mai ; fr. Août.

Hab. Pyrénées-Orientales, lieux arides ; Bellegarde, Fort Sarral. C.

XCIX. JUGLANDÉES.

Fleurs monoïques. — Les mâles en chatons cylindriques.
Involucre périgonal à 2-5-6 divisions. Etamines nombreuses
à filets courts ; anthères à deux loges soudées à la base. —
Les femelles solitaires, géminées ou ternées, entourées de
bractées à 4 dents, placées à l'extrémité des jeunes rameaux
supérieurs. Ovaire uniloculaire à un ovule dressé ; style très
court à deux stigmates. Fruit à noyau, à 2, rarement 4 valves.
Arbres à feuilles sans stipule.

573. JUGLANS *L. gen.* 1071, *part. (Noyer).* — Fleurs
mâles en chatons imbriqués ; périgone à 5 divisions ; étamines
nombreuses à filets courts, dilatés, pétaloïdes ; anthères
épaisses. — Fleurs femelles : involucre à 4 dents ; périgone
herbacé, à 4 divisions ; deux styles très courts ; deux stigmates variables. Drupe à noix osseuse, à deux valves rugueuses.

J. Regia *L. sp.* 1415 ; *D C.; Dub.; Lam.; Mut.; Borr.; Gren.
Godr.* — Fleurs verdâtres. — Les mâles en chatons cylindriques, pendants. Fruit glabre, vert, noir à la maturité. Noix
ovale, striée, rugueuse. Feuilles glabres, à 5-7-9 folioles ovales-aiguës, sub-égales. Arbre élevé à écorce lisse, fendillée.
Fl. Avril-Mai ; fr. Août-Septembre.

Hab. Originaire de Perse ; cultivé, spontané. CC.

C. PLATANÉES.

Fleurs monoïques, en chatons globuleux, compactes et portés, les mâles sur des rameaux, et les femelles sur d'autres, petites, linéaires, nombreuses; écailles entremêlées parmi les fleurs. — Fleurs mâles : enveloppe florale nulle; étamines glanduleuses au sommet; anthères à deux loges distinctes.— Fleurs femelles : enveloppe florale nulle; ovaires entremêlés d'écailles, très nombreux, renfermant une seule graine pendante. Embryon droit. Cotylédons foliacés. Arbres à feuilles alternes, à stipules nulles ou foliacées.

574. PLATANUS *L. gen.* 1075. — Les caractères du genre sont ceux de la famille.

P. Orientalis *L. sp.* 1417; *DC.; Dub.; Lois.; Mut.; Borr.; Gren. Godr.*—Fleurs verdâtres. Chatons pédonculés, **pendants** à la maturité. Feuilles pétiolées, larges, palmées, à 5 lobes inégaux, acuminées, dentées, cordiformes ou tronquées à la base, fermes, glabres, pubescentes dans leur jeunesse. Arbre élevé à épiderme se détachant par plaques. Fl. Avril-Mai; fr. Août.

Hab. Originaire d'Orient; cultivé.

CI. CONIFÈRES.

Fleurs monoïques ou dioïques. — Les mâles en chatons de forme variable, composés de bractées en forme d'écailles; anthères portées sur des écailles ou sur des filets axillaires, soudés entr'eux. — Fleurs femelles terminales, solitaires, géminées, ternées ou réunies en capitules ou en cônes formés d'écailles imbriquées, souvent accessibles, devenant autant de capsules osseuses ou coriaces contenant une graine pendante et recouverte. Fruit monosperme à périsperme charnu. Embryon droit central. Cotylédons opposés, simples ou lobés, verticillés. Arbres ou arbrisseaux résineux à feuilles toujours vertes.

A. TAXINÉES.

Chatons dioïques, axillaires, uniflores, à écailles opposées en croix, les inférieures non pourvues d'organes sexuels. Fruit succulent ou en forme de baie.

575. EPHEDRA *L. gen.* 1136. — Fleurs dioïques. — Les mâles en chatons à écailles opposées en croix, imbriquées. Périgone membraneux, tubuleux, bifide. 6-8 étamines

à filets soudés en colonne, à sommet libre; anthères à deux
loges. — Les femelles géminées-opposées, enveloppées par
un involucre dont les folioles en coin deviennent charnues;
les deux supérieures plus grandes renfermant deux ovaires.
Style filiforme. Fruit rouge, bacciforme. Rameaux opposés,
striés, rudes, ayant le facies des *Equisetum*. Feuilles avortées.

E. Distachya *L. sp.* 1472; *Lap.; Mut.; Borr.; Gren. Godr.;
E. vulgaris Rich.; Uva marina Monspeliensium Lob.* — Fleurs
jaunâtres. — Chatons mâles pédonculés, rapprochés en deux
glomérules opposés, à pédoncules plus courts que les chatons. — Les femelles pédonculés, opposés, à écailles arrondies. Fruit rouge, globuleux, entouré à la base par des
écailles imbriquées, inégales. Sous-arbrisseau de 1-4 décimètres, à rameaux grêles, striés, articulés; les rameaux stériles
à gaîne courte. ⚥ Mai-Juin.

Hab. Pyrénées-Orientales, sables maritimes; Canet. C.

576. TAXUS *Tournef. inst. p.* 362 *(If).* — Fleurs dioïques, axillaires. — Les mâles en petits chatons à écailles peltées portant les anthères pluriloculaires. — Fleurs femelles
solitaires au centre d'un involucre d'abord très petit, cupuliforme, s'accroissant ensuite et simulant une baie rouge enveloppant complètement le fruit. Graines ovoïdes non ailées.
Feuilles vertes, coriaces.

T. Baccata *L. sp.* 1472; *D C.; Lam.; Lap.; Mut.; Gren.
Godr. (If commun).* — Fleurs sessiles, jaunâtres, axillaires.
— Chatons mâles à pédoncules courts, rapprochés le long
des jeunes rameaux. Fruit sessile, mou, cupuliforme, rouge,
agréable au goût. Graine grosse, osseuse, non ailée. Feuilles
sub-distiques, linéaires-aiguës, planes, brièvement pétiolées,
rapprochées, étalées sur deux rangs, persistantes, mucronées, d'un vert foncé en dessus, plus pâles en dessous. Arbre
élevé, facile à tailler, croissant lentement, à bois dur, d'une
belle couleur rouge. ⚥ Avril-Mai.

Hab. Pyrénées centrales, les bois dans les vallées basses; Luchon,
Argelès, bois de Lhéris, vallée de l'Esponne, Gripp. C.

B. CUPRESSINÉES.

Fleurs monoïques ou dioïques. — Chatons mâles petits;
écailles portant les anthères. — Les femelles formés d'un
certain nombre d'écailles imbriquées.

577. JUNIPERUS *L. gen.* 1134 *(Genévrier).* — Fleurs
dioïques, rarement monoïques sur le même rameau. —
Chatons mâles solitaires, à écailles imbriquées portant 4-6

anthères sessiles. — Fleurs femelles terminales, ternées, en chatons globuleux formés de trois écailles concaves, uniflores, devenant ensuite charnues, soudées en forme de baie, à trois graines osseuses (coriopse).

J. Communis *L. sp.* 1470 ; *D C.; Lap.; Koch ; Mut.; Gren. Godr.* — Fleurs jaunâtres. — Chatons mâles petits, oblongs, axillaires, rapprochés vers le sommet des rameaux. Fruits globuleux, petits, d'un noir bleuâtre à la maturité, 2-3 fois plus courts que les feuilles. Celles-ci persistantes, raides, un peu glauques, ternées, étalées, linéaires, subulées, piquantes, canaliculées en dessus, carénées en dessous. Arbre très rameux, diffus, peu élevé ou arborescent. ♃ Juin-Juillet.

Var. a. Alpina Nob.; var. c. alpina Mut.; J. nana Willd.; Koch ; Gren. Godr.; J. saxatilis Poll. (Ramond obs. sur les Pyr. pense que notre plante n'est que le *J. communis* non développé et nous partageons son avis). Tige très basse, rampante, à rameaux couchés ; feuilles plus larges et plus courtes que dans le type. — Je n'ai jamais vu cette variété en fleur ou en fruit quoique l'ayant toujours observée dans mes 63 ascensions au Pic du Midi à toutes les époques où cette montagne est abordable.

Hab. Le type: partout CC.; variété *a.:* Pic du Midi.

J. Oxycedrus *L. sp.* 1470 ; *Gouan; D C.; Lap.; Benth. cat.; Koch ; Mut.; Gren. Godr.; J. rufescens Link. in Endl.; J. major Monspeliensium Lob.* — Fleurs jaunâtres. — Chatons mâles petits, ovoïdes. Fruits axillaires, ordinairement plus courts que les feuilles, globuleux, rouges, luisants à la maturité. Feuilles verticillées par trois, raides, persistantes, linéaires, étalées, mucronées, canaliculées en dessus, carénées en dessous, d'un vert plus ou moins glauque. Arbriseau très rameux, de 2-5 mètres. ♃ Avril-Mai.

Hab. Pyrénées-Orientales, coteaux arides; environs de Perpignan.C.

J. Sabina *L. sp.* 1472 ; *D C.; Lap.; Mut.; Gren. Godr.* — Fleurs jaunâtres, dioïques. — Chatons mâles petits, ovales. Fruits petits, pédonculés, réfléchis, latéraux, d'un bleu foncé à la maturité. Feuilles opposées, très petites, décurrentes, imbriquées sur 4 rangs, ovales-obtuses; les plus jeunes opposées, aiguës, étalées. Arbrisseau dioïque d'un mètre à un mètre 50 centimètres, très rameux. ♃ Mai-Juin.

Hab. Pyrénées-Orientales et centrales ; Canigou ; de Gèdre à Gavarnie. R.

J. Phœnica *L. sp.* 1471 ; *Gouan; Vill.; D C.; Lap.; Desf.; Koch ; Mut.; Gren. Godr.; J. lycia L. sp.* 1471 ; *J. tetragona*

Mœnch.; Sabina major Monspeliensium Nagn. — Fleurs jaunâtres. — Chatons mâles petits, terminaux, ovoïdes. Fruits non réfléchis, globuleux, terminaux, rougeâtres, gros, luisants, souvent odorants. Feuilles d'un vert gai, ternées, embrassantes, appliquées, imbriquées, sur 4 rangs ou sur 6, à l'extrémité des petits rameaux, oblongues-rhomboïdales, obtuses, convexes, plus larges que longues. Arbrisseau tortueux, très rameux. ♃ Avril-Mai.

Hab. Pyrénées-Orientales et centrales ; hermitage de Calamsy, St-Béat. (*Lap.*).

C. Abiétinées.

Fleurs monoïques. — Chatons mâles à écailles nombreuses, distinctes à la fin. — Fleurs femelles dirigées vers le bas. 1 étamine biloculaire. 2 ovules pendants. Fruit sec à écailles coriaces ou ligneuses.

578. PINUS *L. gen.* 1077 (*Pin*). — Fleurs monoïques. — Les mâles en chatons allongés, terminaux, agrégés en grappe. Etamines à filets courts; anthères biloculaires, sub-sessiles sous les écailles. — Les femelles en chatons coniques, solitaires ou verticillées, à écailles épaisses, allongées en massue, ligneuses, anguleuses et ombiliquées, munies à l'aisselle d'un petit appendice squammiforme auquel sont attachés deux ovules et plus tard deux fruits monospermes. Cotylédons lobés, verticillés. Feuilles 2-5 dans chaque gaîne membraneuse.

P. Sylvestris *L. sp.* 1413; *D C.; Lap.; Lois.; Mut.; Koch; Gren. Godr.* (*Vulg. Pin sylvestre*). — Fleurs jaunâtres.—Chatons mâles petits, oblongs. — Chatons femelles (strobiles) solitaires, géminés ou ternés, très aigus, piquants, grisâtres, ovales, coniques, à pédoncule court et recourbé. Ecailles à écusson rhomboïdal, caréné en travers. Graines ailées, petites, elliptiques. Feuilles de 5-6 centimètres, 2 à 2, raides, dentelées en scie, convexes en dessus, sub en goutière en dessous, glauques, sub-égales. Arbre de 15-40 mètres, à branches étalées, verticillées. ♃ Avril-Mai.

Hab. Toute la chaine ; vallée d'Aran, roches de St-Bertrand, Tourmalet, Neouvielle. CCC.

P. Mugho *Mill.; Lap.; Mut.; P. sylvestris var. e. Vill.; Duh.* — Fleurs jaunâtres. — Les chatons mâles blanchâtres. — Chatons femelles (strobiles) pyramidaux, aigus, arrondis à la base, peu ouverts. Ecailles mucronées. Feuilles atteignant jusqu'à 8 centimètres, géminées ou rarement ternées, trèvertes, canaliculées en dessous, finement striées en dessus. Arbre de 6-15 mètres, d'un aspect sombre. Juin.

Hab. Pyrénées centrales; Pic de Barassé, prés du Tourmalet. RR.

P. Uncinata *Ram. in D C.; Koch; Mut.; P. sanguinea Lap.; P. mugho Lois.; P. sylvestris var. d. Vill.* — Fleurs jaunâtres.— Chatons mâles ovoïdes, blanchâtres, en grappe. — Chatons femelles (strobiles) solitaires et surtout géminés, sessiles, ovales-oblongs, obtus à la base. Ecailles oblongues, à écusson saillant et terminé au centre par une pointe piquante qui s'oblitère. Graines elliptiques, deux fois plus petites que l'aile qui les entoure. Feuilles géminées, de 5-6 centimètres, raides, imbriquées sur les rameaux ou dressées, d'un vert sombre, sub-piquantes. Arbre moins élevé que le *P. sylvestris*, à branches étalées et verticillées. Avril-Mai.

Hab. Plan des Etangs, à la base de la Maladetta et dans toutes les Pyrénées élevées. O.

P. Maritima *D C.; Lam.; Lap.; Lois.; Mut.; Borr.; P. pinaster Bertol.; Guss.; Gren. Godr.; P. syrtica Thore.*—Fleurs mâles jaunâtres, en chatons groupés, ovales, gros, oblongs, coniques, obtus. — Fleurs femelles rougeâtres, en chatons (strobiles) sessiles, géminés ou même verticillés, dressés puis étalés, plus courts que les feuilles. Ecailles à écusson rhomboïdal en pyramide. Graines elliptiques, 4 fois plus petites que la membrane ailée qui les entoure. Feuilles de 12-20 centimètres, géminées, raides, linéaires, fermes, aiguës, piquantes, un peu rudes sur les bords, convexes, lisses et canaliculées en dessus. Arbre à rameaux divergents, très étalés. Mai.

Hab. Pyrénées-Orientales et occidentales, sables maritimes; Perpignan, Bayonne.

P. Pinea *L. sp.* 1419; *D C.; Lap.; Lois.; Koch; Mut.; Gren. Godr.; P. sativa Bauh.* — Fleurs mâles jaunâtres, en chatons oblongs, en grappe allongée. — Fleurs femelles blanchâtres, en chatons (strobiles) solitaires ou géminés, sub-sessiles, très gros, ovales-obtus, dépassant un peu les feuilles. Ecailles à peine mucronées, creusées à la face interne de deux fossettes qui renferment le fruit. Celui-ci contenant une amande douce. Feuilles de 6-10 centimètres, planes, convexes, géminées, dressées ou étalées, étroites, aiguës, d'un vert blanchâtre. Arbre élevé, très touffu, en parasol, à branches étalées horizontalement, puis relevées. Mai.

Hab. Pyrénées-Orientales et occidentales, sables maritimes; Perpignan, Bayonne. Cultivé.

P. Halepensis *Mill.; Desf.; D C.; Lois.; Mut.; Benth. cat.; Gren. Godr.* — Fleurs jaunâtres. — Chatons mâles oblongs, en grappe lâche. — Chatons femelles (strobiles) sub-sessiles, solitaires ou géminés, petits, ovales-oblongs, acuminés, recourbés sur les pédoncules. Écailles à écusson rhomboïdal subplane. Graines petites, 5 fois plus courtes que la membrane ailée qui les entoure. Feuilles géminées, assez caduques, dressées, raides-aiguës, de 5-8 centimètres, très étroites, filiformes. Arbre à rameaux étalés, à cime arrondie. Avril.

Hab. Pyrénées-Orientales *(Benth. cat.).*

P. Laricio *Poir.; D C.; Lois.; Lap.; Koch; Mut.; Gren. Godr.; P. maritima Ait.* — Fleurs mâles jaunâtres, en chatons cylindriques, en grappe. — Fleurs femelles rougeâtres, en chatons (strobiles) courts, pendants, solitaires, géminés ou ternés, sub-sessiles, ovales ou ovales-aigus, verts d'abord, passant au fauve ou au gris à la maturité. Écailles ovales à écusson rhomboïdal ombiliqué au centre, minces à la base, très épaisses au sommet. Graines petites, elliptiques, à ailes 5-6 fois plus grandes. Feuilles d'un décimètre ou plus longues, géminées, aiguës, piquantes, lisses, courbées, lâches, chiffonnées. Arbre élevé, très rameux. Avril.

Hab. Pyrénées centrales; entre la vallée de la Cinça et de l'Essera, plan de la Pez et Campo *(Lap.).* R.

579. ABIES *Tournef. inst. p. (Sapin).* — Fleurs monoïques. — Les mâles en chatons oblongs, solitaires; anthères à 1-2 loges. — Les femelles en chatons (strobiles) à écailles lisses, dépourvues d'écusson, arrondies au sommet. Deux ovaires. Feuilles solitaires.

A. Excelsa *D C.; Mut.; Borr.; Pinus abies L sp.* 1421; *Vill.; Koch; Gren. Godr.; Pinus excelsa Lap.* — Fleurs jaunâtres. — Chatons mâles épars çà et là sur les rameaux. — Chatons femelles (strobiles) cylindriques, pendants, à écailles planes, denticulées au sommet. Feuilles éparses, sub-comprimées, tétragones, aiguës, très vertes. Arbres de 50-60 mètres, à écorce brune. Avril.

Hab. Forme, avec l'*Abies picea,* la base des forêts des Pyrénées. CCC.

A. Picea *Mut.; A. pectinata D C.; Pinus pectinata Lam.; Lap.; Pinus picea Rut.* — Fleurs jaunâtres. — Chatons mâles épars çà et là sur les rameaux. — Chatons femelles (strobiles) dressés, à écailles appliquées, réfléchies, aiguës au sommet ou très obtuses, se détachant de l'axe à la maturité. Feuilles distiques, planes, échancrées, vertes en dessus, blanchâtres en dessous. Arbre de 50-60 mètres, à écorce blanchâtre.

Hab. Toute la chaîne ; vallée d'Aure, forêt des Quatre-Vésiaux. — C'est dans cette forêt que se trouvent les plus beaux sapins de cette espèce.

A. Pinsapo *Boiss.* — Arbre à cime en pyramide, à branches verticillées, étalées horizontalement. Feuilles solitaires, rapprochées, étalées, tétragones-aiguës, vertes sur les deux faces, sessiles, dilatées en rond à la base, puis laissant après leur chute une cicatrice circulaire au milieu de laquelle il y a un point saillant.

Hab. Pyrénées centrales, versant espagnol ; Catalogne, Vénasque. (Je n'ai pu observer ni les fleurs ni les fruits de cette espèce).

PLANTES MONOCOTYLÉDONÉES.

Plantes herbacées en France. Tige dépourvue de moelle, formée de fibres longitudinales souvent hypogées. Fleurs distinctes. Enveloppe florale unique. Périgone souvent coloré, à 3-6-9 parties remplacées quelquefois par des bractées ou des soies. Etamines et pistils distincts. Feuilles souvent engaînantes, rarement lobées, jamais composées. Embryon monocotylédoné.

CII. ALISMACÉES.

Fleurs hermaphrodites ou monoïques, régulières, en sertule, en épis, ou verticillées. Périgone régulier à 6 divisions; 3 extérieures (sépaloïdes) herbacées, persistantes; 3 intérieures (pétaloïdes) régulières, hypogynes, souvent caduques. 6-9 étamines, rarement plus, insérées à la base des divisions périgonales ou hypogynes; anthères biloculaires s'ouvrant longitudinalement. Ovaires 3-6 ou plus, rarement solitaires, verticillés en tête, uni ou biovulés. Styles courts. 3-6 stigmates ou plus, libres ou soudés par la base, rarement soudés en un seul, à 3-6 sillons séparables à la maturité. Fruits composés de 6-12 ou plus de carpelles, secs, indéhiscents, monospermes ou polyspermes. Graines à test coriace ou membraneux. Embryon droit, courbé ou plié, non pourvu d'albumen. Plantes aquatiques. Feuilles radicales, alternes, engaînantes.

580. ALISMA *L. gen.* 460 (*Fluteau*). — Fleurs hermaphrodites. Périgone à 6 divisions; 3 extérieures sépaloïdes, herbacées; 3 intérieures pétaloïdes. 6 étamines, rarement plus; 2 opposées à chaque division pétaloïde du périgone; filets filiformes; anthères introrses. Carpelles nombreux, verticillés ou en tête, à 1-2 graines. Hampes à feuilles toutes radicales.

A. Plantago *L. sp.* 486; *D C.; Lap.; Lam.; Dub.; Lois.; Mut.; Borr.; Noul.; Gren. Godr.; (Vulg. Plantain d'eau).* — Fleurs rosées ou blanches, sur des pédoncules inégaux, rameux, disposées en 4-8 verticilles écartés, munies à la base de bractées petites, scarieuses et formant par leur ensemble une panicule pyramidale. Périgone à divisions pétaloïdes caduques, 4-5 fois plus grandes que les divisions sépaloïdes. Style deux fois plus long que l'ovaire, rarement l'égalant. Carpelles 15-20, comprimés, trigones, placés en cercle sur un seul rang et laissant au centre un vide en forme de coupe. Graines noires, ponctuées. Feuilles pétiolées, radicales, ovales ou lancéolées, sub en rosette, aiguës, quelquefois un peu cordiformes à la base. Hampe droite, simple, à rameaux verticillés. Racine fibreuse. Plante variable, de 2-8 décimètres. ♃ Juin-Août.

Hab. Pyrénées centrales, bords des eaux, les marais, les fossés; Viedessos, St-Béat, Bagnères, Lourdes. C.

A. Natans *L. sp.* 487; *D C.; Lap.; Dub.; Lois.; Mut.; Borr.; Gren. Godr.* — Fleurs blanches, grandes, 1-5, portées sur des pédoncules axillaires. Carpelles striés, 6-15, en tête, oblongs, obtus, terminés en bec, disposés en cercle simple et lâche. Feuilles radicales immergées, linéaires, étroites; les flottantes longuement pétiolées, ovales-elliptiques, obtuses, à trois nervures, axillaires ou en faisceau, 1-5, arrondies aux deux extrémités. Tiges grêles, feuillées, flottantes ou radicantes. Racines fibreuses. Plante de 1-5 décimètres. ♃ Juin-Juillet.

Hab. Pyrénées centrales; eaux stagnantes, marais du lac de Lourdes, entre Tarbes et Pau, lieux marécageux des landes de Ger. R.

A. Repens *Cav.; Lam.; D C.; Lap.; Lois.; Borr.; A. ranunculoïdes var.* b. *Mut.; Gren. Godr.* — Fleurs 1-3, en ombelle, lilas, très caduques, grandes, portées sur des pédoncules allongés. Carpelles obliquement ovoïdes, mucronés, à 5 angles, agglomérés sur plusieurs rangs en capitules globuleux plus petits que dans l'espèce suivante. Feuilles linéaires ou lancéolées, aiguës ou obtuses, toutes radicales, longuement pétiolées. Tiges de 6-20 centimètres; les centrales dressées, les autres couchées, stolonifères, radicantes, produisant des tiges et des fleurs, diffuses. Racines fibreuses. ♃ Eté.

Hab. Pyrénées centrales et occidentales, eaux courantes; bassin d'Argelès, C.; Bayonne, sables humides (*Lap.*).

A. Ranunculoïdes *L. sp.* 487; *D C.; Lap.; Dub.; Lois.; Mut.; Borr.; Gren. Godr.* — Fleurs grandes, d'un blanc rosé, très caduques, portées sur des pédoncules allongés, disposées en ombelle. Carpelles nombreux, sur plusieurs rangs, obliquement elliptiques, brièvement mucronés, à 5 angles inégaux, en capitules sub-globuleux. Feuilles toutes radicales, linéaires-lancéolées, acuminées, atténuées en un long et large pétiole, égalant presque la hampe. Plante de 1-3 décimètres, dressée ou étalée. Racine fibreuse. ♃ Juillet-Août.

Hab. Pyrénées-Orientales et occidentales; marais des environs de Perpignan et de Bayonne. CC.

581. BUTOMUS *L. gen.* 507 (*Butome*). — Fleurs hermaphrodites. Périgone à 6 divisions; 3 externes sépaloïdes, colorées ; 3 internes pétaloïdes. 9 étamines hypogynes; 6 géminées, opposées aux divisions périgonales internes, 3 placées plus intérieurement. 6 pistils à bec très long. 6 carpelles polyspermes, soudés à la base, terminés par les styles persistants, bifides. Graines oblongues, à côtes crénelées, attachées aux parois des carpelles dans toute leur surface.

B. Umbellatus *L. sp.* 532 ; *D C.; Lap.; Dub.; Lois.; Mut.; Borr.; Gren. Godr.* — Fleurs rosées, en ombelle formée par des pédoncules longs et inégaux, munie à la base d'un involucre composé de trois folioles ovales-lancéolées; chaque pédoncule est pourvu en outre d'une bractéole à la base. Carpelles obliquement rostellés au sommet. Graines petites, crénelées. Feuilles toutes radicales, longues, étroites, acuminées, canaliculées et triangulaires à la base, égalant ou subégalant la tige. Souche rampante, produisant des feuilles par la face supérieure et des racines par la face inférieure. Hampe de 6-12 décimètres, striée, dressée, cylindrique. ♃ Juin-Août.

Hab. Pyrénées-Orientales et occidentales; marais des environs de Perpignan et de Bayonne. CCC.

582. TRIGLOCHIN *L. gen.* 453 (*Troscart.*) — Fleurs hermaphrodites, en épi. Périgone à 6 divisions libres, caduques, herbacées; 3 sépaloïdes externes; 3 pétaloïdes internes. 6 étamines hypogynes insérées à la base du périgone, à anthères sub-sessiles. 3-6 stigmates plumeux. Ovaire formé de 6 carpelles, souvent alternativement stériles, soudés, entiers, se séparant par le bas à la maturité et s'ouvrant longitudinalement. Feuilles radicales ,. graminiformes , à limbe sub-avorté.

T. Maritimum *L. sp.* 483 ; *Engl. bot.; D C.; Dub.; Lois.; Mut.; Borr.; Gren. Godr.* — Fleurs très nombreuses, blanchâtres, en grappes serrées, à pédicelles courts , égalant le fruit, peu écartés. Fruits ovales, anguleux, à 6 angles et à 6 sillons, se séparant en 6 carpelles. Feuilles demi-cylindriques, épaisses, charnues, canaliculées en dessus, plus courtes que la tige et munies à la base d'une languette. Tige de 2-5 décimètres, dépassant les feuilles. Souche très épaisse, munie de gaînes blanchâtres, débris des anciennes feuilles. ♃ Juin-Août.

Hab. Pyrénées-Orientales et occidentales; marais des environs de Perpignan et de Bayonne. C.

T. Palustre *L. sp.* 482; *D C.; Lap.; Dub.; Lois.; Mut.; Borr.; Gren. Godr.*—Fleurs petites, blanchâtres, nombreuses, en grappe effilée, lâche. Pédicelles courts, dressés contre l'axe floral. Fruits linéaires-oblongs, anguleux, dressés contre l'axe floral, atténués à la base. Feuilles toutes radicales, linéaires, semi-cylindriques, peu canaliculées en dessus, élargies et engaînantes à la base, plus courtes que la hampe. Celle-ci haute de 1-3 décimètres, grêle, effilée. Racine fibreuse. ♃ Juillet-Août.

Hab. Pyrénées-Orientales et centrales, lieux marécageux; Mont-Louis, Pratto-de-Mollo, Plan des Etangs, à la base de la Maladetta, Lac de Gaube. C.

583. SCHEUCHZERIA *L. gen.* 452. — Périgone à 6 divisions soudées à la base; 3 sépaloïdes; 3 pétaloïdes. 6 étamines hypogynes, à filets grêles, à anthères allongées. Style nul; stigmate recouvert par des papilles. 3-6 ovaires biovulés. Fruit sub-globuleux, trigone, formé de trois carpelles bivalves, renflés, soudés à la base.

S. Palustris *L. sp.* 482; *Lam.; D C.; Lap.; Dub.; Lois.; Mut.; Borr.; Gren. Godr.* — Fleurs d'un vert jaunâtre, en grappe courte et lâche; les inférieures à pédoncule plus long que les supérieures. Pédoncules alternes, munis de bractées engaînantes. Divisions périgonales étroites, aiguës, lancéolées, très caduques. Fruit formé de trois carpelles ovoïdes, divergents. Feuilles sub-cylindriques, linéaires, subulées, convexes en dessous, canaliculées en dessus, engaînantes à la base. Tige de 1-3 décimètres, articulée et munie d'une feuille à chaque nœud, pourvue à la base de gaînes aphylles. Souche longue, articulée, rampante, à collet muni de fibres et de membranes blanchâtres. ♃ Mai-Juin.

Hab. Pyrénées centrales, lieux humides; vallées de Luz, de Cauterets. R.

CIII. HYDROCHARIDÉES.

Fleurs dioïques, rarement hermaphrodites, régulières, renfermées d'abord dans une spathe. Périgone à 6 divisions, trois extérieures, herbacées, sépaloïdes, trois intérieures plus grandes, pétaloïdes, rarement nulles. — Fleurs mâles : périgone à divisions libres; 1-13 étamines insérées à la base du perigone; anthères introrses, bilobées. — Fleurs femelles ou hermaphrodites solitaires; périgone à divisions soudées à l'ovaire et entr'elles, formant un tube; étamines ordinairement avortées. Ovaire adhérent à 3-6 carpelles pluriloculaires, multiovulé. Style court ou allongé, à 3-6 stigmates souvent bifides. Fruit mûrissant sous l'eau, indéhiscent, à plusieurs graines dures, entières. Embryon droit, cylindrique. Plantes aquatiques. Feuilles toutes radicales ou caulinaires et alors fasciculées.

584. HYDROCHARIS *L. gen.* 1126 *(Morêne).*—Fleurs dioïques. — Les mâles pédicellées, non munies de bractées, trois réunies dans une spathe à deux divisions. Périgone à divisions sépaloïdes ovales-oblongues; les internes pétaloïdes, beaucoup plus grandes, sub-orbiculaires. 9 étamines et 3 avortées, insérées sur l'ovaire avorté; filets soudés à la base; anthères ovoïdes. — Fleurs femelles longuement pédicellées, solitaires sous une spathe monophylle et sessile. Divisions pétaloïdes du périgone munies d'une écaille à la base. 6 étamines stériles. Style court, épais, à 6 stigmates rayonnants, bifides. Fruit bacciforme oblong, à 6 loges polyspermes.

H. Morsus-Ranæ *L. sp.* 1466; *D C.; Lap.; Dub.; Lois.; Mut.; Gren. Godr.* — Fleurs mâles se développant successivement, à divisions sépaloïdes concaves, ovales, membraneuses sur les bords, à divisions pétaloïdes blanches, à onglets jaunâtres, grandes, sub-orbiculaires, étalées. — Fleurs femelles plus petites. Capsule ovale-oblongue. Graines sub-globuleuses. Pédoncules axillaires. Feuilles pétiolées, orbiculaires, échancrées en cœur à la base, luisantes, flottantes, d'un vert clair en dessus, souvent rougeâtres en dessous. Stipules grandes, nombreuses, soudées au pétiole. Tige stolonifère, immergée. ♃ Juillet-Août.

Hab. Pyrénées occidentales, eaux stagnantes; environs de Bayonne. CC.

CIV. POTAMÉES.

Fleurs hermaphrodites ou unisexuelles, ordinairement monoïques. Périgone à 4 divisions herbacées, ou nul et remplacé par une spathe. 1-4 étamines sessiles ou munies d'un filet, uni ou biloculaires, s'ouvrant par une fente longitudinale. Ovaire à 4 carpelles uniovulés. Style nul; un ou plusieurs stigmates simples. Fruit indéhiscent, uniloculaire, monosperme, ossiculé ou drupacé. Graine à test membraneux.

Embryon droit, ou courbé, ou enroulé. Plantes aquatiques à tiges submergées, flottantes.

585. POTAMOGETON *L. gen.* 174 *(Potamot).* — Fleurs hermaphrodites, régulières, verdâtres, disposées en épi renfermé dans une spathe à deux feuillets. Périgone à 4 divisions herbacées, atténuées en onglet. 4 étamines insérées à la base des divisions périgonales ; filets très courts ; anthères sub-sessiles, biloculaires. Style nul ; stigmate pelté. Fruit formé de 4 carpelles monospermes, sessiles. Plantes aquatiques à tige submergée, flottante. Feuilles alternes, rarement opposées.

P. Densum *L. sp.* 182 ; *D C.; Lap.; Dub.; Lois.; Noul.; P. densus Mut.; Borr.; Gren. Godr.* —Fleurs verdâtres, en épis courts, pauciflores, penchées après l'anthèse. Pédoncules axillaires naissant à la bifurcation des rameaux courts, grêles, non renflés, réfléchis. Fruit composé de carpelles comprimés, carénés sur le dos, terminés par un bec aigu. Féuilles opposées, toutes submergées, sessiles, un peu engaînantes, pellucides, ovales-lancéolées ou linéaires-lancéolées, plus ou moins ondulées sur les bords et finement denticulées. Tiges cylindriques, dichotomes, rameuses. Racine rampante. ♃ Juin-Juillet.

Var. a. Densus Gren. Godr. Feuilles courtes, ovales-acuminées, très rapprochées. ♃ Juin-Juillet.

Var. b. Laxifolius Gren. Godr.; P. serratum L. sp. 183 ; *P. oppositifolium D C.; Dub.* — Feuilles lancéolées, longues de 3-4 centimètres, étalées. ♃ Juin-Juillet.

Hab. Typ. et var. : toute la chaine , les ruisseaux , les mares , les étangs. CCC.

P. Natans *L. sp.* 182 ; *D C.; Lap.; Dub.; Lois.; Mut.; Borr.; Gren. Godr.; P. plantago Bast.* — Fleurs en épi cylindrique serré, sur un pédoncule aussi gros que la tige, non renflé au sommet. Fruit composé de carpelles gros, verdâtres, comprimés, à carènes obtuses. Feuilles toutes longuement pétiolées ; les inférieures submergées, étroites, lancéolées ou oblongues ; les supérieures flottantes, coriaces, sub-cordiformes à la base, planes, à nervures confluentes, à limbe s'unissant au pétiole par deux plis saillants. Tige cylindrique rameuse ou simple. ♃ Juillet-Août.

Le *P. natans,* abandonné par les eaux, ne présente qu'une tige basse et des feuilles ovales (*P. plantago Bast.*)

Hab. Les eaux stagnantes. C.

P. Fluitans *Roth.; D C.; Lap.; Lois.; Koch; Borr.; Gren. Godr.; P. natans var.* b. *Dub.*—Fleurs verdâtres, en épis compactes. Pédoncules de même grosseur que la tige, pas ou sub-renflés au sommet. Carpelles verdâtres, comprimés, assez gros, légèrement amincis en carène. Feuilles toutes pétiolées; les submergées allongées, lancéolées, membraneuses, pellucides; les supérieures flottantes, coriaces, oblongues-lancéolées, atténuées aux deux bouts, rarement ovales à la base, ne se joignant pas au pétiole par deux plis; pétiole convexe en dessus. Tige radicante, rameuse, à rameaux longs, grêles. ♃ Juin-Juillet.

Hab. Les eaux stagnantes. C.

P. Lucens *L. sp.* 183; *D C.; Lap.; Dub.; Lois.; Mut.; Borr.; Gren. Godr.; P. proteus lucens Cham.* — Fleurs en épi cylindrique, simple, serré, sur un pédoncule plus épais que la tige, surtout au sommet. Carpelles gros, comprimés, à bords obtus, en carène peu prononcée. Feuilles uniformes, membraneuses, pellucides, atténuées en pétiole court, ovales-lancéolées ou oblongues-lancéolées, acuminées ou cuspidées, quelquefois très allongées, rudes sur les bords, toutes submergées; les supérieures rarement immergées. Stipules grandes, lancéolées, amplexicaules. Tige cylindrique, rameuse, articulée. ♃ Juillet-Août.

Hab. Pyrénées centrales, eaux stagnantes; à la base de la Maladetta. RR.

P. Crispus *L. sp.* 183; *D C.; Lap.; Dub.; Lois.; Borr.; Gren. Godr.; P. serratus Thore; Mut.; Fontinalis crispa Bauh.; Fontilapathum pusillum Lob.*—Fleurs en épi court, sur un pédoncule allongé, cylindrique, de la grosseur de la tige, non renflé au sommet. Carpelles comprimés, un peu carénés, terminés par un bec aussi long qu'eux. Feuilles uniformes, alternes, opposées à la naissance des rameaux, membraneuses, semi-amplexicaules, linéaires-oblongues, sessiles, obtuses ou un peu acuminées, denticulées-ondulées, crépues. Stipules lacérées au sommet. Tiges comprimées, rameuses. ♃ Juin-Juillet.

Hab. Pyrénées centrales; lac de Lourdes et marais environnants. R.

P. Pectinatum *L. sp.* 184; *Lap.; Mut.; Noul.; P. pectinatus D C.; Dub.; Lois.; Mut.; Borr.; Gren. Godr.* — Fleurs verdâtres, en épis grêles interrompus, disposées par paires, presque toutes du même côté sur un long pédoncule grêle, égalant ou dépassant l'épi. Carpelles solitaires ou géminés, demi-cylindriques, ovoïdes, comprimés, terminés par un bec très court. Feuilles alternes et distiques, pellucides, linéaires-aiguës ou sétacées, allongées, uni-nervées, veinées transversalement. Stipules membraneuses, bifides, aiguës. Tige grêle, cylindrique, rameuse. ♃ Août-Septembre.

Hab. Pyrénées occidentales; eaux salées ou douces aux environs de Bayonne. CC.

586. RUPPIA *L. gen.* 175 (*Ruppée*). — Fleurs hermaphrodites, deux ou plusieurs sur un spadice renfermé d'abord dans une spathe, puis saillant. Spathe transparente. Périgone nul. Deux étamines à filets très courts en forme d'écailles; anthères extrorses, grandes, biloculaires. Style nul; stigmates sessiles, petits, ombiliqués. Ovaire formé de 4 carpelles divergents extérieurement, uniloculaires, **uniovulés. Fruit** formé de 4 carpelles monospermes, à la fin longuement pédicellés. Plantes submergées dans les eaux salées. Feuilles linéaires. Stipules membraneuses.

R. Maritima *L. sp.* 184; *Koch; Mut.; Borr.; Gren. Godr.; R. spiralis Dum.; R. rostellata Koch; Rchb.; Borr.* — Fleurs portées sur des pédoncules très longs, ordinairement en spirale ou sub-droits. Anthères globuleuses. Carpelles plus ou moins dressés ou obliques, pédicellés, d'un vert noirâtre, sub-piriformes ou ovales, sub-aigus, lisses. Feuilles engaînantes, linéaires, à gaine large, anguleuse au sommet. Tige grêle, flottante. ♃ Septembre-Octobre.

Hab. Pyrénées occidentales; marais salants près Bayonne. R.

587. ZANICHELLIA *L. gen.* 1034 (*Zanichelle*). — Fleurs monoïques ou hermaphrodites, brièvement pédicellées ou sessiles; 1-2 fleurs (mâle et femelle) réunies dans un assemblage de stipules spathiformes à l'aisselle des feuilles. —Fleur mâle : enveloppe florale nulle; une étamine à anthère biloculaire s'ouvrant en long. — Fleur femelle ou hermaphrodite : périgone campanulé, membraneux, entourant l'ovaire; une étamine ou point. Style grêle, persistant; stigmate pelté. Ovaire formé de 4 carpelles libres, uniovulés, qui sont coriaces à la maturité, comprimés, arqués, **acuminés**, sur un axe filiforme.

Z. Palustris *L. sp.* 1375; *Lap.; Engl. bot.; Mut.; Borr.; Gren. Godr.* — Fleurs en ombelle, sub-ternées, sessiles ou brièvement pédicellées. Étamine à filet allongé, égalant ou dépassant les feuilles. Style égalant ou sub-égalant le fruit, à stigmates sub-crénelés, non papilleux. Fruit moyen, sub-sessile, atténué aux deux bouts, à dos aigu ou ridé, formé de 2-4 carpelles. Feuilles vertes, planes, menues, linéaires, très longues, souvent ternées. Tige submergée, filiforme, rameuse, entrelacée. ♃ Juillet-Octobre.

Hab. Pyrénées occidentales, les marais salants et les eaux douces; St-Jean-de-Luz. C.

588. NAJAS *Willd.; act. acad. Berl.* 1798 *(Nayade).* — Fleurs dioïques ou monoïques, axillaires, sub-solitaires. — Fleurs mâles : une étamine dans une spathe monophylle simulant un périgone et bi-tricuspidée au sommet; anthère à 1-4 loges, renfermée dans la spathe *périgonoïde.* — Fleur femelle formée d'un ovaire uniloculaire, sessile, ovoïde, à un ovule dressé, d'un style court et à 2-3 stigmates, renfermée dans une spathe périgonoïde, membraneuse. Fruit dur, ovoïde, comprimé. Graine à test très mince.

1. Fleurs dioïques.

N. Marina *L. sp.* 1441 ; *Mut.; N. fluviatilis Lam.; N. major D C.; Roth.; Dub.; Borr.; Gren. Godr.; N. monosperma Willd.; Lap.; Ittnera najas Gmel.* — Fleurs verdâtres, axillaires ; les mâles pédicellées, à spathe périgonoïde bilobée, à anthères à 4 loges. Fruits ovoïdes, monospermes, surmontés par les stigmates persistants. Endocarpe dur, crustacé. Feuilles d'un beau vert, verticillées ou opposées, épaisses, transparentes, linéaires, recourbées, sinuées, dentelées, raides, à dents mucronées ; celles des rameaux ternées. Gaines entières. Tiges très rameuses, dichotomes, souvent munies de dents épineuses, surtout vers le haut. Plante d'un beau vert, croissant en touffes submergées. ① Juillet-Septembre.

Hab. Pyrénées occidentales, les fleuves et les marais salants ; Biarritz, St-Jean-de-Luz, Bayonne.

2. Fleurs monoïques.

N. Minor *Roth.; D C.; Lam.; Dub.; Lois.; Mut.; Borr.; N. subulata Thuill.; Ittnera minor Gaud.; Caulinia fragilis Willd.; Gren. Godr.; Caulinia minor Cass. et Germ.* — Fleurs sessiles, axillaires et terminales, petites. Spathe périgonoïde nulle ou sub-nulle. — Fleurs mâles : une étamine à une anthère uniloculaire. — Fleur femelle réduite à un ovaire sessile, oblong, uniloculaire, uniovulé. Fruit petit, cylindracé, surmonté par deux stigmates persistants. Feuilles étroites, linéaires, opposées ou ternées, transparentes, soudées à la base en une gaine, ciliées, denticulées, recourbées, raides, sinuées-denticulées, à dents mucronées ; les supérieures ramassées en touffes, linéaires en alène. Tige très courte, grêle, dichotome, diffuse. Plante nageante. ① Juillet-Septembre.

Hab. Fleuves, lacs et marais. C.

589. ZOSTERA *L. gen.* 1032 (*Zostère*). — Fleurs monoïques ou dioïques, portées sur un spadice naissant de la face supérieure des feuilles se prolongeant en spathe. Spadice membraneux, aplati, linéaire, portant à la face intérieure les fleurs mâles et femelles. — Fleurs mâles : périgone nul ; une étamine à une anthère sub-sessile, uniloculaire. — Fleurs femelles : un pistil ; deux stigmates. Ovaire nu, uniloculaire, uniovulé. Les fleurs mâles et femelles sont placées sur deux rangs sur le spadice. Fruit constitué par un article s'ouvrant irrégulièrement. Graine à test mince.

Z. Marina *L. sp.* 1374 ; *D C.* ; *Lam.* ; *Dub.* ; *Lois.* ; *Mut.* ; *Borr.* ; *Gren. Godr.* ; *Phucagrostis minor Caul.* ; *Alga marina Lam.* — Fleurs nombreuses sur deux rangs, de manière à ce que deux anthères alternent avec un ovaire. Spathe atténuée en pédoncule jusqu'au point où naît le spadice et reprenant ensuite la forme d'une feuille ordinaire. Spadice linéaire à bords réfléchis en dessous. Deux stigmates plus longs que le style. Graine oblongue, striée, blanchâtre. Feuilles fertiles s'ouvrant au milieu par une fente contenant le réceptacle en forme de spadice ; les stériles linéaires, graminiformes, obtuses, entières, engaînantes, à 3-5 nervures, à veinules nombreuses. Tiges grêles, comprimées, à rameaux allongés. Souche rampante, noueuse. ♃ Mars-Avril.

Hab. Pyrénées-Orientales et occidentales, les côtes maritimes ; forme les prairies sous-marines. CCC.

Z. Mediterranea *D C.* ; *Mut.* — Fleurs dioïques. Spadice dioïque ; anthères insérées sur un filet saillant. Feuilles très entières. Tige sub-cylindrique. ♃ Mars-Avril.

Hab. Pyrénées-Orientales ; mer Méditerranée, Perpignan. CC.

CV. JONCÉES.

Fleurs en panicule ou en corymbe, rarement en épi, munies de bractées scarieuses, hermaphrodites, rarement unisexuelles par avortement, régulières. Périgone à 6 divisions libres, bisériées ; les trois intérieures pétaloïdes, scarieuses, glumacées, persistantes ; les trois extérieures sépaloïdes, de même forme et aspect que les intérieures. 3-6 étamines opposées aux divisions du périgone, insérées à la base, rarement hypogynes ; filets subulés, dressés ; anthères biloculaires, parallèles, s'ouvrant longitudinalement. Style simple ; trois stigmates filiformes, poilus. Ovaire sessile, libre, triloculaire, pluriovulé. Fruit capsulaire, triloculaire, à trois valves, à trois graines ou polyspermes. Albumen charnu ; radicule épaisse, rapprochée du hile. Plantes à feuilles engaînantes.

590. JUNCUS *L. gen.* 437 *(Jonc).* — Fleurs hermaphrodites terminales, en corymbe muni de 2-3 bractées dont une très grande qui rend l'inflorescence sub-latérale. Périgone à 6 divisions herbacées ou scarieuses. 3-6 étamines. Un style à trois stigmates. Capsule à trois loges s'ouvrant par trois valves, chacune portant une cloison vers le milieu. Graines nombreuses dans chaque loge. Test rarement prolongé aux extrémités.

1. Feuilles nulles ou réduites en gaines; tiges fertiles dépourvues de nœuds; inflorescence pseudolatérale; graines non appendiculées.

J. Glaucus *Ehrh.; Smith.; D C.; Lap.; Dub.; Lois.; Mut.; Borr.; Gren. Godr.; J. inflexus Leers.; J. Tenax Poir.* — Fleurs jaunâtres ou, brunes en cyme sub-latérale, décomposée, compacte ou diffuse. Lobes du périgone très aigus, subulés, de même longueur que la capsule ; les externes plus longs. 6 étamines. Capsule ovoïde, brune, luisante, oblongue, mucronée par le style allongé, persistant. Feuilles radicales réduites à l'état de gaines brunes ou rouges, rarement d'un vert pâle. Tige de 6-8 décimètres, droite, glauque, cylindrique, raide, très tenace, non cassante, terminée par une pointe acuminée, profondément striée, à moelle interrompue. Racine stolonifère. ⚇ Juin-Août.

Hab. Toute la chaine : plaines et vallées, marais et fossés. CCC.

J. Effusus *L. sp.* 464; *D C.; Lap.; Lois.; Benth. cat.; Mut.; Borr.; Gren Godr.; J. communis var.* b. *Mey.; J. lœvis var.* b. *Wallr.; J. diffusus Hoppe; Koch; Mut.; Gren. Godr.* — Fleurs petites, d'un vert blanchâtre ou jaunâtre, en panicule latérale, diffuse. Pédicelles très irréguliers, plus ou moins longs. Divisions du périgone étroites-aiguës, dépassant la capsule. 3 étamines. Capsule ovale, obtuse, élargie et échancrée au sommet, mucronée par le style persistant au centre de l'échancrure. Feuilles radicales, réduites à une gaine large, courte, brune, luisante. Tige de 5-8 décimètres, droite, finement striée, fragile, raide, cylindracée, garnie en dedans d'une moelle continue. ⚇ Juillet-Septembre.

Hab. Les marais; remonte jusque dans les régions sub et alpines. CCC.

J. Conglomeratus *L. sp.* 464; *D C.; Lap.; Lois.; Mut.; Borr.; Gren. Godr.; J. communis var.* a. *Meyer.* — Fleurs roussâtres, agglomérées en panicule latérale, sessile, compacte, sub-terminale et souvent très rameuse, étalée. Divisions périgonales lancéolées, aiguës, dépassant la capsule. 3 étamines. Capsule ovale, obtuse, luisante, terminée par un mamelon saillant qui supporte le style persistant. Feuilles radicales, réduites à une gaîne brune, non luisante. Tige de 3-8 décimètres, droite, finement striée, fragile, raide, **garnie en dedans d'une moelle non interrompue**, terminée par une pointe sétacée. ♃ Juin-Août.

Hab. Les marais, le bord des chemins. CCC.

J. Arcticus *Willd.; D C.; Mut.; Rœm. et Schultz.; **Gren. Godr.**; J. effusus var.* b. *L. sp.* 464; *J. acuminatus Balb.; J. pauciflorus Schl.* — Fleurs brunâtres, en panicule placée vers les trois quarts de la hauteur de la tige, serrée ou **allongée**, lâche. Périgone à divisions lancéolées, égales; **les externes** aiguës; les internes obtuses, plus larges et plus **courtes que** la capsule. Celle-ci obovée-oblongue, obtuse, sub-mucronée, noirâtre, luisante. Feuilles radicales réduites à **des gaines** courtes, brunes. Tiges fistuleuses, piquantes, de 1-2 décimètres, raides, nues, lisses, munies d'une moelle lâche. Souche à rhizomes horizontaux et traçants. ♃ Juin-Juillet-Août-Septembre.

Hab. Pyrénées centrales; Pic du Midi de Bigorre *(Lap.)*, Maladetta, lieux humides autour du lac d'Albo. RR.

J. Filiformis *L. sp.* 465; *D C.; Lap.; Dub.; Lois.; Mut.; Borr.; Gren. Godr.* — Fleurs d'un blanc verdâtre, peu nombreuses, 5-10, en cyme latérale, placées vers le milieu de la tige. Pédoncules inégaux, sub-uniflores, munis d'une bractée filiforme. Périgone à divisions lancéolées-aiguës, égalant à peine la capsule. Celle-ci arrondie, obtuse, obovale-oblongue, un peu mucronée par le style court, luisant. Feuilles radicales, réduites à une gaine étroite, brune ou verdâtre. Tige de 1-2 décimètres, verte, filiforme, faible, penchée, finement striée. Souche stolonifère. ♃ Juillet-Août.

Hab. Pyrénées centrales, lieux humides; autour des lacs, régions alpines; lacs d'Escoubous, d'Oo, d'Espingo. R.

2. Feuilles distinctes, subulées; tiges fertiles dépourvues de nœuds et nues; les stériles subulées, simulant les feuilles; inflorescence pseudolatérale; graines appendiculées.

J. Maritimus *Lam.; D C.; Dub.; Lois.; Mut.; Borr.; Gren. Godr.; J. acutus var.* b. *L. sp.* 463; *S. rigidus Desf.; J. scirpoïdes Dunal.* — Fleurs d'un brun verdâtre ou d'un blanc sale, en panicule rameuse très fournie, formant une cyme lâche, dressée, interrompue. Pédicelles rameux, très inégaux, munis de deux bractées inégales, raides, aiguës, en forme de spathe à la base. Divisions périgonales lancéolées;

les externes sépaloïdes aiguës; les internes pétaloïdes obtuses. Capsule elliptique ou ovale, arrondie, mucronée, ne dépassant pas les divisions du périgone. Feuilles toutes radicales, cylindriques, courtes, pointues, raides et piquantes, terminées en gaine à la base, d'abord rougeâtres, puis noires près de la souche. Tiges de 4-8 décimètres, droites, raides, sub-sessiles, nues, moins grosses et moins fortes ainsi que les feuilles que celles de l'espèce suivante. Souche forte, munie d'écailles engainantes, lâches, brunes et luisantes. ♃ Mai-Juin.

Hab. Pyrénées-Orientales et occidentales; marais salants, environs de Perpignan et de Bayonne. CCC.

J. Acutus *L. sp.* 463; *Lam.; Lap.; D C.; Dub.; Lois.; Mut.; Gren. Godr.; J. pungens Moris.* — Fleurs brunâtres, en cyme terminale très rameuse, très fournie, rarement allongée, lâche. Périgone à divisions lancéolées, égales; les externes aiguës; les internes obtuses, émarginées, blanchâtres, scarieuses au sommet. Capsule ovale-oblongue, mucronée, deux fois plus longue que les divisions périgonales. Deux bractées placées à la base de l'inflorescence, en alène, piquantes. Feuilles de deux décimètres, toutes radicales, lisses, raides, piquantes, cylindriques, terminées en gaine, brunes à la base. Tiges de 2-6 décimètres, lisses, raides, nues. Souche gazonnante, produisant un grand nombre de tiges. ♃ Mai-Juin.

Hab. Pyrénées-Orientales et occidentales; marais salants, environs de Perpignan, de Bayonne et de Biarritz. CC.

3. Feuilles radicales ou caulinaires; tiges fertiles feuillées, rarement nues; tiges stériles nulles remplacées par des feuilles fasciculées; inflorescence terminale; graines non appendiculées.

a. Fleurs en glomérules.

* *Plantes annuelles; 3 étamines.*

J. Capitatus *Weigel; Willd.; Lap.: Benth. cat.; Mut.; Gren. Godr.; J. triandrus Gouan; J. mutabilis Cav.; J. ericetorum Pollich.; D C.; Dub.; Noul.*—Fleurs d'un brun verdâtre, en panicules arrondies, composées de glomérules de 3-8 fleurs, terminaux, sessiles ou comme prolifères, entourées, l'inférieure au moins, de bractées inégales: la supérieure droite, plus longue (ce qui fait paraître la panicule latérale *Borr.*). Périgone à divisions extérieures lancéolées-aiguës, souvent prolongées en folioles sétacées; les internes scarieuses, aiguës, dépassant de beaucoup la capsule. Celle-ci ovoïde, un peu mucronée, sillonnée, sub-trigone. Feuilles très fines, en gouttière à la base, *toutes radicales*, dépourvues de renflement;

noueux, souvent rougeâtres. Tiges de 3-8 centimètres, filiformes, nues, gazonnantes. Racine fibreuse. ① Mai-Juillet.

Var. a. — Panicules composées de 5-8 fleurs sessiles, à 3-6 bractées dont 1-2 plus longues ① Juillet-Août.

Hab. Type et **var.** : Pyrénées-Orientales et occidentales; lieux marécageux, environs de Perpignan , Pratto-de-Mollo , environs do Bayonne. R.

J. Pygmœus *Thuill.* ; *D C.* ; *Dub.* ; *Lois.* ; *Mut.* ; *Borr.* ; *Gren. Godr.; J. nanus Dubois.* — Fleurs verdâtres ou rougeâtres, agrégées en 2-3 glomérules de 3-8 fleurs, axillaires et terminaux, munis à la base de petites bractées scarieuses formant par leur ensemble un petit corymbe dépassé par une bractée foliacée ou feuille caulinaire qui nalt à la base de l'inflorescence. Périgone à lobes égaux, linéaires-acuminés, striés, dépassant la capsule. 3 étamines. Capsule allongée, trigone, aiguë. Feuilles radicales, dressées, fines, subsétacées, étroitement canaliculées, convexes sur le dos, presque aussi longues que la tige, très légèrement noueuses. Tiges de 6-12 centimètres, dressées, lisses, filiformes, rameuses, souvent rougeâtres. Souche annuelle. Racine fibreuse. ① Juin-Juillet.

Hab. Pyrénées-Orientales; marais aux environs de Perpignan. R.

** Plantes vivaces.

J. Uliginosus *Meyer.; Borr.; J. supinus Mœnch.* ; *Roth.;* *D C.; Dub.; Fries.; Lois.; Mut.; Gren. Godr.; J. setifolius Ehrh.; J. verticillatus Pers,; J. fluitans et J. mutabilis Lam.; J. bulbosus L. sp. ed. 1re p.* 327; *Noul.; J. sylvaticus Lap.* — Fleurs verdâtres ou brunâtres, agglomérées en petits glomérules de 4-12 fleurs, peu nombreux, distants, sessiles et pédonculés, munis de petites bractées à la base, l'inférieure plus longue, foliacée, disposés en panicules plus ou moins étalées, à rameaux uniquement capsulifères ou entremêlés de petites feuilles capillaires. Périgone à divisions externes lancéolées-aiguës; les internes obtuses, plus courtes. 3 étamines. Capsule oblongue-obtuse, mucronée, égalant ou dépassant les divisions périgonales. Feuilles courtes, dressées ou allongées, sétacées, étroitement canaliculées, un peu noueuses dans la plante flottante, à gaines membraneuses sur les bords. Tige grêle, *feuillée*, gazonnante. Plante très variable, droite ou couchée et radicante, quelquefois flottante, atteignant plusieurs décimètres. Racines fibreuses à collet bulbeux. ♃ Juin-Juillet.

Var. a. *Alpinus.* — Tige dressée, robuste ; fleurs en glomérule sub-ombelliforme, de couleur brune; feuilles engainantes, membraneuses sur les bords, toutes sub-cylindriques et articulées ; souche stolonifère ; racine fibreuse. ♃ Juillet.

Hab. Le type : lieux humides CCC.; var. *a* : Pyrénées centrales, lac de Gaube, lacs Bleu, d'Espingo, de Seculejo CC.

J. Alpinus *Vill.; D C.; Dub.; Lois.; Koch; Mut.; Borr.; Gren. Godr.; J. ustulatus Hop.; J. nodulosus Walh.; J. alpestris Hartm.* — Fleurs verdâtres, puis d'un brun roux, en glomérules de 3-8 fleurs, nombreux ou réduits, formant une panicule terminale composée, droite, peu fournie ou ample, munie de bractées acuminées. Périgone à divisions égales, obtuses ; les externes pourvues sous le sommet d'un petit mucron qui disparaît avec l'âge. Capsule noirâtre, luisante, ovale-oblongue, obtuse, peu ou point mucronée, dépassant les divisions périgonales. Feuilles fistuleuses, peu noueuses, un peu comprimées, obscurément striées, à gaine en carène aiguë. Tige de 1-4 décimètres, droite, grêle, dure. Souche rampante. ♃ Juillet-Août.

Var. a. — Plante de 3-4 décimètres, dressée ; fleurs d'un brun roux, à divisions périgonales égales, un peu obtuses, sub-striées, à peine scarieuses sur les bords et plus courtes que la capsule ; celle-ci obtuse, brièvement mucronée, d'un brun roux ; feuilles non articulées, à gaine en carène. Plante descendue dans les plaines. ♃ Juillet-Août.

Hab. Le type : Pyrénées centrales ; Maladetta, Vignemale, Esquierry R.; var. *a.* : marais salants des environs de Bayonne.

J. Anceps *Laharpe ; B. G.; Mut.; Borr.; Gren. Godr.* — Fleurs très petites, brunes, en glomérules nombreux, multiflores, formant une panicule terminale grande, dressée. Périgone à divisions sub-égales ; les externes linéaires, lancéolées-aiguës, mucronées ; les internes oblongues, obtuses, membraneuses au sommet. Capsule ovoïde-oblongue, elliptique, mucronée, trigone, concave, dépassant les divisions du périgone. 6 étamines. Feuilles trois, écartées, noueuses, comprimées, sub à deux tranchants, à gaines membraneuses sur les bords, amincies sur le dos en carène. Tige comprimée, offrant vers le bas deux angles qui s'oblitèrent insensiblement vers le sommet. Souche horizontale. ♃ Juillet-Août.

Hab. Pyrénées occidentales ; marais salants, aux environs de Bayonne. R.

J. Lamprocarpus *Ehrh.; Engl. bot.; Dub.; Mut.; Borr.; Gren. Gdor.; J. aquaticus Roth.; J. sylvaticus D C.; J. articulatus var. a. et b. L. sp. 465; J. articulatus Fries.* — Fleurs d'un brun noirâtre, en panicule terminale très rameuse, composée de glomérules nombreux de 4-12 fleurs, dressés ou divariqués, munis à la base de bractées scarieuses plus courtes que les glomérules. Périgone à lobes acuminés-aristés, tous de même longueur, mucronulés ; les extérieurs aigus ; les internes obtus, moins longs que la capsule. Celle-ci noire, brillante, ovoïde, lancéolée-acuminée, en bec aigu. 6 étamines. Feuilles cylindriques, comprimées, noueuses, articulées, très finement striées. Tige très variable, de 2-6 décimètres, couchée à la base ou ascendante, cylindrique, lisse et rameuse. ♃ Juin-Juillet.

Hab. Lieux humides et fossés. CCC.

J. Acutiflorus *Ehrh.* ; *Engl. bot.* ; *Dub.*; *Lois.*; *Mut.*; *Borr.*; *J. sylvaticus Willd.* ; *D C.*; *Lap.*; *Richard.*; *Noul.*; *Gren. Godr.* — Fleurs d'un brun rougeâtre, en glomérules sessiles de 4-12 fleurs, munis à la base de bractées jaunâtres, scarieuses, (bractée inférieure foliacée), formant une panicule terminale très rameuse, dressée ou divariquée. Périgone à lobes acuminés-aristés ; les internes plus longs, à pointe recourbée ; tous plus courts que la capsule. Celle-ci ovale, acuminée en bec aigu, pyramidale-trigone, à angles saillants, fauve, luisante. 6 étamines. Feuilles cylindriques, comprimées, noueuses, articulées, finement striées. Tige de 6-8 décimètres, dressée, feuillée. Souche traçante. Racines plus ou moins fibreuses. ♃ Août.

Hab. Les marais, les fossés. CCC.

b. Fleurs solitaires.
* Plantes vivaces.

J. Compressus *Jacq.* ; *Koch*; *Borr.* ; *Gren. Godr.* ; *J. bulbosus L. sp. ed.* 2, *p.* 466 ; *D C.*; *Lap.*; *Dub.*; *Lois.*; *Mut.*; *Noul.* — Fleurs petites, brunâtres, à divisions périgonales sépaloïdes, vertes sur le dos et blanches membraneuses sur les bords, solitaires, rarement agglomérées, sessiles ou sur un pédoncule plus long qu'elles, quelquefois 2-3 en corymbe lâche, munies à la base d'une bractée foliacée les dépassant. Périgone à lobes lancéolés, pointus ou oblongs, calleux au sommet, une fois plus courts que la capsule. Celle-ci subglobuleuse, obtuse. Style plus court que l'ovaire. 6 étamines. Feuilles linéaires, molles, planes, dressées, canaliculées. Tiges de 2-5 décimètres, fermes, dressées, comprimées, terminées par la fleur ou par une panicule maigre, sub-bulbiforme à la base. Souche rampante, horizontale, garnie de fibres produisant plusieurs tiges simples, fermes et dressées. ♃ Juin-Juillet.

Hab. Pyrénées centrales, les lieux humides, les prairies; Luchon, Barèges. C.

J. Squarrosus *L. sp.* 465; *Engl. bot.; D C.; Lap.; Dub.; Lois.; Mut.; Borr.; Gren. Godr.; J. Sprengelii Willd.* — Fleurs brunâtres, brièvement pédicellées, en petits corymbes formant une panicule étroite, interrompue, ne dépassant pas les bractées foliacées, scarieuses, qui naissent à la base des rameaux. Périgone à divisions ovales-lancéolées, un peu aiguës, lisses, luisantes, brunes, blanches-scarieuses sur les bords, ne dépassant pas la capsule. 6 étamines à filets beaucoup plus courts que les anthères. Capsule ovale ou obovale, obtuse, mucronée, luisante. Feuilles toutes radicales, raides, dures, linéaires, canaliculées, dilatées, engaînantes à la base, en touffes lâches, sétacées, plus courtes que les tiges. Tiges de 2-8 décimètres, dressées, raides, nues, sub-anguleuses, non articulées. Souche gazonnante, grosse. Racines fibreuses. ⚥ Juin-Juillet.

Hab. Pyrénées-Orientales et occidentales; environs de Mont-Louis et de Bayonne. C.

J. Gerardi *Lois.; D C.; Brebis; Dub.; Mut.; Borr.; Gren. Godr.; J. bothricus Wahlemb.; J. bulbosus Engl. bot.; J. attenuatus Viv.; J. nitidiflorus Léon Duf.* — Fleurs petites, d'un brun foncé, vertes sur le dos, faiblement membraneuses sur les bords, en panicule étroite, composée de glomérules pauciflores, dressés; inflorescence ressemblant à celle du *Juncus compressus*. Périgone à divisions égales, lancéolées, sub-obtuses, égalant à peu près la capsule. Celle-ci brune, oblongue, obtuse, trigone, mucronée. Style égalant l'ovaire. 6 étamines. Feuilles radicales, linéaires, en goutière, dressées. Tiges cylindracées, grêles, de 1-3 décimètres, feuillées dans leur moitié inférieure. Souche à rhizomes traçants. Racine fibreuse. ⚥ Juin-Juillet.

Hab. Pyrénées-Orientales et occidentales, marais et prairies humides; Mont-Louis (*Gren. Godr.*), près de Biarritz. R.

" Plantes annuelles.

J. Tenageia *L. Fin. suppl.* 208; *D C.; Lap.; Dub.; Lois.; Mut.; Borr.; Godr. Godr.; J. Vaillantii Thuill.; J. gracilis Lej.* — Fleurs petites, brunes, luisantes, solitaires, sessiles ou pédonculées, écartées le long des rameaux et formant une panicule très lâche. Périgone à lobes ovales-lancéolés, mucronés, à peu près égaux à la capsule; les extérieurs acuminés; les intérieurs sub-obtus, mucronulés. 6 étamines. Capsule brune, luisante, sub-trigone, obtuse, mucronée. Style de moitié plus court que l'ovaire. Feuilles linéaires canaliculées, à gaînes enroulées, plus courtes que les tiges, dressées. Tige cylindrique feuillée (1-2 feuilles caulinaires), très grêle, anguleuse, dressée, à 1-2 articulations, paniculée au sommet. Racine fibreuse. ⓘ Juin-Juillet.

Hab. Bords des chemins et lieux humides. CCC.

J. Bufonius *L. sp.* 466; *Lap.; D C.; Dub.; Lois.; Mut.; Gren. Godr.* — Fleurs d'un blanc verdâtre, brillantes, solitaires ou géminées, sub-sessiles, disposées en panicule écartée, lâche, munie à la base de bractées scarieuses. Périgone à divisions inégales; les intérieures courtes, sub-planes; les extérieures plus étroites, carénées, lancéolées, acuminées, plus longues que la capsule. 6 étamines. Capsule ovale-obtuse, d'un brun rougeâtre, luisante. Feuilles linéaires, sétacées, canaliculées à la base, plus courtes que la tige, dressées. Tiges de 1-2 décimètres, plus ou moins grêles, gazonnantes, feuillées, rameuses et sub-dichotomes au sommet, noueuses, dressées; rameaux de la panicule droits, allongés, bifides. Racines fibreuses. ⓘ Juin-Août.

Hab. Les lieux humides, le bord des routes. C.

4. Feuilles non articulées; tiges fertiles nues ou feuillées; tiges stériles remplacées par des fascicules de feuilles; fleurs terminales ou latérales; graines appendiculées.

J. Trifidus *L. sp.* 465; *Host.; D C.; Lap.; Dub.; Lois.; Mut.; Gren. Godr.; J. monanthos Jacq.* — Fleurs d'un brun noir, 1-3, en glomérule sub-sessile, paraissant latéral par la présence de 3 bractées filiformes, sétacées, dépassant de beaucoup les fleurs et formant au-dessus d'elles un appendice trifide; quelquefois il se forme à la base des bractées un second glomérule et la bractée inférieure est munie à la base d'une gaine ciliée à deux oreilles. Périgone à divisions égales, lancéolées, acuminées, brunes sur le dos, membraneuses, blanchâtres sur les bords près du sommet. Capsule trigone, acuminée, mucronée. Feuille radicale unique, en gaine à la base et prolongée en limbe filiforme, de moitié plus courte que la tige ou plus souvent avortée et réduite à un mucron; (les bractées ont été souvent prises pour des feuilles caulinaires). Tige cylindrique, filiforme, nue, munie à la base de gaines lacérées au sommet. Souche stolonifère produisant des feuilles fasciculées remplaçant les tiges stériles plus longues que les florifères. ♃ Juin-Juillet.

Hab. Les fissures des rochers dans les régions alpines; Pic du Midi, Maladetta, pic d'Arbison, lac Bleu. R.

J. Triglumis *L. sp.* 467; *D C.; Dub.; Lois.; Mut.; Gren. Godr.* — Fleurs brunes, 3-4 en glomérule dense, terminal, muni de 2-3 bractées ovales, brunes, mucronulées, plus courtes que les fleurs. Périgone à divisions égales, lancéolées, sub-

obtuses, blanchâtres, plus courtes que la capsule. 6 étamines.
Capsule ovale-oblongue, obtuse, mucronée, brune. Feuilles
radicales 2-3, courtes, cylindriques, subulées, en goutière
et engainantes à leur base, de moitié plus courtes que la tige.
Celle-ci de 6-12 centimètres, simple, gazonnante. Souche non
munie de rhizomes. Racines fibreuses. ⚥ Juillet-Août.

Hab. Pyrénées-Orientales et centrales espagnoles; Castanèse et
toute la Catalogne. — Ce jonc a le port de l'*Eriophorum alpinum*.

591. LUZULA *D C. Luzula Juncus L.* — Périgone à 6
divisions glumacées, brunâtres ou scarieuses. 6 étamines.
Un style. Capsule uniloculaire, à trois graines, à trois valves
dépourvues de cloisons.

1. Graines munies au sommet d'un appendice en forme de crête ;
fleurs solitaires.

L. Pilosa *Willd.; Gaud.; Koch; Mut.; Borr.; Gren. Godr.;
L. vernalis D C.; Dub.; Lois.; Juncus pilosus L. sp.* 468 ; *Lap.;
J. nemorosus Lam.; Juncus vernalis Ehrh.; Juncus luzulinus
Vill.* — Fleurs brunâtres, solitaires sur des rameaux inégaux
en corymbe irrégulier, simple; pédoncules inégaux, dressés-
étalés à la maturité. Périgone à lobes sub-égaux, lancéolés,
acuminés, plus courts que la capsule. Celle-ci ovale, trigone,
arquée, mucronée ou en poire renversée, dilatée à la base,
émoussée au sommet. Graines munies d'un appendice courbé
en faux. Feuilles radicales larges, lancéolées-linéaires
(6-12 millimètres), poilues surtout sur les bords ; les caulinaires plus étroites, engainantes à la base et poilues surtout
près de la gaine. Tiges grêles, faibles, dressées, de 2-3
décimètres. Souche gazonnante. Racines fibreuses. ⚥ Avril-
Juin.

Hab. Les bois, les forêts. CCC.

L. Forsteri *D C.; Dub.; Lois.; Mut.; Borr.; Gren. Godr.,
Juncus Forsteri Smith.; J. nemorosus Lam.* — Fleurs d'un
brun clair, en corymbe terminal sub-simple, formé de fleurs
solitaires portées sur des pédicelles inégaux dressés ou étalés.
Périgone à divisions lancéolées, acuminées, égales entre
elles, d'un brun roux sur le dos, d'un blanc jaunâtre sur les
bords, munies à leur base d'écailles ovales-aiguës, scarieuses
sur les bords. Bractées courtes, poilues. Capsule ovoïde,
aiguë, trigone, mucronée, brune, jaunâtre. Feuilles radicales étroites, linéaires (2-5 millimètres), acuminées, poilues
sur les bords ou plus ou moins glabres; les caulinaires plus
courtes, engainantes. Racine fibreuse. ⚥ Juin-Juillet.

Hab. Les forêts de sapins, les bois sub-alpins ; Lhéris, Oubat,
forêt de Paillole, etc. CCC.

L. Flavescens *Gaud.; D C.; Dub.; Lois.; Mut.; Gren.
Godr.; L. Hostii Desv.; Juncus luzulinus Vill.; Juncus Hostii
Lap.* — Fleurs d'un jaune légèrement roussâtre, en corymbe
terminal, solitaires sur des pédicelles inégaux, dressés-étalés.
Bractées courtes et scarieuses. Feuilles bractéales, linéaires,
poilues à la base. Périgone à divisions égales, lancéolées ;
les externes mucronées, toutes un peu blanchâtres sur les
bords et égalant la capsule. Celle-ci jaunâtre, **ovale, trigone,**
sub-aiguë. Feuilles radicales très courtes, linéaires-lancéolées, (2-4 millimètres) peu nombreuses ; les caulinaires 2-3,
linéaires, poilues à la gaine. Tige grêle, dressée, de 1-2
décimètres. Souche munie de rejets rampants. ♃ Juin-
Juillet.

Hab. Pyrénées-Orientales et centrales; Canigou *(Lap.);* Pic de Ger,
Eaux-Bonnes *(Gren.).* RR.

2. Graines peu ou pas appendiculées au sommet; fleurs
en glomérules formant une cyme paniculée.

a. Feuilles florales dépassant la panicule.

* *Fleurs blanches.*

L. Albida *D C.; Mut.; Benth. cat.; Borr.; Gren. Godr.;
Juncus albidus Hoffm.; Lap.; Juncus niveus Lœrs; Juncus angustifolius Wulf. in Jacq.; Juncus leucophobus Ehrh.* — Fleurs
d'un blanc jaunâtre, luisantes, en panicule étalée, **terminale,**
formée par des glomérules rameux, écartés, portés **sur des**
pédoncules inégaux munis de bractées scarieuses. Périgone
à lobes lancéolés-aigus plus longs que la capsule. Anthères
sub-sessiles. Capsule ovale, trigone, acuminée. Graines
munies d'un appendice très petit au sommet. Feuilles linéaires, acuminées, d'un vert clair, très longues, munies de poils
mous, épars ; les florales égalant ou dépassant la panicule.
Tige de 3-5 décimètres, droite, grêle, striée. Racine oblique,
garnie de fibres; collet muni de fibrilles brunes. Souche
horizontale, stolonifère. ♃ Juin-Juillet.

Hab. Pyrénées-Orientales; Costabona, Canigou, Asparagou, Sem,
Goulié, Enguaduc *(Lap.).* R.

L. Nivea *D C.; Dub.; Lecoq. et Lamotte.; Mut.; Borr.;
Gren. Godr.; Juncus niveus L. sp. 468 ; Lap.; Vill.* — Fleurs
d'un blanc de neige, longues de 3-6 millimètres, en panicule,
sub-en-ombelle terminale, composée, serrée, étalée-dressée,
formée par des glomérules de 8-20 fleurs portés sur des pédicelles courts, munis de bractées scarieuses. Périgone à lobes
oblongs, lancéolés-aigus, dépassant la capsule. Anthères égales aux filets. Capsule ovale, acuminée en bec. Style dépassant
le périgone et beaucoup plus long (4-5 fois) que l'ovaire.
Graines à peine appendiculées au sommet. Feuilles d'un vert

clair, linéaires, planes, longues, velues sur les bords; les florales dépassant la panicule. Tige de 3-6 décimètres, grêle, striée. Souche sub-bulbeuse, stolonifère. Racines fibreuses. ⚥ Juin-Juillet.

Hab. Pyrénées-Orientales et centrales; Castabona. Canigou, Asparagou, Sem, Goulié (*Lap.*), Maladetta, Espingo, Clarabide, Vignemale. R.

L. Spadicea *D C.; Dub.; Lois.; Mut.; Borr.; Gren. Godr.; Juncus spadiceus L. sp.* 468; *Lap.; Vill.* — Fleurs petites, brunes, 3-4, en glomérules pédicellés, flexueux, formant une panicule étalée très décomposée, dépassant de beaucoup les feuilles florales ; (se distingue du *Luzula maxima* par sa panicule plus petite, moins étalée, par ses fleurs plus petites et sa tige moins élevée). Bractées variables, brunâtres ou blanchâtres, ciliées. Périgone à divisions égales, lancéolées, acuminées, mucronées, brunes, scarieuses sur les bords ; les internes ordinairement tridentées au sommet. Capsule ovale, arrondie, très obtuse, trigone, d'un brun noir, ne dépassant pas les divisions périgonales. Feuilles radicales nombreuses, en goutière, étroites-linéaires (un décimètre de long, 3-4 millimètres de largeur), poilues près de la gaine, glabres sur le reste du limbe ; les caulinaires peu nombreuses, dressées, à limbe égalant la gaine. Tige de 1-2 décimètres, grêle. Racine fibreuse. Souche munie des débris des anciennes feuilles. ⚥ Juin-Juillet.

Hab. Pyrénées centrales; régions alpines, pâturages et fissures des rochers; Port de Vénasque, lac de Camou, cirque de Troumouse. RR.

* Fleurs jaunes.

L. Lutea *D C.; Dub.; Mut.; Gren. Godr.; Juncus luteus Lap.; Juncus campestris var.* a. *L. sp.* 468. — Fleurs d'un jaune-clair, luisantes, en épi rameux dépassant les feuilles florales, formé par de petites fascicules étalées, rarement serrées. Périgone à divisions ovales, obtuses, sub-mucronées, égalant presque la capsule. Celle-ci sub-globuleuse, trigone, obtuse, mucronée. Feuilles radicales nombreuses, courtes, planes, lancéolées-linéaires, glabres ; les caulinaires 2-3, variables, engaînantes ; les florales courtes, linéaires aiguës, glabres. Tige de 1-2 décimètres, raide, droite, robuste ou très grêle. Racines épaisses. Plante glabre. ⚥ Juillet-Août.

Hab. Pyrénées-Orientales; vallée d'Eynes, de Castelvieilh à Luchon RR.; Castanèse C., las Laquettes d'Escoubous près Barèges. R.

b. Fleurs jaunes ou brunes; feuilles florales ne dépassant pas la panicule.

L. Maxima *D C.; Dub.; Lois.; Borr.; L. sylvatica Gaud.; Rœm. et Schultz.; Mut.; Gren. Godr.; Juncus sylvaticus Huds.;*

J. maximus Lap. — Fleurs d'un brun rougeâtre, mêlées de blanc, luisantes, en glomérules pédonculés ou sessiles, munis à la base de bractées scarieuses formant une panicule terminale multiflore, très rameuse, lâche, à rameaux inégaux, allongés, divergents. Périgone à divisions acuminées, égalant la capsule. Étamines à filets très courts. Capsule ovale-trigone, mucronée. Graines terminées par un petit appendice tuberculeux. Feuilles radicales nombreuses, fermes, larges, lancéolées-linéaires, aiguës, souvent poilues sur les bords, finement striées ; les caulinaires courtes, longuement engaînantes, plus courtes de beaucoup que la panicule. Tige droite, de 5-10 décimètres. Racine épaisse, oblique, couverte de fibrilles, sub-ligneuse. ♃ Juin-Juillet.

Var. a. — Feuilles radicales plus courtes, plus étroites ; tige plus courte, plus grêle. ♃ Juin-Juillet.

Hab. Type et var. : toute la chaîne, les forêts, les bois. CCC.

L. Glabrata *Desv.; D C.; Dub.; Lois.; Lecoq et Lamotte; L. Devauxii Kunth; Borr.; Gren. Godr.; L. spadicea var. c. Mut.; Juncus glabratus Hoppe; Juncus campestris Lap.* — Fleurs d'un brun roussâtre, petites, en glomérules de 2-3 fleurs brièvement pédicellés, formant une panicule terminale étalée, rameuse, à rameaux inégaux. Périgone à divisions régulières, ovales-lancéolées ; les externes acuminées, plus courtes que les internes, aiguës, égalant la capsule. Celle-ci ovale-trigone, un peu rétrécie au sommet et d'un brun roux. Graines munies au sommet d'un petit appendice tuberculeux. Bractées scarieuses, embrassantes à la base des pédicelles. Feuilles linéaires ou lancéolées-linéaires, glabres, rarement velues à l'entrée de la gaîne, larges de 1-2 centimètres, planes, acuminées, plus petites que celles de l'espèce précédente ; les caulinaires inférieures sub-squammiformes ; les moyennes très développées, nombreuses, linéaires-lancéolées ; les supérieures égalant ou dépassant la panicule. Tige de 2-3 décimètres, droite, grêle. Racine fibreuse. Plante gazonnante complètement glabre, un peu glauque. ♃ Juillet-Août.

Hab. Pyrénées centrales : régions alpines et plaines dénudées, fissures des roches et pentes gazonnées humides ; Pic du Midi, Clot de Mountariou, Pic d'Ossau.

3. Fleurs en ombelle ou en épi.

L. Pediformis *D C.; Dub.; Lois.; Mut.; Gren. Godr.; Juncus pediformis Vill.; Juncus campestris var. d. L. sp.* 468. Fleurs brunâtres, grandes, panachées, en épi penché, rameux et sub-interrompu à la base, long de 3-5 centimètres, muni à la base d'une feuille bractéale longue et linéaire.

Périgone à divisions égales, longuement acuminées, dépassant les bractées et la capsule, brunes sur le dos et blanchâtres sur les bords. Capsule ovale, aiguë, mucronée, d'un brun luisant. Graines d'un brun olivâtre, renflées d'un côté, comprimées de l'autre, lisses, munies à leur sommet d'un appendice conique et ridé. Feuilles radicales nombreuses, linéaires-lancéolées, planes, plus ou moins larges, poilues à l'entrée de la gaine; les caulinaires peu nombreuses, longuement engaînantes. Tige de 2-5 décimètres, cylindrique, finement striée, fistuleuse, dressée, raide, penchée au sommet. Racine oblique, épaisse, longue. ♃ Juin-Juillet.

Hab. Pyrénées centrales; les pâturages alpins et les pentes gazonnées un peu humides; Lhéris, lac d'Oo, lac Glacé; clot de Mountariou. RR.

L. Campestris *D C.; Dub.; Lois.; Mut.; Borr.; Gren. Godr.; Juncus campestris L. sp.* 468; *Lap.* — Fleurs brunes, panachées de blanc, en ombelle ou sub en ombelle terminale lâche, simple, formée d'épis courts, ovoïdes, multiflores, sessiles ou pédonculés, dressés, rarement penchés. Bractées scarieuses. Périgone à divisions lancéolées-acuminées, scarieuses sur les bords, enveloppant ou dépassant la capsule. Étamines égalant ou sub-égalant la capsule. Celle-ci ovoïde, globuleuse, trigone, obtuse, légèrement mucronée par le style persistant. Graines verdâtres, lisses, ovoïdes, munies à la base d'un appendice blanchâtre et en cône renversé. Feuilles très variables; les radicales nombreuses, étroites, linéaires, poilues à la base; les caulinaires espacées, courtes, linéaires ou linéaires-lancéolées; les florales linéaires-étroites, acuminées, poilues à la base. Tiges grêles, de 1-2-3 décimètres, solitaires ou en touffes. Racine rampante. Plante glabre. ♃ Mars-Avril.

Hab. Tous les contreforts de la chaîne; les prairies, les champs, les bois; Salut près Bagnères, vallée de Campan, de Luchon et d'Argelès. CCC.

L. Spicata *D C.; Dub.; Lois.; Mut.; Gren. Godr.; L. nigricans Desv.; Juncus spicatus L. sp.* 469; *Vill.; Lap.* — Fleurs brunes, très petites, en un seul épi oblong, penché, muni à la base de bractées brunâtres ou blanchâtres, ciliées, sub-scarieuses sur les bords. Périgone à divisions sub-égales, acuminées, mucronées, dépassant la capsule. Filets des étamines plus courts que les anthères. Style aussi long que l'ovaire. Capsule ovoïde, mucronée par le style persistant. Graines sans appendice. Feuilles radicales, égalant le tiers de la longueur de la tige, linéaires, étroites, canaliculées, poilues à la base; les caulinaires très courtes, sub-bractéiformes. Tige d'un rarement deux décimètres, dressée, raide cylindrique, penchée au sommet. Souche épaisse, munie de racines capillaires. Plante glabre, légèrement glauque. ♃ Juillet-Août.

Hab. Pyrénées centrales, sur les roches siliceuses; Tourmalet, gorge d'Arizes, lac Bleu, cirque d'Arbizon, Néouvielle. R.

CVI. COLCHICACÉES.

Fleurs hermaphrodites régulières. Périgone pétaloïde, coloré, à 6 divisions sub-égales, sessiles ou onguiculées, libres ou soudées. 6 étamines insérées à la gorge du périgone ou adhérentes à la base des divisions périgonales; anthères extrorses avant et pendant l'anthèse, introrses après. Un ovaire à 3 divisions ou 3 ovaires terminés chacun par un style ou un stigmate glanduleux. Ovules nombreux. Fruit capsulaire, triloculaire, formé par trois valves soudées en cloisons par leurs bords réfléchis et prolongés en dedans. Graines nombreuses, enveloppées dans un tégument membraneux. Embryon dans un périsperme charnu.

592. COLCHICUM *Tournef. inst. p.* 181 *(Colchique).* — Périgone tubuleux, à limbe évasé-campanulé, à 6 divisions onguiculées partant du bulbe. 6 étamines insérées à la gorge du périgone; filets filiformes; anthères oblongues, versatiles. Un ovaire inséré dans le bulbe. 3 styles filiformes, longs, à trois stigmates crochus. Capsule renflée, à 3 loges, à bords rentrants, se séparant en trois follicules et s'ouvrant au sommet par le bord interne *une année après la fécondation.* Graines globuleuses, renflées sur l'ombilic. Embryon petit, dans un périsperme charnu.

C. Autumnale *L. sp.* 485 ; *D C.; Lap.; Dub.; Lois.; Mut.; Benth. cat.; Noul.; Borr.; (Vulg. Tue-chien, Safran bâtard).* — Fleurs d'un lilas clair ou à tube blanc et à limbe d'un violet vineux, grandes, 1-3, naissant du bulbe et paraissant avant les feuilles qui sont remplacées par des gaines membraneuses. Périgone infundibuliforme, à tube plus long que le limbe, à 6 lobes nerveux, obovales, lancéolés ou elliptiques, à onglets internes, courts, lancéolés. 6 étamines, trois placées plus haut et trois plus bas, au-dessus de la base des lobes du périgone; les premières plus courtes; les secondes plus longues, à filets subulés égalant les anthères. Capsule à trois lobes, de la grosseur d'une noix, obovale, renflée, terminée par une pointe aiguë et paraissant avec les feuilles une année après la floraison. Graines brunes, sub-globuleuses, chagrinées. Feuilles naissant au printemps, de 2-3

décimètres de longueur sur 2-4 centimètres de largeur, sub-
planes, droites, lancéolées-obtuses, entières, glabres, d'un
vert foncé, enveloppant la capsule. Bulbe solide, gros ,
grand, ovale, entouré d'une pellicule noirâtre, membraneuse.
♃ Août-Septembre.

Hab. Pyrénées-Orientales et centrales ; Sem, Goulié, Pic d'Endron,
prairies de la vallée de Vénasque. (*Lap.*). C.

593. MERENDERA *Ram. bull. phil.* — Périgone non
campanulé, à six divisions formant le limbe et soudées à la
gorge par de petits appendices lamelliformes; onglets très
allongés, en forme de tube mince, naissant du bulbe. 6
étamines insérées au-dessus des onglets; filets très minces ;
anthères dressées. 1-3 styles très distincts. Capsule trigone,
triloculaire, à loges formées par le prolongement des carpelles soudés au centre. Graines sub-globuleuses, très finement ridées ou ponctuées.

M. Bulbocodium *Ram. l. c.; D C.; Dub.; Lois.; Bulbocodium autumnale Lap.; Clus.; Mut.; Bulbocodium vernum Desf.,
Geophila pyrenaïca Bergeret.* — Fleurs d'un lilas violet ou
panachées de blanc, grandes, radicales, naissant avant les
feuilles. Périgone à divisions égales, profondément lancéolées, sub-linéaires, obtuses au sommet, longues de 4-7 centimètres, dépassant les étamines ; onglets blancs, très étroits
et longs, réunis en tube à la base. Etamines à anthères jaunes,
en flèche , égalant les filets. Capsule ovoïde, à pédoncule
linéaire, d'abord court, allongé à la maturité, muni à la base
des filets persistants des étamines. Feuilles nulles à la floraison, remplacées par des gaines membraneuses, naissant
après l'anthèse, linéaires-lancéolées, étalées, planes, en goutière, engaînantes. Bulbe solide, solitaire, à tunique membraneuse enveloppée par les débris des anciennes feuilles.
♃ Août-Septembre.

Hab. Pyrénées centrales; vallée de Gavarnie, Héas, Coumélie,
Penna-Blanca, Anéou , vallée d'Astos. C.

594. VERATRUM *Tournef. inst. p.* 272 (*Varaire*). —
Fleurs en grappe paniculée. Périgone à 6 divisions sessiles,
persistantes. 6 étamines à filets allongés, insérées à la base
des divisions périgonales; anthères sub-globuleuses s'ouvrant
transversalement en deux valves. Ovaires à trois loges pluriovulées, souvent avortées ou peu distinctes. 3 styles très
courts, divergents. Capsule à trois loges, s'ouvrant au sommet, polyspermes. Graines comprimées, planes, entourées
d'un bord membraneux, nombreuses. Tiges feuillées.

V. Album *L. sp.* 1479; *Lam.; D C.; Lap.; Dub.; Lois., Mut.; Borr.; Gren. Godr.* — Fleurs polygames, d'un blanc verdâtre, brièvement pédicellées, en grappes spiciformes, étalées-dressées, la terminale plus grande et formant par leur ensemble une grande panicule pubescente de 2-3 décimètres. Bractées égalant ou sub-égalant les pédicelles, ovales-lancéolées. Périgone à divisions oblongues-lancéolées, denticulées, étalées, pubescentes extérieurement, beaucoup plus longues que le pédicelle. Capsule ovoïde, oblongue, d'un brun roux, mucronée. Graines linéaires, renfermées sub-transversalement dans une membrane d'un blanc jaunâtre. Feuilles alternes, larges, très entières, elliptiques, ovales ou lancéolées, acuminées, nerveuses, striées, finement pubescentes en dessous, obliquement engaînantes à la base. Tige de 6-10 décimètres, droite, simple, très feuillée. Racine à fibres épaisses. ⚥ Juin-Juillet.

Hab. Pyrénées centrales, prairies alpines; Esquierry, lac Bleu, Héas, l'Ambecibé.

595. TOFIELDIA *Huds. fl. angl.* 157 *(Tofieldie).* — Fleurs entourées à la base d'un petit involucre caliciforme, persistant, trifide. Périgone à 6 divisions sub-égales, persistantes, sessiles. 6 étamines à filets allongés, filiformes, insérés à la base des divisions périgonales; anthères biloculaires, versatiles, arrondies. Ovaire libre, triloculaire, pluriovulé. 3 styles très courts. Capsule à trois loges, trigone-obtuse. Graines nombreuses, sillonnées, sub-linéaires. Tige munie à la base de feuilles planes, opposées.

T. Palustris *D C.; Lap.; Dub.; Lois.; T. calyculata Walh.; Koch; Mut.; Gren. Godr.; T. alpina Benth. cat.; Anthericum calyculatum L. sp.* 447; *Narthecium calyculatum Lam.; St-Hil.; Narthecium iridifolium Hall.; Vill.; Helonias borealis Willd.; Hebelca allemanica Gmel.* — Fleurs jaunes, brièvement pédicellées, en grappe courte, plus ou moins globuleuse, interrompue, munie de bractées aiguës, ovales, scarieuses, égalant le pédicelle. Involucre scarieux beaucoup plus petit que le périgone. Celui-ci à divisions oblongues-acuminées, glabres. Capsule pédicellée, trigone, oblongue, à trois côtes terminées par les styles capités, noirs; le reste d'un jaune-pâle. Graines très petites, jaunâtres, à deux côtes, à dos lisse. Feuilles radicales nombreuses, opposées, planes, linéaires, lancéolées-acuminées, striées, entières; les caulinaires 2-3, sessiles, embrassantes, linéaires, toutes graminiformes. Tige droite, raide, cylindrique, striée, de 1-2 décimètres. Racine fibreuse. ⚥ Juin.

Hab. Pyrénées centrales, lieux humides, subalpins et alpins; lac d'Espingo, Esquierry, cirque d'Arbison, etc. C.

CVII. ASPARAGINÉES.

Fleurs hermaphrodites ou plus rarement unixexuelles par
avortement, régulières. Périgone persistant ou caduc, pétaloïde, à 4-6-8 divisions libres ou soudées en tube, à 4-6 lobes.
Étamines adhérentes à la base du périgone, opposées et en
nombre égal à ses divisions, à filets libres ou réunis en tube
ou en godet. Ovaire simple, à trois loges, contenant un ou
plusieurs ovules. 1-4 styles soudés ou libres. Fruit bacciforme ou capsulaire, sphérique, à 3-4 loges. 1-2-3 graines
à test mince, membraneux. Embryon très petit, entouré
d'un périsperme charnu ou corné. — Herbes ou sous-arbrisseaux à feuilles munies de nervures nombreuses, dissemblables, anastomosées.

A. ASPARAGÉES.

Fleurs hermaphrodites ; ovaire libre ; style soudé.

596. STREPTOPUS *Michaux; Richard. (Streptope)*. —
Fleurs hermaphrodites, en cloche, ouvertes. Périgone caduc,
divisé jusqu'à la base en 6 divisions étalées. 6 étamines
insérées à la base du périgone. Un style à stigmate obtus.
Ovaire à trois loges, polysperme. Baie à trois loges.

S. Amplexifolius *D C.; Dub.; Mert. et Koch; Mut.;*
Gren. Godr.; S. distortus Lois.; Uvularia amplexifolia L. sp. 436;
Vill.; Lap.; Lam.; Convallaria dichotoma Pers. — Fleurs blanches, solitaires, axillaires à l'aisselle des feuilles, penchées, à
pédoncule grêle, genouillé, muni de bractées embrassantes.
Périgone campanulé, à 6 divisions lancéolées, bossues à la
base et munies d'une fossette nectarifère oblongue. Fruit
bacciforme, triloculaire, vert d'abord, rouge à la maturité.
Graines blanches, oblongues, striées. Feuilles nombreuses,
rapprochées, alternes, ovales ou lancéolées-acuminées au
sommet, en cœur et embrassantes à la base, nerveuses,
glabres. Tige de 3-5 décimètres, droite, cylindrique,
flexueuse, rameuse. Souche oblique, garnie de fibres nombreuses. ♃ Mai-Juin.

Hab. Pyrénées-Orientales; vallée d'Eynes. R.

597. CONVALLARIA *L. gen.* 425 (*Muguet*).— Fleurs
hermaphrodites, régulières, caduques. Périgone globuleux en
godet, à 6 dents réfléchies. 6 étamines libres insérées à la
base du périgone. Ovaire à trois loges contenant deux ovules.
Style simple; stigmate court, épais, obtus, trigone. Baie
globuleuse, à trois loges.

C. Majalis L. *sp.* 451 ; *D C.; Lap.; Dub.; Lois.; Mut., Borr.; Gren. Godr.; Polygonatum majale All. (Vulg. Muguet de mai).* — Fleurs blanches ou rougeâtres à la base, en grelot, sur un pédicelle uniflore, penchées, odorantes, en grappe terminale lâche, unilatérale, munies à la base d'une bractée filiforme aussi longue qu'elles. Périgone à lobes courts, réfléchis en dehors, arrondis. Baie rouge. Graines jaunes, un peu chagrinées. Deux feuilles opposées, radicales, d'un vert gai, ovales, elliptiques, entières, acuminées, atténuées à la base en un long pétiole engaînant le pétiole de la feuille supérieure et la tige haute de 1-2 décimètres, nue, grêle, dressée, plus haute que les feuilles. Racine oblongue munie de longues fibres. Collet surmonté de quelques écailles tubuleuses, membraneuses, d'où sortent et la hampe et les feuilles. ♃ Mai-Juin.

Hab. Toute la chaîne, les bois, les collines et les lieux ombragés; Lhéris, etc., etc., etc. CCC.

598. POLYGONATUM *Tournef. inst. p.* 78. — Fleurs hermaphrodites, régulières. Périgone caduc, cylindrique, tubuleux, à 6 lobes dressés. 6 étamines libres insérées au milieu du tube périgonal. Style grêle, simple, à stigmate obtus, sub-trigone. Ovaire triloculaire. Deux ovules dans chaque loge. Baie globuleuse.

P. Vulgare *Desf.; Lois.; Gren. Godr.; Convallaria polygonatum L. sp.* 451 ; *D C.; Lap.; Dub.; Mut.; Borr.* — Fleurs blanches, vertes au sommet, axillaires, solitaires ou géminées, pédonculées et penchées, unilatérales, dirigées du côté opposé aux feuilles, non munies de bractées. Périgone atténué à la base, barbu au sommet. Etamines placées sous la gorge ; filets glabres. Baie globuleuse, d'un noir violacé bleuâtre. Graines jaunâtres à taches brillantes. Feuilles caulinaires alternes, sessiles, ovales-lancéolées, amplexicaules, nues, elliptiques ou lancéolées, vertes en dessus, glauques en dessous, nervées, glabres. Tiges dressées, arquées au sommet, rétrécies, flexueuses, à angles tranchants, hautes de 2-5 décimètres, très feuillées à la partie supérieure. Souche rampante, horizontale, blanchâtre. ♃ Mars-Avril.

Hab. Toute la chaîne, les bois et les collines ombragées. CC.

P. Verticillatum *All.; Lois.; Gren. Godr.; Convallaria verticillata L. sp.* 451 ; *Vill.; D C.; Lap.; Dub.; Mut.; Borr.* — Fleurs cylindriques, blanches, à dents verdâtres et ciliées, réfléchies, portées sur des pédoncules rameux, bi-triflores, axillaires, verticillés. Périgone égal à la base, pubescent au sommet. Filets des étamines très courts et insérés au milieu du tube périgonal. Baie globuleuse, violette. Feuilles sessiles, verticillées par 4, rarement plus ou moins, étalées, linéaires-lancéolées, acuminées, un peu glauques en dessous, pubescentes sur les nervures. Tige de 2-5 décimètres, anguleuse, dressée, simple, striée, très feuillée. Souche rampante, blanchâtre. ♃ Juin-Juillet.

Hab. Toute la chaîne, les bois subalpins et alpins; Lhéris, etc., etc., etc. CC.

P. Multiflorum *All.; Lois.; Gren. Godr.; Convallaria multiflora L. sp. 452; D C.; Lap.; Dub.; Mut.; Borr.* — Fleurs grosses, cylindriques, blanches, axillaires, pédonculées, unilatérales; pédoncules portant 3-5 fleurs, rameux, nus ou munis de bractées herbacées (*Convallaria bracteata Thomas in Gaud.; Rchb.*). Périgone ventru à la base, velu au sommet des divisions. Étamines placées dans la gorge, à filets velus. Baies d'un noir rougeâtre. Graines jaunâtres. Feuilles alternes, amplexicaules, ovales-oblongues ou elliptiques, un peu obtuses, nerveuses, glabres, dressées sur deux rangs. Tige de 3-9 décimètres, dressée, arquée, cylindrique ou très peu anguleuse, très feuillée supérieurement. Souche rampante, horizontale, très voisine du *P. vulgare.* — Cette espèce en diffère par le nombre de ses fleurs, par son périgone ventru, par les étamines velues, par des feuilles sur deux rangs et sa tige cylindrique non anguleuse. ♃ Mai-Juin.

Hab. Pyrénées centrales; vallée d'Aure, Vielle, pont de Lartigue. R.

599. MAIANTHEMUM *Wieg. (Maianthème).* — Fleurs hermaphrodites, régulières, en grappe terminale. Périgone à 4 divisions étalées horizontalement ou réfléchies. 4 étamines à filets insérés à la base du périgone. Un style à stigmate obtus. Baie à 2-3 loges monospermes.

M. Bifolia *D C.; Dub.; Lois.; Mut.; Borr.; Gren. Godr.; Convallaria bifolia L. sp. 452; Lap.* — Fleurs blanches, petites, en grappe grêle, terminale, assez serrée, portées sur des pédicelles uniflores, solitaires, géminées ou ternées, munies à la base de petites écailles bractéales. Périgone rotacé, à 4 segments ovales, à la fin réfléchis. Étamines divergentes. Baie rouge, petite, globuleuse. Graines sub-globuleuses, jaunâtres. Feuilles 2-3, brièvement pétiolées, alternes, cordiformes, acuminées, à nervures convergentes, vertes et luisantes en dessus, glauques et un peu velues en dessous; la radicale plus grande, à pétiole sortant d'une gaine membraneuse. Tige de 1-2 décimètres, nue, droite, anguleuse, flexueuse et rude au sommet, plus courte que les feuilles

Souche grêle, rampante. Racine oblique, fibreuse. ⚥ Mai-Juin.

Hab. Pyrénées-Orientales et centrales; Bosc-Nègre au Lhaurenti; col de Peyresourde. RR.

600. PARIS *L. gen.* 500 *(Parisette).* — Fleurs hermaphrodites, très ouvertes, régulières. Périgone persistant, à 8 divisions très profondes, étalées; 4 extérieures sépaloïdes, lancéolées-acuminées; 4 intérieures pétaloïdes, plus étroites, subulées. 8 étamines à filets dilatés, portant les anthères au milieu. 4 styles à stigmates simples. Baie à 4 loges, à 6-8 graines.

P. Quadrifolia *L. sp.* 527; *D C.; Lap.; Dub.; Lois.; Mut.; Engl. bot.; Borr.; Gren. Godr.* — Fleurs verdâtres, à ovaire d'un pourpre noir, terminales, solitaires, grandes, dressées, portées sur un pédoncule sillonné. Périgone à divisions sépaloïdes lancéolées, verdâtres, plus larges et plus longues que les divisions pétaloïdes jaunâtres, linéaires-subulées. Styles purpurins, réfléchis. Baie d'un noir violet. Graines brunes, rugueuses. Feuilles ordinairement 4, verticillées, ovales, acuminées, entières, nerveuses. Tige de 1-3 décimètres, droite, simple, uniflore. Souche rampante, blanchâtre, garnie de fibres. ⚥ Juin-Juillet. — Varie à 3-5-6 et jusqu'à 11 feuilles.

Hab. Les bois et les forêts subalpins. CC.

B. Smilacées.

Fleurs dioïques; ovaire libre.

601. SMILAX *L. gen.* 1120. — Fleurs dioïques, en grappes formant ombelle. Périgone caduc, profondément divisé en 6 lobes étalés. — Fleurs mâles : 6 étamines placées à la base des divisions périgonales. — Fleurs femelles : style très court, à trois stigmates étalés, obtus. Baie globuleuse à trois loges uniovulées.

S. Aspera *L. sp.* 1458; *Clus.; Lap.; Mut.; Gren. Godr.* — Fleurs d'un blanc verdâtre, en fascicules, portées sur des pédoncules espacés naissant d'une tige non feuillée, quelquefois multiflores, plus souvent uniflores, formant une grappe lâche, flexueuse, interrompue. Périgone à 6 lobes lancéolés, un peu épais, glabres, à une nervure. Anthères plus courtes que les filets. Baie globuleuse, grande comme un pois, rougeâtre. Graines brunes, globuleuses, luisantes. Feuilles pétiolées, en cœur, à 7-9 nervures, acuminées, coriaces, plus ou moins épineuses sur les bords et sur les nervures, alternes, persistantes, luisantes, rarement maculées, à pétiole canaliculé. Tiges anguleuses, épineuses, striées, traînantes, couchées. ♃ Août-Septembre.

Hab. Pyrénées-Orientales et occidentales, sables maritimes; Perpignan, Bayonne.

602. RUSCUS *L. gen.* 1139 *(Fragon)*. — Fleurs dioïques, portées sur des feuilles (phyllodes). Périgone à 6 divisions profondes, étalées. — Fleurs mâles : étamines 3-6, réunies en tube par les filaments autour d'une glande ovoïde et insérées à la base du périgone. — Fleurs femelles : tube formé par les filets non pourvus d'anthères entourant l'ovaire. Un style à stigmate simple. Baie grande, triloculaire. — Dans ce genre les feuilles florifères ne sont que des rameaux courts, comprimés, dilatés (phyllodes), et les feuilles sont remplacées par des écailles membraneuses, stipuliformes.

R. Aculeatus *L. sp.* 1474; *Desf.; D C.; Lap.; Dub.; Lois.; Koch; Mut.; Borr.; Gren. Godr.* *(Vulg. petit houx).* — Fleurs blanchâtres ou d'un blanc verdâtre mêlé de violet, solitaires ou géminées, portées sur des phyllodes et munies à la base d'une bractée scarieuse. Périgone à 6 divisions ; les externes sépaloïdes ovales; les internes pétaloïdes plus étroites. Anthères très rapprochées. Baie grande comme une cerise, d'un rouge vif. Graines grosses, jaunâtres. Feuilles (phyllodes) sessiles, alternes, d'un vert foncé, lisses, tordues sur leur axe, coriaces, ovales-aiguës, piquantes, entières, persistantes. Sous-arbrisseau de 5-8 décimètres, toujours vert, finement strié. Souche rampante, épaisse. Plante très rameuse. ♃ Mai.

Hab. Toute la chaîne : coteaux calcaires et arides. C.

C. Dioscorées.

Fleurs dioïques; ovaire adhérent.

603. TAMUS *L. gen.* 1119 *(Tamisier).* — Fleurs dioïques. Périgone à 6 lobes. — Fleurs mâles : périgone campanulé, étalé, à tube court; 6 étamines persistantes, opposées aux divisions périgonales et insérées à leur base; filets libres; anthères introrses, biloculaires. — Fleurs femelles : périgone serré au sommet, adhérent à l'ovaire par la base, persistant, herbacé. 1 style à trois stigmates réfléchis. Ovaire triloculaire. Fruit bacciforme, indéhiscent, à trois loges renfermant chacune 1-2 graines sub-globuleuses.

T. Communis *L. sp.* 1458, *Lam.; D C.; Lap.; Dub*

Lois.; Mut.; Borr.; Gren. Godr. — Fleurs petites, d'un jaune verdâtre, en grappe axillaire. — Les mâles géminées, brièvement pédicellées, en grappes allongées, lâches. — Les femelles en grappes courtes, pauciflores. Baies rouges. Graines globuleuses, brunes, ridées. Feuilles alternes, pétiolées, à pétioles munis à la base de deux glandes cordiformes, aiguës, entières, glabres, minces, vertes, luisantes, à nervures réticulées. Tige feuillée, volubile, très allongée, herbacée, de 1-3 mètres, glabre. Racine charnue, grosse, cylindrique. ♃ Mai-Juin.

Hab. Les haies, les lisières des bois. CCC.

CVIII. LILIACÉES.

Fleurs hermaphrodites, régulières. Périgone pétaloïde, coloré, caduc, marcescent ou persistant, à 6 divisions plus ou moins profondes, disposées sur 1-2 rangs et quelquefois soudées en tube à la base et munies de fossettes nectarifères. 6 étamines opposées aux divisions du périgone, hypogynes ou insérées à la base des divisions périgonales; anthères extrorses, biloculaires, s'ouvrant en long, fixées sur le filet, tantôt sur le dos, tantôt à la base. Un ovaire trigone, pluriovulé, libre, sessile. 1 style quelquefois nul; 3 stigmates ou un seul à trois lobes. Capsule à trois loges, s'ouvrant en trois valves, portant une cloison sur le milieu. Graines nombreuses, très variables, à test crustacé, spongieux ou membraneux, insérées à l'angle interne de chaque loge. Embryon cylindrique placé dans un périsperme charnu ou corné. Plantes souvent bulbeuses. Feuilles radicales, rarement caulinaires, engaînantes, sessiles.

A. *Racines bulbeuses; pédoncules non articulés.*

1. Graines planes à pellicule membraneuse.

601. TULIPA *Tournef. inst.* 375 (*Tulipe*). — Périgone coloré, à six divisions libres, caduques, pétaloïdes, non munies de fossettes nectarifères. 6 étamines hypogynes à anthères mobiles, dressées et percées au point d'insertion des filets. Style nul; stigmate sessile, épais, à trois lobes. Capsule oblongue, trigone. Graines planes, comprimées.

T. Sylvestris *L. sp.* 438; *D C.; Lap.; Dub.; Lois.; Mut.; Borr.; Gren. Godr.* — Fleurs jaunes, odorantes, solitaires, rarement bi-triflores, terminales, penchées avant l'anthèse. Divisions périgonales aiguës, barbues au sommet, inégales;

les extérieures lancéolées, glabres à la base ; les intérieures plus larges, ovales-lancéolées, très barbues à la base. Étamines barbues à la base. Capsule oblongue, trigone. Feuilles étroites, lancéolées, allongées, canaliculées, glabrescentes. Tige de 1-3 décimètres, dressée, cylindrique, glabre, dépassant un peu les feuilles. Bulbe ovoïde entouré d'une tunique brune. ♃ Avril-Mai.

Hab. Pyrénées-Orientales et centrales ; les bois ; Routadiol, Peyrestortes ; St-Béat, au Pujo de Rap ; forêt de Paillole. R.

T. Clusiana *D C. in Redout.; Dub.; Lois.; Mut.; Borr.; Gren. Godr.* — Fleurs petites, peu odorantes, cylindriques, penchées avant l'anthèse, se redressant ensuite. Périgone à divisions extérieures lancéolées-aiguës, blanchâtres, portant une tache longitudinale, dorsale, d'un brun clair et à onglet violet à l'intérieur, pulvérulentes au sommet. Divisions intérieures blanchâtres, plus courtes, elliptiques, glabres au sommet. Étamines ciliées à la base. Feuilles linéaires, lancéolées, acuminées, canaliculées, glabres ; les supérieures alternes, rapprochées, placées au milieu, très étroites. Tige de 1-2 décimètres, dressée, grêle, uniflore. Bulbe ovoïde à tunique brune, muni à la base de racines fibreuses, nombreuses, blanchâtres. ♃ Juin-Juillet.

Hab. Pyrénées centrales : c'est à 2,300 mètres d'élévation, sur un rocher au vallon du courbet, à 5 minutes de la deuxième station des pasteurs et à l'exposition nord que M. Pailhé, mon ami, découvrit cette plante qui n'est indiquée qu'en Provence. RRR.

605. FRITILLARIA *L. gen.* 411 (*Fritillaire*).—Fleurs penchées avant l'anthèse. Périgone campanulé, coloré, à 6 divisions pétaloïdes, ovales, caduques, munies d'une cavité intérieure ovale, nectarifère. 6 étamines insérées à la base des divisions périgonales ; anthères attachées aux filets au-dessus de leur base et par leur face interne. Un style allongé à trois stigmates trifides. Capsule trigone. Graines comprimées, membraneuses.

F. Meleagris *L. sp.* 436 ; *D C.; Lap.; Dub.; Lois.; Mut.; Borr.; Noul.; Gren. Godr.* — Fleurs d'un rose vineux, avec des taches d'un pourpre foncé à l'intérieur formant damier, solitaires ou bi-triflores, sub-globuleuses, campanulées, penchées. Périgone à 6 divisions sub-égales, un peu conniventes au sommet. Étamines égalant le style. Celui-ci trifide. Capsule sub-globuleuse, petite, dressée. Feuilles alternes, linéaires-lancéolées, aiguës, canaliculées, courbées ; les florales dressées, linéaires, plus longues que les fleurs. Tige de 2-4 décimètres, dressée, feuillée. Bulbe petit, arrondi, souvent double. ♃ Mai-Juin.

Hab. Pyrénées occidentales, environs de Bayonne CC.

Les damiers après la dessication paraissent très bien sur le côté externe des divisions périgonales, caractère qui ne se montre pas dans l'espèce suivante.

F. Pyrenaïca *L. sp. ed.* 1, *p.* 304 et *éd.* 2, *p.* 436; *D C.;* *Dub.; Lois.; Mut.; Gren. Godr.; F. aquitanica* et *pyrenœa Clus.* — Fleurs d'un jaune ou d'un pourpre roussâtre ou verdâtre, panachées en damier non visible à l'extérieur, uniflores, rarement biflores, campanulées. Périgone à 6 divisions; les trois externes lancéolées; les trois internes plus grandes, oblongues, sub-tronquées, élargies à la partie supérieure. Etamines plus courtes que le style à filets ciliés. Stigmates courts, épais. Fossette nectarifère grande. Capsule grosse, oblongue-trigone, tronquée à son sommet. Graines brunes, entourées d'une membrane large. Feuilles inférieures souvent opposées ou très rapprochées, lancéolées-linéaires, obtuses, courtes, charnues; les caulinaires plus étroites, aiguës, alternes, toutes plus larges et plus courtes que celles de l'espèce précédente. Tige dressée, plus ou moins robuste, haute de 1-4 décimètres. Bulbe comprimé, unique. — Varie à fleurs d'un jaune-pâle. ♃ Juin-Juillet.

Hab. Toute la chaîne, pâturages subalpins et alpins; Villefranche; Lhéris, Tourmalet, Esquierry, vallée d'Ossau. C.

606. LOYDIA *Salisb.* (*Loydie*). — Périgone en cloche, à 6 divisions persistantes, étalées et munies à la base d'un pli transversal nectarifère en demi-lune. 6 étamines adhérentes à la base des divisions périgonales; anthères mobiles, percées à la base pour s'insérer dans les filets. Un style; trois stigmates. Capsule trigone. Graines planes, comprimées, membraneuses sur les bords.

L. Serotina *Rchb.; Koch; Mut.; Gren. Godr.; L. alpina Salisb.; Anthericum serotinum L. sp.* 444; *Engl. bot.; Jacq.; Lap.; Phalangium serotinum Lam.; D C.; Dub.; Lois.; Ornithogalum striatum Bieb.; Hemerocallis serotina Hall.* — Fleur solitaire au sommet de la tige, d'un pourpre verdâtre en dehors, blanche en dedans, à trois stries violettes sur chaque division périgonale. Celles-ci oblongues. Etamines égalant le style et plus courtes que le périgone. Capsule oblongue. Graines planes, comprimées, anguleuses. Feuilles radicales 1-2, étroites, demi-cylindriques, égalant la tige; les caulinaires 2-3, plus courtes et plus larges; toutes glabres. Tige d'un, rarement deux décimètres, filiforme, glabre. Souche allongée, bulbeuse ; radicules fibreuses munies de tuniques membraneuses embrassant la tige et les feuilles radicales.

Hab. Pyrénées centrales; environs de St-Béat, Eup. RR.

607. LILIUM *L. gen.* 410 *(Lis).* — Périgone à divisions caduques, soudées un peu à la base, campanulées, étalées ou roulées en dehors, munies à la base d'un sillon nectarifère longitudinal. 6 étamines insérées à la base des divisions périgonales; anthères placées sur le filet par leur face interne et au-dessus de leur base. Un style à stigmate trilobé. Capsule trigone, obtuse. Graines comprimées, membraneuses sur les bords. Bulbe écailleux, imbriqué.

1. *Fleurs dressées.*

L. Bulbiferum *L. sp.* 433; *D C.; Lap.; Dub.; Lois.; Mut.; L. croceum Chaix in Vill.; Rœm. et Schultz.; Gren. Godr.* — Fleurs orangées, 1-3, terminales, en cloche, barbues en dedans, sur un pédoncule velu-laineux. Périgone à divisions lancéolées, ovales-obtuses, atténuées en onglet vers le quart inférieur, pubescentes au sommet et munies de quelques poils sur le dos. Etamines égalant le style. Fruit oblong, trigone, plus large que long, hexagone. Feuilles éparses, nombreuses, à 5 nervures; les florales 5-6, plus larges, sub-verticillées. Tige de 3-8 décimètres, raide, pulvérulente à la base, glabre au sommet. Bulbe écailleux, stolonifère. ♃ Juin-Juillet.

Hab. Pyrénées-Orientales et centrales ; Treiza-Bents du Canigou, Montfort à la Betouse de Camps, bois de Canigou, vallée d'Aran. RRR.

2. *Fleurs penchées.*

L. Martagon *L. sp.* 435; *Lam.; D C.; Lap.; Dub.; Lois.; Mut.; Gren. Godr.* — Fleurs rougeâtres, ponctuées de taches d'un pourpre foncé, 3-15, en grappe terminale pédonculée, lanugineuses avant l'anthèse, glabres ensuite, munies de bractées lancéolées. Périgone à divisions oblongues-obtuses, roulées en dehors et sur elles-mêmes au moment de l'anthèse. Fruit sub-globuleux, pyriforme-hexagone, dressé. Graines planes à arêtes obtuses. Feuilles verticillées, ovales ou elliptiques, lancéolées-acuminées, nerveuses, un peu rudes sur les bords, atténuées en pétiole court ; les supérieures alternes, sessiles, courtes, lancéolées. Tige de 3-10 décimètres, droite, cylindrique, ponctuée, plus ou moins velue-hérissée. Bulbe jaune à écailles lancéolées. ♃ Juin-Juillet.

Hab. Pyrénées-Orientales et centrales, les bois jusque dans les régions alpines; très commun derrière l'hospice de Luchon, Esquierry; Mounné de Bagnères, Lhéris, vallée d'Ossau.

Cultivée, cette plante donne jusqu'à 65 fleurs.

L. Pyrenaicum *Gouan; D C.; Lap.; Dub.; Lois.; Mut.; Gren. Godr.; L. flavum Lam.* — Fleurs jaunes ponctuées de pourpre et de vert à l'intérieur, nombreuses, 2-20, en grappe terminale munie de feuilles florales linéaires, penchées, pétiolées. Périgone à divisions oblongues-lancéolées, recourbées en dehors. Style épais, renflé au sommet. Fruit obové, plus large que long, hexagone. Feuilles éparses, nombreuses, rapprochées, ciliées et bordées d'une légère marge blanche; les inférieures linéaires-lancéolées, acuminées; les supérieures sub-linéaires, toutes glabres. Tige de 4-8 décimètres, très feuillée, glabre, dressée, grosse. Bulbe écailleux. ♃ Juin-Juillet.

Hab. Pyrénées-Orientales et centrales, les bois, les prairies subalpines et alpines, de Mont-Louis aux Eaux-Bonnes; Canigou, Llaurenti, Lhéris, Esquierry, vallée de Louron, Paillole, vallée d'Ossau, etc., etc. C.

2. Graines globuleuses.

Divisions périgonales libres ou étalées.

608. ERYTHRONIUM *L. gen.* 414 (*Erythrone*). — Fleurs penchées. Périgone à 6 divisions persistantes, en entonnoir à la base, puis étalées, réfléchies au sommet; les intérieures munies à la base interne de deux callosités nectarifères. 6 étamines, 3 intérieures hypogines, 3 extérieures insérées sur les divisions périgonales; anthères attachées par leur base aux filets. Un style allongé à stigmate trifide. Capsule sub-globuleuse triloculaire, contenant plusieurs graines arrondies.

E. Dens-Canis *L. sp.* 437; *D C.; Lap.; Dub.; Lois.; Mut.; Borr.; Gren. Godr.* — Fleurs d'un beau rose, rarement blanches, à onglet jaune, solitaires à l'extrémité d'un pédoncule radical, étalées, puis recourbées-penchées. Périgone à divisions lancéolées-aiguës, réunies à la base, étalées, infléchies au sommet. Anthères linéaires bleuâtres, sur des filets renflés à la base, acuminés-subulés au sommet. Capsule triloculaire, sub-globuleuse. Graines brunes, ellipsoïdes, ciliées à la base. Deux feuilles radicales, elliptiques-lancéolées, aiguës, entières, maculées de pourpre, atténuées en pétiole allongé formant presqu'une gaine qui entoure le pédoncule. Tige d'un, rarement deux décimètres, dressée, simple, cylindrique. Bulbe oblong souvent géminé et produisant 1-3 bulbilles semblables à des dents de chien. ♃ Avril-Mai.

Hab. Les bois découverts, les friches; monte jusque dans les régions glacées; Gerde, Palomieres, Bédat, etc., etc., etc. CCC.

609. SCILLA *L. gen.* 419 (*Scille*). — Fleurs en grappe, rarement en corymbe. Périgone à 6 divisions libres, colorées,

étalées, caduques ou persistantes. 6 étamines égales insérées à la base des divisions périgonales, à filets glabres,
linéaires ou linéaires-lancéolées ; anthères fixées par le dos.
Un style à stigmate simple obtus. Capsule obovée, trigone,
triloculaire. Racines bulbeuses.

1. *Bractées géminées.*

S. Nutans *Sm.; Engl. bot.; D C.; Lap.; Dub.; Lois.; Mut.;*
Agraphis nutans Link.; Borr.; Hyacinthus non scriptus L. sp.
453; Hyacinthus cernuus Thuill.; Hyacinthus non scriptus Ray.;
Hyacinthus pratensis Lam.; Endymion nutans Dumort.; Gren.
Godr. — Fleurs bleues ou blanches, en grappe unilatérale et
recourbée au sommet, penchées, odorantes, pédicellées.
Pédicelles munis de deux bractées inégales, linéaires-aiguës,
colorées. Périgone cylindrique-campanulé, à 6 divisions
lancéolées, recourbées. Étamines jaunâtres, incluses ; les
extérieures soudées dans les deux tiers de leur longueur
avec le périgone ; les intérieures adhérentes seulement à la
base des divisions périgonales. Style tronqué plus long que
l'ovaire. Capsule sub-triloculaire. Graines sub-globuleuses,
noires, chagrinées. Feuilles toutes radicales, dressées, largement linéaires, canaliculées, atténuées à la base. Hampe
de 1-3 décimètres, droite. Racines bulbeuses. ⚥ Avril-Mai.

Hab. Pyrénées centrales ; prairies de Marignac, près Cierp. RR.

2. *Bractées nulles.*

S. Autumnalis *L. sp.* 443 ; *Engl. bot.; D C.; Lap.; Dub.;*
Lois.; Mut.; Borr.; Noul.; Gren. Godr. — Fleurs petites, d'un
bleu clair, pédicellées, en grappe courte, pyramidale, s'allongeant après l'anthèse ; pédicelles courbés, dressés ou étalés-
dressés, inégaux, dépourvus de bractées. Périgone à divisions étalées, sub-campanulées, oblongues-obtuses, persistantes. Capsule petite, à trois loges, obovée, sub-trigone, plus
courte que le pédicelle. Graines obovées, noirâtres, chagrinées. Feuilles 3-5, toutes radicales, linéaires, très étroites, ne
paraissant qu'après les fleurs, dressées, plus courtes que la
hampe. Celle-ci de 1-2 décimètres, droite, nue, pulvérulente
à la base. Bulbe produisant plusieurs feuilles. ⚥ Août-Septembre.

Hab. Pyrénées-Orientales et centrales : Collioure, Can-Campa,
Bagnols, Perpignan, Bezins, Barcugnas, Cadeil, prairies de la Pique
à Luchon. R.

S. Bifolia *L. sp.* 443 ; *Bot. mag.; D C.; Lap.; Dub.; Lois.;*
Mut.; Adenoscilla bifolia Gren. Godr. — Fleurs d'un bleu clair,
peu nombreuses, en grappe lâche ou corymbiforme, pédicellées ; pédicelles dressés, dépassant le périgone, dépourvus

de bractées. Périgone à divisions linéaires-lancéolées, obtuses, étalées. Capsule trigone, sub-globuleuse. Graines subglobuleuses, noirâtres, lisses à l'état frais, chagrinées après la dessication, pourvues d'un renflement axillaire, blanc, très gros à l'état frais. Feuilles 2, rarement 3, étalées ou recourbées, lancéolées, linéaires, un peu obtuses, à peine plus longues que la hampe. Celle-ci d'un, rarement deux décimètres, glabre. Racine bulbeuse. ♃ Avril-Mai.

Hab. Pyrénées-Orientales; bois d'Enguaduc (*Lap.*). RR.

3. *Fleurs munies de bractées.*

S. Verna *Huds.; Lap.; Lois.; Mut.; Borr.; S. umbellata Ram. bul. phil.; D C.; S. bifolia fl. dan.* — Fleurs petites, pédicellées, d'un beau blanc ou d'un bleu-pâle, à lignes plus foncées, en corymbe convexe ou sub-plane. Pédicelles inégaux beaucoup plus longs que le périgone, munis chacun à la base d'une bractée membraneuse lancéolée-acuminée, aussi longue ou à peu près aussi longue que le pédicelle. Périgone à six divisions étalées-ascendantes, linéaires-lancéolées, obtuses. Capsule trigone. Graines noires, sub-globuleuses. Feuilles dressées, charnues, linéaires, un peu canaliculées, plus courtes que la hampe. Celle-ci de 1-2 décimètres, dressée, cylindrique, glabre, ainsi que toute la plante. Bulbe produisant plusieurs feuilles. ♃ Avril-Mai.

Hab. Toute la chaine : prairies, coteaux, jusque dans les régions alpines. CCC.

S. Lilio-Hyacinthus *L. sp.* 442 ; *D C.; Lap.; Dub.; Lois.; Mut.; Borr.; Noul.; Gren. Godr.; Ornithogalum squamosum Lam.* — Fleurs pédicellées, d'un bleu foncé, avec des stries plus claires, en grappe ovale, lâche. Pédicelles dressés, inégaux, plus courts près du sommet. Bractées colorées, solitaires, linéaires-acuminées, membraneuses; les inférieures plus courtes, les supérieures plus longues que les pédicelles. Périgone sub-campanulé, à divisions lancéolées-linéaires. Capsule obovée, sub-trigone. Graines noires, obovées, lisses ou rugueuses. Feuilles étalées, largement lancéolées, entières, glabres, luisantes, arrondies ou sub-aiguës au sommet. Hampe de 1-2 décimètres , dressée, glabre. Bulbe gros, à écailles imbriquées. ♃ Avril-Mai.

Hab. Toute la chaine : les bois, les haies, les prairies. CCC.

610. GAGEA *Salisb. (Gagée).* —Fleurs jaunes, en grappe ou en ombelle, munies à la base des pédicelles terminaux de bractées foliacées. Périgone persistant à 6 divisions libres et étalées au sommet, conniventes à la base. 6 étamines persistantes, hypogynes ou insérées à la base des divisions périgonales; filets filiformes à peine élargis ; anthères soudées au filets par leur base, courtement canaliculées. Style simple à stigmate trigone. Capsule trigone , à trois loges polyspermes.

G. Lutea *Schultz.; Ker.; Dub.; Koch; Mut.; Gren. Godr.; Ornithogalum luteum L. sp. 439; Lap.; Lois.; Benth. cat.; Ornithogalum luteum var. b. sylvaticum Willd. ; Ornithogalum sylvaticum Pers.; D C.* — Fleurs d'un vert jaunâtre en dehors, jaunes en dedans, 3-7, en corymbe. Pédicelles inégaux , glabres, sub-trigones, munis à la base de deux feuilles bractéales sub-opposées, lancéolées-linéaires, velues sur les bords. Périgone à 6 divisions obtuses, oblongues. Une, ou très rarement deux feuilles radicales sub-planes, linéaires-lancéolées, élargies, subitement acuminées, à carène mince. Hampe de 1-2 décimètres. Bulbe simple, ovale, ovoïde, muni d'une tunique membraneuse. ♃ Juin-Juillet.

Hab. Pyrénées Orientales et centrales; Mont-Louis, vallée d'Eynes, rivière de Vielle, plateau d'Arise. RR.

G. Minima, *Mut.; G. arvensis Schultz.; Koch; Gren. Godr.; Ornithogalum minimum L. sp. 440; D C.; Lap.; Ornithogalum arvense Pers.* — Fleurs petites, d'un jaune verdâtre, 3-5, en ombelle, à pédoncules irréguliers glabres, quelquefois velus *(Ornithogalum villosum M. B.)*, munis de bractéoles à la partie inférieure et enveloppés de feuilles bractéales florales solitaires, en spathe. Périgone à divisions lancéolées-aiguës, pubescentes. Une feuille radicale, rarement deux, solitaires, linéaires, filiformes, dressées, canaliculées, étalées, égalant la hampe. Celle-ci de 5-15 centimètres, faible, grêle, glabre en dessous de l'ombelle florale. Deux bulbes ovales enveloppés d'une tunique commune. ♃ Avril-Mai.

Hab. Pyrénées centrales; Médassoles. RR.

G. Fistulosa *Mut.; G. Liottardi Schultz; Koch; Gren. Godr.; Ornithogalum fistulosum Ram. in D C.* — Fleurs grandes, jaunes ou verdâtres dans le milieu, 1-5, en corymbe. Pédoncules velus et sub-trigones, non munis de bractéoles, entourés à la base de deux feuilles bractéales opposées, linéaires-lancéolées; la plus grande spathiforme. Périgone à divisions elliptiques, oblongues-obtuses, nerveuses, glabres. Capsule oblongue-trigone , plus courte que les divisions périgonales, surmontée par le style. Graines oblongues, brunes, ridées. Feuilles radicales, 1-2, cylindriques, fistuleuses, cannelées à la base, égalant ou dépassant la tige. Celle-ci de 8-15 centimètres, dressée. Deux bulbes enveloppés dans la même tunique; le plus jeune petit, l'autre muni de fibres radicales.—Les jeunes plantes formées par deux feuilles sont munies de petits bulbilles en paquets. ⚥ Mai-Juin.

Hab. Pyrénées-Orientales et centrales, toutes les régions alpines, très disséminée çà et là; Canigou, vallée d'Eynes, cirque de Trou-mouse; St-Sauveur, lac d'Escaubous, vallées d'Aran, de Garvarnie, d'Aspe, Eaux-Bonnes. C.

611. ORNITHOGALUM *L. gen.* 417 (*Ornithogale*). — Fleurs blanches ou verdâtres, en grappe ou en corymbe, munies de bractées. Périgone à 6 divisions pétaloïdes libres, étalées. 6 étamines hypogynes ou insérées à la base des divisions périgonales, à filets libres, souvent dilatés à la base; anthères fixées aux filets par le dos. Style simple à stigmate très petit. Capsule sub-trigone, à loges polyspermes. Graines sub-globuleuses ou anguleuses.

1. Fleurs en corymbe.

O. Umbellatum *L. sp.* 441; *D C.; Lap.; Dub.; Lois.; Mut.; Borr.; Gren. Godr.* (*Vulg. Dame de onze heures*).— Fleurs ver-tes, blanches à l'intérieur et bordées de blanc à l'extérieur, en corymbe, portées sur des pédicelles inégaux dressés-étalés. Bractées membraneuses, lancéolées-acuminées; les inférieu-res dépassées par les pédicelles. Périgone à divisions linéai-res, oblongues-obtuses, s'ouvrant vers onze heures et se fermant vers trois. Anthères jaunâtres. Feuilles linéaires, glabres, largement canaliculées, avec une ligne blanche assez large au centre, plus longues que la tige, tombantes. Tige de 1-2 décimètres, un peu anguleuse. Bulbe ovale, blanchâtre, prolifère, à cayeux un peu pédicellés, elliptiques, produisant des feuilles très visqueuses. ⚥ Mai-Juin.

Hab. Toute la chaîne, les champs, les prairies; solitaire ou en touffe, partout. CC.

O. Arabicum *L. sp.* 441; *Clus.; D C.; Lap.; Dub.; Lois.; Mut.; Gren. Godr.* — Fleurs blanches, grandes, en corymbe, portées sur des pédicelles sub-égaux, étalés, grêles, grossis-sant et se redressant après l'anthèse. Bractées ovales en cœur, aiguës, vertes, toutes dépassées par les pédicelles. Périgone à divisions ovales-allongées, obtuses, concaves, quelquefois tridentées, mucronées. Anthères ovoïdes sur des filets lan-céolés. Feuilles lancéolées, étalées, ensiformes, glabres, glauques, canaliculées, égalant ou dépassant la tige. Celle-ci de 5-8 décimètres, dressée, lisse, nue. Bulbe fort, ovoïde, muni de quelques bulbilles à la base. ⚥ Août-Septembre.

Hab. Pyrénées-Orientales, les vignes, les bois; Collioure, Pra-des (*D C.*). R.

2. Fleurs en grappe allongée spiciforme.

O. Narbonense *L. sp.* 440; *D C.; Lap.; Dub.; Lois.,*
O. stachyoïdes Koch; O. pyrenaïcum Engl. bot.; Borr.; O. lac-
teum Vill. — Fleurs blanches en dedans, vertes en dehors, à
marge blanche, très nombreuses, en grappe spiciforme, longue, lâche à la base, dense au sommet, portées sur des pédicelles étalés, puis redressés après l'anthèse. Bractées lancéolées subitement acuminées; les inférieures presque aussi
longues, les supérieures plus longues que les pédicelles.
Périgone à divisions linéaires-lancéolées-oblongues. Étamines de moitié plus courtes que les divisions périgonales, à
filets lancéolés-acuminés. Capsule ovoïde, trigone, à trois
sillons. Graines noires, ovoïdes, rugueuses. Feuilles planes,
linéaires, larges, toutes radicales, étalées-recourbées, fortement canaliculées, glaucescentes, persistantes après l'anthèse. Tige de 3-4 décimètres, dressée, dépassant les feuilles.
Bulbe fort, ovoïde. ♃ Mai-Juin.

Hab. Pyrénées-Orientales; environs de Perpignan (*Lap.*). R.

O. Pyrenaïcum *L. sp.* 440; *D C.; Lap.; Dub.; Lois.;*
Borr.; Noul.; Gren. Godr.; O. sulfureum Schultz.; Koch; O.
flavescens Lam.; O. pyrœneum Clus. — Fleurs blanches ou
d'un jaune pâle, verdâtres sur les bords et la face supérieure,
striées de vert sur le dos, très nombreuses, en grappe longue,
lâche à la base, dense au sommet; pédicelles égaux, dressés-
étalés pendant l'anthèse, dressés à la maturité. Bractées
lancéolées-acuminées; les inférieures plus courtes que les
pédicelles; les supérieures plus longues. Périgone à divisions
linéaires-oblongues, obtuses. Étamines à filets lancéolés-
subulés. Capsule ovoïde, trigone. Graines noires, ovoïdes,
anguleuses, rugueuses. Feuilles radicales, linéaires, allongées, canaliculées, raides, glabrescentes, détruites au moment de l'anthèse, plus courtes que la tige. Celle-ci droite,
de 4-8 décimètres, robuste. Bulbe gros, ovale. ♃ Mai-Juin.

Hab. Pyrénées-Orientales et centrales; Costabona, vallée de Lliou,
bois de Barèges. RRR.

612. ALLIUM *L. gen.* 409 (*Ail*). — Fleurs en ombelle
souvent garnie de bulbilles renfermées avant l'anthèse dans
une spathe uni-bi-plurivalve. Périgone à 6 divisions campanulées, pétaloïdes, persistantes, colorées; les trois intérieures quelquefois différant de forme avec les extérieures. 6
étamines à filets plus ou moins dilatés et souvent trifides au
sommet, adhérents à la base avec les lobes du périgone;
anthères introrses, biloculaires, fixées aux filets par le dos.
Style persistant; stigmate simple, rarement trifide. Ovaire

triloculaire, uniloculaire par l'avortement des cloisons. Capsule trigone, à trois valves, à trois loges réunies sur un axe filiforme, persistant. Graines nombreuses, anguleuses. Embryon cylindracé, filiforme. Plantes à odeur forte. Bulbes formés de tuniques superposées. Tiges non articulées, scapiformes, nues ou entourées jusqu'à une certaine hauteur par les gaines des feuilles toutes radicales.

1. Périgone à divisions campanulées, conniventes; filets des étamines intérieures tridentés; l'étamine centrale portant l'anthère; tige couverte inférieurement par la gaine des feuilles radicales.

a. Ombelle non bulbifère.

A. Sphœrocephallon *L. sp.* 426; *D C.; Dub.; Lois.; Mut.; Borr.; Gren. Godr.; A. Deseglisei Borr.; A. descendens* et *A. sphœrocephalum Lap.* — Fleurs d'un pourpre violet, en ombelle très fournie, oblongue ou arrondie, portées sur des pédicelles inégaux; les inférieurs plus courts; les supérieurs s'allongeant après l'anthèse. Périgone à divisions ovales-lancéolées; les extérieures carénées. Etamines dépassant le périgone, à filets intérieurs tridentés, à dent centrale variable, égalant ou plus courte que le filet, dépassant ou égalant les dents latérales; anthères bleuâtres. Style saillant. Spathe courte, membraneuse, à deux divisions. Feuilles 2-3, lisses, cylindriques à la partie supérieure, canaliculées à la partie inférieure, acuminées, fistuleuses, très longues, embrassant la hampe par une gaine qui monte assez haut. Hampe de 1-8 décimètres, dressée, cylindrique, lisse. Bulbe solitaire, anguleux et souvent entouré de bulbilles plus petits, nombreux. ♃ Juin-Juillet.

Hab. Toute la chaine : les roches et détritus, depuis la plaine jusque dans les régions alpines ou elle devient plus petite.

b Ombelle bulbifère.

A. Vineale *L. sp.* 428; *D C.; Lap.; Dub.; Lois.; Mut.; Borr.; Gren. Godr.; A. arenarium Vill.* — Fleurs purpurines, petites, en ombelle pauciflore, bulbifère, sub-globuleuse. Périgone à divisions lancéolées, concaves, lisses sur le dos, plus courtes que les étamines. Celles-ci saillantes; les trois extérieures à filets tridentés et à dent centrale plus longue que le filet, sub-égale aux latérales. Ombelle quelquefois uniquement bulbifère. (*A. compactum Thuil.*), quelquefois chevelue par la germination des bulbilles (*A. crinitum Mut.*). Spathe d'une seule pièce, courte, ovale-acuminée, caduque. Feuilles 2-3, fistuleuses, cylindriques, lisses, acuminées, plus courtes que la tige, étroitement canaliculées, à gaine ne dépassant pas le milieu de la tige. Celle-ci de 4-8 décimètres, droite, grêle, cylindrique. Bulbe principal entouré de nombreuses bulbilles. ♃ Juin-Juillet.

Hab. Les champs, les vignes, les prairies, les haies. CCC.

A. Scorodoprasum *L. sp.* 425; *D C.; Lap.; Dub.; Lois.; Mut.; Gren. Godr; A. arenarium Smith.; Vill.; Wallr.; Porrum scorodoprasum Rchb. (Vulg. Rocambole).*—Fleurs purpurines, peu nombreuses, en ombelle globuleuse, bulbifère.. Périgone à divisions rudes sur le dos, sub-égales aux étamines incluses. Les trois filets des étamines intérieures tridentés, à dent centrale portant l'anthère, plus courte que le filet, dépassée par les latérales. Spathe plus courte que l'ombelle, divisée en deux segments acuminés. Feuilles linéaires-acuminées, dentelées, planes, rudes sur les bords. Tige de 3-5 décimètres, droite, enveloppée jusqu'à son milieu par les gaines foliacées. Bulbes prolifères.—La tige est souvent contournée en spirale sous l'ombelle. ♃ Juin-Juillet.

Hab. Pyrénées-Orientales, vers St-Laurent *(Pourret.)* R.

2. Périgone en étoile; filets simples non dentés; spathe à valves courtes-aiguës; feuilles cylindriques fistuleuses.

A. Schœnoprasum *L. sp.* 432; *D C.; Lap.; Dub.; Lois.; Mut.; Gren. Godr.; A. riparium Opiz.*—Fleurs d'un rouge rose ou d'un pourpre rose plus ou moins foncé et souvent d'un beau rose, en ombelle globuleuse lâche. Périgone à divisions lancéolées-étalées, aiguës, munies d'une ligne plus foncée. Pédicelles dressés de même que les fleurs et plus courts qu'elles. Etamines incluses, plus courtes de moitié que les divisions périgonales, à filets tous simples et subulés; anthères brunâtres. Style inclus. Spathe colorée, ovale-acuminée, courte, bivalve, sub-égale à l'ombelle. Feuilles filiformes, linéaires, planes, engaînantes, glaucescentes, toutes fistuleuses, à gaines épaisses, striées, plus courtes ou plus longues que la hampe. Celle-ci dressée, de 1-3 décimètres, nue au sommet, cylindrique, lisse, entourée jusqu'au quart inférieur par les gaines foliacées. Bulbes ovales, agglomérés, agrégés. — Les feuilles dans cette plante varient beaucoup; elles sont larges ou étroites, courtes ou longues; la hampe est parfois grêle ou très robuste. ♃ Juin-Juillet.

Hab. Toute la chaîne : lieux humides ou secs, subalpins et très alpins, solitaires ou formant tapis; Mont-Louis, vallée d'Eynes, Esquierry, port de la Glère, Can d'Espada, Cazaou d'Estiba, etc. CCC.

3. Périgone étalé: filets des étamines simples, insérés à la base des divisions périgonales et munis alternativement d'une dent très courte; spathe à valves courtes, mucronée; feuilles non fistuleuses; tige couverte à la base par les gaines foliacées.

A. Moschatum *L. sp.* 427; *D C.; Lap.; Dub.; Lois.; Mut.*

Rchb.; Gren. Godr. — Fleurs blanches ou d'un rose tendre, à nervure dorsale d'un rose plus vif. Ombelle pauciflore, sub-fastigiée. Pédicelles sub-égaux. Périgone campanulé, étalé, à divisions lancéolées-dressées, dépassant les étamines. Filets subulés ; anthères brunes. Style inclus égalant les étamines. Capsule ovoïde, globuleuse, plus courte que le périgone. Spathe à deux valves lancéolées, étalées ou ovales, acuminées, plus courtes que les fleurs. Feuilles presque radicales, ciliées sur les bords ou glabres, striées, cylindriques, étroitement canaliculées, plus courtes ou dépassant-un peu la hampe. Celle-ci de 1-2 décimètres, grêle, filiforme, verte. Plante à odeur très suave. ⚥ Août-Septembre.

Hab. Pyrénées-Orientales ; Prades, Olette (*Lap.*). R.

A. Suaveolens *Dub.; Jacq.; St-Amans; Bergeret; Mut.; A. ochroleucum W. R.; Koch; Rœm. et Schultz.; Gren Godr.; A. ericetorum et serotinum Lap.; A. ambiguum D C.; Benth. cat.; A. appendiculatum Ramond in D C.* — Fleurs blanches ou d'un rose tendre, en ombelle multiflore, globuleuse, dressée. Périgone à divisions ovales-obtuses, les intérieures souvent bossues à la base et dilatées, plus courtes que les étamines. Étamines saillantes, à filets subulés, à anthères jaunes. Style égal aux étamines. Capsule globuleuse, trigone, égalant le périgone. Spathe plus courte que l'ombelle, à deux valves ovales, courtes, réfléchies, rose avant l'anthèse, devenant blanchâtre ensuite. Feuilles toutes radicales, nombreuses, linéaires, sub-planes ou légèrement en gouttière, munies en dessous de nervures saillantes, plus courtes ou égalant la tige. Celle-ci nue, dressée, de 2-4 décimètres, cylindrique, striée ou anguleuse. Bulbe allongé, couvert des débris des anciennes feuilles engaînantes, nombreuses et serrées, à fibres entrecroisées. ⚥ Août-Septembre.

Hab. Pyrénées centrales et occidentales, montagnes et roches calcaires ; Viedessos, Barousse, lac de Seculejo, Lhéris, Bayonne, Biarritz, St-Jean-de-Luz. CCC.

4. Périgone étalé en étoile ; filets intérieurs, simples, dilatés à la base, munis de chaque côté d'une dent ; spathe non acuminée ; ombelle capsulifère ; souche formée par une racine rampante sub-ligneuse, à laquelle sont attachés les bulbes florifères et foliifères.

A. Angulosum *L. sp.* 430 ; *D C.; Lap.; Lois.; Mut.; A. fallax Don.; Koch; Gren. Godr.; A. senescens Dub.; A. narcissifolium Vill.* — Fleurs purpurines, nombreuses, petites, plus foncées sur la carène, en ombelle multiflore, sub-globuleuse. Périgone à divisions oblongues-lancéolées plus courtes que les étamines un peu saillantes. Pédoncules grêles. Style plus long que les étamines. Capsule trigone, globuleuse. Spathe très courte, colorée, à 2-3 valves soudées à la base. Feuilles toutes radicales, beaucoup plus courtes que la hampe, linéaires-obtuses, un peu planes ou convexes et carénées, plus ou moins anguleuses et contournées. Hampe de 1-2 décimètres, dressée, comprimée, à deux tranchants au sommet, nue. Bulbe oblong, émettant en vieillissant une racine ligneuse. ♃ Juin-Juillet.

Hab. Pyrénées centrales, régions alpines; Pics du Midi, d'Ereslids, de Bergons, de Néouvielle; Esquierry. RR.

A. Grandiflorum *Lam.; D C.; Dub.; Lois.; Mut.; A. narcissiflorum Lam.; Lap.; Benth. cat.; Gren. Godr.; A. nigrum All.; A. pedemontanum Willd.*—Fleurs grandes, roses ou blanches, en ombelle pauciflore penchée avant l'anthèse. Périgone à divisions inégales, ovales-oblongues, recourbées, toutes mucronées; les internes saillantes, plus longues que les étamines incluses. Style trifide, de même longueur que les étamines. Capsule globuleuse plus petite de beaucoup que le périgone. Graines noires, grosses, ridées. Spathe non acuminée. Feuilles linéaires, larges, aiguës, plus courtes que la tige. Celle-ci de 1-2 décimètres, comprimée, nue, cylindrique, légèrement anguleuse. Bulbe oblong, cylindrique, à tuniques filamenteuses. ♃ Juillet-Août.

Hab. Pyrénées centrales, régions alpines; Esquierry, Ereslids, près Barèges *(Lap.).* R.

5. Périgone étalé ou campanulé; filets simples insérés à la base des divisions périgonales; spathe uni-bivalve, pellucide, courte; feuilles toutes radicales, pétiolées, non fistuleuses; souche consistant en un bulbe; feuilles planes, toutes radicales, à peine engaînantes à la base.

A. Victorialis *L. sp.* 424; *D C.; Lap.; Dub.; Lois.; Benth. Mut.; Gren. Godr.; A. plantaginense Lam.* — Fleurs d'un vert blanchâtre ou rougeâtre, nombreuses, en ombelle compacte plus ou moins globuleuse. Divisions périgonales inégales, oblongues, obtuses, dressées. Etamines lancéolées, dilatées à la base, plus longues que la fleur; anthères jaunâtres. Style plus long que les divisions périgonales. Capsule globuleuse, trigone. Graines noires, anguleuses, à hile blanc. Spathe univalve, persistante, plus courte que l'ombelle. Feuilles planes, elliptiques, nerveuses, engaînantes, atténuées en un très court pétiole, se prolongeant en gaine vers le tiers inférieur de la tige. Celle-ci de 3-5 décimètres, entourée des gaines de trois feuilles, courte, cylindrique, souvent tachée dans le bas, anguleuse au sommet. Bulbes obliques, allongés, couverts des débris des anciennes feuilles. ♃ Juillet-Août.

Hab. Pyrénées-Orientales et centrales; Canigou, Madres, Pic de Gard, rivière de Vielle, mont. d'Ulz, Cauterets, à la cascade du pont d'Espagne. R

A. Roseum *L. sp. ed.* 1re, *p.* 296; *D C.; Lap.; Dub.; Lois.; Mut.; A. illyricum Jacq.; A. ambiguum Smith.* — Fleurs grandes, blanches ou purpurines, nombreuses, en ombelle étalée, fastigiée. Périgone à divisions lancéolées ou ovales-oblongues, tronquées ou un peu échancrées ou même crénelées au sommet, dépassant les étamines incluses à anthères jaunes. Style égalant les étamines. Capsule globuleuse, trigone, ne dépassant pas la moitié des divisions périgonales. Pédicelles filiformes, sub-égaux. Spathe membraneuse, persistante, entière, à 4 lobes lancéolés. Feuilles presque radicales, larges, linéaires, planes, longues, acuminées, très finement denticulées, ciliées sur les bords, un peu glauques. Hampe de 2-3 décimètres, sub-cylindrique, nue, plus longue que les feuilles. Bulbe court, entouré de bulbilles. ⚥ Mai-Juin.

Hab. Pyrénées-Orientales, dans les vignes; Perpignan, Bagnols. C.

A. Moly *L. sp.* 432; *Lap.; Mut.* — Fleurs d'un jaune doré, *en ombelle étalée presque fastigiée.* Périgone à divisions ovales-aiguës plus longues que les étamines incluses. Feuilles radicales, 2-3, oblongues-lancéolées, larges, engaînantes à la base. Hampe de 1-2 décimètres, sub-cylindrique. Bulbe court. ⚥ Juin-Juillet.'

Hab. Pyrénées-Orientales; environs de Perpignan, Prades *(Lap.)*. RR.

A. Chamœmoly *L. sp.* 433; *D C.; Dub.; Lois.; Benth. cat.; Mut.; Borr.; Gren. Godr.* — Fleurs blanches à carène brune, grandes, en ombelle pauciflore, paraissant au niveau du sol. Périgone à divisions très caduques, lancéolées-aiguës, plus longues que les étamines incluses à anthères jaunes. Pédicelles penchés à la maturité. Style égalant les étamines. Spathe en forme de collerette, univalve, obconique, déchirée au sommet. Capsule sub-globuleuse. Graines anguleuses, chagrinées. Feuilles longuement engaînantes, molles, sub-glauques, opposées, largement linéaires-lancéolées, atténuées dans le bas, carénées, ciliées sur les bords et en dessous, étalées à terre, plus longues que la hampe. Celle-ci très basse ou sub-nulle. Bulbe ovoïde; tuniques brunes. ⚥ Février-Mars.

Hab. Pyrénées-Orientales; environs de Collioure *(Cabiau)*. R.

A. Triquetrum *L. sp.* 431; *D C.; Lap.; Dub.; Lois.; Mut.; Gren. Godr.* — Fleurs blanches à carène verte, en ombelle pauciflore uni-latérale. Périgone à divisions lancéolées, oblongues, cylindracées, dressées, à la fin conniventes, plus longues que les étamines incluses. Pédicelles égalant la spathe, filiformes, penchés du même côté, renflés sous la capsule à la maturité. Stigmate trifide. Capsule globuleuse , trigone, déprimée. Graines rugueuses, arillées. Spathe membraneuse à deux segments acuminés égalant les pédicelles plus courts que l'ombelle. Feuilles engaînantes, très longues, linéaires, à trois angles saillants, glabres, sub-égalant, égalant ou dépassant la tige. Celle-ci de 1-2 décimètres, ayant le port de l'*Allium ursinum*, triquètre, droite ou penchée, nue supérieurement, entourée de gaînes à la base. Bulbe oblong, enfoncé profondément en terre. Plante à odeur fortement alliacée. ♃ Avril-Mai.

Hab. Pyrénées-Orientales, les champs; Prades, Bagnols *(Lap.).* C.

A. Ursinum *L. sp.* 431; *D C.; Lap.; Dub.; Lois.; Mut.; Borr.; Gren. Godr.; A. petiolatum Lam.; Ophioscorodon ursinum Wallr.*—Fleurs blanches, grandes, d'une forte odeur alliacée , en ombelle lâche, sub-plane, pauciflore. Périgone à divisions étalées, lancéolées-aiguës, plus longues que les étamines incluses. Style égalant la capsule, à stigmate obtus. Pédicelles scabres à trois angles. Spathe grande, membraneuse , à 1-2-3 valves, scarieuse, n'égalant pas l'ombelle. Capsule trigone à trois angles saillants, à trois loges renfermant chacune une graine noire, ridée, non articulée. Feuilles radicales 2, planes, larges, ovales ou elliptiques, lancéolées, atténuées à la base en long pétiole largement engaînant, d'un vert gai , luisantes en dessus, glaucescentes en dessous. Tige de 1-3 décimètres, nue, droite, triangulaire. Bulbe oblong, souvent entouré de fibres dressées. ♃ Juin-Juillet.

Hab. Les bois, les haies ; Lhéris dans les bois. C.

6. Périgone à divisions campanulées, conniventes; filets des étamines simples insérés à la base du périgone; pédicelles penchés avant l'anthèse; spathe dressée en deux segments longs et dont un est plus longuement acuminé; feuilles peu ou pas fistuleuses, à gaînes montant jusqu'au tiers de la tige; bulbe solitaire.

a. Ombelle bulbifère.

A. Oleraceum *L. sp.* 429 ; *D C.; Lap.; Dub.; Lois.; Mut.; Borr.; Gren. Godr.; A. virescens Lam.; A. parviflorum Thuill.; A. carinatum Engl. bot.; All.* — Fleurs ordinairement penchées, d'un blanc salement rougeâtre ou olivâtre, en ombelle très bulbifère et pauciflore. Périgone à divisions lancéolées ou obtuses, avec une petite pointe dépassant ou égalant les étamines incluses ou à peine saillantes. Spathe à deux valves inégales, ventrues à la base, la plus longue terminée par une corne obtuse, toutes deux chargées d'aspérités dans leurs parties supérieures. Feuilles linéaires, demi-cylindriques , fistuleuses, canaliculées, sillonnées en dessous et striées, engaînantes à la base et chargées d'aspérités. Hampe de 3-5 décimètres, droite, munie de 2-3 gaines foliacées qui atteignent son milieu. Bulbe simple, fétide. ♃ Juillet-Août.

Hab. Pyrénées centrales; Esquierry, Pic d'Anéou. R.

b. Ombelle non bulbifère.

A. Paniculatum *L. sp.* 428; *Vill.; Lap.; Dub.; Brebis Delas.; Mut.; Gren. Godr.; A. intermedium D C.; Lap.; Dub.; Lois.; A. carinatum Thuil.; Lap.; A. pallens D C.; Dub.; Lois.; A. longispathum Red.; Desv.* — Fleurs d'un blanc jaunâtre, plus ou moins purpurines au sommet, ou roses, rayées, en ombelle lâche, étalée, multiflore. Périgone à divisions ovales-oblongues, obtuses ou mucronées. Étamines incluses; anthères quelquefois saillantes. Style inclus, quelquefois nul. Pédicelles nombreux, inégaux. Spathe persistante, à deux segments, membraneuse, munie de fortes nervures vertes; chaque segment terminé par deux cornes très longues, inégales. Feuilles 3-5, fistuleuses, demi-cylindriques et un peu canaliculées à la base, aplaties au sommet. Tige de 3-6 décimètres, cylindrique, entourée jusqu'au milieu. Gaines foliacées. Bulbe solitaire ou muni entre les tuniques de bulbilles. ♃ Juillet-Août.

Hab. Pyrénées-Orientales et centrales; Prades, Villefranche, Eupe, St-Béat, Cadeilh. R.

** Divisions périgonales conniventes, libres ou plus ou moins soudées à la base.

613. MUSCARI *Tournef. inst. p.* 547 *(Muscari).* — Fleurs en grappe, munies de bractées. Périgone sub-globuleux, cylindracé ou urcéolé, coloré, à limbe court, à 6 divisions dentiformes, courtes. 6 étamines insérées sur le tube périgonal, incluses. Style court, filiforme. Stigmate sub-trilobé. Capsule trigone, à angles saillants, triloculaire. Graines peu nombreuses dans chaque loge, sub-globuleuses ou anguleuses.

M. Racemosum *D C.; Dub.; Lois.; Mut.; Borr.; Gren. Godr.; Hyacinthus racemosus L. sp.* 455; *Lap.; Noul.; Hyacinthus botryoïdes Mill.; Botryanthus odorus Kunth.* — Fleurs d'un bleu-foncé-glauque, à dents blanchâtres, odorantes, petites, nombreuses, en grappe terminale et serrée; les inférieures pédicellées, à pédicelles grêles; les supérieures sessiles, toutes penchées. Périgone urcéolé ou sub-urcéolé, ovoïde. Capsule à valves sub-orbiculaires en cœur au sommet. Graines ridées, noires, sphériques. Feuilles toutes radicales, linéaires, en gouttière, couchées, tortillées, souvent plus longues que la hampe. Celle-ci de 12, rarement 20 centimètres, nue. Bulbe gros, émettant souvent plusieurs tiges. ♃ Avril-Juin.

Hab. Les champs cultivés. CC

M. Comosum *Mill.; D C.; Dub.; Lois.; Mut.; Borr.; Gren. Godr.; Hyacinthus comosus L. sp. 455; Lap.; Benth. cat.; Bellevalia comosa Kunth.* — Fleurs de deux espèces ; les inférieures brunes ou verdâtres, fertiles, pédicellées, étalées, à périgone très urcéolé ; les supérieures bleues, stériles, dressées, pédicellées, fasciculées, allongées, formant par leur réunion une grappe lâche et étroite à la base, serrée et plus large en touffe au sommet. Pédicelles des fleurs fertiles plus longs que le périgone ; les supérieurs plus longs et bleus comme les fleurs stériles. Capsules à valves ovales-obtuses. Graines noires, rugueuses, à arille blanchâtre. Feuilles radicales, très longues, canaliculées, denticulées sur les bords, placées à la base de la hampe. Celle-ci simple, de 3-5 décimètres, peu ou pas feuillée. Racine bulbeuse. ♃ Avril-Juin.

Hab. Les champs cultivés. CC.

M. Moschatum *Desf.; Mut.; M. ambrosiacum Mœnch; Hyacinthus muscari L. sp. 454; Lap.* — Fleurs odorantes, d'un rouge livide, toutes égales, calleuses, anguleuses au sommet, penchées, un peu étalées, en grappe terminale. Feuilles radicales, sub-linéaires. Hampe de 1-2 décimètres, glauque. Racine bulbeuse. ♃ Mai-Juin.

Hab. Pyrénées-Orientales, environs de Perpignan ; Prades, Bagnols *(Lap.).*

614. HYACINTHUS *Tournef. inst. p. 344 (Jacinthe).* — Fleurs en grappe, munies de bractées. Périgone tubuleux, campanulé, coloré, à 6 divisions profondes, ne dépassant pas le milieu du limbe. Etamines insérées sur le milieu du tube périgonal, incluses, à filets adhérents au périgone. Style court ; stigmate obtus. Capsule globuleuse-trigone, polysperme, à trois sillons ; deux graines dans chaque loge, sub-globuleuses, à ombilic renflé.

H. Amethystinus *L. sp. 454; D C.; Lap.; Dub.; Lois.; Mut.; Gren. Godr.* — Fleurs d'un bleu vif ou très pâle, souvent munies d'une ligne d'un bleu plus foncé sur le dos, en grappe penchée, lâche, sub-unilatérales, pédicellées, à pédicelles égalant le périgone. Bractées lancéolées-aiguës, égalant le pédicelle. Périgone cylindrique ou légèrement renflé à la base, à divisions ovales plus courtes que le tube, étalées, carénées sur le dos, sub-calleuses au sommet des étamines. Filets très courts, insérés sur le tube ; anthères elliptiques. Capsule sub-trigone, globuleuse, à trois sillons. Graines luisantes, noires, lisses, sub-rugueuses. Feuilles toutes radicales, linéaires, canaliculées, dressées. Hampe de 1-2 décimètres, nue, cylindrique. Racine bulbeuse, enveloppée d'une tunique mince, blanchâtre. ♃ Mai-Juin.

Hab. Pyrénées centrales, les prairies; Luz, Piquette d'Ercslids, Anéou, Gavarnie, Héas, Mail-de-Cristal, Tramesaïgues, Esquierry. C.

H. Serotinus *L. sp.* 453; *Cav.; Red.; Clus.; Mut.; Lachenalia serotina Willd.; Lap.; Uropetalum serotinum Ker.; Gren. Godr.* — Fleurs d'un vert livide, blanchâtres sur les bords ou ferrugineuses, sub-unilatérales, également pédicellées. Grappes lâches. Pédicelles munis de bractées courtes souvent scarieuses. Périgone à 6 divisions ne dépassant pas ou dépassant peu le milieu; les externes plus grandes, étalées; les internes conniventes. Capsule grosse, arrondie au sommet. Graines noires. Feuilles toutes radicales, glauques, linéaires, en gouttière, étalées. Hampe d'un, rarement deux décimètres, droite, nue. Racine bulbeuse, grosse, enveloppée d'une tunique grisâtre. Juin-Juillet.

Hab. Pyrénées-Orientales et centrales, détritus des roches siliceuses; fort Sarral, vallée d'Eynes, au pied du port de Vénasque, butte de Sers, vallée de Barèges. RR.

615. BELLEVALLIA *Lap. Journ. phy.* 1808. — Fleurs en grappe, munies de bractées. Périgone anguleux, campanulé, non urcéolé, à 6 divisions ne dépassant pas le milieu, dressées, plissées au sommet. Étamines insérées à la base des divisions périgonales. Filets membraneux, dilatés, soudés à la base. Style court; stigmate tronqué. Capsule trigone, à angles aigus. Graines sub-globuleuses à ombilic nul, peu nombreuses dans chaque loge.

B. Appendiculata *Lap. abr. pyr.; B. operculata Lap. Journ. phy.; B. romana Rchb.; Kunth.; Gren. Godr.; Hyacinthus romanus L. mant.* 224.; *D C.; Dub.; Lois.; Mut.; Noul.* — Fleurs d'un blanc sale, à la fin verdâtres, écartées, ascendantes, petites, pédicellées; pédicelles courts, munis de bractées petites, laciniées, caduques, scarieuses, disposées en grappe terminale lâche, conique. Périgone à 6 divisions ne dépassant pas le milieu; les trois intérieures munies d'un appendice triangulaire saillant, applati. 6 étamines à anthères d'un bleu d'azur; filets se détachant du périgone à la maturité et formant à l'ovaire une enveloppe particulière. Style gros plus court que les étamines; stigmate simple. Ovaire bleu à 6 sutures. Capsule triangulaire, obtuse, arrondie au sommet, triloculaire. Graines globuleuses, noirâtres. Feuilles glabres, étroites, dressées, linéaires, canaliculées, glauques au-dessus, sèches à l'extrémité, souvent dépassant la hampe. Celle-ci de 1-2 décimètres, cylindrique, simple, droite, souvent tachée de rouge, d'un bleu d'azur à sa partie supérieure. Bulbe sphérique, gros, couvert d'une tunique brune. ♃ Avril-Mai.

Hab. Pyrénées centrales, prairies; environs de St-Béat C.; Eup, Méliande; indiquée dans les prairies de Luz, n'a pas été retrouvée. RR.

> **B. Racines fasciculées, fibreuses; pédoncules articulés.**

> Graines globuleuses ou anguleuses.

616. ASPHODELUS *L. gen.* 421 (*Asphodèle*). —Fleurs en grappe. Périgone à 6 divisions très étalées. 6 étamines alternativement plus courtes et plus longues, hypogynes, à filets dilatés à la base, renfermant l'ovaire. Un style à stigmate simple. Capsule globuleuse, à trois loges, sub-coriace. Graines anguleuses à test crustacé.

A. Albus *Willd.; D C.; Gaud.; Dub.; Lois.; Mut.; Borr.; Gren. Godr.; A. ramosus L. sp.* 444; *ex part. : Clus.* — Fleurs blanches munies de lignes brunes ou rougeâtres, en épis, nombreuses, pétiolées, dressées (les fleurs placées à la base de l'épi se développent les premières), entremêlées de bractées lancéolées-acuminées, n'égalant pas les pédoncules très étalés, renflés au sommet. Divisions périgonales resserrées en gorge au-dessus de l'ovaire, puis très étalées, ovales-elliptiques, à une nervure dorsale. Étamines à filets blancs barbus à la base. Capsule ovale, lisse, à trois angles obscurs, grosse, un peu charnue. Feuilles radicales, nombreuses, dressées, largement linéaires, ensiformes, un peu carénées, lisses et très longues. Tige de 1-2 mètres, nue, simple ou un peu rameuse, à 1-3 rameaux étalés, cylindrique, fistuleuse, terminée par une longue grappe droite. Racine composée de tubercules allongés, fasciculés. ♃ Juin-Juillet.

Hab. Toute la chaîne : les bois, les haies jusque dans les pâturages alpins, très commune au Tourmalet et dans la vallée de Barèges.

A. Ramosus *L. sp.* 444 *ex part.; Willd.; Desf.; D C.; Dub.; St-Am.; Mut.; A. microcarpus Viv.; Lois.; Benth. cat.; Gren. Godr.* — Fleurs blanches, à nervures brunâtres, pédonculées, très rapprochées, en grappes lâches formant par leur réunion une panicule allongée entremêlée de bractées foliacées, ovales-aiguës, plus courtes à la base, plus longues au sommet. Périgone très petit (15 millimètres). Étamines ciliolées à la base. Capsule très petite (6 millimètres de longueur, 4 de largeur), sub-globuleuse, hexagonale, ridée en travers. Feuilles radicales, carénées, ensiformes, lisses, glabres, atteignant 5-6 décimètres. Tige de 8-15 décimètres, divisée vers le sommet en rameaux dressés, nombreux, divergents. Racine composée de tubercules allongés. ⚥ Mai-Juin.

Hab. Pyrénées-Orientales; Collioure, Port-Vendres. C.

A. Fistulosus *L. sp.* 444; *Cav.; D C.; Dub.; Lois.; Mut.; Gren. Godr.* — Fleurs blanches, petites, veinées de pourpre, écartées, en grappe lâche, simple ou rameuse, entremêlée de bractées ovales-lancéolées, plus courtes que les pédoncules à la maturité. Périgone plus petit que dans l'espèce précédente. Étamines incluses, ciliées à la base. Capsule petite, globuleuse, un peu ridée en travers. Graines à 2-3 plis transversaux sur le dos. Feuilles radicales nombreuses, de moitié plus courtes que la tige, trigones, demi-cylindriques, acuminées. Tige de 2-3 décimètres, très rameuse, à rameaux dressés. Racines fibreuses, brunes. ⚥ Mai-Juin.

Hab. Pyrénées-Orientales; remparts de Perpignan.

617. ANTHERICUM *L. gen.* (*Anthéric*). — Fleurs en grappe. Périgone à 6 divisions pétaloïdes très étalées. 6 étamines à filets droits, subulés, glabres, rarement barbus, insérés sur le réceptacle. Un style à stigmate simple en massue. Capsule globuleuse en poire, ridée en travers, à trois sillons. Graines anguleuses.

A. Ramosum *L. sp.* 445; *Lap.; Jacq.; Mut.; Borr.; Phalangium ramosum Lam.; D C.; Dub.; Benth. cat.; Noul.; Gren. Godr.*—Fleurs petites, blanches, à nervures pellucides, pédonculées, formant une panicule lâche munie de bractées courtes écailleuses. Pédoncules articulés près de la base. Périgone à divisions étalées, nervées. Filets des étamines droits, très glabres. Style dressé. Capsule ovoïde, à trois sillons, mucronée. Graines brunes. Feuilles toutes radicales, linéaires, étroites, canaliculées, subulées, n'égalant point la tige. Celle-ci de 2-4 décimètres, droite, nue, un peu rameuse au sommet. Racine à fibres épaisses, fasciculées. ⚥ Juin-Août.

Hab. Pyrénées centrales; Barcugnas près de Luchon, vallée du Lys à la cascade d'Enfer. R.

A. Liliago *L. sp.* 445; *Lap.; Lam.; Mut.; Borr.; A. bicolor Desf.; Phalangium Liliago Schreb.; D C.; Dub.; Lois.; Noul.; Gren. Godr.; Ornithogalum gramineum Lam.* — Fleurs blanches, grandes, pédonculées, étalées, en grappe simple lâche, terminale, munie de bractées lancéolées, subulées, plus courtes que le pédoncule articulé au milieu. Périgone à 6 divisions très étalées, nervées. Filets des étamines droits, très glabres. Style penché. Capsule ovoïde, trigone. Graines noires, ridées. Feuilles radicales, linéaires, allongées, acuminées, légèrement canaliculées, graminiformes, égalant la tige. Celle-ci de 2-3 décimètres, droite, presque nue, simple, cylindrique. Racines à fibres épaisses. ♃ Juin-Août.

Hab. Pyrénées-Orientales et centrales, coteaux et débris calcaires; Costabona, vallée d'Eynes, Pic de Gard, St-Béat, Médassole, Esquierry, St-Sauveur, vallée de l'Esponne, etc., etc. C.

A. Liliastrum *L. sp.* 445; *Lap.; Czrarchia liliastrum Andz.; Hemerocallis liliastrum L. sp. ed. 1, p. 324; D C.; Paradisia liliastrum Bertol.; Koch; Gren. Godr.; Phalangium liliastrum Lam.* — Fleurs grandes, d'un blanc pur, d'une odeur douce, en grappe unilatérale simple, un peu penchée, courtement pédonculées, axillaires à l'aisselle de bractées linéaires-acuminées, sub-scarieuses, striées. Périgone en entonnoir, à 6 divisions oblongues-lancéolées, trinervées, pulvérulentes au sommet. Capsule sub-pédicellée, ovoïde-hexagone. Feuilles radicales, très longues, dilatées, linéaires, longuement acuminées, égalant la tige. Celle-ci de 3-5 décimètres, nue ou sub-nue, lisse, arrondie. Racines fibreuses, à peine renflées, charnues. ♃ Juillet-Août.

Hab. Pyrénées-Orientales et centrales, régions subalpines et alpines; vallées d'Eynes, du Lys; Esquierry; Ereslids, près Barèges. R.

A. Bicolor *Desf.; Lap.; Borr.; A. planifolium L. mant.* 244; *Lois.; Mut.; Phalangium planifolium D C.; Pers.; Dub.; Simethis planifolia Gren. Godr.; Simethis bicolor Kunth.* — Fleurs blanches à l'intérieur, roses-purpurines à l'extérieur, en grappe courte, paniculée, lâche. Bractées lancéolées, membraneuses, ridées en travers. Graines noires, lisses, luisantes. Feuilles toutes radicales, linéaires, allongées, striées, égalant ou sub-égalant la tige, presque planes ou un peu canaliculées, souvent courbées ou enroulées au sommet. Tige de 1-2 décimètres, dressée, rameuse au sommet, souvent plus courte que les feuilles. Racines à fibres épaisses, longues et en faisceau. ♃ Mai-Juin.

Hab. Les bruyères de la plaine et les contreforts de toute la chaîne. CC.

618. HEMEROCALLIS *L. gen.* 433 (*Hémérocalle*). — Fleurs grandes, en grappe lâche. Périgone pétaloïde coloré, irrégulier, infundibiliforme, à 6 divisions soudées en tube cylindrique étroit à la base, à limbe étalé en cloche. Etamines déjetées-ascendantes, insérées sur le tube. Capsule trigone. Graines anguleuses, sub-globuleuses. Racines tuberculeuses, allongées, oblongues.

H. Flava *L. sp.* 462; *Jacq.; D C.; Dub.; Lois.; Lap.; Mut.; Borr.; Gren. Godr.* — Fleurs d'un jaune pâle, grandes, odorantes, en grappes lâches. Divisions périgonales planes, aiguës, munies de deux nervures parallèles sans veinules latérales. Anthères en flèche, acuminées. Stigmate sub-trilobé. Capsule trigone. Feuilles largement linéaires, en carène. Tige de 3-8 décimètres, nue ou munie de quelques écailles sub-foliacées, cylindriques. Racines tuberculeuses, oblongues, agrégées, pendantes. ♃ Juin.

Hab. Pyrénées centrales et occidentales, bois montueux; Tarbes, Pau, Bayonne; bosquet de la Fontaine Ferrugineuse près Bagnères, 1838. A cette époque, cette plante était très commune dans cette dernière localité; elle a disparu aujourd'hui.

619. NARTHECIUM *Mœhring.* (*Nartecie*). — Périgone à 6 divisions ouvertes, pétaloïdes. 6 étamines égales, barbues, persistantes. Style court; stigmate simple. Capsule hexagonale, triloculaire, à trois demi-valves, portant les cloisons au milieu. Placenta épais, spongieux, situé à la base des cloisons. Graines nombreuses, ovales-oblongues, munies aux deux bouts d'appendices filiformes.

N. Ossifragum *Huds.; Lois.; Mut.; Borr'.; Gren. Godr.; Anthericum ossifragum L. sp.* 446; *Lap.; Abama ossifraga D C.* — Fleurs jaunâtres, en grappe dressée, pédicellées. Pédicelles munis d'une bractée lancéolée. Divisions du périgone lancéolées, membraneuses sur les bords; filets des étamines très barbus. Capsule hexagonale aiguë, pyramidale, dépassant le périgone. Feuilles radicales, linéaires, planes, ensiformes, nerveuses, acuminées, plus ou moins velues sur les bords. Tige de 1-3 décimètres, dressée, garnie de quelques feuilles bractéales courtes, sessiles, plus ou moins embrassantes, un peu couchées à la base. Souche rampante, rameuse, gazonnante. ♃ Juillet-Août.

Hab. Pyrénées centrales, marais et lieux humides; lac de Lourdes, vallons d'Ardalos, de Roumiga; Luchon, marais du col d'Azun, montagne de Crabère.

CIX. AMARYLLIDÉES.

Fleurs (une ou plusieurs) renfermées dans une spathe membraneuse. Périgone pétaloïde coloré, épigyne, adhérent à l'ovaire, à 6 divisions libres souvent soudées à la base, ordinairement bisériées, 3 externes sépaloïdes, 3 internes pétaloïdes, muni ou non muni à la gorge d'un appendice en forme de tube pétaloïde. 6 étamines à filets libres ou soudés, insérés sur le disque épigyne ou sur le périgone, soit à la base, soit à la gorge; anthères introrses fixées par la base ou par le dos sur les filets, biloculaires, s'ouvrant longitudinale-

nent. Ovaire infère, soudé avec le périgone, à trois loges
pluriovulées. Style simple; stigmate souvent trilobé. Capsule
à trois loges polyspermes et à trois valves, portant une cloison
au milieu. Embryon sub-droit. Périsperme charnu. Plantes
à racines bulbeuses. Feuilles engaînantes. Hampe terminée
par une ou plusieurs fleurs.

A. *Fleurs pourvues d'un tube pétaloïde (couronne).*

690. NARCISSUS *L. gen.* 403 (*Narcisse*). — Fleurs
enfermées avant la floraison dans une spathe membraneuse
monophylle. Périgone à tube prolongé au-dessus de l'ovaire,
limbe à 6 divisions régulières, muni à la gorge d'une couronne ou d'un tube campanulé-pétaloïde. 6 étamines insérées
à la base du tube périgonal et au-dessous de la couronne ou
tube pétaloïde. Style linéaire. Capsule globuleuse-trigone,
arrondie. Graines sub-globuleuses.

1. Fleurs non en ombelle.

N. Pseudo-Narcissus *L. sp.* 414; *D C.; Lap.; Dub.;
Lois.; Benth. cat.; Mut.; Borr.; Gren. Godr.; N. major Lois.; N.
radians Lap.* — Fleur grande, solitaire, penchée, à divisions
périgonales d'un jaune pâle, ovales-lancéolées, égalant en
longueur la couronne ou tube pétaloïde d'un jaune safrané, évasée, dentée et comme frangée au sommet *(N. major
Lois.; D C.).* Pédicelle court, luisant. Étamines non déjetées.
Spathe engaînante, membraneuse, ovale, plus grande de
beaucoup que le pédicelle. Capsule ovale, trigone, arrondie.
Feuilles toutes radicales, presque planes, à carène peu marquée, larges, linéaires-obtuses, glauques, glabres. Hampe
plus ou moins comprimée, à deux angles, striée, haute de
2-3 décimètres, glauque, glabre. Bulbe arrondi, couvert des
débris des anciennes feuilles. ♃ Avril-Juin.

Var. a. Monstruosum. — Hampe biflore; tube pétaloïde
dépassant les divisions externes.

Var. b. Bicolor Gren. Godr. — Divisions périgonales d'un
jaune très pâle.

Cette plante varie beaucoup soit pour la couleur soit pour
la forme de la fleur.

Hab. Type : toute la chaîne, montagnes calcaires et prairies subalpines, partout CCC.; var. *a.* : Pyrénées centrales; Néouvieille, près
Arrèges, juin 1840 R.; var. *b.* : Pyrénées centrales, Lhéris.

N. Juncifolius *Requien; Lois.; Bergeret; Mut.; Gren.
Godr.* — Fleur jaune, petite, solitaire, rarement géminée,
pédonculée, sub-dressée. Tube périgonal très étroit, 2-3
fois plus long que les divisions périgonales oblongues,
arrondies au sommet, d'un beau jaune, munies de stries

plus foncées et une fois plus longues que la couronne ou tube pétaloïde très court, en coupe sub-lobée, entière, d'un jaune plus foncé. Style inclus. Ovaire cylindracé. Fruit dressé, oblong, obové. Spathe courte, entière. Feuilles radicales, vertes, demi-cylindriques, linéaires, subulées, canaliculées légèrement ou planes en dessous, plus courtes ou à peine plus longues que la tige. Celle-ci grêle, cylindrique, sub-linéaire. Bulbe sphérique, couvert de tuniques noirâtres. ♃ Avril-Mai.

Hab. Pyrénées-Orientales et centrales ; Pratto-de-Mollo, Villefranche (*Lap*) ; prairies de Gedre C.; Pyrénées aragonaises (*Bubani*).

N. Intermedius *Lois.; D C.; Red.; Dub.; Mut.; Gren. Godr.; Hermione intermedia Kunth.* — Fleurs 2-5, d'un jaune pâle, à tube périgonal long, grêle, à divisions périgonales largement ovales, 3-4 fois plus longues que la couronne ou tube pétaloïde en coupe, sub-entière, crépue sur les bords, d'une couleur à peine plus foncée. Spathe large. Feuilles vertes, demi-cylindriques, en gouttière, linéaires (7-8 millimètres). Hampe de 2-3 décimètres, sub-cylindrique. Bulbes arrondis. ♃ Mars-Avril.

Hab. Pyrénées occidentales; environs de Cambo (*Lois.*), landes de Bayonne. R.

N. Jonquilla *L. sp.* 417; *D C.; Lap.; Dub.; Lois.; Mut.; Gren. Godr.* — Fleurs 2-5, jaunes, petites, à odeur suave, longuement pédonculées, à divisions périgonales ovales, étalées en étoile, alternativement plus larges et plus étroites, plus courtes que le tube périgonal grêle, droit, et 4-5 fois plus longues que la couronne ou tube pétaloïde, en coupe plissée, crénelée, d'un jaune plus foncé. Spathe se prolongeant jusque sous l'ovaire. Feuilles toutes radicales, linéaires, canaliculées en dessus, égalant la tige, subulées, plus larges et plus fortes que celles du *N. juncifolius*. Tige de 2-4 décimètres, nue, dressée, comprimée. Bulbe globuleux. ♃ Avril-Mai.

Hab. Pyrénées-Orientales et centrales, les champs; Prades, Villefranche; prairies de Gedre, vallée de Gavarnie. RR.

N. Poëticus *L. sp.* 414; *D C.; Lap.; Dub.; Benth. cat.: Mut.: Gren. Godr.* — Fleurs d'un blanc sale ou d'un blanc éclatant, penchées, grandes, odorantes, solitaires ou géminées. Périgone à tube allongé, cylindrique, étroit, à divisions ovales, très larges et se dépassant alternativement à la base; couronne (tube pétaloïde) très courte, crénelée sur les bords, d'un jaune rouge, rarement jaunâtre. Spathe scarieuse, longuement tubuleuse. Feuilles largement linéaires, un peu glauques, un peu carénées, égalant la tige. Celle-ci de 2-4

décimètres, comprimée, striée, à deux angles saillants.
Bulbe très fort.

Var. b. *Mut.*; *Narcissus angustifolius Lois.*: *Curt.* — Feuilles
linéaires, à hampe grêle, à divisions périgonales très écartées. ♃ Mai-Juin.

Hab. Le type : toute la chaîne . prairies des vallées de Luchon.
d'Aure, etc. CC.; var. *a.* : prairies des environs d'Arreau. C.

N. Sub-pseudo-narcisso-poëticus (*Hybride*) *Gren.*:
N. Boutignianus. — Fleurs blanches. Périgone à tube en entonnoir, à divisions ovales, elliptiques, mucronées, trois fois
plus grandes que la couronne; celle-ci ouverte, campanulée,
d'un beau jaune, à bord entier. Style saillant. Spathe grande.
Feuilles linéaires, très longues, planes, obtuses. Tige cylindracée, de 2-4 décimètres, terminée par une fleur courtement pédonculée. Bulbe très fort. ♃ Avril-Mai.

Hab. Pyrénées centrales; prairies de Gèdre, de Bareilles près
d'Arreau (*Boutigny*).

N. Moschatus *L.*; *Bot. mag.*; *Mut.*; *N. radians* et *can-
didissimus Lap.* — Fleurs blanches, dressées ou penchées,
pédonculées. Périgone à divisions ovales ou lancéolées,
sinuées-crénelées, égalant la couronne; celle-ci jaune ou
blanche, cylindrique. Feuilles linéaires. Hampe comprimée,
à deux tranchants, haute de 2-3 décimètres. Bulbe arrondi,
couvert des débris des anciennes feuilles. ♃ Mars-Avril.

Hab. Pyrénées-Orientales; près Mont-Louis (*Lécluse*). R.

N. Bulbocodium *L.* sp. 417; *Bot. mag.*; *Lap.*; *Mut.*:
Gren. Godr. — Fleur solitaire, dressée ou penchée, d'un
jaune pâle, pédicellée. Périgone à tube long, à divisions
linéaires-lancéolées, étalées, de même couleur que la couronne; celle-ci infundibuliforme, beaucoup plus grande que
les divisions périgonales qui y sont adhérentes; le tube
périgonal et la couronne réunis affectent exactement la
forme d'un entonnoir. Style saillant. Spathe engaînante .
lancéolée, courte. Capsule ovale-oblongue, dressée. Graines
sub-triangulaires, noires, lisses. Feuilles toutes radicales.
linéaires, un peu canaliculées, obtuses, dressées, plus courtes que la tige. Celle-ci de 1-2 décimètres, cylindrique, grêle.
Bulbe petit, recouvert d'une tunique brune. ♃ Avril.

Hab. Pyrénées-Orientales et centrales, les bruyères de la plaine.
les prairies; Prades, Villefranche, Campan, les Palomières près
Bagnères, carrière de Nodrest, Montalivet. C.

N. Biflorus *Curt.*; *Bot. mag.*; *D C.*; *Dub.*: *Lois.*: *Mut.*:
Noul.; *Borr.*; *Gren. Godr.* — Fleurs d'un blanc jaunâtre, très
pâles, grandes, odorantes, géminées, rarement 1-3. Périgone
à tube étroit, allongé, à divisions oblongues ou ovales-ob-

tuses ou un peu aiguës ; couronne très courte, jaune, à bords ondulés, crénelés. Pédicelles penchés. Spathe couvrant les pédicelles. Feuilles largement linéaires, obtuses, légèrement glauques et un peu carénées, égalant la tige. Celle-ci de 3-5 décimètres, striée, comprimée au sommet, à deux angles plus ou moins saillants. Bulbe très fort. ♃ Avril-Mai.

Hab. Pyrénées centrales ; prairies entre l'Adour et une petite rivière qui alimente un moulin près de Pouzac. C.

2. Fleurs en ombelle.

N. Tazetta *L. sp.* 416 ; *D C.; Lap.; Dub.; Lois.; Benth. cat.; Mut.; Gren. Godr.* — Fleurs blanches ou jaunâtres, en ombelle, nombreuses, odorantes, pédicellées. Périgone à tube étroit, allongé, grêle, à divisions ovales-lancéolées, alternativement plus grandes, trois fois plus longues que la couronne ; celle-ci (tube pétaloïde) entière, en cloche, tronquée, d'un jaune orangé, en coupe évasée. Etamines à filets soudés au tube ; anthères petites. Style inclus à stigmate trilobé. Spathe très grande, embrassant l'ombelle. Feuilles embrassantes à la base, planes, sub-obtuses, un peu glauques, étalées ou dressées, dépassant la tige. Celle-ci de 2-5 décimètres, grêle, sub-cylindrique, ancipitée. Bulbe petit, terminé par un paquet de racines. ♃ Mars-Avril.

Hab. Pyrénées occidentales ; marécages, environs de Bayonne. CC.

921. PANCRATIUM *L. gen.* 404 (*Pancrace*). — Fleurs en ombelle, renfermées avant l'anthèse dans une spathe mono-polyphylle. Périgone à tube prolongé au-dessous de l'ovaire, à limbe régulier en entonnoir, à six divisions linéaires, étalées, muni à la gorge d'une couronne pétaloïde à 1-2 dents. Etamines raides, saillantes, insérées sur les dents ou sur la couronne ; anthères courtes, dressées. Stigmate simple. Capsule sub-globuleuse-trigone. Graines globuleuses.

P. Maritimum *L. sp.* 438 ; *D C.; Lap.; Dub.; Lois.; Mut.; Gren. Godr.* — Fleurs 2-9, blanches, à côtes vertes, grandes, odorantes, en ombelle. Périgone à tube infundibuliforme de 5-6 centimètres, dépassant le limbe, à divisions réfléchies, linéaires-lancéolées, dépassant peu la couronne ; celle-ci à 1-2 dents courtes rapprochées par paires. Pédicelles très courts ou nuls, munis à la base de deux bractéoles linéaires-sétacées. Etamines saillantes, insérées sur la gorge de la couronne. Spathe à deux feuilles très grandes, membraneuses, lancéolées, beaucoup plus courtes que l'ombelle.

Capsule obovée, sub-trigone. Graines noires, comprimées.
Feuilles 5-6, linéaires, étroites, dressées, glauques, obliques.
Hampe de 2-3 décimètres, forte, dressée, plus courte que les
feuilles. Bulbe gros à tuniques brunes. ♃ Juillet-Août.

Hab. Pyrénées-Orientales et occidentales, prairies marécageuses ;
Port Vendres, Bayonne.

B. *Fleurs non munies de couronne.*

622. LEUCOIUM *L. gen.* 402 (*Nivéole*). — Fleurs pendantes. Périgone à tube court, non prolongé au-dessus de
l'ovaire, à limbe en cloche ou campanulé, à 6 divisions
égales, épaissies au sommet. 6 étamines égales, insérées sur
le disque épigyne ; anthères dressées, s'ouvrant par deux
fentes, non apiculées au sommet. Stigmate aigu. Capsule
charnue, à trois valves. Graines globuleuses.

L. Œstivum *L. sp.* 414 ; *D C.*; *Lam.*; *Lap.*; *Dub.*; *Lois.*;
Mut.; *Gren. Godr.*; *L. autumnale Gouan.* — Fleurs blanches,
penchées, petites, 3-6, sub en ombelle, portées par des pédicelles inégaux. Périgone à tube court, à 6 divisions obovales,
mucronées. Style filiforme ou sub en massue. Capsule pyriforme. Graines globuleuses, lisses, sessiles, luisantes. Spathe
lâche, lancéolée-linéaire, égalant ou dépassant les pédicelles.
Feuilles allongées-embrassantes, engaînantes, largement
linéaires, planes, obtuses, n'égalant pas la tige. Celle-ci de
3-5 décimètres, droite, fistuleuse, à deux angles saillants.
Bulbe très fort. ♃ Juin-Juillet.

Hab. Pyrénées-Orientales et occidentales, prairies et lieux humides ;
Perpignan, Bayonne. C.

623. GALANTHUS *L. gen.* 401 (*Perce-Neige*).— Fleur
pendante. Périgone à tube non prolongé en dessus de
l'ovaire, court, à limbe à 6 divisions ; les externes sépaloïdes,
ovales-obtuses, blanches, étalées; les internes pétaloïdes,
courtes, dressées, en coin, émarginées au sommet. 6 étamines égales insérées sur le disque épigyne; anthères dressées.
Stigmate simple, filiforme. Capsule ovoïde, charnue.

G. Nivalis *L. sp.* 413 ; *Lam.*; *D C.*; *Lap.*; *Dub.*; *Lois.*;
Mut. — Fleur blanche, solitaire, penchée, portée sur un pédicelle réfléchi. Périgone à tube court, à divisions externes
obovales, atténuées à la base et d'un beau blanc ; les trois
internes bien plus courtes, échancrées, vertes en dedans avec
des lignes plus foncées. Style filiforme. Capsule globuleuse,
ne mûrissant qu'au moment où la tige se flétrit, linéaire,
allongée. Deux feuilles radicales, glauques, planes, larges,

linéaires-obtuses, glauques, renfermées jusqu'au tiers de leur longueur dans une gaîne membraneuse à trois nervures, plus courtes que la tige. Celle-ci de 1-3 décimètres, sub-cylindrique, fistuleuse, comprimée. Bulbe petit, ovoïde. ♃ Février-Mars.

Hab. Toute la chaîne : lieux couverts, lisière des bois, haies humides : Mont-Louis, St-Béat, Barousse, Bagnères, Bédat, Trébons, Eaux-Bonnes, etc., etc. CCC.

CX. IRIDÉES.

Fleurs hermaphrodites, régulières ou irrégulières, renfermées avant la floraison dans une spathe à deux valves. Périgone pétaloïde, coloré, tubuleux à la base, soudé à l'ovaire, à 6 divisions bisériées. 3 étamines distinctes ou soudées entr'elles, insérées à la base des divisions internes du périgone ; anthères linéaires ou oblongues, biloculaires. Ovaire simple, à ovules nombreux placés sur deux rangs. Style unique ou nul, à trois stigmates simples ou laciniés, ou pétaloïdes. Capsule triloculaire, polysperme, à 3 valves s'ouvrant dans leur longueur, portant une cloison sur le milieu. Embryon placé dans un périsperme charnu ou corné. Graines attachées à l'angle interne des loges. Plantes à racines tubéreuses ou bulbeuses. Feuilles ensiformes ou linéaires, alternes.

624. IRIS *L. gen.* 59. — Périgone à 6 segments profonds ; les trois externes sépaloïdes, étalés, réfléchis, plus larges que les trois internes pétaloïdes, dressés ou connivents. 3 étamines insérées à la base des segments externes. Styles très courts, terminés par trois lobes, élargis, pétaloïdes, carénés en dessus, canaliculés en dessous, souvent échancrés au sommet, portant les stigmates sur leur face inférieure et recourbés sur les étamines. Capsule coriace, trigone, hexagone, triloculaire. Graines nombreuses, comprimées.

1. Périgone à tube allongé, à segments externes sépaloïdes, réfléchis et barbus en dessus à la base, à segments internes dressés connivents.

1. Germanica *L. sp.* 55 ; *Lam.; Vill.; Schrad.; D C.; Lap.; Koch; Mut.; Benth. cat.; Borr.; Noul.; Gren. Godr.* — Fleurs grandes, d'un beau bleu violet, rayées de blanc à la base, odorantes, solitaires à l'extrémité de la tige et des rameaux, sessiles ou sub-sessiles. Périgone à tube égalant l'ovaire, à 6 segments sub-égaux en longueur ; les 3 externes arrondis, obovés, réfléchis ; les 3 internes ovales, entiers, atténués en onglet à la base, ondulés sur les bords, arqués, connivents. Style à lobes plus courts que les divisions périgonales, oblongs ; le supérieur bifide. Spathe très grande, à segments inégaux, ovales-lancéolés, scarieux supérieurement. Feuilles en glaive, planes, aiguës, alternes, moins longues que la tige, vertes, un peu arquées, larges d'environ deux centimètres. Tige de 6-10 décimètres, droite, pluriflore, dressée, fistuleuse, rameuse, enveloppée en partie par les feuilles engaînantes. Souche épaisse, horizontale. ♃ Mai-Juin.

Hab. Toute la chaîne. murs et toits des villages (cultivé). Foix, St-Girons, St-Béat, prairies près de Pouzac et bords de l'Adour entre ce village et Bagnères (1840 R.), Pau.

I. Sambucina *L. sp.* 55 ; *Jacq.* ; *Lap.*; *Red.*; *Benth. cat.*; *Mut.* — Fleurs d'un bleu violet foncé, rayées de jaune à la base. Segments externes réfléchis ; segments internes échancrés, planes, livides, jaunâtres à la base. Feuilles dressées, en glaive, très charnues, d'un vert glauque, acuminées au sommet, moins longues que la tige. Celle-ci de 5-8 décimètres, multiflore, rameuse, en partie couverte par les feuilles engaînantes. Racine ou souche épaisse, horizontale. ♃ Mai-Juin.

Hab. Pyrénées centrales; rochers calcaires ombragés au midi; vallée d'Argelès. RRR.

I. Pumila *L. sp.* 56 ; *Jacq.*; *D C.*; *Lap.*; *Benth. cat.*; *Borr.*; *Mut.*; *I. olbiensis Henox* ; *Gren. Godr.*; *I. italica Parl.* — Fleurs d'un bleu violet, rayées de jaune, solitaires (rarement 2) sur un pédoncule gros et court. Périgone à tube plus long que l'ovaire, dépassant les bractées, à 6 segments sub-égaux ; les trois externes réfléchis, obovales ; les trois internes dressés, connivents, ovales-oblongs, atténués brusquement en onglet. Lobes du style beaucoup plus courts que les divisions périgonales ; stigmates dentés sur le bord externe. Capsule grosse, obscurément trigone. Spathe à segments ventrus, scarieux et sub-aigus au sommet. Feuilles ensiformes, étroites, dressées, un peu arquées, dépassant la tige. Celle-ci de 1-2 décimètres, rameuse, pluriflore. Souche horizontale. ♃ Mars-Mai.

Hab. Pyrénées-Orientales ; Fort Sarral et environs de Perpignan (*Lap.*). R.

I. Lutescens *Lam.*; *Bot. mag.*; *Lap.*; *Mut.*; *Gren. Godr.*; *I. humilis, pyrenaïca, etc. Tournef.* — Fleurs d'un jaune verdâtre, veinées de bleu ou de rouge, solitaires, terminales, pédonculées. Pédoncule égalant l'ovaire. Périgone à tube plus long que l'ovaire, ne dépassant pas la spathe. Segments sub-égaux ; les externes réfléchis, obovés, arrondis et émarginés au sommet ; les internes dressés, connivents, ovales, atténués en onglet. Lobes du style plus courts que les divisions périgonales, oblongs, le supérieur bifide. Stigmates aigus, dentés sur le bord externe. Spathe persistante, sub-herbacée, à segments écartés au sommet, lancéolés, acuminés. Feuilles en glaive, sub-droites, plus courtes que la tige, aiguës, larges de 10-15 millimètres. Tige de 2-4 décimètres, uni-biflore, cylindrique, dressée, grêle. Souche horizontale, grosse (deux centimètres de diamètre). ♃ Avril-Mai.

Hab. Pyrénées-Orientales; environs de Perpignan (*Lap.*). R.

2. Tube du périgone très court ou nul; segments extérieurs sépaloïdes, étalés, glabres; segments internes pétaloïdes, dressés ou étalés.

a. Feuilles ensiformes.

1. Pseudo-acorus *L. sp.* 56; *D C.; Lap.; Dub.; Lois.; Mut.; Borr.; Gren. Godr.; I. lutea Lam.; I. palustris Mœnch.* — Fleurs 2-3, pédonculées dans la spathe, s'ouvrant successivement, grandes, inodores, jaunes, à segments sépaloïdes veinés, réticulés de pourpre. Périgone à tube très court, à segments inégaux ; les externes réfléchis, glabres, grands, obtus, atténués en onglet de moitié plus court ; les internes petits, droits, linéaires, ne dépassant pas les lobes du style. Ceux-ci obovés-oblongs, bifides. Stigmates dentés sur le bord externe. Capsule oblongue, elliptique, trigone, apiculée. Spathe herbacée, à segments inégaux, lancéolés, terminant la tige et les rameaux embrassants. Feuilles ensiformes, lancéolées-linéaires, un peu glauques, égalant ou sub-égalant la tige. Celle-ci de 6-12 décimètres, feuillée, droite, arrondie, comprimée. Racines noueuses, déprimées, horizontales, rameuses au sommet. ♃ Mai-Juin.

Hab. Toute la chaîne : bords des eaux dans les prairies humides; Montgaillard, Ordizan, Antist, etc., etc. CCC.

1. Fœtidissima *L. sp.* 57; *D C.; Lap.; Dub.; Lois.; Mut.; Borr.; Noul.; Gren. Godr.* — Fleurs 2-3, pédonculées, à segments externes d'un bleu livide, striés, à onglet jaunâtre, à segments internes jaunes. Périgone à tube très court, à segments inégaux ; les externes étalés-réfléchis, oblongs, atténués en onglet court ; les internes plus petits, oblongs, lancéolés, dressés-étalés, onguiculés. Lobes du style jaunes, brièvement bifides ; stigmates aigus, courbés en dehors. Capsule ovoïde, trigone, non apiculée. Spathe terminale, à segments lancéolés-acuminés, scarieux sur les bords.

Feuilles lancéolées, dressées, ensiformes, striées, acuminées, vertes, plus courtes ou égalant la tige. Celle-ci comprimée, raide, à un seul angle, très feuillée, de 3-5 décimètres. Souche horizontale, noueuse. ♃ Juin-Juillet.

Hab. Les haies, les lieux humides. CCC.

b. Feuilles linéaires.

** Racines noueuses.*

I. Sibirica *L. sp.* 57; *Lap.; Jacq.; Mut.; I. spuria Benth. cat.; I. pratensis Lam.* — Fleurs 3-4, pédonculées, bleues ou blanches, rougeâtres à la base, ou bleues panachées de violet et de blanc. Périgone à tube grêle, exserte, plus court que l'ovaire hexagone. Segments inégaux; les externes cordiformes, en spatule, étalés-réfléchis, à onglet plus court que le limbe; les internes étalés-dressés, connivents. Lobes du style oblongs, courbés en dehors, bifides, à lobes denticulés plus courts que les segments internes du périgone; stigmates obtus et denticulés. Capsule oblongue, trigone, obtuse. Feuilles linéaires, en glaive, vertes, dressées, acuminées, ne dépassant pas la tige. Celle-ci de 2-3 décimètres, cylindrique, fistuleuse, grêle, droite, nue au sommet. ♃ Mai-Juin.

Hab. Pyrénées-Orientales, prairies; Elne (*Benth. cat.*) RRR.

I. Graminea *L. sp.* 58; *Jacq.; Schrad.; Mut.; Noul.; Gren. Godr.; I. Bayonnensis Darracq.* — Fleurs 2, odorantes, d'un pourpre violet, tachées de jaune et de blanc, longuement pédonculées dans une spathe embrassante. Périgone à tube court et à segments inégaux; segments intérieurs étalés, réfléchis, à limbe ovale-obtus, d'un blanc bleuâtre, contracté en onglet plus long, d'un violet foncé rayé de jaune; segments intérieurs dressés, obovés-oblongs, atténués en onglet. Lobes du style plus courts que les segments internes, oblongs, bifides, à stigmates bleuâtres. Capsule ovoïde-hexagonale, apiculée. Spathe ventrue, à segments inégaux, scarieux sur les bords, quelquefois l'un entièrement herbacé. Feuilles radicales, longues, à 2-3 angles tranchants, comprimées, linéaires, plus longues que la tige, fortement striées. Tige très feuillée, comprimée, striée. Souche horizontale, brune, rameuse, fibreuse. ♃ Mai-Juin.

Hab. Pyrénées centrales et occidentales, coteaux calcaires; vallon d'Asté, Louvie, Bayonne, Pays Basque. R.—J'ai reçu, il y a quelques années, de mon ami M. Darracq, quelques échantillons d'un *Iris* nommé par lui *Iris Bayonnensis*. Cette plante ne me paraît différer en rien de l'*Iris graminea*.

*** Racines bulbeuses.*

I. Xyphioides *Ehrh.; D C.; Lap.; Mut.; I. pyrenaica*

Bubani. — Fleurs pédonculées, grandes, d'un bleu d'azur, quelquefois violettes, rarement blanches. Périgone à tube court, à segments inégaux ; segments externes très grands, oblongs, réfléchis, glabres, à limbe émarginé, maculé de jaune au milieu ; les internes dressés, atténués en onglet large, plus petits, plus courts, spatulés. Lobes du style bifides, oblongs, deux fois moins grands que les segments externes du périgone ; stigmates lancéolés-aigus. Capsule elliptique, oblongue, trigone, brune, très grande. Spathe grande, à deux segments opposés et alternes. Feuilles radicales, très grandes, dressées, canaliculées, linéaires-aiguës, arrondies sur le dos, souvent plus longues que la tige. Celle-ci flexueuse, très feuillée, haute de 2-4 décimètres, cylindrique, terminée par 2-4 fleurs. Racines à bulbes forts, couverts des débris nombreux des anciennes feuilles. ♃ Juin-Juillet.

Hab. Toute la chaîne : régions froides, sub alpines et très alpines, pâturages. CCC.

**** Racines tubéreuses.*

I. Tuberosa *L. sp.* 58; *D C.*; *Dub.*; *Lois.*; *Mut.*; *Noul.*; *Hermodactylis tuberosus Salisb.*; *Gren. Godr.* — Une fleur, très rarement trois, à moitié renfermées dans la spathe, petites, dressées, d'un violet sale velouté. Périgone à tube court, à segments inégaux ; les intérieurs plus grands, rapprochés, en entonnoir à la base, à limbe ovale-étalé, d'un violet brun foncé ; les internes très petits, jaunâtres, bifides. Lobes du style d'un jaune verdâtre, moins grands que les segments internes du périgone, bifides ; stigmates lancéolés-acuminés. Spathe à deux segments inégaux, embrassants. Feuilles radicales, trigones, fistuleuses, plus longues que la tige. Celle-ci feuillée, de 2-3 décimètres, uniflore ou biflore. Racine à 2-3 tubercules sub-cylindriques. ♃ Février-Mars.

Hab. Pyrénées occidentales; haies à St-Martin près d'Oloron, Navarrens, château de Pau à l'ouest près de la demi-lune, mars 1840.

625. GLADIOLUS *L. gen.* 67 (*Glayeul*). — Périgone à tube court à la base, à limbe irrégulier, à 6 divisions inégales, sub-bilabiées. Trois étamines ascendantes placées sous la lèvre inférieure. Style filiforme à trois stigmates oblongs, étalés, pliés en long. Capsule membraneuse, trigone. Graines sub-ailées, anguleuses.

G. Communis *L. sp.* 52; *Lam.*; *Lap.*; *Gaud.*; *Koch*; *Mut.*; *Borr.*; *Noul.*; *Gren. Godr.* — Fleurs purpurines, sessiles, unilatérales, en épi terminal lâche. Périgone à tube court, un peu réfléchi, à divisions inégales ; la supérieure plus grande, toutes atténuées en onglet à la base, ovales-arrondies au sommet, sub-spatulées. Étamines à anthères plus courtes que les filets périgynes. Stigmates étroits et glabres à la base, dilatés, obovés et papilleux au sommet. Capsule trigone, obovée, déprimée. Graines brunes, ailées. Spathe à segments inégaux, scarieux sur les bords, acuminés, plus longs que le tube, moins longs que la fleur. Feuilles embrassantes, en glaive, linéaires-acuminées, munies de fortes nervures longitudinales. Tiges cylindriques, lisses, simples. Racine formée par 1-2 bulbes placés l'un sur l'autre, enveloppés de tuniques brunes. ♃ Mai-Juin.

Hab. Pyrénées centrales, les champs, les prairies; vallée de Campan, près d'Asté, environs de Bagnères, prairies de Coma et allées Maintenon dans les prés.— Cette plante, indiquée comme vulgaire par Lapeyrouse, n'a été trouvée par nous que dans les localités indiquées et en petite quantité.

626. IXIA *L. gen.* — Périgone régulier, pétaloïde, infundibuliforme, à tube court, à 6 divisions sub-égales, un peu étalées. 3 étamines incluses, dressées, à filets hérissés antérieurement à la base. Style court, à trois stigmates fendus en plusieurs lanières étroites, étalées. Capsule obtuse-ovale, sub-trigone, triloculaire, polysperme. Graines globuleuses. Racine bulbeuse.

1. Bulbocodium *L. sp.* 51 ; *Lap.; Mut.; Desf.; Mert.* et *Koch; Trichonema bulbocodium Rchb.; Moris.; Gren. Godr.; Romulea columnæ Maratti; Borr.; Romulea bulbodium Bertol.; Puel* et *Maille.* — Fleurs d'un lilas clair, munies d'une strie plus foncée au milieu, passant du blanc au rouge violet et au jaune pâle. Périgone à tube court, à divisions longues, aiguës, larges, dressées, dépassant de beaucoup la spathe sub-sessile. Étamines à filets pubescents, plus courts que le pistil. Stigmates fendus jusqu'à la base. Capsule grande, pédonculée, ovoïde, trigone. Graines lisses, sub-globuleuses. Feuilles linéaires ou filiformes, comprimées, sillonnées, arquées, pliées en deux, dépassant de beaucoup la tige. Celle-ci feuillée, de 3-6 centimètres, souvent uniflore. Bulbe petit, enveloppé par des tuniques courtes. ♃ Février-Mars.

Hab. Pyrénées-Orientales et occidentales ; environs de Bagnols, Bayonne, Biarritz, St-Jean-de-Luz. C.

627. CROCUS *L. gen.* 55 *(Safran).* — Fleurs sub-radicales. Périgone régulier campanulé, coloré, pétaloïde, à tube très long, à limbe à 6 divisions bisériées ; les externes plus longues que les internes, toutes étalées. Étamines dressées, insérées sur le tube. Style filiforme allongé, naissant presque du bulbe, à trois stigmates charnus fendus en lanières ou creusés en coupe au sommet. Capsule trigone, membraneuse. Graines sub-globuleuses. Racines bulbeuses.

C. Vernus *All.; D C.; Lap.; Dub.; Lois.; Mut.; Benth. cat.; Borr.; C. triphyllus et multiflorus Emer. in Lois.; C. sativus var. b. vernus L. sp.* 50. — Fleurs variables, blanches, violacées ou bigarrées de blanc et de violet, dressées, à gorge un peu barbue, sortant d'une spathe monophylle entière. Périgone à tube long, pubescent à la gorge, à segments oblongs, elliptiques, obtus. Anthères linéaires en flèche, plus longues que les filets pubescents. Stigmates courts, orangés, denticulés, inclus. Feuilles naissant avec les fleurs, linéaires, canaliculées, munies d'une strie blanche au milieu de la face interne et en dessous d'une carène à deux tranchants. Hampe dressée, d'un décimètre, souvent dépassée par les feuilles. Bulbe rond, couvert de tuniques fibreuses. ♃ Mars-Avril.

Hab. Pyrénées centrales, régions froides ; cirque de Gavarnie, Héas, Capadur dans le Tourmalet, Arize, Anéou près du port ; plaine de Luchon, port de Vénasque. C.

A. Multifidus *Ram. bul. phil.; D C.; Dub.; Mut.; C. nudiflorus Smith.; Lap.; Benth. cat.; Gren. Godr.* — Fleurs grandes, solitaires, campanulées, d'un violet clair, rarement blanches, sortant d'une spathe monophylle aiguë. Périgone à tube long, à gorge glabre, à six divisions elliptiques-aiguës ou lancéolées, atténuées à la base en onglet blanc. Anthères linéaires, sagittées ; filets glabres plus longs que les anthères. Stigmates orangés, étalés, découpés en lanières fines, égalant les divisions périgonales. Feuilles naissant au printemps avec la capsule, linéaires, canaliculées, munies d'une ligne blanche au milieu de la face interne, étalées-dressées, obtuses au sommet. Tige cylindrique, blanchâtre, munie à la base de tuniques radicales à fibres parallèles. Bulbe rond, petit, souvent muni d'un stolon court placé entre le bulbe et la racine. ♃ Feuilles Mars-Avril ; fleurs Septembre-Octobre.

Hab. Toute la chaîne : prairies, friches, plaines et montagnes, descend jusque dans le Parc de Pau. CCC.

CXI. ORCHIDÉES.

Fleurs hermaphrodites, irrégulières, ordinairement en grappe ou en épis quelquefois axillaires, munies de bractées. Périgone supère, irrégulier, à 6 divisions ; trois externes sépaloïdes, souvent dressées et voûtées en forme de casque, 3 internes pétaloïdes dont deux très intérieures, très petites, rarement nulles, souvent dressées et rapprochées ou étalées en forme d'ailes, et une troisième infère (labelle) variable dans sa forme et sa direction par la torsion du pédicelle, souvent prolongée en éperon à la base. 3 étamines insérées sur l'ovaire, à filets soudés en colonne avec le style formant ainsi le *gynostème* (*Rich.*) ; les deux latérales stériles, souvent réduites à un appendice mamelonné ou rarement nulles ; la moyenne fertile, distincte ou soudée en gynostème (plus rarement la centrale est stérile et les latérales fertiles) ; anthère bi-quadriloculaire, dressée ou inclinée sur le gynostème, courtement stipitée ou sessile ; masses polliniques très compactes, en masses *ciracées* ou en granules pulvérulentes. Ovaire infère, uniloculaire, multiovulé. Style soudé aux étamines ; stigmate à surface glanduleuse, placé à la partie supérieure et externe du gynostème et formant presque une fossette, souvent prolongé en bec Capsule uniloculaire, trigone, à trois valves saillantes, persistantes, s'ouvrant par trois fentes longitudinales, à placentas pariétaux. Embryon placé à la base d'un périsperme charnu. Plantes à feuilles engaînantes, à racines tuberculeuses ou fibreuses.

828. ORCHIS *L. gen.* 1009 — Fleurs en épi terminal. Périgone irrégulier, à 6 divisions ; les 3 externes conniventes, dirigées d'un seul côté, la supérieure voûtée en forme de casque ; les internes dont deux ordinairement plus petites dressées ou étalées, l'infère (labelle) plus grande, réfléchie, prolongée à la base et en arrière en éperon et formant en avant un tablier ou étendard trilobé, à lobes plus ou moins profonds, dressés-étalés, planes ou réfléchis. Anthères terminales, dressées, biloculaires ; masses poliniques pédicellées, provenant de deux glandes distinctes, nues ou renfermées dans le stigmate. Ovaire souvent tordu, appliqué contre l'axe floral, couvert par une bractée herbacée. Racines à tubercules géminés, globuleux ou palmés.

1 Labelle prolongé en éperon à la base.

a. Racines à deux tubercules entiers.

* *Tablier en languette non divisée ; loges des anthères (rétinacles) écartées. dépourvues d'enveloppe (bursicule).*

0. Bifolia *L. sp.* 444 ; *D C.; Lap.; Dub.; Lois.; Mut.; Borr.; Gren. Godr.; O. alba Lam.; Satyrium bifolium Whlb.; Habenaria bifolia Ait.; Gymnadenia bifolia Meg.; Platanthera bifolia Rchb.* — Fleurs blanches, odorantes, en épi lâche, allongé, cylindrique, munies de bractées vertes, lancéolées, dépassant l'ovaire. Périgone à divisions externes inégales ; les latérales lancéolées-aiguës, étalées ; la médiane cordiforme, ovale-dressée ; divisions latérales internes, dressées ; labelle à tablier oblong, étroit, à éperon grêle, filiforme, subulé, d'un blanc verdâtre, dépassant l'ovaire de plus de moitié, droit, arqué ou penché. Anthères à loges contiguës parallèles. Feuilles radicales 2, rarement 3, oblongues, larges, pétiolées, obovales ; les caulinaires 2-3, linéaires, lancéolées, sessiles, bractéiformes. Tige de 1-2 décimètres, droite, grêle, fistuleuse, fragile. Tubercule oblong, conique. ♃ Mai-Juin.

Hab. Prairies, ombrages sub alpins et alpins. CCC.

O. Chlorantha *Curt.; Mut.; Borr.; O. montana Smith.; Gren. Godr.; O. visrescens Zoll.; Platanthera chlorantha Coss. et Germ.; Habenaria chlorantha Bab.; O. bifolia var. b. elatior Gaud.* — Fleurs blanches, légèrement verdâtres, inodores, plus grandes que dans l'espèce précédente, en épi allongé moins lâche que dans l'*O. bifolia*. Bractées vertes, lancéolées, munies de 3-5 nervures, dépassant l'ovaire, plus larges que dans l'espèce précédente. Divisions externes du périgone ressemblant à celles de l'espèce précédente ; les internes dressées ; labelle à éperon plus de deux fois plus long que l'ovaire, arqué ou horizontal, sub en massue au sommet ; tablier-large, lancéolé. Anthères alaires, éloignées l'une de l'autre, divergentes à la base sub en fer à cheval, égalant presque les divisions latérales internes du périgone. Capsule arquée. Feuilles radicales 3-4, larges, ovales-oblongues, atténuées en pétiole court et un peu étalées ; les caulinaires petites, très étroites, linéaires-aiguës, sessiles, bractéiformes. Tige ferme, dressée, de 2-3 décimètres, raide, peu fistuleuse. Tubercules deux, oblongs, coniques, plus obtus que dans l'espèce précédente. — Plante très voisine de l'*O. bifolia* dont elle diffère par les caractères indiqués et surtout par la divergence et l'éloignement des loges des anthères ; elle est aussi plus robuste. ♃ Juin-Juillet.

Hab. Les pâturages subalpins et alpins ; Lhéris, etc., etc., etc.

** *Tablier trilobé, muni à la base de deux appendices ; masses polliniques soudées par les pédicelles.*

O. Pyramidalis *L. sp.* 1332 ; *D C.; Lap.; Dub.; Lois.; Mut.; Borr.; Noul.; O. condensata Desf.; Aceras pyramidalis Rchb.; Gren. Godr.; Anacamptis pyramidalis Rich.* — Fleurs médiocres, purpurines ou d'un pourpre clair, souvent sans taches, en épi compacte pyramidal. Bractées rosées, trinervées, linéaires, allongées, subulées. Périgone à divisions externes, ovales-aiguës, lancéolées ; les latérales étalées. Labelle à tablier à trois lobes, munis à la base de deux petites dents ; les latéraux rhomboïdaux, souvent un peu crénelés, plus grands ou sub-égalant le médian entier ; éperon grêle, arqué, filiforme, égalant ou dépassant l'ovaire. Anthères à lobes contigus à la base, divergents au sommet. Feuilles d'un vert clair, lancéolées-linéaires, aiguës, allongées ; les caulinaires plus courtes, engainantes. Tige de 2-3 décimètres, droite, grêle. Tubercules arrondis, ovoïdes. ♃ Mai-Juin.

Hab. Pyrénées-Orientales et centrales, terrains calcaires, friches, haies; Saleix, Baïgorry, St-Béat, Barèges (*Lap.*) où nous ne l'avons pas trouvée; friches près Cieutat.

**** Tablier trilobé; éperon plus court que l'ovaire: masses polliniques distinctes, ordinairement bifides, à pédicelles non soudés.*

O. Coriophora *L. sp.* 1332; *D C.; Lap.; Dub.; Lois.; Mut.; Borr.; Noul.; Gren. Godr.* — Fleurs médiocres, d'un pourpre sombre, à labelle rayé de vert et de rouge, à odeur de punaise ou inodores, en épi dense, étroit, oblong. Bractées membraneuses, sub-uninervées, égalant ou sub-égalant l'ovaire. Périgone à divisions externes linéaires, conniventes, en casque, soudées inférieurement; les internes acuminées, soudées à celles qui forment le casque. Labelle à tablier pendant, à trois lobes; le moyen oblong, entier, plus long que les latéraux; ceux-ci rhomboïdaux, un peu crénelés; éperon conique presque recourbé, peu ou très arqué, un peu plus court que le tablier, beaucoup plus court que l'ovaire. Feuilles d'un vert gai, lancéolées, linéaires-aiguës; les caulinaires courtes, nombreuses, engainantes. Tige de 2-3 décimètres, cylindrique, feuillée jusqu'à l'épi. Tubercules arrondis, ovoïdes, entiers. ♃ Mai-Juin.

Var. a. Fleurs à odeur agréable. Lobes du tablier sub-égaux ; éperon conique court. Feuilles plus larges que dans le type. ♃ Mai-Juin.

Hab. Type et var. : Pyrénées centrales, prairies humides; Escaladieu, St-Béat, Can d'Espada, buttes de Sers à Barèges. C.

O. Ustulata *L. sp.* 1333; *D C.; Lap.; Dub.; Lois.; Mut.; Borr.; Gren. Godr.* — Fleurs petites à casque d'un pourpre foncé, à labelle blanc ponctué de rouge, en épi serré, allongé ou très court, lâche à la base, d'abord d'un brun noirâtre puis marbré de brun et de blanc. Bractées membraneuses, colorées, égalant ou dépassant l'ovaire. Divisions externes conniventes, en casque sub-globuleux ; les intérieures linéaires, dressées. Labelle pendant, à tablier à trois lobes; les latéraux linéaires, obtus, un peu crénelés; le moyen long, plus large, à deux divisions divergentes, quelquefois muni d'une dent au point de bifurcation des deux divisions; éperon court, droit ou courbé, beaucoup plus court que l'ovaire. Feuilles inférieures ovales-oblongues, obtuses; les supérieures courtes, engainantes, peu nombreuses. Tige de

2-3 décimètres, dressée, grêle, cylindrique. Tubercules arrondis, entiers, sub-globuleux. ⚥ Mai-Juin.

Hab. Prairies jusque dans les régions alpines. CCC.

O. Galeata *Lam.; D C.; Mut.; Borr.; O. simia Gren. Godr.* — Fleurs grandes, d'un pourpre clair, purpurines, striées en dedans, à labelle veiné et marbré de points glanduleux purpurins, rarement blanches, en épi oblong, ovoïde, court, très dense. Bractées membraneuses, obtuses, 2-3 fois plus courtes que l'ovaire. Périgone à divisions externes lancéolées-aiguës, conniventes, en casque acuminé ; les internes linéaires. Labelle à trois lobes plus ou moins profonds ; les latéraux linéaires ou ovales ; le moyen égal ou plus long, à deux divisions courtes, cunéiformes, souvent élargies au sommet ou étroites-linéaires, égalant ou sub-égalant les lobes latéraux, muni à l'échancrure d'une pointe courte ; éperon comprimé ou cylindrique, de moitié plus court que l'ovaire. Feuilles inférieures larges, ovales-lancéolées ; les supérieures engaînantes, acuminées, appliquées. Tige dressée, cylindrique, de 3-4 décimètres. Tubercules ovales. ⚥ Mai-Juin.

Hab. Pyrénées-Orientales ; Villefranche. R.

O. Militaris *L. fl. succ. ed. 2, sp. 310 et p. 1333 (excl. var. b., d., e.); Lap.; Mut.; Borr.; Gren. Godr.; O. rivini Gouan; O. galeata Lam.; O. thephrosanthos D C.; Dub.; Lois.; O. cinerea Schr.* — Fleurs roses ou cendrées, à labelle d'un pourpre clair, en épis gros, ovales, cylindracés, un peu lâches. Bractées membraneuses, 3-4 fois plus courtes que l'ovaire. Périgone à divisions externes aiguës, conniventes, en casque ovoïde-aigu ; les intérieures sub-linéaires, ponctuées à la loupe. Labelle à tablier à trois lobes ; les latéraux linéaires ; le moyen d'abord linéaire puis dilaté et divisé en deux lobules obtus, souvent arrondis, ordinairement entiers, divergents, plus courts que les lobes latéraux, muni souvent d'une pointe sétacée dans l'échancrure ; éperon plus court que la moitié de l'ovaire. Feuilles ovales-oblongues ; les supérieures courtes, engaînantes. Tige de 2-4 décimètres, droite, robuste, peu feuillée, tuberculeuse, ovoïde. ⚥ Juin-Juillet.

Hab. Bois de Lhéris RR. (Indiqué cependant comme vulgaire partout par Lapeyrouse.)

O. Fusca *Jacq.; Lap.; Koch; Mut.; Borr.; Noul.; O. purpurea Huds.; Rchb.; Gren. Godr.; O militaris L. sp. 1334; var. b. et g. D C.; Dub.; Lois.* — Fleurs d'un pourpre noir, à tablier d'un blanc d'émail ou rose, ponctuées de rouge, en épi gros, ovale, cylindracé, obtus. Bractées membraneuses, 6-8 fois plus courtes que l'ovaire. Périgone à divisions externes un peu aiguës au sommet, soudées, conniventes en casque ovoïde ; les internes linéaires ; labelle à tablier, à trois lobes ; les latéraux linéaires-oblongs ; le médian dilaté dès la base et divisé au sommet en deux lobes élargis, crénelés, souvent munis d'un petit appendice acuminé dans l'échancrure ; éperon très renflé au sommet, courbé, de moitié plus court que l'ovaire. Feuilles d'un beau vert, luisantes, larges, ovales-oblongues ; les supérieures engaînantes, acuminées. Tige de 3-5 décimètres, dressée, cylindrique, colorée dans le haut. Tubercules ovoïdes. ♃ Avril-Mai.

Hab. Pyrénées-Orientales et centrales, terrains tertiaires ; Mont-Louis ; Orignac, Labarthe, plaines de St-Bertrand. R.

O. Variegata *Jacq.; Lam.; D C.; Lap.; Dub.; Lois.; Mut.; O. cercopithecà Lam.; Borr.; O. tridentata Scop.; Gren. Godr.; O. simia Vill.; Koch.* — Fleurs en épi court, dense, sub-globuleux, s'allongeant ensuite, rosées, à casque lilas strié de lignes plus foncées, à labelle lilas ou blanc ponctué de rouge. Bractées membraneuses, ovoïdes, mucronées, égalant ou sub-égalant l'ovaire. Périgone à divisions externes ovales-aiguës, conniventes en casque sub-globuleux, court, acuminé ; les internes oblongues ; labelle à tablier pendant, à trois lobes ; les latéraux étroits, oblongs, divariqués, tronquées au sommet, plus ou moins denticulés en scie ; le moyen profondément découpé en deux divisions linéaires-oblongues munies au point d'intersection d'un petit appendice arrondi très court ; éperon cylindracé, obtus, atteignant la moitié de la longueur de l'ovaire. Feuilles larges, ovales-lancéolées-obtuses ; les supérieures lancéolées-aiguës, engaînantes. Tige de 1-3 décimètres. Tubercule oblong. ② Juin.

Hab. Pyrénées-Orientales ; environs de Villefranche. R.

Voir pour la synonimie l'observation de MM. *Gren.* et *Godr. Fl. fr.* vol. III, page 288.

O. Globosa *L. sp.* 1332 ; *Jacq.; D C.; Lap.; Dub.; Lois.; Mut.; Gren. Godr.* — Fleurs roses, sub-renversées, à tablier ponctué de rouge, en épi globuleux, serré, puis allongé. Bractées vertes, à bords purpurins, linéaires-acuminées, uninervées, dépassant l'ovaire, sub-membraneuses. Périgone à divisions externes lancéolées, acuminées, d'abord conniventes en casque, puis étalées ; labelle à tablier ascendant, à trois lobes ; les latéraux ovales-rhomboïdaux, obtus ou émarginés ; le médian plus grand, acuminé ; éperon grêle, cylindrique, obtus, plus court de moitié que l'ovaire, n'égalant pas le tablier. Feuilles dressées, ovales-oblongues, glauques, pas ou peu engaînantes, ayant leur plus grande largeur un peu au-dessus de leur sommet aigu et mucroné. Tige de 2-3 décimètres, noircissant beaucoup à la dessication comme presque toutes les espèces de ce genre. Tubercules ovoïdes, obtus, l'un plus petit que l'autre. ♃ Juin-Juillet.

Hab. Pyrénées-Orientales; port de l'aillères *(Lap.).* R.

O. Mascula *L. sp.* 1333; *D C.; Lap.; Dub.; Lois.; Benth. cat.; Mut.; Borr.; Noul.; Gren. Godr.* — Fleurs purpurines, rarement blanches, en épi allongé plus ou moins lâche. Bractées membraneuses, uninervées, lancéolées, acuminées, membraneuses. Périgone à divisions externes ovales-oblongues, dressées-étalées, réfléchies au sommet; labelle à tablier crénelé sur les bords, très large, hérisssé à la base, cunéiforme, à trois lobes; les latéraux étalés ou réfléchis, obtus, crénelés, en forme de hache, rarement aigus; le moyen plus long, échancré (ce qui fait paraître le tablier présqu'à 4 lobes), sub-droit, obtus; éperon cylindrique, horizontal ou étalé-ascendant, égalant ou sub-égalant l'ovaire. Feuilles d'un vert clair, planes, charnues, lancéolées-obtuses ou lancéolées, souvent maculées, élargies au sommet; les deux caulinaires supérieures engainantes. Tige de 1-5 décimètres, droite, robuste, souvent pourpre au sommet. Tubercules ovoïdes, forts. ♃ Mai-Juin.

Hab. Toute la chaîne : les bois, les pâturages subalpins et alpins. CCC.

O. Pallens *L. mant.* 292; *D C.; Lap.; Dub.; Lois.; Mut.; Gren. Godr.* — Fleurs d'un jaune pâle, à légère odeur de sureau, en épi. Bractées membraneuses, jaunâtres, uninervées, lancéolées, acuminées, plus longues que l'ovaire; les inférieures trinervées, dépassant les fleurs. Périgone à divisions externes ovales-obtuses; les latérales étalées; labelle ovale, convexe, pubescent, velouté, à tablier à trois lobes sub-égaux, presque entiers; le médian tronqué, échancré; éperon conique, obtus, courbé et ascendant. Feuilles toutes radicales, ovales-oblongues, larges, d'un beau vert brillant, dilatées un peu en dessous du sommet mucroné; les supérieures engainantes et serrées contre l'axe. Tige de 1-2 décimètres, droite, grêle. Tubercules courts, petits, ovoïdes. ♃ Juin-Juillet.

Hab. Pyrénées centrales, régions sub-alpines et alpines; base de la Maladetta, pâturages de Montauban à Luchon, Pic d'Eyré, Tourmalet, Lhéris. C.

O. Laxiflora *Lam.; D C.; Dub.; Benth. cat.; Mut.; Borr.; Gren. Godr.; O. ensifolia Vill.; Lap.* — Fleurs d'un pourpre violet ou d'un rouge foncé, maculées de blanc ou de rose sur le tablier, en épi allongé très lâche. Bractées membraneuses, à 3-5 nervures, linéaires-lancéolées, aiguës, subréticulées, ordinairement plus courtes ou sub-égalant l'ovaire. Périgone à divisions externes oblongues-obtuses, ouvertes ; les latérales renversées en arrière; labelle large, à 3 lobes ; les latéraux grands, crénelés, entiers, réfléchis en arrière, rarement planes ; le médian beaucoup plus court, échancré ; éperon redressé, à sommet obtus ou échancré, cylindrique, plus court ou plus long que l'ovaire. Feuilles lancéolées, étroites et longues ou linéaires-lancéolées, canaliculées ; les radicales sub-opposées ; les supérieures espacées, lancéolées, engaînantes. Tige de 2-4 décimètres, feuillée. Tubercules forts, ovoïdes ou arrondis. ♃ Mai-Juin.

Var. a. — Tablier presque entier ou à lobes peu profonds.

Hab. Type et var. : Pyrénées centrales, prairies humides, plaines et coteaux ; Bagnères, Escaladieu, vallée de Campan, d'Argelès etc., etc.; monte jusqu'au pâturages subalpins et alpins. CC.

O. Morio *L. sp.* 1333; *Lap.; Dub.; Lois.; Benth. cat.; Mut.; Borr.; Noul.; Gren. Godr.* — Fleurs d'un pourpre violacé plus ou moins foncé, lilas ou rosées, rarement blanches, en épi court et lâche, fleurissant presque toutes à la fois. Bractées égalant l'ovaire ; les inférieures tri-nervées ; les supérieures uninervées, toutes membraneuses, pellucides. Périgone à divisions externes ovales-oblongues, obtuses, conniventes en casque; labelle ovale, cunéiforme, très large, ponctué de blanc, à trois lobes ; les latéraux crénelés, réfléchis en arrière, le médian court, échancré, émarginé ; éperon dressé ou ascendant, cylindrique, n'égalant pas l'ovaire. Feuilles inférieures un peu creusées en gouttière, lancéolées-oblongues, étroites et obtuses ; les supérieures engaînantes, aiguës. Tige de 1-2 décimètres, dressée, anguleuse, colorée dans le haut. Tubercules petits et arrondis. ♃ Mai-Juin.

Hab. Toute la chaîne : prairies et montagnes CCC.; à la Gailleste près de Bagnères, vallée d'Argelès, etc., etc.

b. Racine à 2-3 tubercules palmés

* *Bractées plurinervées, plus ou moins réticulées.*

O. Sambucina *L. sp.* 1334; *D C.; Lap.; Dub.; Lois.; Benth. cat.; Mut.; Borr.; Gren. Godr.* — Fleurs à odeur de sureau ou inodores, jaunâtres, marquées de points ou de lignes rougeâtres, en épi ovale, cylindrique, assez serré, court. Bractées jaunâtres, lancéolées, réticulées; les inférieures dépassant les fleurs. Périgone à divisions externes un peu obtuses ; les latérales étalées, souvent réfléchies, la médiane dressée; labelle à tablier sub-orbiculaire au sommet et marqué de stries violettes, à trois lobes ; les latéraux grands, entiers ou crénelés, souvent réfléchis ; le médian court, obtus ou aigu ; éperon conique, renflé et dirigé vers le bas, égalant ou sub-égalant l'ovaire. Feuilles lancéolées, rétrécies vers la base, élargies dans leurs partie supérieure, irrégulières ; les unes arrondies, les autres aiguës ou toutes lancéolées ou oblongues, d'un vert clair et non maculées ; les supérieures très aiguës. Tige de un, rarement deux décimètres, grêle, peu feuillée. Tubercules oblongs divisés en 2-3 lobes courts terminés par des fibres allongées, rarement entiers.

Var. a. *Incarnata* ; *O. incarnata Lap.* ; *Rchb.* — Fleurs purpurines, à bractées grandes, lancéolées, colorées. Labelle ponctué ou rayé. Feuilles ovales-lancéolées. Deux tubercules entiers, dont l'un est bifide au sommet. ♃ Juin-Juillet.

Hab. Type : Pyrénées centrales ; Maladetta, pics d'Eyré, d'Ereslids, d'Anéou près de Gabas C. ; *var.* a. : col de Torte, pic d'Eyré, base du pic d'Ereslids, cirque de Troumouse. R.

O. Latifolia *L. sp.* 1334 ; *D C.* ; *Lap.* ; *Dub.* ; *Lois.* ; *Benth. cat.* ; *Mut.* ; *Borr.* ; *Noul.* ; *Gren. Godr.* — Fleurs légèrement purpurines ou d'un rouge vif, veinées de lignes plus foncées peu ou très visibles, en épi oblong, cylindrique, plus ou moins pyramidal, serré. Bractées colorées, lancéolées, trinervées, veinées, les moyennes et les supérieures dépassant les fleurs. Périgone à divisions externes ovales-lancéolées ; les latérales étalées, ascendantes ou rejetées en arrière ; labelle à tablier à trois lobes ; les latéraux étalés ou réfléchis en arrière, crénelés ou entiers ; le médian plus ou moins long, aigu ; éperon conique plus court que l'ovaire. Feuilles oblongues-lancéolées, étalées-dressées ; les supérieures lancéolées, décurrentes sur la tige. Celle-ci haute de 2-3 décimètres, épaisse, droite, raide, plus ou moins fistuleuse. Tubercules droits, palmés. ♃ Mai-Juin.

Var. a. — Feuilles ovales-lancéolées ou lancéolées, d'un vert foncé, tachées ou non tachées de noir ou ovales-oblongues, obtuses, atténuées en large et court pétiole. Tubercule palmés à fibres très longues. ♃ Juin-Juillet.

Hab. Le type : toute la chaîne, prairies et lieux humides ; vallée de l'Esponne CC. ; var. *a.* : Lhéris, Esquierry, Barèges. C.

O. Divaricata *Rich.* ; *Chaub.* ; *Mut.* ; *Borr.* ; *O. angustifolia Lois.* ; *O. incarnata L. fl. suçc. p.* 312 *et sp.* 1335 ; *Fries.* ; *Koch* ; *Rchb.* ; *Gren. Godr.* —Fleurs d'un rose clair, mouchetées de points plus foncés ou d'un blanc plus ou moins pur, en épi plus ou moins long, serré ou très lâche. Bractées grandes, trinervées, veinées, dépassant les fleurs. Périgone se rapprochant de celui de l'*Orchis latifolia,* plus grand et à divisions externes étalées, renversées en arrière, la médiane formant le casque ; labelle à tablier orbiculaire, à trois lobes crénelés ; les latéraux réfléchis, le médian aigu, petit ; éperon conique à peine plus court que l'ovaire. Feuilles dressées ou un peu étalées, lancéolées-linéaires, raides, jamais maculées, suivant une direction parallèle à la tige ; les supérieures linéaires, canaliculées, serrées contre l'axe floral, atténuées en pointe. Tige de 2-4 décimètres, fistuleuse, droite, raide, plus ou moins robuste. Tubercules à deux divisions droites ou divariquées. ♃ Mai-Juin.

Hab. Pyrénées centrales, prairies sub-alpines; Escaladieu.

O. Maculata *L. sp.* 1335 ; *D C.; Lap.; Dub.; Lois.; Benth. cat.; Mut.; Borr.; Gren. Godr.* — Fleurs lilas ou blanches, panachées de lignes ou de taches violettes ou purpurines, en épi étroit, oblong, serré, obtus. Bractées vertes, trinervées, réticulées, sub-linéaires, acuminées ; les moyennes égalant, les inférieures dépassant l'ovaire. Périgone à divisions externes étalées, recourbées ; casque ouvert ; ailes conniventes ; labelle à trois lobes ; les latéraux plus ou moins larges, crénelés ; le médian plus étroit, entier ; éperon cylindrique plus court que l'ovaire. Feuilles ordinairement maculées, d'un vert foncé en dessus, plus pâles en dessous ; les inférieures oblongues ; les suivantes lancéolées, atténuées aux deux extrémités ; les supérieures plus petites, acuminées. Tige de 2-4 décimètres, droite, ferme, feuillée, jamais fistuleuse. Tubercules palmés. ♃ Mai-Juin.

Hab. Partout; les bois, les prairies. CCC.

** *Divisions périgonales rapprochées en voûte: les latérales divergentes; masses polliniques dépourvues de bursicule et saillantes.*

O. Conopsea *L. sp.* 1335 ; *D C.; Lap.; Dub.; Lois.; Mut.; Noul.; Gren. Godr.; Gymnadenia conopsea R. Br.*—Fleurs purpurines, petites, à odeur suave, en épi cylindrique, grêle, peu ou très compacte. Bractées vertes, trinervées. Périgone à divisions externes ovales-obtuses, sub-égales, formant le casque avec les divisions latérales internes ; les latérales externes très étalées ; labelle à trois lobes ; les deux latéraux ovales, courts, le médian *parallèle*, tous entiers ou à peine crénelés ; éperon subulé, arqué, deux fois plus long que l'ovaire. Feuilles lancéolées-linéaires, acuminées, alternes, carénées, étalées-dressées. Tige de 4 décimètres, droite, grêle, feuillée. Tubercules palmés. ♃ Juin-Juillet.

Hab. Les prairies sur toute la chaîne. CCC.

O. Pyrenaica *Nob.; O. conopsea Gren. Godr.; O. odoratissima Lap.* — Fleurs purpurines, très odorantes, en épi allongé, cylindrique, aigu. Bractées lancéolées, acuminées, vertes, nervées, décurrentes sur la tige. Périgone à division médiane externe et à divisions latérales internes en casque voûté ; les latérales externes très étalées, linéaires ; labelle à trois lobes arrondis ; le médian plus grand ; éperon droit ou arqué, pendant, filiforme, obtus au sommet, d'un tiers à peu près plus long que l'ovaire. Feuilles linéaires ; les radicales obtuses, engaînantes, un peu canaliculées ; les caulinaires lancéolées, très rapprochées. Tige grêle, droite, feuillée. Tubercules palmés, comprimés, terminés par de longues fibres. ♃ Juin-Juillet.

Hab. Pyrénées centrales, pâturages et bois subalpins; Lhéris, Pla des Pouts; Barèges *(Lap.).* R.

2. Labelle en sac non prolongé en éperon à la base.

a. Tubercules palmés.

* *Divisions périgonales non connivenles en voûte; labelle entier.*

O. Nigra *Scop.; D C.; Lap.; Dub.; Lois.; Satyrium nigrum L. sp. 1338; Nigretella angustifolia Rchb.; Koch; Gren. Godr.* — Fleurs d'un pourpre noir, en épi ovale, très serré, petit, très court, obtus. Bractées colorées, lancéolées-aiguës, égalant les fleurs. Périgone à divisions externes lancéolées-acuminées, étalées, divergentes ; la médiane resserrée à la gorge ; les latérales externes très petites, étalées de chaque côté de la gorge; toutes entières ; labelle de même forme que les divisions externes, étalé comme elles et de même grandeur à peu près ; éperon en sac, obovale, obtus, très court. Feuilles linéaires, canaliculées ; les supérieures très petites, finement denticulées. Tige de 1-2 décimètres, dressée, très feuillée. Tubercules palmés, comprimés. ♃ Juin-Juillet.

Hab. Pyrénées-Orientales et centrales; pâturages alpins et très alpins; vallée d'Eynes, Lhéris CCC.; lac Bleu, Pics du Midi, d'Eyré, Esquierry. C.

** *Divisions périgonales externes connivenles en voûte ; labelle linéaire bi ou trifide.*

O. Viridis *All.; Crantz.; D C.; Lap.; Dub.; Lois.; Mut.; Borr.; Gren. Godr.; Satyrium viride L. sp. 1337; Gymnadenia viridis Rchb.; Platanthera viridis Lindl.* — Fleurs verdâtres, en épi lâche, oblong. Bractées herbacées, linéaires-lancéolées, deux fois plus longues que l'ovaire et dépassant même quelquefois les fleurs. Périgone à divisions externes lancéolées, conniventes en casque sub-globuleux souvent rose; labelle à tablier allongé, linéaire, à 3 divisions aiguës; la médiane plus large et plus courte ; éperon court, sub-globuleux.

souvent rose ou violet. Feuilles inférieures ovales, obtuses
ou aiguës; les caulinaires lancéolées-aiguës. Tige de 1-3 décimètres, feuillée, grêle ou robuste. Tubercules coniques,
palmés. ⚥ Juin-Août.

Hab. Les prairies, les coteaux calcaires. CCC.

b. Tubercules ovoïdes

** Labelle à divisions très longues.*

O. Hircina *Crantz.; D C.; Dub.; Lois.; Mut.; Borr.;
Gren. Godr.; Aceras hircina Lind.; Rchb.; Gren. Godr.; Satyrium hircinum L. sp.* 1337; *Noul.* — Fleurs en épi long,
cylindracé, d'un blanc sale, munies de lignes d'un pourpre
foncé, à odeur de bouc. Bractées nervées, longues, linéaires,
dépassant l'ovaire. Périgone à divisions externes ovales-
obtuses, conniventes en casque globuleux; les internes
linéaires, uninervées; labelle à trois lobes linéaires; les
deux latéraux plus petits, ondulés, crépus; le médian très
allongé (3-4 centimètres), trois fois aussi long que l'ovaire,
un peu contourné en spirale, souvent terminé par 2-3 dents;
éperon très court en forme de bosse conique. Anthères dressées, à lobes séparés par un appendice charnu. Feuilles radicales ovales-lancéolées; les caulinaires plus étroites, lancéolées. Tige très feuillée, de 3-5 décimètres, épaisse, dressée,
anguleuse. Tubercules gros, arrondis-oblongs. ⚥ Juin-Juillet.

*Hab.*Pyrénées-Orientales et centrales, friches; Bagnols, Asque,
montagne de Cierp. R.

*** Fleurs blanches, très petites.*

O.Albida *Scop.; D C.; Dub.; Lois.; All.; Mut.; Satyrium al-
bidum L. sp.* 1338; *Gymnadenia albida Rchb.; Platanthera albida
Lind.*-Fleurs d'un blanc jaunâtre, très petites, en épi grêle,
unilatéral, serré, allongé. Bractées herbacées, nervées, lancéolées-acuminées, égalant l'ovaire. Périgone à divisions
externes ovales, voûtées; casque arrondi; labelle à tablier à
trois divisions entières; les latérales aiguës, lancéolées, sub-
égales; la médiane plus longue, obtuse; éperon très court.
Feuilles inférieures oblongues, obovales, obtuses; les caulinaires supérieures lancéolées. Tige de 1-3 décimètres, droite.
Tubercules fasciculés. ⚥ Juin-Juillet.

Ht. Pyrénées-Orientales et centrales, régions subalpines et alpines Paillères, Saleix (*Lap.*); Lhéris, lac Bleu, Tourmalet parmi
les *asphodèles.* R.

49. OPHRYS *L. gen.* 1011.—Périgone à 6 divisions;
3 externes sépaloïdes, étalées ou en casque; 3 internes pétaloïdes, dont 2 supérieures petites, dressées, et une inférieure

(labelle) de forme variable dirigée vers le bas, entière ou
trilobée, à lobe moyen entier ou bifide, dépourvue d'éperon.
Stigmate convexe. Anthères terminales biloculaires. Deux
masses polliniques distinctes, pédicellées, à granules anguleux. Tubercules sphériques.

1. Divisions supérieures du périgone voûtées; labelle tripartite
gibbeux à la base *(Aceras Brown; Gren. Godr.)*

O. Anthropophora *L. sp.* 1343; *D C.; Lap.; Dub.; Lois.;
Mut.; Borr.; Noul.; Aceras anthropophora Brown; Gren. Godr.;
Loroglossum anthropophora Rchb.; Himantoglossum anthropopho-
rum Spreng.*—Fleurs d'un jaune verdâtre, à labelle bordé et
souvent rayé de rouge, en épi cylindrique peu serré. Bractées
blanchâtres, membraneuses, lancéolées-linéaires, acuminées,
plus courtes que l'ovaire. Périgone à divisions externes conniventes en casque, ovales-lancéolées, recouvrant les divisions internes linéaires; labelle dépassant l'ovaire, trifide; les
2 lobes latéraux filiformes; le médian plus large, plus long et
bifide. Feuilles inférieures 5-6, rapprochées, oblongues-lancéolées; les caulinaires engaînantes. Tige de 2-4 décimètres,
dressée. Tubercules arrondis. ♃ Juin-Juillet.

Hab. Pyrénées-Orientales et centrales; au Xatard, Saleix *(Lap.)*,
Plan des Etangs, à la base de la Maladetta. RR.

2. Périgone à divisions toutes conniventes en cloche
(Herminium Rich.; Gren. Godr.).

O. Monorchis *L. sp.* 1342 ; *D C.; Dub.; Lois.; Mut.;Borr.;
Herminium clandestinum Gren. Godr. ; Herminium monrchis
Brown.* — Fleurs très petites, d'un vert jaunâtre, à odur de
fourmi, en épi grêle, lâche. Bractées scarieuses égalat ou
sub-égalant l'ovaire. Périgone à divisions toutes connivntes;
les internes trilobées, à lobe médian plus allongé; labels peu
saillant, à 3 lobes; les latéraux plus courts, étalés, iver-
gents. Deux feuilles radicales ovales-lancéolées. Tige de 10-15
centimètres, grêle. Tubercule unique, globuleux, pdt. ♃
Juillet-Août.

Hab. Pyrénées centrales, montagnes espagnoles; Castanès Sal-
vanaire. R.

3. Périgone à divisions externes étalées.

O. Lutea *Cav.; D C.; Dub.; Lois.; Mut.; O. insectifera Lsp.*
1343 *var.* e. — Fleurs 2-3, d'un vert jaunâtre, en épi cart.
Bractées vertes, égalant l'ovaire. Périgone à divisions extenes
trinervées, largement ovales-elliptiques, un peu concavet la
médiane cannelée au sommet; les internes obtuses, linéaes,
d'un vert jaunâtre, plus courtes que les externes; lable
glabre, contracté à la base, oblong-arrondi, cilié sur es

bords, velouté, d'un rouge de sang, calleux à la base; lobes latéraux en forme de hache, le médian large, rhomboïdal, échancré, sub-bilobé. Gynostème court et obtus. Feuilles ovales-obtuses ou aiguës; les caulinaires lancéolées, engaînantes. Tige de 1-2 décimètres, dressée. Tubercules petits, arrondis. ⚥ Avril-Mai.

Hab. Pyrénées centrales, terrains argilo-calcaires; Mauvezin, Orignac. C.

O. Myodes *Jacq.; D C.; Lap.; Dub.; Lois.; Mut.; Borr.; O. muscifera Huds.; Koch; Rchb.; Gren. Godr.; O. insectifera L. sp.* 1343 *var.* e.; *Lam.* — Fleurs écartées, verdâtres, en épi grêle, lâche. Bractées nervées, égalant ou dépassant l'ovaire. Périgone à divisions externes ovales-lancéolées-obtuses, sub-arrondies, à 3 nervures vertes; les internes latérales grêles, linéaires-filiformes, égalant les étamines; labelle obovale-oblong, divisé en 3 lobes au-dessous du milieu; les latéraux pubescents, dirigés en avant, courts, lancéolés, terminés de pourpre brun; le médian non appendiculé, plus long, plus large, échancré au sommet, pubescent, d'un pourpre brun ou d'un rouge velouté, marqué dans son milieu d'une ou de deux taches bleuâtres ou rougeâtres; (quelquefois ces taches sont entourées de vert jaunâtre). Gynostème arrondi et non en bec au sommet. Feuilles ovales-lancéolées, les caulinaires engaînantes, toutes noircissant par la dessication. Tige jaunâtre, de 1-2 décimètres, feuillée. Tubercules petits, ronds. ⚥ Avril-Mai.

Hab. Pyrénées-Orientales et centrales; Xatard, Saleix (*Lap.*); Escaladieu à l'angle d'une prairie sur la route de Tournay, Mauvezin. R.

O. Fusca *Link. Mut.; O. insectifera L. sp.* 1343 *var.* c.; *Noul.; O. lutea Biv.; O. funerea Viv.; O. myodes Lap.* d'après *Noulet.* — Fleurs en épi lâche, pauciflore, les inférieures écartées, à divisions externes verdâtres, à divisions internes d'un brun roux, à labelle brunâtre marqué de la base au sommet de la bifurcation des lobes de deux grandes taches parallèles d'un brun pâle. Bractées inférieures égalant ou dépassant l'ovaire, les inférieures plus longues. Périgone à divisions externes oblongues, concaves, lancéolées, la centrale courbée, *cucullée* au sommet; les internes glabres, plus courtes, ne dépassant pas le gynostème, oblongues-lancéolées-obtuses; labelle ample, convexe, atténué en coin, calleux, sub-bigibbeux à la base, à 3 lobes, les latéraux courts, obtus, atteignant à peine la moitié du lobe médian; celui-ci non appendiculé, ample, échancré, sub-bilobé au sommet, ce qui rend le labelle presque à 4 lobes égaux, veloutés si ce n'est sur les taches brunes. Gynostème court, obtus. Feuilles ovales-oblongues-obtuses, un peu mucronées ; les caulinaires lancéolées, engaînantes. Tige de 1-2 décimètres. Tubercules oblongs, arrondis. ♃ Avril-Mai.

Hab. Pyrénées centrales, terrains argilo-calcaires; Orignac, Labarthe, Bertrem. C.

O. Aranifera *D C.; Lap.; Dub.; Lois.; Koch; Rchb.; Mut.; Borr.; Gren. Godr.* — Fleurs en épi lâche, à divisions supérieures d'un vert blanc jaunâtre, à divisions intérieures d'un blanc verdâtre, à labelle velouté d'un pourpre noir, jaunâtre vers les bords, muni au centre de 2-4 lignes grisâtres glabres, réunies par une strie ou une tache transversale. Bractées herbacées, linéaires-oblongues, dépassant ou égalant l'ovaire. Périgone à divisions externes oblongues-obtuses, étalées en croix ; les externes plus courtes, glabres, dépassant le gynostème, lancéolées ou linéaires-oblongues; labelle penduriforme, à bords réfléchis, gibbeux ou non gibbeux à la base, non divisé et seulement muni de deux dents petites et courtes sur les côtés, ce qui le rend sub-trilobé. Gynostème à bec court. Feuilles ovales-oblongues ou ovales-lancéolées, étalées, d'un vert glaucescent; les supérieures engaînantes, très petites, toutes noircissant par la dessication. Tige de 1-3 décimètres. Tubercules sub-globuleux, arrondis. ♃ Mai-Juin.

Hab. Pyrénées centrales, les friches, les lisières des prairies; Orignac. R.

O. Arachnites *Hoffm.; D C.; Dub.; Lois.; Lap.; Koch; Mut.; Gren. Godr.; O. fuciflora Rchb.* — Fleurs espacées, en épi lâche, pauciflore, rosées, veloutées, à nervures vertes, à labelle d'un pourpre brun marqué à la base de taches jaunes et de deux lignes glabres, livides, jaunâtres, symétriques, anastomosées. Bractées oblongues dépassant l'ovaire. Périgone à divisions externes ovales, obtuses, élargies à la base; les internes plus petites, triangulaires, veloutées, à sommet verdâtre, enroulées en cornet, égalant le gynostème; labelle large, échancré, entier, convexe, à bords aplanis, pubescent, velouté, muni à la base de deux gibbosités coniques et en avant d'un appendice verdâtre, sub-tridenté et réfléchi en dessous. Feuilles ovales-lancéolées; les supérieures engaînantes, très aiguës, noircissant par la dessication. Tige de 1-2 décimètres, dressée. Tubercules arrondis. ♃ Mai-Juin.

Hab. Les friches, les coteaux des terrains calcaires. C.

O. Apifera *Huds.; D C.; Lap.; Dub.; Lois.; Mut.; Borr.; O. insectifera L. sp.* 1343. — Fleurs en épi lâche, roses, à divisions externes d'un rose tendre, à nervures vertes, à divisions internes d'un rose mêlé de vert, veloutées antérieurement, à labelle velouté, brun-fauve, comme rouillé, muni de lignes plus pâles ou plus foncées, formant à sa partie moyenne une tache brune, glabre. Bractées dépassant l'ovaire. Périgone à divisions externes ovales-arrondies ou convexes, pubescentes ; les internes courtes, linéaires, dépassant le gynostème ; labelle arrondi, convexe, pubescent, velouté, trilobé ; les lobes latéraux naissant presqu'à la base, ovales, étalés ; le médian sub-orbiculaire, convexe supérieurement, constituant presque en entier le labelle, muni d'une gibbosité, hérissé à la base, sub-trilobé au sommet, pourvu d'une pointe ou appendice glabre, verdâtre, recourbé en avant et en dessous. Feuilles inférieures larges, lancéolées, oblongues, aiguës ; les supérieures aiguës, engaînantes. Tige de 2-4 décimètres, feuillée. Tubercules forts, oblongs. ♃ Mai-Avril.

Hab. Toute la chaîne : prairies et coteaux. CC.

630. SERAPIAS *L. gen.* 1012 *ex part.* — Périgone irrégulier, à 6 divisions, 3 sépaloïdes supérieures, rapprochées en forme de casque ; 3 pétaloïdes ; les deux internes très petites, soudées à la base, brusquement cuspidées ; labelle concave non éperonné, glanduleux à la base, à trois lobes ; les latéraux courts, redressés ; le médian plus long en fer de lance pendant. Anthères verticales ; masses polliniques lobulées, pédicellées, divisées en un grand nombre de granules. Ovaire non contourné. Gynostème prolongé en bec au sommet.

S. Lingua *L. sp.* 1344 ; *D C.; Dub.; Lois.; Mut.; Borr.; Noul.; S. glabra Lap.* — Fleurs purpurines, en épi ovoïde, allongé, pauciflore, très lâche. Bractées colorées, lancéolées, aiguës, plus courtes que les fleurs, égalant à peine l'ovaire. Périgone à divisions externes lancéolées-aiguës, sub-striées et sub-soudées dans toute leur longueur en forme de capuchon ; les internes rosées, acuminées, lancéolées, subulées, à pointe deux fois plus longue que le limbe, à 5 nervures dont les trois médianes se prolongent en arête et se réunissent pour se terminer en pointe, soudées ou du moins attachées aux divisions externes par la base et le sommet ; labelle d'un pourpre noir, ovale-aigu (12-15 millimètres de longueur, 10-11 de largeur), pulvérulent, trilobé, muni à la base d'une gibbosité brune, glabre, lustrée ; les deux lobes latéraux dressés, oblongs, d'un pourpre noir ; le médian oblong, lancéolé, acuminé, glabre, pendant. Gynostème muni au sommet d'un appendice aussi long que lui. Feuilles linéaires-oblongues ou lancéolées ; les caulinaires étroites. Tige dressée, de 1-3 décimètres, rosée vers le haut, feuillée.

Tubercules arrondis, l'un sessile ou sub-sessile, l'autre partant du collet et porté par une fibre s'éloignant de la tige de 5-10 millimètres. ♃ Avril-Mai.

Hab. Toute la chaîne, partout; prés, champs stériles, collines stériles. CCC.

S. Longipetala *Poll.; Mut.; Gren. Godr.; S. oxyglottis Rchb.; S. pseudo-cordigera Moric; S. lancifera St-Am.; S. hirsuta Lap.*—Fleurs grandes (2-4 centimètres), d'un pourpre foncé ou d'un pourpre clair, en épi ovoïde, allongé, compacte, de 6-10 fleurs. Bractées très grandes, ovales-lancéolées, acuminées, dépassant de beaucoup les fleurs, colorées, striées. Périgone à divisions externes lancéolées-acuminées, sub-soudées, réunies en pointe, striées; les internes moins larges, ovales-acuminées et brusquement contractées en pointe deux fois aussi longue que le limbe; celui-ci fortement coloré à la base, parcouru par trois nervures dont les latérales ne se prolongent pas et ne se terminent pas en arête avec la nervure médiane; labelle acuminé, muni à la base d'une gibbosité canaliculée, d'un pourpre foncé, simulant ou même formant quelquefois deux gibbosités, glabre, luisant, trilobé; les deux lobes latéraux dressés-étalés, d'un pourpre foncé; le médian lancéolé, très pubescent, plus ou moins coloré en pourpre, très acuminé, réfléchi au sommet, trois fois aussi long que large, rétréci en coin à la base. Gynostème muni d'un appendice aussi long que lui. Feuilles oblongues-lancéolées, étalées, sub-égales, toutes engaînantes à la base. Tige de 2-3 décimètres, dressée, très feuillée, sub-fistuleuse. Tubercules ovoïdes, sub-sessiles. ♃ Mai-Juin.

Hab. Pyrénées centrales; prairies marécageuses; Escaladieu. C.

S. Cordigera *L. sp.* 1345; *D C.; Dub.; Lois.; Mut.; Borr.; Noul.; Gren. Godr.*—Fleurs en épi court, ovoïde, dense, d'un pourpre foncé. Bractées cendrées-rougeâtres, à lignes plus foncées, ovales-aiguës, dépassant ordinairement un peu les fleurs. Périgone à divisions externes ovales-aiguës, acuminées, sub-soudées, réunies en capuchon très aigu; les deux internes ovales, arrondies à la base, irrégulièrement contractées au sommet en une arête 1 fois 1/2 plus longue que le limbe, munies de 3 nervures dont la centrale plus forte se prolonge seule jusqu'au sommet de l'arête; labelle d'un pourpre noir, à trois lobes parallèles, largement ovale, muni à la base d'une gibbosité canaliculée simulant deux lobes; les latéraux dressés, arrondis, de couleur plus foncée, égalant ou sub égalant le médian largement cordiforme, lancéolé, d'un rouge foncé, poilu, à peine aussi long que large et quelquefois deux fois plus long que large. Feuilles oblongues-lancéolées, décroissantes, souvent ponctuées sur la tige; les caulinaires étroites, aiguës, engaînantes, quelquefois appliquées. Tige dressée, feuillée, haute de 2-3 décimètres. Tubercules ovoïdes, sessiles. ♃ Mai-Juin.

Hab. Pyrénées centrales; prairies de Montloo près Bagnères. RRR.

S. Super-longipetalo-lingua *(Hybride)* *Gren.; Philip.* — Fleurs 3-6, d'un pourpre plus ou moins clair ou foncé, écartées, en épi lâche. Bractées lancéolées-acuminées, striées, dépassant les fleurs. Périgone coloré, à divisions externes lancéolées, striées, sub-soudées; les internes ovales-lancéolées à la base, se contractant brusquement à partir du tiers inférieur en une pointe acuminée, subulée, soudée depuis le limbe aux divisions externes du périgone, parcourues par une nervure médiane qui se prolonge jusqu'à l'extrémité de l'arête; labelle lancéolé, à trois lobes, coloré, glabre ou finement pulvérulent à la gorge, presque aussi long et aussi étroit que celui du *S. longipetala*, muni à la base d'une gibbosité canaliculée simulant deux gibbosités; les deux lobes latéraux dressés; le médian réfléchi. Appendice du gynostème aussi long que lui. Feuilles lancéolées, alternes; les caulinaires engaînantes. Tige de 2-4 décimètres, grêle, droite, peu feuillée. Tubercules petits, dont un sessile, l'autre porté sur un pédoncule de 3-5 centimètres. Plante ayant le port du *S. longipetala* mais un peu plus grêle. ♃ Mai-Juin.

Hab. Pyrénées centrales; prairies de l'Escaladieu près Bagnères. RR.

S. Longipetalo-lingua *(Hybride)* *Gren.; Philippe.* — Fleurs d'un pourpre foncé, 2-5, en épi court et presque capité ou allongé. Bractées colorées, lancéolées-acuminées, nervées, plus longues que les fleurs. Périgone coloré, strié, à divisions externes lancéolées-acuminées; les internes ovales-acuminées, rosées ou d'un pourpre foncé, contractées à partir du tiers inférieur en une arête ciliée sur les bords, deux fois aussi longue que le limbe; celui-ci parcouru par 3-5 nervures; la médiane seule prolongée jusqu'à l'extrémité de l'arête; labelle trilobé, à base bi-gibbeuse canaliculée; les lobes latéraux dressés, d'un pourpre rose; le médian ovale-lancéolé (deux centimètres de longueur sur un de largeur), longuement pubescent, réfléchi au sommet. Appendice du gynostème de moitié plus court que lui. Feuilles lancéolées, opposées; les caulinaires aiguës, engaînantes. Tige de 2-4 décimètres, dressée. Tubercules 2-3, sub-sessiles ou un pédonculé. — Plante qui a le port de l'hybride précédente, dont elle possède les bractées mais non l'inflorescence. ♃ Mai-Juin.

Hab. Pyrénées centrales; prairies de l'Escaladieu près Bagnères en société des *parents.* RRR.

S. Linguo-Longipetala (*Hybride*) *Gren.; Philippe*. — Fleurs purpurines ou d'un pourpre foncé, 2-4 en épi lâche. Bractées ovales-acuminées, plus courtes que les fleurs, colorées. Périgone à divisions externes lancéolées-acuminées, arrondies à la base, colorées, nervées; les internes à limbe cilié pourvu de 3-5 nervures, sub-soudées aux divisions externes, plus ou moins colorées, plus ou moins ovales-lancéolées, contractées à partir du tiers inférieur en une arête 2-3 fois aussi longue que le limbe et parcourues jusqu'à l'extrémité par la nervure médiane qui se prolonge seule et se termine en pointe; labelle d'un brun rosé, glabre, muni à la base d'une gibbosité blanchâtre ou d'un brun foncé, luisante, sub-canaliculée, glabre, à gorge munie de quelques poils courts, trilobé; les lobes latéraux d'un rose clair; le médian ovale-aigu, long de 15 millimètres, large de 10-12. Feuilles radicales courtes, lancéolées-aiguës; les caulinaires engaînantes, droites, canaliculées. Tige grêle, dressée, de 2-3 décimètres, feuillée, rosée dans le haut. Deux tubercules obovales, un plus fort sessile, l'autre pédonculé. — La gibbosité basilaire du labelle rapproche beaucoup cette plante du *S. lingua* dont elle a le port et les bractées, mais avec des dimensions plus grandes; les divisions internes du périgone sont très variables, ce qui prouverait plusieurs degrés d'hybridation. ♃ Juin.

Hab. Pyrénées centrales, prairies; Escaladieu, en compagnie des *parents*, Arriou-Arrouy et prairies près de la route de Toulouse (environs de Bagnères) où je n'ai pu constater la présence du *S. longipetala*. RR.

631. EPIPACTIS *Swartz*. — Périgone campanulé à 6 divisions étalées-dressées ou un peu conniventes. Labelle non éperonné, étalé, rétréci au milieu, sub-articulé, parfois sub-trilobé, entier au sommet, muni à la base de deux gibbosités. Anthères persistantes, à deux loges parallèles, placées à la partie postérieure du gynostème (filets des étamines et style soudés ensemble). Celui-ci court, oblique, terminé en pointe. Masses polliniques pulvérulentes. Racines fasciculées.

1. Fleurs pédonculées, en grappes; divisions périgonales étalées-campanulées (*Epipactis Rich.*).

E. Latifolia *All.; Sw.; Lap.; Koch; Mut.; Borr.; Serapias latifolia L. mant.* 410. — Fleurs d'abord d'un vert blanchâtre, purpurines en vieillissant, en épi allongé, souvent uni-latérales, à pédicelles plus courts que l'ovaire. Bractées dépassant les fleurs, lancéolées-acuminées; les supérieures plus courtes, finement denticulées. Périgone à divisions externes ordinairement glabres, ovales-lancéolées, nervées et ciliées sur les bords, très étalées ainsi que les divisions latérales internes. Labelle plus court que les divisions du périgone, excavé, muni à la base de deux gibbosités lisses, à limbe arrondi, acuminé et réfléchi en pointe au sommet. Ovaire turbiné, pubescent. Feuilles larges, ovales-arrondies ou acuminées, striées, dépassant les entre-nœuds, embrassantes, à gaines courtes, appliquées; les supérieures oblongues-lancéolées, sub-scabres. Tige de 2-4 décimètres, très feuillée, striée, robuste, pubescente au sommet. Racine à fibres en faisceau, tortueuses. ♃ Juillet-Août.

Hab. Pyrénées-Orientales et centrales, les bois subalpins, pâturages des régions alpines et forêts de sapins; Pratto-de-Mollo; bois d'Ancizan, Lhéris, Esquierry, Barèges, oule du Marboré, etc., etc. C.

E. Palustris *Crantz.; Sw.; D C.; Lap.; Dub.; Lois.; Mut.; E. longifolia Sm..; Serapias longifolia L. mant.* 490 ; *Serapias palustris Scop.*—Fleurs d'un vert blanchâtre, souvent tachées de pourpre à l'intérieur, dressées ou pendantes, unilatérales, pédicellées, en épi lâche. Bractées foliacées, ovales-acuminées, égalant l'ovaire ; les supérieures plus courtes. Périgone à divisions externes grandes, lancéolées-acuminées, glabres d'un gris verdâtre, étalées ainsi que les internes, blanchâtres; labelle ovale-arrondi, obtus, crénelé, égalant les divisions périgonales, sub-trilobé. Ovaire grêle, oblong, rétréci à la base, pubescent. Feuilles nombreuses, opposées, alternes, lancéolées-acuminées, nervées, demi-embrassantes, à gaines inférieures lâches. Tige de 2-3 décimètres, grêle, dressée, striée, glabre, pubescente au sommet. Racine à fibres longues, grêles. ♃ Juillet-Août.

Hab. Pyrénées-Orientales et centrales, les bois et lieux couverts ; Pratto-de-Mollo, bois d'Averan, Bertrem, Lhéris, Palomières de Gerde près Bagnères, Cau d'Espada. R.

2. Fleurs dressées, sessiles, en grappe; périgone à divisions dressées, conniventes *(Cephalanthera Rich.).*

E. Pallens *Swartz; Willd.; Lap.; Dub.; Rich.; E. grandiflora Mut.; E. lancifolia D C.; Lois.; Cephalanthera pallens Rich.; Gren. Godr.; Serapias grandiflora L. mant.* 491; *Scop.*—Fleurs dressées, blanchâtres, à labelle taché de jaune, en épi lâche, pauciflore. Bractées sub-foliacées; les inférieures très grandes, dépassant l'ovaire, les moyennes l'égalant, les supérieures plus courtes. Divisions périgonales obtuses, toutes conniventes; labelle globuleux à la base, plus court que les divisions externes du périgone, trilobé, à lobe moyen cordiforme, ovale, large, arrondi, mucroné au sommet. Anthère libre, dressée. Ovaire glabre. Feuilles ovales-lancéolées, embrassantes ; les inférieures réduites à des gaines. Tiges de 3-5 décimètres, feuillées, dressées, un peu flexueuses. Racines fibreuses. ♃ Avril-Mai.

Hab. Bois d'Asparagou dans l'Ariége *(Lap.).* RR.

E. Rubra *Swartz ; All.; D C.; Lap. ; Dub.; Lois; Mut.; Borr.; Cephalanthera rubra Rich.; Gren. Godr.; Serapias rubra L. mant. 410.* — Fleurs grandes, dressées, purpurines, à labelle rayé de jaune, en épi lâche, pauciflore. Bractées herbacées, dépassant l'ovaire, linéaires-lancéolées, pubescentes. Divisions du périgone lancéolées, striées, acuminées, conniventes ; labelle aussi long que les divisions externes du périgone, étranglé, sub-trilobé au milieu, ovale-acuminé au sommet. Anthère libre, dressée-incombante. Ovaire pubescent. Feuilles alternes, sub-distiques, semi-embrassantes, lancéolées-acuminées, à nervures blanchâtres, entières. Tige de 2-3 décimètres, grêle, striée, dressée, pubescente au sommet. Racines à fibres très longues. Souches épaisses. ♃ Juin-Juillet.

Hab. Pyrénées-Orientales et centrales, les bois subalpins ; Pratto-de-Mollo, Averan, Vielle, Lhéris, Luchon. R.

E. Ensifolia *Sw.; Hook.; D C.; Lap. ; Dub.; Lois.; Mut.; Borr.; Cephalanthera ensifolia Rich.; Gren. Godr.; Cephalanthera xylophyllum Rchb.; Serapias xylophyllum L. sup. 404.* — Fleurs blanches avec une tache fauve ou jaune sur le labelle, en épi lâche, allongé. Bractées acuminées-subulées, très petites, membraneuses, beaucoup plus courtes que l-ovaire. Divisions externes du périgone aiguës, dressées ; les internes obtuses ; labelle plus court que les divisions externes du périgone, trilobé vers le milieu, à lobe moyen sub en cœur, arrondi, mucroné au sommet, plus large que long. Anthère libre, dressée, persistante. Ovaire glabre. Feuilles étroites, alternes, distiques, lancéolées-acuminées, striées, à gaîne courte ; les inférieures obtuses-elliptiques. Tige de 1-2 décimètres, grêle, glabre, feuillée. Racines à fibres nombreuses. ♃ Mai-Juin.

Hab. Pyrénées-Orientales et centrales, les bois ; Pratto-de-Mollo ; Luchon, Gavarnie.

632. NEOTTIA *Rich. (Néottie).* — Lobes du périgone connivents en casque. Labelle étalé, bifide, pendant ou dressé, concave. Anthère sessile, libre, persistante, insérée sur le bord postérieur du gynostème (filets des étamines soudées avec le style). Masses polliniques bi-partites, fixées sur un réceptacle commun. Ovaire non contourné, stipité.

1. Plantes ayant le port des orobanches (*Neottia Rich.*)

N. Nidus-Avis *Rich.; Mut.; Borr.; Gren. Godr.; Epipactis nidus-avis Crantz.; D C.; Lap.; Ophrys nidus-avis L. supp. 1339; Noul.* — Fleurs étalées, d'un jaune fauve, en épi cylin-

drique lâche à la base, serré au sommet. Bractées d'un
blanc sale, uni-nervées, linéaires-acuminées, plus courtes
que l'ovaire. Divisions du périgone étalées, obtuses, concaves, conniventes, campanulées; labelle pendant, muni
d'une fossette à la base, deux fois plus long que les divisions
périgonales, à deux lobes oblongs, divergents. Feuilles brunâtres, courtes, engaînantes, obtuses, squammiformes, membraneuses. Tige dressée, roussâtre, de 2-3 décimètres, striée,
fistuleuse. Racines fibreuses, nombreuses, entrelacées.
Plante parasite ayant le port des Orobanches. ♃ Juin-Juillet.

Hab. Pyrénées-Orientales et centrales, les forêts de sapins; Lhéris,
bois de Montauban et de Vielle. C.

2. Plantes n'ayant pas le port des *Orobanches (Listera R. Br.).*

N. Ovata *Rich.; Mut.; Borr.; Epipactis ovata Lap.; Listera
ovata R. Br.; Gren. Godr.; Ophrys ovata L. sp.* 1340; *Noul.* —
Fleurs verdâtres, dressées, pédicellées, en épi grêle, lâche.
Bractées vertes, lancéolées, plus courtes ou égalant le pédicelle. Périgone à divisions externes obtuses, concaves, rapprochées en casque; les internes plus étroites; labelle linéaire,
pendant, allongé, profondément bifide. Deux feuilles radicales, grandes, étalées, opposées, engaînantes, ovales, nerveuses, entières. Tige de 1-3 décimètres, grêle, nue, munie
de quelques écailles. Racines à fibres nombreuses plus ou
moins étalées. ♃ Avril-Mai.

Hab. Toute la chaîne, les prairies, les bois; Pratto-de-Mollo, Melles,
vallée de Luchon, environs de Bagnères, etc., etc. CCC.

N. Cordata *Rich.; Mut.; Borr.; Epipactis cordata All.; D C.;
Lap.; Dub.; Lois.; Ophrys cordata L. sp.* 1340; *Listera cordata
R. Br.; Gren. Godr.* — Fleurs à divisions périgonales externes
vertes, à divisions internes rougeâtres, très petites, pédicellées; divisions externes étalées, lancéolées-obtuses; les internes étroites; labelle pendant, allongé, muni d'une fossette à
la base, divisé en deux lobes profonds munis chacun du côté
externe d'un petit lobule placé à la base; lobes principaux
linéaires-acuminés. Deux feuilles opposées, cordiformes, sub-
embrassantes ou deltoïdes, petites. Tige de 2-4 décimètres,
nue, grêle. Racines à fibres fasciculées. ♃ Juin.

Hab. Pyrénées-Orientales et centrales; bois de Saumède, de Pesouil,
de Melles (*Lap.*) C.

688. SPIRANTHES *Richard.* — Fleurs en épi tordu.
Périgone à 6 divisions conniventes et comme soudées, tubuleuses à la base; les externes latérales, étalées; la supérieure
couchée sur les divisions internes conniventes; éperon nul;
labelle court, entier, non gibbeux à la base, canaliculé et

embrassant le gynostème (filets des étamines et style soudés ensemble). Anthère persistante, sessile sur le gynostème. Pollen à granules soudés presque 4-4. Ovaire non contourné. Racines en tubercules napiformes.

S. Œstivalis *Rich.; Mut.; Borr.; Gren. Godr.; Neottia æstivalis D C.; Lap.; Dub.; Lois.; Ophrys spiralis L. sp.* 1340. — Fleurs petites, sessiles, odorantes seulement après le coucher du soleil, unilatérales, blanches, en épi grêle, contourné, assez dense. Bractées lancéolées-aiguës dépassant l'ovaire. Périgone à divisions conniventes, sub-campanulées au sommet; labelle oblong, ovale, arrondi, crénelé. Ovaire obové, oblong, pubescent, sub-cilié ainsi que l'axe floral. Feuilles radicales lancéolées-linéaires, dressées, entières, entourant la tige; les caulinaires lineaires, toutes atténuées en pétiole. Tige de 1-2 décimètres, dressée, grêle. Deux tubercules napiformes, entiers ou digités. ⚥ Juin-Juillet.

Hab. Pyrénées centrales et occidentales; marais autour du lac de Lourdes, marais de Marsous, vallée d'Azun; Bayonne. R.

S. Autumnalis *Rich.; Mut.; Borr.; Neottia spiralis D C.; Dub.; Lois.; Epipactis spiralis Crantz.; Lap.; Ophrys spiralis L. sp.* 1340. — Fleurs petites, blanches, sessiles, à odeur de vanille, en épi pubescent, unilatéral, dense et contourné en spirale. Bractées ovales-acuminées, dépassant l'ovaire. Périgone à divisions conniventes; labelle ovale, échancré, crénelé, vert sur le disque. Ovaire obové, pubescent de même que l'axe floral. Feuilles radicales ovales-oblongues, aiguës, atténuées en pétiole et formant une rosette latérale; les caulinaires courtes, sub-bractéiformes, engaînantes, appliquées. Tige de 1-2 décimètres, dressée. Tubercules 2-3, oblongs. ⚥ Septembre-Octobre.

Hab. Toute la chaîne, les coteaux, les pelouses, les prairies élevées. CCC.

634. GOODYERA *R. Brown.*—Périgone à 6 divisions; les externes étalées; les internes conniventes; labelle entier, non éperonné, inclus, recourbé au sommet, muni à la base d'une excavation. Anthère libre sur le gynostème (filets des étamines soudés avec le style) bi-cuspidé. Masses polliniques en granules anguleux. Ovaire non contourné. Capsule à trois sillons. Racines rampantes.

G. Repens *R. Brow.; Hook.; Mut.; Borr.; Neottia repens Swartz.; D C.; Lap.; Dub.; Lois.; Satyrium repens L. sp.* 1339; *Ophrys cernua Thore; Serapias repens Vill.* — Fleurs blanches, pubescentes, sessiles, dressées, en épi grêle, serré, unilatéral. Bractées vertes, ovales. longuement acuminées, dépassant l'ovaire. Divisions périgonales externes étalées ; les internes conniventes ; labelle entier, lancéolé, dressé, muni d'une fossette à la base. Feuilles radicales ovales-obtuses, nervées et veinées en réseau, atténuées en pétiole engaînant ; les supérieures linéaires-étroites, bractéiformes, engaînantes. Tige de 1-2 décimètres, dressée, pubescente. Racine rampante, rameuse, articulée. ♃ Juillet-Août.

Hab. Pyrénées-Orientales et centrales, les bois montueux ; Saleix, Luchon (*Lap.*). R.

685. CORALLORHIZA *Hall.* (*Coralline*). — Fleurs pédonculées, dirigées en avant, conniventes, ouvertes. Périgone à divisions conniventes, ouvertes ; les externes linéaires-oblongues ; les internes de même forme et grandeur contiguës au labelle ; celui-ci muni à la base d'un éperon très court, renfermé dans les divisions périgonales externes, à limbe muni à la base de deux callosités, trilobé, à lobes latéraux, très petits. Anthère caduque, à 4 masses polliniques géminées, portées sur le gynostème (filets des étamines soudés avec le style) non appendiculé.

C. Innata *R. Brow.; Sw.; Mut.; Gren. Godr.; C. Halleri Rich.; B. G.; Cymbidium corallorhizon Lap.; Ophrys callorhiza L. sp.* 1339. — Fleurs d'un blanc verdâtre, petites, en épi lâche, pauciflore. Divisions du périgone lancéolées-aiguës ; labelle oblong. Tige d'un décimètre, grêle, dressée, garnie d'écailles engaînantes remplaçant les feuilles. Racines tortueuses, dentées. ♃ Juillet-Août.

Hab. Pyrénées centrales ; bois de Canejan et de Melles (*Lap.*). RR.

686. LIMODORUM *Rich.* (*Limodore*).—Fleurs pédonculées, renversées, en grappe. Périgone irrégulier à 6 divisions sub-égales dressées, conniventes, sub-campanulées ; labelle connivent à limbe entier, genouillé, non divisé, ascendant, prolongé en éperon à la base. Anthère libre, oblique sur le gynostème (filets des étamines soudés avec le style). Pollen pulvérulent. Ovaire non contourné. Souche fibreuse. Feuilles réduites à l'état d'écailles engaînantes et colorées.

L. Abortivum *Swartz.; D C.; Lap.; Dub.; Lois.; Mut.; Borr.; Noul; Orchis abortiva L. sp.* 1336.— Fleurs pédicellées, violettes, striées par des lignes plus foncées, grandes, dressées, en grappe spiciforme, lâche. Bractées colorées, nervées, acuminées, dépassant l'ovaire. Périgone à divisions externes ovales-lancéolées, conniventes ; les internes plus étroites et plus courtes ; labelle ovale, entier, ondulé-crénelé, à éperon grêle égalant l'ovaire. Feuilles réduites à des écailles engaînantes. Tige de 2-4 décimètres, colorée en violet plus ou moins foncé. Racine formée par un faisceau de fibres allongées. ♃ Juin-Juillet.

Hab. Pyrénées-Orientales et centrales, bois et coteaux : Saleix - Pla de Larca, montagnes des Albères (*Lap.*) ; Barèges, butte de St-Jus, tin, St-Béat.

687. CYPRIPEDIUM *L. gen.* 1015 (*Sabot*). — Fleur pédonculée, sub-solitaire. Périgone à 6 divisions ; les externes étalées, soudées à la base, formant une croix avec les divisions internes ; labelle grand, renflé en forme de sabot, ouvert au-dessus. Gynostème (filets des étamines soudés avec le style) à trois divisions ; la centrale pétaloïde ; les latérales portant les anthères. Trois étamines : les latérales fertiles, la centrale avortée. Pollen granuleux. Racine rampante. Tige feuillée.

C. Calceolus *L. sp.* 1346 ; *Engl. bot.; D C.; Lap.; Dub.; Lois.; Mut.; Gren. Godr.* — Fleur brune ou d'un pourpre clair à labelle jaune très grand, solitaire, terminale, penchée ; pédoncule entouré à la base d'une bractée foliacée. Divisions périgonales en croix, étalées ; la supérieure trilobée ; les latérales internes petites ; labelle en forme de sabot. Trois étamines, les latérales petites. Ovaire pubescent. Feuilles larges, ovales-acuminées, vertes, ciliées, carénées, pulvérulentes, sub-ridées, embrassantes. Tige de 1-2 décimètres, feuillée, dressée. Racines rampantes. ♃ Juin-Juillet.

Hab. Pyrénées-Orientales et centrales ; la Venteillole au-dessus du Llaurenti (*Pourr.*) ; Piquette d'Ereslids (*St-Am.*). RR.

CXII. COMMÉLINACÉES.

Fleurs terminales en épi ou en tête, entremêlées d'écailles scarieuses. Périgone à 6 divisions ; 3 sépaloïdes externes, glumacées ; 3 internes pétaloïdes, alternes entre elles, à onglets libres ou soudés. 3-6 étamines, quelquefois 3 fertiles et 3 stériles. Anthères biloculaires. Ovaire triloculaire ; un ovule. Style filiforme à stigmate trilobé. Capsule à 3 valves, à 3 loges, renfermant une graine ovoïde à test crustacé. Embryon contenu dans le périsperme. Hampe genouillée.

688. APHYLLANTHES *Tournef. inst. p.* 657. — Epillet terminal à 1-2 fleurs. Périgone à 6 divisions égales, en tube à la base, étalées à la partie supérieure ; les externes scarieuses ; les internes en soucoupe. 6 étamines insérées au-dessous de la base des divisions périgonales, à filets filiformes glabres. Anthères peltées. Un style. Un stigmate à 3 lobes. Capsule à 3 loges, membraneuse, à 3 valves loculicides.

A. Monspeliensis *L. sp.* 422; *D C.; Lap.; Dub.; Lois.; Mut.; Gren. Godr.* — Fleurs terminales, solitaires ou géminées, violacées, rarement blanches. Écailles scarieuses, luisantes, embrassant les fleurs, roussâtres. Périgone à divisions externes saillantes. Étamines et style inclus dans les divisions internes munies d'une nervure, longuement onguiculées. Graines noires, ovoïdes, non anguleuses, lisses, très finement chagrinées (vues à la loupe). Feuilles réduites à des gaines courtes, radicales, brunes ou jaunâtres. Tige de 2-3 décimètres, striée. nue, grêle, portant les fleurs au sommet. Souche dure à racines fibreuses. — Cette plante a presque le port du *Dianthus prolifer*, mais elle est plus petite. ♃ Mai-Juin.

Hab. Pyrénées-Orientales et centrales, les lieux peu humides; de Perpignan aux environs de St-Béat et Luchon. C.

CXIII. CYPÉRACÉES.

Fleurs glumacées, hermaphrodites ou souvent unisexuelles en petits épis ou épillets simples ou composés, naissant chacune à l'aisselle de bractées acuminées (glume, glumelle ou écaille), à une, rarement deux valves distiques ou imbriquées de tous côtés; les inférieures stériles. Périgone nul (*Cyperus, etc.*) ou représenté par des soies hypogynes (*Scirpus, etc.*) ou par un disque membraneux accrescent (*Carex*) formant une utricule à la maturité. Trois étamines libres hypogynes, à filets filiformes. Anthères fixées aux filets par la base, biloculaires, introrses, cordiformes à la base, mucronées au sommet. Un style à 2-3 stigmates. Un ovaire libre, uniloculaire, uniovulé. Fruit triangulaire ou comprimé, nu (*Cyperus, etc.*) ou entouré par des soies (*Scirpus, etc.*) ou renfermé dans un urcéole accrescent (*Carex*). Gaîne non adhérente au péricarpe. Embryon petit, à la base d'un périsperme farineux. Plante vivace à tiges cylindriques ou triquètres le plus souvent dépourvues de nœuds. Feuilles munies de gaines, ou nulles, ou remplacées par une gaîne. Racines rampantes, fibreuses.

A. Fleurs hermaphrodites.

1. *Périgone nul.*

Ecailles florales distiques.

689. CYPERUS *L. gen.* 66 *(Souchet).*—Fleurs hermaphrodites réunies dans un involucre formé par des feuilles iné

gales, en épillets multiflores et formant un capitule globuleux.
Épillets comprimés, à écailles florales carénées, imbriquées,
distiques, toutes florifères ou celles du bas seulement stériles
et plus grandes. Un style filiforme caduc à 2-3 stigmates
glabres. Périgone et soies périgonales nulles. Fruit ou akène
triangulaire, nu et non muni de soies ou d'écailles à la base.

1. Trois stigmates.

C. Fuscus *L. sp.* 69 ; *Leers ; D C.; Lap.; Dub.; Lois.; Mut.;
Borr.; Noul.; Gren. Godr.; C. glaber Lap.* — Épillets d'un brun
noirâtre, nombreux, sessiles le long des axes floraux, comprimés, multiflores, formant presque une ombelle irrégulière
(anthèle) de 5-7 rayons d'inégale longueur, étalés et munis à la
base d'un involucre formé de trois feuilles inégales, étalées ou
réfléchies. Ecailles florales distiques, imbriquées, oblongues,
ovales, mucronulées, carénées, d'un brun noirâtre ; munies
sur le dos d'une ligne verte. Trois stigmates. Akènes elliptiques, trigones, planes sur les faces, atténués aux deux
extrémités. Feuilles étroites, linéaires, planes, acuminées,
carénées, plus courtes, égalant ou dépassant les tiges. Celles-ci de 2-4 décimètres, dressées, triangulaires, croissant en
touffes. Racines fibreuses. ⚥ Juillet-Octobre.

Hab. Toute la chaîne, marais et lieux humides; environs de Perpignan; Pouzac, Salut près Bagnères; Bayonne. CC.

C. Schœnoïdes *Griseb.; Rœm. et Bith ; Gren. Godr.;
Schœnus mucronatus L. sp.* 63 ; *Desf.; D C.; Lap.; Dub.; Lois.;
Benth. cat.; Mut.; Mariscus mucronatus Presl.; Galilea mucronata Parl.* — Épillets brunâtres, luisants, nombreux, multiflores (5-6 fleurs fertiles), ovales-lancéolés, sessiles, en glomérules sessiles, formant un capitule globuleux muni à la base
de 3-4 feuilles bractéales inégales, étalées, dépassant l'inflorescence, très dilatées à la base, planes. Ecailles florales larges, ovales, nervées, carénées, mucronées au sommet, d'un
brun jaunâtre, à nervure dorsale verte; les inférieures plus
grandes que les supérieures. Trois stigmates. Akènes triquètres, obtus, olivâtres. Feuilles canaliculées, glauques, étroites, épaisses, mucronées, réfléchies en dehors, dépassant la
tige. Celle-ci dressée, penchée au sommet, striée, arrondie-
cylindrique, de 1-2 décimètres. Racine tortueuse, sub-
ligneuse, horizontale, stolonifère. ⚥ Juin-Juillet.

Hab. Pyrénées-Orientales; Collioure, Port-Vendres. R.

C. Longus *L. sp.* 67 ; *Host; D C.; Lap.; Dub.; Lois.; Koch;
Mut.; Borr.; Noul.; Gren. Godr.* — Épillets linéaires, multiflores, aigus, étroits, un peu écartés, sessiles le long des axes
floraux, formant des grappes lâches, dressées, plus ou moins

longuement pédonculées, presque en ombelle (anthèle), munie
à la base de 3-5 feuilles bractéales formant involucre, dépassant
de beaucoup les fleurs, inégales ou plus grandes. Ecailles florales distiques, ovales-obtuses, striées, carénées, d'un brun
rougeâtre, scarieuses sur les bords, vertes sur la nervure dorsale médiane. Trois stigmates. Akènes oblongs, obovales, à 3
angles aigus. Feuilles d'un vert gai, radicales, très longues,
planes, striées, carénées, scabres sur les bords et sur la
carène. Tige de 5-9 décimètres, droite, nue ou peu feuillée,
striée, à trois angles. Souche rampante, aromatique, solitaire. ⚥ Juillet-Août.

Hab. Toute la chaîne, lieux humides. CCC.

C. Rotundus *D C.; Lois.; Lap.; B. G.; Mut.; C. esculentus
Gouan; C. radicosus Smith; C. olivaris Targ.; Sav.; Rchb.* —
Epillets 6-8, lancéolés, sessiles le long des axes floraux, un
peu comprimés, écartés, multiflores, d'un brun rougeâtre,
étalés en grappes simples ou composées inégalement pédonculées, formant par leur ensemble presque une ombelle irrégulière (anthèle) munie à la base d'un involucre de 3-5 feuilles
bractéales étalées ou réfléchies, dépassant les fleurs. Ecailles
florales lancéolées, nervées, distiques, mucronées, carénées,
brunes, à nervure dorsale verte. 3 stigmates allongés. Akènes
triquètres, obovés-elliptiques, fauves. Feuilles nombreuses,
linéaires, glauques en dessous, longuement acuminées,
égalant les tiges. Celles-ci dressées, triquètres. Racine grêle,
brune, oblongue, odorante, stolonifère, rameuse, tuberculeuse çà et là, de 2-3 décimètres. ⚥ Août-Septembre.

Hab. Pyrénées-Orientales; les champs aux environs de Perpignan. R.

2. Deux stigmates; akènes comprimés.

C. Monti *L. fin. supp.* 102 ; *D C.; Lap.; Dub.; Lois.; Mut.;
Gren. Godr.; C. glaber Vill.; Pycreus Monti Rchb.* — Epillets
linéaires, alternes, lancéolés, très nombreux, étalés-com-
primés, multiflores, sessiles le long des axes floraux, d'un
pourpre ferrugineux, formant des grappes simples ou composées portées sur des pédoncules plus ou moins longs et
formant presque une ombelle irrégulière (anthèle) à rayons inférieurs de 3-8 centimètres, rapprochés, flexueux, divariqués
et munis à la base d'un involucre formé de 3-5 feuilles bractéales planes, inégales, quelques-unes très longues. Ecailles
florales ventrues, obtuses, un peu ouvertes à la maturité,
lâchement distiques, scarieuses au sommet, plurinervées,
carénées, brunes et vertes sur la carène. Deux stigmates.
Akènes bruns, obovés, comprimés, convexes sur les faces,
obtus sur les angles. Feuilles radicales longues, glauques,

finement striées, brusquement dilatées et embrassantes dans le bas, carénées, pliées, égalant ou dépassant la tige. Celle-ci de 5-9 décimètres, dressée, épaisse, gazonnante, à trois angles, lisse. Souche rampante, épaisse. ♃ Août-Septembre.

Hab. Pyrénées-Orientales et occidentales, les marais; bords du Tech (*Lap.*); environs de Biarritz, Bayonne, St-Jean-de-Luz. R.

C. Flavescens *L. sp.* 68; *D C.; Lap.; Dub.; Lois.; Koch; Mut.; Borr.; Noul.; Gren. Godr.* — Épillets linéaires-lancéolés, serrés, très comprimés, étalés, multiflores, jaunâtres, sessiles le long des axes floraux, formant soit une ombelle irrégulière à 3-5 rayons, soit un capitule sub-globuleux, munis à la base d'un involucre de 2-3 feuilles bractéales inégales, étalées ou réfléchies. Écailles florales distiques, ovales, imbriquées, serrées, marquées sur le dos d'une raie verte et courte. Deux stigmates. Akènes bruns, opaques, obovés, comprimés, lenticulaires, arrondis sur les bords. Feuilles presque toutes radicales, étroites, linéaires, planes, carénées, plus courtes que la tige. Celle-ci de 1-3 décimètres, grêle, triquètre, croissant en touffes. Souches ou racines fibreuses à fibres capillaires. ♃ Juillet-Septembre.

Hab. Toute la chaîne, lieux humides. CCC.

640. CLADIUM *R. Brown.* (*Cladie*).—Fleurs en corymbe axillaire et terminal, hermaphrodites, renfermées dans des épillets pauciflores et naissant à l'aisselle d'écailles florales. Celles-ci imbriquées sur 4 rangs, les inférieures plus petites et stériles. 2-3 étamines. Style filiforme caduc, renflé à la base et formant une sorte de coiffe adhérente à l'ovaire. 2-3 stigmates. Périgone et soies périgonales nulles. Akène sub-globuleux, lisse.

C. Mariscus *Brow.; Mut.; Borr.; C. germanicum Schrad.; Merl.* et *Koch; Schœnus mariscus L. sp.* 62; *Lap.; Dub.; Lois.* — Épillets bruns, biflores, nombreux, aigus, roussâtres, agglomérés en capitules disposés en petites ombelles irrégulières (anthèles) axillaires et terminales et formant par leur ensemble une petite panicule allongée. Bractées foliacées raides et engaînantes à la base. 6 écailles florales dans chaque épillet, ovales. 2-3 stigmates. Akènes solitaires, munis d'un bourrelet à la base, lisses, d'un brun luisant. Graines grises, sub-rugueuses, parcourues par 3-4 bandes sub-membraneuses, blanchâtres. Feuilles linéaires, carénées, longuement acuminées, bordées d'aspérités tranchantes sur les bords et sur la carène; gaines courtes et tachées. Tige de 1-2 mètres, droite, raide, cylindrique, noueuse. Racine rampante. ♃ Juillet-Août.

Hab. Pyrénées centrales; lac de Lourdes. CCC.

2. Périgone remplacé par des stries hypogynes.

641. SCHŒNUS *L. gen.* 65 *(Choin).* — Fleurs hermaphrodites. Epillets pauciflores, fasciculés, en épi dense, ovale, muni à la base de 2 bractées. 5-6 écailles florales distiques , carénées ; les supérieures et quelquefois seulement la supérieure, fertiles ; les inférieures plus petites, stériles. Périgone remplacé par des soies hypogynes couvertes d'aspérités hérissées, visibles à la loupe et qui les distinguent des filets des étamines toujours lisses. 3 stigmates pubescents sur un style filiforme caduc. Akènes entourés à la base de soies périgonales plus courtes que les écailles florales. — Le port du genre *Schœnus* le distingue parfaitement du genre *Cyperus.*

S. Nigricans *L. sp.* 64 ; *Vill. ; D C. ; Lap. ; Dub. ; Lois. ; Bertol.; Koch ; Gren. Godr.; Chœtophora nigricans Kunth ; Juncus lithospermi semine Mignol.* — Epillets d'un brun noir, luisants, pédicellés , pauciflores, oblongs , comprimés , réunis en un capitule serré, ovoïde, terminal, muni d'un involucre dressé, formé de 2 bractées; l'inférieure plus longue, embrassante à la base , dépassant le capitule et terminée par une pointe verte subulée. Ecailles florales lancéolées-aiguës, rudes sur la carène, brunâtres, distiques. 5-6 soies périgonales hypogynes persistantes. Akènes petits, blancs, luisants, ovoïdes-triquètres, mucronés au sommet et entourés à la base de soies périgonales beaucoup plus courtes qu'eux. Feuilles toutes radicales, raides, étroites, subulées, n'atteignant pas la tige , trigones ; gaine large, comprimée, carénée, noirâtre. Tiges de 2-3 décimètres , cylindriques, striées, nues, croissant en touffes. ♃ Mai-Juin.

Hab. Pyrénées centrales, les marais et les lieux fangeux ; lac de Lourdes, etc. CC.

S. Ferrugineus *L. sp.* 64; *Vill.; D C.; Lap.; Dub.; Lois.; Mut.; Gren. Godr.; Chœtophora ferruginea Rchb.; Streblidia ferruginea Linck.* — Epillets sub-géminés, pauciflores, lancéolés-oblongs, un peu comprimés, d'un brun ferrugineux, pédicellés, formant un capitule ovoïde entouré à la base d'un involucre formé de 2 bractées embrassantes; l'inférieure terminée par une pointe qui ne dépasse pas les fleurs. Ecailles florales distiques, brunes, lancéolées , sub-lisses sur la carène. 5-6 soies périgonales hypogynes, appliquées, égalant ou dépassant l'ovaire. Akènes très petits, fauves, ovoïdes-triquètres, mucronés au sommet, entourés à la base par les soies périgonales. Feuilles étroites, subulées, toutes radicales, très lisses. à gaine brune pliée, carénées, n'égalant pas la tige. Celle-ci cylindrique, filiforme, nue, gazonnante. Racines fibreuses.

♃ Mai-Juin. — Plante plus grêle dans toutes ses parties que l'espèce précédente.

Hab. Pyrénées centrales; landes de Capvern, Escaledieu. R.

S. Albus *L. sp.* 65; *Engl. bot.; D C.; Lap.; Dub.; Lois.; Mut.; Rhynchospora alba Valh.; Bertol.; Gren. Godr.* — Épillets d'abord blanchâtres, ensuite un peu fauves, oblongs, **aigus**, faiblement pédicellés, en petits glomérules pédonculés, **axillaires** et terminaux, munis à la base de bractées foliacées engaînantes égalant le glomérule. Ecailles florales 5-7, sub-pellucides, blanchâtres, devenant brunes, appliquées, **ovales-oblongues**, à nervure dorsale se terminant par un mucron, imbriquées de tous côtés; les 3-4 inférieures stériles et plus petites que les supérieures. 2 stigmates allongés plus **courts** que le style. Soies périgonales 10, hypogynes, égalant le fruit, incluses. Akènes lisses, terminés par un long **mucron** au sommet, entourés à la base par les soies périgonales, blanchâtres, obovés, comprimés, planes sur les faces, **en coin** à la base. Feuilles radicales très linéaires-sétacées, **dressées**, canaliculées, carénées, d'un vert pâle, plus courtes que **les** tiges. Celles-ci de 1-3 décimètres, fasciculées, raides, à 3 angles, très obtuses. Racines rampantes. ♃ Juin-Juillet.

Hab. Marais du lac de Lourdes CC.; Bayonne (*Lap.*). R.

S. Fuscus *L. sp.* 64; *D C.; Lap.; Dub.; Lois.; Mut.; S. rufus Huds.; S. setaceus Thuill.; Rhynchospora fusca Rœm et Schulz.; Bertol.; Endress.; Gren. Godr.* — Épillets bruns, brièvement pédicellés, aigus, oblongs, en 2 grappes oblongues **serrées** dont l'une est axillaire et l'autre terminale munies, **toutes deux** de bractées dont l'inférieure dépasse la grappe. Ecailles **sub**transparentes, brunâtres, imbriquées en tous sens, les **infé**rieures stériles. Stigmates plus longs que le style. Soies **péri**gonales hypogynes, nombreuses, dépassant l'akène. Celui-ci obové-comprimé, convexe sur les 2 faces, longuement apiculé. Feuilles linéaires-étroites, carénées, plus étroites que **dans** l'espèce précédente, n'égalant pas la tige. Celle-ci solitaire, dressée, de 1-3 décimètres, très grêle, trigone, presque nue. Racines fibreuses, rampantes. ♃ Juillet-Août.

Hab. Pyrénées-Orientales et centrales; Salvanairo *(Lap.)*, marais du lac de Lourdes. C.

642. SCIRPUS *L. gen.* 67 *(Scirpe).* — Fleurs hermaphrodites en épis ou en épillets, formant un capitule ou une ombelle irrégulière (anthèle). Ecailles florifères régulièrement imbriquées en tous sens, univalves; les inférieures **plus** grandes, dont 1-2 stériles. Soies périgonales hypogynes, **plus** courtes que les écailles ou nulles. Un style filiforme, **caduc**, non articulé, non renflé à la base, à 2-3 stigmates.

1. Epi solitaire dressé, terminant la tige ou les rameaux.

S. Fluitans *L. sp.* 71; *Engl. bot.; D C.; Lap.; Dub.; Lois.; Mut.; Borr.; Gren. Godr.; Isolepis fluitans R. Brown; Dichostylis fluitans Rchb.; Eleocharis fluitans Hook.* — Fleurs verdâtres ou brunâtres, en épis courts, solitaires, pauciflores, ovoïdes, au sommet de la tige et des rameaux. Pédoncules alternes, axillaires ou terminaux. Ecailles ovales-obtuses, concaves, vertes sur le dos, blanchâtres sur les bords; les inférieures plus petites, n'égalant pas l'épi et non prolongées au sommet. Deux stigmates. Akènes comprimés à bords aigus, blanchâtres, non entourés à la base de soies hypogynes. Feuilles fasciculées, planes, très étroites, membraneuses à la base, flottantes. Tiges très grêles, rameuses, flottantes ou rampantes, radicantes (hors de l'eau), molles, lisses, convexes d'un côté, canaliculées de l'autre, pourvues à chaque articulation d'une feuille subulée. ♃ Juin-Juillet.

Hab. Toute la chaîne, les eaux stagnantes ou peu courantes, fossés et ruisseaux. C.

S. Parvulus *Rœm. et Schultz.; Mert. et Koch.; S. translucens Legall.; Limnochloa parvula Rchb.; Bœothryon nanum Dietr.* — Fleurs 3-4, blanchâtres, en épillet très petit, lancéolé, terminal, unique. Ecailles florales d'un vert jaunâtre, bordées d'un blanc sale, scarieuses sur les bords, à nervure dorsale verte, ovales-obtuses, presque toutes fertiles, les deux inférieures plus grandes, embrassantes. 3 stigmates. Akènes lisses, obovés-trigones, mucronés et munis à la base de soies périgonales persistantes, dépassant le fruit. Feuilles réduites à des gaînes membraneuses, blanchâtres. Tiges filiformes, cylindriques, finement striées, hautes de 5-8 centimètres, dressées, gazonnantes. Racine fibreuse. ① Mai-Juin.

Hab. Marais des environs de Bayonne. — C'est à mon ami M. Darracq, de Bayonne, que je dois la connaissance de cette plante, indiquée dans les Pyrénées-Orientales par MM. Grenier et Godron.

L. Cœspitosus *L. sp.* 71; *Engl. bot.; D C.; Lap.; Dub.; Lois.; Mut.; Gren. Godr.; Limnochloa cœspitosa Rchb.; Bœothryon cœspitosum Dietr.* —Fleurs 4-5, roussâtres, en épillet terminal, solitaire, ovale, pauciflore. Ecailles florales obtuses, brunes, plus pâles sur les bords et sur la carène, les deux inférieures plus grandes, embrassant l'épillet et presque aussi longues que lui, à 5 nervures se terminant par un mucron calleux, épais, sub-foliacé. 3 stigmates. Akènes trigones, lisses, dépassés par les soies périgonales hypogynes. Feuilles réduites à des gaînes tronquées et terminées par une pointe verte. Tige de 6-12 centimètres, raide, cylindrique, striée, à base très écailleuse.

comme renflée, embrassante, membraneuse. Racines fibreuses. ♃ Juin-Juillet.

Hab. Toutes les Pyrénées, lieux humides subalpins et alpins ; Mont-Louis, Fontpédrouse, Tres-Seignous, montagne de Crabère, lac d'Espingo, Pic du Midi, etc. CCC.

S. Bœothryon *L. fin. supl.* 103 ; *D C.; Lap. ; Dub.; Lois.; Benth. cat.; Mut.; Borr.; S. pauciflorus Bertol. ; Ledeb. ; Gren. Godr.; S. campestris Roth.; Limnochloa bœothryon Rchb. ; Bœothryon pauciflorum Dietr.* — Fleurs 4-6, brunes, en épillet terminal, solitaire, ovale ou oblong. Écailles florales lancéolées, mutiques, brunes, bordées de blanc, toutes fertiles, les deux inférieures plus grandes, un peu membraneuses, embrassantes, n'égalant pas l'épillet, marquées d'une nervure qui s'efface près du sommet. 3 stigmates. Akènes jaunâtres finement ponctués, mucronés au sommet, entourés à la base de soies hypogynes périgonales, lisses, trigones. Tiges de 1-2 décimètres, faibles, grêles, cylindriques, en touffes nombreuses, nues, striées, un peu glauques et pourvues à la base d'une gaîne membraneuse brunâtre, tronquée obliquement. Souches filiformes produisant çà et là des faisceaux de tiges à racines très fibreuses. ♃ Juillet-Août.

Hab. Toute la chaîne : lieux humides et marécageux alpins et subalpins; Arise, Barèges, Tourmalet. CCC.

2. Épillets en panicule terminale; feuilles planes, molles.

S. Michelianus *L. sp.* 76 ; *D C.; Lap.; Dub.; Lois.; Mut.; Gren. Godr.; Isolepis Micheliana Rœm. et Schultz ; Fimbristylis Micheliana Rchb.* — Fleurs verdâtres, en épillets ovoïdes, obtus, formant une panicule compacte, semi-terminale, composée de plusieurs glomérules, munie à la base de 3-5 bractées foliacées, inégales, molles, linéaires-acuminées, étalées. Écailles florales lancéolées ou elliptiques, pliées en long, carénées, trinervées; les externes vertes sur le dos. Deux stigmates, rarement trois. Akènes fauves, sub-lisses, petits, elliptiques, sub-trigones. Feuilles mucronées, non pourvues de soies à la base, radicales, 2-3, étroites, linéaires; les caulinaires planes, linéaires, acuminées, mucronées. Tige de 2-3 décimètres, trigone, étalée, fasciculée, diffuse. Racines grêles ; plante réunie en touffes. ♃ Juillet-Septembre.

Hab. Pyrénées-Orientales et occidentales, les fossés et les sables humides, la plaja d'Argelès (*Lap.*); Dax. R.

S. Sylvaticus *L. sp.* 75 ; *D C.; Lap.; Dub.; Lois.; Mut.; Gren. Godr.* — Fleurs d'un vert olivâtre, en épillets petits, courts, serrés. Panicule grande, terminale, composée, à rameaux inégaux, rameux, trigones, rudes et munis à la base de bractées foliacées, planes, carénées, inégales, scabres sur le dos et sur les bords; l'inférieure dépassant la panicule. Ecailles florales obtuses, ovales, striées, mucronées par le prolongement de la nervure dorsale verte. Trois stigmates. Akènes très petits, jaunâtres, lisses, ovoïdes, trigones, munis à la base de soies périgonales hypogynes les égalant. Feuilles largement linéaires, d'un vert gai, planes, pliées en gouttière, ridées sur les bords; les caulinaires alternes, engaînantes. Tiges de 3-8 décimètres, triquètres, dressées, lisses, fistuleuses, feuillées. Racine rampante. ♃ Mai-Juin.

Hab. Toute la chaîne, lieux marécageux, prairies humides. CCC.

S. Maritimus *L. sp.* 74; *Engl. bot.; D C.; Lap.; Dub.; Lois.; Mut.; Benth. cat.; Borr.; Noul.; Gren. Godr.; S. tuberosus Desf.; S. macrostachys Willd.* — Fleurs d'un brun clair, luisantes, en épillets ovales ou oblongs, multiflores, pédonculés, gros, agglomérés en panicule terminale un peu inclinée ou formant un capitule terminal serré (*S. compactus Koch.*). 2-4 bractées foliacées, planes, carénées, inégales, dépassant la panicule; l'inférieure dressée. Ecailles florales glabres et très pubescentes, brunes, ovales, tridentées au sommet, à dent centrale plus longue, subulée. 3 stigmates. Akènes bruns, luisants, finement ponctués, ovoïdes-trigones, munis à la base de 3-4 soies hypogynes. Feuilles longues, linéaires, planes, scabres sur les bords et sur la carène; les inférieures engaînantes. Tiges de 4-9 décimètres, dressées, triquètres, fasciculées, rudes au sommet. Racines à rejets traçants munis çà et là de tubercules arrondis. ♃ Juin-Août.

Hab. Pyrénées-Orientales et occidentales, les marais, le bord des eaux; Bayonne, etc.

3. Epillets en panicule latérale ou en épi peu fourni incliné sur le côté; feuilles molles ou courtes.

S. Setaceus *L. sp.* 73; *D C.; Lap.; Dub.; Lois; Mut.; Borr.; Gren. Godr.; Isolepis setacea R. Brown.* — Fleurs d'un brun verdâtre, en épis, deux, rarement trois, ovoïdes, petits, serrés l'un contre l'autre, terminaux, inclinés du même côté, sessiles, agglomérés à l'aisselle d'une bractée foliacée, verticale, canaliculée, brune sur les bords, égalant ou dépassant le glomérule floral, caduque et paraissant être le prolongement de la tige, ce qui fait paraître les fleurs latérales. Ecailles florales concaves, ovales-obtuses, mucronées, plurinervées, brunes, à carène dorsale verte et à bords étroitement blanchâtres. Trois stigmates. Akènes bruns, comprimés, striés en long, sub-trigones, mucronulés, non pourvus de soies à la base. Feuilles canaliculées, sétacées. Tiges de 3-15 centimètres, simples, filiformes, fasciculées, dressées, munies à la base d'une gaine canaliculée, souvent nulle, lisses mais élégamment sillonnées, gazonnantes. Racines fibreuses. ⚥ Juin-Septembre.

Var. a. *Pedonculata Nob.* — Epis pédonculés; écailles florales ovales-aiguës, striées, en cône; akènes ovoïdes, striés; tige filiforme, capillaire, gazonnante. ⚥ Juin-Septembre.

Hab. Le type : toute la chaine, lieux humides et argileux CCC.; *var*. a. : Pyrénées centrales, terrains crétacés humides, Argelès près Bagnères.

S. Savii *Sebast.; Mut.; Gren. Godr.; S. filiformis Savi; S. setaceus L. mant.* 321 *non L. sp.* 73; *S. leptaleus Koch; Isolepis Saviana Schultz; Isolepis sicula Presl.*—Fleurs d'un vert pâle et panachées de brun rouge. Epillets deux, rarement trois, quelquefois un, serrés l'un contre l'autre, unilatéraux, portant 6-10 fleurs, très petits, ovoïdes, sessiles, munis à la base d'une bractée foliacée caduque plus courte que les épillets, canaliculée, élargie, brune sur les bords à la base et simulant un prolongement de la tige. Ecailles florales concaves, brusquement acuminées, carénées, ferrugineuses sur la carène, blanchâtres sur les bords, plurinervées, sub-plissées; les supérieures mucronulées; les inférieures ovales-obtuses, membraneuses avec une tache au sommet de chaque côté de la carène ordinairement verte. Trois stigmates. Akènes très petits, bruns, trigones-arrondis, lisses, très finement ponctués, non pourvus de soies périgonales à la base. Feuilles réduites à l'état de gaines capillaires, dressées, engaînantes. Tiges de 5-12 centimètres, cylindriques, striées, capillaires. Racines fibreuses, gazonnantes. ⚥ Mai-Juin.

Hab. Pyrénées centrales et occidentales, lieux humides; Orignac RR. Oloron; Bayonne, Biarritz. R.

S. Holoschœnus *L. sp.* 72; *Desf.; Engl. bot.; D C.; Lap.; Dub.; Lois.; Mut.; Borr.; Noul.; Gren. Godr.; Isolepis holoschœnus Rœm. et Schultz.*— Fleurs brunâtres, opaques, en épillets ovales-obtus, nombreux, sessiles ou sub-sessiles, formant comme une ombelle sub-globuleuse (anthèle) compacte placée latéralement et munie à la base de deux bractées foliacées dressées, inégales, en pointe au sommet, en gouttière à la base; la plus grande droite, très allongée et simulant la tige prolongée; l'autre supérieure plus courte. Ecailles florales brunes, obovées, carénées, hispides ou sub-hispides sur le dos, ciliées sur les bords, échancrées, mucronées au sommet. 2-3 stigmates. Akènes lisses, dépourvus de soies hypogynes à la base, très petits, noirâtres, finement ponctués. Feuilles radicales semi-cylindriques, canaliculées, réduites à l'état de gaines épaisses, acuminées, entières ou fendues, dilatées en limbe court, raide. Tiges de 2-7 décimètres, cylindriques, fermes, lisses, glauques, en touffes. ♃ Juin-Juillet.

Hab. Pyrénées centrales et occidentales, marais, fossés ; St-Béat : Bayonne, Dax.

S. Pungens *Whlb.; Rœm.; Mut.; S. triangularis Pers.; S. Rothii Hoppe; Borr.; Gren. Godr.; S. tenuifolius D C.; Dub.; Lois.; Heleogiton pungens Rchb.* — Fleurs brunes, ferrugineuses, en épillets sessiles, 2-6, agglomérés, ovoïdes, formant une panicule latérale simple munie à la base de 3 bractées foliacées dont deux très petites et la troisième, qui semble continuer la tige, dépasse de beaucoup la panicule. Écailles florales ovales, brunes, mucronées, déchirées au sommet. Anthères mucronées. 2 stigmates. Akènes bruns, munis à la base de 1-2 soies périgonales hypogynes courtes, lisses, comprimés. 2-3 feuilles radicales engainantes, en gouttière, raides, dressées. Tiges de 1-3 décimètres, trigones, pourvues à la base de gaines rousses, noirâtres, plus ou moins prolongées en feuilles. Racine forte, brune. ♃ Juillet-Août.

Hab. Pyrénées occidentales; marais aux environs de St-Jean-de-Luz. R.

S. Lacustris *L. sp. 72 ; Engl. bot.; D C.; Lap.; Dub.; Lois.; Benth. cat.; Gren. Godr.* — Fleurs d'un brun roux, en épillets nombreux, ovoïdes, multiflores, ovales, agglomérés en capitules, pédicellés ou sessiles, formant une panicule terminale composée. 1-2 bractées dressées ; l'inférieure de 10 centimètres, dépassant la panicule, simulant un prolongement de la tige. Écailles florales brunes, ovales-émarginées, échancrées, à points purpurins sur la carène, mucronées. 3 stigmates. Anthères terminées par un mucron obtus souvent glabre. Akènes lisses, jaunâtres, obovés-trigones, munis à la base de 4-6 soies hypogynes les dépassant. Feuilles inférieures réduites à des gaines ; la supérieure courte, scabre, canaliculée, subulée. Tige de 1-2 mètres, cylindrique, spongieuse, nue, munie à la base de quelques gaines rougeâtres. Racines très fortes. ♃ Mai-Juin.

Hab. Toute la chaine : les marais, les lacs, les ruisseaux. CCC.

S. Mucronatus *L. sp. 73 ; D C.; Lap.; Dub.; Lois.; Mut.; Gren. Godr.; S. glomeratus Scop.* — Fleurs d'un vert pâle ou roussâtres, étroitement imbriquées, en épillets multiflores, sessiles, agglomérés, formant une panicule simple, latérale, munie à la base d'une large bractée la dépassant, dressée, puis étalée ou réfléchie et paraissant être le prolongement de la tige. Écailles florales concaves, ovales-aiguës, mucronées, nervées, sub-plissées en long, fauves et munies sur le dos d'une nervure verte. 3 stigmates. Akènes bruns, gros , trigones, sub-ondulés par des points noirs, munis à la base de soies hypogynes périgonales les dépassant. Feuilles remplacées à la base par des écailles et des gaines non développées en limbe. Tiges de 3-6 décimètres, fasciculées, dressées, assez épaisses, triangulaires, à angles aigus, à faces plus ou moins concaves, munies dans le bas de gaines nues. Souches nombreuses à racines fibreuses, émettant de nombreuses tiges. ♃ Juin-Août.

Hab. Pyrénées occidentales; marais aux environs de Bayonne et de Biarrits. C.

4. Epillets terminaux; soies périgonales persistantes
à la base du fruit.

a. Deux stigmates; akènes non trigones.

S. Palustris *L. sp.* 70; *Lam.* ; *D C.* ; *Lap.* ; *Dub.* ; *Lois.* ; *Mut.* ; *Borr.* ; *Eleocharis palustris R. Brown* ; *Bertol.* ; *Gren. Godr.* — Fleurs brunes, en épi terminal, solitaire, oblong, simple, dressé. Ecailles florales lancéolées, un peu aiguës, à bords scarieux, à nervures vertes, l'inférieure plus courte, sub-embrassante. 2 stigmates. Akène obové, comprimé, jaunâtre, muni à la base de soies périgonales hypogynes, lisse, obtus sur les angles, trigone. Feuilles réduites à l'état de gaines tronquées, rouges ou brunes. Tiges de 5 centimètres à 10 décimètres, fasciculées, épaisses, spongieuses, arrondies-comprimées, dressées, cylindracées, plus ou moins glauques, à moelle interrompue. Racine rampante, stolonifère. ♃ Mars-Septembre.

Var. b. *minor Mut.* ; *var.* b. *Borr.* ; *S. reptans Thuill.* — Tiges plus courtes; épis plus courts, plus obtus; écailles très aiguës, ferrugineuses; tiges de 5-12 centimètres , grêles, glauques, les stériles très nombreuses. ♃ Mars-Septembre.

Hab. Toute la chaîne : le type, les marais CC; la var., lac de Lourdes. R.

b. Trois stigmates; akènes trigones.

S. Multicaulis *Smith.* ; *Mut.* ; *Borr.* ; *Eleocharis multicaulis Koch* ; *Fries.* ; *Gren. Godr.* — Fleurs brunes, en épi terminal, solitaire, ovale ou lancéolé (souvent vivipare), dressé. Ecailles florales étroitement imbriquées, scarieuses sur les bords, ovales-obtuses; l'inférieure plus courte, arrondie, à nervures vertes, embrassante à la base de l'épi, quelquefois bifide. Trois stigmates. Akènes petits, noirs ou bruns, ovales ou obovales, triangulaires-aigus. Feuilles réduites à l'état de gaines membraneuses, brunâtres, tronquées. Tiges de 1-3 décimètres, fasciculées, dressées, faibles, grêles, cylindriques, en touffes nombreuses nues. ♃ Juin-Juillet.

Hab. Pyrénées-Orientales et occidentales; Plaja d'Argelès, embouchure de l'Adour, Bayonne, bords de la Bidassoa.

648. ERIOPHORUM *L. gen.* 68 *(Linaigrette).*—Fleurs hermaphrodites, en épillets multiflores formant par leur réunion une panicule simple ou composée. Écailles florales étroitement imbriquées en tous sens, peu nombreuses, palmées; les inférieures stériles. Trois étamines. Un style à trois stigmates. Soies périgonales hypogynes, nombreuses, persistantes, saillantes. Akènes trigones entourés à la maturité de soies périgonales accrues.

1. Capitule solitaire, terminal.

E. Vaginatum *L. sp.* 76; *Engl. bot.; D C.; Lap.; Dub.; Lois.; Mut.; Borr.; Gren. Godr.; E. cœspitosum Host.; Linagrostis vaginata Scop.* — Fleurs grisâtres, en capitule oblong-ovale, solitaire, multiflore, dressé. Écailles florales lancéolées-acuminées, membraneuses, vertes d'abord, noirâtres et blanchâtres sur les bords ensuite. Soies périgonales hypogynes, non crépues, denses, médiocrement allongées. Anthères très grêles, linéaires-allongées. Akènes bruns, ovoïdes, sub-triquètres, à une face·plane et deux convexes. Feuilles radicales nombreuses, raides, allongées, étroites, triquètres, rudes sur les bords, se flétrissant de bonne heure et plus courtes que la tige; les caulinaires petites, peu nombreuses. Tige de 1-3 décimètres, glabre, trigone au sommet, munie à la base de plusieurs gaines lâches. Racines fibreuses produisant des tiges nombreuses en gazon touffu. ♃ Avril-mai.

Hab. Pyrénées-Orientales et centrales, les marais tourbeux; Mont-Louis, Madres, Paillères, Estagnoux de Crabère, Las Laquettes; Pic du Midi près Barèges. R.

E. Capitatum *Host.; D C.; Lap.; Dub.; Lois.; Mut.; E. alpinum Vill.; E. Scheuchzeri Hoppe ; Gren. Godr.*—Fleurs d'un brun livide, en capitule sub-globuleux, solitaire, terminal, multiflore, compacte. Écailles florales lancéolées-acuminées, noires sur le dos, à bords blanchâtres; l'inférieure stérile, plus grande. Soies périgonales très denses, très crépues, blanches. Anthères ovales. Trois stigmates. Akènes d'un brun verdâtre, ovoïdes-oblongs, sub-triquètres, à faces planes et convexes. Feuilles radicales peu nombreuses, en faisceau, linéaires-aiguës, lisses, en gouttière, plus courtes que la tige; les caulinaires peu nombreuses, à limbe sub-nul. Tige de 5-9 centimètres, cylindrique, munie à la base de gaines brunes et courtes. Racine rampante. ♃ Juin-Novembre.

Hab. Pyrénées-Orientales et centrales ; vallée d'Eynes, étang d'Orlu, Estagnoux de Crabère ; lac d'Escaubous, Madamette *(Lap.).*

2. Capitules pédonculés, nombreux, formant une panicule.

E. Angustifolium *Roth.; D C.; Lap.; Dub.; Lois.; Borr.; Gren. Godr.; E. polystachyon var. a. L. fl. suec. 17; Carex alopecuros Lap.; Gramen eriophorum Dod.* — Fleurs verdâtres, en capitules nombreux, pédonculés, pendants à la maturité sur des pédoncules inégaux, lisses, glabres et formant ainsi une panicule rameuse munie à la base de bractées courtes, élargies à la base, aiguës au sommet. Ecailles florales brunes, lancéolées-obtuses, nervées, scarieuses sur les bords. Trois stigmates. Soies périgonales hypogynes, abondantes, soyeuses, très allongées. Akènes noirs, acuminés et aigus au sommet, atténués à la base, entourés de soies blanches. Feuilles d'un vert foncé, rudes, luisantes, engaînantes, planes, linéaires, triquètres au sommet, sub-lisses sur les bords, plus courtes que la tige, canaliculées. Tige de 4-6 décimètres, cylindracée, à trois angles peu marqués. Racines rampantes, stolonifères. ♃ Mai-Juin.

Hab. Les lieux humides, jusque dans les hautes régions. CCC.

E. Latifolium *Hoppe; Lap.; Lois.; Koch; Mut.; Borr.; Gren. Godr.; E. polystachyon var. b. L. fl. suec. p. 17; Carex alopecuros Lap.; Linagrostis paniculata Lam.* — Fleurs verdâtres d'abord, d'un noir livide ensuite, en capitules nombreux dressés, puis penchés ou pendants, portés sur des pédoncules inégaux, rudes, formant une panicule terminale munie à la base de bractées inégales, sub-cartilagineuses, striées. Ecailles florales lancéolées-aiguës, uninervées, d'un vert noirâtre. Soies périgonales hypogynes, de moitié moins longues que dans l'espèce précédente. Trois stigmates. Akènes bruns, oblongs, trigones, entourés de soies blanches à la base. Feuilles carénées, sub-planes, de 10-15 millimètres de largeur, d'un vert pâle, lancéolées-linéaires, souvent triquètres au sommet, rudes sur les bords, à gaîne souvent maculée de brun au sommet; les radicales fasciculées; les caulinaires plus courtes que la gaîne. Tige de 2-8 décimètres, droite, obscurément trigone. Racines fibreuses. ♃ Avril-Mai.

Hab. Les marais, dans toutes les vallées. CCC.

B. FLEURS MONOÏQUES.

Périgone remplacé par un disque (enveloppe capsulaire) accrescent enveloppant le fruit.

644. KOBRESIA *Willd.* — Fleurs monoïques; les mâles et les femelles sur le même épi terminal; épillets naissant à l'aisselle d'une bractée et composés ordinairement d'une fleur mâle et d'une fleur femelle. — Fleur mâle supérieure à la fleur femelle, pédicellée; écaille florale opposée à

la bractée. Trois étamines. — Fleur femelle inférieure ;
écaille florale, engaînante à la base et enveloppant à la fois
le pistil et partie de la fleur mâle. Style caduc à trois stigmates. Ovaire non renfermé dans une utricule. Akènes trigones.

K. Caricina *Willd.; D C.; Gaud.; K. Bellardi Degl. in
Lois.; Carex Bellardi All.; D C.; Carex hermaphrodita Gmel.;
Scirpus Bellardi Walh.; Elyna spicata Schrad.; Koch; Gren.
Godr.; Carex Dufourii Lap.; Carex rupestris All.; D C.; Dub.;
Lois.; Gren. Godr.* — Fleurs d'un brun ferrugineux, en épi
simple, grêle, sub-cylindrique, interrompu à la base, formé
de 10-20 épillets lâchement imbriqués. Bractées scarieuses,
luisantes, obtuses, brunes. Ecailles florales n'atteignant pas
les bractées ; l'inférieure embrassante, scarieuse, blanchâtre
sur les bords, à nervure ferrugineuse. Akène enveloppé dans
une membrane blanchâtre, sub-sphérique, noir, terminé
brusquement par le stigmate trifide au sommet et persistant.
Feuilles très étroites, cylindriques, sillonnées, plus ou moins
rudes sur les bords, égalant, dépassant ou plus courtes
que la tige, à gaîne se déchirant en réseau. Tige de 6-15
centimètres, cylindrique, finement sillonnée, munie à la
base de gaînes (débris des anciennes feuilles). Racines fibreuses. ⚥ Juin-Juillet.

Hab. Pyrénées-Orientales et centrales ; Cambredase, vallées d'Eynes, Pic du Midi à l'exposition nord. C.

645. CAREX *L. gen. (Carex).* — Fleurs monoïques,
très rarement dioïques, placées à l'aisselle d'une écaille
et réunies en épis androgyns ou unisexuels, simples ou
composés. Ecailles florales imbriquées en tous sens. Trois
étamines, rarement deux. Style non articulé, caduc, à 2-3
stigmates. Ovaire monosperme renfermé dans une enveloppe capsulaire périgonoïde perforée à son sommet, persistante et grossissant avec le fruit sous forme de capsule comprimée ou triquètre.

1. Epi solitaire, simple et terminal.

a. **Deux stigmates.**

* *Epis dioïques.*

C. Dioica *L. sp.* 1379; *Engl. bot.; D C.; Lap.; Dub.; Gaud.;
Mut.; C. Linneana Host.; C. Linnæi Desgl.; C. lœvis Hoppe.* —
Epi mâle simple, droit, cylindrique, ovale-oblong, aigu, à
écailles brunes, en gouttière, lancéolées-linéaires ; épis femelles plus courts, portés sur des pieds distincts, à écailles dépassées par les fruits, ovales-obtuses, roussâtres, à bords blanchâtres. Deux stigmates. Disques fructifères roussâtres, sessiles,

ovoïdes-acuminés, nerveux, denticulés au sommet, dressés puis étalés horizontalement, divergents, striés, terminés par un bec court. Akène sub-lenticulaire. Feuilles fines, lisses, dressées, plus courtes que la tige, d'un vert gai, sub-en-gouttière, grêles, cylindriques. Tiges dressées, filiformes, lisses, arrondies. Racines rampantes, stolonifères, formant gazon. ♃ Juin-Juillet.

Hab. Pyrénées centrales : pâturages humides sub-alpins et alpins : Barèges, mont. Don-Blanc, Arises, Conque, lac Bleu, Plan des Étangs. C.

C. Davalliana *Smith.; D C.; Koch; Mut.; Lap.; Gren. Godr.* — Epi mâle linéaire-aigu, grêle ; écailles brunes, lancéolées, blanchâtres sur les bords. — Epi femelle plus court, plus épais, à fleurs serrées ; écailles ovales-lancéolées, mucronées, brunes et à nervure dorsale verte. (Chaque espèce d'épis est portée par des individus différents). Bractées acuminées, scarieuses sur les bords. Deux stigmates. Disques fructifères sessiles, denticulés, scarieux au sommet et sur les angles, étalés, puis recourbés à la maturité, lancéolés, roux, luisants. Akène oblong-obtus. Feuilles dressées, étroites, plus courtes que les tiges, rudes, finement serrulées. Tiges de 1-2 décimètres, nombreuses, en gazon, grêles, droites, triquètres, rudes sur les angles. Racines fibreuses, fasciculées. ♃ Juin-Juillet.

Hab. Pyrénées centrales, lieux humides : Esquierry, Barèges, St-Béat, pic d'Ereslids, Pic du Midi (Las Laquettes). RR.

** *Epis monoïques.*

C. Pulicaris *L. sp.* 1380; *Schk.; D C.; Lap.; Koch; Mut.; Borr.; Gren. Godr.* — Epi simple androgyne mâle et atténué au sommet; les fleurs mâles dressées; écailles brunes, lancéolées-acuminées. — Fleurs femelles lâches, à écailles brunes avec bordure membraneuse, blanches, dépassées par les fruits, oblongues, carénées, caduques. Deux stigmates. Disques fructifères ovoïdes-oblongs, renflés au milieu, plus ou moins anguleux, luisants, atténués aux deux extrémités, glabres, lisses, dressés puis étalés et réfléchis à la maturité, dépassant les écailles. Akènes oblongs, convexes sur les deux faces. Feuilles sétacées, carénées, égalant ou plus courtes que les tiges, d'un vert gai, rudes et comprimées au sommet ou lisses. Tiges filiformes, dressées, lisses, obscurément anguleuses. Racines fibreuses. ♃ Mai-Juin.

Hab. Les lieux humides, les prairies jusque dans les hautes régions. CCC.

C. Macrostylon *D C.; Lap.; Dub.; Endress.; C. decipiens Gay.; Mut.; Gren. Godr.* — Epi court, simple, androgyne, mâle au sommet. — Fleurs mâles dressées, peu nombreuses, à écailles obtuses, lancéolées. — Fleurs femelles à écailles caduques, fauves, à bords blanchâtres, lancéolées, carénées, dépassées par les fruits. Deux stigmates. Disques fructifères dressés, d'un brun plus foncé que les écailles, non luisants, oblongs, arrondis, renflés au centre, prolongés en bec subulé long au sommet. Akène oblong, comprimé et convexe des deux côtés. Feuilles d'un vert gai, sétacées, carénées, rudes sur les angles près du sommet ou dans les deux tiers de leur longueur plus courtes que la tige. Celle-ci de 8-10 centimètres, dressée, filiforme, striée. Racine rampante, traçante. Souches à divisions très nombreuses. ♃ Juin-Juillet.

Voisin du *C. pulicaris* dont il diffère par son épi plus court, par ses fleurs mâles peu nombreuses, par les disques fructifères moins réfléchis à la maturité et d'un brun noirâtre, striés, par les écailles plus aiguës, par les feuilles scabres-sub-sétacées, par la rigidité de la tige et par les racines traçantes.

Hab. Pyrénées centrales; ports de Marcadaou, de la Picade, de Vénasque, Eaux-Bonnes, Mont-Laid, vallon du lac Bleu, Cau d'Espada. Aiguecluse (*Lap.*). R.

b. Trois stigmates.

C. Pyrenaica *Willd.; D C.; Lap.; Dub.; Lois.; Benth. cat.; Mut.; Gren. Godr.; C. Ramondiana D C.; C. marchandiana* et *denudata Lap.* — Epi simple, terminal, androgyne, mâle au sommet, oblong, atténué aux deux bouts, muni à la base d'une bractée foliacée non engaînante, caduque, plus courte que l'épi et prolongée en une arête étroite, verte, rude. Écailles des fleurs mâles linéaires-aiguës, dressées; écailles des fleurs femelles linéaires-oblongues, caduques, obtuses, fauves, n'égalant pas les fruits. Trois stigmates. Disques fructifères dressés, puis étalés, fusiformes, trigones, longuement acuminés, à trois côtes (les latérales saillantes), pédonculés, un peu renflés, terminés en bec sub-bifide et lisse. Akène elliptique, convexe, à côtes fines. Feuilles d'un vert pâle, linéaires, dressées, planes, étroites, scabres sur les bords, moins longues ou plus longues que la tige. Celle-ci de 2-6 décimètres, dressée, grêle, striée, lisse. Racines rampantes, gazonnantes. ♃ Juin-Juillet.

Hab. Pyrénées centrales, pelouses herbeuses des régions alpines ; lac Bleu, Pic du Midi, Mounné de Cauterets, lac de Gaube, Gavarnie, col de Torte, etc., etc. C.

2. Epi terminal composé, formé d'épillets androgynes.

a. Deux stigmates.

* *Souche rampante.*

C. Fœtida *Vill.. All.: D C. · Lap.; Dub : Lois.; Benth. cat.,*

Mut.; Gren. Godr.; C. lobata Vill. — Epi terminal, ovale-aigu, composé, formé de 4-8 épillets brunâtres, androgynes, imbriqués, mâles au sommet. Bractée inférieure brune, lancéolée-aiguë, mutique ou cuspidée. Ecailles ovales-lancéolées-aiguës, égalant le fruit, brunes, scarieuses sur les bords, brillantes. Deux stigmates. Disques fructifères bruns, elliptiques, finement striés, lisses et amincis sur les angles, à bec long rude et bifide. Akène brun, presque lenticulaire. Feuilles planes ou un peu pliées en carène, d'un vert gai, linéaires-acuminées, rudes sur les bords. Tiges de 5-8 centimètres, trigones, dressées, munies à la base d'écailles larges canaliculées, roussâtres, striées, articulées, longues et fortes. ♃ Juillet-Août.

Hab. Pyrénées centrales; Esquierry, ports de la Picade et de Vénasque. RR.

C. Juncifolia *All.; fl. dan.; Benth. cat.; Mut.; C. incurva Smith.; Lap.; Schk.* — Epis oblongs, sub-globuleux au sommet, composés, formés de quelques épillets androgynes, panachés de brun et de rouge. — Fleurs mâles au sommet. Ecailles ovales, sub-mucronées. Deux stigmates. Bractées brunes, scarieuses sur les bords, ovales-acuminés. Disques fructifères ovales, semi-globuleux, atténués en bec entier au sommet. Feuilles filiformes, enroulées sur les bords, canaliculées. Tiges de 5-12 centimètres, sub-cylindriques, courbées, un peu plus longues que les feuilles. Racines rampantes. ♃ Juin-Juillet.

Hab. Pyrénées centrales, pelouses herbeuses humides; ports de la Picade et de Vénasque autour du lac *(Lap.)*. RRR.

C. Divisa *Huds.; Schk.; Smith.; D C.; Dub.; Mut.; Borr.; Gren. Godr.; C. splendens Pers.: C. cuspidata Bertol.; C. schœnoïdes Desf.; C. hybrida Lam.; C. Fontanesii Poirr.; C. teretiuscula Lap.* — Epi ovoïde, ovale-oblong, composé de 3-6 épillets bruns, alternes, agglomérés, les mâles au sommet, munis de bractées. L'inférieure scabre, longue, carénée, scarieuse sur les bords, prolongée en arête subulée dépassant l'épillet et souvent même l'épi. Ecailles égalant le fruit, brunes, ovales-aiguës, scabres, mucronées. Deux stigmates allongés. Disques fructifères ovales-oblongs, nervés, convexes d'un côté, planes de l'autre, munis supérieurement d'un bord étroit, denticulé et terminé en bec bifide, serrulé, égalant les écailles. Akène jaunâtre, lisse, ovale, comprimé. Feuilles linéaires, étroites, allongées, carénées, rudes sur les bords, d'un vert glauque, acuminées-subulées. Tige de

2-4 décimètres, triquètre, grêle, rude au sommet. Souche rampante, dure et tortueuse. ⚥ Mai-Juin.

Hab. Pyrénées centrales et occidentales, lieux humides et marais maritimes; vallée de Campan, Biarritz. R.

C. Brizoïdes *L. sp.* 1381 ; *Schk.* ; *D C.* ; *Lap.* ; *Dub.* ; *Lois.* ; *Benth. cat.* ; *Mut.* ; *Borr.* ; *Gren. Godr.* — Epi terminal, court, composé de 5-10 épillets distiques, rapprochés, courbés en fuseau, sessiles, d'un blanc jaunâtre. — Les mâles à la base. Bractée inférieure petite, squammiforme, subulée. Ecailles ovales-lancéolées, d'un vert pâle, puis brunâtres, à nervure dorsale verte, n'égalant pas les fruits. Deux stigmates. Disques fructifères verdâtres, dressés, ovales-acuminés, planes-convexes, bordés d'une membrane serrulée, non nervés, terminés en bec allongé, bifide. Akènes bruns, oblongs, planes, convexes, lisses. Feuilles étroites, linéaires, très longues, planes, acuminées, rudes sur les bords, d'un vert gai, dressées et tombantes, dépassant la tige. Celle-ci grêle, triquètre, rude sur les angles de haut en bas, de 2-4 décimètres, dressée, puis penchée. Racines rampantes, stolonifères. ⚥ Avril-Mai.

Hab. Les bois et taillis, les haies autour de Bagnères. CC.

C. Arenaria *L. sp.* 1381 ; *D C.* ; *Lap.* ; *Dub.* ; *Lois.* ; *Mut.* ; *Borr.* — Epi terminal, allongé ou ovale-oblong, parfois interrompu à la base, composé d'épillets nombreux ; les supérieurs mâles ; les moyens androgynes ; les inférieurs femelles. Bractée inférieure brune, carénée, scabre sur le dos, terminée en une longue arête subulée dépassant l'épi. Ecailles lancéolées-acuminées, fauves, à nervure dorsale verte, scarieuses sur les bords, égalant ou dépassant le fruit. Deux stigmates. Disques fructifères gros, ovales, convexes d'un côté, planes de l'autre, fauves, munis de 7-9 nervures et à partir du milieu d'une aile membraneuse rude, denticulée, se prolongeant juqu'au sommet en bec cilié ou bifide. Akène jaunâtre, lisse, ovale, arrondi au sommet, plane d'un côté, convexe de l'autre. Feuilles vertes, raides, aiguës, à trois angles, rudes au sommet et sur les bords, canaliculées, linéaires-acuminées. Tiges de 1-3 décimètres, triquètres, à angles rudes au sommet, nues, grêles. Racine articulée, longuement rampante, stolonifère. ⚥ Avril-Mai.

Hab. Pyrénées-Orientales et occidentales, sables humides ; environs de Bayonne, Mont-Louis. C.

** *Souche cespiteuse.*

C. Divulsa *Good.* ; *D C.* ; *Dub.* ; *Lap.* ; *Lois.* ; *Koch* ; *Mut.* ,

Borr.; Benth. cat.; Gren. Godr.; C. canescens Thuil. — Epi oblong, très allongé, penché, interrompu, formé d'épillets épars pauciflores, d'un blanc verdâtre; les inférieurs écartés, munis de bractées larges, sétacées au sommet, hispides, plus longues que les épillets. Ecailles blanchâtres à nervure dorsale verte. Disques fructifères étalés-dressés, non divariqués, ovales, planes-convexes, acuminés en bec bifide, hérissés au sommet, mucronés, dépassant les écailles. Akène blanchâtre, sub-lenticulaire. Feuilles linéaires-allongées, scabres sur les bords et rudes sur la côte dans leur moitié supérieure. Tiges triquètres, grêles, de 3-5 décimètres, rudes sur les angles dans le tiers supérieur, faibles et penchées. Racine fibreuse, gazonnante. ♃ Mai-Juin.

Hab. Les lieux humides, le bord des fossés. CCC.

C. Muricata *L. sp.* 1382; *D C.; Lap.; Benth. cat.; Mut.; Borr.; Noul.; Gren. Godr.* — Epi terminal, dressé-oblong, dense, formé de 5-8 épillets arrondis, courts; les supérieurs mâles, rapprochés, non munis de bractées; les inférieurs distants, munis de bractées scarieuses, sétacées; l'inférieur terminé en une pointe verte, subulée, de longueur variable. Ecailles scarieuses, ovales-mucronées, brunes, à nervure dorsale verte ou verdâtre. Deux stigmates. Disques fructifères dressés-divergents, horizontaux, ovales, planes-convexes, à nervures peu prononcées, terminés par un bec bidenté et rude sur les bords, verdâtres, dépassant peu les écailles. Akène blanchâtre, lenticulaire, ponctué. Feuilles étroites, carénées, rudes sur les bords et sur la carène, vertes, dépassant la tige. Celle-ci de 2-4 décimètres, gazonnante, triquètre, striée, grêle, scabre vers le sommet. Racines fibreuses. ♃ Mai-Juin.

Hab. Les bois, le bord des chemins. CCC.

C. Loliacea *L. sp.* 1382; *Lap.; Benth. cat.; Mut.* — Epi terminal non interrompu, composé de 3-5 épillets alternes, très petits, sessiles; les mâles au sommet, un peu écartés à la base. Bractée inférieure égalant l'épi. Ecailles ovales-aiguës, à nervure dorsale verte, brunes sur les bords. Deux stigmates. Disques fructifères d'abord dressés, puis divergents, oblongs, nervés, elliptiques, striés, terminés en bec court, entier, une fois plus longs que les écailles. Akène blanchâtre, sub-ponctué. Feuilles linéaires, étroites, molles, un peu rudes au sommet. Tiges feuillées, sub-trigones, très grêles. Racines rampantes, stolonifères. ♃ Mai-Juin.

Hab. Pyrénées centrales; St-Béat, aux Artigues du Cassolet (*Lap.*). R.

C. Vulpina *L. sp.* 1382; *D C.; Lap.; Dub.; Lois.; Benth. cat.;*

Mut.; Borr.; Gren. Godr ; C. spicata Thuill.— Épi terminal, décomposé, ovale-oblong, dressé, plus ou moins dense, plus ou moins allongé, interrompu à la base, formé d'épillets nombreux ; les mâles au sommet, se ramifiant eux-mêmes 3-3 ou 5-5, sessiles, oblongs, formant presque une panicule. Bractée inférieure scarieuse, arrondie, acuminée, sub-embrassante, variable pour sa longueur. Écailles ovales-aiguës, roussâtres, vertes sur le dos, n'égalant pas les disques fructifères. Ceux-ci dressés-divergents, à la fin étalés en étoile, ovales-aigus, planes-convexes, munis de 5-7 nervures, terminés par un bec bifide. Akène brun, luisant, lenticulaire, comprimé, ponctué. Feuilles vertes, carénées, rudes sur les bords, assez larges, planes, striées, sub-égalant la tige. Celle-ci de 4-6 décimètres, droite, raide, triangulaire, à angles très aigus, coupants. Racines longues, fibreuses, surmontées de fibrilles noirâtres. ♃ Mai-Juin.

Hab. Toute la chaîne : marais, fossés, jusque dans les régions alpines. CC.

C. Stellulata *Good.; D C.; Lap.; Dub.; Lois.; Mut.; Borr.; C. echinata Murr.; Gren. Godr; C. muricata Huds.* — Épi terminal, court, formé de 2-5 épillets arrondis, courts, sessiles, alternes, un peu espacés ; les mâles à la base. Bractée inférieure courte, squammiforme. Écailles ovales-aiguës, d'un brun pâle, à nervure dorsale verte, blanches, scarieuses sur les bords et au sommet. Deux stigmates. Disques fructifères dressés, puis étalés en étoile, ovales, planes-convexes, finement nervés, striés, à stries convergentes vers le sommet, à bords denticulés, acuminés en bec sub-bifide ou bifide, verdâtres, dépassant les écailles. Akènes bruns, ovales, comprimés, obtus au sommet, contractés à la base. Feuilles d'un vert foncé, étroites, canaliculées, planes, linéaires, trigones et rudes au sommet. Tiges de 1-4 décimètres, droites, triangulaires, rudes au sommet, dépassant les feuilles. Racines gazonnantes, dures, très tenaces. ♃ Avril-Juin.

Var. a. Alpestris Mut. — Ecailles brunes ; disque fructifère d'un brun roux, à bec long, un peu arqué, sub-bifide ; tiges grêles ; feuilles très étroites, linéaires-acuminées, rudes sur les bords ; racines gazonnantes. ♃ Avril-Juin.

Hab. Le type : les lieux humides, les plaines et toutes les vallées ; *var.* a. : la base du port de Vénasque, pentes herbeuses, vallon de l'Espessière près l'Hospice de Vénasque, lieux humides (août 1852). R.

C. Canescens *L. sp.* 1383 ; *Koch ; Mut.; Borr.; Gren. C. curta Good.; D C.; Lap.; Dub.; Lois.; C. cinerea Poll.; C. Richardi Thuill.* — Épi terminal, formé de 4-7 épillets ovoïdes, cylindracés, courts, alternes, d'un vert pâle, écartés à la base.

rapprochés au sommet ; les mâles à la base. Bractées courtes, squammiformes (quelquefois l'inférieure égale l'épi *Mut.*). Ecailles ovales-aiguës, verdâtres, à nervure verte, blanches-scarieuses sur les bords, n'égalant pas le fruit. Deux stigmates. Disques fructifères verdâtres, dressés, ovoïdes-aigus, planes-convexes, obscurément striés, terminés par un bec très court, entier, un peu rude. Akène fauve, lisse, sub-orbiculaire, comprimé, obtus. Feuilles linéaires-étroites, rudes sur les bords, acuminées au sommet, carénées, allongées, d'un vert pâle. Tige de 2-4 décimètres, grêle, élancée, striée, rude et triquètre au sommet. Racine fibreuse, produisant des touffes serrées. ♃ Juin-Juillet.

Hab. Pyrénées centrales et occidentales, lieux ombragés ; vallée d'Aran, Baïgorry (*Lap.*). R.

C. Elongata *L. sp.* 1383 ; *D C.; Lap.; Dub.; Lois.; Koch; Benth. cat.; Mut.; Borr.; Gren. Godr.; C. divergens Thuill.; C. multicaulis Ehrh.* — Epi terminal, composé de 6-12 épillets sessiles, alternes, oblongs, cylindracés, peu écartés, dressés puis divergents ; les mâles à la base. Bractée inférieure très courte, squammiforme. Ecailles ovales-obtuses, d'un brun roux, à nervure dorsale verte, blanches-scarieuses sur les bords. Deux stigmates. Disques fructifères dépassant de beaucoup les écailles, nervés sur les deux faces, rétrécis en bec court, rude et presque entier au sommet. Akène blanchâtre, ovale, plane d'un côté, convexe de l'autre. Feuilles molles, planes, rudes, linéaires, d'un vert gai, carénées, rudes sur les bords, presque aussi longues que la tige. Celle-ci de 2-4 décimètres, grêle mais ferme, triangulaire et très rude. Racines rampantes, gazonnantes. ♃ Mai-Juin.

Hab. Pyrénées-Orientales ; fossés de Mont-Louis (*Lap.*). R.

C. Remota *L. sp.* 1383 ; *D C.; Lap.; Dub.; Lois.; Engl. bot.; Benth. cat.; Mut.; Borr.; Gren. Godr.* — Epi terminal, très long, composé de 6-10 épillets sessiles, ovoïdes, solitaires, très écartés, dressés d'abord, puis étalés-divergents ; les mâles à la base placés à l'aisselle d'une bractée foliacée dépassant l'épi. Ecailles ovales-lancéolées, n'atteignant pas les fruits, brunes, à nervure dorsale verte, blanches-scarieuses sur les bords. Deux stigmates. Disques fructifères d'un vert pâle, munis de 5-7 nervures vers le tiers inférieur, dressés, planes, comprimés, ovales-acuminés en bec très court et entier au sommet, rudes sur les bords. Akènes jaunâtres, ovales-comprimés. Feuilles molles, d'un vert pâle, linéaires-étroites, très longues, carénées, rudes au sommet et sur les bords, égalant ou dépassant la tige. Celle-ci de 3-6 décimètres, grêle, tombante, triquètre, un peu rude vers le sommet. Racines fibreuses, gazonnantes. ♃ Avril-Mai.

Hab. Pyrénées centrales, bois et lieux ombragés; Escaladieu. CCC.

C. Leporina *L. sp.* 1381 ; *Lap.; Koch; Mut.; Benth. cat.; Gren. Godr.; C. ovalis Good.; Schk.; D C.; Dub.; Lois.* — Epi terminal, formé de 4-6 épillets, ovales-elliptiques, sessiles, alternes, rapprochés; les mâles à la base. Bractée scarieuse, ovale-lancéolée, courte, squammiforme, embrassante, munie d'une forte nervure, sub-carénée. Ecailles acuminées, lancéolées, à carène verte, à bords scarieux-blanchâtres. Deux stigmates. Disques fructifères ovoïdes-comprimés, planes-convexes, nervés sur les deux faces, verdâtres, striés, dressés, acuminés au sommet en bec obscurément bifide, bordés d'une membrane denticulée, égalant à peu près les écailles. Akène blanchâtre, ovale, plane d'un côté, convexe de l'autre. Feuilles d'un vert gai, courtes, linéaires, étroites, acuminées, un peu rudes vers le sommet et sur les bords. Tige de 2-4 décimètres, dressée, feuillée à la base, nue au sommet, striée-cylindracée, lisse inférieurement, trigone et rude au sommet. Racine dure, ligneuse, garnie de fibres gazonnantes. ♃ Mai-Juin.

Var. b. Mut.; C. ovalis Lap. — Epi terminal, formé d'épillets elliptiques d'un brun roux, luisant, de même que la capsule et les écailles; disque fructifère convexe, nervé, bordé d'une membrane sub-entière, acuminé en bec obscurément bidenté; feuilles radicales légèrement scabres sur les bords; tiges de 1-3 décimètres, trigones dès la naissance des feuilles, finement striées, à peine scabres sur les angles. ♃ Juillet.

Hab. Le type: sur toute la chaine, lieux humides; *var. b.:* Pyrénées-Orientales et centrales, régions alpines: port de Vénasque, lac d'Espingo, Pratto-de-Mollo, Maladetta, port de Clarabide, cirque de Troumouse. R.

C. Approximata *Hoppe.; D C.; Gaud.; Mut.; C. parviflora Gaud.* — Epi terminal, ovale-oblong, formé de 3-4 épillets ovales, alternes; les inférieurs souvent femelles. Bractée inférieure courte, subulée. Ecailles ovales, brunes, à nervure dorsale verte, à bords étroits, scarieux, membraneux. Deux stigmates. Disques fructifères ovales-comprimés, lisses, dépassant à peine les écailles, acuminés au sommet en bec entier, tronqué. Feuilles linéaires, planes, rudes sur les bords, moins longues que les tiges. Celles-ci de 8-15 centimètres, trigones au sommet, cylindriques dans le bas. ♃ Juillet-Août.

Hab. Pyrénées-Orientales; environs de Mont-Louis. Pics de Royer et des Sept-Hommes. RR.

b. Trois stigmates.

C. Curvula *All.; Vill.; D C.; Lap.; Dub.; Lois.; Benth. cat. ; Mut. ; Koch ; Gren. Godr.; C. tripartita All. l. c. ?* — Epi terminal, oblong, brun, luisant, mâle au sommet, formé de 5-6 épillets androgynes à 3-4 fleurs serrées. Bractée inférieure lancéolée-acuminée, échancrée, membraneuse près de la base, formant deux dents embrassantes, terminée en une arête scabre, verte, ne dépassant pas l'épi. Ecailles membraneuses-scarieuses sur les bords, mucronées au sommet, dilatées à la base, luisantes, brunes, à nervure dorsale verte. Trois stigmates. Disques fructifères ovales-comprimés, acuminés, lisses, recouverts presque entièrement par les écailles atténués à la base, contractés au sommet en bec bifide, allongé, scarieux. Akène brun, ponctué, ovoïde-trigone. Feuilles dressées, glauques ou jaunâtres, dures, sétacées, canaliculées, souvent arquées ; gaînes inférieures roussâtres, renfermant plusieurs tiges. Celles-ci de 1-2 décimètres, dressées, cylindriques, striées, lisses. Racines longuement fibreuses, gazonnantes. ♃ Juin-Juillet.

Hab. Pyrénées-Orientales et centrales, régions alpines, pelouses herbacées : Pratto-de-Mollo, Canigou, vallée d'Eynes, Pic du Midi, Escoubous, Las Laquettes *(Lap.).* C.

C. Distachya *Desf. in Lois.; Mut.; C. Linkii Lap.; Gren. Godr. ; C. gynomane Bertol.; D C.; Dub. ; Koch ; Benth. cat.; C. binata Poir.; C. tuberosa Desgl.* — Epi terminal, allongé, composé de deux, rarement 3-4 épillets sub-sessiles, alternes ; les mâles au sommet ; les femelles plus longuement pédonculés à la base. Bractées foliacées, embrassantes ; l'inférieure plus longue, dépassant l'épi. Ecailles ovales-acuminées, verdâtres, roussâtres sur les bords. Trois stigmates. Disques fructifères pédicellés, écartés, sub-étalés, comprimés-trigones, acuminés, atténués aux deux bouts, à angles latéraux aigus, à face supérieure concave, creusés en dedans d'un sillon demi-embrassant, à bec obliquement tronqué plus court que les écailles. Akène brun, tronqué au sommet, ovoïde triquètre. Feuilles très étroites, linéaires, en faisceau, planes, d'un vert gai, carénées, acuminées. Tiges de 1-3 décimètres, grêles, nombreuses, trigones, lisses, dépassant à peine les feuilles, un peu rudes entre les épillets. Racines rampantes, tuberculeuses. ♃ Mai-Juin.

Hab. Pyrénées-Orientales ; Bagnols *(Lap.)* R., cascade de Ceret Boubani), Pratto-de-Mollo, les Albères. R.

3. Un ou plusieurs épis mâles terminaux; un ou plusieurs épis
femelles axillaires.

A. *Disques fructifères glabres, à bec arrondi.*

a. Deux stigmates.

Bractée inférieure non engaînante.

C. Acuta *Lap.; Engl. bot.; Fries.; Gaud.; Koch; Mut.;
Borr.; Gren. Godr.; C. acuta var.* b. *rufa L. sp.* 1388; *C. gracilis
Curt.; DC.; C. virens Thuill.* — Épis mâles dressés, 3-4 au
sommet, allongés, brunâtres, linéaires; épis femelles axillaires, 3-4, allongés, cylindracés, dressés ou penchés, sessiles
ou pédonculés, écartés. Bractée inférieure foliacée, peu
embrassante, égalant ou dépassant les épis mâles; toutes
allongées, très brièvement auriculées, rudes sur les angles
et sur la carène. Écailles mâles striées, pellucides à la loupe;
écailles femelles linéaires-lancéolées-aiguës, rarement obtuses, noires ou brunes, à nervure dorsale verte, dépassant
le fruit en longueur mais ne le couvrant pas entièrement en
largeur. Deux stigmates. Disques fructifères glabres, elliptiques, comprimés, un peu renflés, roussâtres, nervés, terminés en bec très court, entier, arrondi. Akène sub-orbiculaire, comprimé-convexe, ponctué. Feuilles d'un vert clair,
rudes sur les bords, carénées, lisses sur la carène, linéaires,
lâches, à gaines entières, membraneuses, se déchirant mais
non en filaments. Tige de 5-9 décimètres, dressée, à trois
angles aigus et rudes. Racines épaisses, rampantes. ♃ Mai-
Juin.

Var. b. *Mut.* — Épis plus raides. Ecailles des épis mâles à
nervure transparente. ♃ Mai-Juin.

Var. c. — Deux épis mâles; l'inférieur plus court et souvent avorté; les femelles noirs-verdâtres. ♃ Mai-Juin.

Hab. Type et var.: bords des eaux, fossés. CCC.

C. Cæspitosa *Good.; DC.; Lap.; Dub.; Lois.; Mut.; Benth.
cat.; C. acuta et nigra L. sp.* 1388; *C. Goodenowii Gay.; C. vulgaris Fries.; Borr.* — Épis mâles terminaux solitaires, rarement 2, ovales-obtus; épis femelles 3-4, bigarrés de vert et
de noir, dressés, cylindriques, sessiles, rapprochés; l'inférieur quelquefois écarté et pédonculé, quelquefois avec quelques fleurs mâles au sommet. Deux stigmates. Bractées
foliacées munies de deux petites oreillettes arrondies et brunes à la base; l'inférieure non engaînante, égalant l'épi mâle.
Ecailles obtuses, plus courtes et plus étroites que les fruits,
d'un brun noir, à nervure dorsale verte, à bords étroits scarieux, blanchâtres. Disques fructifères glabres, verdâtres,
persistants, imbriqués sur six rangs, ovoïdes-comprimés.

obtus, nervés, terminés en bec arrondi, entier, très court.
Akène obové-orbiculaire, comprimé, lisse, brun. Feuilles
planes, linéaires, carénées, allongées-acuminées, scabres,
glaucescentes; gaine se déchirant non en filaments, de 1-4
décimètres, grêle, triangulaire, rude au sommet, égalant les
feuilles. Racines rampantes, très longues, entrecroisées, gazonnantes. ♃ Mai-Juin.

Hab. Les bois humides et les terrains sablonneux. C.

C. Trinervis *Desgl. in Lois.; D C.; Lap.; Dub.; Benth.
cat.; Mut.; Endres.; Gren. Godr.* — Epis contigus, sub-cylindriques, 3-5, dressés, rapprochés, sub-sessiles; le supérieur ou les deux supérieurs mâles, étroits et allongés, linéaires; les inférieurs femelles, 2-3, oblongs-obtus, portant souvent quelques fleurs mâles au sommet. Bractée inférieure
foliacée, acuminée, linéaire, très rude au sommet, non
engainante, bi-auriculée à la base. Ecailles lancéolées-obtuses, égalant le fruit, brunes, à large nervure dorsale verte.
Deux stigmates. Disques fructifères glabres, bruns, serrés-im-
briqués, ovales-elliptiques, comprimés sur les deux faces,
atténués aux deux bouts, luisants, terminés au sommet en
bec court, arrondi, entier. Akène obové, lenticulaire, brun.
Feuilles très dilatées dans le bas, cylindriques, canaliculées,
trigones dans le haut, très longues, dépassant les tiges, à gaines ne se déchirant pas en filaments. Tiges de 1-2 décimètres, striées, trigones, lisses sur les faces et sur les angles.
Racines rampantes, épaisses. ♃ Mai-Juin.

Hab. Pyrénées occidentales, sables maritimes; environs de Bayonne, de Biarritz et de St-Jean-de-Luz. C.

b. Trois stigmates.

* *Bractée inférieure engainante,*

C. Glauca *Scop.; D C.; Anders.; Mut.; Borr.; Gren. Godr.;
C. recurva Good.; Lap.; C. flacca Schr.*—Epis mâles 1-4, cylindriques, dressés-aigus, brunâtres; épis femelles 2-3, écartés,
cylindriques, pédonculés, portant quelquefois quelques fleurs
mâles au sommet, dressés puis penchés à la maturité; les
supérieurs moins longuement pédonculés que les inférieurs.
Bractée inférieure à gaine brunâtre, foliacée, très peu engainante, dressée, atteignant les épis mâles. Ecailles mâles obovales-obtuses, brunâtres, à nervure dorsale jaunâtre; les
femelles lancéolées, plus ou moins mucronées, blanchâtres
sur les bords et à nervure dorsale verdâtre. Trois stigmates.
Disques fructifères verdâtres, livides ou brunâtres, finement
hispides, parfois lisses, elliptiques, obovales-comprimés,
renflés sur les deux faces, non nervés, terminés en bec tronqué, court ou un peu allongé, dépassant les écailles. Feuilles

toutes radicales, glauques, fermes, linéaires, étalées, rudes, plus courtes ou dépassant la tige. Celle-ci de 2-5 décimètres, obscurément trigone, presque lisse. Racines rampantes, stolonifères. ♃ Avril-Juin.

Var. a. — Disque fructifère sphérique à bec nul; bractées très longues, foliacées; épi mâle unique. — ♃ Avril-Juin.

Hab. Le type : les lieux humides, les bois, les marais CCC.; var. a.: Pyrénées centrales, bois d'Orignac. RRR.

C. Maxima *Scop.; D C.; Koch; Mut.; Borr.; C. agastachis Ehrh.; C. pendula Good.; Lap.* — Epi mâle solitaire, terminal, allongé, fusiforme, d'un brun roux; 4 épis femelles ou plus, cylindriques, écartés, compactes, quelquefois portant des fleurs mâles à leur sommet, très longs, arqués et pendants; les supérieurs sub-sessiles; les inférieurs d'autant plus longuement pédonculés qu'ils sont placés plus bas. Pédoncules inclus dans la gaine des bractées. Celles-ci foliacées, très longues et très acuminées, longuement engaînantes, atteignant l'épi mâle. Ecailles ovales, cuspidées, lancéolées, brunes, à nervure dorsale verte; les mâles linéaires, subscarieuses. Trois stigmates. Disques fructifères petits, serrés, nervés, ovales-coniques, verdâtres au sommet, trigones, terminés en bec très court, tronqué, scarieux, émarginé, égalant les écailles. Akène elliptique, sub-trigone, ponctué. Feuilles les plus grandes et les plus larges du genre, planes, acuminées, glauques, linéaires-lancéolées en dessous, rudes sur les bords et sur la carène, à gaine dilatée. Tiges feuillées, de 8-15 décimètres, droites, triquètres, glabres, un peu rudes au sommet entre les épillets. Racines fibreuses, dures, rampantes. ♃ Mai-Juin.

Hab. Le bord des eaux. CCC.

C. Alba *Scop.; D C.; Lois.; Koch; Mut.: Borr.; C. nemorosa Schrank.; C. argentea Vill.* — Epi mâle solitaire, linéaire-oblong, court, d'un blanc sale, souvent dépassé par l'épi femelle supérieur; 2-3 épis femelles petits renfermant 3-5 fleurs, tous pédonculés à pédoncules longs et capillaires. Bractées scarieuses, blanchâtres, engaînantes, dépassant les épis; souvent l'épi mâle et le supérieur femelle naissent à la base de la même bractée. Ecailles ovales-obtuses, apiculées, blanches-argentées, scarieuses, à nervure verdâtre, n'égalant pas les fruits. Trois stigmates. Disques fructifères d'un vert blanchâtre, elliptiques-trigones, rétrécis à la base, renflés vers le sommet, à stries peu sensibles, à bec nul ou un peu membraneux. Akène elliptique, trigone, brièvement acuminé, blanchâtre. Feuilles radicales lancéolées, ferrugineuses, engaînantes, un peu poilues: les caulinaires 1-2, plus longues et plus grandes, très étroites, linéaires, scabres sur les bords. Tiges de 2-3 décimètres, grêles, dressées, filiformes, striées et scabres. Racines rampantes. ♃ Septembre.

Hab. Pyrénées centrales; vallon de Lientz près Barèges, près d'une petite cascade. RRR.—Nous n'avons trouvé qu'un seul échantillon de cette plante qui, quoique ne correspondant pas parfaitement avec les descriptions de Mutel et de Borreau, nous paraît être le *C. alba* ou une variété de cette espèce.

C. Pallescens *L. sp.* 1386; *Hoste; D C.; Lap.; Dub.; Mut.; Koch; Gren. Godr.* — Epi mâle terminal, jaunâtre, grêle, oblong, cilié ou glabre; 2-3 et quelquefois un seul épi femelle rapprochés, ovales-elliptiques, serrés, dressés ou penchés à la maturité, pédicellés; l'inférieur plus longuement. Bractées foliacées, à gaines courtes; l'inférieure dépassant l'épi mâle. Trois stigmates. Ecailles ovales-mucronées, d'un vert pâle, membraneuses, égalant les disques fructifères. Ceux-ci ovoïdes-oblongs, sub-trigones, luisants, à peine nervés, verdâtres, serrés, glabres, lisses, dépourvus de bec, dépassant très peu les écailles. Feuilles linéaires, d'un vert tendre, pubescentes sur la gaine, planes, molles, carénées, rudes sur les bords. Tige de 2-4 décimètres, droite, grêle, faible, trigone, rude. Racines fibreuses, gazonnantes, non stolonifères. ♃ Mai.

Hab. Les prés, les bois. CCC.

C. Pilosa *All.; Scop.; D C.; Lap.; Dub.; Lois.; Mut.; Gren. Godr.* — Epi mâle solitaire, terminal, ovoïde, obtus; 2-4 épis femelles très grêles, espacés, penchés, pauciflores, tous pédonculés, l'inférieur plus longuement; pédoncules poilus, saillants hors de la gaine de bractées foliacées longuement engainantes, à limbe court, linéaire-acuminé. Ecailles ovales-obtuses, mucronées, dépassant les fruits, brunes, à nervure dorsale verte. Trois stigmates. Disques fructifères peu nombreux, écartés, verts. glabres, sub-globuleux, nervés, contractés en un bec oblique, scarieux et formant deux dents au sommet. Akène obové-trigone, arrondi, déprimé au sommet, blanchâtre. Feuilles vertes, molles, ciliées sur les bords et sur les nervures, larges-linéaires, égalant les tiges, planes, nervées. Tiges de 1-2 décimètres, trigones, un peu poilues sur les angles. Racines rampantes. ♃ Mai-Juin.

Hab. Pyrénées-Orientales; bois de Salvanaires, Boucheville (*Lap.*). R.

C. Panicea *L. sp.* 1387; *D C.; Lap.; Koch; Mut.; Borr.; Gren. Godr.; C. mucronata Lees.*—Epi mâle solitaire terminal, dressé, linéaire-oblong, d'un brun roussâtre; 1-2 épis femelles écartés, cylindriques, un peu lâches, dressés, pédonculés à l'aisselle d'une bractée foliacée, courte, plane, rude sur les bords engaînants. Ecailles ovales-acuminées, n'égalant pas les fruits, brunes, à bords blancs, à nervure dorsale verte. Trois stigmates. Disques fructifères glabres, d'un vert blanchâtre, ovales-renflés, lisses, à bec court, tronqué, brun, dépassant les écailles. Akènes obovés-oblongs, triquètres, ponctués. Feuilles glabres, fermes, dressées, linéaires, glaucescentes, rudes, à 1-2 sillons sur le dos. Tiges de 2-3 décimètres, droites, grêles, à angles sub-obtus. Racines rampantes, stolonifères. ♃ Mai-Avril.

Hab. Les prairies et les marécages. CCC.

C. Capillaris *L. sp.* 1386; *Vill.; D C.; Lap.; Lois.; Koch; Gren. Godr.* — Epi mâle terminal, solitaire, petit, fusiforme-linéaire, souvent dépassé par 2-3 épis femelles linéaires-oblongs; les supérieurs rapprochés, l'inférieur écarté, tous pédonculés, pauciflores, penchés. Pédoncules capillaires. Bractées très scarieuses longuement engaînantes, à limbe étroit et rude sur les bords. Ecailles obovées, obtuses au sommet, brunes, à nervure verte, blanches sur les bords. Trois stigmates. Disques fructifères d'un vert foncé, presque bruns, lisses, brillants, non nervés, lancéolés-trigones, acuminés aux deux bouts, terminés au sommet en bec allongé, tronqué, scarieux, sub-demi-cylindrique. Akènes ovales-trigones, ponctués, blanchâtres. Feuilles d'un vert gai, planes, étroites, aiguës, rudes sur les bords, n'égalant pas la tige. Celle-ci de 5-10 centimètres, filiforme, très lisse, plus ou moins rude au sommet, sub-trigone. Souche courte, cespiteuse. ♃ Juillet.

Hab. Pyrénées centrales; lac d'Albo, lac Bleu (*Benth. cat.*); Gavarnie au pied du Taillon (*Lap.*); Canigou (*Tournef.*) RR.

** *Bractée inférieure non engaînante.*

C. Atrata *L. sp.* 1386; *Vill.; D C.; Dub.; Lois.; Koch; Lap.; Benth. cat.; Mut.; Gren. Godr.* — Epis 3-5, pédonculés, rapprochés, à la fin penchés; le supérieur mâle ovale, sessile; les autres oblongs, pédonculés, à la fin épais, pendants; l'inférieur fréquemment longuement pédonculé, formé d'épillets noirâtres. Bractées foliacées dépassant l'épi terminal, rudes sur les bords et la nervure dorsale. Ecailles ovales-aiguës, noirâtres, à nervure dorsale brune. Trois stigmates, rarement deux. Disque fructifère jaune à peine noircissant, ovale-comprimé, à bec court, mince, arrondi, bidenté, à peine rude, égalant les écailles, non nervé. Akènes plus grands que ceux de l'espèce précédente, noirâtres, ovoïdes-trigones. Feuilles linéaires, planes, lisses ou un peu rudes sur la nervure, plus larges que celles du *C. nigra*. Tiges de

2-3 décimètres, triangulaires, à peine rudes sur les angles. Racines rampantes, cespiteuses, émettant du collet des rejets feuillés. ♃ Juillet-Août.

Var. a. *Cylindracea.* — Epi mâle cylindroïde, pétiolé, sub en massue; les femelles 2-3, alternes, cylindracés; le supérieur porte quelques fleurs mâles au sommet. Tiges triangulaires, lisses, finement striées. Feuilles toutes radicales, linéaires, planes, lisses. ♃ Juillet-Août.

Hab. Pyrénées centrales, le type : régions alpines, Pic du Midi. Maladetta C.; Espingo, Néouvieille, Médasolle, Cambredase R.; la var. : lieux peu humides, lacs glacés, d'Oo. RR.

C. Nigra *DC.; Lap.; Dub.; Lois.; Benth. cat.; Mut.; Borr.; Gren. Godr.* — Epis 3-5, sessiles, rapprochés, dressés; le supérieur mâle, ovale; les autres oblongs, femelles, formés de 3-4 épillets noirâtres rapprochés. Bractées foliacées, rudes, aiguës, trigones; l'inférieure bi-auriculée et dépassant l'épi terminal. Ecailles ovales-aiguës, noirâtres, à nervure dorsale brune. Trois stigmates. Disques fructifères noirs, petits, souvent bordés de jaune, non nervés, obovés-oblongs, comprimés, à bec court et sub-entier. Akènes fauves, ovoïdes, atténués à la base, arrondis au sommet. Feuilles d'un vert gai, planes, courbées, très linéaires, lisses, plus courtes que la tige, toutes radicales, un peu scabres sur les bords. Tiges d'un, rarement trois décimètres, trigones, à peine rudes au sommet. Racines fibreuses, brunes. ♃ Juin-Juillet.

Hab. Pyrénées centrales, régions très alpines, pelouses herbeuses; Néouvieille, Maladetta, Espingo, Brèche de Roland, Pic du Midi, Esquierry. R.

B. *Disques fructifères velus, à bec arrondi.*

a. Bractée inférieure non engaînante.

C. Gynobasis *Vill.; Dub.; Lois.; Koch; Benth. cat.; Mut.; Borr.; C. Halleriana Asso; Gren. Godr.; C. alpestris All.; Wahl.; Lap.; C. diversiflora Host.*—Epi mâle solitaire, terminal, subsessile, lancéolé, panaché de blanc et de roux; 2-6 épis femelles lâches, pauciflores, 2-3 sub-sessiles, rapprochés du mâle, et les inférieurs souvent à fleurs mâles au sommet, partant de la souche, portés sur des pédoncules plus ou moins longs, filiformes. Bractées obovées, membraneuses sur les bords, peu engaînantes, subitement contractées en une pointe herbacée, scabre. Ecailles concaves, lancéolées-aiguës, brunes, bordées de blanc, à trois nervures vertes. Trois stigmates. Disques fructifères blanchâtres, striés, obovés-oblongs ou pyriformes, pubescents, terminés en bec obliquement tronqué, égalant les écailles. Akènes oblongs, trigones, bruns, ponctués, d'un vert gai. Feuilles radicales linéaires, étroites, canaliculées, fasciculées, rudes sur les bords et sur la carène. Tiges de 1-3 décimètres, faibles, nues, triquètres, dressées puis penchées, un peu scabres. Racines épaisses, gazonnantes, à fibres longues, rampantes, chevelues. ♃ Mai-Juin.

Hab. Pyrénées-Orientales et centrales; Castelet sous St-Martin-du-Canigou, au lac de Madamette, à Las Laquettes d'Escaubous (*Lap.*); roches porphyriques à l'entrée de la vallée de Luz. R.

C. Humilis *Leys.; Vill.; D C.; Dub.; Lois.; Koch; Borr.; Gren. Godr.; C. clandestina Lap.; Mut.; C. scariosa Lam.* — Épi mâle solitaire, terminal, pédonculé, elliptique-oblong, panaché de blanc et de brun; 3-6 épis femelles bi-triflores, écartés, répandus le long de la tige, peu saillants, pédonculés et contenus pendant l'anthèse dans les bractées engainantes. Bractées membraneuses très engainantes, grandes, très scarieuses sur les bords, obtuses au sommet, brunâtres. Écailles ovales-mucronées, embrassantes, fortement carénées, brunes sur le dos, blanches, scarieuses sur les bords. Trois stigmates. Disques fructifères verdâtres, pubescents au sommet, obovés-oblongs, obtus, hispides, striés à la base, terminés en bec très court, entier, arrondi, oblique. Akènes obovés-trigones, bruns, ponctués. Feuilles linéaires, sétacées, canaliculées, scabres, raides, plus longues que la tige, dressées puis arquées. Tiges de 8-12 centimètres, dressées, grêles, à angles obtus, excavées au point d'insertion des épis. Racine dure, tortueuse, garnie de nombreuses fibres gazonnantes. ♃ Avril-Mai.

Hab. Pyrénées centrales; coteaux de Gerde et vallée de Campan; roches calcaires vis-à-vis St-Sauveur, bords du Gave, sur les rochers a Vielle (*Lap.*)

C. Digitata *L. sp.* 1383; *Engl. bot.; Lap.; Dub.; Lois.; Benth. cat.; Mut.; Gren. Godr.* — Épi mâle solitaire, compacte, panaché de blanc et de brun, court, linéaire, sessile à la base de l'épi femelle supérieur; 2-3 épis femelles à 6-8 fleurs très lâches et espacées, engainantes, brunes, membraneuses, scarieuses, acuminées-tronquées au sommet. Écailles obovales-obtuses, mucronées, embrassantes, brunes, blanches, scarieuses sur les bords, à nervure dorsale verte. Trois stigmates. Disques fructifères ovoïdes, sub-trigones, turbinés, pubescents, verts, petits, bruns, munis d'une faible nervure sur chaque face, terminés en bec conique sub-entier dépassant les écailles. Akènes bruns, ovoïdes, trigones, obtus. Feuilles toutes radicales, linéaires, striées, rudes au sommet, d'un vert tendre, étalées-dressées, carénées, à gaines rouges. Tiges de 2-3 décimètres, cylindracées, nues, munies à la base de gaines roussâtres. Racines fibreuses, noirâtres ou brunes, très épaisses et formant gazon. ♃ Juin-Juillet.

Hab. Pyrénées-Orientales et centrales; Mont-Louis (*Lap.*); les bois, Barèges. C.

C. Ornithopoda *Willd.; Lap.; Dub.; Lois.; Mut.; Borr.; C. pedata Vill.; D C.* — Epi mâle solitaire, très court, sessile, entouré de 3-4 épis femelles rapprochés, égalant l'épi mâle, plus ou moins pédonculés, sub-digités, divergents et courbés en dehors, linéaires, pauciflores; pédicelles renfermés dans des bractées engaînantes de couleur rousse, plus pâles que les écailles munies d'une large nervure verte. Ecailles obovales, d'un brun clair, obtuses, légèrement membraneuses sur les bords, à nervure dorsale verte. Trois stigmates. Disques fructifères verdâtres, pubescents, obovales, triquètres, à bec court de moitié plus long que les écailles. Feuilles toutes radicales, linéaires-acuminées, rudes au sommet, d'un vert pâle, jaunâtres, courtes, sub-étalées. Tiges de 1-2 décimètres, cylindracées, faibles, grêles, penchées. Racines fibreuses formant de petites touffes. ♃ Mai-Juin.

Hab. Coteaux arides, les bois jusque dans les régions alpines. CCC.

C. *Disques fructifères glabres, à bec long bifide.*

a. Trois stigmates; bractée inférieure engaînante.

* *Souche rampante.*

C. Frigida *All.; Vill.; D C.; Lap.; Benth. cat.; Koch; Mut.; C. spadicea Schk.* — Epi mâle terminal, solitaire, noirâtre, en massue ou en fuseau, sub-trigone; épis femelles 2-3, rarement 4, portant quelquefois des fleurs mâles à leur sommet, denses, cylindriques, dressés puis penchés; les supérieurs sub-sessiles; les inférieurs plus ou moins longuement pédonculés, écartés. Bractées foliacées, linéaires, planes, carénées, rudes sur la nervure dorsale et sur les bords, atteignant ou égalant l'épi, munies d'une languette arrondie. Ecailles oblongues-aiguës, mucronées, d'un brun noir, à nervure dorsale verte ou rougeâtre, n'égalant pas les fruits. Trois stigmates. Disques fructifères d'abord verdâtres puis d'un noir brun, luisants, lancéolés, trigones, rudes et verdâtres sur les bords, insensiblement atténués en bec subulé, acuminé, bifide, beaucoup plus long que les écailles. Akène elliptique, trigone, stipité, brun. Feuilles d'un vert gai, planes, larges de 2-5 millimètres, aiguës, rudes sur les bords et la nervure, engaînantes, n'égalant pas la tige, munies d'une languette courte ou très longue. Tige de 2-8 décimètres, feuillée, trigone, à peine rude au sommet. Racines rampantes, stolonifères, très gazonnantes. ♃ Juin-Juillet.

Hab. Bords des eaux et pentes herbeuses humides, régions subalpines et très alpines. CCC.

" Souche cespiteuse non stolonifère.

C. Sempervirens *Vill.; Dub.; Lois.; Lap.; Gaud.; C. ferruginea D C.; Lap.; C. sphærica* et *saxatilis Lap.; C. firma var. a. subalpina Walh.* — Epi mâle terminal, solitaire, d'un brun roussâtre, rarement noirâtre, panaché de blanc, oblong, en massue, atténué aux deux bouts ; 2-3 épis femelles dressés, oblongs, écartés, plus ou moins pédonculés, l'inférieur quelquefois très longuement. Bractées foliacées engaînantes, égalant l'épi, à limbe linéaire, très acuminées, rudes sur les bords. Écailles lancéolées-aiguës ou obtuses, plus courtes que les fruits, à bords scarieux, d'un brun noir, à nervure dorsale plus large. Trois stigmates. Disques fructifères verdâtres ou maculés de brun, oblongs, comprimés, trigones, rudes sur les angles, un peu hérissés sur le dos et sur les bords près du sommet, à bec long, scarieux-membraneux, à deux dents courtes ou presqu'entières, dépassant les écailles. Akènes oblongs-trigones, arrondis au sommet, bruns. Feuilles vertes, dressées-étalées, dilatées à la base, planes, aiguës, un peu rudes sur les bords, plus courtes ou aussi longues et souvent beaucoup plus longues que les tiges. Celles-ci de de 1-4 décimètres, filiformes, lisses, trigones au sommet. Racines épaisses, sub-verticales, très gazonnantes. ♃ Juin-Juillet.

Hab. Les rochers, les fissures et les pentes herbeuses des roches calcaires, jusque dans les régions supérieures alpines. — Les épis sont souvent couverts par une Urédinée (*Uredo carbonarius Sw.*) CCC.

C. Firma *Host; D C.; Lois.; Dub.; Mut.; Gren. Godr.* — Epi mâle terminal, solitaire, oblong, brun ; 1-3 épis femelles dressés, ovales, pauciflores, plus courts que ceux de l'espèce précédente ; le supérieur sessile ; les inférieurs écartés et pédonculés. Bractées herbacées, engaînantes, à limbe linéaire n'égalant pas l'épi. Ecailles ovales-obtuses, luisantes, brunes, n'égalant pas les fruits, à nervure rude et blanchâtre, à bords blancs. Trois stigmates. Disques fructifères bruns, luisants, plus petits et moins longs que ceux du *Sempervirens*, sub-nervés, ciliés sur les bords, ovales-trigones, atténués en bec oblique scarieux, bi-denté au sommet. Akènes bruns, ovoïdes-trigones. Feuilles d'un vert gai, lancéolées, fermes, très aiguës, étalées, rudes au sommet. Tiges de 1-2 décimètres, lisses, presque nues, souvent soudées entre les épis, plus grêles que celles du *Sempervirens*. Racines très dures, sub-rampantes. ♃ Juillet-Août.

Hab. Pyrénées-Orientales (*Dub.*).

C. Brachystachys *Schrad.; D C.; Lap.; Benth. cat.; Mut.; C. tenuis Host; Koch; Gren. Godr.; C. linearis Clairv.; C. valesiaca Sut.* — Epi mâle solitaire, terminal, linéaire-fusiforme, grêle, d'un brun rougeâtre; épis femelles 2-3, linéaires, un peu lâches, pendants, tous pédonculés, l'inférieur plus longuement ; pédoncules capillaires saillants en dehors d'une bractée foliacée très étroite, engaînante, à limbe sétacé, plane, scabre, plus courte ou un peu plus longue que le pédoncule inférieur. Ecailles ovales-aiguës, mucronées, brunes, à nervure dorsale verte, n'égalant pas les fruits. Trois stigmates. Disques fructifères glabres, verdâtres, allongés, lancéolés-atténués aux deux bouts, lisses, sub-scarieux vers le bec ; celui-ci bifide, 1-2 fois plus long que les écailles. Akènes bruns, oblongs, trigones, apiculés. Feuilles dressées, enroulées, filiformes, scabres, vertes; les inférieures réduites à des gaînes. Tiges dressées, de 2-3 décimètres, capillaires, finement striées, sub-cylindriques. Racines fibreuses. ♃ Juin-Juillet.

Hab. Pyrénées centrales, fissures des roches calcaires; roches de St-Bertrand; dans l'Oule du Marboré, vallée d'Estaubé, glacier du Taillon RRR.; Canigou (*Tournef., Lap.*).

C. Sylvatica *Huds.; Sm.; Host.; Schk.; Mut.; Borr.; Gren. Godr. ; C. patula Scop.; C. capillaris Leers.; C. drymeia Ehrh.; Lap.* — Epi mâle solitaire, terminal, dressé, grêle, aigu, cylindracé, blanchâtre ou légèrement roussâtre, pédonculé; 4-7 épis femelles grêles, d'abord dressés, puis penchés, distants, plus ou moins pédonculés. Pédoncules longs, grêles, rudes, filiformes. Bractée foliacée, allongée, longuement engaînante. Ecailles lancéolées-acuminées, carénées, n'égalant pas le fruit ou sub-égalant le fruit, d'un blanc jaunâtre, à nervure dorsale verdâtre, à bords membraneux. Trois stigmates. Disques fructifères ovales, trigones ou ovales-elliptiques, lisses, verdâtres, glabres, terminés en un bec long, linéaire, bifide. Akènes ovoïdes-oblongs, triquètres, bruns, ponctués. Feuilles radicales nombreuses, d'un vert gai, largement linéaires, planes, scabres, surtout sur les bords et sur la carène. Tiges dressées, très feuillées, de 3-6 décimètres, triquètres, faibles. Racines fibreuses, obliques, produisant des gazons touffus. ♃ Mai-Juin.

Hab. Pyrénées centrales, les bois des montagnes calcaires; plante très commune dans les bois de l'Escaladieu, de Lhéris, etc., etc.

C. Hordeistichos *Vill.; D C.; Lap.; Dub.; Lois.; Koch; Mut.; Borr.; Gren. Godr.; C. hordeiformis Host.; Wahl.; Willd.; Lap.; Benth. cat.* — Épis mâles 2-3, rapprochés, jaunâtres, oblongs, grêles, très éloignés des épis femelles; ceux-ci 3-4, dressés, compactes, ovoïdes, rapprochés vers le milieu de la tige; l'inférieur placé très bas et plus longuement pédonculé. Bractées foliacées, très engaînantes, dressées, dépassant les épis mâles. Écailles oblongues, mucronées, n'égalant pas les fruits, scarieuses sur les bords, blanchâtres, à nervure dorsale verte, à sommet quelquefois lacéré. Trois stigmates. Disques fructifères gros, verts, devenant jaunes, dressés, glabres, non nervés, elliptiques-trigones, à bords aigus et rudes, acuminés en bec bifide, plane, dépassant les écailles. Akène oblong, brun, trigone, ponctué. Feuilles planes, rudes, linéaires-engaînantes, étalées-dressées, carénées, dépassant les tiges. Celles-ci de 1-2 décimètres, fermes, robustes, à trois angles, rudes au sommet, lisses. Racines presque rampantes, tenaces. Souche épaisse munie de fibres produisant de touffes épaisses. ♃ Mai-Juin.

Hab. Pyrénées occidentales; marais aux environs de Bayonne. R.

C. Extensa *Good.; D C.; Lap.; Lois.; Benth. cat.; Mut.; Gren. Godr.; C. Balbisii Sch.; C. nervosa Desf.* — Épi mâle solitaire, fauve, sub-sessile, linéaire-oblong; 2-4 épis femelles oblongs ou ovales; les supérieurs sub-sessiles, rapprochés de l'épi mâle; les inférieurs écartés, pédonculés, tous placés à l'aisselle de bractées foliacées très longues, étroites, raides et divergentes, étalées, puis recourbées à la maturité; l'inférieure engaînante et dépassant de beaucoup la tige. Écailles ovales-obtuses, mucronées, brunes, à nervure dorsale verte, n'égalant pas les disques fructifères. Ceux-ci verdâtres, ovales ou elliptiques, nervés, glabres, insensiblement atténués en bec court, bidenté. Trois stigmates. Akène ovoïde, trigone, atténué à la base, arrondi au sommet, blanchâtre. Feuilles linéaires-étroites, canaliculées, sub-sétacées, enroulées sur les bords, rudes au sommet, planes, carénées, égalant à peu-près la tige, d'un vert pâle, dressées, raides; ligule ovale, opposifoliée. Tiges de 2-3 décimètres, droites, trigones, striées, lisses, digitées au sommet. Racines épaisses et gazonnantes. ♃ Mai-Juin.

Hab. Pyrénées-Orientales et occidentales, rivages marécageux des deux mers; Bayonne. CCC.

C. Flava *L. sp. 1384; D C.; Lap.; Gaud.; Benth. cat.; Mut.; Gren. Godr.* — Épi mâle linéaire, pétiolé, jaunâtre, ordinairement solitaire; épis femelles 2-3, 5-6 sub-globuleux, dressés, alternes ou rapprochés, ovales ou arrondis ; les 'supérieurs sessiles ou sub-sessiles; l'inférieur souvent pourvu d'un pédicelle inclus dans la gaîne des bractées. Celles-ci engaînant chaque épi, foliacées, étalées ou réfléchies à la maturité, planes, linéaires, acuminées, nervées, à gaîne courte. Ecailles lancéolées, fauves, à nervure verte. Trois stigmates. Disques fructifères jaunâtres, très serrés, imbriqués, à la fin réfléchis, ovales, renflés, sillonnés, nervés, glabres, à long bec bidenté, dépassant les écailles. Akènes fauves, obovés, trigones. Feuilles linéaires, planes, dressées, d'un vert clair, égalant ou plus courtes que la tige, rudes sur les bords et sur la carène. Tiges de 2-4 décimètres, feuillées, sub-lisses, trigones. Souche cespiteuse. Racines fibreuses, gazonnantes. ⚥ Mai-Juin.

Plante très polymorphe, variant surtout dans son port et dans la position des épillets, qui sont quelquefois agglomérés, sessiles, et d'autres fois pédicellés et munis d'une bractée foliacée, linéaire, très longue.

Hab. Les prairies humides. CCC.

C. Œderi *Ehrh.; Schk.; Mut.; Borr.; Gren. Godr.* — Epis plus petits que dans l'espèce précédente ; les mâles solitaires, terminaux, jaunâtres, courts; 2-3 épis femelles rapprochés, ovales-arrondis, très serrés; les supérieurs sub-sessiles, rapprochés ou agglomérés; l'inférieur très écarté, pédonculé, placé au milieu de la tige et comme à la base. Bractées foliacées étroites, linéaires, dressées ou étalées, à gaîne courte. Ecailles lancéolées, fauves, à nervure verte. Trois stigmates. Disques fructifères très petits, arrondis, renflés, nervés, glabres, jaunâtres, atténués en un bec droit bidenté plus court que dans le *C. flava*, scabres sur les bords et dépassant les écailles. Akènes ovoïdes, trigones, beaucoup plus petits que ceux de l'espèce précédente. Feuilles linéaires, étroites, dressées, plus vertes et plus étalées que celles du *C. flava*. Tiges de 1-3 décimètres, lisses, dressées, fermes, épaisses, dressées-étalées, dépassant les feuilles. Racines fibreuses produisant toute l'année de nouveaux faisceaux de feuilles et de tiges. ⚥ Avril-Août-Septembre.

Hab. Toute la chaîne, lieux humides; monte jusque dans les régions alpines. CCC.

C. Fulva *Good.; Schk.; Lap.; Benth. cat.; Mut.* — Epi mâle terminal, solitaire; épis femelles 2-3, ovales, linéaires-aigus, écartés; le supérieur sessile, les autres pédonculés, l'inférieur éloigné des autres de trois centimètres, quelquefois rameux à la base. Bractées foliacées, grandes, rudes :

l'inférieure de 9-12 centimètres, égalant ou dépassant l'épi mâle et pourvue à la gorge d'une ligule roussâtre. Écailles roussâtres, membraneuses. Trois stigmates. Disques fructifères ovales-elliptiques, renflés, striés, verts, brillants, à bec long. Feuilles linéaires, sub-planes, rudes sur les bords, surtout au sommet, à gaines tronquées, munies d'une ligule ovale, tronquée, opposée à la feuille. Tiges de 2-4 décimètres, grêles, dressées, triquètres, lisses, finement striées. Racines fibreuses, gazonnantes, produisant des touffes fournies. ♃ Mai-Juin (1).

Hab. Les prairies humides dans les vallées. CCC.

C. Hornschuchiana *Hoppe; Mut.; Borr.; C. speirostachya Sm.; Engl. bot.; C. fulva D C.; Lap.; Benth. cat.; C. hosteana D C.; H. M.* — Epi mâle solitaire, terminal, dressé, grêle, pédonculé, oblong, lancéolé, panaché de brun et de blanc; 2-3 épis femelles dressés-compactes, ovales-oblongs ou cylindriques; les supérieurs sessiles ou à pédoncule lâche dans une gaine brune, sans limbe, tronquée; l'inférieur longuement pédonculé, très éloigné des autres, naissant à l'aisselle d'une bractée longuement engaînante, foliacée et plus longue que l'épi mâle ou le dépassant, à peine munie à la gorge d'une ligule brune, tronquée. Écailles mâles fauves, grisâtres, membraneuses sur les bords; écailles femelles lancéolées-aiguës, brunes, à bords et à nervure dorsale blanche, n'égalant pas les disques fructifères. Trois stigmates. Disques fructifères dressés, imbriqués, verdâtres, nervés, ovales-acuminés ou ovales-renflés, convexes sur les deux faces, glabres, acuminés en bec droit, comprimé, bifide, scabre sur les bords et formant deux dents lisses à l'intérieur. Akènes obovés-trigones, elliptiques, lisses. Feuilles vertes, dressées, planes, étroites, linéaires, munies à la base d'une petite ligule ovale, tronquée, opposée aux feuilles plus courtes que la tige. Celle-ci de 3-6 décimètres, sub-lisse au sommet. Racine gazonnante. ♃ Mai-Juin.

Hab. Pyrénées centrales, lieux humides, prairies; Escaladieu. C.

C. Distans *L. sp.* 1387; *Engl. bot.; D C.; Lap.; Benth. cat.; Koch; Borr.; Noul.; Gren. Godr* — Epi mâle solitaire, terminal, fauve, lancéolé-obtus; 2-4 épis femelles dressés, cylindriques ou ovales-oblongs, très écartés, denses, pédonculés, le supérieur moins longuement, tous sortant de l'aisselle d'une bractée foliacée, à gaines très longues surmontées d'une languette en forme de ligule oblongue et obtuse, brunâtre. Bractée inférieure longuement engaînante,

---

(1) Le *C. œderi* et le *C. fulva* nous paraissent n'être qu'une seule espèce dont le *C. œderi* est le type et le *C. fulva* une variété.

dépassant l'épi. Écailles ovales, mucronées, légèrement carénées, brunes, blanchâtres sur les bords, à nervure dorsale
verte. Trois stigmates. Disques fructifères ovoïdes-trigones, un peu renflés, sillonnés, glabres, convexes sur les
deux faces, munis de nervures saillantes, dépassant les
écailles et terminés par un bec court rude et bifide formant
deux dents raides, brunes, denticulées sur le bord interne.
Akènes apiculés, obovés-trigones, jaunâtres. Feuilles d'un
vert glauque, raides, étalés, linéaires, carénées, courtes,
planes, rudes sur les bords, munies d'une ligule opposée
au limbe et d'un appendice ligulaire court, adhérent à la
feuille. Tiges de 3-6 décimètres, triquètres, lisses ou rudes au
sommet, dépassant les feuilles. Racines fibreuses, gazonnantes. ⚥ Mai-Juin.

Hab. Les prairies, les lieux couverts. CCC.

C. Binervis *Smith.; Engl. bot.; Lois.; Koch; Mut.; Borr.;
Gren. Godr.* — Épi mâle terminal, solitaire, lancéolé-atténué,
brunâtre, rarement géminé; 3-4 épis femelles écartés, cylin-
driques-oblongs, allongés, à pédoncules sortant beaucoup
hors de la gaine de bractées foliacées, longuement engainantes, allongées et à ligule brune. Écailles noirâtres à nervure
dorsale verte, ovales-obtuses, mucronées. Trois stigmates.
Disques fructifères ovales, glabres, luisants, dépassant les
écailles, tachés de brun-noir, comprimés, bruns sur la face
interne et au sommet, munis de deux côtes marginales verdâtres, proéminentes sur les bords, terminés par un bec
droit bifide, plane, scabre sur les bords. Feuilles glaucescentes, dures, scabres sur les bords, planes, carénées, munies
d'une double ligule comme le *C. distans*; mais celle adhérente à la feuille est plus marquée et libre au sommet. Tige
deux fois plus élevée que celle de l'espèce précédente (6-12
décimètres), trigone. Souche épaisse, gazonnante. Racines
presque rampantes. ⚥ Mai-Juin.

Hab. Pyrénées centrales, lieux stériles et humides; Orignac, Bourg,
Escaladieu, plaines d'Esquiou. R.

b. Bractée inférieure non engainante.

C. Ampullacea *Good.; D C.; Dub.; Koch; Mut.; Borr.;
Lap.; C. obtusangula Ehrh.; C. rostrata With.; C. longifolia
Thuill.; C. bifurca Schr.* —Épis mâles 2-3, rapprochés, grêles,
cylindriques-aigus, d'un brun pâle; Épis femelles 3-5, écartés
des mâles et les uns des autres, cylindracés-obtus, dressés
ou peu inclinés, courtement pédonculés; le supérieur sessile.
Pédoncules lisses. Bractées foliacées très longues, rudes, non
engainantes, dépassant les épis mâles. Écailles lancéolées,
mucronées, brunes, à nervure dorsale verte, n'égalant pas les

fruits. Trois stigmates. Disques fructifères vésiculeux, sub-
pellucides, luisants, glabres, imbriqués, divergents, jaunâtres, sub-globuleux, munis de nervures saillantes, terminés
en bec linéaire comprimé, bifide, dépassant les écailles. Akène
ovale-orbiculaire, sub-trigone, brun, ponctué. Feuilles
linéaires, étroites, canaliculées, très longues, dressées, glaucescentes, rudes sur les bords, égalant ou dépassant la tige.
Celle-ci de 3-6 décimètres, dressée, grêle, lisse, feuillée, sub-
trigone, à angles obtus. Racine rampante. ♃ Mai-Juin.

Hab. Pyrénées centrales, les marais fangeux; lac de Lourdes. CC.

C. Paludosa *Good.; D C.; Lap.; Koch; Mut.; Borr.; C.
acuta Curt.; C. acutiformis Ehrh.; C. rigens Thuill.* — Epis
mâles 2-3, rapprochés, trigones, inégaux, sessiles; épis
femelles 2-4, cylindracés, dressés, écartés, compactes; le
supérieur sessile, les autres sub-sessiles, l'inférieur pédonculé. Bractées non engainantes, foliacées, en gouttière,
dressées, dépassant les épis mâles. Ecailles mâles brunes,
oblongues-aiguës; les inférieures obtuses; écailles femelles
lancéolées-acuminées, égalant ou dépassant le fruit, brunes,
à nervure dorsale étroite et verte. Trois stigmates. Disques
fructifères ovales ou ovoïdes, oblongs, brunâtres ou olivâtres,
un peu comprimés, étalés à la maturité, nervés sur les
deux faces, anguleux sur les bords, terminés en bec court,
bidenté. Akène obové-triquètre, brun, ponctué. Feuilles
planes, très longues, largement linéaires, rudes sur les
bords et sur la carène, dressées, glaucescentes surtout en
dessous, à gaines se séparant en réseau filamenteux. Tiges
de 4-8 décimètres, triquètres, droites, à angles aigus, rudes
et tranchants. Racines rampantes, stolonifères. ♃ Mai-Juin.

Hab. Bords des eaux et marais. CCC.

C. Riparia *Curt.; Engl. bot.; D C.; Lap.; Mut.; Borr.;
C. rufa Poirr.; Dub.; C. crassa Ehrh.; C. vesicaria var. b.
Leers.* — Epis mâles 3-5, oblongs, trigones, sessiles, rapprochés, aigus, d'un brun roux; le terminal plus grand; épis
femelles 3-4, cylindracés, renflés au milieu, épais, compactes,
dressés-écartés, oblongs; le supérieur sessile et portant quelquefois quelques fleurs mâles au sommet; les moyens sub-
sessiles, l'inférieur pédonculé, pendant. Bractées foliacées
non engainantes, dépassant les épis mâles. Ecailles d'un brun
noirâtre non scarieuses sur les bords; les femelles lancéolées,
acuminées-subulées, égalant ou dépassant les fruits, brunes,
nervées à nervures vertes. Trois stigmates. Disques fructifères gros, ovales-coniques, brunâtres, lisses, renflés sur les
deux faces, arrondis sur les bords, étalés à la maturité,
nervés, terminés en un bec bifurqué. Akène elliptique tri-

gone, lisse, fauve. Feuilles très longues, larges, d'un vert foncé en dessus, glauques en dessous, dressées, planes, carénées, acuminées, très allongées, linéaires-lancéolées, rudes sur les bords et sur la carène. Tiges de 6-10 décimètres, droites, feuillées, à trois angles dont deux plus aigus et rudes. Racine dure, rampante. ♃ Mai-Juin.

Hab. Pyrénées centrales, bords des rivières; St-Béat, vallée d'Argelès. C.

C. Vesicaria *L. sp.* 1388; *D C.; Hoste; Leers; Lap.; Koch; Mut.; Gren. Godr.; C. inflata Huds.* — Epis mâles 2-3, rapprochés, grêles, pâles, inégaux, linéaires-lancéolées; épis femelles 2-4, écartés, oblongs-cylindriques, compactes, dressés; l'inférieur penché; le supérieur sessile, les autres pédonculés, l'inférieur plus longuement. Bractées foliacées, non engaînantes, dépassant les épis mâles. Ecailles molles, brunâtres, scarieuses sur les bords; les femelles étroitement lancéolées-aiguës, verdâtres, n'égalant pas les fruits. Trois stigmates. Disques fructifères verts, à la fin jaunâtres, ovoïdes-coniques, renflés, à nervures saillantes, toujours dressés, nervés, atténués en un bec comprimé, bifurqué et dépassant les écailles. Akène oblong-triquètre, brun, ponctué. Feuilles longues, scabres, d'un vert gai, striées, ponctuées, linéaires-lancéolées, égalant ou dépassant les tiges. Celles-ci de 3-5 décimètres, dressées, à trois angles aigus et rudes, feuillées. Racines rampantes, articulées. ♃ Mai-Juin.

Hab. Pyrénées centrales, les lieux marécageux; Lourdes, forêt de Paillole.

D. Disques fructifères velus, à long bec cuspidé.

Trois stigmates.

C. Hirta *L. sp.* 1389; *Engl. bot.; D C.; Lap.; Koch; Mut.; Gren. Godr.* — Epis mâles 2-3, inégaux, dressés, de couleur pâle ou roussâtre, le terminal plus grand; 2-3 épis femelles dressés, un peu lâches, oblongs, très espacés, occupant la moitié de la tige. Pédoncules presque réniformes dans la gaine de la bractée foliacée; l'inférieure longue, dépassant l'épi mâle. Ecailles mâles pubescentes, brunes, mucronées, à nervure verte. Ecailles femelles d'un vert pâle, n'égalant pas les fruits, largement ovales, terminées en une arête subulée. Trois stigmates. Disques fructifères assez gros, verts, puis bruns, ovales-acuminés, très hérissés, à bec bifide plus grand que les écailles. Feuilles variables, larges ou étroites, linéaires, striées, rudes sur les bords, poilues en dessous et sur la gaine. Tiges de 2-4 décimètres, dressées, triquètres, striées, plus ou moins feuillées. Racines longuement traçantes, formant des touffes épaisses. Avril-Mai.

Hab. Les lieux humides, le bord des chemins, prairies. CCC.

CXIV. GRAMINÉES.

Fleurs en épis ou en panicule, glumacées, hermaphrodites ou unixesuelles, disposées en épillets uni ou multiflores. Ceux-ci formés de deux bractées (*Calice Lin. ; glume D C.; Mut.; Gren. Godr.; lepicène Rich.*), rarement une, alternes, distiques, renfermant une ou plusieurs fleurs alternes et distiques. Enveloppe florale externe composée de deux sépales, rarement un *(écailles, corolle Lin.; calice Juss.; balle et périgone D C.; glumelle Gren. Godr.; Mut.; Borr.)*; l'extérieur inséré plus bas et à trois nervures, caréné et muni d'une arête; l'interne plus court, à deux nervures sans arête. Enveloppe florale interne formée de 2-3 écailles très petites (*nectaire Schreb. ; corolle Mich. ; glumelle Rich. ; glumellule Desv.; Gren. Godr.; palioles Borr.)*, souvent avortées, placées à la base des organes sexuels. Étamines hypogynes, libres, ordinairement trois, rarement plus ou moins. Anthères biloculaires, s'ouvrant longitudinalement ou plus rarement par une ouverture terminale. Deux styles souvent soudés, insérés au sommet de l'ovaire ou un peu au-dessous. 1-3 stigmates plumeux, poilus ou en massue. Ovaire libre, uniloculaire-uniovulé. Fruit libre ou adhérent aux glumelles, sec, indéhiscent, à péricarpe soudé avec la gaine (cariopse). Albumen épais, farineux. Embryon très petit, placé en dehors de l'albumen à sa base et à sa partie externe. Plantes à racines rampantes et fibreuses. Tiges (chaumes) simples ou rameuses, fistuleuses, souvent remplies de moelle, ordinairement noueuses. Feuilles partant de chaque nœud, alternes, étroites, à gaine fendue en long jusqu'à la base.

646. SACCHARUM *L. gen.* — Epillets tous fertiles, géminés, l'un sessile, l'autre pédicellé, articulé à la base, à deux fleurs; l'inférieure stérile, enveloppée d'une glumelle (sépales, périgone); la supérieure hermaphrodite, à deux glumelles membraneuses sub-égales, entourées à la base de points blancs, soyeux, longs. 2-3 étamines. Deux styles allongés. Stigmates plumeux.

S. Cylindricum *Lam. ; Lap.; Benth. cat.; Mut.; Lagurus imperata P. Beauv.* — Fleurs réunies en thyrse argenté, soyeux, sub-cylindrique. Epillets géminés; fleurs 2; l'inférieure hermaphrodite, entourée de deux glumelles non prolongées en arête. Glumellule (corolle) nulle. Feuilles enroulées, courtes ou très longues et quelquefois planes, striées, sub-lisses. Chaumes (tiges) de 3-5 décimètres, cylindracés, glauques, un peu veinés, souvent striés. Souches émettant des faisceaux de feuilles. Racines grêles, rampantes. ♃ Juillet-Septembre.

Hab. Pyrénées-Orientales ; environs de Perpignan et Case de Penne, bords de l'Agli. C.

647. ANDROPOGON *L. gen.* 1145.—Epillets géminés ; les supérieurs ternés-uniflores ; les mâles pédicellés, stériles, mutiques ; les autres sessiles, hermaphrodites, fertiles, formant des épis solitaires ou fasciculés. Glumes (bractées, lépicène) 2, sub-égales, mutiques ; la supérieure munie d'une arête au sommet. Deux glumelles (balle, périgone, calice) ; l'inférieure membraneuse, arrondie sur le dos ; la supérieure plus courte, aristée. Deux glumellules (nectaire, corolle, glumelle) tronquées, glabres. Trois étamines. Deux styles terminaux à stigmates plumeux, à poils dentés. Fruit libre, glabre, elliptique-oblong, comprimé sur le dos par les glumes et les glumelles.

S. Ischœmum *L. sp.* 1843 ; *Vill.; D C.; Lap.; Dub.; Lois.; Benth. cat.; Mut.; Borr.; Gren. Godr.* — Panicule formée de 5-10 épis digités, linéaires, dressés, fasciculés, brièvement pédicellés, verts, veinés de pourpre, de violet et de blanc, étalés pendant l'anthèse sur un axe floral articulé, fragile, velu. Épillets géminés, barbus à la base, l'un sessile, hermaphrodite, l'autre mâle, pédicellé ; les hermaphrodites à deux fleurs : la deuxième avortée simule une troisième glumelle. Glumes sub-égales : l'inférieure plus nervée, velue ; la supérieure trinervée, ciliée sur la carène. Glumelles 2, plus courtes que les glumes ; la supérieure terminée en une longue arête subulée, tordue, quatre fois aussi longue que sa balle (limbe de la glumelle) ; les mâles à fleurs non aristées. Feuilles radicales poilues, linéaires, canaliculées, un peu glauques. Chaumes dressés, ascendants, grêles, souvent rameux. Racines obliques à fibres blanchâtres. ♃ Juillet-Août.

Var. a. — Chaumes et feuilles presque glabres. ♃ Juillet-Août.

Hab. Coteaux arides, bords des chemins. CCC.

A. Distachyon *L. sp.* 1481 ; *Schr.; Lap.; Benth. cat.; Mut.* — Epis géminés, terminaux, verts et roses, dressés-acuminés, linéaires, l'un sessile, l'autre brièvement pédonculé. Axe de l'épi articulé, fragile, hispide d'un côté. Epillets géminés, courtement velus à la base, l'un hermaphrodite, sessile, l'autre mâle, pédicellé ; les hermaphrodites à glume supérieure trinervée, acuminée en arête, égalant le limbe, dépassant l'inférieure plurinervée, bifide. Glumelle supérieure

étroite, bi-partite, émettant du point de bifurcation une arête
six fois plus longue qu'elle et rude dans toute sa longueur,
égalant l'inférieure membraneuse, toutes deux plus courtes
que les glumes; les mâles à glume inégale : l'inférieure
bifide, dépassant la supérieure aiguë. Glumelles plus courtes,
non aristées. Feuilles courtes, étroites, engaînantes, poilues,
linéaires, vertes, à nervure dorsale blanche; ligule rempla-
cée par une série de poils. — Chaumes dressés, grêles,
simples, de 3-8 décimètres, cylindracés, peu feuillés, sortant
en grand nombre d'une souche fibreuse, gazonnante. ♃
Juin-Septembre.

Hab. Pyrénées-Orientales; dans les vignes, les champs. CCC.

A. Hirtum *L. sp.* 1482; *All.; Desf.; D C.; Lap.; Dub.;
Lois.; Benth. cat.; Mut.; Gren. Godr.* — Épis le plus souvent
géminés, naissant à l'aisselle des feuilles supérieures, linéaires, comprimés, l'un sessile, l'autre pédicellé. Axe de l'épi
non articulé, non fragile, poilu sur un des côtés. Épillets
géminés-soyeux-argentés, l'un hermaphrodite, sessile, à
glumes égales, obtuses, la supérieure trinervée; l'inférieure
plurinervée; glumelle inférieure ciliée, égalant les glumes;
la supérieure plus courte, étroite, bifide au sommet, munie
à l'échancrure d'une arête genouillée, tordue, pubescente,
quatre fois aussi longue que le limbe; l'autre mâle, pédicellé,
à glumes inégales, aiguës, à glumelle supérieure non munie
d'une arête. Feuilles glauques à nervure médiane blanche,
rudes, allongées, linéaires, subulées-acuminées, munies de
quelques poils; ligule courte, tronquée, ciliée. Chaumes
dressés, raides, rameux au sommet. Souche fibreuse. Plante
plus ou moins ciliée et tout-à-fait glabre, excepté le thyrse,
de 4-12 décimètres. ♃ Juillet-Août.

Var. a. — Feuilles étroites ou roulées, capillaires vers le
sommet, rudes, glauques; chaumes grêles; épis conjgués,
axillaires et terminaux, poilus, pubescents au sommet, à
arêtes très grandes (*A. pubescens Visian; Rchb.*); fleurs d'un
rose vineux. ♃ Juillet-Août.

Hab. Type et var. : Pyrénées Orientales; les champs, les vignes. C.

A. Gryllus *L. sp.* 1480; *Vill.; All.; Desf.; D C.; Dub.;
Lois.; Pollinia Gryllus Spreng.; Rchb.; Bertol.* — Panicule
dressée, simple, étalée pendant l'anthèse, à rameaux semi-
verticillés aux nœuds, rudes, portant chacun un épi formé
de trois épillets entourés à la base de longs poils jaunâtres;
les deux épillets latéraux mâles et pédicellés; le médian
hermaphrodite et sessile; axe de l'épi non articulé. Fleurs
hermaphrodites munies à leur base d'une barbe brune;

glumes cartilagineuses, rougeâtres, coriaces, presque égales ;
la supérieure terminée par une arête droite, sétacée et aussi
longue qu'elle ; l'inférieure bidentée au sommet ; glumelle
supérieure prolongée en une arête brune, 10-12 fois plus
longue qu'elle ; glumelle inférieure plus courte que la supérieure et très étroite, un peu plus courte aussi que les glumes. Feuilles linéaires-acuminées, courtes, planes ou enroulées en gaîne lisse, les inférieures soyeuses ; ligule rem-
placée par une série de poils très courts. Chaumes dressés,
cylindracés, grêles et raides, hauts de 2-4 decimètres.
Souche fibreuse. Plante formant de petits gazons. ♃ Juin-
Juillet.

Hab. Pyrénées-Orientales ; à Pène. C.

648. SPARTINA *Schreb. in L.* — Épillets unilatéraux,
lancéolés, comprimés par le côté, sessilles, à une seule fleur
également sessile, imbriqués sur deux rangs, disposés en
plusieurs épis distincts dont la réunion forme une grappe.
Deux glumes ; l'inférieure lancéolée, plus courte que la supérieure qui égale ou dépasse la fleur, l'une et l'autre à
deux lobes comprimés en carène. Deux glumelles à deux
lobes membraneux, mutiques ; l'inférieure comprimée en
carène et toujours plus courte que la supérieure comprimée en nacelle et munie sur le dos de deux nervures verdâtres. Deux styles allongés et soudés à leur base. Stigmates filiformes et plumeux.

S. Alterniflora *Lois. ; Lap. ; Mut. ; Borr. ; Benth. cat. ;
Trachynotia alterniflora D C. ; Dub.* — 4-8 épis en panicule
resserrée, sessiles ou les supérieurs pédonculés, linéaires-
comprimés. Epillets uniflores, alternes, écartés, sessiles,
linéaires-lancéclés, glabres ou finement pubescents. Glume
inférieure étroite, linéaire-aiguë, de moitié moins longue
que la supérieure comprimée par le côté, élargie au sommet.
Glumellés semblables à la glume supérieure. Feuilles très
dilatées à la base, longuement atténuées au sommet, à pointe
enroulée, engaînante, striées et très glabres ; ligule très
courte. Chaumes de 3-5 centimètres, dressés, raides et
feuillés. Racines compactes. ♃ Juin-Juillet.

Hab. Pyrénées occidentales, pans les sables humides des environs
de Bayonne, quelquefois très enfoncée dans l'eau. CC.

649. ZEA *L. gen.* (*Maïs*).— Fleurs monoïques ; les mâles
en panicule terminale, les femelles en épi serré dans une
gaîne composée de plusieurs feuilles se recouvrant l'une
l'autre. Epillets mâles biflores, sessiles. Deux glumes sub-
égales, herbacées, concaves, sub-acuminées, non munies

d'arêtes terminales ; deux glumelles pellucides plus courtes
que les glumes, non mucronées; l'inférieure obtuse, sub-
trilobée au sommet, trinervée, dépassée par la supérieure
bi-carénée, bi-nervée, bidentée au sommet; deux glumelles
sub en coin, glabres, charnues. Étamines oblongues, linéaires, d'un jaune pâle, striées en long. Epillets femelles biflores,
l'un deux stérile. Deux glumes et deux glumelles charnues,
membraneuses, ciliées, les inférieures sub-biflores au sommet. Style très allongé, saillant hors des feuilles qui enveloppent l'épi. Stigmate cilié. Fruits réniformes, très nombreux,
disposés en séries, insérés sur un axe charnu et entourés
par les glumes et les glumelles persistantes. Embryon épais,
égalant le périsperme sub-corné à la partie externe. Plantes
robustes, noueuses, à larges feuilles engaînantes.

Z. Maïs *L. sp.* — Epis mâles terminaux, en panicule
rameuse formée de nombreux épillets sessiles ou sub-pédicellés, géminés. Epis femelles 2-3-5-9, gros, ventrus, sessiles, axillaires, dressés le long de la tige, enveloppés par de
larges feuilles embrassantes et se recouvrant l'une l'autre,
striées, raides, dures; les intérieures moins. Epillets rangés
symétriquement en 6-12 séries. Feuilles larges, lancéolées,
longuement engaînantes à chaque nœud, fermes, carénées,
d'un vert gai, à nervure dorsale blanche, rudes sur les
bords, striées, ciliées sur les bords et sur la gaine. Tige de
1-2 mètres, dressée, robuste, noueuse, à entre-nœuds rem-
plis de moelle. Racines fibreuses. ① Avril-Octobre.

Hab. Cette graminée, originaire d'Amérique, est cultivée dans
toutes nos vallées. CCC. Elle est fréquemment couverte par un *Uredo*.

650. CYNODON *Richard. (Vulg. Chiendent)*. — Epis digités, nombreux, sub en ombelle simple. Epillets unilatéraux, solitaires, lancéolés, comprimés et imbriqués d'un côté,
uniflores avec une fleur avortée. Deux glumes membraneuses, carénées, sub-égales, non subulées. Deux glumelles
membraneuses; l'inférieure carénée, acuminée, lancéolée,
comprimée, entière; la supérieure l'égalant, pliée et à deux
carènes séparées par un sillon profond. Deux glumellules
charnues, glabres. Trois étamines. Deux styles courts, terminaux, plumeux. Fruit libre, glabre, comprimé par le côté,
non caniculé.

C. Dactylon *Pers.; Dub.; Borr.; Mut.; Gren. Godr.; Panicum dactylon L. sp.* 85; *Digitaria dactylon Scop.; Digitaria
stolonifera Schrad.; Lois.; Dactylon officinale Vill.; Paspalum
dactylon D C.* — Fleurs verdâtres ou rougeâtres. 4-5 épis de
3-4 centimètres, velus à la base interne, digités, sub en om-

belle, plus ou moins grêles. Épillets petits, sub-sessiles, uniflores, étalés-linéaires. Deux glumes acuminées-aiguës, rudes sur la carène, glabres, quelquefois ciliées sur la nervure dorsale. Deux glumelles membraneuses, sub-égales aux glumes. Fleur avortée très courte. Feuilles glauques, linéaires, raides, distiques, longuement acuminées, rudes sur les bords, un peu velues, à languette courte, ciliée. Chaumes fleuris genouillés à la base, ascendants; les stériles rampants, très rameux et très feuillés. Souche dure, longuement rampante. Plante de 1-3 décimètres. ♃ Juin-Septembre.

Hab. Partout. CCC.

651. DIGITARIA *Haller*. — Épis presque digités, en faisceau, formés d'épillets à deux fleurs, l'inférieure mâle, la supérieure hermaphrodite, tous pédicellés, comprimés d'un côté, concaves de l'autre. Deux glumes inégales, membraneuses, plus courtes que les fleurs. Glumelles : une dans la fleur mâle, placée inférieurement, convexe, mutique ; deux dans la fleur hermaphrodite, égales, lisses, cartilagineuses. Deux glumellules glabres, charnues. Trois étamines. Deux styles terminaux. Stigmates allongés en pinceau, écartés à la base. Fruit libre, glabre, ellipsoïde, non canaliculé.

'D. Filiformis *Kœl.*; *Dub.*; *Bor.*; *D. glabra Rœm. et Shultz.*; *D. humifusa Pers.*; *Panicum filiforme Mut.*; *Panicum glabrum Gaud.*; *Koch*; *Gren. Godr.*; *Paspalum ambiguum D C.*; *Syntherisma glabrum Schr.*; *Panicum sanguinale var.* b. *Lap.* — Fleurs violacées réunies en 2-4 épis digités. Épillets petits, elliptiques-aigus, plus grêles et plus courts que ceux de l'espèce suivante, étalés. Glumes inégales; l'inférieure petite, souvent avortée ; la supérieure plus longue, pubescente contre les nervures, égalant les fleurs. Glumelle de la fleur mâle unique, lancéolée, nervée, pubescente ; glumelles de la fleur hermaphrodite égales, lisses et non nervées. Feuilles courtes, linéaires, glabres si ce n'est sur l'extrémité de la gaine où l'on trouve quelques poils; ligule courte, lacérée. Chaumes de 1-5 décimètres, inégaux, grêles, formant des touffes étalées et fournies. Racines fibreuses. ① Juillet-Septembre.

Hab. Toute la chaîne; bords des chemins, champs, prés, vignes, lieux incultes. CCC.

D. Sanguinalis *Scop.*; *Dub.*; *Bertol.*; *'Bor.*; *Panicum sanguinale L. sp.* 84; *Desf.*; *Mert. et Koch*; *Gaud.*; *Guss.*; *Mut.*; *Gren. Godr.*; *Dactylon sanguinale Vill.*; *Paspalum sanguinale Lam.*; *D C.*; *Syntherisma vulgare Schrad.* — Fleurs violacées, ainsi que toute la plante, réunies en 3-8 épis digités, dressésallongés, plus ou moins divergents. Epillets ovales-lancéolés, ciliés ou glabres, pédicellés, à pédicelles scabres. Glumes très inégales : l'inférieure très petite, presque squammiforme, non nervée; la supérieure lancéolée-aiguë, pubescente, de moitié plus courte que les fleurs. Glumelles : celle de la fleur mâle ovale, unique, lancéolée-acuminée, à nervures fortes ; celles de la fleur hermaphrodite égales, atteignant la fleur, lisses, sans nervures. Feuilles courtes, étalées, largement linéaires-aiguës, striées, plus ou moins poilues ainsi que la gaîne; ligule fimbriée. Chaumes nombreux, de 3-6 décimètres, rameux et couchés à la base, puis redressés-ascendants. Racines fibreuses. ♃ Juillet-Septembre.

Hab. Toute la chaîne; les champs, les prés, les vignes et les moissons. CCC.

D. Vaginatum *Panicum vaginatum Sw.; D. paspalum Mich.; Dub.*—Epillets solitaires, sub-sessiles, sur deux rangs et alternes, placés dans une ligne creuse sur un même plan, mais toujours opposés au carypos voisin, ce qui les fait paraître alternes et unilatéraux. Glumes 2, ovales-aiguës, membraneuses, la supérieure embrassant l'inférieure. Glumelles sub-égales aux glumes, de même forme, de même disposition. Ecailles membraneuses, lancéolées, dressées à la base de l'ovaire, glabres. Caryops ovale, elliptique-aigu, comprimé d'un côté, renflé de l'autre, tenace, rendant ses axes ondulés. Feuilles courtes, linéaires, planes, acuminées, finement striées, un peu rudes, à gaînes longues non soudées, ciliées à l'entrée des nœuds et sur les nœuds. Chaumes rampants, striés, rameux, noueux, comprimés, très feuillés. ♃ Août-Septembre.

Hab. Pyrénées centrales et occidentales; vallée d'Argelés, Bétharam, Peyrehorade, Navarrens, Bayonne. — Plante originaire d'Amérique, découverte en 1817 dans les environs de Bordeaux par le capitaine d'artillerie Guillard *(C. Desmoulins)*.

643. ALOPECURUS *L. gen.* 78. — Panicule dense, spiciforme, formée par la réunion de plusieurs épillets brièvement pédicellés, comprimés par le côté, renfermant une seule fleur hermaphrodite. Deux glumes égales dépassant la fleur, libres ou soudées à la base, comprimées-carénées, aristées ou mutiques. Glumelle unique, ovale, comprimée, carénée, munie d'arêtes au-dessus de la base. Trois étamines. Deux styles terminaux soudés à la base ; stigmates allongés, plumeux. Fruit glabre, lisse, sub-elliptique-lenticulaire, enveloppé, quoique libre, par les glumes et la glumelle durcies.

A. Pratensis *L. sp.* 88 ; *Vill.; D C ; Lois., Lap.; Dub.;*

Mut.; Borr.; Gren. Godr. — Fleurs blanchâtres rayées de
vert, à anthères violettes ou jaunes. Epi dense, cylindrique,
obtus, presque en panicule. Épillets 4-6, uniflores, convexes
sur une face, planes ou un peu concaves sur l'autre. Glumes
lancéolées-aiguës, soudées jusqu'au milieu, pubescentes, ciliées sur la carène, blanchâtres, à bords verts. Glumelle unique, lancéolée-aiguë, pubescente au sommet, à cinq nervures
et munie d'une arête rude et deux fois plus longue qu'elle.
Feuilles linéaires, très rudes sur les bords, planes, acuminées ; gaine supérieure un peu renflée, cylindrique. Chaumes
de 6-9 décimètres, dressés ou couchés-genouillés à la base.
Souche épaisse, oblique, stolonifère, articulée. ♃ Mai-Juin.

Hab. Toute la chaîne ; les prairies. CCC.

A. Agrestis *L. sp.* 89; *Vill.; D C.; Dub.; Lois.; Lap.;
Mut.; Bor.; Gren. Godr.* — Fleurs violettes ou d'un blanc
verdâtre, à anthères jaunes ou violacées. Epi en panicule ou
fuseau cylindrique lâche, grêle, peu rameux. Épillet unique sur un pédicelle court, très rarement biflore. Glumes lancéolées-aiguës, soudées au-delà du milieu, sub-glabres ou légèrement pubescentes sur la carène. Glumelle unique, lancéolée,
sans nervures, munie d'une arête rude moins longue que dans
l'espèce précédente. Feuilles linéaires-acuminées, rudes sur
les bords et à la surface supérieure ; gaine supérieure appliquée, cylindrique. Chaumes de 3-6 décimètres, croissant en
touffes, dressés, ascendants, non écartés ou genouillés à la
base, grêles, rudes au sommet. Racine fibreuse. ① Juin-Juillet.

Hab. Les champs, les vignes, les coteaux calcaires. CCC.

A. Geniculatus *L. sp.* 89; *Vill.; D C.; Lap.; Dub.;
Lois.; Benth. cat.; Mut.; Bor.; Gren. Godr.* — Fleurs d'un
vert blanchâtre ou violacées. Epi en panicule cylindrique,
obtuse, à rameaux courts et portant plusieurs épillets ovales-
oblongs. Glumes oblongues-obtuses, un peu velues, scarieuses sur les bords, à peine soudées à la base, à trois nervures,
la centrale et l'externe plus prononcées, toutes ciliées, poilues. Glumelle unique, lancéolée-aiguë, sans nervure, à limbe
muni d'une arête rude, saillante, trois fois plus longue que lui
et dépassant les glumes. Feuilles glauques, linéaires-acuminées, planes, rudes sur les bords et au-dessus ; gaine appliquée, cylindrique. Chaumes de 2-4 décimètres, genouillés
et couchés à la base, puis redressés en gazon ou en touffes ;
les latéraux souvent radicants aux nœuds. Racine annuelle.
① Mai-Août.

Hab. Pyrénées-Orientales ; les friches, les murs, le bord des eaux.

A. Bulbosus *L. sp.* 1665; *D C.; Lap.; Dub.; Lois.; Mut.;*

Bor.; Gren. Godr. — Fleurs verdâtres. Epi en panicule cylindrique, égale, grêle, à rameaux courts, souvent géminés et portant chacun un seul épillet. Glumes oblongues-aiguës, non soudées au-dessus de la base, glabres ou pubescentes, ciliées sur la carène. Glumelle unique, tronquée au sommet, à trois nervures, à limbe court et muni d'une arête dure, saillante. Feuilles linéaires, courtes, acuminées, planes, rudes sur les bords; gaîne appliquée, cylindrique. Chaumes de 1-3 décimètres, dressés, lisses, solitaires, grêles. Souche tuberculeuse. ⚥ Mai-Juillet.

Hab. Pyrénées-Orientales et centrales, prairies marécageuses; Mont-Louis; vallée de Louron. R.

A. Fulvus *Smith.; Gaud.; Rchb.; Mut.; Bor.; Gren. Godr.* — Fleurs verdâtres. Epi en panicule amincie au sommet. Epillets elliptiques, rétrécis au sommet, plus courts que ceux de l'espèce précédente. Glumes soudées seulement à la base, obtuses, pubescentes, ciliées sur le dos. Glumelle unique, très obtuse, glabre, non ciliée, munie au milieu d'une arête rude exserte ne dépassant pas les glumes. Anthères courtes. Feuilles linéaires-aiguës, molles, un peu rudes sur les bords; gaîne appliquée, cylindrique. Chaumes dressés, ordinairement rameux à la base. Plante toute glauque, plus grêle que l'*A. geniculatus*. Racine fibreuse. ① Mai-Août.

Hab. Pyrénées-Orientales; Mont-Louis. R.

A. Gerardi *Vill.; Dub.; Mut.; Gren. Godr.; Phleum Gerardi All.; D C.; Lap.; Lois.; Colobachne Gerardi Link.* — Fleurs d'un vert gris ou roussâtre. Epi en panicule globuleuse ou ovoïde, dense, obtuse, à rameaux courts et portant 2-3 épillets. Glumes lancéolées, un peu inégales, mucronées-aristées, libres jusqu'à la base, ciliées sur la carène. Deux glumelles; l'inférieure oblongue-obtuse, à 5 nervures, munie jusqu'à la base d'une arête qui l'égale à peine. Feuilles linéaires-acuminées, planes, rudes sur les bords, très courtes; gaînes renflées au sommet. Chaumes dressés ou ascendants, nus au sommet, de 12-20 centimètres. Racine courte, épaisse, dure, rampante. ⚥ Juillet-Août.

Hab. Pyrénées-Orientales et centrales, régions alpines; vallée d'Eynes, Mont-Louis, port de Vénasque, Asparagou, Cambredases; Pics du Midi, d'Ereslids, de Bergons, etc., etc., etc. R.

653. PHLEUM *L. gen. n° 77 (Fléole).* — Panicule spiciforme, sub-sphérique, en épis formé d'épillets sub-sessiles, comprimés par le côté. Glumelles 2, uniflores, tronquées dans le milieu et terminées par une arête dorsale courte, divergente. Glumelles membraneuses, plus courtes que les glumes; l'inférieure tronquée, aristée ou mutique; la supérieure plus

petite portant quelquefois à sa base une écaille. Glumellules filiformes (rudiment de fleurs avortées). Styles 2,
médiocres ; stigmates très allongés, poilus.

P. Pratense *L. sp.* 79 ; *Willd.; D C.; Lap.; Benth. cat.;
Desf.; Mut.; Bor.; Noul.; Gren. Godr.* — Panicule en épi compacte, d'un vert blanchâtre, rayée de vert, souvent vivipare,
plus ou moins allongée. Glumes ciliées sur la carène, tronquées transversalement et subitement acuminées en arête
courte plus longue que les glumelles. Feuilles linéaires,
planes, rudes, à gaines striées ; ligule courte, obtuse, membraneuse, souvent lacérée. Chaumes de 2-8 décimètres, dressés, striés ou couchés, puis ascendants. Racines fibreuses. ⚥
Mai-Juin.

Var. b. *P. nodosum Gaud.; Willd.* — Collet de la racine
renflé, bulbeux.

Hab. Type et var. : les prairies, les champs, les lieux humides. CCC.

P· Alpinum *L. sp.* 88 ; *Host; Lap.; Benth. cat.* — Panicule en forme d'épi court, verdâtre ou violacée, blanchâtre
et légèrement roussâtre, ovale-cylindracée. Glumes linéaires-oblongues, munies de deux nervures et d'une carène
ciliée terminée par une arête. Glumelles de moitié plus
courtes que les glumes. Feuilles radicales nombreuses, linéaires, planes, aiguës, molles, glauques en dessous ; les caulinaires engaînantes, renflées à l'entrée et à ligule aiguë.
Racines fortes, obliques, garnies de fibres. ⚥ Juin-Juillet.

Hab. Les régions alpines, sur les pentes herbeuses. CCC.

P. Behmeri *Wibel.; Schrad.; Lois.; Mut.; Bor.; Phalaris phleoïdes L. sp.* 80 ; *Lap.; Noul.* — Panicule en forme
d'épi, courte ou très allongée, d'un vert blanchâtre, cylindrique, aiguë. Glumes linéaires ou oblongues, obliquement
tronquées, acuminées, mucronées, à carène scabre ou ciliée,
hispides, à trois nervures et scarieuses sur les bords. Feuilles
linéaires-aiguës, molles, planes, rudes sur les bords ; la supérieure à gaines très longues, un peu renflées et à ligule
aiguë ; Chaumes de 1-4 décimètres, souvent solitaires, dressés, simples, lisses, striés. Racines fibreuses, gazonnantes.
⚥ Mai-Juin.

Hab. Les coteaux calcaires, les prés et les bords des chemins. CCC.

P. Arenarium *L. sp.* 88 ; *Sturm.; Mut.; Bor.; Phalaris arenaria Huds.; D C.; Dub.; Crypsis arenaria Desf.;
Acnodon arenarius Link.* — Panicule spiciforme cylindrique,
oblongue, dense et d'un vert glauque, formée d'épillets renfermant une fleur fertile et le rudiment d'une fleur stérile.

Glumes lancéolées-aiguës, mucronées, ciliées, munies de deux nervures vertes et à bord blanc. Glumelles 2-3 fois plus courtes que les glumes. Feuilles courtes, linéaires, striées, à gaîne supérieure ventrue. Chaumes dressés ou ascendants. Racine à fibres produisant plusieurs tiges de 5-20 centimètres. ⓘ Mai-Juin.

Hab. Sables arides des environs de Bayonne. CC.

654. PHALARIS *P. Beauv. agrost.* 36. — Panicule formée d'épillets comprimés par le côté et convexes sur la face externe. Glumes comprimées, aiguës, carénées en nacelle, à carènes ailées, rudes, contenant une seule fleur avec 1-2 écailles linéaires (rudiments de fleurs avortées), presque égales, sans arête ou munies d'une arête. Glumelles inégales, carénées, membraneuses; l'inférieure enveloppant la supérieure, aiguë, concave, coriace, mutique, plus courte que la glume. Étamines 3. Styles 2, longs; stigmates dressés, filiformes.

1. Glumes à carène ailée.

P. Canariensis *L. sp.* 79; *Lam.; Lap.; Benth. cat.; Mut.*—Panicule spiciforme, ovoïde ou ovoïde-oblongue. Glumes 2, semi-ovales, mucronées, acuminées, munies de chaque côté d'une ou de deux nervures et garnies de poils appliqués. Glumelle inférieure lancéolée, aiguë, velue, munie à sa base de deux écailles linéaires, aiguës, ciliées. Feuilles courtes, linéaires-lancéolées, acuminées, un peu rudes, engaînantes; gaîne supérieure longue, renflée. Chaumes de 3-5 décimètres, feuillés, noueux, grêles, penchés. Racine fibreuse. ⓘ Juin-Juillet.

Hab. Cette plante est originaire des îles Canaries; elle est cultivée et croit spontanément dans les Pyrénées-Orientales. C.

P. Aquatica *Ait.; Kew.; Schrad.; D C.; Lois.; Dub.; Mert. et Koch; Rchb.; P. minor Retz.; Guss.; Bertol.; P. bulbosa Desf.; Lap.; Benth. cat.; Mut.* — Panicule en épi ovale-oblong, d'un vert pâle ou blanchâtre. Glumes lancéolées-acuminés, denticulées, à carène ailée près du sommet, blanchâtres, marquées de chaque côté d'une nervure et d'une ligne verte. Glumelles internes couvertes de poils soyeux appliqués. Feuilles linéaires, très acuminées, planes, denticulées et engaînantes; gaîne non renflée; ligule grande, blanche, membraneuse, souvent déchirée au sommet. Chaumes cylindriques, renflés, noueux, hauts de 3-6 décimètres, dressés. ♃ Mai-Juin.

Hab. Pyrénées-Orientales; environs de Canet et Plaja d'Argelès. C.

P. Paradoxa *L. sp.* 1665; *Schrad.; Lois.; Desf.; Dub.;*

Mert. et Koch; Gren. Godr.; P. præmorsa Lam. — Panicule très longue, blanchâtre, rayée de vert, cylindrique, atténuée à la base ; épillet supérieur à peine hors de la gaîne, chaque pédoncule portant 5-7 fleurs ; épillet médian toujours hermaphrodite, à valves acuminées en arête ; les latéraux et souvent tous les inférieurs neutres, plus petits et souvent déchirés. Glumes des épillets fertiles lancéolées-acuminées, aristées, munies de chaque côté de trois nervures, à carène relevée. Glumelle inférieure glabre. Feuilles linéaires, acuminées, planes, rudes sur le dos au sommet, engaînantes ; ligule longue, blanchâtre. Chaumes dressés, feuillés. Racine fibreuse. ① Mai-Juin.

Hab. Pyrénées-Orientales ; environs de Perpignan (*Lap.*)

2. Glumes à carène non ailée.

P. Arundinacea *L. sp.* 80 ; *Schrad.; Host.; Mut.; Bor.; Gren. Godr.; Arundo colorata Willd.; Lap.* — Panicule oblongue, allongée, à rameaux étalés. Épillets pédicellés, fasciculés, entassés, blanchâtres, panachés de vert et de violet. Glumes lancéolées, binervées, sub-glabres sur la carène ou très ciliée. Glumelle interne pubescente, munie d'une arête ; l'inférieure glabre, luisante. Fruit jaunâtre, luisant, lancéolé-comprimé. Feuilles larges, linéaires, scabres sur les bords, à gaîne longue ; ligule large, membraneuse. Chaumes de 1-2 mètres, droits, striés, robustes, à nœuds bruns. Racines traçantes. ♃ Juin.

Var. b. P. picta. — Feuilles rayées de vert et de blanc. ♃ Juin.

Hab. Type et var.: Lieux humides, bord des fossés. CCC. — Cultivée sous le nom d'herbe à rubans, cette plante s'est naturalisée çà et là dans la vallée de Campan, sur le bord des ruisseaux.

555. HOLCUS *L. gen. n° 1146 (Houque).* — Fleurs polygames formant une panicule composée, terminale. Épillets à deux fleurs dont la supérieure est mâle et l'inférieure hermaphrodite, sans arêtes, droits, réfléchis avec l'âge. Glumelles coriaces, la supérieure à deux carènes.

H. Lanatus *L. sp.* 1485 ; *Host.; Lecs.; Lap.; Mut.; Gren. Godr.; Aira holcus lanatus Vill.; Avena lanata Kœl.; D C.* — Panicule droite, étalée au moment de la floraison. Fleur supérieure plus grande que les glumes, glabre, aristée sous le sommet, à arête se courbant en dehors en forme de crochet. Glumes lancéolées, ciliées sur la carène, ponctuées et rudes sur les faces ; la supérieure plus grande, munie d'une courte arête trinervée. Feuilles planes, linéaires-aiguës, pubescentes, à gaînes laineuses ; ligule courte, tronquée.

Chaumes de 3-8 décimètres, dressés, gazonnants, feuillés, pubescents au sommet. ♃ Mai-Juin.

Hab. Les prairies. CCC.

H. Mollis *L. sp.* 1483 ; *Host.; Lap.; Benth. cat.* — Panicule peu étalée, droite. Glumes extérieures aiguës, blanchâtres ou violacées sur les bords et sur la carène ; arête géniculée, réfléchie, allongée et dépassant la glumelle. Feuilles linéaires-aiguës, planes, un peu rudes, à gaines sub-glabres, à nœuds pubescents ; ligule oblongue. Chaumes de 3-8 décimètres, grêles, dressés, gazonnants, pubescents dans le bas et sur les jeunes pousses. ♃ Juin-Juillet.

Hab. Champs, lisière des bois, coteaux arides. CCC.

H. Borealis *Schrad. ; Mut. ; H. hierochloa Rœm.* et *Schultz.; Bertol. ; H. odoratus L. fl. suec. Lois.* — Panicule dressée-étalée. Fleurs mâles à glumes luisantes, panachées de brun, de jaune et de blanc, ovales-aiguës sur le dos, munies d'une très courte arête ; les glumes des fleurs supérieures à arête genouillée et saillante. Glumelles 2, oblongues, velues, d'un blanc jaunâtre, toujours un peu violacées dans les fleurs hermaphrodites. Feuilles linéaires, planes, à ligule courte. Pédoncules poilus à la base des épillets. Chaumes de 3-8 décimètres. Racine rampante. ♃ Avril-Mai.

Hab. Pyrénées-Orientales; Canigou, Lasoulane, Capitani, Arbesquous (*Lap*).

656. ANTOXANTHUM *L. gen. nᵒ 42 (Flouve).* — Glumes 2, mucronées, inégales, l'une trinervée, plus longue ; la plus courte à une nervure et carénée, renfermant une fleur fertile au milieu de deux stériles, constituée par une glumelle portant sur le dos une arête genouillée. Deux étamines. Styles longs à stigmates filiformes, plumeux.

A. Odoratum *L. sp.* 40; *Lam.; Lap.; Host.; Gren. Godr.* — Panicule d'un vert jaunâtre, en forme d'épis tachés, oblongs, allongés, quelquefois rameux, ponctués, poilus ou glabres. Glumes lancéolées, déchirées au sommet. Feuilles linéaires, planes, aiguës, plus ou moins parsemées de poils ainsi que la gaine. Chaumes de 2-6 décimètres, droits et en touffes. Racines fibreuses. ♃ Mai-Juin.

Hab. Les prairies. — Cette plante, qui parfume le foin, contient de l'acide benzoïque. CCC.

657. PANICUM *L. gen. nᵒ 76 (Panic).* — Epillets planes d'un côté, convexes de l'autre, renfermant deux fleurs ; la supérieure hermaphrodite, l'inférieure neutre ou à 1-2 glumelles membraneuses. Glumes 2, membraneuses, inégales, concaves, acuminées ou aristées au sommet. Fleur hermaphrodite à 2 glumelles coriaces, concaves, persistantes, cartilagineuses; l'inférieure embrassante, à deux nervures. Trois petites glumelles enveloppant et entourant l'ovaire. Stigmates plumeux. Fruit cylindrique ou cylindracé, enveloppé par les glumelles internes. Fleurs en panicule.

1. Panicule entremêlée de soies raides et rudes.

P. Verticillatum L. sp. 82 ; *Vill.; D C.; Dub.; Lois.; Mert. et Koch.; Setaria verticillata P. Beauv.; Gren. Godr.* — Epillets sub-lisses, entourés de 2-4 soies rudes accrochantes, à petits aiguillons dirigés en bas, en panicule spiciforme, cylindrique. Glumes membraneuses, très inégales. Feuilles lancéolées, linéaires-acuminées, rudes, à gaines ciliées sur les bords. Graines striées longitudinalement. Chaumes de 3-9 décimètres, dressés, rameux dans le bas, à rameaux nombreux, un peu comprimés, hérissés au sommet d'aspérités fines et crochues. Racines fibreuses. — Plante d'un vert tirant sur le jaune. ⓘ Mai-Juin.

Hab. Les champs, les jardins. CCC.

P. Viride L. sp. 83 ; *Desf.; D C.; Dub.; Lois.; Mert. et Koch; Setaria viridis P. Beauv.; Gren. Godr.* — Panicule cylindracée, un peu renflée, garnie de poils scabres, verdâtre ou d'un jaune doré. Involucelle biflore. Fruit ou graine striée en travers. Feuilles planes, linéaires, rudes, à gaines pubescentes sur les bords, à ouverture garnie de poils soyeux. Chaumes de 1-4 décimètres, rameux à la base, redressés et rudes au sommet, un peu diffus. Plante verte, devenant à la fin jaunâtre, souvent coudée dans le bas, mais ordinairement dressé. Racines fibreuses. ⓘ Juillet-Août.

Hab. Les champs. CCC.

P. Glaucum L. sp. 83 ; *Desf.; Vill.; D C.; Dub.; Lois.; Mert. et Koch; Bertol.; Gaud.; Setaria glauca P. Beauv.; Guss.; Gren. Godr.* — Panicule roussâtre ou d'un vert jaunâtre, cylindracée, un peu renflée. Epillets entourés de 6 soies. Feuilles larges, linéaires-acuminées, planes, un peu rudes en dessous et sur les bords, à languette frangée. Graines chagrinées, rugueuses vers le sommet. Chaumes nombreux, inégaux, dressés, rameux et souvent violacés à la base. Racines fibreuses. ⓘ Eté.

Hab. Les champs, les contreforts de la chaine. C.

P. Italicum L. sp. 83 ; *D C.; Dub.; Lois.; Setaria italica P. Beauv.; Koch; Syn.; Gren. Godr.; P. maritimum Lam.* — Panicule cylindrique, penchée, de couleur verdâtre, devenant jaunâtre, composée, épaisse, à axe poilu-laineux. Epillets entourés de soies verdâtres très rudes. Feuilles lancéolées-linéaires, acuminées, rudes, à gaines pubescentes, sub-laineuses sur les bords. Graines lisses. Chaumes dressés, de 6-10 décimètres, simples, rudes au sommet. Racines fibreuses. ① Juillet-Août.

Hab. Plante cultivée et sub-spontanée çà et là. C.

2. Panicule non entremêlée de soies.

P. Crus-Galli *L. sp.* 83; *Vill.; Desf.; D C.; Lois.; Mert. et Koch; Gaud.; Bertol.; Echinochloa crus-galli P. Beauv.; Rchb.; Fries.* — Panicule allongée, alterne ou géminée, oblongue, composée, scabre, à 3-5 angles. Epillets verts ou violacés. Glumelles externes hispides, lancéolées; les internes surmontées d'une soie plus ou moins allongée. Feuilles planes, glabres, rudes sur les bords et un peu ondulées; gaine brune à l'entrée ou jaunâtre. Graines planes sur une face lisse et luisante. Chaumes de 2-8 décimètres, nombreux, lisses, rameux dans le bas, dressés, feuillés, comprimés et géniculés. Racines fibreuses. ① Eté.

Hab. Le bord des eaux, les champs humides. CCC.

658. TRAGUS *Haller* (*Bardanette*). — Inflorescence simple, serrée en grappe filiforme. Pédicelles courts, portant 2-4 épillets uniflores, planes et comprimés d'un côté, convexes de l'autre. Glumes 2, l'inférieure petite, membraneuse, nue, appliquée sur le côté, très petite, plane. Glumelle de la fleur inférieure coriace, hérissée sur le dos de 5-7 rangées de pointes, renflée à la base et violacée, acuminée, un peu arquée et blanchâtre, renfermant deux glumellules membraneuses et persistantes.

T. Racemosus *Hall.; Desf.; Dub.; Mert. et Koch; Gaud.; Gren. Godr.; Cenchrus racemosus L. sp.* 1787; *Lappago racemosa Willd.; Schrad.; Guss.; Lois.; Rchb.* — Panicule linéaire-allongée, verte ou purpurine pendant la floraison. Epillets portés sur de courts pédicelles rudes, distants. Glumes hérissés d'aspérités crochues. Glumelles membraneuses, persistantes. Feuilles glabres, fermes, linéaires, bordées de cils raides; gaine renflée, ventrue, un peu glauque; ligule courte, ciliée. Racines fibreuses. ① Juillet-Août.

Hab. Pyrénées-Orientales; vallées d'Eynes (Benth.), de Baréges; Lourdes sur les roches calcaires à la sortie de la ville. C.

659. MILIUM *L. gen. n° 79* (*Millet*).—Epillets uniflores formant par leur réunion une panicule très étalée. Glumes 2, herbacées, convexes, ovales, arrondies, ventrues, sub-égales, mutiques. Glumelles concaves, plus courtes que les glumes, coriaces, cartilagineuses, luisantes, persistantes sur le caryops. Stigmates plumeux; 2-3 squammules entourant l'ovaire.

M. Effusum *L. sp.* 90; *Vill.; Schrad.; Mert. et Koch; Gaud.; Lois.; Dub.; Gren. Godr.; Agrostis effusa D C.* — Panicule très lâche, à rameaux semi-verticillés étalés ou penchés; axe rude, capillaire, renflé sous les épillets. Ceux-ci ovoïdes, obtus, verdâtres ou violets. Glumes 2, ovales, un peu obtuses, souvent parsemées d'aspérités fines, munies d'une nervure verte sur le dos et blanchâtres sur les bords. Glumelles mêlées de vert et de violet. Feuilles lancéolées-linéaires, planes, molles, glabres, rudes sur les bords; ligule oblongue, obtuse, lacérée. Chaumes de 8-12 décimètres, lisses, dressés, grêles, faibles, striés, plus ou moins renflés à la base. Racines fibreuses. ♃ Juin-Juillet.

Hab. Les bois, les montagnes. C.

M. Paradoxum *L. sp.* 90; *Schrad.; Mert. et Koch; Dub.; Lois.; Rchb.; Bertol.; Piptatherum paradoxum P. Beauv.; Gren. Godr.* — Épillets verdâtres. Glumes 2, à 3 nervures. Glumelles aristées, ovales, renflées. Feuilles larges, linéaires, planes, rudes, à ligule courte. Chaumes de 3-6 décimètres, dressés, lisses, striés. Racines fibreuses. ♃ Juin-Juillet.

Hab. Pyrénées-Orientales; Font de Comps, Mont-Louis, Barèges (*Lap.*). RR.

M. Cœrulescens *Desf.; Dub.; Lois.; Bertol.; Piptatherum cœrulescens P. Beauv.; Gren. Godr.* — Panicule lâche, à pédicelles solitaires ou géminés, grêles, légèrement et finement rudes. Glumes ovales-lancéolées, panachées de vert et de violet. Glumelles plus courtes, aristées. Feuilles glauques, droites, enroulées, filiformes; ligule oblongue, obtuse. Chaumes de 3-6 décimètres, rameux du bas, gazonnants, finement striés. Racine fibreuse, dure. ♃ Avril-Mai.

Hab. Pyrénées-Orientales; Collioure, Villefranche, Fort-Sarral, du côté de Millas (*Lap.*).

660. STIPA *L. gen. n°* 90 *(Stipe).* — Panicule diffuse. Épillets pédicellés, uniflores, plus grands que les glumes. Glumes 2, membraneuses, un peu inégales, acuminées ou aristées au sommet. Glumelles 2, enroulées, cylindriques, persistantes, devenant cartilagineuses; l'inférieure cylindrique, terminée par une arête longue, tortillée, articulée à la base, persistante; la supérieure plus étroite, comprimée, à deux nervures. Ovaires entourés à la base de trois squammules entières. Stigmates plumeux. Caryops cylindracé, enveloppé par les glumelles.

S. Pennata *L. sp.* 115; *Desf.; Schrad.; D C.; Dub.; Lois.; Mert. et Koch; Bertol.; Gren. Godr.* — Panicule droite, pauciflore, d'abord renfermée dans la gaîne d'une feuille. Epillets grêles, allongés, à arête de 2-3 décimètres, plumeux, à poils soyeux-blanchâtres, glabres, géniculés à la partie inférieure. Glumes 2, égales, enroulées; l'inférieure velue à la base, la supérieure à 2 nervures. Feuilles radicales très longues, raides, enroulées, filiformes; celles du chaume courtes, engaînantes; la supérieure renfermant la panicule, très dilatée à la base et longuement acuminée, un peu rude. Chaumes de 2-4 décimètres, feuillés, croissant en touffe. Racine fibreuse, dure. ♃ Mai-Juin.

Hab. Pyrénées-Orientales, lieux incultes; hermitages de Penna et de Canet (*Lap.*). R.

S. Juncea *L. sp.* 116; *All.; Vill.; D C.; Dub.; Bertol.; Gren. Godr.* — Panicule étroite, dressée ou étalée, nue, grêle. Glumes inégales, en alène, plus longues que les glumelles, nues au sommet; la supérieure à 4 nervures vertes. Glumelle inférieure terminée par une arête de 8-12 centimètres, très pubescente, fortement tordue en spirale jusque près du milieu où elle est genouillée, puis droite. Feuilles longues, enroulées, filiformes, sub-capillaires, glabres; ligule grande, dressée, déchirée. Chaumes de 2-3 décimètres, dressés, grêles, lisses. Racine fibreuse, dure. ♃ Mai-Juin.

Hab. Pyrénées-Orientales; environs de Case de Pène, Prades, Custoja (*Lap.*). R.

S. Tortilis *Desf.; All.; D C.; Lois.; Bertol.; Gren. Godr.; S. humilis Brot.; S. parviflora Benth. cat.* — Panicule allongée, renfermée d'abord dans la gaîne d'une feuille, comprimée, très acuminée, finement striée. Glumes luisantes, 3 fois plus longues que les glumelles, membraneuses, très acuminées. Glumelles appliquées, inégales; la supérieure courte, à deux nervures; l'inférieure très velue à la base et terminée par une arête fine très longue, scabre au sommet, contournée en spirale dans le bas jusqu'au milieu. Feuilles radicales étroites; celles du chaume plus larges, enroulées, filiformes, parsemées çà et là de poils courts; ligule nulle. Chaumes de 2-3 décimètres, feuillés, gazonnants, étalés. Souche épaisse. Racine fibreuse. ♃ Mai.

Hab. Je dois les échantillons que je possède de cette plante à la bonté de M. Boubani; ils ont été cueillis au Sant-d'Urgel dans la vallée d'Andorre.

8. Capillata *L. sp.* 116 ; *Schrad.; Vill.; Dub.; Lois.; Bertol.; Gren. Godr.* — Panicule très fournie. Glumes sub-égales, une fois pus longues que les glumelles. Glumelle inférieure cylindrique, pubescente, à 3-5 nervures vertes, - munie au sommet d'une arête de 8-12 centimètres rude au sommet, sub-glabre à la base, diversement tortillée, coudée. Feuilles longues, enroulées, pubescentes; la supérieure à gaîne très large, enveloppant une partie de la panicule, striée, très acuminée, un peu rude. Chaumes de 2-8 décimètres, dressés. Racine dure, fibreuse, gazonnante. ♃ Juin-Août.

Hab. Pyrénées-Orientales; lieux arides, hermitage de Pena *(Lap.).* R.

661. CALAMAGROSTIS *Adans.*—Epillets pédicellés, uniflores, contenant quelquefois le rudiment d'une seconde fleur pédicellée. Glumes 2, sub-égales, comprimées, lancéolées-acuminées, à nervures rousses. Glumelles bien plus courtes et garnies à la base de poils d'un blanc soyeux; l'inférieure souvent munie d'une arête dorsale genouillée. Stigmates plumeux. Fleurs en panicule.

C. Argentea *D C. ; Mut. ; Benth. cat.; Stipa calamagrostis Wahlemb.; Lasiagrostis calamagrostis Link.; Gren. Godr. ; Achnantherum calamagrostis P. Beauv.* — Panicule allongée, lâche, diffuse, soyeuse, plus ou moins argentée. Pédoncules capillaires, rudes, inégaux, portant une seule fleur verdâtre, ferrugineuse, devenant argentée. Glumes un peu inégales, acuminées, scarieuses au sommet et munies d'une nervure rousse. Glumelles munies de poils longs soyeux; l'inférieure terminée par une arête brune au sommet et rude, genouillée, digitée, 2-3 fois plus longue que les glumes. Feuilles enroulées sur les bords en goutière, très longues et très finement acuminées, souvent un peu rudes sur les bords au sommet. Chaumes de 4-8 décimètres, très renflés et rameux dans le bas. Souche garnie de jeunes pousses écailleuses; celles-ci dressées, puis penchées au sommet à la maturité. ♃ Juin-Juillet.

Hab. Les fissures des roches aux bords des torrents, vieux murs à Campan, atterrissements calcaires, Lhéris dans les bois. CCC.

C. Epigeios *Roth. ; Dub.; Lois.; D C.; Andress.; Gren. Godr.; Arundo epigeios L. sp.* 120 ; *Vill.; Mert. et Koch.* — Panicule droite, panachée de vert et de violet, serrée, pédicellée, scabre. Glumes lancéolées, linéaires-acuminées, rudes. Glumelle inférieure bifide et portant sur le milieu du dos une arête très fine et plus courte que les poils qui l'entourent; poils plus longs que la glumelle et plus courts que la

glume. Feuilles linéaires, étroites, rudes, aiguës ; ligule
courte, tronquée, décurrente sur la gaîne. Racines stolonifères, produisant des chaumes en touffes, de 4-10 décimètres.
♃ Juillet-Août.

Hab. Pyrénées-Orientales et centrales ; environs de Perpignan,
lieux humides ; vallons du Courbet et d'Arise. C.

C. Sylvatica *D C.; Dub.; Lois.; Koch; Godr. fl. lorr.;
Gren. Godr. fl. fr.; C. pyramidalis Host.; Agrostis arundinacea
L. sp. 91 ; Arundo sylvatica Schrad.* — Panicule blanchâtre
ou verdâtre, longue, étroite, un peu penchée au sommet.
Glumes lancéolées-acuminées, un peu carénées, sub-rudes,
d'un blanc verdâtre, brunissant ensuite, à nervure brune.
Glumelles entourées à leur base de poils courts, inégaux ;
la supérieure dentée au sommet, prenant naissance un peu
au-dessus de la base. Feuilles allongées, linéaires, rudes,
aiguës, à gaines longues, striées, rudes. Chaumes de 6-10
décimètres, droits, feuillés. Racine rampante. ♃ Juillet-Août.

Hab. Pyrénées centrales, les bois, les ravins ; forêt d'Houbat,
vallée de Héas. CC.

C. Arenaria *Roth.; D C.; Lois.; Arundo arenaria L. sp.*
121 ; *Desf.; Psamma littoralis P. Beauv.; Psamma arenaria
Ræm. et Schultz.; Gren. Godr.* — Panicule spiciforme, jaunâtre, serrée, très longue, cylindracée. Glumes un peu inégales, linéaires-lancéolées, aiguës, luisantes, finement pubescentes, carénées, rudes au sommet et dépassant un peu les
glumelles. Celles-ci munies à leur base de poils plus courts
qu'elle ; l'inférieure carénée, à 5 nervures ; la supérieure à
4 ; les deux internes rudes, de même que les pédicelles.
Chaumes de 4-8 décimètres, très renflés à la base et garnis
de feuilles enroulées, lisses, à gaines très longues renflées à
la base, en forme de jonc à la partie supérieure, sub-piquantes. Racine rampante, longue, articulée. ♃ Juin-Juillet.

Hab. Pyrénées occidentales : sables maritimes humides des environs de Bayonne et de Biarritz. C.

C. Lanceolata *Roth. ; D C.; Dub.; Lois.; Godr. fl. lorr.;
Gren. Godr. fl. fr.! Arundo calamagrostis L. sp. 121; Schrad.*
— Panicule diffuse, molle, violacée, étalée. — Glumes lancéolées, acuminées, linéaires. Glumelle inférieure plus
longue, à arête courte, naissant au sommet, munie à sa
base de poils plus longs qu'elle. Feuilles étroites, linéaires,
vertes, scabres ; ligule courte, tronquée. Racine stolonifère,
produisant des chaumes de 6-8 décimètres, en touffes. ♃
Juin-Juillet.

Hab. Pyrénées centrales, prés, bois marécageux ; Escaladieu. R.

662. AGROSTIS *L. gen.* *n*º 80. — Epillets uniflores. Glumes aiguës, acuminées, mutiques, un peu inégales, carénées, comprimées, plus grandes que les glumelles. Celles-ci membraneuses, munies à la base d'un ou de deux faisceaux de poils très courts; l'inférieure mutique ou pourvue d'une arête dorsale; la supérieure plus petite, mutique, quelquefois nulle ou munie à la base d'un appendice filiforme rudiment d'une fleur avortée. Styles très courts. Stigmates plumeux. Fleurs en panicule.

A. Stolonifera *L. sp.* 63; *Vill.; Wahlemb.; Fries; Koch; A. alba L. sp.* 93; *Schrad.; D C.; Dub.; Lois.; Mert. et Koch; Gren. Godr.* — Panicule d'un vert grisâtre, un peu violacée, raide, verticillée, à pédoncules lisses. Epillets en verticille. Glumes sub-égales, mucronées, luisantes, hérissées de très petits poils tuberculeux. Glumelles tronquées; la supérieure plus courte et plus étroite que l'inférieure. Feuilles planes, étroites ou larges, rudes sur les bord; ligule longue de 3 lignes, déchirée. Chaume de 3-5 décimètres, lisses, très rameux dans le bas, à rejets nombreux rampants et radicants. Racines fibreuses. ♃ Été.

Hab. Pyrénées-Orientales; prairies, champs. C.

A. Vulgaris *With.; Sm.; Schrad.; D C.; Mert. et Koch; Bertol.; Anders.; Gren. Godr.; A. stolonifera L. sp.* 93. — Panicule violacée, ovale-oblongue, à rameaux capillaires, subverticillés, scabres. Glumes inégales, un peu hispides sur la carène. Glumelle supérieure très courte. Feuilles linéaires, planes, rudes sur les bords, glabres; ligulet ronquée. Chaumes dressés ou un peu couchés et un peu rameux à la base, hauts de 1-4 décimètres. Racines fibreuses. ♃ Juillet-Août.

Var. a. Pumila L. mant. — Chaumes de 5-10 centimètres; panicule pyramidale, à glumes scarieuses dépassant à peine le caryops ordinairement gâté par l'*Uredo.* ♃ Juilllet-Août.

Hab. Le type: prairies et lieux humides; var. *a :* toutes les régions sub et très alpines. CC.

A. Canina *L. sp.* 92; *D C.; Dub.; Lois.; Mert. et Koch; Bertol.; Gren. Godr.; Trichodium caninum Schrad.; Agraulus caninus P. Beauv.* — Panicule violacée, ovale, pyramidale, étalée pendant l'anthèse, contractée avant et après; pédicelles demi-verticillés; rameaux flexueux, hispides. Glumes ovales, un peu inégales, acuminées, scabres sur le dos. Glumelles plus courtes; la supérieure nulle ou très courte; l'inférieure munie de nervures qui se prolongent jusqu'au sommet et portant au-dessous de son milieu une arête tortillée, légèrement courbée, dépassant l'épillet ; l'arête plus ou moins nulle et quelquefois nulle. Feuilles radicales fasciculées, courtes, enroulées, filiformes, capillaires, scabres ; les supérieures plus larges, planes ; gaînes supérieures allongées, un peu rudes au sommet ; ligule allongée, oblongue, souvent fimbriée. Chaumes de 2-6 décimètres, lisses, striés, géniculés, courbés dans le bas et un peu rameux. Racine fibreuse, stolonifère. ♃ Juin-Juillet.

Hab. Lisière des champs, friches et lieux incultes. CCC.

A. Setacea *Curt.; D C.; Sm.; Mut., Bor.; Gren. Godr.; A. filiformis Host. ; Trichodium setaceum Rœm. et Schultz.; Vilfa setacea P. Beauv.; Arundo capillata Chaub.* — Panicule blanchâtre ou lavée de violet, étroite, serrée avant et après l'anthèse. Glumes inégales, lancéolées-aiguës, scabres sur la carène. Glumelle inférieure tronquée, à 4 nervures saillantes en forme de dents, munie à la base d'une arête rude, tortillée, genouillée ; glumelles supérieures petites, dentées, munies d'un pinceau de poils à la base. Feuilles capillaires, courtes, glauques, un peu rudes ; les supérieures plus larges ; ligule blanchâtre, oblongue, un peu déchirée. Chaumes de 3-5 décimètres, dressés, inclinés à la base, croissant en touffes épaisses. Racine fibreuse. ♃ Juin-Juillet.

Hab. Lieux incultes et friches. CCC.

A. Rupestris *All.; D C.; Mert. et Koch; Gren. Godr.; A. alpina Dub.; Lois.; Bertol.; A. setacea Vill.; Trichodium alpinum Schrad.; Agraulus alpinus P. Beauv.; Rchb.* — Panicule panachée de pourpre et de violet très pâle, étroite, pyramidale, à rameaux et pédicelles un peu scabres, renflés sous les glumes. Glumes sub-égales, lancéolées-aiguës ou acuminées ; l'inférieure rude sur la carène et les bords. Glumelle inférieure sub-tronquée, plus courte que les glumes et terminée par 2 arêtes rudes, courtes, genouillées, une fois plus longues que les glumes. Feuilles capillaires, sétacées, plus courtes ou plus longues que le chaume ; les supérieures plus larges, souvent tortillées au-dessus de la gaîne ; ligule allongée, appliquée, fimbriée ou entière. Chaumes de 1-2 décimètres, croissant en touffes, couchés, rarement dressés. Racine fibreuse. ♃ Juin-Juillet.

Hab. Plante alpine et sub-alpine; montagnes et fissures calcaires; Salut, Lhéris. CC.

A. Alpina *Scop.; Mert. et Koch; Gren. Godr.; A. pyrenaïca Pourr.; A. festucoïdes. A. filiformis Vill.; A. Schleicheri Jord.; A. rupestris Dub.; Lois.; Trichodium rupestris Schrad.; Rchb.* — Panicule panachée de vert et de violet vif, presque bronzée à la maturité, ovale-oblongue, à pédoncule et axe lisses ou très finement scabres au sommet. Glumes lancéolées, inégales, carénées, scabres sur la carène, quelquefois rudes au sommet. Glumelles plus courtes que les glumes, membraneuses, tronquées au sommet ou sub-aiguës ; arête tortillée, dressée, un peu arquée dans son milieu. Anthères mucronées. Feuilles courtes, planes, linéaires ou filiformes, lisses ou finement scabres ; les caulinaires planes, enroulées au sommet et scabres ; ligule courte, déchirée. Chaumes croissant en touffes, hauts de 6 -15 centimètres, dressés. Racine fibreuse. — Plante variable par sa taille et sa couleur, fréquemment atteinte par l'*Uredo carbonarius*. ♃ Juin-Juillet.

Hab. Les pentes herbeuses des régions alpines et glacées. CC.

A. Spica-Venti *L. sp.* 91 ; *Vill.; D C.; Dub.; Lois.; Gren. Godr.; Apera spica-venti P. Beauv. ; Anemagrostis spica-venti Trin.; Rchb.* — Panicule jaunâtre, verdâtre ou rougeâtre, diffuse, pyramidale, à pédoncules verticillés, capillaires, ascendante ou demi-verticillée, très étalée. Glumes presque égales, l'une scabre sur la carène. Glumelles acuminées, portant vers le sommet une arête droite, raide et longue ou flexueuse ; la supérieure bifide. Anthères linéaires-oblongues. Feuilles planes, pubescentes en dessus, scabres en dessous. Chaumes de 4-8 décimètres, grêles, dressés, à 3-4 nœuds. Racine fibreuse, un peu traçante. ① Juin-Juillet.

Hab. Les champs, les moissons. C.

663. GASTRIDIUM *P. Beauv.* —Panicule spiciforme. Épillets uniflores. Glumes lancéolées, acuminées, allongées, égales, ventrues à la base, comprimées, cartilagineuses. Glumelles très courtes, membraneuses ; l'inférieure dentée et munie au-dessous du sommet d'une arête courte souvent avortée. Stigmates plumeux.

G. Lendigerum *Gaud. ; Lois. ; Guss. ; Gren. Godr. ; G. australe P. Beauv.; Mert. et Koch; Milium lendigerum L. sp.* 91 ; *Vill.; Desf.; Schrad.; Dub.; Salis; Bertol.; Agrostis lendigera D C.; Agrostis ventricosa Gouan.; Agrostis panicea Lam.; Rchb.* — Panicule droite, contractée en forme d'épi, renfermée d'abord dans la gaine d'une feuille supérieure, pédicellée, très rameuse. Glumes d'un vert blanchâtre, luisantes, ventrues à la base, très acuminées, aristées, scabres sur les bords, à carène verte. Glumelles plus courtes que les glumes, à arête dépassant peu les glumes et souvent nulle dans un grand nombre de fleurs. Feuilles courtes, planes, rudes sur les deux faces, linéaires-aiguës ; ligule déchiquetée. Chau-

mes de 1-5 décimètres, dressés, rameux à la base. Racine
fibreuse. ① Juin-Juillet.

Hab. Les champs, les moissons. C.

664. POLYPOGON *Desf.* — Panicule serrée. Epillets
pédicellés, uniflores. Glumes carénées, membraneuses, comprimées, convexes, sub-égales, obtuses, échancrées et terminées l'une et l'autre par une arête sétacée. Glumelles
finement membraneuses ; l'inférieure tronquée, dentée au
sommet, souvent munie d'une arête insérée au-dessus du
sommet; la supérieure mutique, à 2 carènes. Styles sub-
nuls. Stigmates plumeux, latéraux.

P. Monspeliense *Desf.; D C.; Dub.; Lois.; Mert. et Koch;
Salis; Gren. Godr.; Alopecurus monspeliensis L. sp.* 89 ; *Alopecurus paniceus Lam.; Phleum crinitum Schreb.; Rchb.* — Panicule d'un vert jaunâtre, comme soyeuse, pédicellée, rameuse, courte, grêle, subitement terminée par un renflement
court. Glumes oblongues, concaves, scabres sur la carène,
velues, ciliées sur les bords, échancrées en deux lobes
obtus et émettant une arête 3 fois aussi longue qu'elles,
scabres. Glumelles enroulées, concaves, tronquées, à 4 dents
en alène. Feuilles linéaires, un peu rudes, à ligule allongée,
aiguë, à gaine supérieure ventrue. Chaumes de 1-3 décimètres, simples ou rameux, rampants et coudés à la base ou
dressés. Racine fibreuse. ① Juin-Août.

Hab. Pyrénées occidentales ; sables humides aux environs de
Bayonne. C.

P. Maritimum *Willd.; D C.; Dub.; Lois.; Salis; Gren.
Godr.* — Panicule d'un vert blanchâtre, souvent lavée de
pourpre ou de violet, cylindrique, resserrée, pédicellée,
renflée, très rameuse. Glumes aiguës, blanchâtres, vertes
sur la carène. Glumelles 3 fois plus petites que les glumes,
hérissées dans le bas et sur le dos d'écailles étalées, glabres
à la base, pubescentes au sommet, échancrées en deux lobes
aigus, munies d'une arête 3-4 fois aussi longue qu'elles.
Feuilles d'un vert gai, planes, étroites, linéaires, courtes,
rudes sur les deux faces; ligule lancéolée. Chaumes de 1-2
décimètres, conformes à ceux de l'espèce précédente. Racine
rampante. ① Juin-Août.

Hab. Lieux humides au bord de la mer; Perpignan. C.

665. AIRA *L. gen. n°* 81 *(Canche)*. — Panicule rameuse.
Epillets petits, pédicellés, à 2, rarement 3 fleurs parfois
accompagnées d'un rudiment de fleur stérile ou plutôt d'une
écaille. Glumes carénées, uninerviées, comprimées, luisan-

tes, sub-égales, à bords membraneux, dépourvues d'arêtes. Glumelles membraneuses, les extérieures ou l'inférieure seulement munies plus ou moins au-dessus de la base d'une arête quelquefois nulle; la supérieure bicarénée; 2 écailles entières ou à deux lobes. Caryops glabre. **Stigmates terminaux, sub-sessiles, plumeux.**

1. Arête renflée en massue (*Corynephorus P. Beauv.*).

A. Canescens *L. sp.* 97; *Vill.; D C.; Lois.; Dub.; Bertol.; Lap.; Mut; Bor.; A. variegata Saint-Am.; Fries.; Schultz.; Corynephorus canescens P. Beauv.; Koch; Gren. Godr.* — Panicule étroite, serrée. Glumes acuminées, sub-carénées, sub-rudes, mêlées de blanc et de violet. Glumelles courtes, blanchâtres; l'inférieure munie d'une arête droite, noirâtre dans le bas, blanchâtre et en massue vers le sommet, dépassant les glumes (cette arête fait quelquefois défaut). Feuilles enroulées, sétacées, courtes, un peu glauques; ligule oblongue; obtuse. Chaumes de 1-2 décimètres, gazonnants, en touffes, grêles, lisses. Racine fibreuse, très fine et longue. ② Juin-Juillet.

Hab. Sables maritimes des environs de Bayonne, de Perpignan. C.

A. Articulata *Desf.; D C.; Lois.; Dub.; Benth.; Mut.; Bertol.; A. hybrida Gaud.; Corynephorus articulatus P. Beauv.; Gren. Godr.* — Panicule blanchâtre, mêlée de vert ou légèrement violacée, à la fin étalée. Glumes sub-égales, aiguës, à nervure verte, à pédicelles lisses ou scabres. Glumelles plus courtes, membraneuses; l'inférieure munie d'une arête droite, brune à la base, entourée dans la moitié de sa longueur d'un verticille de poils courts et blancs, l'autre moitié supérieure blanche et en massue. Feuilles courtes, planes ou enroulées, celles du bas membraneuses, celles du chaume à ligule oblongue, sub-aiguë, toutes un peu rudes. Chaumes de 1-3 décimètres, gazonnants, genouillés dans le bas. Racine fibreuse. ① Mai-Juin.

Hab. Pyrénées-Orientales; Collioure. R.

A. Cœspitosa *L. sp.* 96; *Vill.; D C.; Mut.; Lois.; Rchb.; Deschampsia cœspitosa P. Beauv.; Gren. Godr.* — Panicule luisante, panachée de violet et de pourpre et souvent blanchâtre. Épillets à 2 fleurs dont une portée sur un pédicelle; pédoncules et axe rudes. Glumes aiguës, sub-égales. Glumelle inférieure munie de 4 dents ou déchirures et portant à la base une arête droite à peine plus longue que les glumes et rude; la supérieure carénée et rude, toutes les deux ciliées près du sommet. Feuilles du bas nombreuses, glabres, scabres en dessus, celles du chaume plus larges, nerveuses;

ligule allongée, bifide. Chaumes de 5-15 décimètres, droits, feuillés, lisses, rudes au sommet. Racine fibreuse, gazonnante, un peu rampante. — Varie à fleurs plus petites, à glumes acuminées, à glumelles petites, la supérieure à peine carénée, lisses. Panicule à pédicelles légèrement scabres. ♃ Juin-Juillet.

Hab. Le type : les bois et souvent le bord des torrents; la var.: dans toutes les forêts de sapins. C.

2. Fleurs munies d'une arête.

A. Caryophyllea *L. sp.* 97; *D C.; Lam.; Host.; Lap.; Benth.; Mut.; Dub.; Gren. Godr.; Avena caryophillea Wigg.; Mert. et Koch; Godr. fl. lor.; Airopsis caryophillea Fries.* — Panicule blanchâtre ou purpurine. Epillets biflores, sessiles sur des pédoncules lisses ou rudes. Glumes égales, un peu comprimées, aiguës, un peu rudes sur le dos et sur les bords. Glumelles courtes, membraneuses, renfermées dans les glumes, subsessiles, poilues à la base, aristées, rudes au sommet; l'inférieure munie d'une arête plus ou moins grande, genouillée et rude ou l'une et l'autre très aristées, terminées par 1-2 pointes et portant à leur base une petite houppe de poils. Feuilles courtes, linéaires, sétacées, rudes sur les bords. Chaumes de 1-3 décimètres, dressés ou un peu couchés, (*Aira divaricata Pourr.*), filiformes, lisses. Racine fibreuse. ① Mai-Juin.

Hab. Les champs, les friches, les coteaux. CCC.

A. Præcox *L. sp.* 97; *D C.; Lois.; Dub.; Lap.; Mut.; Bor.; Gren. Godr.; Avena præcox P. Beauv.; Airopsis præcox Fries.* — Panicule spiciforme, serrée, oblongue, à pédicelles dressés, légèrement rudes. Epillets munis de quelques poils qui entourent la base des glumes, mêlés de vert, de blanc ou de rose à la fin. Glumes blanchâtres, vertes sur le dos, aiguës, rudes sur les bords. Glumelles très acuminées, égales; l'inférieure munie à la base ou très près de la base d'une arête de deux couleurs, brune d'abord, sub-lisse, puis blanche, rude et genouillée, plus grande que les glumes. Feuilles courtes, enroulées, sétacées, à gaîne sillonnée, striée, un peu rudes ou tout-à-fait glabres. Chaumes de 8-12-20 centimètres, en touffes nombreuses, coudés à la base, dressés, lisses, longuement nus. Racine fibreuse. ① Avril-Mai.

Hab. Terrains un peu sablonneux; les friches. CC.

A. Flexuosa *L. sp.* 96; *Vill.; D C.; Lois.; Dub.; Lap.; Mut.; Avena flexuosa Mert. et Koch; Rchb.; Deschampsia flexuosa Gris.; Gren. Godr.* — Panicule panachée de rouge ou de violet.

lâche, souvent un peu penchée, ouverte, étalée pendant
l'anthèse, à pédicelles longs, flexueux, lisses ou un peu rudes. Glumes grandes, un peu inégales, comprimées, à carène
sub-lisse. Glumelles sub-égales ; l'inférieure carénée, plus
ou moins rude, poilue inférieurement et munie d'une arête
plus ou moins géniculée, rude ou glabre ou sommet. Feuilles
radicales, celles du chaume 1-2, appliquées, toutes très
étroites, enroulées, filiformes, à ligule bifide. Chaumes de
3-6 décimètres, gazonnants, grêles, dressés, lisses. Racine
fibreuse, oblique. — Varie à panicule dressée, serrée, à
épillets petits, rouges ou d'un violet foncé, à feuilles radicales
longues, filiformes (*A. montana Lap.*); varie encore à panicule à entre-nœuds de l'axe égalant presque l'épillet (*A.
uliginosa Wech.*) ⚥ Mai-Juin.

Hab. Les bois et les montagnes. CCC.

666. ARRHENATHERUM *P. Beauv.* — Epillets pédicellés, renfermant 2 fleurs dont l'inférieure ordinairement
mâle, poilue à la base, munie d'une longue arête genouillée,
fléchie ; la fleur supérieure hermaphrodite, mutique ou munie d'une courte arête ; rudiment d'une troisième fleur
avortée. Glumelle inférieure tridentée. Pas de styles. Stigmates longs et plumeux.

A. Elatius *Mert. et Koch ; Bor. ; Gren. Godr. ; A. avena-
ceum P. Beauv. ; Avena elatior L. sp.* 117 ; *D C. ; Holcus
avenaceus Scop. ; Fries.* — Panicule blanchâtre ou violacée,
dressée, à rameaux demi-verticillés, rudes, étalée au moment de l'anthèse. Fleur fertile munie d'une arête courte ;
fleur stérile prenant naissance dans le bas de la glume et
munie d'une arête longue et rude. Glumes inégales, la supérieure carénée. Glumelles ciliées à la base, striées, à carène
plus ou moins rude et terminée par deux pointes membraneuses. Feuilles planes, larges, striées, à nervure médiane
blanche, un peu rudes sur les bords, très aiguës, souvent un
peu glauques ; ligule courte ; gaine un peu renflée, souvent
ciliée près de la ligule, striée en dessous. Chaumes de 6-12
décimètres, dressés, élancés, glabres. Racine rampante, garnie de fibres. ⚥ Juin-Août.

Hab. Les prairies et les champs. CCC.

A. Bulbosum *Presl. ; Bor. ; Avena elatior L. sp.* 117 ;
D C. ; Mut. ; Avena elatius var. b. *bulbosum Gaud. ; Gren. Godr.* —
Panicule plus étroite que celle de l'espèce précédente, lancéolée, oblongue. Fleur fertile munie d'une arête courte, à
carène ciliée ; fleur stérile munie d'une longue arête scabre
qui prend naissance à la base de la glume. Glumes très iné-

gales; l'inférieure à peine scabre sur la carène; la supérieure à 2 nervures, rude. Glumelles poilues dans le bas, striées, à peine scabres. Chaumes de 8-12 décimètres, semblables à ceux de l'espèce précédente. Racine formée d'une série de bulbes superposés. ♃ Juin.

Hab. Les mêmes lieux que la précédente. CCC.

` **667. AVENA** *L. gen. n° 91 (Avoine).* — Fleurs en panicule. Epillets pédicellés, renfermant 2-9 fleurs hermaphrodites, ou quelques-unes mâles par avortement. Glumes carénées. Glumelles souvent velues à la base ou sur la carène; l'inférieure lancéolée, bifide, portant sur le dos une arête genouillée; la supérieure à deux carènes. Styles nuls. Stigmates plumeux, allongés, latéraux. 2 écailles ordinairement bifides.

A. Spicata *L.; A. sub-spicata Clairv.; Gaud.; Mut.; Trisetum sub-spicatum P. Beauv.; Fries.; Gren. Godr.* — Panicule spiciforme, verdâtre, lavée de brun. Epillets biflores avec le rudiment d'une troisième fleur avortée; axe et pédicelles poilus. Glumes presque inégales, glabres, aiguës, velues à l'intérieur près de la base. Glumelle inférieure terminée par deux soies et munie sur la carène près du sommet d'une arête rude, sub-droite ou arquée; la supérieure aiguë, toutes les deux finement ciliées sur les bords et munies à leur base d'une houppe de poils courts. Feuilles courtes, planes, pubescentes sur la gaîne et sur les bords, celles du chaume longuement engaînantes; ligule courte. Chaumes de 5-12 centimètres, géniculés à la base, un peu gazonnants, puis dressés, pubescents au sommet. Racine fibreuse. — Cette plante a le facies en petit de l'*Antoxanthum odoratum.* ♃ Juillet-Août.

Hab. Les régions glacées; sommet du Pic du Midi, Vignemale, Neouvielle, Maladetta, glaciers de Clarabide. R. partout.

A. Panicea *Desf.; Lois.; Bot.; A. neglecta Mut.; Savi; Trisetum neglectum Rœm. et Schultz.; Gren. Godr.* — Panicule panachée de vert jaunâtre et de blanc, luisante, condensée, subétalée. Epillets presque à 4 fleurs, glabres. Glumes inégales, comprimées, carénées. Glumelle inférieure embrassante, terminée par 2 soies courtes et émettant un peu au-dessus du milieu du dos une arête sub-rude et presque droite. Glumelle supérieure plus courte, plus étroite, membraneuse, aristée. Feuilles planes, linéaires, aiguës, un peu rudes, ciliées sur les bords; gaîne courte, pubescente; ligule obtuse, courte, ciliée. Chaumes de 2-4 décimètres, grêles, genouillés, sub-arqués à la base, puis dressés, lisses. Racine fibreuse. ① Juin.

Hab. Montagnes calcaires ; Pyrénées-Orientales espagnoles, aux environs de Gérone.

A. Flavescens *L. sp.* 118; *Leers; Host.; Lap.; Mut.; Rchb.; Trisetum flavescens P. Beauv.; Gren. Godr.; Trisetum pratense Pers.*—Panicule d'un jaune clair ou verdâtre, ou fauve. Epillets 2-5 sur des pédoncules hispides, demi-verticillés, la plupart rameux. Glumes inégales, acuminées, l'inférieure carénée, la supérieure à une nervure se prolongeant jusqu'au sommet et de deux latérales s'évanouissant vers le milieu. Glumelles très inégales; l'inférieure acuminée, terminée par deux soies, émettant sur le dos une arête scabre, tortillée, genouillée, placée un peu au-dessus du milieu et munie d'une nervure pubescente; glumelle supérieure diaphane, entière ou bifide ou comme déchirée. Feuilles étroites, planes, molles, pubescentes, souvent rudes au sommet; ligule courte, tronquée. Chaumes de 3-5 décimètres, dressés, grêles, glabres. Racine fibreuse. ⚥ Juin-Juillet.

Hab. Les prairies, les champs jusque dans les régions froides. CCC.

A. Pubescens *L. sp.* 1665 ; *Engl. bot.; Rchb.; Lap.; Benth.; Koch; Bor.; Gren. Godr.* — Panicule souvent panachée de blanc, de vert ou tout-à-fait d'un blanc jaunâtre, droite, égale, peu étalée, en forme de grappe, à pédicelles un peu hispides. Glumes inégales, acuminées, membraneuses sur les bords, quelquefois l'inférieure scabre sur le dos. Glumelles plus courtes que les glumes, l'inférieure hérissée de soies blanches et munie d'une arête flexueuse et bidentée au sommet. Feuilles planes, les inférieures longues, glauques, scabres, celles du chaume espacées, plus ou moins longues ou engainantes; gaine striée, sub-rude; ligule courte. Chaumes de 4-8 décimètres, simples ou gazonnants, dressés, lisses, genouillés. Racine rampante, trçante, forte. — Varie à chaume et panicule blanchâtres *A. alba Mut.* ⚥ Juin-Juillet.

Hab. Le type : les champs, les coteaux, les friches CC.; la var. : Prades, Roussillon, cascade de Gripp. R.

A. Sulcata *Gay; Bor.; Gren. Godr.; A versicolor St-Am.* — Panicule d'un vert blanchâtre, souvent mêlée de violet. Epillets contenant 3-5 fleurs, avec le rudiment d'une sixième avortée; axe couvert de faisceaux de poils. Glumes linéaires-lancéolées, membraneuses, inégales, l'inférieure terminée par deux pointes. Glumelles ponctuées, munies sur le dos près du sommet d'une arête longue géniculée, tordue à la maturité et scabre; la supérieure acuminée. Feuilles glabres,

les radicales distiques, longues, étalées, scabres sur les
bords ; celles du chaume longuement engaînantes, courtes ;
ligule longue de 3 lignes, lancéolée, déchirée. Chaumes de
8-15 décimètres, droits, membraneux, en touffes, comprimés
à la base. Racine fibreuse. ♃ Mai-Juin.

Hab. Les lieux incultes ; Larrouquette à Bagnères, coteaux de
Gerde, route d'Ordizan, vallée d'Asté, de Campan, vallée de
l'Esponne. CCC.

A. Scheuchzeri *All. ; Rchb. ; Gren. Godr. ; A. versicolor
Vill. ; Schrad. ; D C. ; Dub. ; Lois. ; Mert. et Koch ; Bertol. ; A.
glauca Lap.* — Panicule très courte, spiciforme, à 4-6 épillets
dressés, un peu rameux, à rameaux courts, rudes ; l'inférieur solitaire ou géminé. Épillets luisants, panachés de
vert, de violet et de jaune, formés de 5 fleurs, brièvement
barbus sous chaque fleur. Glumes lancéolées, brièvement
acuminées, rudes sur la carène, trinervées, plus courtes
que les fleurs. Glumelle inférieure ponctuée et rude, largement scarieuse au sommet, bidentée ; arête brune, insérée
sur le milieu du dos, dépassant les fleurs. Feuilles glabres,
rudes sur les bords, courtes, planes, obtuses ; ligule allongée,
lacérée, glabre. Chaumes fasciculés, dressés. Souche fibreuse.
— Plante grêle, haute de 2-4 décimètres. ♃ Juillet-Août.

Hab. Pyrénées centrales ; Port de la Glaire, des Touats, Esquierry,
Penna Blanca, Canigou, Fonds de Comps. RRR.

A. Montana *Vill. ; Mut. ; Gren. Godr. ; A. sedinensis
D C., Dub. ; A. sempervirens Lap. ; Benth. cat. ; A. fallax Rœm.
et Schultz.* — Panicule mêlée de vert, de blanc et de rouge.
Épillets à 3-5 fleurs avec avortement d'une sixième ; axe
muni d'aspérités longues et raides. Glumes très inégales,
souvent toutes les deux à carène rude. Glumelle inférieure
terminée par deux pointes courtes et scabres, et pourvue sur
le dos d'une arête rude, géniculée, très longue. Feuilles
comprimées, acuminées, lisses ; ligule courte, tronquée,
glabre ou ciliée de même que les gaines inférieures ; feuilles
supérieures longuement engaînantes, courtes et dressées.
Chaumes de 2-6 décimètres, un peu coudés à la base. Racines fibreuses, à souche plus ou moins forte, émettant souvent des rejets feuillés. ♃ Juillet-Août.

Hab. Les régions alpines, pelouses gazonnantes et fissures des
roches. CCC.

A. Pratensis *L. sp.* 119 ; *Schrad. ; D C. ; Lois. ; Lap. ; Dub. ;
Mert. et Koch ; Gaud. ; Anders. ; Gren. Godr. ; A. longifolia Req.
et D C. ; A. Requienii Mut.* — Panicule souvent rougeâtre ou
verdâtre, droite, simple, peu ouverte. Épillets de 3-6 fleurs.

brièvement poilus à la base, pédicelles scabres. Glumes plus courtes que les fleurs, à deux valves inégales ; l'inférieure grande, un peu comprimée, acuminée. Glumelle inférieure bidentée, rude sur les bords et portant au milieu du dos une arête tortillée très longue et rude. Axe de la fleur stérile très plumeux. Feuilles inférieures comme enroulées, raides, rudes sur les bords ; celles des chaumes courtes, à gaînes longues, striées. Chaumes de 4-6 décimètres, grêles, raides, sub-nus. Souche épaisse. Racine oblique, garnie de fibres. ♃ Mai-Juin.

Var. a. — Panicule étroite, peu garnie. Epillets à 2-4 fleurs ; celles-ci plus longues que les glumes. Glumes acuminées ; axe floral sub-glabre. Chaumes grêles, feuillés, comme cylindriques (*A. intermedia*). ♃ Mai-Juin.

Var. b. — Panicule à épillets alternes, serrés contre l'axe, qui est un peu rude. Glumes acuminées ; arête droite, **très** rude, très longue. Fleurs plus longues que les glumes, glabres en dedans (*A. bromoïdes Gouan.; L. sp.* 1666; *Lois.; Koch; A. pratensis var.* b. *D C. fl. fr.*). ♃ Mai-Juin.

Hab. Le type : les champs et les lieux incultes CC.; les variétés : coteaux calcaires des environs de Bagnères. RR.

A. Longifolia *Thore; Gay.; Bor.; Mut.; A. Thorei Dub.; Schultz.; Arrhenatherum Thorei Desm.; Gren. Godr.* — Panicule très rameuse, droite, étroite. Fleurs d'un vert pâle. Epillets pédicellés, à 2 fleurs hermaphrodites avec un rudiment de fleur avortée, dépassant à peine les glumes. Celles-ci inégales, la supérieure plus grande. Glumelles inférieures de la première fleur entières ou brièvement acuminées, bifides, poilues sur toute la surface, munies d'une arête tordue naissant au-dessous du sommet ; celles des autres fleurs mutiques. Feuilles très longues, étroites, nerveuses, scabres ou velues ainsi que les nœuds et les gaînes ; ligule courte, bifide. Chaumes de 5-8 décimètres, droits, fermes, rudes au sommet. Racine oblique, à fibres épaisses. ♃ Juin-Juillet.

Hab. Les lieux incultes aux environs de Biarritz, Pays Basque C.

A. Sativa *L. sp.* 116 ; *Host.; Mut.; Bor.; Gren. Godr.* — Panicule lâche, étalée, pyramidale. Epillets allongés, biflores. Glumes acuminées, sub-égales, plus longues que les fleurs, glabres, lancéolées, un peu scabres au sommet ; l'inférieure longuement aristée, l'autre mutique, quelquefois toutes les deux blanches ou noirâtres, enveloppées dans les glumelles velues au sommet. Feuilles linéaires-aiguës, planes, scabres ;

ligule courte. Chaumes de 6-10 décimètres, droits, feuillés. Racine fibreuse. ⓘ Juin-Juillet.

Hab. Les champs cultivés. CCC.

A. Orientalis *Schreb.; Mut.; Bor.; Gren. Godr.; A. racemosa Thuill.* — Panicule droite, formée de grappes unilatérales. Epillets allongés, striés. Fleurs verdâtres. Glumes glabres, acuminées, plus longues que les fleurs. Glumelle supérieure ciliée dans le bas, rude au sommet; la supérieure à arête ciliée sur les bords. Feuilles planes, largement linéaires, aiguës, rudes; ligule courte. Chaumes de 4-8 décimètres, droits, robustes, feuillés. Racine fibreuse. ⓘ Juin-Juillet.

Hab. Les champs cultivés. C.

A. Fatua *L. sp.* 89; *Host.; Schrad.; DC.; Mert. et Koch; Dub.; Mut.; Bor.; Noul.; Gren. Godr.* — Panicule verdâtre, lâche, penchée. Epillets à 2-3 fleurs, portés sur des pédoncules scabres, demi-verticillés. Glumes sub-égales, striées. Glumelles hérissées de soies blanches ou brunes, nervées de vert, terminées par 2 longues pointes aristées; l'inférieure munie d'une longue arête tortillée. Caryops soyeux. Feuilles linéaires, planes, scabres; ligule courte. Chaumes de 4-15 décimètres, dressés, glabres, feuillés. Racine fibreuse. ⓘ Juin-Juillet.

Hab. Les champs cultivés. C.

668. DANTONIA *D C. fl. fr.* — Epillets pédicellés, à 4-6 fleurs. Glumes égales, concaves, membraneuses, entières, aiguës. Glumelles inégales; l'inférieure ovoïde, à 2-3 dents au sommet, courte; celle du milieu en forme d'arête; la supérieure plus petite, entière. Etamines 3. Styles courts, terminaux, écartés. Stigmates plumeux. Caryops glabre, ovale, comprimé par le dos, convexe d'un côté, presque plane de l'autre.

D. Decumbens *D C.; Dub.; Mut.; Bor.; Noul.; Gren. Godr.; Festuca decumbens L. sp.* 110; *Vill.; Poa decumbens Scop.; Triodia decumbens P. Beauv.; Mert. et Koch; Fries; Rchb.* — Panicule étroite, pauciflore, dressée, souvent très fournie. Epillets ovoïdes, portés sur des pédoncules un peu rudes. Glumes lancéolées-aiguës, embrassant les fleurs, les égalant presque, munies d'une nervure dorsale saillante et de nervures latérales. Glumelle inférieure ciliée sur les bords à la base et bifide au sommet, ovoïde, sub-canaliculée. Feuilles étroites, planes, striées, poilues ainsi que l'orilée des gaînes. Chaumes de 2-6 décimètres, un peu couchés, puis redressés, feuillés. Racine fibreuse. ♃ Mai-Juillet.

Hab. Les champs. CCC.

669. BROMUS *L. gen. n° 89.* — Epillets multiflores, distiques, articulés à la maturité, pédicellés, en panicule diffuse ou serrée. Glumes bivalves, inégales, carénées. Glumelles herbacées; l'inférieure convexe sur le dos, munie d'une arête dorsale naissant un peu au-dessous du sommet; la supérieure ciliée sur les bords. Etamines 3. Quelquefois 1-2 stigmates plumeux. Cariops poilu au sommet.

B. Erectus *Huds.; Schrad.; D C.; Dub.; Lois.; Gaud.; Fries; Gren. Godr.; B. perennis Vill.; B. arvensis Poll.; Lam.; B. glaucus Lap.; Festuca montana Mert. et Koch.; Rchb.* — Panicule luisante, d'un vert blanchâtre, droite, égale, lâche. Epillets à 6-12 fleurs, sur des pedicelles scabros, demi-verticillés, linéaires-lancéolés, un peu comprimés. Glumes sub-égales, elliptiques, mutiques, membraneuses sur les bords. Glumelle inférieure convexe, un peu membraneuse sur les bords, bifide au sommet, munie d'une arête droite plus courte qu'elle. Feuilles inférieures étroites, poilues sur les bords; les supérieures plus larges, glabres ou scabres en dessous, à gaines striées. Chaumes dressés, simples, cylindriques, lisses, glabres, hauts de 4-8 décimètres. Souche rampante, stolonifère. ♃ Juin-Juillet.

Var. a. — Fleurs panachées, écartées, distiques. Chaumes grêles, étroits, acuminés, feuillés. Plante glabre (*B. glaucus Lap.*).

Hab. Type et var. : dans les bois des régions inférieures; bosquet de Médous près des carrières.

B. Asper *L. fil. suppl.* 111 ; *D C.; Lois.; Dub.; Lap.; Gaud.; Gren. Godr.; B. nemorosus Vill.; B. montanus Poll.; B. nemoralis Huds.; B. Dumetorum Lam.; Festuca aspera Mert. et Koch.* — Panicule verdâtre ou violacée, grande, lâche, rameuse, penchée; pédicelles très rudes, très longs. Epillets de 9-10 fleurs, linéaires-oblongs, pendants, pubescents. Glumes inégales, lancéolées, carénées, acuminées. Glumelle inférieure obscurément bidentée, acuminée, munie d'une arête droite scabre, plus courte qu'elle. Feuilles largement linéaires, rudes, pubescentes, à gaines hérissées de poils réfléchis. Chaumes de 6-15 décimètres, dressés, simples, cylindriques, striés, velus, scabres ou lisses. Racine fibreuse. ♃ Juin-Juillet.

Hab. Les lieux couverts, les bois. C.

B. Giganteus *L. sp.* 114 ; *D C.; Lois.; Rchb.; Festuca gigantea Vill.; Mert. et Koch.; Gren. Godr.* — Panicule très lâche, étalée-dressée, puis penchée. Epillets portés sur des pédoncules très rudes, linéaires-lancéolés, de 4-8 fleurs, imbriqués, glabres. Glumes inégales, lancéolées, carénées, acuminées. Glumelle inférieure bidentée, très acuminée, munie d'une arête dressée, flexueuse, presque deux fois plus longue qu'elle. Feuilles largement linéaires-aiguës, striées, rudes au sommet, à gaîne glabre et rude, sillonnée de bas en haut. Chaumes de 6-12 décimètres, cylindriques, dressés, striés, lisses, glabres, à nœuds bruns. Racine fibreuse, un peu traçante. ⚥ Juin-Août.

Hab. Les bois, les ravins calcaires humides et couverts. CC.

B. Sterilis *L. sp.* 113; *Vill.; D C.; Lois.; Dub.; Lap.; Mert. et Koch; Gren. Godr.; B. jubatus Ten.; Rchb.;* — Panicule verte, très lâche, penchée, à pédoncules rudes, très allongés, dilatés au sommet. Epillets lancéolés, peu serrés, 5-9, demi-verticillés. Glumes acuminées, inégales, membraneuses sur les bords. Glumelle inférieure acuminée, bifide et portant une arête droite rude et très longue. Feuilles molles, pubescentes, linéaires-aiguës, rudes sur les bords, à gaînes sillonnées. Chaumes de 3-5 décimètres, dressés, simples, cylindriques, striés, lisses, feuillés, glabres. Racine fibreuse. ⚥ Juin-Juillet.

Hab. Lieux stériles et vieux murs. CCC.

B. Tectorum *L. sp.* 114; *Vill.; D C.; Lois.; Lap.; Dub.; Mert. et Koch; Gren. Godr.; B. avenaceus Pourr.; Rchb.* — Panicule verdâtre ou purpurine, peu ouverte, penchée, sub-unilatérale, à pédoncules peu allongés, rudes au toucher. Epillets linéaires, pubescents ou glabres, penchés, de 6-8 fleurs, les inférieures seules fertiles, imbriquées, subulées; rameaux demi-verticillés. Glumes acuminées, inégales. Glumelle inférieure acuminée, bifide, souvent ciliée sur les bords près du sommet, munie d'une arête plus longue qu'elle ou l'égalant. Feuilles longues, pubescentes sur les deux faces ou pubescentes sur les bords ainsi que sur les gaînes, légèrement sillonnées. Chaumes de 2-6 décimètres, cylindriques, lisses, un peu rudes au sommet. Racine fibreuse. ① Mai-Juin.

Hab. Les murs, les décombres, les lieux incultes. CC.

B. Rigidus *Roth. in Rœm. et Ust.; Mert. et Koch; D C.: Lois.; Bor.; B. maximus Guss.; Desf.; B. maximus var a. minor Gren. Godr.* — Panicule dressée, courte, verdâtre, peu étalée, à pédoncules ordinairement simples, dentés au sommet, rude ou simplement ciliée. Epillets longs de 3-7 centimètres, à 5-9 fleurs, un peu convexes, lancéolés, allongés. Glumes ovales, très inégales, lancéolées; l'inférieure à 3-5 nervures vertes; la supérieure et souvent toutes les deux acuminées.

Glumelle inférieure très rude sur la carène, terminée en membrane fendue jusqu'à la naissance de l'arête ; celle-ci glabre, subulée, canaliculée, très scabre et 3 fois plus longue que la glumelle. Feuilles linéaires, acuminées, velues ainsi que les gaines ; ligule tronquée, déchirée. Chaumes de 3-6 décimètres, nombreux ou solitaires, dressés, pubescents ou sub-pubescents au sommet. Racine fibreuse. ② Mai-Juin.

Hab. Les vieux murs ; châteaux de Luz, de Meauvezin. R.

B. Rubens *L. sp.* 114 ; *Desf. ; D C.; Lois.; Dub.; Lap.; Bertol.; Boiss.; Gren. Godr.; Festuca rubens Pers.* — Panicule ovale, disposée en faisceau plus ou moins serré. Epillets linéaires-lancéolés, légèrement velus, scabres ou sub-glabres, dressés, à 5-10 fleurs, sessiles ou sub-sessiles, un peu penchés après l'anthèse. Glumes acuminées. Glumelle inférieure acuminée, membraneuse près du sommet et terminée par 2 pointes blanches, ciliée sur les bords ou glabre ; arête dressée, scabre, de la longueur de la glumelle. Feuilles molles, glabres ou légèrement pubescentes, ainsi que les gaines ; celles-ci finement sillonnées. Chaumes de 2-4 décimètres, cylindriques, lisses. Racine fibreuse. ① Mai-Juin.

Hab. Pyrénées-Orientales et centrales ; Pratto-de-Mollo, Perpignan; vallée d'Argelès. R.

B. Mollis *L. sp.* 112 ; *Vill.; Schrad.; D C.; Lois.; Lap.; Mert. et Koch; Fries; Anders.; Rchb.; Serrafalcus mollis Godr. fl. lor.; Gren. Godr. fl. fr.* — Panicule droite, serrée après l'anthèse, à rameaux velus, demi-verticillés. Epillets ovoïdes, aigus ou ovales-oblongs, un peu comprimés, pubescents, blanchâtres, à 5-10 fleurs imbriquées, contiguës. Glumes elliptiques-aiguës, carénées, mucronées, souvent scarieuses sur les bords. Glumelle inférieure un peu obtuse, striée, à 2 dents obtuses et courtes et pourvue d'une arête droite rude, égalant à peu près la glumelle membraneuse sur les bords et transparente. Feuilles larges, molles, velues, linéaires-aiguës ; gaines striées, velues. Chaumes de 2-8 décimètres, dressés, simples, grêles ou robustes, cylindriques, striés, légèrement pubescents au sommet, à nœuds souvent renflés. Racine fibreuse. ① Juin-Juillet.

Hab. Les champs cultivés. CCC.

B. Arvensis *L. sp.* 113 ; *Vill.; Schrad.; D C.; Lois.; Dub.; Mert et Koch; Anders.; B. versicolor Poll.; B. multiflorus Weig.; Serrafalcus arvensis Godr. fl. lor.; Parl.; Gren. Godr.* — Panicule verdâtre ou violacée, ouverte, souvent très ample, droite ou un peu penchée, à rameaux variables, longs ou courts. Epillets linéaires-lancéolés , glabres , à 6-10 fleurs elliptiques, lancéolées, imbriquées, contiguës. Glumes très inégales, ovales, obtuses, mucronées, scarieuses sur les bords. Glumelle inférieure ovale-arrondie, obtuse, échancrée au sommet, munie d'une arête droite, de même longueur qu'elle. Feuilles larges, molles, scabres, pubescentes en dessus, à gaines cylindriques, sillonnées. Chaumes de 2-6 décimètres, dressés, simples, cylindriques, striés, glabres ou velus et souvent scabres. Racine fibreuse ①② Juin-Juillet.

Hab. Les champs secs et humides. C.

B. Secalinus *L. sp.* 112; *Vill.; D C.; Lois.; Dub.; Mert. et Koch; Anders.; B. viliosus Weig.; Rchb.; Serrafalcus secalinus Godr. fl. lor.; Parl.; Gren. Godr.* — Panicule luisante, d'un vert blanchâtre, étalée, penchée par le poids des épis après l'anthèse. Epillets ovales-oblongs, glabres , comprimés, à 6-12 fleurs, renflés, contractés sur les bords, comme cylindriques et écartés à la maturité. Glumes sub-égales, elliptiques, mutiques, à bords scarieux. Glumelle inférieure convexe , bifide au sommet , munie d'une arête droite ou flexueuse, très courte ou presque nulle. Feuilles linéaires, molles, velues en dessus, scabres en dessous; ligule courte. Chaumes de 4-8 décimètres, dressés, simples, cylindriques, lisses, glabres, à nœuds olivâtres. Racine fibreuse. ① Juin-Juillet.

Hab. Les champs de seigle. C.

B. Racemosus *Sm.; B. commutatus Schrad.; Mert. et Koch; B. pratensis Ehrh.; D C.; Fries; Anders.; B. simplex Gaud.; Rchb.; Serrafalcus commutatus Godr. fl. lor.; Parl.; Gren. Godr.* — Panicule verdâtre, oblongue, ouverte, droite, un peu penchée au sommet, resserrée après l'anthèse, à rameaux courts , solitaires ou géminés , semi-verticillés. Epillets ovales-oblongs, glabres, à 6-10 fleurs, elliptiques, imbriqués, contigus. Glume inférieure obtuse, légèrement échancrée au sommet. Glumelle inférieure dépassant la supérieure, pourvue d'une arête droite à peu près aussi longue qu'elle. Feuilles larges, linéaires, aiguës, pubescentes, rudes sur les bords, à gaines poilues inférieurement. Chaumes de 4-9 décimètres, dressés, grêles, cylindriques, un peu rudes au sommet. Racine fibreuse. ② Mai-Juin.

Hab. Les champs, les prairies; vallée d'Argelès. C.

B. Squarrosus *L. sp.* 112; *Vill.; Desf.; Schrad.; Lap.; Benth.; Mut.; D C.; Lois.; Dub.; Rchb.: Serrafalcus squarrosus Bab.; Parl.; Gren. Godr.* — Panicule verdâtre, un peu panachée de violet rougeâtre, simple, lâche, droite ou penchée au sommet, à rameaux grêles, rudes, sub-simples, renflés au sommet. Épillets oblongs, lancéolés, comprimés, glabres ou mollement hérissés, pubescents, à 5-10 fleurs elliptiques, imbriquées, contiguës. Glumes ovales, obtuses, à nervures roussâtres, brièvement échancrées au sommet. Glumelle inférieure plus grande que la supérieure, munie d'une arête longue, droite, devenant de plus en plus divergente et presque horizontale à la maturité. Feuilles courtes, étroites, mollement poilues des deux côtés; gaine velue, blanchâtre, à poils denses, longs, étalés ou réfléchis. Chaumes de 1-6 décimètres, dressés, grêles. Racine fibreuse. ① Juin.

Hab. Bords des champs; St-Béat, butte de Serres à Barèges, château de St-Anaric à Luz. R.

670. BRACHYPODIUM *P. Beauv.* — Épillets brièvement pédicellés, multiflores, cylindriques avant l'anthèse, en forme d'épi simple. Glumes inégales. Glumelle inférieure pointue, aristée; la supérieure tronquée, bordée de cils raides. Ovaire glabre. Stigmates plumeux.

B. Sylvaticum *Rœm. et Schultz.; Gren. Godr.; B. gracile P. Beauv.; Triticum sylvaticum D C.; Bromus dumosus Vill.; Bromus sylvaticus Poll.; Lam.; Festuca sylvatica Kœl.; Rchb.* — Épi distique, allongé, lâche, à la fin penché. Épillets nombreux, un peu étalés, de 7-10 fleurs, glabres ou seulement les supérieurs pubescents et plus courts que les autres. Glumes aiguës, acuminées en courte arête; l'inférieure à 7-9 nervures; la supérieure à 9-11. Glumelle inférieure à 8-9 nervures plus prononcées au sommet. Feuilles linéaires, allongées, planes, molles, acuminées, velues ainsi que les gaines, ou glabres, ou un peu pubescentes en dessous; gaines longues, striées; ligule courte, tronquée, carrément déchirée. Chaumes de 6-10 décimètres, dressés, grêles, à nœuds pubescents. Racine fibreuse. ♃ Juin-Juillet.

Hab. Les bois, les forêts. CC.

B. Pinnatum *P. Beauv.; Bor.; Gren. Godr.; Triticum pinnatum, Triticum gracile, Triticum genuense D C.; Bromus pinnatus L. sp.* 115; *Lap.; Lam.; Festuca pinnata Kœl.; Rchb.* — Épi distique, dressé, verdâtre, un peu penché. Épillets nombreux, un peu étalés, parfois arqués, de 9-18 fleurs, glabres ou seulement pubescents, un peu écartés, parallèles à l'axe, à la fin raides, étalés, terminés par une arête courte. Glumes lancéolées-aiguës, mucronées, l'inférieure à 5-7 nervures. Glumelle inférieure à 8 nervures, subitement acuminée en arête courte et droite. Feuilles planes, linéaires, allongées, raides, rudes, glabres ou légèrement pubescentes en dessous;

gaînes sub-glabres; ligule courte, tronquée. Chaumes de 2-8 décimètres, droits, à nœuds légèrement pubescents. Racine très rampante. — Varie à glumes ovales munies d'une courte arête, à glumelle supérieure plus longue que l'inférieure, elliptique, arrondie au sommet, à glumelle inférieure fortement striée au sommet, à feuilles cylindriques, courtes, acuminées, divariquées, à chaumes grêles, un peu glauques.

Hab. Le type : Les champs, les bois, les lieux incultes, le bord des routes ; la var. : Pyrénées-Orientales, les bords de la mer (*cap. Galant*). C.

B. Ramosum *R. et Schultz.; Gren. Godr.; B. Plukenetii Link.; Triticum cœspitosum D C.; Bromus ramosus L. mant.; festuca cœspitosa Desf.; Rchb.* — Epi raide, dressé. Fpillets plus ou moins longs, dressés, souvent arqués, cylindriques dans le jeune âge, lancéolés, acuminés, mucronés, à 8-20 fleurs. Glumes acuminées, munies de 3-7 nervures, terminées par une arête courte. Glumelle supérieure dépassant l'inférieure ou l'égalant, arrondie au sommet, souvent déchirée ; glumelle inférieure munie d'une arête courte. Feuilles glabres, glauques, enroulées, piquantes, digitées, souvent larges de 1-2 lignes, mais s'enroulant bientôt en séchant ; ligule tronquée, à 2 lobes ciliés. Chaumes de 2-8 décimètres, très rameux à la base. Racine très rampante. ♃ Mai-Juin.

Hab. Pyrénées-Orientales; sables maritimes. C.

B. Distachyon *P. Beauv.; Mert. et Koch; Gren. Godr.; Triticum ciliatum D C.; Bromus distachyos L. sp. 115 ; Bromus ciliatus Lam.; Festuca ciliata Gouan ; Festuca monostachya Poir.; Desf.; Rchb.* — Epi raide, dressé, formé de 1-6 épillets alternes contenant de 6-12 fleurs, quelquefois sessiles, pédonculés, droits, allongés, glabres, cylindriques, puis comprimés, ciliés au sommet, terminés par une longue arête. Glumes inégales, très acuminées, rudes, nerveuses; la supérieure bordée de longs cils raides. Feuilles courtes, planes, ciliées; ligule courte. Chaumes de 1-3 décimètres, raides, glabres, lisses, rameux du bas, ascendants, quelquefois coudés, à nœuds pubescents. Racine fibreuse. ① Mai-Juin.

Hab. Lieux incultes et stériles.

671. FESTUCA *L. gen. n° 88.* — Epillets multiflores, lancéolés ou subulés, à dos arrondi, avec ou sans carène. Glumes plus ou moins inégales, aiguës. Glumelles ovales, lancéolées, très aiguës; l'inférieure souvent aristée; la supérieure plus petite, souvent dentée, ciliée. 3 étamines, rarement 2 ou une. Caryops ordinairement glabre au sommet, en gouttière, appendiculé. Stigmates velus. Fleurs en panicule peu étalée, rarement en épi.

1. Une étamine.

F. Pseudomyuros *Soy-Willm.; Festuca myuros Poll.; Lam.; Desf.; Sm.; D C.; Lois.; Dub.; Mert. et Koch; Vulpia Pseudomyuros Soy-Willm. in Godr. fl. lor.; Rchb.; Vulpia myuros Gmel.; Boiss.* — Panicule verdâtre, rarement violacée, très allongée, unilatérale, ordinairement penchée ; pédicelles courts, épais. Epillets oblongs, comprimés, à pédoncules rameux, à 2-5 fleurs. Glumes ovales, inégales, la plus longue aiguë, la supérieure courte, aristée. Glumelles acuminées, l'inférieure sétacée, plus courte que la supérieure, très ciliée. Feuilles linéaires, très étroites, plus ou moins enroulées, sétacées, rudes, la supérieure enveloppant la plupart du temps la panicule, planes dans le jeune âge ; ligule tronquée. Chaumes de 1-3 décimètres, droits, grêles, quelquefois coudés à la base, feuillés presque jusqu'au sommet. Racine fibreuse. — Varie à panicule renfermée en partie dans la dernière feuille, ou tout-à-fait hors de la gaîne, à glumelles pubescentes ou rudes et scabres sur les bords. — Varie encore à panicule glabre, à glumes très rudes dans la moitié supérieure, à glumelles rudes ainsi que l'arête (*Bromus geniculatus Lap.; Festuca pseudomyuros Soyer-Will.*). ⊙ Mai-Juin.

Leers ayant confondu son *Festuca myuros* avec le *Festuca ciliata*, il est rationnel de rejeter un nom qui ne peut servir qu'à perpétuer la confusion *Bor. fl. du cent.*

Hab. Les champs sablonneux et les murs. CC.

F. Michelii *Bertol.; Bromus Michelii Savi; Kœleria macilenta D C.; Avena puberula Guss.; Trisetum puberulum Ten.; Avellinia Michelii Parl.; Vulpia Michelii Rchb.; Gren. Godr.* — Panicule spiciforme, d'un vert blanchâtre, à la fin roussâtre ou panachée de violet, sub-unilatérale, sub-rétrécie ; pédoncules courts, demi-verticillés, grêles, rudes. Epillets petits, glabres, luisants, à 3-4 fleurs fines sur un axe rude. Glumes inégales, l'inférieure très courte, la supérieure ovale-oblongue, acuminée en courte arête. Glumelle inférieure bifide au sommet, émettant du fond de l'échancrure une arête rude sub aussi longue qu'elle. Feuilles courtes, dressées, étroites, enroulées, poilues en dessus à la base et vers la fente de la gaîne ; celle-ci striée ; ligule oblongue. Chaumes de 1, rarement 2 décimètres, grêles, dressés, brièvement pubescents. Racine fibreuse. ⊙ Mai-Juin.

Hab. Montagnes calcaires de la Catalogne, du côté des Pyrénées-Orientales. — Communiqué par M. Bubani.

F. Scluroïdes *Roth; F. bromoïdes Sm.; Lam.; D C.;*

*Lois.; Dub.; Mert. et Koch; Guss.; Vulpia sciuroïdes Gmel.;
Rchb.; Godr. fl. lor.; Gren. Godr. fl. fr.; Vulpia bromoïdes
Link.* — Panicule unilatérale, serrée, verdâtre, souvent
violacée, un peu rameuse à la base ; pédicelles un peu renflés. Epillets lancéolés, un peu rudes, à 3-6 fleurs. Glume
inférieure très fine, en alène ; la supérieure aiguë ou acuminée, quelquefois à 3 fortes nervures, d'autrefois simplement carénée. Glumelles acuminées, aristées, rudes au
sommet. Feuilles très fines, enroulées, pubescentes en dessous, à ligule courte. Chaumes de 1-4 décimètres, droits,
lisses, nus au sommet. Racine fibreuse, gazonnante. ⓛ Mai-
Juin.

Hab. Les sables, les champs, les vieux murs. CC.

2. Trois étamines.

F. Bromoïdes *L. sp.* 110 ; *Soy.-Wilm.; F. agrestis Lois.;
F. longiseta Brot.; F. Willemetii Savi; F. uniglumis Soland.;
Vulpia bromoïdes Rchb.; Gren. Godr. ; Vulpia membranacea
Link.; Vulpia uniglumis Parl.* — Panicule unilatérale, resserrée, sub en épi, à pédicelles courts, comprimée ou dilatée.
Epillets oblongs, presque lisses, scabres au sommet, de 4-6
fleurs. Glume inférieure variable, courte ou longue, membraneuse ; la supérieure aristée, longue de 7-14 millimètres.
Glumelles sub-égales, l'une aristée, l'autre acuminée. Feuilles
linéaires, étroites, enroulées ; ligule courte ; gaîne inférieure
renflée. Chaumes de 2-3 décimètres, inclinés, dressés ou
genouillés. (*Bromus geniculatus Leers.*). Racine fibreuse. ⓛ
Mai-Juin.

Hab. Lieux sablonneux ; environs de Biarritz. R.

F. Stipoïdes *D C.; F. ligustica Bertol. ; Savi ; Guss. ;
Bromus ligusticus All.; Rchb.; Vulpia ligustica Link. ; Gren.
Godr.* — Panicule de 5-8 décimètres, oblongue, unilatérale,
serrée dans le jeune âge, ouverte, ensuite étalée, à rameaux
inférieurs souvent ternés ; les latéraux divisés, pédicellés,
comprimés, dilatés, membraneux et rudes sur les bords.
Epillets presque lisses, rudes au sommet, à 2-4 fleurs, axe
rude en dehors. Glumes inégales, l'inférieure en alène ; la
supérieure acuminée en arête courte. Glumelle inférieure
terminée par une arête courte ; la supérieure souvent bifide
et longuement acuminée. Feuilles radicales très étroites,
celles du chaume pubescentes en dessous, à ligule très
courte. Chaumes de 2-3 décimètres, dressés, plus ou moins
genouillés ou ascendants dans le bas, glabres ou pubescents.
Racine fibreuse. ⓛ Mai-Juin.

Hab. Pyrénées-Orientales : Collioure (*Bénth. cat.*)

3. Arête nulle ou ne dépassant pas la longueur des glumes.

F. Ovina *L., fl. suec.; Fries.; Lois.; Bor.; Rchb.; Gren. Godr.* — Panicule verdâtre ou violette, souvent glauque, serrée, sub-unilatérale, étalée à la floraison. Épillets petits, glabres ou pubescents, à 3-6 fleurs grandes. Glumes inégales, l'inférieure plus courte, la supérieure acuminée. Glumelles sub-égales, la supérieure finement bifide, rude, l'inférieure acuminée en arête courte ou très variable, mais toujours de moitié plus courte qu'elle. Feuilles radicales nombreuses, pliées, sétacées, rudes, celles du chaume courtes; ligule courte, à deux oreillettes. Chaumes de 1-5 décimètres, gazonnants, droits, grêles, anguleux dans la partie supérieure, nus, souvent un peu rudes. Racine fibreuse. — Varie à feuilles courtes, enroulées, acuminées, à axe cilié ou à fleurs vivipares ou fleurs dépourvues d'arêtes, à épillets un peu coudés dans le bas.

Var. a. — Épillets panachés de vert ou de violet; feuilles fines; fleurs du bas ciliées. (*F. ovina Schrad.; F. duriuscula var.* e. *Boiss.; F. amethystina Mut.; Host.*). ♃ Juillet-Août.

Hab. Type et var.: les plaines et les pâturages des montagnes calcaires sous alpines; Pic du Midi. C.

F. Tenuifolia *Sibth.; Schrad.; Bor.; Gren. Godr.; F. capillata Lam.; Lois.; F. filiformis Pour.; Poa capillata Mérat; Poa setacea Kœl.; Rchb.* — Panicule verte ou un peu violette, droite, grêle, serrée. Épillets petits, à 2-5 fleurs lancéolées, glabres. Glumes inégales, mutiques, à carène rude. Glumelle inférieure munie d'une arête rude de même que la carène près du sommet. Feuilles radicales nombreuses, enroulées, sétacées, très nervées, molles; les supérieures très courtes, à ligule presque nulle, tronquée, à 2 oreillettes. Chaumes gazonnants, en touffes épaisses, d'un vert pâle, hauts de 3-6 décimètres, très grêles, dressés, striés, anguleux au sommet. Racine fibreuse. ♃ Mai-Juin.

Hab. Pâturages et bords des prairies; vallée de l'Esponne. C.

F. Halleri *All..; Vill.; D C.; Lois.; Dub.; Mert. et Koch; Rchb.; Gren. Godr.* — Panicule d'un vert jaunâtre à la base, violet, grisâtre au sommet, de 2-3 centimètres, serrée dans le jeune âge, étroite, à pédoncules et axe plus ou moins rudes, solitaire; rameaux inférieurs géminés, réduits à des pédoncules très courts. Épillets oblongs, de 3-5 fleurs, sub-cylindriques, fréquemment glabres, rarement ciliés en dehors. Glumes très inégales, acuminées-subulées. Glumelle inférieure à arête plus longue qu'elle ou l'égalant, munie de 5 nervures. Feuilles capillaires, un peu rudes de haut en bas ; celles du chaume courtes. Chaumes de 5-8 centimètres, sub-nus, gazonnants, serrés. Racine fibreuse. ♃ Juillet-Août.

Hab. Pic du Midi, Néouvielle, Vignemale, Canigou (*Benth.*).

F. Duriuscula *L. sp.* 108 ; *Vill.; Poll.; Lap.; Benth.; Mut.; Bor.; Noul.; Gren. Godr.* — Panicule verdâtre, droite, oblongue, unilatérale, étalée pendant l'anthèse. Épillets oblongs ou ovales, lancéolés, dressés, à 4-9 fleurs, glabres, sur des pédicelles scabres. Glumes inégales, acuminées. Glumelles sub-égales ou égales, glabres, l'inférieure 2-3 fois plus longue que l'arête, rude. Feuilles étroites, dressées, enroulées, raides, piquantes, plus ou moins glauques, légèrement scabres en dessus ; celles du chaume planes, canaliculées ; ligule très courte, à 2 oreillettes. Chaumes de 1-3 décimètres, dressés, parfois genouillés, gazonnants, en touffes plus ou moins épaisses, un peu anguleux, cylindriques, striés, glabres. Racine fibreuse ou rampante. ② Mai-Juin.

Var. a. — Panicule serrée ; épillets pubescents ; feuilles enroulées, longues ; plante très gazonnante. (*F. cinereà Vill.; F. glauca Lap.; F. duriuscula var. b. hirsuta Bor.; F. glauca Lam.*).

Var. b. F. glauca Lam. — Plante ayant les caractères du genre, mais étant plus ou moins glauque, cendrée ; chaumes robustes ; port du *F. eschia*.

Var. c. F. longifolia. — Chaumes dressés, grêles ; épillet glabres ; arête courte, colorée ; feuilles plus longues ou égalant le chaume, capillaires, dressées, celles du chaume très acuminées.

Hab. Le type : les coteaux calcaires jusque dans les hautes régions CC. ; la var. *a.* : sur les terrains ophitiques près l'Ouzac ; la var. *b.*: les régions alpines, Tourmalet, Pic du Midi, vallée de l'Esponne C. ; la var. *c.* : les bois de Lhéris. C.

F. Dumetorum *Mut.; Bor.; F. juncifolia St-Am.; F. subulicola L. Desf.; F. arenaria Osbeck.; Gren. Godr.* — Panicule dressée, glauque, unilatérale, un peu lâche à la base, à rameaux géminés, simples et sub en épi. Épillets allongés, portés sur des pédicelles plus ou moins scabres, portant de 5-6 fleurs, plus ou moins velus, pubescents. Glumes peu inégales, acuminées, glabres, un peu rudes vers le haut ou sur la nervure ou complètement glabres. Glumelles lancéolées, terminées par une arête scabre ; la supérieure souvent bi-carénée. Feuilles enroulées, sétacées, plus ou moins raides, glauques ; ligule courte, ciliée. Chaumes de 2-5 décimètres, plus ou moins gazonnants, dressés, lisses. Racine longuement rampante, à fibres brunes ou noirâtres. ♃ Mai-Juin.

Hab. Les Pyrénées-Orientales et occidentales ; Bayonne, Mont-Louis. R.

F. Rubra *L. sp.* 109 ; *Vill. ; D C. ; Lois. ; Dub. ; Mert. et Koch ; Benth. ; Host. ; Mut. ; Bor. ; Gren. Godr.* — Panicule souvent rougeâtre, droite, étalée pendant l'anthèse. Epillets de 5-7 fleurs, glabres, oblongs, comprimés, distiques, cylindriques, lancéolés-acuminés, ciliés, pubescents au sommet ou tout-à-fait glabres. Glumes très inégales, acuminées, mucronées. Glumelle inférieure linéaire-lancéolée, un peu carénée au sommet, portant une arête de moitié moins longue qu'elle ; glumelle supérieure presque entière au sommet, finement pubescente. Feuilles radicales peu nombreuses, enroulées, capillaires, un peu rudes ; les supérieures sub-planes, étroites, pubescentes en dessus. Chaumes de 3-6 décimètres , grêles. Racine stolonifère , gazonnante ; stolons rampants , radicants , produisant çà et là des touffes de feuilles. ♃ Juin-Août.

Hab. Pyrénées centrales , pentes herbeuses ; St-Béat, Artigue. C.

F. Fusca *Vill. ; F. varia Hœnk. ; Schrad. ; Mert. et Koch ; Gren. Godr. ; F. acuminata Gaud. ; D C.*—Panicule panachée de vert, de violet, de gris blanc, légèrement penchée au sommet ; pédoncules scabres , solitaires ou les inférieurs géminés. Epillets à 3-4 fleurs, un peu écartés, glabres ou à peine rudes, terminés par une courte arête ; axe cilié en dessus. Glumes inégales, oblongues-lancéolées, aiguës. Glumelle inférieure mutique , lancéolée , aiguë , un peu carénée au sommet. Feuilles enroulées, dressées, filiformes, lisses, dures, acuminées, piquantes ; ligule bifide. Chaumes de 10-15 centimètres , dressés , grêles , sub-cylindriques. Racine fibreuse, gazonnante. ♃ Juin-Juillet.

Var. a. *flavescens Lap.* — Feuilles capillaires ; fleurs allongées, cylindriques, blanchâtres , lavées de violet ou d'un jaune pâle.

Hab. Le type : Pyrénées centrales ; Mont-Louis, vallée d'Eynes ; la var. : sur les chaumes des cabanes des pasteurs, Pratto-de-Mollo, Canigou, vallée d'Eynes, Piquette d'Ereslids, etc., etc.

F. Eskia *Ram. in D C. ; Dub. ; Lois. ; Mut. ; Rchb. ; F. varians et lubrica Lap ; F. varia var. g. eskia Gren. Godr.* — Panicule panachée de vert, de blanc et de violet ou tout-à-fait d'un blanc jaunâtre, dressée dans le jeune âge, serrée ; pédoncules inférieurs plus ou moins longs, dressés ou penchés, ou flexueux, plus ou moins rudes; les inférieurs géminés. Epillets 3-6, d'abord contigus, à la fin oblongs, un peu comprimés, à 5-8 fleurs, cylindriques, glabres, à peine rudes sur la carène, terminés par une arête courte un peu rude. Glumes inégales, presque acuminées, mucronées. Glumelles linéaires-lancéolées, glabres, à 5 nervures. Feuilles lisses, luisantes, les radicales nombreuses, enroulées, acuminées, piquantes, celles du chaume 1-2, la supérieure longuement engainante, à gaîne striée; ligule bifide, lancéolée. Chaumes de 1-4 décimètres, très gazonnants, coudés à la base, cylindriques, dressés, grêles, plus longs ou plus courts que les feuilles. Racine rampante. ♃ Juillet-Août.

Hab. Pelouses herbeuses des régions alpines; Canigou, Pic du Midi, Port de la Picade, Vénasque, Esquierry, etc. CCC.

F. Spadicea *L. syst. ed.* 12; *Vill.; D C.; Lois.; Lap.; Dub.; Mert. et Koch; Bertol.; Benth.; Gren. Godr.* — Panicule d'un roux fauve, souvent teintée de rouge, rarement d'un jaune doré, dressée, peu étalée, à rameaux glabres ou rudes, solitaires ou géminés. Epillets ovales-oblongs, comprimés, de 4-6 fleurs mutiques, la dernière stérile. Glumes inégales, membraneuses, acuminées, carénées. Glumelles d'un jaune roussâtre, finement ponctuées, à 5 nervures et membraneuses sur les bords, terminées par un mucron. Feuilles inférieures très longues, linéaires, étroites, lisses, dures, sub-piquantes, planes d'abord, puis enroulées; celles du chaume plus courtes, à gaîne longue, striée; ligule large, à deux lobes. Chaumes de 5-12 décimètres, épais, très durs à la base, gazonnants, comprimés sur la souche, entourés des gaines des feuilles, à nœuds durs et en forme de bulbes, allongés, droits. Racine fibreuse. ♃ Juin-Juillet.

Hab. Pentes herbeuses et fissures des roches alpines et sub-alpines, CC.; Lhéris, Pic d'Eyré, Lourdes sur le terrain ophitique, Canigou, Esquierry, Pic de Gard.

F. Sylvatica *Vill.; D C.; Lois.; Dub.; Mert. et Koch; Lap.; Mut.; Bor.; Gren. Godr.* — Panicule panachée de vert, de brun violet et de jaune ou tout-à-fait verte, droite, très rameuse, à rameaux scabres. Epillets petits, ovales-oblongs, comprimés, distiques, à 3-5 fleurs, mutiques ou mucronés. Glumes très inégales et très étroites, acuminées, scarieuses au sommet. Glumelle supérieure atténuée en pointe aiguë, ponctuée, scabre, à 5 nervures dont 3 proéminentes. Caryops poilu au sommet. Feuilles lancéolées-linéaires, aiguës, rudes sur les bords, vertes, un peu glauques en dessus; gaines striées, longues, légèrement rudes ou lisses; ligule oblongue, obtuse. Chaumes de 5-12 décimètres, fermes, lisses, écailleux à la base. Racine fibreuse, émettant des stolons courts, articulés. ⚥ Juin-Juillet.

Hab. Les bois, les forêts; Lhéris. R.

F. Arundinacea *Schreb.; D C.; Lois.; Dub.; Mert. et Koch; Bor.; Gren. Godr.* — Panicule verdâtre, variée de blanc, allongée, diffuse, dressée ou penchée, à rameaux plus ou moins scabres, géminés, ramifiés, multiflores. Epillets 7-9, ovales-lancéolés, scabres. Glumes inégales, l'inférieure acuminée, la supérieure distique. Glumelle inférieure atténuée en pointe et munie d'une arête courte, scabre. Feuilles planes, larges, lancéolées-linéaires, striées, raides, rudes sur les bords, dilatées à la base en forme d'oreillettes; ligule courte. Chaumes de 6-15 décimètres, couchés à la base, souvent coudés, puis dressés, fermes, lisses. Racine dure, rampante, garnie de fibres. — Varie à chaumes velus au sommet et à épillets vivipares. ⚥ Mai-Juin.

Hab. Le bord des eaux dans la plaine et toutes les vallées. CCC.

F. Pratensis *Huds.; Sm.; Gaud.; Anders.; Lap.; Mut.; Gren. Godr.; F. elatior L. il. Westrog.; Poll.; D C.; Koch.* — Panicule mêlée de vert, de blanc et de pourpre, dressée, sub-unilatérale, étalée pendant l'anthèse, à rameaux courts, solitaires ou géminés, filiformes, inégaux, les plus courts simples, les plus longs plus ou moins rameux, ceux du haut alternes et de plus en plus courts, scabres. Epillets linéaires, cylindriques, à la fin comprimés, à 5-10 fleurs, lisses, un peu écartés, peu aigus ou obtus et munis d'une courte arête. Glumes sub-égales, un peu acuminées, l'inférieure à une nervure, la supérieure à 3-4. Glumelle inférieure à 5 nervures peu sensibles au sommet, mutique ou portant près du sommet une petite pointe courte; la supérieure plus courte, brièvement échancrée ou à deux petites pointes. Feuilles planes, linéaires, aiguës, striées, rudes sur les bords et souvent des deux côtés; ligule très courte, tronquée, déchirée, ciliée. Chaumes de 4-8 décimètres, dressés. Racine fibreuse, gazonnante. ⚥ Mai-Juin.

Hab. Les prés sur les coteaux; vallées de Luchon, d'Argelès. C.

F. Inermis *D C.; Mert. et Koch; Mut; F. Leysseri Mœnch; Bromus inermis Leyss.; L. mant.; Schrad.; Lap.; Gren. Godr.* — Panicule verte, légèrement panachée de violet pâle et de rouge, dressée, à pédoncules demi-verticillés, simple et divisée. Epillets linéaires, cylindriques, à 7-10 fleurs, imbriqués, obtus, munis d'une courte arête souvent nulle. Glume inférieure bien plus courte que la supérieure. Glumelle inférieure carénée, scarieuse et échancrée au sommet, mu-

tique ou mucronée. Feuilles linéaires, rudes sur les bords ;
ligule courte, déchirée; gaîne striée. Chaumes de 4-8 décimètres, longuement nus, dressés, lisses. Racine fibreuse,
rampante. ♃ Juin-Juillet.

Hab. Terres cultivées et bord des eaux près de Luchon (*Lap.*) où
je l'ai cherché vainement.

F. Rigida *Kunth; Koch; Mut.; Bor.; Poa rigida L. sp.*
101; *D C.; Lois.; Lap.; Scleropoa rigida Gris.; Gren. Godr.* —
Panicule verdâtre ou rougeâtre, étroite, raide, unilatérale, à
rameaux très courts, distique; pédicelles courts, triquètres.
Epillets oblongs, rapprochés, dressés, à 6-12 fleurs, linéaires
obtus, à peine mucronés, à peine nerviés. Glumes sub-égales, munies de 1-3 nervures, rudes sur la carène, la supérieure plus longue. Glumelles raides, obtuses, quelquefois
l'inférieure mucronée, un peu rude en dehors, à 3-5 nervures. Feuilles courtes, linéaires, étroites, planes, rudes ;
ligule obtuse, dentée. Chaumes de 1-2 décimètres, droits ou
géniculés, redressés ou rudes dans l'axe. Racine fibreuse. —
Varie à panicule simple, à épillets solitaires, à feuilles enroulées, à chaumes filiformes. ① Juin-Juillet.

Hab. Les lieux secs et rocailleux; rochers, murs. CC.

F. Cœrulea *D C.; Dub.; Mut.; Bor.; Aira cœrulea L. sp.*
95; *Melica cœrulea L. mant. Lois.; Melica et Milium cœruleum
Lap.; Melinia cœrulea Mœnch; Gren. Godr.* — Panicule panachée de vert et de violet ou blanchâtre, étroite, allongée,
raide, sub-unilatérale, à rameaux courts; pédicelle et axe
rudes. Epillets dressés, cylindriques, à 2-3 fleurs. Glumes
inégales, obtuses ou mucronées. Glumelles aiguës, mutiques.
Feuilles radicales très longues, planes, glabres, rudes sur
les bords; ligule obtuse, dentée; gaîne striée. Feuilles radicales très longues, planes, glabres, rudes sur les bords; ligule
obtuse, dentée; gaîne striée. Chaumes de 3-8 décimètres,
dressés, lisses, n'ayant qu'un seul nœud, comme genouillés.
Racine fibreuse, épaisse, blanchâtre. ♃ Juillet-Août.

Hab. Les lieux incultes, les friches. CCC. — On se sert des feuilles
radicales sèches pour faire des matelas sous le nom de matelas de
paillette.

4. Fleurs portées sur des pédicelles très courts et formant
un épi grêle.

F. Tenuiflora *Schrad.; Bor.; Mut.; F. tenuiflora Koch;
F. maritima Chaub.; Triticum nardus aristatus Lap. fl. fr.;
Triticum nardus D C.; Nardurus tenellus Rchb.; Gren. Godr.;
Triticum Poa Lap. obs. fl. des Pyr.* — Epi simple, unilatéral,
plus ou moins grêle, droit, raide. Epillets rapprochés, petits,
linéaires-lancéolés, à la fin oblongs et comprimés, à 3-8

fleurs, aigus, glabres ou poilus. Glumes lancéolées-aiguës, l'inférieure de moitié plus étroite, à une nervure membraneuse sur les bords. Glumelle inférieure munie d'une arête plus ou moins saillante ou nulle. Feuilles sétacées, canaliculées, souvent enroulées, filiformes, un peu poilues en dedans ainsi que les gaines; ligule tronquée, obtuse, ciliée, souvent munie d'oreillettes saillantes. Chaumes de 1-3 décimètres, très grêles, lisses, rameux à la base, plus ou moins genouillés ou plutôt coudés. Racine fibreuse, brunâtre, gazonnante. ⚫ Mai-Juin.

Hab. Lieux secs et pierreux, vieux murs. R.

F. Rottboellioïdes *Kunth.; Bor.; F. unilateralis L.; Triticum Rottbolla D C.; Poa loliacea Huds.; Catapodium loliaceum Link.; Scleropoa loliacea Gren. Godr.* — Panicule panachée de vert, de blanc et quelquefois lavée de pourpre, distique, unilatérale, raide, étroite, simple ou rameuse à la base. Épillets ovales, un peu aigus, comprimés, à 5-8 fleurs, coriaces, mutiques ou oblongs, peu nerveux, sans arête, glabres. Glumes lancéolées, aiguës, vertes, sans arête. Glumelle inférieure quelquefois rendue rude par de petits points blanchâtres. Feuilles linéaires, courtes, sub-planes; les inférieures plus étroites, pliées en long ou enroulées; ligule courte. Chaumes de 5-15 centimètres, gazonnants, durs, épais, ascendants. Racine fibreuse. ⚫ Mai-Juin.

Hab. Sables des bords de la mer aux environs de Biarritz. C.

672. PHRAGMITES *Trin. fund. agr. (Roseau).* — Épillets pédicellés, renfermant 3-7 fleurs dont l'inférieure est mâle, les autres hermaphrodites, entourés de longs poils soyeux et formant par leur réunion une panicule fournie. Glumes 2, plus courtes que les fleurs, carénées, inégales, lancéolées, mutiques. Glumelle inférieure membraneuse, lancéolée, acuminée, subulée, entière au sommet. Étamines 3. Styles 3, allongés; stigmates en pinceau.

P. Communis *Trin.; Koch; Bor.; Gaud.; Anders.; Gren. Godr.; Arundo Phragmites L. sp. 120; Lap.; Mut.; Vill.; D C.; Desf.; Dub.; Lois.; Rchb.* — Panicule grande, d'un violet foncé, lâche, diffuse, dressée ou un peu penchée. Épillets lancéolés, à 3-5 fleurs, portés sur des pédoncules capillaires, rudes. Glumes trinerviées, très aiguës. Glumelle inférieure acuminée, subulée, striée. Feuilles lancéolées-linéaires, aiguës, glabres, rudes sur les bords; ligule poilue. Chaumes de 1-2 mètres, simples, dressés, cylindriques, glabres. ♃ Juillet-Août.

Hab. Les ruisseaux, les rivières, les marais. CCC.

678. LAGURUS *L. gen. no 104.* — Epillets brièvement pédicellés, barbus à la base, renfermant une fleur hermaphrodite avec le rudiment d'une fleur avortée. Glumes 2, lancéolées-linéaires, membraneuses, plumeuses, en gouttière. Glumelle inférieure concave, à 3 arêtes; la plus longue sub-genouillée; la supérieure à 2 carènes. Glumelles 2, glabres, entières ou lobées. Etamines 3. Stigmates sessiles, plumeux. Caryops libre, glabre.

L. Ovatus *L. sp.* 119; *Host.; Schl.; Vill.; D C.; Dub.; Lois.; Mut.; Gren. Godr.* — Panicule en épi blanchâtre, lavée de roux, claire, arrondie ou oblongue, très velue. Glumes égales, velues, carénées, terminées par une longue arête plumeuse. Glumelle inférieure portant son arête dorsale au-dessous du sommet. Feuilles planes, molles, pubescentes, linéaires-aiguës, à gaîne courte, velue; ligule courte. Chaumes de 1-8 décimètres, gazonnants, simples ou rameux dans le bas, grêles, cylindriques. Racine fibreuse.

Hab. Pyrénées-Orientales, près Perpignan dans les champs. C.

674. DACTYLIS *L. gen. 86.* — Epillets brièvement pédicellés, renfermant 3-5 fleurs hermaphrodites. Glumes 2, inégales, carénées, aiguës. Glumelle inférieure lancéolée, carénée, ciliée, entière, marginée; la supérieure bifide, bicarénée, ciliée sur la carène. Glumelles 2, bifides, glabres. Styles courts; stigmates allongés. Caryops oblong.

D. Glomerata *L. sp.* 115; *D C.; Lois.; Dub.; Lap.; Benth.; Mut.; Gren. Godr.; Festuca glomerata Vill.* — Panicule dressée, unilatérale, très rameuse, serrée, parfois à rameaux inférieurs allongés. Epillets agglomérés, tournés d'un seul côté. Glumes striées, carénées, hispides sur la carène, aristées. Glumelle inférieure lancéolée-acuminée, entière au sommet, souvent ciliée sur la carène et pubescente sur les faces. Feuilles larges, planes, linéaires, un peu carénées, scabres, à gaîne longue, comprimée, striée; ligule acuminée, déchirée. Chaumes de 4-8 décimètres, droits, rudes. Racine fibreuse, gazonnante. ♃ Juin-Juillet.

Hab. Les prairies et les champs. CCC.

D. Littoralis *Willd.; Lois.; Bertol.; Host.; Mut.; Æluropus littoralis Parl.; Gren. Godr.; Poa littoralis Gouan.* — Epi cylindrique, resserré, sub-interrompu ou écarté, distique. Epillets 5-11, glabres ou tomenteux. Glumes lancéolées, nerviées, acuminées, scarieuses sur les bords. Glumelle inférieure ovale, à nervure verte, brièvement aristée; la supérieure tronquée. Feuilles très étroites, planes, linéaires, raides, enroulées au sommet ; ligule brune, courte, glabre ou ciliée. Chaumes rampants, grêles, émettant des rameaux couchés à la base, puis redressés, hauts de 1-2 décimètres, rudes. Racine fibreuse, émettant des stolons très allongés. ⚥ Mai-Juin.

Hab. Pyrénées-Orientales ; sables maritimes aux environs de Collioure. R.

675. KŒLERIA *Pers. syn.* 1. — Epillets de 2-5 fleurs, pédicellés. Glumes 2, plus ou moins inégales, membraneuses, carénées, aiguës. Glumelle inférieure carénée, entière ou mutique ou bidentée au sommet, aristée ; la supérieure bicarénée. Glumellules oblongues, glabres. Styles courts ; stigmates plumeux. Caryops oblong, comprimé.

1. Epillets dépourvus d'arête.

K. Cristata *Pers.* ; *D C. hort. monsp.* ; *Dub.* ; *Lois.* ; *Kunth.* ; *Mut.* ; *Bor.* ; *Gren. Godr.* ; *Festuca cristata Lap.* ; *Vill.* ; *Aira cristata L. sp.* 94 ; *Poa cristata Willd.* ; *D C. fl. fr.* — Panicule spiciforme, lobulée, atténuée aux deux extrémités, interrompue à la base, rameuse. Epillets luisants, **glabres**, d'un vert blanchâtre ou panachés de vert et de violet, à 3-4 fleurs. Glume supérieure légèrement ciliée sur la carène. Glumelles sub-égales ; l'inférieure acuminée, mutique ou mucronée. Feuilles planes, étroites, pubescentes ou ciliées ; gaines desséchées des anciennes feuilles indivises ; ligule **très** courte, tronquée. Chaumes de 1-4 décimètres, glabres, dressés ou légèrement pubescents. Racine fibreuse. ⚥ Mai-Juin.

Hab. Lieux incultes, sables et coteaux. CC.

K. Setacea *Pers. syn.* 1. *p.* 97 ; *Bor.* ; *Gren. Godr.* ; *K. valesiaca Gaud.* ; *Mut.* ; *D C.* — Panicule verte ou d'un violet pâle, courte, serrée, oblongue, cylindracée, glabre ; axe et pédicelles finement ciliés. Epillets presque sessiles, luisants, biflores. Glumes presque égales, rudes sur la carène, à nervure verte, membraneuses sur les bords. Glumelles sub-égales, l'inférieure acuminée, mutique ou mucronée, velue, ciliée sur la carène. Feuilles radicales raides, courtes, dressées, peu nombreuses, sétacées ; les caulinaires peu nombreuses, courtes, planes ; ligule membraneuse, à 2 lobes arrondis, un peu aiguë. Chaumes de 1-2 décimètres, grêles, plus ou moins pubescents au sommet. Racine épaisse, subtuberculeuse, couverte de tuniques desséchées déchirées en réseau formé de filaments grisâtres. ⚥ Mai-Juin.

Hab. Toutes les vallées depuis Pierrefitte jusqu'à Gèdre.

K. Phleoïdes *Pers.* ; *D C. hort. monsp.* ; *Bor.* ; *Lois.* ;

Dub.; Mert. et Koch; Gren. Godr.; Festuca Phleoïdes Vill.; Lap.; Desf.; Festuca cristata L. sp. 111. — Panicule d'un vert blanchâtre, souvent argentée, cylindrique, en forme d'épi ou un peu étalée dans le milieu. Épillets velus ou sub-velus, à 3-6 fleurs. Glumes inégales, acuminées, l'inférieure étroite, la supérieure oblongue, à 3 nervures. Glumelle inférieure comprimée, velue, hispide, rude et carénée, à 2 dents au sommet, à 5 nervures ou presque glabre, munie d'une arête rude naissant presque au sommet. Feuilles planes, courtes, linéaires, rudes, poilues ainsi que la gaine, ou sub-glabres; ligule tronquée, lacérée. Chaumes de 1-3 décimètres, glabres, en touffes, dressés, souvent rameux à la base. Racine fibreuse. ♃ Mai-Juin.

Hab. Coteaux, champs et lieux sablonneux. CC.

2. Glumelles très nerveuses (*Schismus P. Beauv.*).

K. Calicina *D C., Dub.; Mut.; Festuca calycina L. amœnit. acad. 3. et sp.* 110; *Schismus marginatus P. Beauv.; Kunth.; Gren. Godr.* — Panicule panachée de vert et de blanc, luisante, oblongue, lâche, sub-interrompue. Épillets linéaires, écartés, dépassés par les glumes, à 2-7 fleurs. Glumes sub-égales, obtuses, concaves, membraneuses, l'inférieure nerviée, la supérieure plus longue et plus étroite. Glumelles obtuses, l'inférieure ovale, élargie, blanche au sommet, bifide, concave, nerveuse, ciliée ou glabre sur les bords. Feuilles inférieures courtes, nombreuses, enroulées, capillaires; les supérieures planes, parsemées de longs poils. Chaumes de 1-2 décimètres, gazonnants, grêles, lisses. Racine fibreuse. ♃ Juin.

Hab. Pyrénées-Orientales, environs de Perpignan (*Bubani*). R.

676. GLYCERIA *R. Brown.* — Épillets linéaires ou oblongs, à 9-11 fleurs hermaphrodites, alternes et formant une grappe rameuse, semi-cylindriques en dehors, ventrus du côté interne. Glumes convexes, inégales. Glumelle inférieure oblongue, tronquée, mutique, plus ou moins nervée; la supérieure concave, ciliée, bidentée. Étamines 2-3. Styles plus ou moins longs, terminaux; stigmates plumeux. Caryops ovale ou oblong, obtus, libre et glabre. Plantes aquatiques.

G. Spectabilis *Mert. et Koch; Bor.; Godr. fl. lor.; G. aquatica Wallberg.; Poa aquatica L. sp.* 111; *D C.; Host.; Lap.; Rchb.* — Panicule panachée de vert et de brun, ample, diffuse, très rameuse. Épillets oblongs-comprimés ou linéaires-oblongs, obtus, jaunâtres sur les bords, à 5-9 fleurs. Glumes un peu inégales, lancéolées. Glumelle inférieure oblongue.

obtuse, étroitement scarieuse au sommet, à nervures saillantes. Feuilles larges, linéaires, en glaive, souvent tachées à l'entrée de la gaine et à la ligule ; celle-ci arrondie ; gaine striée. Chaumes de 4-8 décimètres, droits, cylindracés. Racine rampante. ♃ Juillet-Août.

Hab. Le bord des eaux et des fossés. C.

G. Fluitans *R. Brown.; Mert. et Koch; Bor.; Gren. Godr.; Festuca fluitans L. sp.* 111 ; *Poa fluitans Kœl.; Lap.* — Panicule verte ou d'un rouge violet, droite, allongée, plus ou moins étalée, à rameaux courts, les inférieurs à 2-3 épillets cylindriques, appliqués, obtus, à 5-10 fleurs. Glumes très-inégales, lancéolées. Glumelle inférieure oblongue-lancéolée, scarieuse et sub-aiguë à la base, carénée et rude, d'un blanc verdâtre, à 5-7 nervures proéminentes. Feuilles planes, courtes ou longues, linéaires, aiguës, les inférieures flottantes, à peine rudes ; ligule courte, oblongue. Chaumes de 4-8 décimètres, couchés à la base, puis redressés. Racine rampante. ♃ Mai-Août.

Hab. Les eaux peu courantes. CCC.

G. Maritima *Mert. et Koch·; Wahlberg; Bor.; Gren. Godr.; Poa maritima Huds. ; Smith ; Lap.* — Panicule verdâtre, mêlée d'un peu de pourpre, régulière, raide, peu fournie, à rameaux peu nombreux, étalés, puis redressés contre l'axe. Épillets linéaires, sub-cylindriques, à la fin étalés, comprimés, obtus, oblongs, linéaires, à 2-6 fleurs. Glumes à 5 nervures peu marquées ou concaves, très inégales. Glumelle inférieure ovale-oblongue, arrondie au sommet, pubescente à la base. Feuilles linéaires, étroites, enroulées ou à demi-planes ; ligule courte, obtuse. Chaumes de 1-4 décimètres, couchés à la base, puis dressés, genouillés, les plus jeunes rampants, gazonnants, en touffes ou solitaires. Racine rampante. ♃ Juillet-Août.

Hab. Environs de Bayonne. CC.

G. Aïroïdes *Rchb.; Bor.; G. aquatica Presl.; Aira aquatica L. sp.* 95 ; *Lap.; Catabrosa aquatica P. Beauv.; Gren. Godr.;* — Panicule violette, rougeâtre, égale, ouverte, pyramidale, à pédoncules rameux, alternativement verticillés. Épillets linéaires-lancéolés, à 2 fleurs oblongues, l'une sessile, l'autre pédonculée, à 3 nervures. Glumes membraneuses, obtuses. Glumelles allongées au sommet, plus ou moins scarieuses, l'externe déchirée, dentée, bifide. Feuilles planes, obtuses, un peu glauques, à gaine comprimée ; ligule oblongue. Chaumes de 2-6 décimètres, coudés et radicants à la base, cylindriques, glabres. Racine rampante. ♃ Mai-Août.

Hab. Les fossés et les lieux humides. CCC.

677. POA *L. gen.* n° 83 *(Paturin).* — Epillets ovales, arrondis à la base, ou linéaires, comprimés, distiques, ordinairement entourés de poils à la base, à 2-20 fleurs. Glumes 2, comprimées, droites, plus courtes que la fleur qui les avoisine. Glumelle inférieure carénée, ovale ou lancéolée, à bords scarieux, mutique, embrassant la supérieure ; celle-ci linéaire, pliée, ciliée, souvent bifide. Etamines 3. Styles 2, très courts ; stigmates plumeux, s'étalant en dehors de la fleur. Caryops libre ou glabre.

P. Pilosa *L. sp.* 99 ; *D C.; Lois.; Dub.; Mert. et Koch; Mut.; Lap.; P. eragrostis All.; Vill.; Desf.; Eragrostis pilosa P. Beauv.; Gren. Godr.* — Panicule violette, grêle, allongée, étalée au moment de l'anthèse, à pédoncules filiformes, un peu flexueux ; le premier verticille de l'axe muni de longs poils blancs à la base. Epillets linéaires, comprimés, petits, un peu aigus, souvent uni-nervés, à 3-8 fleurs. (Il arrive fréquemment que les 2-3 premiers inférieurs sont avortés). Glumes inégales, sub-aiguës. Glumelles obtuses ; l'inférieure carénée au sommet et rude. Feuilles étroites, roulées au sommet, subulées, glabres ; ligule munie de poils rayonnants. Chaumes de 2-6 décimètres, cylindriques, lisses, rameux à la base, géniculés, étalés, puis redressés. Racine fibreuse. ① Juillet.

Hab. Les champs, les tertres et les lieux incultes. C.

P. Annua *L. sp.* 99 ; *D C.; Lois.; Dub.; Lap.; Mut.; Bor.; Gren. Godr.* — Panicule verdâtre, jaunâtre ou un peu rougeâtre, courte, ovale, sub-unilatérale, à pédoncules scabres. Epillets sub-glabres, à 3-6 fleurs sub-glabres. Glumes sub-égales, ovales-aiguës. Glumelles inégales, sub-soyeuses sur la carène, la supérieure souvent ciliée et l'inférieure pubescente. Feuilles molles, linéaires, ponctuées, un peu canaliculées ; ligule courte, tronquée dans les fleurs inférieures, oblongue dans les supérieures. Chaumes de 5-15 centimètres, coudés à la base, étalés-redressés, comprimés, lisses. Racine gazonnante. — Varie à panicule allongée, spiciforme, jaunâtre, à glumes acuminées, à glumelles ciliées sur les bords internes de la base, comprimées, sub-carénées, à feuilles capillaires, à chaumes couchés, gazonnants, glabres (*P. annua var. frigida*). ① Mai-Septembre.

Hab. Le type : les lieux incultes, murs, CCC.; la var. : régions glacées, sommet du Pic du Midi, du Vignemale R.

P. Laxa *Hœnk.; Schrad.; Mert. et Koch; Host.; Benth.; Lois.; Dub.; Rchb.; Mut.; Gren. Godr.; P. flexuosa Sm.* — Panicule panachée de blanc et de violet foncé, resserrée, penchée au sommet, à pédoncules la plupart géminés, dressés, flexueux. Épillets largement ovales, à 2-5 fleurs libres ou réunies à leur base par un tomentum court. Glumes égales, égalant presque l'épillet, lancéolées, mucronées, rudes sur la carène. Glumelle inférieure lancéolée, munie inférieurement sur la carène et sur les bords de poils soyeux. Feuilles étroites, lancéolées; ligule lancéolée, allongée. Chaumes de 1-2 décimètres, dressés, un peu comprimés. Racine fibreuse, très gazonnante. ♃ Juillet-Septembre.

Hab. Régions alpines: Lac Bleu, Marboré (*Benth. cat.*).

P. Alpina *L. sp.* 99; *Vill.; D C.; Mert. et Koch; Lois.; Dub.; Benth.; Mut.; Gren. Godr.* — Panicule verdâtre, panachée de pourpre ou de violet, ou jaunâtre, ordinairement resserrée, ou large, arrondie, diffuse, très étalée, à rameaux lisses ou rudes. Épillets ovales-lancéolés, ordinairement pubescents sur le dos sur les bords de la base des glumelles ou rudes sur la carène, quelquefois vivipares, à 4-10 fleurs. Glumes acuminées ou obtuses, membraneuses sur les bords. Glumelles ciliées à la base interne et portant 3 nervures, munies sur la carène et sur les bords de poils soyeux. Feuilles linéaires, planes, larges, rudes sur les bords au sommet; ligule courte, tronquée dans les épillets inférieurs, oblongue-aiguë dans les supérieurs. Chaumes de 1-3 décimètres, dressés ou genouillés, munis à la base de faisceaux de feuilles courtes, un peu glauques, enveloppées dans la même gaine. Racine fibreuse à souche épaisse. ♃ Juin-Juillet.

Hab. Les régions alpines; pelouses et pâturages. CCC.

P. Feratiana *Boiss. et Reut.; Gren. Godr.; P. biflora Férat.* — Panicule dressée, oblongue, étalée, rameuse, rude, géminée, souvent ternée aux nœuds inférieurs. Épillets ovales, verdâtres, à 2 fleurs écartées. Glumes inégales, plus courtes que l'épillet, très aiguës, l'inférieure à une nervure, la supérieure trinerviée. Glumelles lancéolées, pubescentes à la base. Feuilles linéaires-aiguës, planes, lisses, à gaine courte; ligule lancéolée. Chaumes grêles, dressés. Souche fibreuse. Plante gazonnante. ♃ Juin-Juillet.

Hab. Forêt d'Irati dans le pays basque. R.

P. Cenisia *All.; D C.; Lois.; Kunth.; Mut.; P. cinerea Vill.* — Panicule panachée de vert, de violet et de blanc, oblongue, flexueuse, resserrée, ouverte pendant l'anthèse, à pédoncules rudes. Epillets ovales-oblongs, aigus, très soyeux sur le dos et sur les bords, à 3-5 fleurs. Glumes presque égales. Glumelle inférieure lancéolée, obtuse et blanche-scarieuse au sommet. Feuilles lancéolées ; ligule saillante, obtuse. Chaumes de 5-10 décimètres, couverts de feuilles dans le bas, nus au sommet. Racine rampante, stolonifère. ♃ Juillet-Août.

Hab. Cambredases, vallée d'Eynes, Pic du Midi (*Ramond*).

P. Bulbosa *L. sp.* 102 ; *D C.; Lois.; Dub.; Rchb.; Lap.; Mut.; Gren. Godr.* — Panicule blanchâtre dans le jeune âge, puis jaunâtre et mêlée de violet, luisante, souvent vivipare, courte, sub-unilatérale, à pédoncules scabres. Epillets agglomérés, ovales-oblongs, plus ou moins pubescents sur les bords et sur la carène et souvent réunis à la base par de longs poils laineux, à 4-6 fleurs. Glumes acuminées. Glumelles obtuses. Feuilles courtes, planes, étroites, les supérieures très courtes ; ligule supérieure oblongue. Chaumes de 1-3 décimètres, dressés, épaissis en bulbe à la base, glabres. Racine fibreuse, gazonnante. ♃ Mai-Juin.

Hab. Pyrénées centrales, les champs et les lieux incultes ; monte jusqu'à Barèges. C.

P. Trivialis *L. sp.* 99 ; *Sm.; Dub.; Hoffm.; Host.; Lap.; Gren. Godr.; P. scabra Ehrh.; D C.; Lois.* — Panicule verdâtre ou panachée de violet, étalée, pyramidale, diffuse, à rameaux scabres, demi-verticillés 5-5. Epillets petits, ovales-oblongs, à 2-3 fleurs, imbriqués, souvent réunis à la base par des poils longs et nombreux. Glumes sub-égales. Glumelles égales, la supérieure aiguë, l'inférieure obtuse, pubescente. Feuilles linéaires aiguës, planes, carénées, scabres en dessous sur les bords ; ligule allongée, lancéolée-aiguë. Chaumes de 3-8 décimètres, radicants à la base ou couchés, cylindriques, à peine rudes ainsi que les gaînes. Racine fibreuse. ♃ Juin-Août.

Hab. Les prairies, les fossés. CC.

P. Pratensis *L. sp.* 99 ; *D C.; Lois.; Dub.; Rchb.; Lap.; Mut.; Gren. Godr.* — Panicule verdâtre ou rougeâtre, ou violacée, droite, étalée, à rameaux scabres, demi-verticillés 5-5. Epillets ovales, sub-imbriqués, réunis à la base par des poils nombreux, longs et laineux, à 3-5 fleurs. Glumes aiguës, scabres sur la carène. Glumelles un peu obtuses ; l'inférieure soyeuse sur le dos, à 5 nervures. (Je possède un grand nombre d'échantillons ayant les glumelles glabres). Feuilles linéaires, planes, glabres ; ligule courte, tronquée. Chaumes de 4-8 décimètres, grêles, demi-cylindriques, lisses , souvent stolonifères , à rejets allongés , radicants , lisses ainsi que les gaines. Racine rampante.

Var. b. *P. angustifolia L. sp.* 99 ; *Sm. Lap.* — Feuilles radicales longues, étroites , sub-enroulées, striées , les caulinaires plus larges , la dernière scabre. Panicule étroite , allongée.

Hab. Type et var. : les prairies et le bord des chemins. CCC.

P. Sudetica *Hœnk.; Schrad.; D C.; Mert. et Koch; Lois.; Host.; Dub.; Benth.; Gren. Godr.* — Panicule régulière, verdâtre ou légèrement rougeâtre, oblongue, diffuse, en pyramide, étalée, à rameaux grêles, scabres, demi-verticillés. 3-5 épillets ovales-oblongs, à 3-5 fleurs, glabres. Glume inférieure lancéolée, carénée, rude au sommet, à 5 nervures. Glumelle inférieure plus large, aiguë, également rude sur la carène ; la supérieure plus étroite, sub-linéaire, obtuse, carénée et rude. Feuilles radicales nombreuses , à gaines fendues et embrassantes, sur deux rangs opposés ; les caulinaires courtes , largement linéaires, aiguës, glabres, un peu rudes ; gaines striées ; ligule tronquée. Chaumes de 4-8 décimètres, dressés, quelquefois coudés dans le bas, comprimés, à deux tranchants longs et rudes. Racine stolonifère, gazonnante. ♃ Juin-Août.

Hab. Pyrénées centrales; pâturages des forêts de sapins; Luchon, vallée de l'Esponne, Cauterets, Luz. C.

P. Nemoralis *L. sp.* 102 ; *D C.; Lois.; Dub.; Mert. et Koch; Lap.; Benth.; Mut.; Bor.; Gren. Godr.; P. cinerea Vill.* — Panicule verdâtre ou panachée de vert et de violet, allongée, très lâche, à pédoncules plus ou moins rudes. Epillets lancéolés ou ovales-lancéolés, à 2-5 fleurs. Glumes acuminées, sub-égales, carénées, souvent un peu soyeuses dans le bas sur le dos et sur les bords, ou velues à la base, ou complètement glabres. Glumelles acuminées, l'inférieure rude sur la carène. Feuilles étroites, planes, aiguës, les radicales parfois très longues, celles du chaume courtes, plus longues que la gaine, filiformes, sub-rudes ; ligule presque nulle. Chaumes de 2-6 décimètres, grêles, verts, glauques, dressés, sub-cylindriques, souvent un peu couchés dans le bas, puis redressés et penchés pendant l'anthèse. Racine fibreuse, plus ou moins stolonifère, très gazonnante. ♃ Eté.

Var. a. *P. firmula Bor.; P. coarctata D C.; P. cæspitosa Poir.; Lois.* — Panicule panachée de vert et de violet, fournie, resserrée ou lâche et penchée au sommet. Epillets souvent colorés. Feuilles radicales courtes. Chaumes en touffes, verts ou rougeâtres, quelquefois glauques (*P. glauca Lois.; D C.; P. miliacea D C.; Aira miliacea Lap.*).

Hab Type et var. : les vieux murs, les rochers, les bois et les coteaux. C.

P. Compressa *L. sp.* 101 ; *D C.; Lois.; Dub.; Lap.; Benth.; Mut.; Bor.; Gren. Godr.* — Panicule verdâtre, bordée de rouge, serrée, oblongue, sub-unilatérale, à rameaux courts, lisses ou très rudes. Epillets ovales-oblongs, légèrement pubescents à la base ou un peu soyeux sur le dos, ou munis de quelques poils rares et courts et glabres, à 3-6-9 fleurs. Glumes aiguës, carénées, glabres ou rudes. Glumelle inférieure lancéolée, obtuse et scarieuse au sommet, obscurément nerviée. Feuilles courtes, linéaires, carénées, planes, aiguës, plus ou moins rudes sur les bords de même que sur la gaine ; ligule courte, tronquée. Chaumes de 2-5 décimètres, couchés, géniculés, ascendants, comprimés, à deux tranchants, glabres et glauques. Racine rampante, stolonifère. ♃ Juin-Juillet.

Hab. Les coteaux calcaires et les lieux secs. CCC.

678. BRIZA *L. gen. no* 84. — Epillets tri-multiflores, imbriqués, distiques, à 3 ou plusieurs fleurs, contigus, comprimés, formant une panicule simple ou rameuse. Glumes 2, presque égales, membraneuses, arrondies sur le dos, concaves, à 7-9 nervures. Glumelle inférieure largement ovale, ventrue, arrondie sur le dos, en cœur à la base, mutique ; la supérieure plus petite, bicarénée, tronquée, glabre. Etamines 3. Styles 2, courts. Stigmates plumeux.

B. Eragrostis *L. sp.* 103 ; *Vill.; Desf.; Mut.; Poa eragrostis Lap.; Kœl.; Eragrostis megastachya Link.; Gren. Godr.* — Panicule mêlée de vert et de violet, oblongue, dressée, à pédoncules courts, alternes, glanduleux et pubescents à la base. Epillets lancéolés, allongés, comprimés, à 10-25 fleurs. Glumes ovales-aiguës. Glumelles obtuses, l'inférieure carénée, mucronée, la supérieure ciliée. Feuilles planes, étroites, glabres, garnies de poils soyeux à l'entrée de la gaine, bordées d'aspérités glanduleuses. Chaumes de 1-4 décimètres, cylindriques, lisses, rameux à la base, étalés, puis redressés. Racine fibreuse. ① Mai-Juin.

Hab. Pyrénées-Orientales; Mont-Louis, champs, murs et vignes. C.

B. Maxima *L. sp.* 103 ; *Desf.; D C.; Lois.; Mert. et Koch; Host.; Lap.; Benth.; Gren. Godr.; B. monspessulana Gouan.; B. rubra Lam.* — Panicule plus ou moins panachée de jaune et de rouge, brune ou tout-à-fait rougeâtre, brillante, penchée

Epillets ovales, comprimés, portés sur des pédoncules capillaires, sub-scabres, à 5-25 fleurs. Glumes peu inégales, ovales, obtuses, concaves. Glumelles obtuses, sub-membraneuses sur les bords. Feuilles larges, linéaires, courtes, planes, un peu rudes au sommet; ligule ovale, entière. Racine fibreuse. Souche forte. ① Mai-Juin.

Hab. Pyrénées-Orientales, champs et pâturages; St-Béat dans les sables.

B. Media *L. sp.* 103; *Host.; Leers.; D C.; Dub.; Lois.; Desf.; Lap.; Benth.; Gren. Godr.; B. lutescens Billot.* — Panicule panachée de vert ou violacée, lâche, étalée, à pédoncules capillaires, sub-lisses. Epillets sub-cordiformes, ovales, à 2-9 fleurs. Glumes glabres. Glumelles plus longues, l'inférieure obtuse, scarieuse sur les bords. Feuilles planes, lancéolées, aiguës, rudes sur les bords; ligule courte, tronquée. Chaumes de 1-5 décimètres, dressés, lisses, glabres. Racine fibreuse, oblique. ♃ Mai-Juin.

Hab. Les prairies, les champs. CCC.

B. Minor *L. sp.* 102; *Desf.; Lois.; Dub.; Mert. et Koch; Lap.; Benth.; Gren. Godr.; B. virens D C.* — Panicule verte ou mêlée de vert, de blanc et de pourpre, lâche, très rameuse; pédicelles capillaires, renflés sous les glumes, scabres. Epillets petits, triangulaires, pendants, à 3-7 fleurs plus courtes que les glumes. Glumes peu inégales, blanches, scarieuses aux bords. Glumelle inférieure très obtuse. Feuilles linéaires, larges, planes, rudes sur les bords; ligule allongée, aiguë. Chaumes de 1-3 décimètres, dressés, glabres. Racine fibreuse. ① Mai-Juin.

Hab. Prairies, lieux sablonneux; vallée d'Argelès, St-Béat. C.

B. Globosa *Mut.; Aira globosa Thore; Milium tenellum Cav.; Parl.; Airopsis globosa Desv.; D C.; Lois.; Dub.; Gren. Godr.*— Panicule blanchâtre ou verdâtre, luisante, resserrée, spiciforme, un peu lâche. Epillets globuleux, biflores. Glumes en nacelle, renflés sur le dos. Glumelles très courtes, ciliées. Feuilles linéaires, étroites, aiguës, en gouttière. Chaumes de 5-15 centimètres, dressés, cylindriques, grêles, lisses. Racine fibreuse. ① Mai-Juin.

Hab. Lieux sablonneux; Biarritz, Oloron, bords du Gave. C.

679. CYNOSURUS *L. gen. n° 87.* — Epillets pédicellés, comprimés, les uns fertiles et à 2-5 fleurs, les autres stériles et multiflores, formant par leur réunion une panicule rameuse et unilatérale. Glumes des épillets fertiles 2, membraneuses, uninerviées, linéaires-lancéolées, mutiques.

Glumelle inférieure bidentée au sommet. Etamines 3. Styles
2, très courts, terminaux ; stigmates plumeux.

C. Cristatus *L. sp.* 105; *Vill.; D C.; Dub.; Lois.; Lap.;
Benth.; Mut.; Gren. Godr.* — Panicule verdâtre, en grappe
serrée, spiciforme. Epillets petits, linéaires, obtus. Glumes
pennatifides, mutiques. Glumelle inférieure ponctuée, rude,
lancéolée , terminée par une arête plus courte qu'elle.
Feuilles étroites, linéaires, aiguës, glabres, lisses ; ligule
courte, tronquée. Chaumes de 3-6 décimètres, dressés, fasciculés , glabres. Racine fibreuse , gazonnante. — Varie à
épillets stériles, nombreux, formés de glumes en dents de
peigne, distiques, à 3-5 fleurs. ♃ Juin-Juillet.

Hab. Les prairies partout. CCC.

C. Echinatus *L. sp.* 105; *Host.; Vill.; Desf.; D C.; Gren.
Godr. ; Polypogon monspeliense Lap. ; Chrysurus echinatus
P. Beauv.* — Panicule verte ou violacée, ou jaunâtre, ovoïde.
Epillets stériles en dents de peigne, formés de nombreuses
bractées distiques, étalées. Epillets fertiles à 2 fleurs, lisses,
munis d'une longue arête. Glumes égales; l'inférieure sub-
elliptique, rude au sommet, terminée par 4 dents en alène
et par une arête droite, rude. Feuilles linéaires, larges,
aiguës, glabres, rudes; ligule lancéolée, allongée. Chaumes
de 1-6 décimètres, dressés, glabres, un peu rudes au sommet. Racine fibreuse, gazonnante. ⓘ Juin-Juillet.

Hab. Les champs et les lieux incultes. CCC.

C. Aureus *L. sp.* 107; *Host. ; Lam. ; Desf. ; Schrad. ;
Bertol. ; Lap.; Mut.; Gren. Godr. ; Lamarckia aurea Mœnch.;
D C.; Chrysurus aureus Spreng.* — Panicule elliptique, ovale,
d'un vert pâle, à la fin d'un jaune pâle doré; pédicelles
lâches, poilus, horizontaux. Epillets stériles formés de deux
glumes presque égales, ovales, arrondies, concaves, sans
arête ; épillets fertiles à 2 fleurs, l'une hermaphrodite, l'autre
avortée, munis à la base d'une longue arête rude. Glumes
presque égales, lancéolées, acuminées. Glumelle inférieure
enroulée, cylindrique, à 3 nervures, émettant sous le sommet une longue arête. ⓘ Mai-Juin.

Hab. Pyrénées-Orientales; Collioure, Bagnols (*Lap.*).

680. ECHINARIA *Desf.* — Epillets à 2-3-5 fleurs
sessiles souvent avortées, réunis en tête. Glumes inégales,
carénées, membraneuses. Glumelle inférieure coriace, divisée en 5-7 épines inégales, lancéolées-subulées, raides,
divergentes, à limbe interne membraneux, crénelé; glumelle
supérieure bifide, à 2 carènes. Glumellules 2, cunéiformes.

lobées, glabres. Stigmates filiformes, allongés, denticulés, terminaux.

E. Capitata *Desf.; D C.; Dub.; Bertol.; Mut.; Gren. Godr.; Cenchrus capitatus L. sp.* 1488; *Lap.; Sesleria echinata Lam.* — Grappe verdâtre, formant un capitule arrondi terminal, sub-tomenteux. Glumes oblongues, blanchâtres. Glumelle inférieure verte, puis jaunâtre, à épines terminales plus longues qu'elle. Feuilles linéaires, étroites. Chaumes de 5-15 centimètres, grêles, fermes, sub-nus. Racine fibreuse, gazonnante. ① Juin-Juillet.

Hab. Lieux secs et arides; près Barèges. R.

681. CHAMAGROSTIS *Borckh.* — Epillets uniflores, mutiques, en épi. Glumes égales, obtuses, tronquées au sommet, à dos arrondi, plus grandes que les glumelles. Celles-ci pubescentes ou poilues, ciliées, dentelées au sommet. Etamines 3. Styles 2; stigmates allongés, filiformes, poilus.

C. Minima *Borckh.; Wibel.; D C.; Dub.; Agrostis minima L. sp.* 93; *Lap.; Mibora verna P. Beauv.; Gren. Godr.* — Grappe spiciforme, alterne, disposée souvent d'un seul côté en épi linéaire d'un beau rouge violacé ou rarement verdâtre. Glumes linéaires-oblongues, glabres, luisantes. Glumelles finement membraneuses, velues en dehors, lacérées au sommet, l'inférieure à 5 nervures, enveloppant la supérieure à 2 nervures. Feuilles linéaires, obtuses, canaliculées; ligule bifide. Chaumes de 5-10 centimètres, gazonnants, dressés, capillaires, dépourvus de nœuds, lisses. Racine fibreuse. ① Avril-Mai.

Hab. Les vignes, les champs; Villefranche et Mont-Louis dans les Pyrénées-Orientales, C.; St-Béat, St-Bertrand. R.

682. SESLERIA *Scop.* — Epillets distiques, à 2-6 fleurs, réunis en tête et formant une grappe spiciforme serrée. Glumes 2, inégales, membraneuses, carénées, lancéolées-aiguës. Glumelle inférieure oblongue, carénée, mucronée ou à 3-5 dents aristées, la supérieure bifide. Glumellules 2, oblongues, entières ou divisées. Stigmates filiformes, oblongs et pubescents, terminaux. Plantes gazonnantes.

S. Cœrulea *Arduin; Vill.; D C.; Lois.; Mert. et Koch; Host.; Mut.; Gren. Godr.; Cynosurus cœruleus L. sp.* 106; *Lap.* — Grappe spiciforme, serrée, ovale-oblongue, panachée de blanc et de violet. Glumes lancéolées, aiguës, souvent brièvement aristées. Glumelle inférieure terminée par une arête et souvent par 2-3 soies courtes, ciliée sur les bords et sur la carène; glumelle supérieure carénée, membraneuse et ciliée sur la carène. Feuilles radicales planes, carénées à la base, linéaires, brusquement atténuées en pointe courte, rudes sur les bords ; celles du chaume courtes ; ligule obtuse. Chaumes de 1-4 décimètres, entourés à la base des débris des anciennes feuilles desséchées, grêles, droits, sub-nus, glabres, lisses. Racine fibreuse, dure; souche oblique, très épaisse, gazonnante, plus ou moins allongée. ♃ Mai-Juin.

Hab. Toutes les Pyrénées alpines et sub-alpines; montagnes calcaires des environs de Bagnères. CCC.

S. Disticha *Pers.; Mert. et Koch; Mut.; Poa disticha Wulf.; Lap.; D C.; Dub.; Poa seslerioïdes Lois.; Oreochloa disticha Link.; Gren. Godr.* — Grappe spiciforme, serrée, ovale-oblongue, comprimée, à 3-6 fleurs, sub-sessile, distique, d'un cendré bleuâtre. Glumes ovales-lancéolées, fortement carénées. Glumelles ovales-lancéolées, carénées, rudes sur la carène, scarieuses sur les bords; l'inférieure mutique, pubescente à la base, à 5 nervures plus ou moins visibles. Feuilles radicales linéaires, enroulées. Chaumes de 1-2 décimètres, gazonnants, entourés à la base des débris des anciennes feuilles desséchées, dressés, cylindriques, lisses, longuement nus. Racine fibreuse. ♃ Juin-Juillet.

Hab. Les régions alpines, sur les pentes herbeuses au pied des rochers ; Pic du Midi, lac Bleu, Ports d'Oo, de Vénasque, Cau d'Espada, Maladetta, Mounné de Cauterets, etc. R.

S. Dura *Kunth; Mut.; Poa dura Scop.; D C.; Lois.; Mert. et Koch; Bertol.; Host.; Cynosurus durus L. sp.* 105; *Lap.; Festuca dura Vill.; Rchb.; Sclerochloa dura P. Beauv.; Gren. Godr.* — Grappe spiciforme, ovale, unilatérale, serrée, raide, glabre, verdâtre, à 4-5 fleurs linéaires, brièvement pédicellée. Glumes très inégales, blanchâtres sur les bords, à nervure verte, l'inférieure plus courte, tronquée, la supérieure obtuse. Glumelle inférieure rude sur la carène, à 3-7 nervures, mucronée. Feuilles linéaires, planes, rudes sur les bords et sur la nervure, obtuses, courtes, striées ; ligule courte. Chaumes de 5-10 centimètres, comprimés, en touffes, plus ou moins étalés, couverts par les feuilles jusqu'à la grappe. Racine fibreuse. ① Juin.

Hab. Les tertres qui entourent les champs, à St-Béat. R.

682. MELICA *L. gen. n°* 81. — Epillets à 3-5 fleurs, 1-2 fertiles, les supérieures avortées. Glumes inégales, membraneuses, concaves, à 5-7 nervures. Glumelle inférieure

entière, arrondie sur le dos, nervée; glumelle supérieure
bicarénée, bidentée. Glumellules un peu charnues. Styles
très courts; stigmates plumeux. Caryops elliptique.

1. Glumelle inférieure munie de longs poils.

M. Nebrodensis *Parl.; Gren. Godr.; M. ciliata Godr.
fl. lor.; Lap.* — Panicule allongée, spiciforme, sub-unilatérale; pédicelles courts, scabres, renflés au sommet. Epillets
dressés ou étalés, lancéolés-aigus, mêlés de vert et de blanc,
souvent un peu violacés. Glumes rudes, lancéolées, aiguës,
blanchâtres sur les bords, à nervures brunes. Glumelles
vertes, acuminées, striées, rudes, ciliées de la base au sommet sur les bords. Caryops strié, rude sur les stries. Feuilles
linéaires, étroites, enroulées, filiformes, un peu rudes,
celles du chaume longues, dressées; ligule scarieuse, oblongue, tronquée. Chaumes de 2-4 décimètres, dressés, cylindriques, feuillés, un peu rudes au sommet, finement striés.
Racine fibreuse, très gazonnante. ♃ Juin-Juillet.

Hab. Toutes les Pyrénées. CCC.

M. Magnolii *Gren. Godr.; M. ciliata Vill.; Gouan; Desf.*—
Panicule dressée, de 10-15 centimètres, d'un blanc soyeux.
Epillets dressés, étalés, lancéolés, aigus, unilatéraux, solitaires sur des pédicelles scabres. Glumes blanchâtres, ponctuées, rudes, inégales, lancéolées, munies de 5 nervures, la
supérieure plus longue, acuminée. Glumelles acuminées,
terminées par deux pointes blanches ciliées sur les bords
depuis le bas jusqu'au sommet de longs poils blancs, un
peu rudes sur le dos. Caryops brun, luisant, elliptique-
oblong, lisse. Feuilles planes, enroulées au sommet, à gaîne
longue, striée, rude de bas en haut comme les feuilles;
ligule courte, tronquée; entrée de la gaîne rousse. Chaumes
solitaires, de 4-5 décimètres, cylindriques, lisses, glabres.
Racine rampante. ♃ Juillet-Août.

Hab. Les haies; vallée de l'Arboust, vallée d'Argelès près Vielle-
longue, Château de Ste-Marie à Luz. C.

M. Bauhinii *All.; D C.; Lois.; Dub.; Lap.; Rchb.; Gren.
Godr.* — Panicule panachée de vert et de pourpre, sub-unilatérale, très lâche. Epillets ovales-lancéolés, portés sur des
pédoncules ciliés, dressés ou étalés. Glumes ovales, entières,
aiguës, munies de 5 nervures, la médiane terminale, l'inférieure plus large que la supérieure. Glumelle inférieure
ovale lancéolée, ciliée sur le dos et velue sur les bords
depuis le bas jusqu'à la moitié de sa longueur; la supérieure
ciliée, comme frangée sur les bords. Caryops brun, luisant,
atténué aux deux bouts. Feuilles étroites, enroulées, filifor-

mes, aiguës, lisses; ligule oblongue, scarieuse, argentée,
laciniée, décurrente sur les bords de la gaine; celle-ci un
peu rude. Chaumes de 2-4 décimètres, rameux dans le bas,
gazonnants, dressés, cylindriques, raides. Racine dure. ⚥
Mai-Juin.

Hab. Pyrénées-Orientales; Case de Penne, Pratte-de-Mollo. R.

2. Glumelle inférieure glabre.

M. Uniflora *Retz.; D C.; Lois.; Dub.; Host.; Lap.; Mut.;
Gren. Godr.* — Panicule violacée ou rougeâtre, blanchâtre
sur les bords, rameuse, lâche, pauciflore, unilatérale, à pédicelles filiformes-allongés, un peu étalés, scabres. Epillets
ovoïdes, glabres, dressés, ne contenant qu'une fleur fertile.
Glumes ovales, striées, embrassant les glumelles. Glumelles
striées, finement ciliées sur les bords. Feuilles planes,
aiguës, rudes en dessous, parsemées de quelques poils épars
sur les bords; gaines sillonnées, un peu rudes, prolongées
en une pointe appliquée, dressées, rudes, opposées à la
feuille. Chaumes de 2-4 décimètres, dressés, faibles, anguleux, striés, lisses. Racine fibreuse, traçante. ⚥ Mai-Juin.

Hab. Les bois. CCC.

M. Nutans *L. sp.* 98; *Vill.; Lois.; Dub.; Host.; Lap.;
Benth.; Gren. Godr.* — Panicule lâche, rougeâtre ou d'un
pourpre foncé, scarieuse sur les bords, en forme de grappe
simple, lâche, unilatérale, à pédoncules courts. Epillets
penchés, ovales, à 3-4 fleurs, glabres. Glumes souvent scarieuses sur les bords. Glumelles un peu inégales, l'inférieure
oblongue, scarieuse au sommet, la supérieure entière au
sommet, brièvement ciliée. Caryops brun, lisse, arrondi à la
base. Feuilles planes, linéaires, étroites, aiguës, finement
velues; ligule courte, tronquée. Chaumes de 3-5 décimètres,
striés, un peu rudes. Racine fibreuse, oblique. ⚥ Mai-Juin.

Hab. Dans les bois de Luchon et de Vielle (*Lap.*). R.

M. Minuta *L. mant.* 32; *Gren. Godr.: M. ramosa Vill.;
M. pyramidalis Lam.; Lap.* — Panicule d'un vert blanchâtre
ou violacée, étalée, à rameaux s'ouvrant à angles droits.
Epillets en grappe et unilatéraux sur chaque grappe, à 4-5
fleurs, les supérieures fertiles, les inférieures sessiles. Glumes
ovales-aiguës, plus ou moins colorées. Glumelles munies de
5-7 nervures, l'inférieure de la fleur fertile oblongue, scarieuse, couverte de petites aspérités brillantes, la supérieure
ciliée sur les bords. Caryops atténué aux deux bouts, lisse
d'un côté et rude de l'autre. Feuilles planes, sèches, enroulées, rudes de haut en bas; gaines striées; ligule allongée.

laciniée. Chaumes de 4-6 décimètres, arqués ou dressés dans le bas, striés, rudes au sommet. Racine traçante, très longue. ♃ Mai-Juin.

Hab. Pyrénées-Orientales : Bagnols, environs de Perpignan (*Lap.*) — Cette plante a été trouvée à Médoux par mon ami **M. Pailhé** ; elle provient de graines envoyées de Toulouse pour l'ornement des jardins de cette habitation.

584. NARDUS *L. gen. n° 69.* — Epillets uniflores, allongés, unilatéraux, composés de fleurs solitaires, sessiles dans une cavité de l'axe. Pas de glumes. Glumelle inférieure linéaire, subulée, aristée ; glumelle supérieure entière, bicarénée. Un style se terminant par un stigmate filiforme, pubescent. Caryops linéaire, trigone, canaliculé.

N. Stricta *L. sp.* 77; *Vill.; D C., Lois.; Host.; Lap.; Benth.; Mut.; Gren. Godr.* — Epi sétacé, droit, unilatéral, lâche. Epillets d'un violet sale. Glumelle inférieure rude sur le dos, subulée, violacée. Feuilles enroulées, en alène, raides, rudes, piquantes, un peu glauques. Chaumes de 5-15 centimètres, gazonnants, en touffes, serrés, filiformes, dressés, rudes. Racine fibreuse. ♃ Juin-Juillet.

Hab. Les pâturages des régions alpines et sub-alpines. CCC.

585. GAUDIANIA *P. Beauv.* — Epillets solitaires, sessiles sur un axe articulé, à 4-11 fleurs, alternes, appliqués contre l'axe. Glumes 2, inégales, concaves. Glumelle inférieure munie sur le dos d'une arête genouillée ; glumelle supérieure bicarénée, bifide. Glumellules glabres, concaves, bilobées. Caryops linéaire-oblong.

G. Fragilis *P. Beauv.; Mert. et Koch; Bor.; Gus.; Gaud.; Gren. Godr.; Avena fragilis L. sp.* 119; *Desf.; D C.; Lois.; Dub.; Bertol.; Lap.; Mut.* — Epi grêle, allongé, à axe comprimé, articulé, fragile. Epillets comprimés, panachés de violet. Glumes scarieuses sur les bords, l'inférieure aiguë, nerviée, la supérieure à 5-7 nervures. Glumelle inférieure lancéolée, acuminée, terminée par deux soies très courtes, carénée et rude, embrassant l'axe des épillets. Feuilles courtes, planes, velues, surtout les inférieures; ligule tronquée. Chaumes de 2-6 décimètres, ordinairement rameux dans le bas, glabres, grêles. Racine fibreuse, gazonnante. ① Mai-Juin.

Hab. Les champs, les prairies, les coteaux. CCC.

586. ÆGILOPS *L.* — Epillets solitaires, sessiles dans une échancrure de l'axe et parallèles à l'axe. Glumes à 3-4 fleurs, la centrale mâle, les latérales hermaphrodites, fertiles, arrondies, convexes, terminées par 2-4 dents lancéolées, allongées en arête. Glumelle inférieure portant 3-4 arêtes au sommet. Styles nuls ; stigmates plumeux.

Æ. Ovata *L. sp.* 1489 ; *Vill. ; D C. : Schrad. ; Mert. et Koch ; Lap. ; Benth. ; Æ. geniculata Roth. ; Triticum ovatum Gren. Godr.; Phleum Ægilops Scop.* — Epi court, ovale. 2-4 épillets très serrés contre les concavités de l'axe commun. Glumes égales, nerveuses, hérissées de poils, à sommet dilaté et muni de 3-4 dents ou arêtes hispides. Glumelle inférieure oblongue, trinerviée, un peu velue sur le dos, à 2-3 arêtes inégales. Caryops fauve, velu au sommet. Feuilles linéaires, planes, velues, ciliées ; ligule barbue. Chaumes de 1-3 décimètres, géniculés, étalés, dressés, lisses. Racine fibreuse. ① Mai-Juin.

Hab. Pyrénées-Orientales ; champs, vignes, bords des routes. C.

Æ. Triaristata *Willd.; Mert. et Koch ; Lois.; Boiss.; Lap.; Triticum triaristatum Gren. Godr.* — Epi ovale, aminci, violacé. Epillets 3-4, à arête scabre. Glumes rudes, à 2-5 arêtes inégales. Glumelles à peine hérissées de poils écailleux, brillants, portant au sommet 3-4 arêtes très longues, rudes. Feuilles linéaires, planes, courtes, raides, velues en dessous et sur la gaine ; ligule courte. Chaumes de 1-3 décimètres, dressés, un peu ascendants à la base, un peu rudes au sommet. Racine fibreuse ; souche épaisse. ① Mai-Juin.

Hab. Pyrénées-Orientales ; les champs aux environs de Perpignan. C.

Æ. Triuncialis *L. sp.* 1489; *Vill.; Desf.; Schrad.; D C.; Mert. et Koch ; Dub.; Lois.; Lap.; Mut.; Æ. triaristata Bertol. : Æ. elongata Lam. ; Triticum triunciale Gren. Godr.* — Epi grêle, allongé, formé de 4-6 épillets très serrés contre la concavité de l'axe. Glumes dressées, deux fois plus longues dans les épillets supérieurs que dans les inférieurs, à 3 arêtes aiguës, rudes et couvertes sur les côtés de poils blancs luisants. Caryops plus long que dans l'espèce précédente. Feuilles linéaires, aiguës, poilues, ciliées ainsi que les gaines. Chaumes de 2-4 décimètres, gazonnants, ascendants, glabres, lisses. Racine fibreuse. ① Mai-Juin.

Hab. Pyrénées-Orientales ; environs de Prades, Olette, Bagnols. R.

687. LEPTURUS *R. Brown.* — Epillets uniflores ou accompagnés d'un rudiment pédicellé de fleurs enfermées dans la cavité de l'axe. Glumes 2, ou une seule aux épillets latéraux, dures, cartilagineuses, couvrant les fleurs. Glumelle supérieure plus courte, blanche, membraneuse, bidentée, bicarénée. Glumellules 2, ovales, glabres. Caryops glabre, muni en dedans d'un sillon.

L. Incurvatus *Trin.; Bor.; Mert. et Koch ; Gren. Godr.; Ægilops incurvata L. sp.* 1490 ; *Rottbœllia incurvata L. fil. suppl.* 114 ; *D C.; Dub.; Lois.; Lap.; Benth.; Salis; Bertol.; Ophiurus incurvatus P. Beauv.* — Épi cylindrique, articulé, fragile, dressé, puis plus ou moins arqué surtout dans les lieux secs. Glumes 2, coriaces, sub-égales, linéaires, acuminées, scarieuses sur les bords, trinerviées ; dans les épillets latéraux l'une recouvre l'autre par son bord ; dans l'épillet terminal les glumes sont opposées. Glumelle inférieure acuminée. Feuilles planes, rudes, glabres. Chaumes de 8-15 centimètres, gazonnants, en touffes nombreuses, étalés à la base ou ascendants, grêles. Racine fibreuse. ① Mai-Juin.

Hab. Pyrénées-Orientales; sables maritimes (*Benth.*). R.

L. Filiformis *Trin.; Koch; Bor.; Gren. Godr.; Rottbollia incurvata var.* b. *D C.; Rottbollia filiformis Roth.; Dub.; Lois.; Bertoll., Rottbollia erecta Savi; D C.; Ophiurus filiformis Rœm. et Schultz.; Rchb.*—Épi grêle, long, cylindrique, dressé. Épillets rapprochés, appliqués contre l'axe. Glumes 2, coriaces, linéaires, scarieuses sur les bords, trinerviées ; dans les épillets latéraux l'une recouvre l'autre ; elles sont opposées dans l'épillet terminal. Glumelle inférieure acuminée. Feuilles molles, étroites, courtes, à la fin enroulées, ne cachant pas les nœuds qui sont noirâtres ; ligule courte, tronquée. Chaumes sub-dressés, filiformes. Racine fibreuse. ♃ Mai-Juin.

Hab. Pyrénées-Orientales et occidentales; environs de Bayonne et de Perpignan. C.

688. PSILURUS *Trin. fund. agrost.* 93. — Épillets sessiles, solitaires, à deux fleurs dont l'une hermaphrodite et sessile, l'autre pédicellée et demi-avortée, formant un épi subulé. Glume unique, plus courte que la fleur. Glumelle inférieure linéaire, subulée, aristée, la supérieure bidentée, ciliolée sur les carènes. Glumellules bifides, gabres. Caryops trigone, linéaire, glabre.

P. Nardoïdes *Trin.; Mert. et Koch; Bertol.; Mut.; Gren. Godr.; Nardus aristata L. sp.* 178; *Vill.; D C.; Lap.; Rottbœllia monandra Cav.; Benth.* — Épi très allongé, grêle, flexueux ou penché. Épillets écartés les uns des autres et souvent cachés dans les excavations du rachis. Glume unique, ovale-aiguë, ou nulle. Glumelle inférieure plus longue, rude, aristée, prolongée en arête, enveloppant la supérieure qui est un peu plus longue, bi-carénée. Feuilles enroulées, filiformes, courtes; ligule courte, tronquée. Chaumes de 8-20 centimètres, flexueux. Racine fibreuse. ① Mai-Juin.

Hab. Pyrénées-Orientales, sables et champs (*Lap.*). C.

689. TRITICUM *P. Beauv.* (*Froment*). — Epillets sessiles, formés de 3-5 fleurs, les supérieures ordinairement mâles, alternes, solitaires dans les excavations du rachis. Glumes 2, égales, dentées ou aristées, plus courtes que les fleurs. Glumelle inférieure ovale ou lancéolée, dentée ou aristée. Glumelle supérieure bidentée, à carène ciliée. Glumellules petites, ovales, oblongues, ordinairement ciliées. Caryops oblong, muni d'un sillon étroit, velu au sommet.

T. Repens *L. sp.* 128; *D C.; Mert. et Koch; Host.; Lap.; Mut.; Agropyrum repens P. Beauv.; Gren. Godr.* — Epi simple, distique, allongé, dressé. Epillets glabres, à 4-5 fleurs toutes fertiles, comprimés, sessiles. Glumes lancéolées-acuminées, subulées, sans arête, glabres. Glumelles aiguës, mutiques, striées et plus ou moins rudes sur les bords et sur la carène; mucron rude. Feuilles planes, linéaires, aiguës, un peu rudes en dessous. Chaumes dressés, de 4-8 décimètres, glabres, lisses, striés, plus ou moins rameux à la base. Racine rampante, très longue, articulée. ⚥ Juillet-Août.

Hab. Sables maritimes des environs de Bayonne. C.

T. Junceum *L. sp.* 128; *D C.; Mert. et Koch; Dub.; Lois.; Bertol.; Fries.; Mut.; Lap.; Agropyrum junceum P. Beauv.; Gren. Godr.* — Epi distique, large, sub-contigu, fragile; axe glabre. Epillets gros, épais, écartés, à 4-8 fleurs obtuses, sans arête, à peine nerveuses, dépassant peu les glumes. Celles-ci obtuses, à 9-11 nervures. Glumelles ciliées sur les bords. Feuilles glauques, étroites, allongées, enroulées, poilues en dessous. Chaumes de 3-6 décimètres, dressés, raides, glauques, lisses, striés. Racine fortement rampante et radicante. ⚥ Juillet-Août.

Hab. Pyrénées-Orientales et occidentales; sables maritimes. C.

T. Caninum *Huds.; Host.; Lap.; T. sepium Lam.; D C.; Elymus caninus L. sp.* 124; *Agropyrum caninum Rœm. et Schultz.; Gren. Godr.* — Epi simple, distique, allongé, comprimé, penché au sommet; axe scabre. Epillets grêles, oblongs, de 3-5 fleurs acuminées, aristées, glabres, vertes. Glumes lancéolées, sub-égales, glabres, acuminées, terminées par une soie courte, rude, à 3-5 nervures. Glumelle inférieure linéaire-lancéolée, obscurément bidentée au sommet; glumelle supérieure finement ciliée. Feuilles planes, larges, longues, glabres, rudes des deux côtés ; gaîne tuberculeuse, comme entière à la base, striée. Chaumes de 8-12 décimètres, dressés, striés, grêles. Racine fibreuse. ⚥ Juin-Août.

Hab. Bords des eaux et lieux ombragés dans toutes les vallées froides et humides. C.

T. Vulgare *Vill.; Gren. Godr.* — Epi dressé, puis incliné à la maturité, compacte. Epillets ventrus renfermant 4 fleurs, les inférieures fertiles. Glumes ventrues, ovales, tronquées, mucronées, comprimées vers le sommet, à nervures obtuses. Glumelles aristées ou mutiques. Caryops libre. Feuilles linéaires, aiguës, planes et rudes ; ligule courte, tronquée. Chaumes de 8-12 décimètres, droits. Racine fibreuse. — Varie à épillets glabres ou pubescents, blancs ou roux, à glumelles inférieures longuement aristées (*T. œstivum L. sp.* 126), ou presque mutiques (*T. hybernum L. l. c.*). ① ou ② Juin-Juillet.

Hab. Cultivé partout et quelquefois sub-spontané.

690. SECALE *L. gen. n⁰ 97 (Seigle).* — Epillets imbriqués, solitaires, sessiles sur chaque dent de l'axe. Glumes 2, sub-égales, plus courtes que les fleurs. Glumelle inférieure lancéolée-acuminée, carénée, mutique ou aristée; glumelle supérieure bidentée, à 2 carènes ciliées. Glumellules ovales-oblongues, charnues. Caryops oblong, muni d'un sillon étroit et velu au sommet.

S. Cereale *L. sp.* 124 ; *Gren. Godr.* — Epi oblong, d'abord droit, puis un peu penché. Glumes linéaires-subulées, mucronées, dentelées, rudes sur la carène. Glumelle inférieure lancéolée, ciliée, sub-épineuse sur la carène, terminée en longue arête droite. Feuilles linéaires, larges, scabres. Chaumes de 4-12 décimètres, droits, glauques dans le jeune âge. Racine fibreuse, pubescente. ①② Mai.

Hab. Cultivé partout et quelquefois sub-spontané.

691. ELYMUS *L. gen. n⁰ 96.* — Epillets réunis 2-4 sur chaque dent de l'axe, contenant 1-9 fleurs hermaphrodites. Glumes 2 pour chaque épillet, peu inégales, mutiques ou aristées, contiguës et simulant à chaque nœud un demi-involucre à 4 ou 6 folioles. Glumelle inférieure lancéolée-acuminée, ordinairement terminée en arête. Glumelle supérieure à deux carènes. Glumellules 2, semi-ovales, ciliées. Caryops linéaire-oblong, muni d'un large sillon, pubescent au sommet.

E. Europœus *L. mant.* 35 ; *D C.; Dub.; Lois.; Mert. et Koch; Host.; Lap.; Gren. Godr.* — Epi droit, serré. Epillets ternés, biflores, scabres. Glumes linéaires, en alène, égalant les épillets. Feuilles largement linéaires, planes, molles, scabres, sub-glabres ; gaîne parsemée de poils réfléchis. Chaumes de 4-8 décimètres, droits, cylindriques, un peu rudes. Racine fibreuse. ♃ Juin-Juillet.

Hab. Pyrénées-Orientales, les bois montueux ; Molle (*Lap.*). C.

E. Crinitus *Schreb.; Bertol.; Koch; Gren. Godr.; Hordeum crinitum Desf.; Hordeum jubatum D C.; Lois.* — Epi un peu penché, un peu comprimé, à rachis rude aux bords. Epillets géminés, les inférieurs souvent solitaires. Glumes plus courtes que les épillets, aristées. Glumelle inférieure à 3 nervures et arête arquée. Feuilles étroites, linéaires, acuminées, molles, velues sur la face interne ; ligule courte, tronquée. Chaumes grêles, ascendants. Racine fibreuse. Plante de 1-3 décimètres. ② Mai-Juin.

Hab. Pyrénées-Orientales ; collines herbeuses des environs de Perpignan. R.

E. Arenarius *L. sp.* 122 ; *Schrad.; Schreb.; Mert. et Koch; Rchb.; Gren. Godr.* — Epi dressé, allongé, robuste, resserré. Epillets à 2-3 fleurs, sans arête, pubescents, les intermédiaires ternés. Glumes carénées, ciliées sur la carène au sommet ou glabres. Glumelle inférieure pubescente, à 5-7 nervures. Feuilles rudes, raides, à la fin enroulées, sub-articulées près de la gaîne. Chaumes de 4-8 décimètres, droits, glauques, blanchâtres. Racine fibreuse. ♃ Juin-Juillet.

Hab. Pyrénées-Orientales et occidentales ; sables maritimes. C.

692. HORDEUM *L. gen.* n° 98 (*Orge*). — Epillets sessiles ou sub-sessiles, ternés sur chaque dent du rachis, les latéraux pédicellés, ordinairement mâles ou stériles, celui du milieu sessile, hermaphrodite, fertile. Glumes 2, formant à la base un involucre à 6 divisions. Glumelle inférieure lancéolée, longuement aristée ; glumelle supérieure bidentée, ciliée. Stigmates sessiles, plumeux. Caryops elliptique-oblong, pourvu d'un léger sillon et terminé au sommet par un appendice pubescent.

H. Murinum *L. sp.* 126 ; *D C.; Dub.; Lois.; Mert. et Koch; Lap.; Mut.; Gren. Godr.* — Epi oblong. Epillets tous aristés, les latéraux mâles, stériles. Glumes aristées, inégales. Glumelles sétacées, l'inférieure des fleurs hermaphrodites terminées par une arête plus longue que celle des glumes ;

la supérieure scabre. Feuilles linéaires-lancéolées, pubescentes, aiguës, scabres, à gaine glabre, la supérieure renflée, striée. Chaumes de 2-4 décimètres, couchés, genouillés à la base, redressés, glabres. Racine fibreuse. ① Juin-Août.

Hab. Bords des champs. CCC.

H. Pratense *Huds.; Lois.; Rchb.; H. secalinum Schreb.; D C.; Dub.; Gren. Godr.* — Epi grêle, comprimé, dressé. Epillets tous pourvus d'arêtes, les latéraux pédicellés. Glumes aristées, scabres. Feuilles linéaires, étroites, aiguës, les inférieures velues ainsi que les gaines, les supérieures glabres. Chaumes de 4-8 décimètres, couchés à la base, puis redressés, grêles. Racine fibreuse. ① Juin-Juillet.

Hab. Les prés, les haies, le bord des chemins. C.

H. Desmoulinsii *Nobis.* — Epi oblong, lâche. Epillets longuement aristés, ciliés, forts rudes ; les latéraux sub-pédicellés, stériles, à arête un peu plus courte que celle des épillets fertiles. Glumelle inférieure striée et rude sur chaque nervure de même que sur les bords ; arête deux fois plus longue qu'elle. Feuilles largement linéaires, planes, très aiguës, rudes sur les deux faces. Gaines parsemées de poils courts réfléchis, la supérieure longue de 1-2 décimètres, plus large que les inférieures. Chaumes de 4-8 décimètres, dressés, striés, d'un vert blanchâtre, ciliés dans le bas. Racine fibreuse à fibres robustes et ligneuses. ② Juillet-Août.

Hab. Les haies avant d'entrer dans le bois qui conduit à l'hopice de Luchon. RR.

H. Maritimum *With.; D C.; Dub.; Lois.; Lap.; Mut.; Mert. et Koch; Gren. Godr. ; H. geniculatum All.; Schultz.; Rchb.* — Epi court, comprimé, à rachis flexueux, cilié aux bords. Epillets latéraux pédicellés. Glumes aristées ; celles des épillets médiaux sétacées. Glumelle inférieure des fleurs hermaphrodites terminée par une longue arête. Feuilles petites, étroites, linéaires, toutes pubescentes ainsi que les gaines, ciliées, renflées dans leur milieu. Chaumes de 1-3 décimètres, gazonnants, inclinés, genouillés à la base, grêles, lisses, sub-nus. Racine fibreuse. ⚇ Mai-Juin.

Hab. Pyrénées-Orientales et occidentales, sables humides des environs de Perpignan et de Bayonne. — Communiqué par mon ami M. Bubani.

693. LOLIUM *L. gen. n° 95 (Ivraie).* — Epillets multiflores, comprimés, sessiles sur chaque dent du rachis. Une seule glume lancéolée, concave, aiguë. Glumelle inférieure oblongue, scarieuse au sommet, munie d'une arête sous le sommet. Glumelle supérieure aiguë, bicarénée et ciliée. Glumellules oblongues-aiguës, glabres. Caryops largement canaliculé.

L. Perenne *L. sp.* 122; *D C.; Lois.; Dub.; Mert. et Koch; Lap.; Benth.; Gren. Godr.* — Epis dressés. Epillets plus longs que la glume, à 6-12 fleurs, lancéolés, mutiques, verts ou violacés, comprimés contre l'axe, distiques, glabres. Glumes linéaires-lancéolées, striées, scarieuses sur les bords. Glumelle inférieure mutique, munie de 5 nervures. Feuilles étroites et pliées dans leur longueur, celles du chaume planes, glabres. Chaumes de 2-5 décimètres, dressés, glabres, accompagnés à la base de fascicules de feuilles. Racine fibreuse. — Varie à épillets exigus, 3-5 dans le haut de l'épi, 1-2 dans le bas, à chaumes grêles, effilés (*L. tenue Vill.; D C.*). ⚥ Juin-Septem.

Hab. Les champs, les prés, le bord des chemins. CCC.

L. Italicum *Braun.; Bor.; Koch; Gren. Godr.; L. multiflorum Lam.; L. perenne var. g. aristatum Coss. et Germ.* — Epi très long. Epillets verdâtres, comprimés. Glumelle supérieure aiguë, ciliée, dépassant de beaucoup la glume; arête plus ou moins longue, rude. Feuilles du bas fines, enroulées sur les bords, celles du chaume linéaires, planes, un peu rudes, munies à la base d'auricules jaunâtres. Chaumes de 2-5 décimètres, droits, scabres. Racine vivace, fibreuse. ⚥ Juillet-Août.

Hab. Les champs cultivés. C.

L. Temulentum *L. sp.* 122; *D C.; Lois.; Dub.; Mert. et Koch; Lap.; Mut.; Gren. Godr.* — Epi droit, allongé, comprimé, glabre. Epillets oblongs, obtus, peu comprimés, à 5-9 fleurs, aussi longs, ou plus longs ou plus courts que la glume. Glume allongée, elliptique, sillonnée. Glumelle inférieure aristée, sub-rude, la supérieure carénée sur le dos, rude au sommet. Feuilles linéaires-aiguës, planes, glabres, rudes. Chaumes de 6-12 décimètres, dressés, glabres, scabres dans le haut près de l'axe. Racine fibreuse, un peu rampante. — Varie à épillets à 6-12 fleurs, sur un axe très rude; à glume oblongue, aiguë, très nerviée; à feuilles longues, larges, rudes; à chaumes sillonnés. ⚥ Juillet-Août.

Hab. Les champs cultivés. CC.

L. Arvense *With.; Host.; Benth.; Lap.; L. speciosum Schultz; L. robustum Rchb.* — Epillets rapprochés, elliptiques ou lancéolés à la maturité, mutiques, striés. Glume sillonnée. Glumelle inférieure membraneuse au sommet et portant au-dessous du sommet une soie blanchâtre, courte, molle, flexueuse,

et caduque. Feuilles linéaires, rudes, auriculées à la base ;
ligule très courte. Chaumes de 5-10 décimètres, droits, lisses
ou très rudes. (1) Mai-Juin.

Hab. Les champs. CCC.

CXV. TYPHACÉES.

Fleurs unisexuelles monoïques , agrégées en chaton cylindrique, allongé, renfermé dans une spathe membraneuse
colorée ou concolore, caduque. — Fleurs mâles nombreuses,
à 3 étamines soudées par leurs filets et entourées de soies. —
Fleurs femelles pédicellées, entourées de soies à la base. Fruit
couronné par le style persistant. Embryon droit au centre
d'un périsperme charnu ou farineux. Feuilles alternes, en
glaive. Plantes aquatiques.

694. TYPHA *L. gen. n°* 1040. — Chatons cylindriques
et terminaux. Fleurs mâles à périgone triphylle, à 3 étamines
souvent avortées et réunies à la base en un seul filet. Fleurs
femelles placées au-dessous des fleurs mâles. Fruit très petit,
porté sur un pédicelle capillaire muni de longues soies.

T. Latifolia *L. sp.* 1377 ; *D C.; Dub. ; Lois.; Lap ; Mut.;
Gren. Godr.* — Inflorescence composée de deux épis cylindriques contigus ou faiblement espacés ; spathes blanchâtres.
Epi mâle garni de poils d'un blanc sale. Epi femelle d'un brun
noirâtre. Fruit ovale-oblong. Feuilles larges, linéaires, très
droites, planes, lisses, les inférieures glauques. Tige de 1-2
mètres, sans nœuds, dressée , cylindrique, robuste. Souche
rampante, gazonnante. ♃ Juin-Juillet.

Hab. Les marais. CC.

T. Angustifolia *L. sp.* 1376 ; *DC.; Dub.; Lap.; Mut.; Gren.
Godr.; T. minor Lois.* — Inflorescence formée de 2 épis distants
de 2-4 centimètres ; spathes minces et blanches. Epi mâle à
axe garni de poils nombreux et roux. Epi femelle cylindrique,
grêle. Fruit fusiforme, garni de poils à la base. Feuilles linéaires, étroites, un peu aiguës, canaliculées à la base, dressées
et embrassant la tige. Tige de 4-10 décimètres, droite, cylindrique, lisse, grêle et glabre. ♃ Mai-Juin.

Hab. Les marais. CC.

695. SPARGANIUM *L. gen.* 1041. — Fleurs monoïques, en capitules globuleux latéraux. Périgone triphylle.
Fleur mâle supérieure à 3 étamines, à styles longs. Fleurs
femelles à styles longs ; stigmates simples. Fruits sessiles,
groupés en globules tuberculeux.

S. Ramosum *Huds.; D C.; Dub.; Lois.; Lap.; Gren. Godr.*
— Fleurs réunies en capitules globuleux, sessiles ou quelquefois pédonculés et formant une grappe rameuse. Feuilles radicales concaves sur les bords, allongées. Tige de 2-6 décimètres, dressée, cylindrique, un peu flexueuse et rameuse. ♃ Juin-Juillet.

Hab. Les fossés et les marais. CC.

S. Simplex *Huds.; D C.; Dub.; Lois.; Lap.; Gren. Godr.*
— Fleurs en capitules globuleux dont les inférieurs femelles sont souvent pédonculés. Feuilles linéaires allongées, triquètres à la base, à bords planes. Tiges de 1-5 décimètres, dressées, simples. ♃ Juin-Juillet.

Hab. Les marais. C.

S. Minimum *Fries.; Gren. Godr.; S. natans Rchb.; Lap.*
— Fleurs en capitules globuleux disposés en grappe simple. Capitule mâle ordinairement unique; capitules femelles 2, rarement davantage. Fruit ovoïde, sessile, acuminé. Style court. Feuilles radicales d'un vert pâle, très longues, étroites, très flexibles, planes, sessiles, lisses, obtuses, membraneuses à la base. Tige de 1-3 décimètres, dressée. Racine fibreuse. Août-Septembre.

Hab. Les lieux fangeux : Mont-Louis, lac de Carlette, Plan des Etangs au pied de la Maladetta, Ports de Vénasque, de Pinède, marais du lac d'Espingo, las Laquettes d'Oncet (où on ne la retrouve plus). R.

CXVI. LEMNACÉES.

Fleurs dioïques réunies deux mâles et une femelle dans une spathe monophylle finement membraneuse. Fleurs mâles 1-2, réduites à une étamine hypogyne; anthères biloculaires. Fleur femelle réduite à un seul ovaire libre, uniloculaire, renfermant 2-6 ovules dressés, réfléchis ou demi-réfléchis; stigmate tronqué, concave. Fruit uniloculaire; péricarpe membraneux. Graines 1-4. Albumen nul. Embryon brièvement arqué. Plantes petites, flottantes, dépourvues de feuilles. Tige herbacée, articulée, à articules plates (frondes) simulant des feuilles qui sortiraient latéralement l'une de l'autre.

696. LEMNA *L. gen.* 1038. — Les caractères du genre sont ceux de la famille.

L. Polyrhiza *L. sp.* 1377; *D C.; Dub.; Lois.; Lap.; Lam.;*

Gren. Godr.; Spirodela polyrhiza Schleid.; Telmatophace polyrhiza Godr. fl. lor. — Frondes fermes, vertes en dessus, brunâtres en dessous, épaisses, planes des deux côtés, flottantes sur les eaux dormantes, grandes, obovales ou sub-orbiculaires, munies de nervures, palmées. Fibrilles radicales fasciculées. ① Toute l'année.

Hab. Les marais et les étangs des contreforts pyrénéens. C.

L. Gibba *L. sp.* 1377; *D C.; Dub.; Lois.; Lap.; Mut.; Gren. Godr.; Telmatophace gibba Schrad.* — Frondes vertes, elliptiques ou obovales, convexes en dessus, gonflées et très convexes en dessous, spongieuses, sub-orbiculaires, un peu en coin à la base. Fibrilles radicales solitaires. ② Juin-Août.

Hab. Eaux dormantes. CC.

L. Minor *L. sp.* 1376; *D C.; Dub.; Lois.; Schleid.; Lap.; Gren. Godr.* — Frondes obovales, arrondies, planes, spongieuses en dessous, réunies 2-4, non atténuées, vertes des deux côtés. Fibrilles radicales solitaires. ① Avril-Juin.

Hab. Toutes les eaux vives des fontaines et les eaux stagnantes. CC.

L. Trisulca *L. sp.* 1376; *D C.; Dub.; Lois.; Schleid.; Lap.; Mut.; Gren. Godr.* — Frondes translucides, oblongues-lancéolées, émettant latéralement un pétiole portant 3 jeunes frondes semblables et d'un vert pâle. Fibrilles radicales solitaires. Tige capillaire, très ramifiée. ① Tout l'été.

Hab. Marais, eaux courantes. C.

CXVII. AROIDÉES.

Fleurs ordinairement unisexuelles et rarement hermaphrodites, monoïques, sans périgone ou à périgone rudimentaire dans les fleurs hermaphrodites; toutes sessiles autour d'un axe simple et charnu (spadice) qu'elles recouvrent entièrement ou en partie. Spadice entouré d'une spathe grande, en forme de cornet. Fleurs mâles plus ou moins nombreuses, réduites à des étamines libres ou diversement soudées entre elles. Fleurs femelles placées à la base du spadice. Ovaire libre, multiovulé, à 1-3 loges. 1 style ou 1 stigmate. Fruit bacciforme. Embryon droit, cylindrique dans l'axe du périsperme. Feuilles parcourues par des nervures anastomosées.

697. ARUM *L. gen.* 1028. — Spathe simple, dilatée en forme de cornet. Spadice nu au sommet. Fleurs mâles cons-

tituées par une anthère. Fleurs femelles constituées par un
pistil, agglomérées à la base du spadice. Ovaire surmonté
d'un stigmate barbu. Fruit bacciforme.

A. Maculatum *L. sp.* 1370; *Lois.; Gren. Godr.; A. vulgare Lam.; D C.; Dub.; A. pyrenaicum Lap.* — Spathe caduque
à la maturité, d'un jaune verdâtre ou violacée, quelquefois
bordée de rouge. Spadice plus court de moitié que la spathe,
en massue au sommet, jaune ou violet. Feuilles naissant
avec les fleurs, toutes radicales, hastées, sagitées, luisantes,
tachées ou non tachées de noir, obtuses ou aiguës, à oreillettes souvent déjetées en bas. Souche formée par un tubercule
charnu blanc garni de fibres. ⚥ Avril-Mai.

Hab. Les lieux couverts. C.

A. Italicum *Mill.; D C.; Dub.; Lois.; Lap.; Gren. Godr.*
— Spathe caduque à la maturité, ventrue à la base, aussi
longue que son support (spadice), blanchâtre ou rougeâtre
en dedans, quelquefois en dehors. Spadice en massue jaunâtre, détruit à la maturité. Baies rouges, en épi compacte. Feuilles naissant à l'automne, toutes radicales, hastées,
sagitées, à lobes larges, entiers, glabres, d'un vert luisant,
souvent tachées de vert noirâtre ou blanchâtre. Hampe
dressée, épaisse. Racine tuberculeuse. ⚥ Avril-Mai.

Hab. Les haies, les bois de la plaine et des vallées. CCC.

698. ARISARUM *T.* — Spathe tubuleuse à la base,
puis contournée en cornet, cylindrique, en capuchon. Spadice allongé en massue. Ovaire agrégé à la base, portant
les styles. Étamines éparses. Baies à 3 graines.

A. Vulgare *Rchb.; Turg.; Rozz.; Mut.; Lap.; Cluv.;
Arum arisarum L. sp.* 1370; *D C.; Dub.; Lois.; Gren. Godr.* —
Spathe blanchâtre, rayée de rouge. Spadice un peu plus
court que la spathe, penché, saillant, d'un pourpre brunâtre.
Baies peu nombreuses. Feuilles très longuement pétiolées,
hastées, lancéolées, à lobes digités, oblongs-obtus. Racine
tubériforme. ⚥ Mars-Avril.

Hab. Pyrénées Orientales ; dans les vignes, le long des haies à
Bagnols. CC.

699. ACORUS *L. gen.* 434.—Spathe nulle. Fleurs hermaphrodites couvrant entièrement le spadice ; périgone à 6
écailles persistantes. Étamines 6, hypogynes. Stigmates
obtus, sessiles. Fruit capsulaire, petit, à 1-3 graines. Embryon
axillaire dans l'albumen.

A. Calamus *L. sp.* 462; *D C.; Dub.; Lois.; Lap.; Gren. Godr.* — Spadice placé sous le milieu de la hampe, sessile, cylindrique, un peu arqué, jaunâtre. Fruit capsulaire. Feuilles vertes, longues, linéaires, ensiformes, aiguës, dilatées en gaine à la base. Hampe de 4-9 décimètres, droite, comprimée, articulée, foliacée. Rhizome épais, horizontal, aromatique. ♃ Juin-Août.

Hab. Pyrénées-Orientales et occidentales, fossés, marais; environs de Bayonne. C.

PLANTES ACOTYLÉDONÉES.

Plantes dépourvues d'étamines, de pistils et même d'ovules, se reproduisant par des spores ou embryons simples, homogènes et non formés de parties distinctes, recouverts d'un tégument, mais libres et n'adhérant pas par un funicule aux parois des réceptacles (sporanges) qui les renferment. Axe et organes appendiculaires croissant par l'extrémité seule, sans addition de parties nouvelles à la base, et constitués par du tissu cellulaire et des vaisseaux.

CXVIII. RHYZOCARPÉES.

Fructifications radicales composées d'involucres globuleux solitaires ou agrégés, sub-sessiles aux aisselles des feuilles ou disposées le long du pétiole. Chaque loge contient des organes de deux sortes fixés aux parois : les uns petits et entourés d'une double enveloppe, l'externe pellucide, l'interne coriace ; semence logée dans une substance glutineuse libre ; les organes mâles formés d'utricules membraneuses et entourés d'un mucus gélatineux. Tiges rampantes et radicantes. Plantes petites, aquatiques.

700. MARSILEA *L*. *gen*. 1182. — Fruits irrégulièrement ovoïdes, coriaces, pédicellés ou sub-sessiles, solitaires ou réunis 2-3 sur un pédicelle bi-trifide commun, à 2 loges divisées en travers par des cloisons membraneuses. Sporanges insérés sur des lignes saillantes de deux sortes, les uns grands et renfermant une spore ovale-oblongue, les autres petits et avortés. Frondes à limbe quadrilobé.

M. Quadrifoliata *L*. *sp*. 1563 ; *Lap*. ; *Mut*. ; *Bor*. ; *Gren. Godr*. ; *M. quadrifolia D C*. ; *Dub*. ; *Lois*. — Fruits ovoïdes, glabres, pédicellés. Frondes longuement pétiolées selon la profondeur de l'eau ; limbe à 4 folioles obovales, cunéiformes à la base, par paires opposées en croix. Rhizome rampant, radicant. ♃ Juin-Juillet.

Hab. Les marais ; lac de Lourdes. R.

701. PILULARIA *L*. *gen*. 1185. — Fruits solitaires, sessiles à la base des feuilles, coriaces, sub-globuleux, à 4 loges. Frondes simples, filiformes.

P. Globulifera *L. sp.* 1563 ; *D C.; Dub.; Lois.; Lap.; Bor.; Gren. Godr.* — Fruits globuleux, sessiles ou sub-pédicellés. Frondes filiformes, alternes, subulées, dressées. Rhizome filiforme, rampant et radicant. ⚥ Juin-Juillet.

Hab. Lacs des environs de Bayonne. C.

702. ISOETES *L. gen.* 1184. — Involucres axillaires, sessiles, placés dans les cavités des feuilles et adhérents à leur dos, munis de cloisons transversales ; cavités formées par une membrane semi-lunaire. Jeunes feuilles non roulées en crosse.

1. Lacustris *L. sp.* 1563 ; *D C.; Dub.; Lois. ; Lap. ; Gren· Godr.* — Feuilles vertes, toutes radicales, droites, raides, semi-cylindriques, subulées, articulées, dilatées en forme de gaine à la base. Rhizome produisant des touffes de 6-10 centimètres. Plante robuste, submergée. ⚥ Août-Octobre.

Hab. Les marais et les lacs ; lac de Lourdes.

703. SALVINIA *Michel. gen.* 107. — Fruits globuleux, membraneux, réunis sur des rameaux submergés munis de radicelles flottantes. Sporanges de deux sortes : les uns agrégés , sub-globuleux ; les autres globuleux , sphériques , naissant d'un axe en forme de pinceau. Herbes à tige nageante, à feuilles alternes.

S. Natans *Hoffm.; D C.; Dub.; Lois.; Lap.; Gren. Godr.; Marsilea natans L. sp.* 1562. — Frondes alternes , pétiolées, ovales-obtuses, sub en cœur à la base, munies de tubercules et parsemées au-dessus de poils appliqués. Tige rampante, puis flottante. ⚥ Juillet-Août.

Hab. Les eaux stagnantes ; étang de Caranca dans les Pyrénées-Orientales ; Escaladieu près Bagnères. RR.

GXIX. FOUGÈRES.

Plantes vivaces , à rhizome traçant. Fruits composés de capsules (sporanges) sessiles ou pédicellées sur la surface des feuilles, plus rarement disposées en épis, réunies en groupes nus ou recouverts d'écailles , ou par le bord enroulé des feuilles (frondes). Capsules uniloculaires, rarement bivalves, plus souvent entourées d'un anneau élastique et contenant des semences innombrables et très fines. Frondes radicales souvent lobées, décomposées, enroulées en crosse du sommet à la base dans le jeune âge.

Fruits en épis ou en grappes.

704. OPHIOGLOSSUM *L. gen.* 1171. — Sporanges

disposés en épi distique, articulé, s'ouvrant en travers en 2 valves. Fronde stérile engainante, simple.

O. Vulgatum *L. sp.* 1518 ; *D C.; Dub.; Lois.; Lap.; Gren. Godr.* — Fronde stérile à limbe ovale-lancéolé, entier, à nervures anastomosées. Fronde fertile terminée par un épi linéaire simple, terminal. Rhizome court, à racines fibreuses. Plante de 1-2 décimètres. ♃ Mai-Juin.

Hab. Prairies un peu humides; Elysée-Cottin près Bagnères, etc.

O. Lusitanicum *L. sp.* 1518; *D C.; Dub.; Lois.; Mut.; Gren. Godr.* — Fronde stérile à limbe lancéolé-linéaire, sub-obtus. Rhizome à racines fibreuses. Plante de 5-8 centimètres. ♃ Novembre-Décembre.

Hab. Plaines du bassin d'Argelès, sur les sables, R. ; plaine de Bilhères près de Pau. CCC.

705. BOTRYCHIUM *Swartz. in Schrad.* — Sporanges disposés en panicule rameuse, sub-globuleux, à une loge à deux demi-valves s'ouvrant du sommet à la base.

B. Lunaria *Sw.; D C.; Dub.; Lois.; Mut.; Gren. Godr.; Osmunda lunaria L. sp.* 1519. — Fronde stérile pennatiséquée, à segments arrondis en croissant, entiers ou sinués-lobés. Fronde fertile rameuse. Souche courte, écailleuse. Racine fibreuse. Plante de 5-15 centimètres, dressée, simple, forte. ♃ Mai-Juin.

Hab. Les pâturages alpins et sub-alpins. C.

B. Matricariæfolium *A. Braun.; Koch; Gren. Godr.; B. rotaceum Willd.; B. matricarioides D C.; Dub.; Lois.; Lap.; Mut.* — Fronde stérile oblongue, à segments ovales ou oblongs. Le reste comme dans l'espèce précédente. ♃ Juin-Juillet.

Hab. Bois, forêts; Melles, dans les Pyrénées-Orientales (*Lap.*). R.

706. OSMUNDA *L. gen.* 1172. — Sporanges sub-globuleux, serrés, à une loge à deux demi-valves, disposés en grappe ou panicule à la partie supérieure transformée des feuilles. Frondes enroulées en crosse pendant la préfoliaison.

O. Regalis *L. sp.* 1521 ; *D C.; Dub.; Lois.; Lap.; Mut.; Gren. Godr.* — Frondes très grandes, d'un vert gai, pennatiséquées, à pétiole canaliculé; lobes des segments inférieurs oblongs-lancéolés, obtus, très nervés; segments des divisions supérieures fertiles, contractés-linéaires, couverts de sporanges et formant par leur ensemble une grappe rameuse.

Racine forte, fibreuse. Plante de 8-12 décimètres. ♃ Juin-Juillet.

Hab. Les marais et les bois; Pouzac, lac de Lourdes. CCC.

707. CETERACH *Bauh.* — Groupes de sporanges situés à la face inférieure des frondes, linéaires ou oblongs, épars ou régulièrement disposés, entremêlés d'écailles scarieuses brunâtres, lancéolées ou filiformes.

C. Officinarum *Willd.; D C.; Dub.; Lois.; Gren. Godr.; Asplenium Ceterach L. sp.* 1538; *Lap.; Grammitis Ceterach Sw.; Koch; Gymnogramma Ceterach Spreng.* — Racine fibreuse, produisant des touffes de frondes de 5-15 centimètres, toutes radicales, pennatipartites, à segments alternes, arrondis et confluents, verts en dessus, couverts en dessous d'écailles argentées devenant roussâtres et brillantes. ♃ Juin-Juillet.

Hab. Les vieux murs construits de pierres siliceuses et granitiques. CC. — Cette plante était inconnue, il y a à peine dix ans, dans nos vallées; aujourd'hui on la trouve jusqu'à Campan, à 6 kilomètres de Bagnères.

C. Marantæ *D C.; Dub.; Acrostichum Marantæ L. sp.* 1527; *Lois.; Nothoclæna Marantæ R. Br.; Gren. Godr.* — Frondes de 1-2 décimètres, lancéolées, à segments opposés, pennatiséqués: lobes opposés, ovales-lancéolés, obtus, verts en dessus, couverts en dessous d'écailles d'abord blanchâtres, puis brunâtres et scarieuses. ♃ Avril-Mai.

Hab. Pyrénées-Orientales; Mont-Louis, port de Paillères, Fond des Esclops (*Lap.*).

708. HYMENOPHYLLUM *Smith.* — Sporanges sessiles autour d'une nervure prolongée au delà du limbe, entourés d'un tégument bivalve décurrent vers la fronde et représentant un réceptacle claviforme.

H. Tunbridgense *Sm.; D C.; Dub.; Lois.; Gren. Godr.* — Frondes bipennatifides, ovales, décurrentes, à lobes linéaires, obtus, dentés à dents espacées. Tige grêle, dressée. Racine capillaire. ♃ Juin-Juillet.

Hab. Roches calcaires humides au pied du col de Torte; vallée d'Azun. RRR.

709. GRAMMITIS *Swartz.* — Sporanges situés sur la face inférieure des frondes, en groupes droits, linéaires ou oblongs, dépourvus de tégument.

G. Leptophylla *Sw.; Willd.; Dub.; Lois.; Mut.; Bor.; Gren. Godr.; Polypodium leptophyllum L. sp.* 1553. — Frondes de 1-2 décimètres, bipennatiséquées; segments divisés en

lobes obovés-cunéiformes et incisés-dentés. Racine fibreuse,
produisant des tiges de 5-12 centimètres, très grêles, dressées,
glabres. — Varie à frondes radicales pétiolées, rondes,
lobées, à segments courts, très arrondis ; celles de la tige
stériles, sub-réniformes, à 3 lobes bilobulés, arrondis ; plante
grêle, sub-capillaire. ♃ Mai-Juin.

Hab. Le type : Pyrénées-Orientales, rivière de Bagnols, Collioure
(*cap. Galant*); la var.: château de l'Escaladieu près Bagnères. RR.

710. POLYPODIUM *L. gen.* 1170. — Groupes de
sporanges situés sur la face inférieure des frondes, arrondis,
épars ou insérés en séries régulières, non recouverts par
un tégument.

P. Vulgare *L. sp.* 1544 ; *D C.; Dub.; Lois.; Lap.; Mut.;
Bor.; Gren. Godr.* — Frondes de 1-4 décimètres, dressées,
pétiolées, profondément pennatifides, à lobes rapprochés,
continus à la base, lancéolés, obtus ou aigus, entiers,
crénelés ou dentés en scie. Groupes de sporanges disposés
sur deux rangs et rapprochés de la nervure. Rhizome traçant, comme articulé, écailleux. — Varie à frondes dentées ;
les lobes sont alors étroits et très longs, obtus ou aigus.

Hab. Le type : au pied des arbres dans les bois ; la var. : les
vieux murs. CCC.

P. Phegopteris *L. sp.* 1550 ; *D C.; Dub.; Lois.; Lap.;
Mut.; Gren. Godr.* — Frondes solitaires, de 2-4 décimètres,
pétiolées, nues ou munies d'écailles triangulaires, atténuées
au sommet, pennatifides, à lobes inférieurs souvent réfléchis, tous lancéolés ; les supérieures dressées, un peu fusiformes, obtuses, à lobes obtus, continus, ciliés, hispides,
plus ou moins écailleux près de la nervure. Sporanges
groupés en sphère et placés sur les bords des lobes. Rhizome grêle et traçant. ♃ Juillet-Août.

Hab. Les forêts sur les troncs pourris et les tertres, autour des
blocs erratiques; très commune autour de Barèges.

P. Dryopteris *L. sp.* 1555 ; *D C.; Dub.; Lois.; Lap.; Mut.;
Gren. Godr.* — Frondes longuement pétiolées et nues, triangulaires, minces, dilatées, d'un vert plus ou moins foncé, 3
fois ailées, à lobes longs; lobules courts, obtus, continus, entiers et crénelés vers leur sommet. Groupes de
sporanges petits et naissant sur le trajet des nervures
secondaires des lobules. Rhizome grêle, traçant. ♃ Juin-
Juillet.

Hab. Montagnes calcaires. CCC.

P. Robertianum *Hoffm.; Bor.: P. Dryopteris var.* b

calcareum Mut.; *P. calcareum Sm. D C.; Lois.* — Frondes de
2-3 décimètres, nues ; pétioles longs, grêles; limbe triangulaire ou deltoïde, d'un vert jaunâtre, 2-3 fois ailé à la base ;
lobes oblongs, larges, obtus, à divisions peu profondes, continus, arrondis au sommet, entiers ou formant à peine 2-3
coupures irrégulières, membraneux. Rameaux inférieurs et
axe un peu ciliés-glanduleux. Groupes de sporanges distincts.
— Varie à frondes glabres, à lobes plus larges, sub-cordiformes dans le bas, à groupes de sporanges plus forts (*P. alpes-
tre*). ♃ Juillet-Août.

Hab. Le type : montagnes calcaires ; la var. : Clot de Montariou
au Pic du Midi. C.

711. WOODSIA *R. Brown.* — Sporanges pédicellés ,
formant des groupes épars, arrondis; téguments situés sous
les groupes, membraneux, en forme de coupe, à orifice
découpé, multifide.

W. Hyperborea *R. Br.; Koch ; Dub.; Gren. Godr.; Polypodium hyperboreum Walhb. ; Ceterach alpinum D C.* —
Frondes croissant par petites touffes garnies à la base du
reste des anciennes frondes, tubuleuses, hautes de 5-8 centimètres, droites, fermes, écailleuses dans le bas, ailées, à
lobes sub en cœur, échancrés, à divisions obtuses, ciliées.
Groupes de sporanges à la fin confluents, garnis de cils
blancs, diaphanes. Rhizome fibreux. ♃ Juillet-Août.

Hab. Fissures des rochers dans les régions glacées : Pic du Midi ,
lac Bleu, Pic d'Eyré, Maladetta, Vielle, vallée d'Aure (*Lap.*); très
rare partout.

712. ASPIDIUM *R. Brown.* — Sporanges orbiculai-
res, groupés, épars ou disposés en séries régulières, recouverts d'un tégument membraneux fixé par le centre et s'ouvrant par la circonférence.

A. Aculeatum *Dœll.; Gren. Godr.; Polystichum aculeatum Roth.; D C.; Dub.; Polypodium aculeatum L. sp.* 1552 ;
Nephrodium aculeatum Coss. et Germ. — Frondes de 3-8 décimètres, à pétioles très écailleux ainsi que les ramifications,
plus ou moins poilues en dessous, un peu raides, 1-2 fois
ailées, très aiguës au sommet, à lobules lancéolés , rapprochés, à lobes ovales, larges, un peu courbés en faux, tronqués à la base, dentés en scie, à dents terminées par une
pointe sétacée plus ou moins raide; lobes supérieurs confluents, les inférieurs un peu décurrents sur le rachis le
plus près de l'axe, plus grands et souvent pourvus d'un prolongement saillant. Sporanges disposés sur deux lignes sub-

régulières le long de la nervure moyenne. Souche épaisse. ♃ Août-Septembre.

Hab. Les bois , les lieux couverts. CC. — Dans les régions élevées et même à Lhéris, on trouve des intermédiaires entre l'*A. aculeatum* et l'*A. angulare.*

A. Angulare *Kit.; Bor.; A. angulare et aculeatum Willd.; Mut.; A. aculeatum Swartz.* — Frondes plus étroitement lancéolées que dans l'espèce précédente , deux fois ailées, à lobes étroits, sub-égaux, distinctement pétiolés extérieurement; les supérieurs confluents, l'inférieur prolongé à la base en un lobule court, arrondi, les autres en demi fer de flèche, un peu falciformes, tous incisés-dentés, à dents terminées par une pointe sétacée. Souche épaisse, très écailleuse de même que les pédoncules, à écailles longues et larges ; port de l'espèce précédente. — Varie à lobes plus larges , sub aussi larges que longs, très rapprochés, comme imbriqués , sub très épineux. (*Polystichum Pluckenii D C.*). — Varie encore à lobes inférieurs pétiolés, espacés irrégulièrement avec l'opposé, larges ou étroits ; le plus large acuminé, l'autre libre ou continu avec le lobule grossièrement denté (*A. lobatum Swartz.; var.* b. *A. vulgare Gren. Godr.*). — Varie encore à frondes plus ou moins divisées, à deux lobes au sommet.

Hab. Type et var. : la lisière des bois; Escaladieu et près Bagnères , Gabas, vallée d'Aspe.

A. Lonchitis *Swartz.; Koch; Lois.; Mut.; Lap.; Gren. Godr.; Polypodium Lonchitis L. sp.* 1548; *Polystichum Lonchitis Rotb.; D C.; Dub.* — Frondes ccriaces, pétiolées, très écailleuses, épaisses, ailées, à lobes alternes, larges ou très étroites, courbées en faux, souvent munies du côté interne à la base d'un prolongement plus ou moins aigu ; lobes entiers ou dentés, à dents souvent terminées par une pointe raide ou sétacée; les inférieurs plus courts et devenant insensiblement plus longs à mesure qu'ils s'élèvent vers le haut, plus ou moins glabres en dessus. Groupes de sporanges distincts, continus vers le sommet des lobules. Souche épaisse, courte, à racine fibreuse, dure, noire. — Varie à lobes glabres, longs, les inférieurs plus courts et devenant insensiblement plus longs dans le milieu des frondes, exactement falciformes, pétiolés, alternes, à oreillettes sub-aiguës (*A. Lonchitis var.* b. *remota Ch. Desm.*). ♃ Août-Septembre.

Hab. Le type : les régions alpines parmi les atterrissements de toutes les roches; la var. : Lhéris près la fontaine. R.

713. POLYSTICHUM *Roth.* — Groupes de sporanges orbiculaires, disposés en rangs réguliers, recouverts d'un tégument membraneux, arrondi, réniforme, fixé par le centre et par un pli qui va du centre à la circonférence, s'ouvrant latéralement.

P. Oreopteris *D C.; Dub.; Bor.: Gren. Godr ; Aspidium oreopteris Sw.; Lois. ; Lap. ; Polypodium oreopteris Ehrh. ; Lastrea oreopteris Presl.* — Frondes de 3-6 décimètres, ailées, à lobes oblongs-lancéolés, plus ou moins pennatifides, à lobules obtus, sub-entiers, souvent parsemés de glandes jaunâtres en dessous. Groupes de sporanges plus ou moins rapprochés sur les bords des lobes et formant deux lignes parallèles. Souche épaisse, très fortement écailleuse. ♃ Juillet-Septembre.

Hab. Les friches. les forêts alpines et sub-alpines. C.

P. Thelypteris *Roth.; Koch ; D C.; Dub.; Bor.; Gren. Godr.; Aspidium Thelypteris Sw. ; Polypodium Thelypteris L. mant.; Achrostichum Thelypteris L. sp.* 1528. — Frondes de 3-6 décimètres, ailées, longuement pétiolées, glabres, canaliculées, lisses, d'un blanc jaunâtre; segments pennatipartites ; lobes des segments confluents à la base, triangulaires-lancéolés, aigus; frondes fertiles alternes, espacées, les stériles plus rapprochées. Groupes de sporanges arrondis, sub-recouverts par les bords enroulés des frondes, confluents à la maturité. Souche épaisse, traçante, émettant des touffes continues. ♃ Juillet-Août.

Hab. Bord des eaux; lac de Lourdes. C.

P. Filix-mas *Roth.; Koch; D C.; Dub.; Bor.; Gren. Godr.; Aspidium Filix-mas Sw.; Lois.; Polypodium Filix-mas L. sp.* 1551. — Frondes de 4-6 décimètres, très écailleuses dans le bas, 1-2 fois ailées, oblongues-lancéolées dans leur pourtour, plus ou moins pennatiséquées ; segments lancéolés, obtus, crénelés, ceux du bas opposés, soudés avec le rachis, espacés au sommet, continus. Groupes de sporanges n'occupant que la moitié inférieure des segments. Souche très épaisse, émettant de fortes touffes de frondes. ♃ Juillet-Août.

Var. a. *P. abreviatum D C. ; Bor.* — Segments ovales-obtus, crénelés, ne portant à leur base qu'un ou deux groupes de sporanges.

Var. b. *P. sub-integrum Bor.* — Frondes longuement nues, canaliculées ; segments tous continus, ovales, larges, arrondis, finement crénelés au sommet. Plante glabre, glauque en dessous.

Hab. Le type : les bois et le bord des chemins; la var. *a*.: bois de Gerde. fructifie : la var. *b*. : même lieu. est stérile.

P. Rigidum *D C.; Dub.; Lois.; Gren. Godr.; Aspidium rigidum Sw.; Lois.; Lap.; Polypodium rigidum Hoffm.; Lastrea rigida Presl.* — Frondes de 2-3 décimètres, raides, oblongues, d'un vert foncé en dessus, blanchâtres en dessous, 1-2 fois ailées, à segments oblongs, sub-pennatifides à la base, bordés au sommet de dents souvent mucronées. Groupes de sporanges petits, non continus. Souche grosse, très écailleuse, ainsi que le rachis et les subdivisions. Plante très odorante. ♃ Août-Septembre.

Hab. Les bois; vallon de Llientz près Barèges.

P. Spinulosum *D C.; Koch; Gren. Godr.; P. dilatatum D C.; Dub.; Aspidium spinulosum Dœll.; Polypodium cristatum Vill.* — Frondes ovales ou oblongues, deux fois ailées, à rachis très écailleux, à lobules lancéolés, incisés, pennatifides, munis de dents mucronées. Sporanges placés sur deux rangs le long de la nervure moyenne des lobules. Souche épaisse. — Les petits individus des régions froides ont les lobules subopposés et les lobes plus ou moins oblongs, crénelés, subdentés, sans indice de mucron. — Varie à frondes larges, triangulaires-lancéolées, 3 fois ailées, à lobules étroits, continus, dentés, mucronés et un peu décurrents sur le rachis. (*Aspidium dilatatum Sw.*) ♃ Août-Septembre.

Hab. Les bois, les lieux froids; forêts d'Oubat, de Paillole. C.

714. CYSTOPTERIS *Bernh.* — Groupes de sporanges oblongs-arrondis, recouverts par un tégument s'ouvrant de chaque côté du sommet à la base.

C. Fragilis *Bernh.; Coss. et Germ.; Bor.; Gren. Godr.; Aspidium fragile D C.; Dub.; Lois.; Polypodium fragile L. sp. 1553; Polypodium polymorphum Vill.* — Frondes de 1-4 décimètres, minces, molles, 2-3 fois ailées ou pennatifides; lobules ovales, incisés ou pennatifides, plus ou moins dentés, aigus ou obtus, larges ou étroits. Souche épaisse, fibreuse. ♃ Juin-Juillet.

Hab. Les lieux couverts un peu humides. CCC.

Le *Cystopteris alpinum* n'existe pas dans nos Pyrénées; tous les échantillons qui nous ont été soumis sous ce nom et provenant de nos montagnes appartiennent, les uns au *Polystichum spinosum*, les autres à des variétés du *Cystopteris fragilis*, d'autres enfin au *Cystopteris montana*.

C. Montana *Link; Gren. Godr.; Aspidium montanum Sw.; D C.; Dub.; Lois.; Lap.; Cyathea montana Roth.; Polypodium myrrhidifolium Vil.* — Frondes de 1-3 décimètres, minces, 2-3 fois ailées, triangulaires, à lobes confluents découpés en lobules obtus dentés au sommet. Groupes de sporanges gros, non continus. Souche grêle, fibreuse. ♃ Juillet-Août.

Hab. Les régions froides; Cirque de Gavarnie, base du Vignemale, lac Bleu, Maladetta. C.

715. ATHYRIUM *Roth.* — Groupes de sporanges en liges courtes, elliptiques, recouverts par une membrane arquée s'ouvrant latéralement de dedans en dehors par une déchirure.

A. Filix-fœmina *Roth; D C.; Dub.; Asplenium Filix-fœmina Bernh. in Schrad. ; Koch; Gren. Godr.; Polypodium Filix-fœmina L. sp.* 1551 ; *Aspidium Filix-fœmina Sw. ; Cystopteris Filix-fœmina Coss. et Germ.* — Frondes de 3-6 décimètres, glabres, d'un vert gai, grandes, deux fois ailées, à lobes oblongs lancéolés, incisés, pennatifides; lobules étroits, courts, plus ou moins dentés; dents souvent aiguës. Groupes de sporanges très rapprochés, sur deux rangs occupant le centre de la longueur des lobes. Souche épaisse. — Varie à lobes lancéolés, à lobules incisés (*Polypodium incisum et P. dentatum Hoffm.*). ♃ Tout l'été.

Hab. Les bois, les haies, le bord des chemins en montant jusque dans les régions alpines. CC.

716. ASPLENIUM *L. gen.* 1178. — Groupes de sporanges situés sur les veines transversales, réunis en lignes droites éparses, couverts d'un tégument membraneux s'ouvrant d'un côté de dedans en dehors.

A. Halleri *D C.; Dub. ; Gren. Godr. ; A. fontanum Sw.; Aspidium Halleri Willd.; Lois.; Athyrium fontanum D C. fl. fr.* — Frondes raides, oblongues; lobes alternes, les inférieurs courts, lancéolés, à lobules près de l'axe alternes, ailés, cunéiformes-triangulaires, souvent bordés au sommet de dents mucronées. Sporanges couvrant presque tous les lobes qui sont alternes jusqu'au sommet. Souche épaisse, fibreuse. — Plante de 6-15 centimètres. ♃ Juin-Juillet.

Hab. Débris et fissures des roches calcaires; montagnes de Salut près Bagnères, Ordincède ; vallée d'Eynes, Medassoles, Asparagou (*Lap.*). Rare partout.

A. Adianthum-nigrum *L. sp.* 1541 ; *D C.; Dub.; Lois.; Mut.; Bor.; Gren. Godr.* — Frondes de 2-4 décimètres, triangulaires, presque trois fois ailées, à lobes alternes, les inférieurs plus longs, pennatifides, les supérieurs ovales-lancéolés, incisés-dentés en scie. Groupes de sporanges 3-5 à la fin confluents. Souche fibreuse. ♃ Tout l'été.

Hab. Les vieux murs, la base des roches siliceuses.

A. Marinum *L. sp.* 1540 ; *D C.; Dub.; Lois. ; Mut.; Bor.; Gren. Godr.* — Frondes de 1-2 décimètres, lancéolées, ailées, alternes et presque opposées, atténuées en pétiole, d'un beau vert; lobules ovales, obtus, obliquement cunéiformes à la base, les supérieurs un peu confluents, entiers ou dentés, veinés, quelquefois crénelés. Groupes de sporanges ovales-oblongs. Souche fibreuse. ♃ Été.

Hab. Chambre d'Amour près le phare de Bayonne. R.

A. Ruta-muraria *L. sp.* 1541 ; *D C.; Dub.; Lois.; Mut.; Gren. Godr.* — Frondes de 5-10 centimètres, 1-2 fois ailées, à lobes cunéiformes à la base, rhomboïdaux au sommet, entiers ou à 2-3 lobules crénelés ou entiers, tout-à-fait recouverts et débordés par les sporanges. Groupes de sporanges d'abord linéaires, puis confluents. Racine fibreuse, produisant des touffes épaisses. ♃ Été.

Hab. Les vieux murs, les rochers. CCC.

A. Breynii *Retz.; Bor.; Fries.; Koch; Gren. Godr.; A. germanicum Weis.; D C.; Dub.; B. alternifolium Wulf. in Jacq.; Lois.* — Frondes de 5-9 centimètres, à rachis grêle, noirâtres, luisantes, écartées, souvent alternes, simples ou lobées, divisées au sommet en 2-3 segments irréguliers, dentés ou incisés au sommet. Groupes de sporanges en lignes courtes à la fin confluentes. Racine fibreuse, produisant de petites touffes. ♃ Été.

Hab. Pyrénées centrales ; vallées de Luz , de Cauterets sur les roches siliceuses. RR.; Pyrénées-Orientales sur les pyroxènes, étang de Lhers (*Lap.*).

A. Septentrionale *Sw.; D C.; Dub.; Lois.; Lap.; Mut.; Gren. Godr.* — Frondes de 8-15 centimètres, à rachis cylindrique d'un côté et canaliculé de l'autre, longuement nu, divisées au sommet en 2-3 segments linéaires, irréguliers ou un peu courbés, laciniés ou tridentés à leur extrémité. Groupes de sporanges d'un brun roux, recouvrant la face inférieure des segments. Racine fibreuse, noirâtre, produisant des touffes épaisses. ♃ Été.

Hab. Les vieux murs et les rochers siliceux. CC.

A. Trichomanes *L. sp.* 1540; *D C.; Dub.; Lois.; Lap.; Mut.; Gren. Godr.* — Frondes de 1-2 décimètres, à rachis lisse, d'un brun noirâtre, luisant, muni d'un rebord scarieux étroit, ailées, à lobes ovales-oblongs, obtus ou arrondis, tronqués à la base, sub-sessiles, bordés de crénelures obtuses. Groupes de sporanges linéaires, obliques, à la fin confluents. Racine fibreuse, produisant des touffes fournies. — Varie à lobes incisés-lobés; cette variété est très rare, elle a été trouvée par Tournefort et M. Maneseau dans la vallée d'Aspe. ♃ Eté.

Hab. Les murs et les rochers. CCC.

A. Viride *Huds.; D C.; Dub.; Lois.; Lap.; Mut.; Gren. Godr.* — Frondes de 5-15 centimètres, ailées, à lobes alternes, ovales, rhomboïdaux, en coin à la base, crénelés dans le haut ; rachis pourpre à la base, luisant, vert au sommet, lisse, glabre, muni d'un rebord peu sensible. Groupes de sporanges continus, occupant le milieu des lobes. Racine fibreuse, produisant des touffes épaisses. ♃ Eté.

Hab. Fissures des rochers, lieux couverts ; très commun dans les bois de Lhéris.

717. SCOLOPENDRIUM *Smith.* — Groupes de sporanges disposés en lignes linéaires, géminées, placées parallèlement entre les veines des frondes, obliques à la nervure centrale ; tégument membraneux, naissant latéralement d'une veine connivente au-dessus des groupes de sporanges et paraissant s'ouvrir par deux valves.

S. Officinale *Sm.; D C.; Dub.; Mut.; Bor.; Gren. Godr.; S. officinarum Sw.; Lois.; Lap.; S. phyllitis Roth.; Asplenium Scolopendrium L. sp.* 1537. — Frondes de 1-4 décimètres, simples, lancéolées ou hastées, plus ou moins auriculées, à lobes rapprochés, digités et ouverts dans le jeune âge, entiers, planes ou un peu ondulés, plus ou moins coriaces ; rachis écailleux. Groupes de sporanges linéaires, parallèles entre eux et obliques. Racine fibreuse. — Varie à frondes de 6-10 centimètres, un peu fermes. ♃ Eté.

Hab. Le type : les lieux humides, les puits. CC.; la var.: régions froides et alpines ; Pic du Midi, Maladetta, Vignemale ; stérile.

718. BLECHNUM *Roth.* — Groupes de sporanges naissant sur la face inférieure des frondes contractées, disposés en deux groupes linéaires, puis confluents.

B. Spicant *Roth.; D C.; Dub.; Lap.; Gren. Godr.; B. boreale Sw.; Lois.; Osmundo Spicant L. sp.* 1522. — Frondes de 1-5 décimètres ; les stériles brièvement pétiolées, étalées, lancéolées, profondément pennatifides, à lobes parallèles, oblongs, sub-obtus, veinés, glabres ; frondes fertiles plus grandes, dressées, ailées, à lobes linéaires-acuminés, entièrement couverts en dessous par les groupes de sporanges, à bords réfléchis et à lobules à la fin plus ou moins arqués. Souche épaisse, sub-ligneuse. Racine fibreuse. ♃ Eté.

Hab. Les lieux couverts des bois. CCC.

719. PTERIS *L. gen.* 1174. — Groupes de sporanges situés au sommet des veines, combinés en lignes continues placées sur les bords repliés des lobes ; tégument continu et s'ouvrant de dedans en dehors.

P. Aquilina *L. sp.* 1533 ; *D C.; Dub.; Lois.; Bor.; Gren. Godr.* — Frondes de 3-15 décimètres, dressées, grandes, trois fois ailées, à lobes linéaires, les supérieurs indivis, les autres pennatifides ; lobules oblongs, entiers, obtus, confluents, nerveux, velus en dessous. Souche longue, stolonifère. ♃ Juillet-Août.

Hab. Les champs, les bois, les friches. CCC. — Cette plante est employée comme litière pour les bestiaux.

720. ADIANTHUM *L. gen.* 1180. — Groupes de sporanges arrondis ou oblongs, en lignes courtes placées sous le bord inférieur des lobes ; tégument membraneux, continu avec le bord des lobes et s'ouvrant de dedans en dehors.

A. Capillus-Veneris *L. sp.* 1558 ; *D C.; Dub.; Lois.; Bor.; Lap.; Gren. Godr.* — Frondes de 1-2 décimètres, 2-3 fois ailées, ovales ou ovales-lancéolées ; lobes des segments portés sur des pédicelles capillaires, aussi larges que longs, cunéiformes à la base, arrondis et irrégulièrement lobulés au sommet ; pétiole très long, lisse, nu, luisant, glabre, d'un brun noirâtre. Racine fibreuse. ♃ Juin-Juillet.

Hab. Rochers calcaires un peu humides, lieux couverts à l'entrée des grottes ; très commun à Bagnères à l'Etablissement thermal.

721. CHEILANTHES *Sw.* — Sporanges formant une ligne qui contourne le bord des divisions des lobules et laisse à nu le centre du limbe. Frondes se roulant en dessous et recouvrant en partie les sporanges.

C. Odora *Sw.; Lois.; Mut.; Gren. Godr.; Adianthum odorum D C.; Dub.; A. fragrans D C.; Polypodium fragrans L. mant.* 2 ; *Desf.; Pteris acrosticha Balb.* — Frondes de 8-15 centimètres, deux fois ailées ; segments ovales ou ovales-lancéolés, pétiolulés ; lobules ovales-arrondis, d'un vert tendre en dessous ; pétioles d'un brun noir, munis de faisceaux d'écailles linéaires, membraneuses. Racine fibreuse. ♃ Mai-Juin.

Hab. Pyrénées-Orientales et centrales : Perpignan sur les murs, Collioure (*cap. Galant*) ; sur les schistes micacés de Casarilh près Bagnères-de-Luchon, vallon de Consolation, etc. R.

722. ALLOSURUS *Bernh.* — Groupes de sporanges arrondis, confluents, enveloppés par les bords des lobules sous forme de membrane ondulée.

A. Crispus *Bernh.; Bor.; Gren. Godr.; Pteris crispa Bll., D C.; Dub.: Lois.; Lap.; Onoclea crispa Hoffm.: Acrostichum crispum Vill.; Osmunda crispa L. sp.* 1522. — Frondes de 2-3 décimètres; les stériles ovales-lancéolées dans leur pourtour, à segments ovales, pétiolulés; les fertiles linéaires, à lobules entiers ou bidentés; pétiole plus long que le limbe. Souche grêle, rampante. Racine fibreuse. ♃ Juillet-Août.

Hab. Les régions alpines parmi les débris des roches. CCC.

CXX. LYCOPODIACÉES.

Fructification axillaire sous forme de sporanges très petits placés à l'aisselle des feuilles le long de la tige, ou à l'aisselle de petites bractées et disposés en épi. Sporanges s'ouvrant en 2-3 valves; globules (spores) de deux sortes; les uns globuleux, pulvérulents, les autres scabres, à 3 côtes saillantes. Plantes analogues aux mousses.

723. LYCOPODIUM *L. gen.* 1185. — Sporanges à une ou deux loges, l'une renfermant le pollen, bivalve, l'autre contenant des spores arrondis, à 3-4 lobes à 3-4 valves.

L. Clavatum *L. sp.* 1564; *D C.; Dub.; Lois.; Mut.; Lap.; Gren. Godr.* — Sporanges en épi droit, ordinairement géminé, longuement pédonculé. Tige de 2-20 décimètres, dure, longuement rampante, toute garnie de feuilles molles, minces, imbriquées, serrées, linéaires, terminées par un long poil blanc denticulé; rameaux fertiles dressés. Bractées ovales-lancéolées, membraneuses. ♃ Août-Septembre.

Hab. Les friches, les bois parmi les mousses. CCC.

L. Inundatum *L. sp.* 1565; *D C.; Dub.; Lois.; Lap.; Mut.; Gren. Godr.* — Feuilles linéaires-lancéolées, aiguës, entières, éparses, imbriquées; les florales dilatées à la base, toutes d'un vert jaunâtre. Tiges de 6-12 centimètres, rampantes, radicantes, à rameaux fertiles redressés, simples, feuillés, terminés par un épi solitaire, sessile, en massue. ♃ Août-Septembre.

Hab. Lieux marécageux; vallon de Llientz près Barèges, montagnes de Pierrefitte, lac de Lourdes. CCC.

L. Selago *L. sp.* 1565; *D C.; Dub.; Lois.; Mut.; Gren. Godr.* — Feuilles raides, vertes, luisantes, linéaires-lancéolées, subulées, entières, mutiques. Sporanges axillaires le long des rameaux. Plante de 6 centimètres à 2 décimètres, divisée dès la base en rameaux nombreux dressés, feuillés, souvent dichotomes. ♃ Été.

Hab. Bois, rochers, partout. CCC.

L. Selaginoides *L. sp.* 1565; *D C.; Dub.; Lois.; Lap.; Mut.; Selaginella spinulosa A. Br.; Koch; Gren. Godr.* — Feuilles linéaires-lancéolées-aiguës, dentelées à dents aiguës, uninerviées, éparses, étalées. Epi sessile, terminal, solitaire à la base des feuilles. Tige de 5-8 centimètres, très rameuse dans le bas, à rameaux dressés, simples, verts, devenant jaunâtres. ♃ Été.

Hab. Les pâturages couverts un peu humides.

L. Alpinum *L. sp.* 1567; *D C.; Dub.; Lois.; Lap.; Mut.; Bor.; Gren. Godr.* — Feuilles lancéolées-aiguës, entières, charnues, d'un vert jaunâtre; celles des rameaux sur quatre faces. Epis cylindracés, terminaux, solitaires, sessiles, en massue, à feuilles bractéales larges, ovales-acuminées, denticulées. Tige nue, rampante, garnie d'écailles produisant des rameaux dressés, courts, très divisés, par paquets dichotomes. ♃ Août.

Hab. Saupadoux et Gréoula de Salix, les Corbières (*Lap.*); lac Bleu sur les roches du déversoir. R.

L. Denticulatum *L. sp.* 1569; *D C.; Dub.; Lois.; Lap.; Mut.; Selaginella denticulata Koch; Gren. Godr.* — Feuilles sur 4 rangs, les inférieures ovales-lancéolées, dressées, appliquées, les intermédiaires et les supérieures plus grandes, largement ovales, atténuées vers le sommet, aiguës, dentées, ciliées tout autour ou tout-à-fait glabres. Epis solitaires, géminés. Tige de 5-8 centimètres, radicante, très rameuse, à rameaux très ouverts. — Plante appliquée sur la pierre et ayant le faciès d'une Jongermanne. ♃ Août-Septembre.

Hab. Les lieux humides sur les pierres et les racines; Canigou dans les Pyrénées-Orientales, vallée d'Argelès, St-Béat. RR.

CXXI. ÉQUISÉTACÉES.

Fructifications terminales disposées en épi ou en chaton, composées de plusieurs réceptacles en forme d'écailles polygonales, en bouclier, pédicellées, verticillées, contenant sur la surface inférieure plusieurs sachets membraneux, bivalves, renfermant des séminules très nombreuses, sphériques, nues et entourées par quatre filaments hygrométriques pollinifères, dilatés au sommet. Plantes sans feuilles, à racines très longues. Tiges nues, simples ou garnies de rameaux verticillés articulés, à gaîne membraneuse, monophylle.

1. Tiges de deux sortes, les fertiles nues, les stériles munies de rameaux.

724. EQUISETUM *L. gen.* 1169. — Les caractères du genre sont ceux de la famille.

E. Arvense *L. sp.* 1516; *D C.; Dub.; Lois.; Lap.; Gren.
Godr.* — Epi mince, cylindrique-conique. Tige fertile de 1-3
décimètres, droite, grêle, simple, d'un blanc rougeâtre ou
jaunâtre, à gaines larges, profondément divisées en huit dents
acuminées, très aiguës. Tige stérile de 2-5 décimètres, dressée, profondément sillonnée, un peu rude, d'un vert pâle, à
rameaux grêles plus ou moins longs, à 4 faces, disposés en
verticilles, écartés, munis aux nœuds de gaines à 3-4 dents.
♃ Mars-Avril.

Hab. Champs humides et prairies. CC.

E. Telmateya *Ehrh.; Koch; D C.; Lois.; Bor.; Gren.
Godr.; E. fluviatile Smith.; D C.; Dub.; E. eburneum Roth.* —
Epi gros, cylindrique-conique, dense. Tige fertile de 1-2
décimètres, droite, robuste, simple, nue, fistuleuse, blanchâtre ou rougeâtre, à gaines grandes, lâches, obconiques,
écartées, blanchâtres à la base, divisées au sommet en 20-30
dents très acuminées-subulées. Tige stérile de 12-15 millimètres de diamètre, d'un blanc d'ivoire, un peu rudes, à
longs rameaux verticillés, rudes, disposés par 20-30 en verticilles rapprochés ; gaines plus courtes et plus serrées que
dans la tige fertile.

Hab. Les lieux humides, les haies, les marais. CC.

E. Sylvaticum *L. sp.* '1516; *D C.; Dub.; Lois.; Lap.;
Mut.; Gren. Godr.* — Epi petit, ovoïde, non apiculé. Tige fertile de 1-2 décimètres, dressée, grêle, presque nue ou munie
au sommet de quelques rameaux avortés, d'un vert blanchâtre, sillonnée, finement hérissée sur les angles ; gaines
longues, lâches, découpées jusqu'au milieu en 3-4 dents
lancéolées. Tige stérile élancée, de 3-8 décimètres, dressée ,
grêle, munie à chaque verticille de 12 rameaux quadrangulaires, arqués, pendants. ♃ Juin-Juillet.

Hab. Les bois et les montagnes; vallon de Llientz près **Barèges. R.**

2. Tiges toutes semblables, fertiles.

E. Palustre *L. sp.* 1516; *D C.; Dub.; Lois.; Lap.; Gren.
Godr.; E. tuberosum D C.* — Epi mince, cylindrique, non
apiculé. Tiges de 3-6 décimètres, dressées, grêles, anguleuses, profondément sillonnées; gaines à 6-8 dents, rarement 12, noirâtres; rameaux grêles, anguleux, allongés.
Plante plus ou moins rude, à tiges couchées, ascendantes,
souvent rameuses à la base. ♃ Mai-Juin.

Hab. Lieux humides. CC.

E. Limosum *L. sp.* 1517; *D C.; Dub.; Lois.; Koch; Lap.;
Mut.; Gren. Godr.* — Epi ovoïde, serré, non apiculé. Tiges

de 3-10 décimètres, toutes semblables, dressées, robustes, fistuleuses, ordinairement munies au sommet de quelques verticilles à 10-20 rameaux courts, munis de 10-20 sillons, lisses, souvent simples, nus, striés; gaines cylindriques, appliquées, espacées, vertes et brunes au sommet couronné ordinairement par 20 et rarement par 10-12 dents acérées, brunes et persistantes. Plante à racines rampantes, à un ou plusieurs épis. ♃ Avril-Mai.

Hab. Les lieux vaseux, les marais, les fossés. CC.

E. Hyemale *L.* 1517; *D C.; Dub.; Lois.; Roth.; Lap.; Mut.; Gren. Godr.* — Epi court, ovoïde, apiculé. Tiges de 3-8 décimètres, simples, cylindracées, droites, nues, fistuleuses, rudes, striées; gaines cylindriques, appliquées, blanchâtres, noires à la base et au sommet, espacées, à dents obtuses, arrondies, surmontées d'une pointe lancéolée-subulée, membraneuses, caduques; gaines des rameaux à 6 dents allongées et acérées, presque toujours munies à la base d'un cercle noir. Racine noirâtre, robuste, noueuse, rampante, produisant plusieurs tiges. ♃ Mai-Juin.

Hab. Lieux humides et débris des roches dans les vallées froides; très commune au lac de Gaube.

E. Ramosum *Schl.; D C.; Koch; Lois.; Bor.; Gren. Godr.; E. campanulatum Poir.; E. elongatum, E. pannonicum Willd.; E. ramosissimum Desf.* — Epi court, ovoïde, apiculé, mêlé de jaune. Tiges de 2-9 décimètres, d'un vert blanchâtre, très rameuses dès la base, à rameaux simples et élancés, avec quelques rameaux irréguliers toujours grêles, sillonnés, plus ou moins rudes, tous fertiles ou les inférieurs ordinairement stériles; gaines pâles, ovales, à dents blanches, membraneuses, lancéolées, caduques, souvent tachées de brun pourpré. Racine très longue, noire, articulée, portant aux articulations de petits tubercules ovoïdes. ♃ Août-Septembre.

Hab. Depuis la plaine jusque dans les régions alpines. CC.

CXXII. CHARACÉES.

Fructifications de deux sortes; les unes orbiculaires, souvent rougeâtres, formées d'une membrane translucide, à globules polliniques précoces; les autres sous forme d'ovaires (sporanges) devenant des fruits consistant dans une lame double, l'externe transparente, nue ou couronnée par 5 dents, l'interne striée, contournée en spirale. Spores munis à la base de 5 petites épines. Plantes aquatiques, submergées, à tiges très rameuses, faibles, tubuleuses, fragiles, transparentes, à rameaux verticillés ; fructification située à la base des verticilles supérieurs. Odeur fétide.

725. CHARA *Willd.* — Tiges composées de tubes simples ou de plusieurs tubes roulés en spirale autour d'un tube central. Fruits munis ou dépourvus de bractées.

C. Fœtida *Braun ; Mut.; Bor.; C. vulgaris Sm.; Lap.* — Fruits sessiles, striés, en spirale. Tiges de 1-3 décimètres, grêles, rameuses, striées, glauques et pulvérulentes par dessication ; rameaux nus à la base, comme dentés. ① Juillet-Août.

Hab. Eaux stagnantes ; Orignac, Nodrest.

C. Hispida *Plunck ; Lap.; Mut.; Bor.* — Fruits solitaires, gros, en toupie. Tiges de 4-6 décimètres, robustes, glauques, pulvérulentes, verdâtres, striées, contournées, hérissées de petits aiguillons, rayonnées ou chargées de papilles et hispides seulement vers le sommet ; rameaux 8-9, étalés. Bractées quaternées, égalant les fruits. ① Juillet-Août.

Hab. Pyrénées-Orientales ; étang de Carança aux environs d'Ossim.

C. Fragilis *Desv.; Lois.; Mut.; Bor. ; C. vulgaris Lap.* — Fruits solitaires, ovoïdes, jaunâtres. Tiges de 2-6 décimètres, d'un vert foncé, très fragiles après la dessication, grêles, lisses ; rameaux verticillés, allongés, articulés-striés, cylindriques. Bractées fines. ① Juillet-Août.

Var. a. *capillacea ; C. capillacea Thuill.* — Plante d'un **vert foncé**, à rameaux des verticilles raides, cylindriques, dépourvus d'articulations seulement dans les **verticilles supérieurs** et portant çà et là quelques papilles.

Var. b. *thermalis.*—Fruits petits, jaunâtres, striés en spirale, sub-pyriformes, à bec obtus. Tiges très rameuses, d'un vert glauque, jaunâtres, tordues en spirale, fistuleuses ; verticilles formés de nombreux et longs rameaux transparents, **non articulés ou munis de rares articulations dans les verticilles supérieurs.**

Hab. Le type : les eaux stagnantes, les lacs ; la var. *a.* : lac de Lourdes CC ; la var. *b.* : bassin d'eaux minérales de Salut près Bagnères. C.

SUPPLÉMENT

A LA

FLORE DES PYRÉNÉES.

Ranunculus Tuberosus *Lap.* — Fleur grande, d'un jaune orangé. Sépales elliptiques-lancéolés, aigus. Pétales obovales, à écailles nectarifères courtes, réniformes, égalant l'onglet. Réceptacle couvert de longs poils tomenteux, ceux du sommet plus longs. Carpelles 20-25, comprimés, lenticulaires, à face jaune ou d'un roux clair, luisants, légèrement chagrinés vers la bordure; celle-ci large, munie d'un sillon au milieu; bec recourbé dès la base, fortement enroulé. Feuilles inférieures longuement pédonculées, palmatipartites, à segments à 3 lobes incisés-dentés; feuilles supérieures à 3 lobes entiers, divergents, glaucescents en dessous, d'un vert sombre en dessus. Pédoncules sillonnés. Tige de 3-6 décimètres, peu rameuse, dressée au sommet en rameaux courts divariqués, hérissés à la base de poils roussâtres et renversés en bas. Souche courte, horizontale, grosse, munie de fibres fortes, souvent jaunâtre et recouverte des débris désséchés des anciennes feuilles. ♃ Août-Septembre.

Hab. Pic de Gaitl, Medassolles, cascade des Parisiens, Esquierry, bois de Lhéris, forêt de la Scube, vallée de Gavarnie, forêt du Couret au-dessus de la fontaine de Labassère.

Dianthus Benearnensis *Henri Loret.* — Fleurs petites, d'un rose violacé. Ecailles calicinales inégales, à marge scarieuse, 4-6, rarement davantage, atténuées au sommet, n'atteignant pas au-delà d'un tiers du tube. Celui-ci renflé à la base, rétréci vers le sommet, strié, à dents ovales-lancéolées, mucronées, ciliées. Pétales sub-arrondis, à dents courtes et irrégulières, plus courtes que l'onglet. Feuilles inférieures un peu rudes sur les bords, striées en dessous, linéaires-lancéolées, très acuminées; les caulinaires étalées-dressées, opposées. Capsules cylindriques. Tige presque droite, glabre, flexueuse, portant 2-4 fleurs longuement pédonculées. Plante de 2-3 décimètres, en gazon peu serré. — Voisin du *D. tener*, le *D. benearnensis* en diffère par sa souche plus forte, par ses pétales plus larges, non arqués et frangés, par ses écailles calicinales au nombre de 4, rarement 6, et qui n'atteignent que le milieu du tube du calice. ① Juillet-Août.

Hab. Environs de Gabas dans les Basses-Pyrénées (*Henri Loret*). RR.

Epilobium Intermedium *Mérat. fl. Paris.* 3e ed. : *E. parviflorum Gren. Godr.* — Fleurs d'un violet plus ou moins vif, petites. Pétales à limbe échancré. Divisions du calice lancéolées-aiguës, à marge rose et garnie de petits poils dressés, sub-visqueux. Capsule longue, dressée, rose, munie de petits poils redressés. Graines grises, obovées, sub-arrondies dans le bas, déprimées d'un côté et parcourues dans le centre de cette dépression par deux côtes rapprochées et canaliculées. Feuilles opposées et alternes dans les rameaux, lancéolées, arrondies à la base, entières ou finement dentées, munies d'une forte nervure dorsale, sub-sessiles, pubescentes ; celles des rameaux finement dentées et sub-glabres. Tige cylindrique, très velue. Plante de 5-10 décimètres, rameuse vers le sommet. Août-Septembre.

Hab. Lieux humides et bord des eaux ; vallée de Campan. C.

Senecio Aurantiacus *D C. prod.; Gren. Godr.; cineraria integrifolia A. Vill. Dauph.; Cineraria alpina All. ped. 2, p.* 203. — Fleurs odorantes, rouges ou d'un jaune orangé. Calathides 1-3, en corymbe simple, peu ou pas laineux, à folioles linéaires-acuminées, d'un brun plus ou moins foncé ; les fleurs de la circonférence en languette, rarement toutes flosculeuses. Akènes bruns, souvent hérissés de petits poils étalés ; aigrette blanche, égalant et rarement dépassant le tube de la corolle. Feuilles molles, vertes, blanches-tomenteuses en dessous, plus ou moins glabres en dessus ; les radicales étalées, entières ou sinuées, ovales, un peu arquées, atténuées en court pétiole ; les caulinaires moyennes lancéolées, atténuées à la base ; les supérieures sessiles, linéaires ou linéaires-lancéolées. Tige dressée, blanche-tomenteuse, fistuleuse, simple. Souche courte, tronquée, munie de fibres simples. Plante de 1-2 décimètres. ♃ Août.

Hab. Pic du Midi, à l'est et au nord. (20 août 1838). RR.

SIGNES ET ABRÉVIATIONS.

! Signe de certitude.	C. Commune.
? Signe de doute.	CC. Assez commune.
① Plante annuelle.	CCC. Très commune.
② Plante bisannuelle.	R. Rare.
♃ Plante vivace.	RR. Assez rare.
	RRR. Très rare.

TABLE

DES FAMILLES ET DES GENRES

CONTENUS DANS LE TOME DEUXIÈME.

SUPPLÉMENT A LA FLORE DES PYRÉNÉES.

FIN DU TOME DEUXIÈME.

www.ingramcontent.com/pod-product-compliance
Lightning Source LLC
LaVergne TN
LVHW050825060726

842527LV00001BA/122